INTRODUCTION TO BUILDING FIRE SAFETY ENGINEERING

建筑火灾安全工程导论

［第 2 版］

霍 然 胡 源 李元洲 ◎编著

中国科学技术大学出版社

内 容 简 介

本书对我国当前的火灾安全形势进行了分析,阐述了火灾安全工程学的基本观点,简要介绍了火灾燃烧的基本理论,对烟气的流动与控制、火灾探测与自动灭火、建筑耐火与阻燃、计算机模拟的技术原理与应用进行了系统分析,并对建筑火灾中的人员安全做了讨论,较好地体现了"以人为本"的基本思想,另外,对建筑火灾的风险评估方法也做了讨论。

本书注重对火灾防治新思想、新技术、新方法的介绍,并编写了若干典型火灾的分析案例,以帮助读者学习和运用。

本书主要供从事火灾防治的科研工作者及高等学校安全工程专业的师生使用,也可供建筑防火设计和建筑防火审查人员和企、事业单位的消防安全管理人员参考查阅。

图书在版编目(CIP)数据

建筑火灾安全工程导论/霍然,胡源,李元洲编著. —2 版. —合肥:中国科学技术大学出版社,2009.9(2019.9 重印)

ISBN 978-7-312-02562-4

Ⅰ. 建… Ⅱ. ①霍… ②胡… ③李… Ⅲ. 建筑物—消防—安全工程 Ⅳ. TU998.1

中国版本图书馆 CIP 数据核字(2009)第 118019 号

出版	中国科学技术大学出版社
	安徽省合肥市金寨路 96 号,230026
	http://press. ustc. edu. cn
	https://zgkxjsdxcbs. tmall. com
印刷	安徽国文彩印有限公司
发行	中国科学技术大学出版社
经销	全国新华书店
开本	787mm×1092mm 1/16
印张	26.75
字数	685 千
版次	1999 年 11 月第 1 版 2009 年 9 月第 2 版
印次	2019 年 9 月第 3 次印刷
定价	60.00 元

第 2 版序言

中国科学技术大学火灾科学国家重点实验室获批准筹建已经快 20 周年了。该实验室的成立告别了我国在火灾科学研究领域没有国家重点实验室的历史,这是我国消防事业发展中的一件大事。这些年来,火灾科学国家重点实验室的同志们艰苦奋斗、开拓创新、探索追求、勇于进取,为推动"火灾科学与消防工程"学科的进步,为我国消防安全事业的发展做了大量工作,得到了国内外同行的高度赞赏。

自该实验室筹建之日起,我就与实验室的老师和同学们建立了密切的联系。在与大家共同探讨火灾科学相关课题的过程中,体会与获益颇多。我深为实验室的迅速成长、成熟、发展、壮大而由衷高兴。

火灾科学国家重点实验室隶属于中国科学技术大学,凭借科大浓厚扎实的科研传统和严谨求实的教学作风,为消防工程专业的高等教育做了许多开创性工作。霍然教授等人编著的《建筑火灾安全工程导论》就是这些工作中的一部分。该书于 1999 年出版后,很快就受到消防界的广泛关注和重视,现已成为国内高等院校相关安全专业的教学用书和业内技术人员的重要参考书。为了适应社会经济发展、火灾形势的变化及安全工程专业教学的需要,在中国科学技术大学建校 50 周年之际,中国科学技术大学出版社决定组织此书的再版,我感到非常高兴,很乐意为其撰写再版序言。

在人类社会面临的各种灾害中,火灾是一个常发性的灾种,其频发率高、危害面广、破坏性大,往往造成毁灭性的后果。作为一种失控燃烧所导致的灾害,火灾的发生与发展既受到自然因素的影响,更有大量人为因素的作用,是一种典型"天灾人祸"的集合。因此防控火灾应当既要依靠自然科学技术、又要结合社会人文管理,"趋利避害",树立"综合整治"的理念。

"火灾安全工程学",也称为"消防工程学"(Fire Safety Engineering),强调从系统工程的角度,研究和评估建(构)筑物的火灾危险性和总体安全性。为了实现总体火灾安全的目标,需要采取各种主动和被动的消防技术与对策,以减轻火场中和火场周边人员的伤亡、减少相关的财物损失,同时还要尽可能降低火灾对环境的破坏与影响。"火灾安全工程学"在了解和掌握火灾潜伏、发生与发展演化规律的基础上,系统讨论建(构)筑物防火安全设计的一系列问题,主要包括:建筑物的防火分隔、构件耐火、结构抗火、材料阻燃、通风排烟、火灾探测、控火灭火及人员疏散逃生等问题。从学科体系的角度看,它属于"火灾科学与消防工程"学科的"应用基础理论"部分,具有其他学科的理论和技术不可替代的学科个性,是本学科最具特色的部分。

针对本学科专业交叉性强、内容繁多的特点,编著者精心撰写和编辑,使本书做到系统完整、层次清晰、重点突出、篇幅适度,既扼要介绍了火灾燃烧的基础理论,又收集了一些研究试验新成果,并介绍了不少科技新信息和典型的工程实例,有助于读者迅速了解"建筑火灾安全工程学"的特点和内容。

本书的再版也具有很重要的现实意义。众所周知,近年来我国的火灾形势比较严峻,特大和重大建筑火灾时有发生,并造成多起群死群伤的恶性事件。迅速扭转这种局面已成为全国人民普遍关心的问题。实际上,这种情况是与我国当前所处的社会发展阶段密切相关的。一些学者进行了大量、深入的宏观研究发现,当一个国家的人均 GDP 处在 1 000 美元至 3 000 美元之间时,通常是这个国家的社会结构变动剧烈、各种矛盾比较突出的时期,是一个发展机遇和挑战并存的凸显时期。据我国国家统计局提供的数据,2003 年我国人均 GDP 首次突破 1 000 美元,这标志着我国经济发展开始步入一个新的发展阶段。火灾形势变化给我们的警示是:在今后若干年里,随着我国城市化程度的不断提高和全社会物质财富的增多,火灾在总体上将呈一定的增长趋势,当前我国正处在一个"火灾的高发期"。因此,我们一方面要抓住机遇,继续推进经济建设的快速发展,另一方面也要冷静、客观地评估火灾的潜在危险,运用科学的手段和对策,逐步实现火灾防治科学性、高效性和经济性的统一。而从战略高度加速"火灾科学与消防工程"的学科建设和消防专业人才的培养则是实现这一目标的重要保证。

从以上意义上讲,《建筑火灾安全工程导论》的再版是"适世之作,应世之举"。在此次再版中,作者根据我国近期火灾形势的变化和相关的研究成果进行了较多的修改和补充,围绕着"以人为本"的思想,加强了对火灾风险评估方法和消防技术实际应用的分析,较好体现了整体、系统防治火灾的理念。另外还强调应对火灾发展特点、烟气蔓延过程和人员疏散评价等加强定量研究,以体现火灾风险分析的科学性和合理性。我认为这些修改和补充很有新意。

相信该书的再版定将对传播火灾防治的先进科学思想、推广建筑防火设计新方法和消防新技术都能发挥积极作用,能够为推动我国消防科技事业的发展、促进高层次消防专业人才队伍的建设作出新贡献。

公安部消防局首任总工程师

中国消防协会第二届秘书长、总工程师

吴 启 鸿

2008 年 10 月 18 日

第 2 版前言

1999 年,我们在国家"九五"科技攻关项目和中国科学技术大学"211"工程建设项目的支持下,尝试编写了本书的第 1 版。令我们感到欣慰的是,8 年多来,本书第 1 版不仅作为中国科学技术大学安全工程本科专业的教学用书得到一定范围的认可,而且受到了一些其他高校安全工程专业的教师和学生及消防工程研究人员的关注。

近年来,我国的火灾科学与消防工程学科得到了长足的发展,尤其是相关的基础与应用基础研究取得了不少新进展。在这一发展过程中,我们也更加清楚地看到火灾安全工程的作用和重要性,同时也看到本书第 1 版的许多不足。适时进行再版一直是我们的愿望。

恰逢中国科学技术大学建校 50 周年,为了向校庆献礼,学校出版社决定组织出版一批专著和教材。我们有幸得到这一项目的支持,决定对本书进行再版。

在本次再版中,主要根据我国近期火灾安全形势的变化和相关的研究成果,对火灾安全状况重新进行了分析,对火灾安全工程学中应当包括的一些内容进行了补充和充实,加强了对定量研究火灾发展过程和火灾安全评估方法的介绍,突出了为保证火灾中人员安全的策略讨论,并删除了一些不够典型的内容,改正了原书中存在的一些不够准确的说法。根据论述的需要,对各个章节的内容进行了重新整合,将与建筑防火设计相关的内容单独写为一章,并进一步规范了写作的格式。

在本次再版工作中,霍然教授主要负责全书大纲的拟定,并具体负责第 1、5、6、7、8 章的编写,胡源教授负责第 4 章的编写,李元洲副教授负责第 2、3、9 章的编写,全书由霍然教授统稿。此外,胡隆华博士、王浩波讲师等对相关材料的选取和收集给予了许多帮助,陈志斌、纪杰、阳东、彭伟、孙晓乾等研究生参与了图表、文字的整理、修改和校对。

本次再版得到了国家"十五"科技攻关项目(2004BA803B03)及国家自然科学基金项目(50676090)的资助。为了本书的再版,中国消防协会总工程师吴启鸿高级工程师特意撰写了第 2 版序言,并对书稿的修改提出了诸多宝贵的意见;另外,中国科学技术大学火灾科学国家重点实验室范维澄院士、王清安教授等也都给予了大力支持和帮助。本书还参阅了国内外多位专家的著作和文章。在此,特向各位深致谢意。

为了在本书中体现良好学风,我们尽力做到尊重他人的研究结果、尊重相关的实验数据,凡是能够查清楚的问题,我们都尽量去查找、去核对。但由于我们的水平有限,书中仍不免存在一些漏误和不当之处,敬请有关专家和广大读者多提宝贵意见。

编　者
2008 年 10 月

第1版序言

火的使用,把人类带入文明的门槛,而火灾自此也就一直伴随着人类,给自然和人类社会造成重大灾难。近年来,随着社会经济的发展和人民物质生活水平的提高,火灾问题呈现出快速上升的势头,尤其是建筑与城市火灾发案频繁,直接威胁人们的生命财产安全。有效防治新形势下的火灾是人类面临的一项艰巨而光荣的任务。

认识与掌握火灾规律是提高火灾防治水平的基础。但是由于火灾现象的复杂,长期以来,人们对其规律性的认识一直比较肤浅。直到20世纪七八十年代才逐渐形成了以研究火灾规律为中心内容的火灾科学(Fire Safety Science)。火灾科学是在燃烧学、传热学、流体力学、化学、灾害学、应用数学、计算机科学等学科的基础上发展起来的综合交叉学科,它的出现大大促进了人们对火灾过程的定量分析与了解。与火灾的这些基础研究相适应,火灾安全工程(Fire Safety Engineering)方法也得到了迅速发展。由于火灾的发生发展涉及多种因素,因此防治火灾应当从各有关方面共同着手。火灾安全工程强调以对火灾规律的认识为基础,结合考虑建筑物的防火安全设计、火灾探测、烟气控制、自动灭火及耐火、阻燃等防治对策,分析建筑物的火灾安全状况,确定实施其总体火灾安全方案,这些都有助于实现火灾防治有效性与经济性的统一。

作者认真分析吸收了国内外火灾科研界关于火灾安全工程方面的论述,并结合我国的火灾防治现状编写了本书,它较好地反映了火灾安全工程方法的基本思想,且注意对当前火灾防治的新思想、新技术介绍,在火灾模型的应用与火灾风险分析的讨论方面具有新意。因此本书不仅可供建筑火灾防治的科研与教学人员使用,而且可供消防安全的技术与管理人员参考。

目前国际范围内火灾科学的研究十分活跃,许多国家都开展了火灾科学研究,并建立了国家级的火灾科学研究机构。我国积极参与了国际火灾科学研究领域的交流与合作,火灾防治事业取得了长足的发展,但是与某些发达国家相比仍有一定的差距。将灾害防治的先进思想方法和高新技术引进到火灾防治中来是增强火灾防治能力的关键。相信本书的出版定会对促进我国火灾防治水平的提高作出贡献。

1999 年 5 月

第1版前言

　　火灾是失去控制的燃烧所造成的灾害,其中建筑火灾对人们生命财产的危害最大、最直接。近年来,我国的火灾形势比较严峻,连续发生了多起特大和重大建筑火灾。迅速控制火灾的上升势头,已成为党、政府和全国人民普遍关心的问题。

　　为了有效控制火灾,应当提高火灾防治的科学性、合理性和有效性。除了需要继续增大消防设施的投入之外,还应当进一步研究和认识火灾的发生发展规律,研究正确发挥有关消防技术作用的方法,研究提高全民火灾安全意识和防治水平的途径。

　　建筑火灾安全工程学强调从系统安全的角度研究如何实现建筑物的总体安全。它从对火灾规律的认识出发,结合建筑物的防火安全设计、建筑物的功能、消防技术的应用、有关人员的特点等方面进行综合分析,以求对建筑物的火灾安全状况作出客观、合理的评价,从而为改进建筑物的火灾安全提出建议和意见。

　　前些年,霍然等人曾就"室内火灾安全分析"编过一套讲义,并在校内进行了几年的讲授。本书是在原讲义的基础上修订增补而成的。霍然统编全书的初稿,李元洲侧重参与1~4章的修订,金旭辉侧重参与6~8章的修订,胡源对第5章的部分章节作了改写,并审校了全书中有关火灾化学方面的内容。

　　本书的编写得到了国家"九五"科技攻关项目《重大工业事故和建筑火灾预防与控制研究》及中国科学技术大学"211"工程建设项目的资助。在编写过程中,还得到了中国科学技术大学火灾科学国家重点实验室主任范维澄教授及其他多位同志的大力支持和帮助,王清安教授审阅了全书的初稿。本书编写中参阅了多位专家的著作和文章。在此,特向各位深致谢意。

　　本书按教科书形式编写,在照顾到系统论述的同时,注意对火灾防治新思想、新技术、新方法的介绍。本书主要供火灾防治的科研工作者及大专院校中防灾安全工程专业的师生使用,也可供建筑防火设计和建筑防火审查的人员和企、事业单位的消防安全管理人员参考。

　　由于编者的水平有限,书中定有一些错误和不足,恳请读者和有关专家批评指正。

编　者

1999 年 3 月

目　　录

1 绪 论

1.1 火灾及其危害

在人们的生活和生产过程中,火的使用具有非常重要的意义。据考证,人类用火的历史可以追溯到 200 万年以前。起初,人类主要是利用火来烧烤食物、御寒取暖、防御野兽,后来逐渐发展到利用火来制作生活用具、生产工具和武器。这不仅改善了当时人类的生活质量,使他们结束了茹毛饮血的原始生活方式,更重要的是促进了社会生产力的发展,使人类创造出了大量的社会财富。从青铜器、铁器的出现,到现代的冶金、化工、制造、航空、航天、汽车等事业的发展均与火的使用密切相关。从某种意义上说,人类一天也离不开火,在今后相当长的时间内依然如此。

然而应当指出,这只是正确用火的结果。若对火的使用不当还会有严重的负面影响,就是说,如果让火在具备燃烧条件的地方自由发展,它就会四处蔓延,吞噬那里的各种可燃物质。往往由于一把火,人们辛苦多年创造和积累的财富转瞬间化为灰烬,千百年形成的茂盛森林几天内就变成荒野,火还可无情地夺去许多人的生命。这就是自然和社会的一种主要灾害——火灾。

从本质上说,火是燃烧反应的一种形式,是可燃物与氧化剂之间发生的一种化学反应,在燃烧过程中通常会发出大量的热,有时还会发出一定的光。而火灾是在时间和空间上失去控制的燃烧所造成的危害。凡是具备燃烧条件的地方,如果用火不当,或者由于某些其他因素的影响,造成了燃烧区域不受限制地向外扩展,以致在人们根本不希望燃烧的地方或时间内发生了燃烧,就必然造成不必要的损失。例如,当在人们生活工作的家庭、办公室等建筑物内,或正在运行的机器设备、工作装置、车辆舱室内,出现无法控制的火,就不仅会造成大量珍贵的财物或财产的毁坏,而且会伤害人们的生命。

火灾曾对人类社会造成了许多破坏,现在仍然是人类所面临的最主要灾害之一。根据联合国"世界火灾统计中心"的统计,火灾造成的损失,美国不到 7 年翻一番,日本平均 16 年翻一番,我国平均 12 年翻一番。"国际消防技术委员会"对全球火灾调查统计表明,近几年全球每年发生 600～700 万起火灾,有 65 000～75 000 人在火灾中丧命。全球每年在火灾中死亡人数最多的 6 个国家是:印度,年均 2 万人;俄罗斯,年均 1.35 万人;美国,年均 0.5 万人;中国,年均 0.21 万人;日本,年均 0.2 万人;乌克兰,年均 0.17 万人。

表 1.1.1 列举了世界上一些国家的年度火灾直接损失,可见大多数国家的年度火灾直接损失都占国民经济总值的 0.15% 以上。其他来源的数据还表明,火灾造成的死亡率可占人口年度总死亡率的十万分之二。

实际上,在计算火灾损失时,除了火灾直接损失之外,还应考虑火灾间接经济损失、灭火费用及社会影响等。这些损失也都相当大,而且有的损失和后果在短期内是看不出来的。根据有关方面的研究,如果火灾的直接经济损失占国民经济总值的0.15%,那么整个火灾损失将占国民经济总值的0.75%左右。

表1.1.1 世界上若干国家的火灾直接损失

国 家	货 币	火 灾 直 接 损 失			占2002～2004年GDP的比例(%)
		2002年	2003年	2004年	
波 兰	兹罗提(ZL)	620	650	645	0.07
新加坡	新加坡元($S)	115	135	120	0.07
斯洛文尼亚	斯洛文尼亚托拉捷夫(SIT)	5 400	2 500	4 250	0.07
日 本	日圆(Yen)	485	465	515	0.10
美 国	美元($US)	11 000	13 000	10 500	0.10
新西兰	新西兰元($NZ)			165	0.11(2004)
匈牙利	福林(Ft)				0.12(1986～1988)
西班牙	比塞塔(Pta)				0.12(1984)
英 国	英镑(£)	1 700	1 550	1 250	0.13
芬 兰	欧元(€)	175	245	235	0.15
澳大利亚	澳元($A)				0.16(1992～1993)
德 国	欧元(€)	3 750	3 650	2 900	0.16
加拿大	加元($Can)				0.17(1999～2001)
瑞 典	瑞典克朗(SKr)	4 750	4 050	4 050	0.17
意大利	欧元(€)	2 550	2 550	2 050	0.18
荷 兰	荷兰盾(F)				0.18(1995～1996)
法 国	欧元(€)	2 650	3 350	3 050	0.19
丹 麦	丹麦克朗(DKr)	3 300	2 550	2 500	0.20
瑞 士	瑞士法郎(SwF)				0.23(1989)
比利时	欧元(€)				0.24(1998～2000)
挪 威	挪威克朗(NKr)	4 150	4 300	3 500	0.25
奥地利	奥地利先令(Sch)				0.26(1998～2000)

注:1. 不包括没有火灾情况下的爆炸损失和恐怖分子违法行为造成的损失。

2. 除日本以10亿计算外,其余国家均以百万计算。

按照火灾发生的场合,火灾大体可分为城镇火灾、野外火灾和厂矿火灾等。城镇火灾包括民用建筑火灾、工厂仓库火灾、交通工具火灾等。各类建筑物是人们生产生活的场所,也是财产极为集中的地方,因此,建筑火灾造成的损失十分严重,且直接影响人们的各种活动。野外火灾包括森林火灾、草原火灾等,这类火灾虽然也有人为因素的影响,但主要与自然条件有关,一般将其按自然灾害对待;厂矿火灾则有着与具体生产过程相关的特殊性,与普通民用建筑火灾有较大差别。由于在厂矿中使用或存储的易燃物质较多,这些场合的火灾往往会造成十分严重的后果。

　　此外,火灾还与爆炸灾害密切相关。在存放与使用爆炸物品较多的场合或某些生产过程中,火灾与爆炸经常是相伴发生的。例如由于化工生产过程的事故,可导致油罐、电石库或乙炔发生器爆炸,随后往往便是一场大火。在有些情况下则是先发生火灾而后发生爆炸,例如存放易爆物质的场所发生火灾后,便可由于高温的作用而导致易爆物质爆炸。在实际人们的生产、生活中,特别是在一些工矿企业内,火灾与爆炸的预防控制大都是结合在一起考虑的。

　　出于预定的研究范围,本书主要涉及普通民用建筑和工业建筑的火灾。

1.2　我国目前的火灾形势

　　近年来,我国的经济迅速发展,人民的生活水平大大改善。但在这一过程中,火灾的次数和损失也均呈上升趋势,特别是发生了多起重特大火灾。这些火灾不仅在我国引起很大的震动,在世界上也产生了相当强的反响。迅速采取有效措施,抑制火灾上升的势头,已成为全国人民普遍关心的问题。

　　本节简要说明新中国成立以来的火灾概况,并着重对近年来的火灾形势与经济发展的关系、起火的原因等作些讨论。

1. 基本情况

　　图 1.2.1 给出了 1950 年以来我国火灾次数和火灾损失的基本情况,其中不包括香港、澳门和台湾地区的火灾数据,也不包括森林、草原、军队和矿井火灾的数据。可以看出,我国的火灾状况大体可分为以下 6 个阶段:

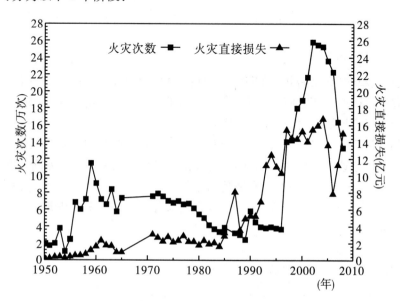

图 1.2.1　1950 年以来我国的火灾损失概况

(1) 1950~1957 年

在这一阶段全国的火灾次数每年大体在 2~3 万次,个别年份有稍大的起伏,而火灾造成的直接经济损失不算太大,每年约 0.6 亿元。还可看出,火灾次数也以 3~4 年为一个周期波动,即火灾次数和火灾损失在一定的平均水平上,相对稳定 2~3 年后便会出现一次较大的上升。

这种情况反映出新中国成立初期国民经济恢复与社会主义改造时期的特点。当时我国的经济发展水平不高,基本上是农业经济,工业在国民经济中所占比例不大。发生火灾后在当时的技术水平上作一些改进,或加强某些管理措施,火灾次数可暂时得到控制。但随着经济建设的加快,火灾次数迅速上升。

(2) 1958~1965 年

这是我国火灾次数迅速增多的阶段,一连几年都在 6 万次以上,1959 年超过了 11 万次,火灾损失也呈快速增加的趋势。自 1960 年起火灾次数有所下降,以后若干年一直在 7 万次上下浮动,火灾次数仍大致以 3~4 年为周期变化。

在这一阶段,我国先后经历了"大跃进"、"三年经济困难"和"四清"等时期。"大跃进"时期的指导思想助长了虚假、蛮干等风气,火灾等安全问题被严重忽视了。这种不正常经济发展状况对火灾(实际上还包括多种其他人为灾害)的增加产生了很大影响,从而导致 1959 和 1960 年的火灾次数达到建国以来的第一个高峰。而在经济调整时期,尽管发展速度大大减慢了,但火灾问题的严重程度却没有减下来。

(3) 1966~1977 年

由于历史原因,缺少 1965~1970 年的资料。1971 年后,起火次数仍然居高不下,每年的火灾次数 7 万次左右,火灾损失(根据当年价格计算)也维持在较高的水平。这明显反映了"文化大革命"后期,我国的政治与经济生活不正常的特点。"文化大革命"中,我国的经济发展相当缓慢,甚至曾濒临崩溃的边缘。在这种情况下出现的严峻火灾形势不是经济发展较快的问题,而是经济衰退与人们思想混乱的问题。在当时的政治形势下,没有人能够认真考虑和关心火灾安全问题的整治。

(4) 1978~1986 年

这是"文化大革命"结束后我国的政治经济形势发生重大转变的阶段。全国的火灾次数呈迅速下降的趋势,从 1983 年起降到 4 万次以下。本阶段起初几年的火灾损失也呈平缓下降趋势,自 1985 年起又有所回升,但还在 3.2 亿元以下。

这是我国经济恢复了以往有效的管理制度、调整不合理的比例关系并探索新的发展道路的重要阶段。总的来说,在这一阶段我国经济取得了长足的发展。另一方面,我国的法制建设取得了长足进展,合理的规章制度得到恢复和完善,这对安全管理工作产生了巨大影响。在消防安全方面,体现在管理机构、防灭火队伍、科研机构得到了逐渐恢复和健全,基本达到了与当时的经济发展状况相称的水平。

(5) 1987~1999 年

这是我国火灾形势又开始严峻的阶段,火灾次数出现了较大幅度的增加,1990 年超过了 5 万次。火灾损失的绝对值呈直线上升趋势,1987 年的火灾直接损失为 8.05 亿元,1997 年却达到 15.41 亿元,比 1987 年增大了近 0.9 倍。

这种情况反映了我国改革开放开始了一个阶段后的特点。我国各地的经济均快速发展,然而相应的安全保障体系却没有跟上发展的需要,以致出现了不少相当严重的火灾事故。下面还将对这一阶段的火灾问题做进一步的分析。

（6）2000年以来

在这一阶段中,我国的火灾形势仍较严峻,每年火灾起数在20万次以上,火灾直接损失在14～17亿元之间。但总体态势比较平稳,没有出现大的波动,且从2004年以来均略呈下降之势。这反映了近年来我国加强火灾安全整治的效果。

2. 近20多年来我国火灾的特点

认真、系统地分析我国火灾的发生状况,尤其是近20多年来的火灾特点,对于我们正确认识当前的火灾形势、有针对性地做好安全工作具有重要的现实意义。

（1）火灾损失与经济发展密切相关

图1.2.2给出了我国1987～2004年间的火灾总量与我国经济发展状况的比较。可以看出,1990年的火灾起数超过了5万次,而后有所减少;但从1997年起,火灾次数出现急剧上升,1999年达到18万次,2002年接近26万次。火灾直接损失的绝对值呈迅速上升的趋势,1993年达到11.2亿元,1999年以后大都在18亿元以上,2002年超过了20亿元。

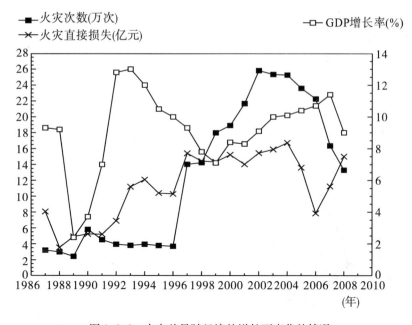

图1.2.2　火灾总量随经济的增长而变化的情况

而这一阶段是我国国民经济发展最迅速的时期。连续多年来,国民生产总值以平均每年7.9%的速度增长,我国成为世界上经济增长最快的国家之一。尤其是工业生产,已经度过了前几年治理整顿过程中相对缓慢的发展期,几年中均以12%左右的速度增长。到2001年,我国的GDP达到95 933亿元,比1990年增长近两倍,排名也由世界第10位跃升为第6位。

这些数据表明,在此阶段中的火灾问题变得严峻显然与经济的高速发展存在密切关系。

（2）重特大火灾损失所占的比例仍较大

1996 年我国发布的"火灾统计管理规定"中,将火灾分为特大火灾、重大火灾和一般火灾 3 级。2007 年 4 月 8 日,国务院新颁布的《生产安全事故报告和调查处理条例》对火灾等级标准作了调整。新的火灾等级标准将火灾等级增加为 4 个等级,即特别重大火灾、重大火灾、较大火灾和一般火灾 4 个等级,见表 1.2.1。

表 1.2.1　火灾等级的划分标准

火灾等级	死亡人数	重伤人数	直接财产损失(亿元)
特别重大火灾	≥30	≥100	≥1
重大火灾	≥10	≥50	≥0.5
较大火灾	≥3	≥10	≥0.1
一般火灾	<3	<10	<0.1

图 1.2.3 给出了近年来我国重特大火灾在火灾总数中所占的比例,表 1.2.2 则列出了最近 10 年内全国重特大火灾中 4 项指标的统计值。可看出,这几年我国的重特大火灾两度出现较大的增长。1987~1989 年是一次高峰,1993~1995 年又是一次高峰,且后一次的损失比以往的火灾要大得多。1995 年以后,重特大火灾得到有效遏止,其起数和损失明显下降,人员伤亡开始呈下降趋势。到 1999 年,这两项指标已分别降到 10%左右。

出现重特大火灾通常应具备两个基本条件:一是经济发展水平已达到一定的程度,就是说有较多且较集中的财产积累并易受到破坏;二是火灾安全的保障体系存在较大的缺陷,或者是火灾防治的设计和建设不合理,容易造成大范围的火灾蔓延,又或者是灭火力量和设施不足,无法对付新形势下的火灾。随着消防水平的提高和消防力量的加强,人们能够将火灾控制在一定程度之内,进入本世纪后的情况正好说明了这一点。

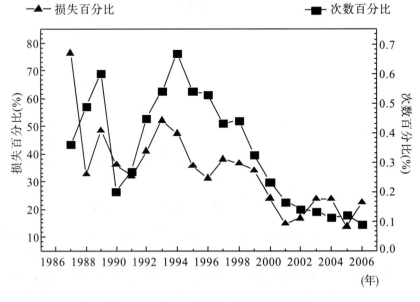

图 1.2.3　近 20 年来我国重特大火灾情况

表 1.2.2　近 10 年全国重特大火灾 4 项指标统计值

年　度	次　数	死亡人数	受伤人数	直接经济损失(万元)
1997	608	1 018	852	58 843.2
1998	628	715	687	52 765.4
1999	586	780	365	48 833.2
2000	445	1 026	441	36 678.8
2001	362	555	316	20 901.4
2002	369	547	246	26 148.2
2003	342	513	201	26 216.2
2004	286	521	310	39 916.8
2005	283	501	282	18 656.8
2006	201	327	97	17 684.9

（3）沿海各省市的火灾损失较严重

图 1.2.4 给出了近年来我国若干省市的火灾损失及其变化情况。

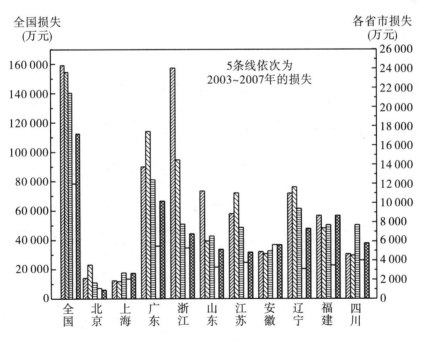

图 1.2.4　我国 10 省市的火灾损失比较

可以看出,沿海各省的火灾问题比较严峻,尤以浙江、广东最为突出。无论按人口平均还是地域面积平均,这两省火灾所占的比例都大大高出其他省市。这反映出了我国经济发展的地区不平衡性。十几年来,浙江、广东的经济取得了举世瞩目的进步,是我国经济发展最活跃的地区。但也应看到,在那里的不少新发展起来的企业存在着较多且较严重的火灾隐患,而火灾的预防控制方面做得尚不到位,到了一定的阶段,火灾问题便突出起来了。还需指出,这些省的重特大火灾所占的比重也比较大。据统计,60%重特大火灾发生在浙江、广东、江苏、辽宁、山东等省。2001年、2002年间浙江发生重大与特大火灾次数分别是42和35次,占全国重大与特大火灾的11.6%、9.5%。

同时也可看出,上海、北京的火灾问题明显较小,那里的经济发展实际上也很快,只是他们在火灾防治方面的工作做得更好些。

(4) 城镇火灾大幅度增加

统计数据表明,近年来我国城镇化进程不断加快。截至2005年底,我国地级城市从1990年的464个增加到852个,建制镇从11 060个增加到19 522个,城镇人口从25 094万增加到56 157万人,净增3.11亿人,年均增加1 941.44万人,城镇人口比重从21.95%发展到42.95%,见表1.2.3。

表1.2.3 2005年与1990年的城市(镇)发展对比情况

项　目	截至2005年底	截至1990年底	同比数(%)
城市数(个)	852	464	+83.62
建制镇数(个)	19 522	11 060	+76.51
城镇人口数(万人)	56 157	25 094	+123.79
建成区面积(km^2)	32 521	12 856	+152.97
人口密度(人/km^2)	870	279	+211.83
房屋建筑面积($\times 10^8\ m^2$)	164	39	+313.32
住宅面积($\times 10^8\ m^2$)	107	19	+449.49

在这种进程中,我国城镇的火灾有较大幅度的增加,尤其重特大火灾更为突出。据统计,在2000～2005年间,我国城镇共发生重特大火灾1 358起,死亡2 178人,受伤1 229人,火灾直接损失1.115亿元,几乎每年城镇重特大火灾4项指标都占当年同类火灾的64%以上,见表1.2.4。

表1.2.4 2000～2005我国城镇重特大火灾占当年全国重特大火灾比例情况

年份 \ 指标	火灾起数(%)	死亡人数(%)	受伤人数(%)	直接财产损失(%)
2000	63.6	78.8	64.6	79.0
2001	62.4	59.8	64.6	69.8
2002	69.6	65.1	67.1	85.6
2003	66.7	67.1	76.1	58.2
2004	66.0	69.4	87.7	88.2
2005	68.2	70.3	87.7	76.3
平均	66.1	68.4	74.6	76.2

按火灾场合统计可以发现,城镇中的商场、歌舞厅、剧场、宾馆等公共活动场所的火灾问题比较严重。一些沿海省市的数据表明,超过50%的特大火灾发生在这类场所。有些城市的"城中村"和集贸市场的火灾问题也比较突出。仅1997年,全国集贸市场共发生火灾540起,死亡28人,伤55人,直接经济损失5 076.9万元,至2004年,更是达到了21 939.0万元。这

些场所的可燃、易燃物相当集中,但建筑物的防灾、抗灾能力却较弱,普遍存在消防设施严重不足、消防水源严重缺乏的问题。加上道路狭窄,摊点密布,人员拥挤,容易起火,并进一步演化为大火。

(5) 电气事故是起火的主要原因

图 1.2.5 给出了近年来按起火原因分类的火灾次数及损失情况。可看出电气火灾在总数中所占比例一般都在 22% 以上,在损失中所占比例一般在 30% 以上,是引发火灾的最主要原因,且它的比例还有增长的趋势。实际上这与生产的发展和人民生活的改善密切相关。现代的工厂、企业的用电规模都相当大,家庭中的电器设备也大量增加,安装不合理或使用不当就会引起火灾。

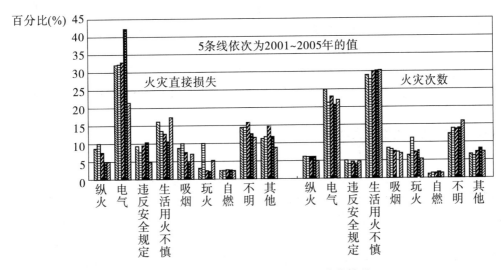

图 1.2.5　近年来我国按起火原因的变化情况

此图还反映出,生活用火不慎已成为引发火灾的第二重要原因,这主要与人们的安全素质有关。现在很多人的安全意识相当淡薄,在他们的生产、工作与生活的场所内,往往存在相当严重的火灾危险,而他们却熟视无睹,在用火、用电、用气等方面存在很多的随意性。例如随意吸烟、随意烧纸、随意堆放或倾倒可燃物质等;有的人不懂有关安全知识,对相关的安全规定熟视无睹,对如何保证安全想得较少。尤其在一些新建企业和乡镇企业中,此类问题更为突出。

附录 1 列出了最近 10 年来我国若干代表性的重特大火灾案例。由这些实例也可看出以上几方面的火灾问题。

3. 造成火灾形势严峻的主要原因

全面而客观地分析我国近年来的火灾状况、弄清造成火灾问题严峻的原因是采取有针对性防治措施的前提。综合相关的研究可看出,在当前形势下出现这样的火灾问题有着深刻的客观原因和主观原因。归纳起来主要有以下一些方面:

(1) 可燃物类型和数量发生了重大改变

人民生活水平和工作环境的改善使许多家庭和工作场所的火灾荷载大大增加。现在人类接触的主要可燃物已不再是木材、棉花、秸秆、枝叶等天然植物体,而是许多人工合成的高分子聚合物材料,如塑料、橡胶、合成纤维等。与普通的天然材料相比,这类物质易燃性强得多、热值高得多、火灾危险性大得多。这类材料的广泛使用,大大增加了人们生产和生活场所的可燃物荷载。此外,人类能源结构的改变亦大大增加了火灾的严重性。现在许多地方都修建了大型燃油和燃气储罐,并建造了大量油气运输车船,而且燃油和燃气系统像网一样分布在城乡、矿区和交通沿线以及各种建筑物中。这种状况不但容易引起火灾,而且容易使灾害扩大,造成严重危害。同时在许多行业都大量使用多种易燃易爆的石化产品,爆炸品的使用也比较广泛,而运输、存储与使用这些物品过程中的安全措施则不够完善,存在大量潜在的危险因素。

(2) 新型建筑物大量涌现

近年来,在许多城市中出现了大量新式建筑,如高层建筑、地下建筑、大空间建筑、结构复杂的特殊建筑。这些建筑的火灾特性与旧式建筑有着巨大差别,给火灾防治提出大量新问题。例如高层建筑有利于提高土地使用率和工作效率,但高层建筑的烟囱效应强烈,受风速、气象等条件的影响很大,且起火因素多,人员疏散困难;地下建筑也有利于土地资源的开发和利用,但地下建筑处于地面之下很深的地方,人员与外界的沟通和空气与热量的置换都很困难,一旦发生火灾,热量与烟气无法散出,人员疏散困难,严重威胁生命安全;大空间建筑虽创造了宽敞、舒适的室内环境,但它不宜进行防火分隔,且常规火灾探测与灭火设施无法有效发挥作用,一旦失火,往往会造成整体损坏。这些特殊建筑火灾的扑救难度都很大,以往的火灾防治技术已无法适应需要。

(3) 引发火灾的因素大大增加

在电力设施和热力设施广泛使用的今天,很容易出现引起火灾的点火源。多种电力和热力系统纷纷连接到建筑物内,它们不仅量大,而且分散,这就大大增加了起火的可能性。统计表明,电气起火已连续多年成为我国火灾的最主要原因。引起电气起火的直接原因有电线短路、接触不良、线路过载、接地不良等,而产生这些问题的原因主要有配电系统设计不合理、电气设施的产品质量不好、施工留下隐患与维护不够到位等。这类问题纠正起来具有较大难度。燃气燃油设施的大量使用也为形成点火源创造了条件。例如城市煤气管网的建立方便了人们的生活,但如此庞大的系统难免会在某个环节发生故障,而每一个故障点往往就是一个点火源。在有些建筑内经常有使用或存储易燃易爆物品的情况,但相应的安全监管体系尚不健全、监管力量薄弱。汽车、拖拉机等运输机械的大量使用也为起火因素的增多制造了机会,近年来我国多起重大火灾就是由运输机械喷出的余火引发的。

(4) 城市化的快速发展使火灾危害更为集中

城市是社会、经济和文化的中心,为了支持城市正常运转,需要建立庞大的具有多种功能的生命线系统。这种系统的整体相关性极强,一个子系统的功能失效将会很快影响到其他子系统的正常运行。重大恶性火灾往往是导致城市生命线系统不能正常运行的主要灾害之一。一个大型企业发生火灾不仅可将该企业毁坏,而且会破坏相关的动力、燃气、供水、通信等系统。例如深圳市清水河安贸公司危险品仓库火灾、北京东方化工厂油罐区火灾等均对相邻区域的水、气、电、交通等系统和相关生产企业的正常运转造成了严重影响。

(5) 火灾防御体系跟不上经济建设的发展

在经济建设快速发展的过程中,灾害的防御体系应当同步发展。我国不少城市在这方面存在着较严重的问题。首先是城市整体规划不周全,防灾减灾的设防思想不够明确,措施不够到位。例如有的城市中不同类型的企业布局欠合理,有些危险性相当大的工厂和仓库仍留在城区之内,有的城市的"城中村"根本没有完整的消防规划,有的城市缺乏必要的消防水源,有的城市没有足够宽的防火隔离带和城市绿地,不少城市的公共消防基础设施严重不足等;其次是不少建筑的防火设计方案不够合理,普遍存在消防设施严重不足、现有消防设施的完好率低,设施的设计和施工达不到规范要求等情况,有的消防设施在日常使用中缺乏必要的技术管理和维护,以致长期不能正常工作,且经常发生消火栓不出水或严重漏水、自动消防系统不能启动、防火门不防火等问题。再则在不少旧城区、旧企业的改建和改造中,忽视了火灾防御体系的同步改建和改善。因此一旦发生火灾,经常处于被动挨烧的局面。

(6) 缺乏扑灭大型火灾的现代化灭火装备

目前我国消防装备的数量、性能远不能适应扑灭大型建筑火灾、大型石化火灾的需要。例如目前我国的消防主战车的车型偏旧、功率偏低,技术装备配套不足,与发达国家相比,严重缺乏登高消防车和多功能特种消防车。除少数城市外,多数城市的消防通信指挥系统尚处于改建、初步完善的阶段,国外不少城市早已使用直升机灭火和救援,而我国则处于开始阶段。处理特殊场合火灾的抢险救援设备也严重不足,且目前主要依靠进口,为了提高城市消防战斗实力,亟待扭转这种状况。近年来,尽管消防力量已有很大的增强,但仍然不能适应与新型火灾问题作斗争的需要。

(7) 人们防治火灾的意识更新相对较慢

人们的安全观念和意识不强也是造成事故频发的重要原因。现在不少人对生产和生活环境中迅速增大的火灾危险性认识不足。在可燃物非常集中的场合,有人思想麻痹,经常动用明火、随意使用电热设备、乱拉电线等。近年来,大量农民进城务工更加剧了上述情况的严重程度。这些人员大多数从事高风险的矿山、建筑、制造等密集型劳动产业,其文化素质和安全意识都与现代化的生产与工作要求有很大差距。这就从事故发生概率和事故后果两方面都加大了火灾的危险性。

在一些单位和企业中,有些领导人或负责人往往片面地抓生产、追求利润,对如何保证安全想得较少。面对重大危险隐患,他们总是抱着侥幸心理,不相信事故会降临到自己头上,从而对火灾爆炸的防治工作很不重视。在一些地区的防火安全检查中经常发现,有的建筑存在严重的火灾隐患,却迟迟拖着不改。一些新建企业和乡镇企业中此类问题尤为突出。在领导者的这种思想支配下,其单位和部门的安全管理制度通常很不健全,即使有也往往是形同虚设,灾害发生时根本起不了作用。

此外,有些人缺乏基本的火灾安全知识,例如发生火灾后不会及时报警,不会使用现有灭火器材控制早期火灾,不懂逃生与自救的方法等,因而时常发生本来不难控制的小火却被酿成大火的情况。与此相关,他们还缺乏必要的灭火和逃生技能,一旦遇到灾害,就会惊慌失措,非常容易造成重大伤亡。

根据有关研究,与发达国家相比,我国的火灾次数与损失在国民生产总值中所占的比例都还比较低。随着我国经济的快速发展和城市化进程的加快,我国的火灾形势还将变得更加严峻。

有效地预防与控制火灾是一项庞大的系统工程,需要从研究、管理、教育等多方面抓起,不过相关的科学研究是重要基础工作,进一步加强火灾科学与消防工程学科的研究无疑应当给予足够的重视。

1.3 火灾安全科学与工程研究的发展

在长期的防灭火斗争中,人们越来越深刻地认识到,为了提高火灾防治的科学性和有效性,需要认真研究和了解火灾的形成和发展规律,并发展相应的新技术。尤其是近几十年来,火灾形式和规模发生了很大变化,用科学的认识指导防灭火斗争显得更为迫切。

1. 火灾规律的特点

火灾是一种灾害性的现象,其发生和发展规律具有随机性和确定性的双重特点。所谓随机性主要是指火灾在何时、何处发生等都是不确定的,要受到多种因素的影响,存在多种发展方向的可能。确定性则是指如果在某一特定场合下发生了火灾,火灾会按基本确定的过程发展,火灾燃烧、烟气流动等都遵循确定的流体流动、传热传质和物质守恒的规律。

火灾的随机性规律可用火灾统计分析的方式进行研究,通过总结、整理和分析大量的原始火灾资料,便可归纳出火灾发生的统计性规律。统计性的规律可为人们分析与评价总体火灾形势、制定火灾防治规划等提供参考。上一节中就是根据统计数据分析了我国的火灾次数和损失随不同因素变化的规律。

此外,还可以按照某种需要分析火灾的其他特征。例如在什么季节、什么时间、哪些区域、哪些行业容易失火,并用图表、曲线或数学公式表示分析的结果。图 1.3.1 为某市对 20 多年间 4 864 次火灾起火与成灾的对比曲线,可以看出上午 8 时至下午 8 时为起火高峰期,但成灾高峰期恰恰与此"相反",这些也正反映了人们生活和生产活动的特点。图 1.3.2 则给出了某城市"城中村"区域起火次数的统计曲线,由此可看出生活在这些区域的人们生产与生活的特点。

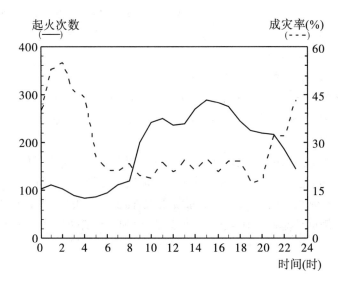

图 1.3.1 某市每天的起火与成灾率曲线

火灾的确定性规律则可采用工程科学的方法进行研究,其基本的手段是实验模拟和计算模拟。

通过各种形式的小尺寸、全尺寸模拟实验,人们可以真实地了解火灾过程中出现的现象及这些现象的出现条件等,并通过适当的测量仪器定量测出火灾中的温度、速度、组分浓度等参数的量级及其变化规律。

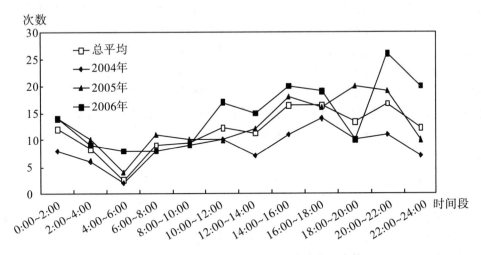

图 1.3.2 某市"城中村"各时间段火灾发生次数

计算模拟则是根据物理与化学的基本定律及相关的数学公式,结合建筑物的现场条件,并作出必要的简化,计算火灾的发生、发展过程。计算模拟可分为多个层次,有以经验公式为基础的简化计算,也有以计算机程序为基础的数值模拟。计算模拟有助于解决一些无法试验或难以试验的情况,并可加深人们对各种机理的认识。为了全面而深入地认识火灾规律,应当根据实际需要选择适用方法进行研究。

2. 火灾科学与消防工程学科的兴起

不少人早就提出应当定量研究火灾规律,但多年来进展不大,只是在近几十年得到了较快的发展。这种情况的出现实际上是历史发展的结果。首先是伴随着经济迅速发展而出现的火灾危险日趋增大的现实提出了这种要求,其次是当代的科学技术成果使人们有能力开展这种研究。在最近的一二十年间,许多国家相继建立了一批有一定规模的火灾科研机构,大批科研人员纷纷进入这一研究行列,火灾科学和防治技术的研究成为当代最活跃的科研领域之一。火灾科学与消防工程学就是在这种背景下提出与发展起来的。

20 世纪 70 年代末,近十个国际著名的火灾研究机构组织了几次大规模的联合研究项目。1985 年在美国召开了第一次国际火灾安全科学讨论会,同时成立了国际火灾安全科学学会(International Association for Fire Safety Science,IAFSS),并编辑出版了国际火灾安全科学学报(Journal of Fire Science)。以后该学会的讨论每隔 3 年会在世界上不同的地方举行一次,目前已经举办了 9 届,其中第 8 届年会于 2005 年在我国北京举办。一些地区性的火灾科学学会也相继成立,例如亚洲大洋洲地区成立了火灾科学与技术学会(AOAFST),且已召开了 7 届讨论会。

自 20 世纪 90 年代以来,我国在火灾科学方面的研究也取得了长足的进展。经各方面的专家认真讨论,结合我国的国情和习惯,提出以"火灾科学与消防工程"作为学科名称,并制定了学科发展的基本构架。

国内外关于火灾科学的讨论会,基本上是按火灾物理、火灾化学、火焰结构、人与火灾的相互影响、火灾研究的工程应用、火灾探测、火灾专门课题、统计与火险分析系统、烟气毒性和灭火技术等问题展开研讨。综合分析这些内容可以认为,火灾科学研究大致围绕着基础科学、安全工程和安全技术三方面展开。

火灾学或称火灾安全科学(Fire safety science)侧重研究火灾发生、发展及防治的基本规律,研究各类火灾的共性问题。火灾现象是多种多样的,但各类火灾都包括着火、火灾蔓延、烟气传播、灭火等过程,从机理上看这些分过程存在着共同规律。

火灾安全工程学或称消防工程学(Fire safety engineering)则基于对火灾规律的认识,侧重从系统安全的高度,研究如何实现建(构)筑物的总体安全。它的主要目标是保证人员在火灾中的安全、减少火灾的损失、最大限度地降低火灾对环境的破坏等。因此它将在火灾发生、发展和蔓延的规律的基础上,讨论建筑物的防火安全设计、火灾探测和灭火的技术原理、火灾过程的控制方法等。

消防安全技术(Fire safety technology)则是针对火灾防治的不同环节,研制开发实用技术与产品。例如适用于不同场合的火灾探测技术、扑灭特定火灾的灭火技术、逃生救援技术、火因鉴定技术等。发展消防安全技术应当以火灾安全科学与工程的知识为指导,同时还要掌握其他相关学科的知识,以便研制出适用、可靠的技术产品。

本书定位于讨论火灾安全工程学。它是在工程热物理、安全工程、建筑工程、电子工程、灾害学、系统工程及计算机科学基础上生长起来的一门新的交叉学科。火灾安全工程学要充分利用火灾科学的基础理论,但不过细探求某些火灾现象的机理;它也要涉及火灾防治技术,但又不过于具体考虑某些消防产品的设计或制造细节,而重在讨论这些技术的应用原理及在具体火灾场合下的适用性。通过这种工程分析,能够对新建筑物的防火设计、现有建筑物的火灾安全状况作出客观的评价,对火灾防治的经济性和有效性提出合理的建议。这一学科诞生的时间不长,其研究内容和方法还需要进一步完善,但其方法已受到人们的密切关注,有些结果已为消防工程、防火设计、火灾安全检查等方面人员采用。随着对火灾防治水平要求的提高,火灾安全工程方法一定会被人们更广泛地接受。

1.4 建筑火灾的发展概况

建筑物通常都具有多个内部空间,经常将这种空间称为"室"(Enclosure)。"室"应广义理解为其周围有某些壁面限制的空间,不仅仅包括一般建筑物内的办公室、会议室或客房,仓库、门厅、工厂与研究机构使用的分隔间、火车和汽车的车厢、轮船船舱、飞机机舱等也都是有代表性的室。

在讨论火灾基本现象时,主要涉及与建筑物普通房间的大小相当的受限空间,其体积的数量级约为 $100\ \mathrm{m}^3$,且其长、宽、高的比例相差不太大。之所以作出这种限制是因为火灾现象与其所在空间的大小和几何形状有着密切的关系。对于空间很大(例如大商场、大展厅、大厂房等),或长度很长(例如铁路隧道、公路隧道、长通道等),或形状很复杂(例如地下商业街、大型公共活动中心)的空间中的火灾,与普通的供人居住和工作的房间中的火灾存在一定差别,这些特殊受限场合下的火灾过程具有较多的特殊性,本书中只是在某些相关的地方进行适当讨论。

1. 火灾的发展过程

包括一两个房间在内的火灾是建筑物火灾的基本而重要的形式,整栋建筑的火灾都是由这种局部火灾发展而来的。本节先结合图 1.4.1 简要说明一下这种火灾的发展过程。

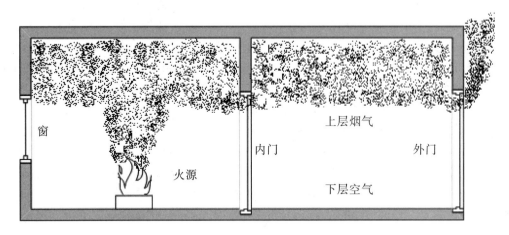

图 1.4.1　双室火灾发展过程示意图

首先可注意到的是房间内某种可燃物的着火阶段。可燃物是影响火灾严重性与持续时间的决定性因素,一般可分为气相、液相和固相 3 种形态,在一般建筑火灾中,初始火源大多数是固体可燃物。当然也存在液体和气体起火的情况,但较为少见。固体可燃物可由多种火源点燃,如掉在沙发或床单上的烟头、可燃物附近异常发热的电器、炉灶的余火等。通常可燃固体先发生阴燃(Smoldering),当其到达一定温度或形成适合的条件时,阴燃便转变为明火燃烧(Flame)。

明火出现后燃烧速率大大增加了,放出的热量迅速增多,在可燃物上方形成温度较高、不断上升的火羽流(Plume)。周围相对静止的空气受到卷吸作用不断进入羽流内,并与羽流中原有的气体发生掺混。于是随着高度的增加,羽流向上运动总的质量流量不断增加而其平均温度则不断降低。

当羽流受到房间顶棚阻挡后,便在顶棚下方向四面扩散开来,形成了沿顶棚表面平行流动的较薄的热烟气层,这一般称为顶棚射流(Ceiling jet)。顶棚射流在向外扩展的过程中,也要卷吸其下方的空气。然而由于其温度高于冷空气的温度,容易浮在上部,所以它对周围气体的卷吸能力比垂直上升的羽流小得多,这便使得顶棚射流的厚度增长不快。当火源功率较大或受限空间的高度较低时,火焰甚至可以直接撞击在顶棚上。这时在顶棚之下不仅有烟气的流动,而且有火焰的传播,这种情况更有助于火势蔓延。

当顶棚射流受到房间墙壁的阻挡,便开始沿墙壁转向下流。但由于烟气温度仍较高,它将只下降不长的距离便转向上浮,这是一种反浮力壁面射流。重新上升的热烟气先在墙壁附近积聚起来,达到了一定厚度时又会慢慢向室内中部扩展,不久就会在顶棚下方形成逐渐增厚的热烟气层。通常热气层形成后顶棚射流仍然存在,不过这时顶棚射流卷吸的已不再是冷空气,而是温度较高的烟气。所以贴近顶棚附近的温度将越来越高。

　　如果该房间有通向外部的开口(如门和窗等,通常称为通风口,Vent),则当烟气层的厚度超过开口的拱腹(即其上边缘到顶棚的隔墙)高度时,烟气便可由此流到室外。拱腹越高,形成的烟气层越厚。开口不仅起着向外排烟的作用,而且起着向里吸入新鲜空气的作用。因而它的大小、高度、位置、数量等都对室内燃烧状况有着重要影响。烟气从开口排出后,可能进入外界环境中(如通过窗户),也可能进入建筑物的走廊或与起火房间相邻的房间。当可燃物足够多时,这两者(尤其是后者)都会使火灾进一步蔓延,从而引起更大规模乃至整个建筑物的火灾。

　　由此可见,在室内火灾中,存在着可燃物着火、火焰、羽流、热气层(及顶棚射流)、壁面影响和开口流动等多个分过程。在受限空间这种特定条件下,它们之间存在着强烈的相互作用。比如,由于可燃物燃烧而产生了火焰和高温烟气,火焰和热烟气限制在室内,使室内空间达到一定温度,同时也加热了该室的各个壁面。整个室内的热量一部分可由壁面的向外导热而散失。如果有开口,还有一部分热量会被外流的烟气带走。其余的热量将蓄在室内。若所有向外导出的热量的比例不太大,则室内的温度(及壁面内表面温度)将会升得更高。这样,火焰、热气层和壁面会将大量的热量返送给可燃物,从而加剧可燃物的气化(热分解)和燃烧,使燃烧面积越来越大,以至蔓延到其周围的可燃物体上。当辐射传热很强时,离起火物较远的可燃物也会被引燃,火势将进一步增强,室内温度将继续升高。这种相互促进最终使火灾转化为一种极为猛烈的燃烧——轰燃(Flashover)。一旦发生轰燃,室中的可燃物基本上都开始燃烧,会造成严重的后果。

2. 火灾的主要阶段

　　现在按时间顺序定性分析一下室内火灾的发展阶段。着火房间内的平均温度是表征火灾强度的一个重要指标,室内火灾的发展过程常用室内平均温度随时间的变化曲线表示。应当指出,在后面的讨论中还经常用可燃物的质量燃烧速率随时间的变化曲线来分析火灾的发展。这两种曲线的形状相似,不过由于后者可以考虑不完全燃烧状况和不同散热状况的影响,因而反映出的问题比前者全面。

　　对于通常的可燃固体火灾,室内平均温度的上升曲线可用图1.4.2中的A线表示。现在先结合此曲线说明火灾的阶段性,然后说明图中B线的意义。室内火灾大体分成3个主要阶段,即:火灾初期增长阶段(或称轰燃前火灾阶段)、火灾的充分发展阶段(或称轰燃后火灾阶段)及火灾减弱阶段(或称火灾的冷却阶段)。各阶段特点简述如下:

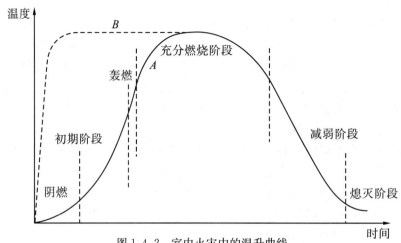

图1.4.2　室内火灾中的温升曲线

（1）火灾初期增长阶段（Fire growth period）

刚起火时，火区的体积不大，其燃烧状况与敞开环境中的燃烧差不多，如果没有外来干预，火区将逐渐增大，或者是火焰在原先的着火物体上扩展开了，也或者是起火点附近的其他物体被引燃了。不久，火区的规模便增大到房间的体积对火灾燃烧发生明显影响的阶段。就是说，自这时起，房间的通风状况对火区的继续发展将发挥重要作用。在这一阶段中，室内的平均温度还比较低，因为总的热释放速率不高。不过在火焰和着火物体附近存在局部高温。

如果房间的通风足够好，火区将继续增大，结果将逐渐达到燃烧状况与房间边界的相互作用变得很重要的阶段，即轰燃阶段。这时室内所有可燃物都将着火燃烧，火焰基本上充满全室。轰燃标志着室内火灾由初期增长阶段转到充分发展阶段。由图 1.4.2 可知，轰燃相应于温度曲线陡升的那一小段。与火灾的其他主要阶段相比，轰燃所占时间是比较短暂的。因此有些人通常不把轰燃作为一个阶段看待，而认为它是一个事件（Event），如同点火、熄灭等事件一样。

（2）火灾充分发展阶段（Fully developed period）

火灾燃烧进入这一阶段后，燃烧强度仍在增加，热释放速率逐渐达到某一最大值，室内温度经常会升到 800 ℃ 以上。因而可以严重地损坏室内的设备及建筑物本身的结构，甚至造成建筑物的部分毁坏或全部倒塌。而且高温火焰烟气还会携带着相当多的可燃组分从起火室的开口蹿出，可能将火焰扩展到邻近房间或相邻建筑物中。此时，室内尚未逃出的人员是极难生还的。

（3）火灾减弱阶段（Decay period）

这是火区逐渐冷却的阶段。一般认为，此阶段是从室内平均温度降到其峰值的 80％ 左右时开始的。这是室内可燃物的挥发分大量消耗致使燃烧速率减小的结果。最后明火燃烧无法维持，火焰熄灭，可燃固体变为炽热的焦炭。这些焦炭按照固定碳燃烧的形式继续燃烧，不过燃烧速率已比较缓慢。由于燃烧放出的热量不会很快散失，室内平均温度仍然较高，并且在焦炭附近还会存在局部的高温。

以上所说的是室内火灾的自然发展过程，没有涉及人们的灭火行动。实际上一旦发生火灾，人们总是会尽力扑救的，这些行动可以或多或少地改变火灾发展进程。如果在轰燃前就能将火扑灭，就可以有效地保护人员的生命安全和室内的财产设备，因而火灾初期的探测报警、及时扑救具有重要的意义。火灾进入到充分发展阶段后，灭火就比较困难了，但有效的扑救仍可以抑制过高温度的出现、控制火灾的蔓延，从而使火灾损失尽量减少。

若火灾尚未发展到减弱阶段就被扑灭了，可燃物中还会含有较多的可燃挥发分，而火区周围的温度在一段时间内还会比平时高得多，可燃挥发分可能继续析出。如果达到了合适的温度与浓度，还会再次出现有焰燃烧。因此灭火后应当注意这种"死灰复燃"问题。

曲线 B 是易燃液体（还包括部分热融塑料）火灾的温升曲线，其主要特点是火灾初期的温升速率很快，在相当短的时间内，温度可以达到 1 000 ℃ 左右。若火区的面积不变，即形成了固定面积的池火，则火灾基本上按定常速率燃烧。若形成流淌火，燃烧强度将迅速增大。这种火灾几乎没有多少探测时间，供初期灭火准备的时间也很有限，加上室内迅速出现高温，极易对人和建筑物造成严重危害。因此防止和扑救这类火灾还应当采取一些特别的措施。

1.5　本书的主要内容

如前所述,建筑火灾的发展涉及可燃物的起火、火羽流和顶棚射流、烟气充填、开口流动、火灾的大范围蔓延等诸多方面。预防和控制火灾可以从上述各个环节入手采取措施。例如,改变可燃物的燃烧特性,使其不致着火或不易着火,加强火灾探测以便一起火就采取措施,安装合理的灭火设施以及时将火灾扑灭在初期阶段,采取防火分隔以阻止火灾蔓延,增加建筑构件的耐火性以保证在大火下建筑物不致损坏等。

火灾安全工程学侧重从系统安全的高度,综合对火灾过程的了解和相应防治技术的认识,讨论火灾安全分析的思想与方法,为加强建筑物的火灾安全提供依据,以实现火灾防治的科学性、有效性和经济性的统一。本书主要从燃烧物理角度分析火灾现象及其机理,讨论火灾防治对策时侧重在防治原理的分析,一般不涉及技术的细节。

书中经常以单室或双室火灾为例进行讨论,因为这是整个建(构)筑物火灾最基本的组成部分,大范围的建筑火灾都是由一两个房间的火灾发展起来的。在讨论火焰烟气蔓延时,适当说明其在多间及多层建筑物内的蔓延,对于火焰从起火的建筑物蹿出之后蔓延到相邻建筑物的情形不展开讨论。

本书的第1章简要介绍了火的使用及其可能造成危害,分析了我国当前火灾爆炸安全的形势,对火灾特点及预防控制对策作了分析,并对火灾安全工程学课程的定位、学习的必要性和注意事项作了讨论。

第2章讨论火灾燃烧的主要分过程,突出体现在受限空间内火灾燃烧的特点,反映火灾燃烧和工程燃烧的区别。在此书中介绍了一些火灾基础实验的结果,但大多数只给出结论性的公式,详细的论述可参考有关文献。

第3章讨论烟气的产生、烟气浓度测量、运动问题。烟气是火灾中的重要产物,对于火灾中的人员疏散及进行灭火等有着严重危害,是造成火灾中人员死亡的主要原因。烟气的毒性也是烟气研究的重要方面,但在此只是一般说明烟气毒性对人的影响,而不详细讨论其化学机理。

第4章主要讨论有关建筑材料的阻燃和建筑构件的耐火问题,这些通常称为火灾的被动防治技术。在火灾中,尽量延长可燃材料的被引燃时间和结构材料的耐火时间,是减少火灾发生和防止火灾蔓延、保护建筑物不被破坏的重要方面。

第5章主要讨论火灾探测报警、灭火的原理和技术及烟气控制等,现在人们通常称这些为火灾的主动防治技术。在现代化建筑物内,火灾荷载较大,而且引发火灾的因素较多,一旦失火,很容易演化为大火,且容易造成重大损失。因此,加强建筑物火灾中的自防自救能力应成为现代消防的基本手段。应当指出,在实际建筑物内,不同的主、被动消防对策是综合应用的,使它们协调共用是提高建筑物总体消防安全水平的重要方面。

第6章对火灾过程的模拟计算进行了讨论。使用计算机模拟火灾的发展过程是当前研究火灾规律的重要手段,也是火灾安全分析的主要工具。现在已发展了多种类型的火灾计算机模型,它们往往是针对某类火灾问题而开发的。本书从工程应用的角度出发,重点介绍了几种代表性的火灾模拟计算程序,通过适当的上机练习,读者能够较快掌握它们的初步应用,再经过一定的实践,可以用其分析火灾的发展;此外对如何开展火灾实验研究进行了讨论。

第7章重点讨论建筑防火设计问题。搞好建筑物的防火设计是保证建筑物火灾安全的基本环节。建筑防火设计不合理可为建筑留下"先天性"的火灾隐患,在以后的使用中即使采取各种补救措施也很难得到很好的改善。该章重点介绍了防火设计中应考虑的主要方面,对传统的规格式设计方法的优缺点进行了分析,并简要介绍了性能化防火设计的思想和步骤。

第8章讨论建筑火灾风险评估的主要方法及其应用。它既是上述各章内容的综合运用,同时还要结合安全系统工程学、安全管理学、安全经济学等软科学的知识,对某些具体建筑物的火灾安全状况作出客观科学的分析,以便为采取有针对性的措施提供依据。人们公认这是火灾安全工程学中最有实用意义的分支之一。

第9章对几类特殊建筑火灾的特点及防治途径进行讨论。近年来,这几类建筑的火灾频繁出现,而人们对其火灾特殊性的研究还相当不足,现有的消防技术和方法用于防治这些火灾尚有很多局限性。该章的目的在于提醒人们对这些火灾的特殊性给予足够注意,并采取适用的防治对策。

本书的附录收集了一些典型的重、特大火灾案例,目的是让人们对近来的火灾状况有些真实客观的了解。此外还摘录了若干与火灾安全分析关系较密切的常用数据,这既有助于学习本书中的有关内容,也可供进行防火设计与火灾安全分析的计算时参考。

复 习 题

1. 火灾的危害主要体现在哪些方面? 火灾可分为哪些主要类型?

2. 我国目前的火灾形势有哪些主要特点? 为什么在经济发展迅速时期火灾问题也会变得比较突出?

3. 为什么说建筑火灾的危害性最大? 导致现代建筑物火灾危险增大的原因主要有哪些?

4. 预防控制建筑火灾主要有哪些基本途径?

5. 划分火灾等级有什么实际意义? 划分依据是什么?

6. 调查表明,电气故障是我国当前引发火灾的主要原因,对此你有何看法和建议?

7. 简要说明火灾安全科学与火灾安全工程学的研究重点及两者的关系。

8. 建筑火灾可分为哪些阶段? 各阶段的主要特征有哪些?

9. 结合自己亲身经历,介绍某次火灾的发展过程,并简要分析其发生的原因。

参 考 文 献

[1] 公安部消防局. 中国火灾统计年鉴(1996~2004)[M]. 北京:中国人民公安大学出版社,1996-2004.

[2] 公安部消防局. 中国火灾统计年鉴(2004~2005)[M]. 北京:中国人事出版社,2006.

[3] 国家统计局. 中国统计年鉴(2006)[M]. 北京:中国统计出版社,2006.

［4］ World Fire Statistics. Information bulletin of world fire statistics center［R］. Internation Association for the study of Insurance Economics，1995-2000.

［5］ World Fire Statistics. Information bulletin of world fire statistics center［R］. Internation Association for the study of Insurance Economics，2000-2005.

［6］ Census and Statistics Department. Employment and Vacancies Statistics for March 2002 ［R］. Hong Kong Special Administrative region，2002.

［7］ JOHN R HALL. The Total Cost Of Fire in The United States ［M］. Quincy：Fire Analysis & Research Division，National Fire Protection Association，2004.

［8］ 陈家强. 我国的火灾形势与发展趋势［J］. 消防科学与技术，2002(10).

［9］ 郭铁男. 2004 年火灾形势与当前和今后一个时期火灾趋势及防治对策［J］. 消防科学与技术，2005,24(3).

［10］ 陈云国，傅志敏，周微. 1993-2003 年特大火灾发生规律、特征及原因分析［J］. 安全与环境学报，2006(2).

［11］ 吴启鸿. 世纪之交对火灾形势和拓展消防安全技术领域的思考［J］. 消防科学与技术，2000(1).

［12］ 李采芹. 中国消防通史［M］. 北京：群众出版社，2002.

［13］ 霍然，范维澄，等. 正视经济发展过程中的火灾问题［J］. 消防科学与技术，1997,1.

［14］ 霍然，王清安. 城市大发展与火灾防治［J］. 中国安全科学学报. 1997,7(3).

［15］ 范维澄，王清安，张人杰，等. 火灾科学导论［M］. 武汉：湖北科学技术出版社，1993

［16］ 韩占先，徐宝林，霍然. 降伏火魔之术：火灾科学与消防工程［M］. 济南：山东科学技术出版社，2001.

［17］ 霍然，杨振宏，柳静献. 火灾爆炸预防控制工程学［M］. 北京：机械工业出版社，2007.

［18］ 平野敏佑. 火灾科学的发展前景［J］. 火灾科学，1992,1(1).

［19］ DRYSDALE D. An Introduction to Fire Dynamics，［M］. 2nd. John Wiley & Sons LTD，1999.

［20］ National Fire Protection Association. SFPE Handbook of Fire Protection Engineering［M］. 17 Edition. Quincy：MA，1995.

［21］ 杜兰萍. 确认识当前和今后一个时期我国火灾形势仍将相当严峻的客观必然性［J］. 消防科学与技术，2005(1).

2 火灾燃烧基础

火灾是一种特殊形式的燃烧现象,遵循燃烧过程的基本规律。为了深入了解火灾的特点,应当对燃烧的机理有一定的了解。经过长期的研究,现在的燃烧理论得到了迅速发展,取得了很多成果。但是多年来人们研究可燃物的燃烧主要是围绕工程燃烧的需要展开的。工程燃烧的基本目的是通过燃烧尽可能获得热能并加以利用,燃烧是在某种可控条件下进行的,且重点关心某些类型的燃料形式、燃烧方式和燃烧装置等。而火灾燃烧是一种非受控燃烧,是在人们所不希望的时间和地点发生的燃烧,具有很大的破坏性。因此火灾燃烧具有许多与工程燃烧不同的特点,研究火灾燃烧时应当更加重视这些特殊性。本章主要结合火灾安全的需要,介绍一些相关的基础知识。

2.1 燃烧的机理和条件

燃烧是可燃物与氧化剂之间发生的快速化学反应,通常要释放出大量的热量。为了使燃烧发生,必须有一定的点火能量。实际的燃烧往往是一种连续的反应过程,就是说始终存在燃烧反应与燃烧产物的输送、气体流动和热量传递。从物理学的观点来看,这是一种多组分的化学反应流问题。因此燃烧机理不仅涉及化学反应,而且涉及流体流动。

2.1.1 可燃物的种类

可燃物之所以能够燃烧,是因为它们都包含有一定的可燃元素。自然界的可燃元素很多,主要有碳(C)、氢(H)、硫(S)、氮(N)等。此外许多金属也很容易燃烧,例如锂、钠、铍等,它们可在一些特定场合下使用。对火灾中的可燃物而言,除了关心上述元素的燃烧外,还需要关心部分添加元素的含量,例如,氯(Cl)、氟(F)等,它们在火灾燃烧过程中往往会产生毒性与腐蚀性很强的物质。

为了定量计算燃烧过程的物质和能量转换规律,需要了解这些元素及由其构成的各类可燃化合物的燃烧特性。有些元素的燃烧反应可以生成完全燃烧产物,也可生成不完全燃烧产物,火灾燃烧是一种非人为组织的燃烧,更容易产生不完全燃烧产物,例如火灾中往往会生成大量一氧化碳(CO)。

可燃物的种类是多种多样的,按其形态可分为气态、液态和固态 3 种,按其来源可分为天然可燃物和人造可燃物两类。从组成上讲,可燃物可分为单纯物质和化合物两种。单纯物质是指由一种分子组成的物质,部分可燃气体和低分子的可燃液体属于单纯物质,例如 H_2、CO、

CH_4、H_2S 等。

绝大部分可燃物都是多种单纯物质的混合物或多种元素的复杂化合物。例如实际使用的气体燃料中,包括 H_2、CO 和 CH_4 等,其燃烧性质由不同组分的含量决定。火灾烟气中不但含有可燃气体,还会有多种可燃液滴和固体颗粒。对于人工聚合物,其烟气的成分更加复杂。

在工程燃烧中所用的可燃物通常称为燃料,因为其用途就是用作燃烧的。燃料的来源比较单纯,主要有煤、石油、木炭、天然气、人造煤气等。这些可燃物大多经过人为处理,然后以一种特定的方式来组织燃烧。

在火灾中遇到的可燃物种类则复杂得多,只要是能够燃烧的物质都可能成为火灾中的可燃物。不仅包括了工程燃烧中的各种燃料,也有人们日常生活中所使用的木材、纸张、人工聚合物、生活用品、装修材料等。因此,从火灾防治的角度研究可燃物的燃烧特性与在工程燃烧中的研究重点存在很大的差异。

2.1.2 可燃物的燃烧热

可燃物燃烧的一个重要特征是放出热量,这实际上是可燃物的化学能转化为热能的结果。了解可燃物发热量的多少及放热的快慢对于了解燃烧后果具有重要意义,可燃物燃烧时所能达到的最高温度、最高压力等都与物质的放热特性有关。

1. 热效应与燃烧热

设反应体系在等温条件下进行某一化学反应过程,若除了膨胀功之外,不作其他功,则此体系吸收或释放的热量称为该反应的热效应。对某个已知化学反应,通常所说的热效应还规定了等压条件,显然这一过程的热效应是该过程的最大放热量。当反应是在 1 atm、298 K 的条件下进行的,其热效应称为标准热效应。

1 mol 的燃料在等温等压条件下完全燃烧释放的热量称为燃烧热。在标准状态下的燃烧热称为标准燃烧热。在火灾研究中,可燃物的燃烧热是一个经常使用的重要参数。表 2.1.1 列出了一些代表性可燃物的燃烧热。

表 2.1.1 部分可燃物的燃烧热(1 atm、25 ℃、产物 N_2、H_2O 和 CO_2)

名称	状态	燃烧热(kJ/mol)	名称	状态	燃烧热(kJ/mol)
碳(石墨)	固	−392.88	乙烯	气	−1 411.26
氢气	气	−285.77	乙醇	液	−1 370.94
一氧化碳	气	−282.84	甲醇	液	−712.95
甲烷	气	−881.99	苯	液	−3 273.14
乙烷	气	−1 541.39	环庚烷	液	−4 549.26
丙烷	气	−2 201.61	环戊烷	液	−3 278.59
丁烷	液	−2 870.64	醋酸	液	−876.13
戊烷	液	−3 486.95	苯酸	固	−3 226.70
庚烷	液	−4 811.18	乙基醋酸盐	液	−2 246.39
辛烷	液	−5 450.50	甲苯	液	−3 908.96
十二烷	液	−8 132.43	氨基甲酸乙酯	固	−1 661.88
十六烷	固	−1 070.69	苯乙烯	液	−4 381.09

2. 热值

在工程计算中,可燃物的量还经常使用质量(kg)或体积(m^3)作基本计量单位,用这种形式表示的可燃物的燃烧热通常称为热值。

可燃物的热值有高位热值和低位热值两种表示方式。高位热值是指常温(一般为 25 ℃)下的燃料完全燃烧后,将燃烧产物冷却到初始温度,并使其中的水蒸气凝结为水所放出的热量。低位热值是指常温下的燃料完全燃烧后,将燃烧产物冷却到初始温度,但水分仍以蒸汽形式存在时所放出的热量。显然两者之间差别为燃烧产物中的水分的汽化热。实际上可燃物燃烧后,其产物中的水分基本上以水蒸气形式排出,即这种水分的汽化热无法利用,因而低位热值是可燃物能够利用的热值。

可燃固体和液体燃料的热值单位一般用 kJ/kg 表示,可燃气体的热值单位一般用 kJ/m^3 表示。在此,气体的体积应按标准状态计算,即气体在 0 ℃、1 atm 下所占的 1 m^3 的体积。

可燃物的高、低位热值之间的关系,用元素分析的结果可表示为

$$Q_{GW} = Q_{DW} + L_{m,g} G_m \tag{2-1-1}$$

用成分分析的结果可写为

$$Q_{GW} = Q_{DW} + L_{m,v} V_m \tag{2-1-2}$$

式中,G_{GW} 和 G_{DW} 分别为燃料的高位和低位热值,$L_{m,g}$ 和 $L_{m,v}$ 分别为水分以质量和体积计量的汽化热,G_m 和 V_m 分别为燃烧产物中水蒸气的质量分数和体积分数。

在实际应用中,固体和液体燃料的热值通常使用氧弹式量热计测定,气体燃料的热值通常用水流式气体量热计测定。

需要指出的是,在火灾中,可燃物的燃烧经常是不完全的。一方面是可燃物没有消耗完毕,另一方面是生成了大量的不完全产物。因此,在计算放热量的时候,简单直接引用燃烧热的数据可能不符合实际情况。不过燃烧热毕竟是可燃物放热特性的最基本参数。火灾时的实际放热状况一般是以燃烧热为基础,结合燃烧场景的特点通过适当修正来确定。

2.1.3 燃烧过程中的传热与传质

无论是哪种类型的燃烧,在可燃物附近和燃烧区域以外都存在着热量和质量的传递和交换。这就需要考虑各有关组分的热力学性质、输运性质等。下面简要介绍一些相关的传热与传质知识。

传热过程与火灾现象密切相关,要深入研究火灾的机理和规律,就必须了解其中热量传递的过程。传热主要有导热、对流传热和辐射传热 3 种方式,它们同时存在于整个火灾过程中。然而随着火灾环境、燃烧强度、火焰形状的不同,3 种传热方式的重要性也有所不同。

1. 导热

导热是物质运动分子之间由于相互接触而产生的一种热量传递方式。这种热传递方式由于需要存在分子的相互接触,其作用场合是有限的,在固体物质中最为明显。导热过程分析的主要目的在于了解热流在固体内部传递的规律,其在固体着火、固体表面的火蔓延、墙壁热损失以及阻燃等问题中的重要性尤为突出。在某些特定的情况下,液体导热也须考虑。如果在一物体内部存在着温度梯度,则能量就会从高温区向低温区转移,这种能量以热传导的形式传递。导热是主要与固体相关的一种传热现象,根据傅立叶导热定律,热量在固体内部从高温区

向低温区的流动可以表示为单位面积上的热流密度：

$$\dot{q}_x = -k\frac{\mathrm{d}T}{\mathrm{d}x} \tag{2-1-3}$$

式中的常数 k 称为材料的导热系数，单位是 W/(m·K)，严格说来，它随温度变化而变化。

导热问题有稳态与非稳态之分，与火灾有关的导热问题大多是瞬态的。不仅对于火灾的分过程，如着火、火蔓延等，而且对于火灾的总体过程，如建筑物对正在发展和充分发展火灾的响应等，都是非稳态的问题。同时，材料物性变化对于热量传递过程也有显著的影响，这一问题包括两个方面：第一，对于相同材料，由于物性随温度变化，造成热量传递过程的变化；第二，对于不同材料，由于物性的差异，造成热量传递过程的显著不同。对于易燃的材料，如木材、发泡塑料、纸张等，它们的热导率很低，到达材料表面的热量逐渐聚集，引起局部温度升高，有可能达到可燃物的点燃温度。金属的热导率很高，产生的热量可以迅速传递到其他部分，局部温度不会很快达到点燃温度。

2. 对流传热

对流传热作为热传递的另一种形式在火灾中是非常重要的，它是通过流通介质而产生的热量传递。热对流主要发生在流动的气体、液体之间，不会在固体中发生，但在固体和液体、气体间也存在热对流。它在整个火灾过程中都存在，在大多数火灾中，热对流主要是由温度差引起的密度差驱动产生的。火灾中流动的热物质是燃烧产生的气体产物，环境中的空气也被加热，它们膨胀变轻，产生向上的运动。火灾中引起大多数热运动的传热方式是对流，它在很大程度上决定了火灾的基本特性。

在不存在强迫对流的火灾过程中，伴随着对流换热的气体运动是由浮力控制的，同时浮力还影响着扩散火焰的形状和行为。流体流过固体壁面，必定在壁面附近薄层内形成边界层，边界层内速度在垂直壁面方向存在很大的梯度。这是由于流体的黏性作用。层流边界层内各流体互不掺混，流体大体上是平行于壁面的平行线，分子运动在相邻层之间传递动量，表现为相邻层之间的黏性力，而流体的运动又携带了动量，对流可引起动量变化。在流体内的热量传递过程与动量的传递过程是完全相似的。当运动流体的温度与壁面温度不同时，在高 Re 情况下，流动边界层的范围内形成热边界层，热边界层的厚度与速度边界层厚度数量级相同，呈一定的关系，紧靠壁面的流体其温度与壁面温度相同，符合壁面附着条件。而在边界层外边界流体温度是外部无黏流的温度，边界层内存在很大的横向温度梯度，由于分子热运动而在相邻层之间进行热传导，流体的宏观运动又携带了其蕴含的热量，这两部分换热的总和就是流体与固体壁面之间的对流换热。由此可以看出，单位固体表面、单位时间和单位流体之间的热交换，与流体的运动状态、流体与固体壁面温度差和流体的热物性有关。这是决定对流换热过程的 3 个基本因素。

由于物体的形状复杂，流体流过固体的边界层通常难以确定，只有最简单形状的物体，如平板、圆管等可以通过微分方程确定边界层内温度剖面，而计算壁面与流体热交换通量，多数情况下只有通过实验确定。牛顿提出流体与壁面热交换通量与流体与壁面的温度差成正比，记为

$$\dot{q} = h(T_w - T_f) \tag{2-1-4}$$

h 为比例系数，称为对流换热系数，单位是 W/(m²·K)，T_w 为固体表面温度，T_f 为流体温度。决定对流换热的 3 个因素，全部复杂性都集中到对流换热系数 h 中，h 由流场的几何形状、流

动状态和流体的热物性确定。

3. 热辐射

辐射传热不要求热源与接收体之间有中间介质,它是电磁波形式的能量传递,像可见光一样,可以被物体表面吸收、反射等,而且在有"不透明物体"遮挡的情况下会投射出"阴影"。辐射传热在火势发展和传播中有着重要的作用,尤其在大火灾中,热辐射将成为火灾中的主要传热方式,并且决定着火灾的蔓延和发展。

热辐射是物体因其自身温度而发射出的一种电磁辐射,它以光速传播,其相应的波长范围为 $0.4\sim100~\mu m$(包括可见光)。当一个物体被加热,其温度上升时,一方面它将通过对流损失部分热量(若置于流体中),同时也通过热辐射损失部分热量。当其温度为 500 ℃~550 ℃ 左右时,辐射大量能量的波长对应于光谱的暗红到可见光区域,随着温度进一步升高,可明显观察到其颜色的变化,因而可以通过观察、对比物体颜色的变化来粗略地确定其温度,这说明温度不同物体的辐射波长范围也不同。不同的热辐射效应见表 2.1.2。

表 2.1.2 热辐射效应举例

辐射热通量 q (kW/m²)	察觉到的效应	辐射热通量 q (kW/m²)	察觉到的效应
1.0	直射的夏日太阳	20	点燃某种纤维质
6.4	暴露 8 s 后皮肤产生疼痛	29	木材在长时间暴露后自燃
12.5	木材在长时间暴露后被引燃	52	5 s 点燃纤维板
16.0	5 s 后皮肤爆皮	100~150	轰燃后的燃烧

一个物体在单位时间内、由单位面积上辐射出的能量称为辐射能。根据 Stefan-Boltzman 方程,物体的辐射能与温度的 4 次方成正比,即

$$E = \varepsilon\sigma T^4 \qquad (2\text{-}1\text{-}5)$$

式中,σ 为 Stefan-Boltzman 常数,其值为 5.667×10^{-8} W/(m² · K)。温度 T 取开氏温度。ε 为辐射率,它是一个表征辐射物体表面性质的常数,其定义为:一个物体的辐射能与同样温度下黑体的辐射能之比,对于黑体 $\varepsilon=1$。实际上,材料的辐射率随着辐射温度和波长的改变而变化。满足单色辐射率与波长无关的物体被称为灰体。

辐射传热的大小还与物体的相互位置有关,即接受辐射热的表面与辐射路径是垂直还是平行有很大的关系。辐射强度也随距离的平方成反比例下降。

离火源一定距离的物体表面受到的辐射热通量可以表示为

$$\dot{q} = x_r Q/4\pi r^2 \qquad (2\text{-}1\text{-}6)$$

式中,Q 为火源的热释放速率,x_r 为辐射热份额,r 为离开火源的距离。

如果一个物体离火源很近,火源就不能再被看成是一个点源,来自火源各部分的热辐射的贡献不再符合辐射强度随距离的平方而下降的规律。此时,关系式变成

$$\dot{q} = \varepsilon\sigma T^4 F_{12} \qquad (2\text{-}1\text{-}7)$$

式中,F_{12} 表示火源与被辐射表面的角系数,T 为火源温度。

2.1.4 着火与灭火

着火是可燃物发生燃烧的起始阶段。对于火灾防治来说,研究着火过程对防止起火具有

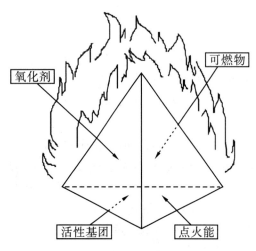

图 2.1.1　发生燃烧的条件

非常重要的意义。燃烧在同时具有可燃物、氧化剂和点火能 3 个基本条件时才能发生。在火灾研究中通常称其为火灾三要素。通常来说,可燃物和氧化剂是经常存在的,使它们开始相互反应,关键在于提供足够的点火能。另外,还应清楚,可燃物与氧化剂之间的氧化反应不是直接进行的,而是经过在高温中生成的活性基团和原子等中间物质,通过连锁反应进行的。如果消除活性基团,链反应中断,连续的燃烧过程就会停止。燃烧的 4 个条件间的关系如图 2.1.1 所示。

1. 着火的形式

可燃物的着火主要有自燃和点燃两种类型。

自燃是物质在一定的条件下自行发生的燃烧现象。这种现象可分为热自燃和化学自燃两种情况。热自燃是由于可燃物在一定条件下温度升高,当超过一定温度而发生的着火。这类着火不需要由外界加热,如长期堆积且通风不良的柴草、原煤等的自燃就是这类自燃。化学自燃是在常温下依靠自身的化学反应而引发的燃烧现象,如金属钠在空气中的自燃。

点燃是使用小火焰、电火花、电弧、热物体等高温热源作用于冷态可燃物使之发生燃烧的过程。首先在作用的局部发生着火,随后燃烧区域向体系的其他部分传播。这种燃烧需要施加外来热源以达到可燃物着火所需的点火能。大部分的火灾都是由点燃引起的。

从本质上说,可燃物着火是其氧化反应由慢速加速到一定程度的现象。引起氧化反应的加速,或是由于温度的升高,或是由于活性中心的积累。

下面简要介绍着火过程的热自燃理论和链着火理论。

2. 热自燃理论

在任何充满可燃预混气的体系中,可燃物能够氧化而放出热量,使得体系的温度升高;同时体系会通过容器的壁面向外散热,使得体系温度下降。

设反应容器的体积为 V,表面积为 F,内部充满可燃预混气。起初,容器壁面温度与环境温度 T_0 相同;在反应过程中,壁温则与预混气温度相同,预混气的瞬时温度为 T;此外认为容器中各点的温度、浓度相同,着火前反应物浓度变化很小,可看为近似不变;环境与容器之间有对流换热,对流换热系数为 h,并认为其不随温度变化。这样该系统的能量方程是

$$\rho_\infty C_V \frac{\mathrm{d}T}{\mathrm{d}t} = Q_G - Q_L = q_s W_s - \frac{hF}{V}(T - T_0) \tag{2-1-8}$$

式中,Q_G 代表体系中单位体积预混气在单位时间内由化学反应放出的热量,简称放热速率;Q_L 是体系中单位时间单位体积的预混气平均向外界环境散发的热量,简称散热速度;ρ_∞、C_V、q_s 分别为可燃预混气的密度、定容比热和单位体积预混气的反应热;W_s 是预混气的化学反应速率:

$$W_s = k_0 c_a c_b \exp(-E/RT) \tag{2-1-9}$$

式中,k_0 为频率因子,c_a、c_b 为反应物 a、b 的摩尔浓度,E 为反应的活化能,R 为理想气体常数。

化学反应速率 W_s 与温度呈指数关系,所以 Q_G 是温度的指数函数。

热自燃理论认为:着火是反应放热因素与散热因素相互作用的结果。如图 2.1.2 所示。开始时,散热曲线如 T_{01},随着温度的升高,化学反应加强,放出的热量增加,同时散热也加强。当到达 A 点时,放热等于散热。温度继续升高,这时散热值一直大于放热值,因此,在自身化学反应条件下,系统的温度会将降低,又会返回到 A 点,A 点是一稳定点,不会发生自身加速化学反应而着火。而对于 B 点来说则是一个不稳定点。当温度超过 B 点时,放热速率急剧增大,系统的放热大于散热,使系统的温度逐渐升高而发生着火。若温度到达 B 点时稍有降温,则系统会返回到 A 点。从 A 点的稳定状态到 B 点的不稳定状态需要有外加的热源来补充散热损失。若初始

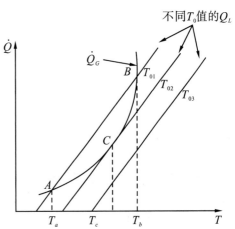

图 2.1.2 热自燃过程中的放热与散热曲线

环境温度增加,则热损减少,热损曲线向右平移,当平移到图中 T_{02} 的位置时,就会和放热曲线相切,形成一个切点 C。C 也是一个不稳定点,但这一点是系统自身可以达到的一个点,这个点就代表热自燃点,T_c 就是热自燃温度。

3. 链反应理论

对于大多数碳氢化合物与空气的反应来说,热着火理论可以很好地解释反应速率的自动加速。但也有一些现象解释不清,例如氢氧反应的 3 个爆炸极限,而链反应理论却能给出合理解释。链反应理论认为,在反应体系中可出现某种活性基团,只要这种活性基团不消失,反应就一直进行下去,直到反应完成。

链反应一般由链引发、链传递、链终止 3 个步骤组成。反应中产生自由基的过程称为链引发。使稳定分子分解产生自由基,就是使某些分子的化学链断裂。这需要很大的能级,因此链引发是一个困难的过程。常用的引发方法有热引发、光引发等。

活性基团与普通分子反应时,能够再生成新的活性基团,因而可以使这种反应不断进行下去。链的传递是链反应的主体阶段,活性基团是链传递的载体。如果活性基团与器壁碰撞而生成稳定分子,或者两个活性基团与第三个惰性分子相撞后失去能量而成为稳定分子,链反应就会终止。

链反应分为直链反应和支链反应。在直链反应过程中,每消耗一个自由基同时又生成一个自由基,直到链终止。就是说反应过程中,活性基团的数目保持不变。由于链传递的速度非常快,因此直链反应速度也是非常快的。而在支链反应过程中,由一个自由基生成最终产物的同时,还可产生两个或两个以上的活性基团,就是说在反应过程中活性基团的数目是随时间增加的,因此支链反应速率是逐渐加大的。

链反应理论认为,反应自动加速是通过反应过程中自由基的逐渐积累来达到反应加速的。系统中自由基数目能否发生积累是链反应过程中自由基增长因素与自由基销毁因素相互作用的结果。自由基增长因素占优势,系统就会发生自由基积累。

例如,氢与氧的反应就是一种支链反应,其总体反应过程可写为

$$2H_2 + O_2 \rightarrow 2H_2O \quad （总反应）\tag{2-1-10}$$

这一反应可以分解为以下一些步骤:

$$H_2 \rightarrow 2H \cdot \quad （链引发） \tag{2-1-11}$$

$$\left.\begin{array}{l} H \cdot + O_2 \rightarrow OH \cdot + O \cdot \\ O \cdot + H_2 \rightarrow H \cdot + OH \cdot \\ OH \cdot + H_2 \rightarrow H \cdot + H_2O \end{array}\right\} \quad （链传递） \tag{2-1-12}$$

$$\left.\begin{array}{l} H \cdot \rightarrow 器壁破坏 \\ OH \cdot \rightarrow 器壁破坏 \end{array}\right\} \quad （链终止） \tag{2-1-13}$$

将链传递的几个步骤相加得

$$H \cdot + 3H_2 + O_2 \rightarrow 2H_2O + 3H \cdot \tag{2-1-14}$$

这就是说,1个活性基团(在这里是 H·)参加反应后,经过一个链传递,在形成 H_2O 的同时还产生3个 H·,这3个 H· 又继续参与反应。随着反应的进行,H· 的数目不断增多,因此支链反应是不断加速的。

当反应过程中引起活性基团增长速率起决定作用时,燃烧反应加速进行;而当活性基团的销毁速率起决定作用时,燃烧反应逐渐停止。

4. 影响着火的主要因素

可燃物的着火受到多种因素的影响,可燃物的性质、组成、形态是主要的因素,此外,可燃性气体的浓度、初温和压力等都对最小引燃能量有一定的影响。

(1) 可燃物的物态

不同物态的可燃物着火性能差别很大。一般说,可燃气体的点燃能较小,可燃液体的次之,可燃固体的点燃能较大。这主要是因为液体变成蒸气或固体发生热解需要提供一定的能量。

(2) 可燃物的结构组成

单质可燃物质的化学结构与最小点火能之间通常有如下规律:在脂肪族有机化合物中,烷烃类的最小引燃能量最大,烯烃类次之,炔烃类较小;碳链长,支链多的物质,引燃能量较大。

(3) 可燃气体的浓度

在可燃气体与空气的混合气中,可燃气体所占的比例是影响着火的重要因素。一般当可燃气体浓度稍高于其反应的化学当量比浓度时,所需的点火能最小。

(4) 可燃混合气的初温和压力

通常,可燃混合气的初温增加,最小点火能减少;而其压力降低,则最小点火能增大,当压力降到某一临界压力时,可燃混合气就很难着火。

(5) 点火源的性质与能量

点火源是促使可燃物与助燃物发生燃烧的初始能量来源。点火源可以是明火,也可以是高温物体,它们的能量和能级存在很大差别。若点火源的能量小于某一最小能量,就不能点燃。引起一定浓度可燃物燃烧所需的最小能量称为最小点火能,这是衡量可燃物着火危险性的一个重要参数。

5. 灭火分析

灭火是着火的反问题,也是火灾预防控制中最关心的方面。实际上,着火的基本原理也为分析灭火提供了理论依据,如果采取某种措施去除燃烧所需条件中的任何一个,火灾就会熄灭。基本的灭火方法如下:

(1) 降低系统内的可燃物或氧气浓度

燃烧是可燃物与氧化剂之间的的化学反应,缺少其中任何一种都会导致火的熄灭。在反应区内减少与消除可燃物可以使系统灭火,当反应区的可燃气体浓度降低到一定限度,燃烧过程便无法维持。将未燃的与已燃的可燃物分隔开来是中断了可燃物向燃烧区的供应,将可燃气体和液体的阀门关闭、将可燃与易燃物质搬走等都是中断可燃物的方法。通常将这种方法称为隔离灭火。

降低反应区的氧气浓度,限制氧气的供应也是灭火的基本手段。当反应区的氧气浓度低于15%后,火灾燃烧一般就很难进行。用不燃或难燃的物质盖住燃烧物,就可断绝空气向反应区的供应。通常将这种方法称为窒息灭火。

(2) 基于热着火理论的灭火分析

降低反应区的温度是达到灭火的重要手段,这可以依据反应体系的热平衡作出定量分析。当反应区的温度为 T_{01} 时,反应体系的放热曲线和散热曲线可出现交点 A_1 和切点 D;当反应区的温度为 T_{02} 时,体系的放热曲线与散热曲线可出现 A_2、B、E_2 三个交点,这时的稳定燃烧状态对应于 E_2 点;当反应区的温度为 T_{03} 时,体系的放热曲线与散热曲线将出现切点 C 与交点 E_3,见图 2.1.3。

对于已经着火的体系,当环境温度降低至 T_{02} 时,稳定燃烧点由 E_3 移到 E_2。而因 E_2 是稳定点,系统则在进行稳定燃烧。这表明,系统环境温度降到着火时的环境温度,系统仍不能灭火。

当环境温度降低到 T_{01} 时,放热曲线与散热曲线相切于 D 点。但 D 是个不稳定点,系统一旦出现降温扰动,就会使散热速率大于放热速率,系统的工作点便会迅速移到 A_1,而 A_1 代表缓慢氧化状态,其物理意义是系统灭火。

因此系统的临界灭火条件是放热曲线与散热曲线在 D 点相切。这与着火临界条件在 C 点不同。系统灭火的临界条件可写成

$$\left. \begin{array}{l} Q_g = Q_l \\ \dfrac{\alpha Q_g}{\alpha T}\Big|_E = \dfrac{\alpha Q_l}{\alpha T}\Big|_E \end{array} \right\} \tag{2-1-15}$$

通过改变系统的散热条件也能达到灭火的目的。设环境温度 T_0 保持不变,在某种散热条件下,可得到系统在 E_3 点进行稳定燃烧,见图 2.1.4。

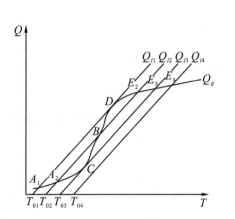

图 2.1.3 通过降低环境温度使系统灭火

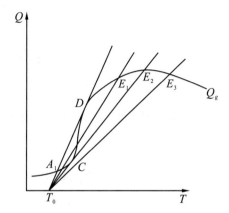

图2.1.4 通过改善系统散热条件使系统灭火

系统散热状态改善,散热曲线的斜率逐渐增大。以致散热曲线与放热曲线相切于 C 点,相应的燃烧状态由 E_3 移向 E_2,由于 E_2 仍是稳定燃烧态,系统不能灭火。继续增大散热曲线的斜率,最终使散热曲线与放热曲线相切于 D 点,因 D 点是不稳定点,系统将向 A_1 移动,并在 A_1 进行缓慢氧化,于是系统完成了从高温燃烧态向低温缓慢氧化态的过渡,即系统实现了灭火。

(3) 依据链反应理论的灭火分析

根据链反应着火理论,若要使已着火系统灭火,必须使系统中活性基团的销毁速率大于其增长速率。燃烧区中的活性基团主要有 H·、OH·、O· 等,尤其是 OH· 较多,在烃类可燃物的燃烧中具有重要作用。加快这些基团销毁的主要途径有:

① 增加活性基团在气相中的销毁速度

活性基团在气相中碰到稳定分子后,会把本身的能量传递给稳定分子,而自身也结合成稳定分子。例如,将某些含溴的物质送入高温燃烧区,将会生成 HBr,而 HBr 在燃烧过程中可发生下述反应:

$$\left.\begin{array}{l} OH\cdot +HBr \rightarrow H_2O+Br\cdot \\ H\cdot +HBr \rightarrow H_2+Br\cdot \\ Br\cdot +OH\cdot \rightarrow HBr+O\cdot \end{array}\right\} \tag{2-1-16}$$

这样系统中的 H·、OH· 便会不断减少,从而使燃烧终止。

② 增加活性基团在固体壁面上的销毁速度

在着火系统中加入惰性固体颗粒,可以增加活性基团碰撞固体壁面的机会。例如,将三氧化二锑(Sb_2O_3)与溴化物同时喷入燃烧区,可生成三溴化二锑(Sb_2Br_3),而 Sb_2Br_3 可迅速升华成极细的颗粒,分布在燃烧区内,于是除了可发生式(2-2-16)所示的反应外,还可以发生如下反应:

$$H\cdot +Br\cdot +M=HBr+M \tag{2-1-17}$$

③ 降低反应系统的温度

在温度较低的条件下,活性基团增长速度将大大减慢。

对于不同类型的火灾应当采取不同的灭火方法,灭火方法不当不仅无法取得好的灭火效果,而且还会造成火势的扩大。

2.2 可燃物的火灾燃烧特点

建筑物内的可燃物可分为气相、液相和固相 3 种形态。发生燃烧时,它们与空气混合的难易程度不同,因而其燃烧状况存在较大差别。

2.2.1 可燃气体的燃烧

建筑火灾中的可燃气体主要有两类,一类是燃烧前就在建筑物内存在的可燃气体,如城市煤气、液化石油气等,这些气体基本上是作为燃料气输送到建筑物内的。正常使用时它们提供生产或生活所需的热量,但若失去控制,它们也可以成为火灾的火源。另一类是燃烧中生成的可燃烟气,由于燃烧不完全,烟气中含有多种可燃组分。本节主要讨论燃料气的燃烧。

在气相燃烧中,燃料气的质量燃烧速率等于其实际供给速率,与燃烧过程无关,可使用流量计测定流量。由于燃料气的燃烧过程容易组织,因此常用作火灾试验的模拟火源。燃料气的燃烧有预混燃烧(Premixed combustion)和扩散燃烧(Diffusion combustion)两种基本形式。两者先混合然后再燃烧称为预混燃烧,两者边混合边燃烧称为扩散燃烧。

1. 预混燃烧

发生预混燃烧的基本条件之一是燃料气在预混气(或称可燃混气)中必须具有一定浓度。在常温下,燃料气的浓度低于某一值或高于某一值都不会被点燃。通常前者称为该可燃气的点燃浓度下限,后者称为其点燃浓度上限。表 2.2.1 列出了若干燃料气和液体蒸气在空气中的可燃浓度极限。

表 2.2.1　若干燃料气的可燃浓度极限

气体名称	可燃浓度极限(%)		气体名称	可燃浓度极限(%)	
	下限	上限		下限	上限
氢　气	4.0	75.0	一氧化碳	12.5	74.0
甲　烷	5.0	15.0	氨	15.0	28.0
乙　烷	3.0	12.5	硫化氢	4.3	46.0
丙　烷	2.1	9.5	苯	1.5	9.5
丁　烷	1.6	8.4	甲　苯	1.2	7.1
戊　烷	1.5	7.8	甲　醇	6.0	36.0
乙　烯	2.75	36.0	乙　醇	3.3	18.0
丙　烯	2.0	11.1	1-丙醇	2.2	13.7
丁　烯	1.9	8.5	乙　醚	1.85	40.0
乙　炔	2.5	82.0	甲　醛	7.0	73.0
丙　酮	2.0	13.0	天然气	4.5	15.0

燃料气在可燃混气中的比例常用一次空气系数 α_1 表示,当 $\alpha_1 = 1$,即处于化学当量比燃烧;$\alpha_1 > 1$ 表明燃料气较少,通称为贫燃料预混气;$\alpha_1 < 1$ 表明燃料过量,通称富燃料预混气。富燃料预混气中的可燃组分在预混燃烧阶段不能完全消耗,一般还可以继续发生扩散燃烧。如果室内的氧气供应不足,就会有部分燃料气进入烟气中,火灾燃烧中经常出现这种情况。

预混火焰实际上是一种高温反应区的传播过程。反应区放出热量不断向新鲜预混气中传递及新鲜预混气不断向反应区扩散造成了火焰面的不断移动。随着气体流动状态的不同,预混火焰速度亦可分为层流传播速度和湍流传播速度两种。层流火焰传播速度定义为火焰面向层流可燃预混气中传播的法向速度,它是给定可燃预混气的热动力参数。而湍流火焰传播速度不仅与预混气的性质有关,而且与气体的流动状况有关,通常后者是影响火焰速度的主要因素。在讨论某种可燃预混气的性质时,一般按层流火焰传播速度进行分析,很多燃烧学文献中给出的都是这种数据。

图 2.2.1 给出了一氧化碳与氧气及氢气与空气预混气的层流火焰传播速度随燃料浓度变化的曲线。可见两者的可燃极限都较宽,前者的最大火焰速度出现在氧气浓度略微大于化学当量比的一侧时,后者的最大火焰速度则在燃料浓度略微大于化学当量比的一侧,这一规律对其他可燃混气同样适用。表 2.2.2 列出了若干燃料气体与空气混合时的最大火焰传播速度,

以及取该速度时燃料在预混气中的体积百分比。

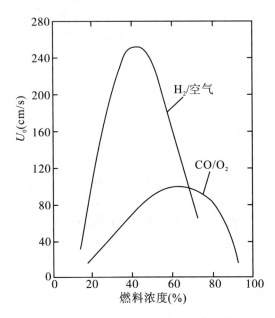

图 2.2.1 CO/O₂ 及 H₂/空气的层流火焰传播速度

表 2.2.2 若干燃料气与空气混合物的火焰速度

燃料名称	最大火焰传播速度（cm/s）	此时的燃料浓度与当量浓度之比（％）
一氧化碳	42.9	170
甲　烷	37.3	106
乙　烷	44.2	112
丙　烷	42.9	114
正丁烷	41.6	113
乙　烯	47.6	116
丙　烯	48.0	114
苯	44.6	108
甲　苯	38.6	105

如果由于某种事故致使燃料气泄漏出来，则可在室内形成可燃预混气。若同时出现点火源，便可引发另一种化学反应——爆炸。这种燃料气的爆炸往往会引发火灾，或使火灾进一步扩大。

预混火焰可以向任何有可燃预混气的地方传播。如果可燃预混气从某个装置流出的速度过低，则火焰可传进装置内，从而引起混合室内的可燃预混气发生燃烧，这称之为预混火焰的回火。回火可造成混合室或与其相连管道内的温度和压力急剧升高，从而发生爆炸，其破坏性很大，因此对于预混燃烧应当格外注意防止回火。

2. 气相扩散燃烧

若燃料气是从存储容器或输送管道中喷泄出来的，且当即被点燃，则将呈现射流扩散燃烧。这种燃烧也有层流和湍流两种情况。若燃料气喷出的速度较低，形成层流火焰，图 2.2.2 为这种扩散火焰的示意图。可看出火焰矩分为 4 个区域，即中央的纯燃料气区、外围的纯空气区、火焰面内侧的燃料气与燃烧产物混合区及火焰面外侧的空气与燃烧产物混合区。由于扩散燃烧是在燃料气与空气的交界面发生的,射流的外侧气体先发生燃烧,而中部的气体要运动一段距离方能与空气接触,因此层流火焰面大致呈锥形。从喷口平面到火焰锥尖的距离称为火焰长度。仔细观察可以发现,层流扩散火焰的根部并非紧靠喷口壁面,而是有几毫米的间隙,这是固体壁面的冷却效应造成了火焰熄灭。还可注意到,火焰根部的颜色是蓝的,与预混火焰相同。这又表明在喷口附近燃料气和空气发生了某种程度的预混。

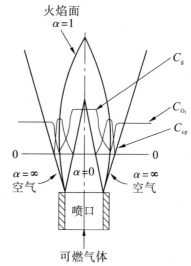

图 2.2.2　可燃气体层流扩散火焰的结构示意图

层流扩散火焰高度是一个表示燃烧状况的重要参数,它是指从燃料气喷口平面算起,沿喷口轴线向上,燃料气最先遇到新鲜空气的位置。简化分析可得,层流火焰高度与燃料气的体积流量成正比,与其扩散系数成反比,即

$$L_c = K_c \times V/D = K_c \times uR^2/D \tag{2-2-1}$$

式中,V 为燃料气的体积流量,D 为气体的扩散系数,u 为燃料气的平均流速,R 为喷口的当量半径,K_c 为修正系数。

随着燃料气流速的增大,火焰将逐渐由层流转变为湍流。实验表明,当喷口处的雷诺数约为 2 000 时,进入由层流向湍流的转变区。当雷诺数达到某一临界值(一般小于 10 000)时,就进入了完全湍流燃烧,这时整个火焰面几乎完全发展为湍流。

湍流扩散火焰的高度也是重要的物理量。实验表明,湍流火焰的高度大致与喷口的半径 R 成正比,与燃料气的流速无关,通常表示为

$$L_T = K_T \times R \tag{2-2-2}$$

式中,L_T 为湍流火焰的高度,K_T 为修正系数。

Hawthorne 等通过理论分析导出了一种更复杂的表达式。该式把湍流火焰高度与射流喷口的直径 d_i、绝热火焰温度 T_F、初始温度 T_0 及空气和燃料气的平均分子量 M_a 和 M_F 关联起来而写为

$$\frac{L_T}{d_i} = \frac{5.3}{C_F} \left[\frac{T_F}{mT_i} \left(C_F + (1 - C_F) \frac{M_a}{M_F} \right) \right]^{1/2} \tag{2-2-3}$$

式中,m 是对化学当量比混合气而言的可燃物与燃烧产物的摩尔数之比;$C_F = (1 + r_i)/(1 + r)$,其中 r 是化学当量比时的空气与燃料气的摩尔比;r_i 是初始空气与燃料气的摩尔比,用该参数可考虑在初始混合气中空气不等于当量比的情况。

工程计算中,湍流火焰高度还常用下式估算:

$$L_T = \frac{R}{\alpha} [0.7(1+n) - 0.29] \tag{2-2-4}$$

式中,α 为湍流结构系数,n 是燃料气在空气中发生化学当量比燃烧时的燃料/空气比。

喷口气相射流火焰的特性主要决定于燃料气喷出的动量,文献中通常称之为动量射流火焰。

2.2.2 可燃液体的燃烧

可燃液体在火灾中的燃烧主要是液面燃烧,即火焰直接在液体表面上生成。一般称为池火(Pool fire)。盛放在敞口容器中的液体是一种典型的液池。液体是容易流动的,当它流出来受到了某种固体壁面阻挡,就积聚起来形成不规则的大面积液池。液体容易燃烧,一旦着火,火焰就会迅速蔓延到整个液池表面。而液池的大小一般(至少是短时间内)是不变的,所以液池直径是决定池火特性的一个重要参数。

在有些火灾情况下,可燃液体可能形成流淌火灾,例如当液体从容器中一漏出来就着了火,液体就会边流动边燃烧,燃烧表面积不断扩大。这种液体受到阻挡后将形成很大的液池,不过它与固定面积的池火有不少差别。由于这种火的燃烧表面很大,热释放速率极高,而且发展方向不易确定,可以对建筑和设备造成极大的破坏。为突出说明液体燃烧的基本特点,本节主要涉及固定面积的池火。

液体燃烧主要包括蒸发和气相燃烧两大阶段,液体蒸发是燃烧的先决条件。在常温下,不同液体的挥发速率是不同的,因而在液面上方,可燃蒸气与空气形成的可燃预混气的着火能力也有所区别。随着温度升高,液体的蒸发加快,达到着火浓度的时间缩短。实际应用中常用闪点(Flash point)来衡量液体的火灾安全性能。闪点指的是液体产生可燃蒸气的最低温度。闪点可以通过仪器测定,在升温过程中,在电弧或小引火焰作用下,在液面上方发生一闪即灭的蓝色火苗时的最低温度即是闪点。测量液体的闪点主要有闭口杯法和开口杯法两种方法,随着测量的仪器不同,得到的液体闪点也略有不同,多数文献中给出的闪点一般是用闭口杯法测定的值,开口杯法测得的闪点比闭口杯法高约10%。

液体的闪点越低,表明其火灾危险性越大,所以对于火灾安全来说,闪点具有重要的意义。表2.2.3列出了若干常见可燃液体的闪点。可以看出,许多液体的闪点低于常温。为了便于防火管理,有区别地对待不同火灾危险性的液体,一般把闪点低于45 ℃的液体称为易燃液体,闪点高于45 ℃的液体称为可燃液体。在建筑防火设计中,还常用另一种表示方法,即以28 ℃和60 ℃为界,将易燃和可燃液体分为甲、乙、丙三类,它们各自的代表物品分别为汽油、煤油和柴油。

表 2.2.3 若干易燃和可燃液体的闪点

液体名称	闪点(℃)	液体名称	闪点(℃)
汽　油	−58~10	乙　醚	−45
煤　油	28~45	丙　酮	−20
酒　精	11	乙　酸	40
苯	−14	松节油	35
甲　苯	5.5	乙二醇	110
二甲苯	2.5	二苯醚	115
二硫化碳	−45	菜籽油	163

随着液体温度的升高,其蒸气浓度进一步增大,到一定温度再遇到明火时,便可发生持续燃烧。这一温度称为该液体的燃点(Ignition point)。与燃料气的爆炸浓度极限类似,可燃液体的着火温度也有上限与下限之分。着火温度下限是指液体在该温度蒸发生成的蒸气浓度等于其爆炸浓度下限,即该液体的燃点。着火温度上限是指液体在该温度下蒸发出的蒸气浓度

等于其爆炸浓度上限。表2.2.4列出了若干液体的着火温度极限。

表 2.2.4 若干易燃与可燃液体的着火温度极限

液体名称	着火温度极限(℃)		液体名称	着火温度极限(℃)	
	下限	上限		下限	上限
车用汽油	−38	−8	乙　醚	−15	13
灯用煤油	40	86	丙　酮	−20	6
松节油	33.5	53	甲　醇	7	39
苯	−14	19	丁　醇	36	52
甲　苯	5.5	31	二硫化碳	−45	26
二甲苯	25	50	丙　醇	23.5	53

Blinov 和 Khudyakov 对池火燃烧进行了较细致的研究。他们对直径从 3.7 mm 到 22.9 m 的碳氢可燃物池火的研究结果直到现在仍然是最全面的资料之一。在小的池火试验中,他们使用了一种供液装置,使液面与容器边缘总保持平行,并用液面下降速率 R(mm/min)表示质量燃烧速率。由 R 可求出单位时间单位池表面的液体体积损失。研究发现,对于小尺寸的液池(直径<1 cm),R 较大;随着池直径的增大,R 逐渐减小,在 0.1 m 直径左右时到达某一最小值,然后又逐渐增加,见图 2.2.3。

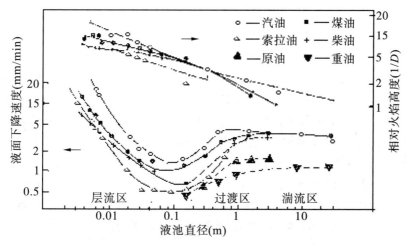

图 2.2.3 池火中液面下降速度和火焰高度随池径的变化

由图 2.2.3 可以看出,池火的液面下降速率及火焰高度(l)随直径的变化可分为 3 个区域,即如果直径小于 0.03 m,火焰为层流状况,液面下降速率 R 随直径的增加而下降;当直径较大($D>1.0$ m)时,火焰变为充分湍流状况,R 与直径无关;而在 0.03 m$<D<$1.0 m 的范围内,火焰处于层流与湍流的过渡区。

液体的质量燃烧速率可写为

$$\dot{m}''=(\dot{Q}_F''+\dot{Q}_E''-\dot{Q}_L'')/L_v \tag{2-2-5}$$

式中,$\dot{Q}_F''$ 是火焰供给液面的热通量,$\dot{Q}_E''$ 是其他热源供给液面的热通量,$\dot{Q}_L''$ 代表通过燃料表面的热损失速率,L_v 为该液体的蒸发潜热。在自然燃烧情况下,由火焰供给液面的热通量 $\dot{Q}_F''$ 是液体所得到热量的主要来源,它实际包括导热、对流和辐射 3 项之和,即

$$\dot{Q}_F''=\dot{Q}_{cd}''+\dot{Q}_{cv}''+\dot{Q}_{rd}'' \tag{2-2-6}$$

导热项指的是通过容器边缘对液面的传热,故

$$\dot{Q}_{cd}''=K_1\pi D(T_F-T_L) \tag{2-2-7}$$

式中,T_F 和 T_L 分别为火焰和液体的温度,K_1 为综合考虑各种导热项而引入的系数。$\dot{Q}_{cv}''$ 是对液面的直接对流传热,可写为

$$\dot{Q}_{cv}''=K_2\pi\frac{D^2}{4}(T_F-T_L) \tag{2-2-8}$$

式中,K_2 为对流传热系数,D 为液池的直径。而辐射项可由下式给出:

$$\dot{Q}_{rd}''=K_3\pi\frac{D^2}{4}(T_F^4-T_L^4)\left[1-\exp(-K_4D)\right] \tag{2-2-9}$$

式中,K_3 包括斯蒂芬-波尔茨曼常数和由火焰对液面传热的形状因子,而 $1-\exp(-K_4D)$ 是火焰辐射系数。分析可知,K_4 中不仅包括关联平均光程与液池直径的比例因子,而且包括火焰中辐射组分的浓度和辐射系数。将这几项代入方程(2.2.6)中,可求出火焰对液面的总辐射通量 $\dot{Q}_F''$。

液面的下降速率便由下式给出:

$$R=\frac{1}{A\rho L_v S}(\dot{Q}_F''+\dot{Q}_E''-\dot{Q}_L'') \tag{2-2-10}$$

式中,ρ 为液体的密度,L_v 为其蒸发潜热。

通过这一数学形式可以合理地说明图 2.2.3 中的液面下降速率曲线的形状。假设 K_4 足够大,则当 D 很小时,导热项决定着燃烧速率,而当 D 较大时,辐射项对燃烧速率起控制作用。

火焰的辐射影响与液体性质有着密切联系。Rasbash 等使用图 2.2.4 所示的装置,对直径为 30 cm 的酒精、苯、煤油和汽油池火进行了研究,测量了这些液体的燃烧速率,并根据对火焰形状、温度和辐射热损失的测量,估算了火焰的辐射系数 K。表 2.2.5 是他们的结果摘要。由此可看出,不发光的酒精火焰的温度比碳氢化合物火焰温度高得多,因为后者的火焰中存在较多炭烟颗粒,它辐射损失了相当一部分的热量。他们还对辐射到液池表面的热量与达到稳定燃烧速率所需要的传热速率作了比较,结果见表 2.2.6。数据表明酒精火焰辐射到池表面的热通量比蒸发所需的量少得多,这一差值必须通过对流来补充。

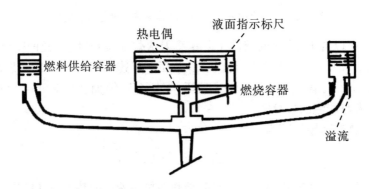

图 2.2.4　Rasbash 研究池火特性的装置简图

表 2.2.5　直径为 0.3 m 的池火的火焰辐射特性

液　体		火焰温度(℃)	火焰宽度(m)	辐射系数 $K(\text{m}^{-1})$	发射率 ξ
酒　精		1 218	0.18	0.37	0.06
汽　油		1 026	0.22	2.0	0.36
煤　油		990	0.18	2.6	0.37
苯	2 min	921	0.22	3.9	0.59
	5 min		0.29	4.1	0.70
	8 min		0.30	4.2	0.72

表 2.2.6　对燃烧液面的辐射传热与稳定燃烧传热量的比较

液　体	维持稳定燃烧速率所需的功率(kW)	由火焰对液面的估计辐射传热(kW)
酒　精	1.22	0.21
苯	2.23	2.51
汽　油	0.94	1.50
煤　油	1.05	1.88

　　对火焰形状的观察也与这一结论相符,见图(2.2.5)。其中图(a)为酒精火焰,它呈淡蓝色,几乎贴在液面上。而其他液体的火焰,则在液面上方存在很明显的蒸气锥,尤其苯最为清楚。苯燃烧一段时间后,火焰便如图(d)所示,此后偶尔出现图(d)与图(e)之间的震荡。可以想像到,蒸气锥的存在将会减弱到达液面的辐射热。这可解释为什么计算得到的由火焰到液面的辐射传热比实际产生维持稳定燃烧的蒸气流所需的热量大,不过决定这种影响大小的原因目前尚不清楚。

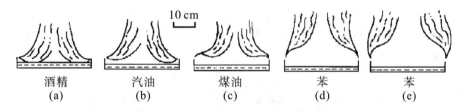

图 2.2.5　不同燃料液池上方的火焰形状

　　一些试验还表明,液池表面不同径向位置的燃烧速率并不相同。对于小的池火,靠近池边的蒸发速率比靠近中心处的大,其中酒精火尤为明显,见图 2.2.5(a)。而对于大的燃料池和辐射强的火焰来说,情况正好相反。

2.2.3　可燃固体的燃烧

　　可燃固体的种类繁多,在工程燃烧中通常以煤为固体燃料的代表,但是在火灾燃烧中,可燃固体包括建筑物中的构件和材料、某些工厂的原材料及室内物品等,它们大多是由人工聚合物和木材制成或构成的。这里主要讨论这两类物质的火灾燃烧特点。

　　可燃固体的燃烧过程大体为:在一定的外部热量作用下,物质发生热分解,生成可燃挥发分和固定碳;若挥发分达到燃点或受到点火源的作用,即发生明火燃烧。而稳定明火的建立,又可向固体燃烧面反馈热量,从而使其热分解加强,撤掉点火源燃烧仍能持续进行;当固体本身的温度达到较高值后,固定碳也开始燃烧。从火灾防治角度出发,主要关心可燃固体的前期气相燃烧。

有一些可燃固体受热后,先熔化为液体,由液体蒸发生成可燃蒸气,再以燃料气的形式发生气相燃烧。由于这些固体的分子量较大,总会或多或少的产生固定碳,故其燃烧后期也存在固定碳的燃烧阶段。

通常固体燃烧是由外部火源点燃的。当固体在明火点燃下刚刚可以发生持续燃烧时,其表面的最低温度称为该物质的燃点(Ignition point)。表 2.2.7 中列出了一些可燃物的燃点。应当指出,由于固体的挥发性较差,而且其性质不够稳定(尤其是天然生成的固体),因而其燃点不易准确测定。不同来源的数据常与表中的值有一定出入。为了准确地测定固体的燃点,还应当探索更合适的方法。

表 2.2.7　若干可燃物的燃点

物质名称	燃点(℃)	物质名称	燃点(℃)	物质名称	燃点(℃)
黄　磷	34	橡　胶	120	布　匹	200
硫	207	纸　张	130	松　木	250
樟　脑	70	棉　花	210	灯　油	86
蜡　烛	190	麻绒毛	150	棉　油	53
赛璐珞	100	烟　叶	222	豆　油	220

有些固体除了可由明火点燃外,还可以发生自燃。所谓自燃是指可燃固体受热或自然发热,而热量可在其周围积蓄起来,致使可燃物达到一定的温度而发生的燃烧。在自燃中不需要外加点火源。在规定条件下,可燃物质发生自燃的最低温度称为该物质的自燃点。物质的自燃点越低,发生火灾的危险性越大。可燃气体和液体也都有自燃点,不过实际储存这些物质时,是绝对不会让它们接近其自燃点的,故不用自燃点作为确定其火灾危险性的依据。但对于堆放着的固体或需要进行加热、烘烤、熬炼的固体来说,自燃点有着重要的实际意义,表 2.2.8 列举了一些物质的自燃点。

表 2.2.8　若干可燃物的自燃点

物质名称	燃点(℃)	物质名称	燃点(℃)	物质名称	燃点(℃)
三硫化四磷	100	汽　油	255~530	棉籽油	370
赛璐珞	150~180	煤　油	210~290	豆　油	400
赤　磷	200~250	轻柴油	350~380	花生油	445
松　香	240	乙　炔	335	乙　醚	180
涤纶纤维	440	二硫化磷	102	氨	651

不少建筑火灾正是由可燃物自燃引起的,当可燃固体堆放在通风散热较差的地方,如靠近炉灶或烟囱的木柴垛、可能受到雨淋的柴草垛等,前者由于受热而后者由于菌化分解产生热量都可能逐渐升温到自燃点以致发生火灾。有一些固体在常温下可自行分解产生可燃气体,还有的受到撞击、摩擦、遇到酸或某些有机物甚至水就会产生可燃气体,它们往往都能迅速发生自燃或爆炸。

与固体火灾危险性有关的另一个问题是粉尘爆炸。在不少场合下,可燃固体需要或不可避免地被粉碎成很小的颗粒,它们可以像尘雾一样悬浮在空气中。如果粉尘浓度达到一定值,遇到明火它也可能像液雾那样迅速燃烧,以致发生爆炸。粉尘爆炸与该物质产生的可燃气体

(或蒸气)有关。它也有确定的可燃(或爆炸)极限、最小点火能、自燃温度等。目前在实用上采用粉尘的浓度极限作为爆炸危险性大小的评判依据。浓度极限也有上限和下限,但其上限值很大,在大多数场合下都不会达到。从火灾安全角度出发,主要关心的是其下限,表2.2.9给出了一些可燃粉尘的爆炸浓度下限。

表 2.2.9　可燃悬浮粉尘的爆炸下限

悬浮粉尘名称	爆炸下限(g/m³)	悬浮粉尘名称	爆炸下限(g/m³)
镁　粉	44~59	裸麦粉	67~93
铝　粉	37~50	软木粉	44~99
镁铝合金粉	50	面　粉	9.7~60
铁　粉	120~240	砂糖粉	71~99
锌　粉	212~284	环氧树脂粉	20
褐煤粉	49~58	聚苯乙烯树脂粉	40~60
有烟煤粉	41~57	聚乙烯醇树脂粉	42~50

可燃液体的燃烧是在水平液面之上进行的,而固体可以在任意方位燃烧,就是说固体的燃烧表面可以是水平朝上的,也可以是竖直的,甚至可以是水平朝下的。有些热塑料在火灾条件下,可以熔化为液体并向外流动,其燃烧表面可不断变化,因而固体燃烧面的形式是复杂的。不过火灾中最常见的是燃烧面水平向上的,这里主要讨论这种形式的燃烧。

1. 人工聚合物的燃烧

决定人工聚合物燃烧速率的各种因素仍可由方程(2-2-5)确定,即

$$\dot{m}'' = (\dot{Q}_F'' - \dot{Q}_E'' - \dot{Q}_L'')/L_v$$

只是它只适宜于表示前期的有焰燃烧,且式中的 L_v 应理解为固体的分解热。

固体燃烧时的表面温度一般都较高(>350 ℃),因而由表面辐射出去的热损失较大。固体的分解热 L_v 要比液体的蒸发潜热高得多。例如固体聚苯乙烯的 L_v 为 1.76 kJ/g,而液体苯乙烯单体的 L_v 仅为 0.64 kJ/g。表 2.2.10 列出了 Tewarson 等人测定的若干聚合物的可燃性参数。此外,还有不少固体受热后会结焦,例如聚苯乙烯、某些热加工树脂、木材等。它们燃烧后,在燃烧表面上形成一层焦壳,在这层壳可以挡住其内部的材料不受外表面的影响,即使其表面已经达到了较高的温度。在这种情况下,固体的燃烧特性要相应发生一定的变化。

表中列举的 $\dot{Q}_L''$ 是直接由方程(2-2-5)算出的。比较 $\dot{Q}_F''$ 和 $\dot{Q}_L''$ 的值可以看出,要使某些材料燃烧(例如聚碳酸酯、异氰酸酯泡沫),必须提供一定的附加热通量。表中的 $\dot{m}_i''$ 为理想燃烧速率,其定义为

$$\dot{m}_i'' = \dot{Q}_F''/L_v \tag{2-2-11}$$

Tewarson 指出,此参数可作为材料燃烧强度的量度,其意义是认为所有的热损失都减小为零,或者说附加热通量正好补偿了热损失。这种结果与现有的实验数据符合得不错,但 $\dot{m}_i''$ 中包括由液面再损失的热量似乎更合逻辑。

表 2.2.10 中的参数值是根据相当小的试样得到的。这样得出的 $\dot{m}_i''$ 似乎不适用于大尺寸物体的燃烧,因为 $\dot{Q}_F''$ 中的辐射和对流通量均随着燃料床大小变化而变化。对于直径大于 1 m 的燃烧床,除了少数燃烧时不发焰的物质(例如 POM)外,辐射传热总处于控制地位。即使是小试样,在某些情况下辐射传热也是对燃料表面的主要传热形式。Tewarson 用 0.1 m 的小试

样试验时发现,如果周围大气中的氧气浓度增大,辐射传热的重要性增加。这是因为氧气浓度高可产生温度较高且辐射性较强的火焰,而火焰可将燃烧放出的热量较多地返送回可燃物表面。然而由此引起的燃烧速率的增加受到燃烧方式自身的限制,一方面是流出的挥发分可吸收一部分的辐射热,另一方面挥发分的流动会阻碍向可燃物表面的对流换热。

表 2.2.10　若干材料的可燃性参数(Tewarson 等人测定的值)

可　燃　物	L_v (kJ/g)	$\dot{Q}_F''$ (kW/m)	$\dot{Q}_L''$ (kW/m)	$\dot{m}_i''$ (g/(m²·s))
纤维增强酚醛泡沫塑料(硬质)	3.74	25.1	98.7	11
纤维增强聚异氰脲酸酯泡沫塑料(硬质,用玻璃纤维增强)	3.67	33.1	28.4	9
聚氧化甲烯(固体)(POM)	2.43	38.5	13.8	16
聚乙烯(固体)	2.32	32.6	26.3	14
聚碳酸酯(固体)	2.07	51.9	74.1	25
聚丙烯(固体)(PP)	2.03	28.0	18.8	14
木　材	1.82	23.8	23.8	13
聚苯乙烯(固体)(PS)	1.76	61.5	50.2	35
纤维增强聚酯(玻璃纤维增强)	1.75	29.3	21.3	17
酚醛塑料(固体)	1.64	21.8	16.3	13
聚甲基丙烯酸甲酯(固体)(PMMA)	1.62	38.5	21.3	24
泡沫塑料(硬质)	1.52	50.2	58.5	33
聚氨酯泡沫塑料(硬质)(PUF)	1.52	68.1	57.7	45
聚酯(玻璃纤维增强)	1.39	24.7	16.3	18
纤维增强聚苯乙烯泡沫塑料(硬质)	1.36	34.3	23.4	25
聚氨酯泡沫塑料(软质)(PUF)	1.22	51.2	24.3	32
甲醇(液体)	1.20	38.1	22.2	32
纤维增强聚氨酯泡沫塑料(硬质)	1.19	31.4	21.3	26
乙醇(液体)	0.97	38.9	24.7	40
纤维增强胶木	0.95	9.6	18.4	10
苯乙烯(液体)	0.64	72.8	43.5	114
甲基丙烯甲酯(液体)	0.52	20.9	25.5	76
苯(液体)	0.49	72.8	42.2	149

Markstein 研究了直径为 0.31～0.73 m 的 PMMA 燃烧,发现火焰的辐射特性大约随直径的三次方增加。Modak 研究了 1.22 m² 的 PMMA 块的燃烧,指出由火焰传向表面的热量有80%是通过辐射进行的。

在绝热燃料床的稳定燃烧阶段,其火焰辐射与分解热都是材料本身的性质,而不是燃烧过程与环境相互作用的结果。因此有可能根据这两者确定不同材料的燃烧速率,Markstein 比较了面积均约为 0.31 m² 的 PMMA、PP、PS、POM 和 PUF 等材料的火焰辐射输出,发现它们的辐射率按下列顺序递减:

$$PS>PP>PMMA>PUF>POM$$

而这些热塑料的燃烧速率见表 2.2.11,它们的递减顺序是:

$$PS>PMMA>PP>PUF>POM$$

可以看出,两个顺序基本一致,只有 PP 和 PMMA 两个例外。其原因还不完全清楚,但它们的分解热不同显然是一种原因。由表 2.2.11 可看出,PP 的分解热约比 PMMA 的大 25%。

表 2.2.11 若干热塑料的燃烧速率

可 燃 物	火焰辐射率	质量燃烧速率(g/(m² · s))
聚苯乙烯(PS)	0.83	14.1±0.8
聚丙烯(PP)	0.4	8.4±0.6
聚甲基丙烯酸甲酯(PMMA)	0.25	10.0±0.7
聚氨酯泡沫塑料(PUF)	0.17	8.2±1.8
聚氧化甲烯(POM)	0.05	6.4±0.5

如果材料是在封闭室内燃烧的,则到达其表面的热通量将由空间内总体燃烧状况决定。这时室内的热释放速率可用下式求出:

$$\dot{Q}_c = X\dot{m} \cdot \Delta H \cdot A_F \tag{2-2-12a}$$

把进入可燃物表面的纯热通量写为 $\dot{Q}_{net}$,上式可改写为

$$\dot{Q}_c = X\frac{\dot{Q}_{net}}{L_v} \cdot \Delta H \cdot A_F \tag{2-2-12b}$$

式中,A_F 为可燃物表面积,ΔH 为材料的燃烧热,X 为燃烧效率因子,其变化范围比较窄,一般为 0.4~0.7。可以看到,材料燃烧的热释放速率强烈依赖于 $\Delta H/L_v$,Rasbash 称之为材料的燃烧特性比(Combustibility Ratio)。表 2.2.12 中列出若干材料的燃烧特性比。根据该值大小对材料进行排序,燃烧状况与对这些材料稳定燃烧的认识相符。液体的 $\Delta H/L_v$ 值一般较高,例如庚烷可高达 93;而甲醇比较低,只有 16.5,这与它的蒸发潜热较高而燃烧热较低是一致的。

表 2.2.12 若干可燃物的燃烧特性比

可 燃 物	$\Delta H/L_v$	可 燃 物	$\Delta H/L_v$
红橡木(固体)	2.96	环氧乙烷/纤维增强/玻璃纤维	13.38
硬质聚氨酯泡沫塑料(43)	5.14	聚甲基丙烯酸甲酯(粒状,PMMA)	15.46
聚氧化甲烯(粒状)	6.37	甲醇(液体)	16.50
硬质聚氨酯泡沫塑料(37)	6.54	软质聚氨酯泡沫塑料(25)	20.03
软质聚氨酯泡沫塑料(1-A)	6.63	硬质聚苯乙烯泡沫塑料(47)	20.51
聚乙烯(粒状)	6.66	聚丙烯(粒状)	21.37
含氯 48% 的聚氯乙烯(粒状)	6.72	聚苯乙烯(粒状)	23.04
硬质聚氨酯泡沫塑料(29)	8.37	硬质聚乙烯泡沫塑料(4)	27.23
软质聚氨酯泡沫塑料(27)	12.26	硬质聚苯乙烯泡沫塑料(53)	30.02
尼龙(粒状)	13.10	苯乙烯(液体)	63.30
软质聚氨酯泡沫塑料(21)	13.34	庚烷(液体)	92.83

碳氢聚合物的热值比它们的氧化衍生物(例如 PMMA)的高,因而它们的燃烧特性比大。

这似乎为材料的燃烧性能排序给出了新启示，就是说，根据材料挥发分的燃烧热而不是固体的纯燃烧热计算燃烧特性比更为合理。固体的纯燃烧热通常是用氧弹法测定的，对于可生成焦炭的材料（例如木材），它包括焦炭燃烧所释放的热量，而在真实火灾中焦炭的燃烧相当缓慢，而且在有焰燃烧之后，其大部分将不再燃烧。因此按固体热值计算，对可结焦材料的燃烧特性比的估计可能偏高。

阻燃剂的存在可以改变材料的 ΔH 或 L_v，或者同时改变两者，这可能是改变了材料的热分解机理，也可能是由于加入了惰性填料（例如矾土）而显著地冲淡了可燃成分。从而就影响了材料的燃烧特性比。此外，热释放速率还受燃烧效率系数 X 的影响。对于某些加入阻燃剂的材料来说，X 可以低于 0.4。一般材料的 X 值范围为 0.4～0.7。不同人工聚合物热释放速率的递降顺序为

脂肪族＞脂肪族与芳香族的混合物＞芳香族＞高卤化物组分

2. 木材的燃烧

与人工聚合物不同，木材是不均匀的材料，其性质非各向同性，即随着测量方向的不同而有所差别。木材是天然高分子物质的混合物，其中最重要的组分是纤维素（约 50%）、半纤维素（约 25%）和木质素（约 25%），它们的比例随木材种类和产地的不同而不同。木材中一般还含有水分，其含量与相对湿度和木材暴露状况有关，含水量对木材的燃烧性能有较大影响。

纤维素是所有高秆植物的主要组分，主要是己糖、D 葡萄糖的聚合物，典型的 β-D 葡萄糖结构见图 2.2.6(a)，其组成的线性结构如图 2.2.6(b)。这便使其分子排列成束状，它为细胞壁提供了一定的结构强度和硬度。在植物木质化的过程中，微纤维素被约束在一起，而半纤维素和木质素则在它们之间存积下来。半纤维素的结构与纤维素类似，主要由戊糖组成。木质素的结构却复杂得多。

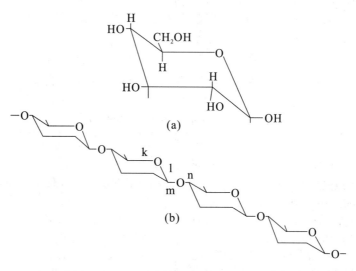

图 2.2.6 β-D 葡萄糖的稳定结构及纤维排列

半纤维素、纤维素和木质素析出挥发分的温度不同，它们各自的代表性温度为 200 ℃～260 ℃、240 ℃～350 ℃ 与 280 ℃～500 ℃。图 2.2.7 列出了木材、纤维和木质素的热重分析曲线。木质素加热到 400 ℃～450 ℃ 的温度，只能得到约 50% 的挥发分，其他的将作为炭渣而剩下来。而纤维素的炭渣就少得多，如从棉花中选出的 α-纤维，当经过清洗并滤去无机杂质后，

在 300 ℃温度下长时间加热,剩下的炭渣只有 5%。但如果纤维中有无机杂质(例如钠盐)存在,则燃烧后的残留物将大大增多,例如再生纤维制造的人造丝中含有较多的无机杂质,其炭渣生成量可高达 40%。木材燃烧或加热超过 450 ℃时,一般可产生15%～25%的炭渣,这些炭渣大部分来自木质素。由纤维素或半纤维素生成的炭渣变化很大,其生成量不仅与燃烧速度有关,更主要的是与存在于木材中的无机盐的性质和浓度有关。

无机盐的存在不仅使木材的炭渣量增加,而且也改变了挥发物的性质,并因此改变了木材的燃烧特性。不少人研究了温度和无机杂质对木材分解的影响,例如 J. J. Brenden 的实验对于后者作了较清楚的解释。他用多种盐类对松木试样进行了处理,使其具有一定的阻燃性,并对它们燃烧产生的炭渣、水和气体(主要是 CO_2 和 CO)作了比较,典型结果见表 2.2.13。表中称为焦油的组分由一些低沸点挥发分组成,据分析其中最主要的部分是左旋葡萄糖,其结构如图 2.2.8 所示。

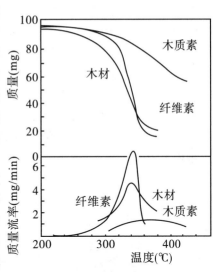

图 2.2.7 90～100 mg 试样的热分析结果(真空环境,温升为 3 ℃/min)

表 2.2.13 松木分解生成的组分

	溶剂的浓度(%)	处理程度(%)	炭渣	焦油	水	气体
未处理的木材	—	—	19.8	54.9	20.9	4.4
＋ NaB_4O_7	5	4.8	48.4	11.8	30.3	9.4
＋ $(NH_4)_2HPO_4$	5	6.69	45.4	16.8	32.0	5.7
＋聚磷酸铵	5	5.0	43.8	19.0	34.6	2.6
＋ H_3BO_3	5	3.9	46.2	10.7	33.9	9.2
＋磺酸铵	5	6.3	49.8	2.6	33.4	14.2
＋ H_3PO_4	5	6.8	54.1	2.5	37.3	6.1

这表明纤维素的分解有两种不同的机理,现根据图 2.2.6(b)进行分析。如果任意一个标有 k 和 l 的键被打断了,便意味着六原子环被打开了,但保持聚合物连续的键并未被打断,这时将生成炭渣,而挥发分主要为 CO_2、CO 和水。另一方面,如果 m 或 n 键被打开了,便意味着聚合物的"脊梁骨"被打断了,这时暴露出的活性反应端会迅速生成左旋葡萄糖,并由高温区挥发出来。当加热速率较低或温度较低时,有利于生成炭渣的反应。通常用来改善木材耐火性的各种阻燃剂的作用原理与此相同,就是尽量减少生成焦油而促使生成炭渣。

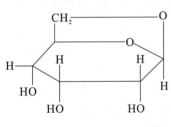

图 2.2.8 左旋葡萄糖的结构

由表 2.2.13 可见,用磷酸盐和硼酸盐处理过的松木生成的炭渣量比未处理过的松木约多一倍。同时挥发分燃烧性质的改变有利于降低焦油的生成。因为这些挥发分的燃烧热降低了,可使由火焰传到可燃物表面的热通量 $\dot{Q}_F''$ 减小,从而降低了理想燃烧速率 $\dot{m}_i''$。如果要使木材维持燃烧,则必须向其表面施加更多的附加热通量。炭渣积存在木材表面还可有效地保护其内部的木材不受火焰影响。

由于木材的条纹结构,它的性质是随方向而变的,例如平行于条纹的导热系数约为垂直于条纹的两倍,透气性的量级差别约为 10^3。在燃烧表面下的未受火焰影响的木材热分解产生的挥发分,顺着条纹比垂直于条纹流向表面要快得多。木棒、圆木的节疤燃烧时,其端部常冒出的挥发分射流火焰就是这种情况。

当温度超过 200 ℃～250 ℃时,木材就会改变颜色并生成炭渣。在较低的温度(≥120 ℃)下长期加热也会发生类似结果。在 300 ℃以上,木材的物理结构开始被快速破坏,在其表面上最为明显,见图 2.2.9。这时在炭渣上出现了小的垂直于条纹方向的裂纹,它允许从受加热影响的内层中析出的挥发分比较容易经过表面逸出。随着炭渣的增厚,裂纹逐渐变宽,形成较宽的裂缝。

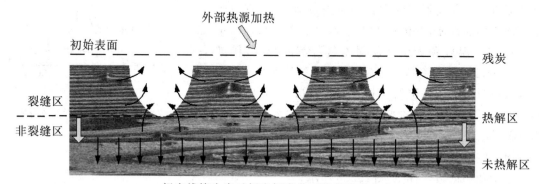

粗实线箭头表示析出挥发分可能的流动方向

图 2.2.9 木板燃烧或热解时表面形状

显然木材的燃烧过程比人工聚合物(不论是结焦的还是不结焦的)要复杂得多,难以根据方程(2-2-5)来定量计算它的燃烧特征。对木材燃烧的任何理论分析不仅要考虑方程(2-2-5)中的各项(由于渣层的存在它们都变复杂了),而且要考虑热炭渣内部的作用。由于少量的氧气扩散到炭层表面,炭渣仍可继续氧化,这种放热过程可将一定的热量传递给正在发生热分解的木材,从而减少了由外界加入的使木材热解的热量。

目前得到的有关木材的 L_v 的值尚不一致,见表 2.2.14,其值在 1 800(甚至更小)到 7 000(J/g)的范围内。这与试样的组分差别很大有关。

表 2.2.14 若干木材的 L_v 值

试 样	L_v(J/g)	试 样	L_v(J/g)	试 样	L_v(J/g)
松 木	2 790	雪 松	2 260	橡 树	1 410
红 橡	1 740	核 桃	3 230	花旗松	1 820
黑樱桃	3 010	红 木	2 790	枫 树	2 020

由常识可知,对于厚木块来说,除非其他热源(例如火焰)向它提供热量(通过辐射或对流),否则它是不会燃烧的。实际测量也证明了这一点,例如 Tewarson 等测量花旗松时得出 $\dot{m}_i''$ 为 13 g/(m² • s),见表 2.2.10。这就是说,由火焰传给试样的热量正好与稳定燃烧状况下损失的热量相当。Petrella 也发现,有些木材试样在通常情况下燃烧时 $\dot{Q}_F'' < \dot{Q}_L''$,显然要使这种木材燃烧需要外加热通量。

木材的燃烧速率常用质量燃烧速率和线燃烧速率表示。前者指的是单位质量木材在单位时间内燃烧所消耗的质量,它适合于可以对试样进行整体称重的场合。后者指的是单位时间木材表面的炭化厚度。在有些文献中,常把木材的线燃烧速率引述为 0.6 mm/min 左右,这是根据木梁或木柱在标准火灾试验中生成焦炭层的厚度得出的。应当指出,木材的燃烧速率并不是常数,实验条件不同得到的结果亦差别很大。木材本身的密度、含水量、比表面积等都对燃烧速率有很大影响。

木材的燃烧速率与辐射通量有密切关系,见图2.2.10,这种关系大致可用下式描述:

$$R_w = 2.2 \times 10^{-2} \times I \quad (\text{mm/min}) \tag{2-2-13}$$

式中,I 用 kW/m^2 表示。在室内火灾中,局部温度可高达 1 100 ℃,相应的黑体辐射可达 200 kW/m^2,这可以使木材的燃烧速率高达 4.4 mm/min,图2.2.10中所指出的物体都相当厚,以便在燃烧过程中可认为它们是半无限大固体。在燃烧过程中,可燃物发生热解的部分与未受影响的部分存在一分界面,此界面不断向未受影响的部分推进,而受到加热影响的仅是该界面下方的薄层。那些热容量较小试样的燃烧速率较高,除非由其另一端(没有燃烧)表面上损失的热量(包括在方程(2-2-5)的 $\dot{Q}_L''$ 中)较高。

3. 木垛的燃烧

在许多火灾实验中经常使用木垛作火源。所谓木垛是由截面不太大的木棒交叉排列堆成的,见图2.2.11。由于木垛内部的对外传热受到限制,燃烧表面之间存在强烈的交叉辐射,这样便使得较粗的木棒也能有效地燃烧。木垛火具有较好的复现性,有的研究机构已将其作为一种标准火源。通过改动一些实验变量可以使木棒垛以某个确定的速率燃烧并持续一定的时间。这些变量包括:棒的截面边长(b)、棒的长度(l)、木棒层数(N)、每层内各木棒之间的距离(s),木棒的含湿量也可以控制。

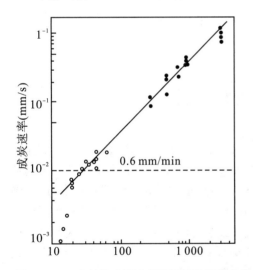

图2.2.10 木材的成炭速率随辐射通量的变化

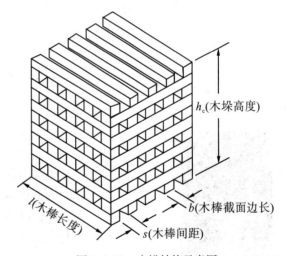

图2.2.11 木垛结构示意图

Gross 等人利用多种木材制成的木垛进行了试验,结果发现木垛燃烧可分为两种典型状况,它们分别相当于通风不足和通风良好。前者相应于堆得较密实的木垛,其燃烧速率取决于面积比 A_v/A_s,式中 A_s 是木垛的全部外露面积,A_v 是竖直垛体的敞开面积。后者为通风良好的情况,垛中有足够大的火焰,燃烧速率由各根木棒的粗细控制。

Gross 按木棒的粗细把燃烧速率表示为 $R \times b^{1.6}$,式中 R 是用每秒消耗的质量分数表示的燃烧速率。另外,定义木垛空隙因子 Φ 为 $\dot{m}_{ac}/\dot{m}$,式中 $\dot{m}_{ac}$ 是竖直通过木垛的空气质量流率,$\dot{m}$ 是挥发分的总生成速率。他们曾得出 $\dot{m}'' \propto b^{-0.6}$,若再假设 $\dot{m}_{ac} \propto h_c^{1/2} \times A_v$,式中 h_c 为垛的高度,则

$$\Phi = \frac{\dot{m}_{ac}}{\dot{m}} \propto \frac{(Nb)^{1/2}}{A_s b^{-0.6}} = N^{1/2} b^{1.1} (A_v / A_s) \tag{2-2-14}$$

图 2.2.12 给出了不同材质木垛的 $R \cdot b^{1.6}$ 随 Φ 变化的曲线。可见当 $\Phi < 0.08$，两者之间为线性关系；当 $\Phi > 0.1$ 后，$R \cdot b^{1.6}$ 近似不变，即表明木垛的燃烧速率由木棒的截面控制；当 $\Phi > 0.4$ 以后，粗木棒组成的木垛就不可能维持燃烧了。当空隙因子为 0.2 左右时，部分木材的燃烧速率出现较大差异，例如轻木、红木、桦木。

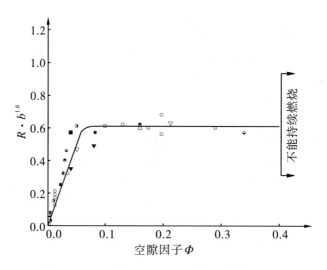

图 2.2.12　空隙因子对木垛比例燃烧速率的影响

2.3　火羽流与顶棚射流

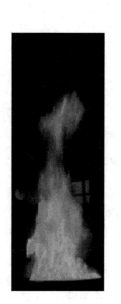

图 2.3.1　火羽流的结构示意图

在火灾燃烧中，火源上方的火焰及燃烧生成烟气的流动通常称为火羽流（Fire plume），其结构见图 2.3.1。火羽流的火焰大多数为自然扩散火焰（Natural diffusion flame），纯粹的动量射流火焰在火灾燃烧中并不多见。例如当可燃液体或固体燃烧时，蒸发或热分解产生的可燃气体从燃烧表面升起的速度很低，其动量对火焰的影响几乎测不出来，可以忽略不计，因此这种火焰气体的流动是由浮力控制的。

仔细观察可以发现，自然扩散火焰还分为两个小区，即在燃烧表面上方不太远的区域内存在连续的火焰面；在往上的一定区域内火焰则是间断出现的。前一小区称为持续火焰区（Presistent flame），后一小区称为间歇火焰区（Intermittent flame）。火焰区的上方为燃烧产物（烟气）的羽流区，其流动完全由浮力效应控制，一般称其为浮力羽流（Buoyant plume），或称烟气羽流（Smoke plume）。当烟气羽流撞击到房间的顶棚后便形成沿顶棚下表面蔓延的顶棚射流(Ceiling jet)。本节分别讨论这些流动区的特点。

2.3.1 自然扩散火焰

在分析火灾燃烧现象时,研究人员经常用多孔可燃气体燃烧器模拟实际火源。可燃气体由多孔燃烧器流出的速度很低,其火焰具有自然扩散火焰的基本特点,燃烧过程容易控制。由于可燃气体的体积流率可以预先测定,故可将其作为一个独立于火焰特性的变量处理,另外还可以方便地按需要确定试验时间。

Corlett 研究了多孔燃烧器火焰后发现,火焰结构随着燃烧床直径的增大而变化,见图2.3.2。当燃烧床的直径小于 0.01 m 时,产生的是层流火焰,但其高度比层流射流火焰的高度要低得多,显然这是由于可燃气体的初始动量很小造成的。随着燃烧床直径的增大,火焰面逐渐出现皱折。当燃烧床直径在 0.03~0.3 m 范围内时,床面上方中部存在可燃气体浓度很大的核,见图中的(b)和(c)。可以认为,这是因为火焰周围的氧气无法扩散到床中心的缘故。现在人们称这种火灾为有构火焰。当燃烧床的直径再增大时,火焰的脉动进一步加剧,可燃气核逐渐消失了。

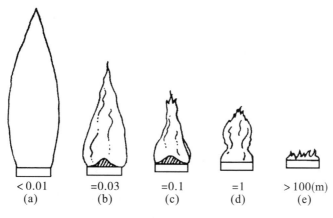

< 0.01   =0.03   =0.1   =1   > 100(m)

(a)   (b)   (c)   (d)   (e)

图 2.3.2 自然扩散火焰的结构

Chitty 和 Cox 等以甲烷为燃料,在 0.3 m² 的多孔燃烧器上进一步用静电探针测定了火羽流内各处的燃烧强度,结果见图 2.3.3。他们发现,若将 50% 以上时间存在火焰的区域作为强燃烧区,则强燃烧区的高度有限,主要是燃烧床边缘的内侧附近燃烧强烈。在燃烧床中心上方较短的距离内,几乎没有火焰,表明那里存在很浓的可燃气体内核。

试验表明,间歇火焰区占自然扩散火焰的大部分,在稳定燃烧阶段,间歇火焰的出现和消失呈现相当有规律的振荡。对于床面边长为 0.3 m² 的多孔燃烧器,火焰的振荡频率约为 3 Hz。随着燃烧床直径的增大,其振荡频率逐渐减小。Porsht 等利用酒精作燃料,专门测定了该频率随燃烧盘直径的变化,结果见图 2.3.4。这一曲线更具有一般性。不同可燃物火焰的振荡频率是不同的,但当燃烧表面积小于 1 m² 时,多数火焰的振荡频率为 3~8 Hz。

研究认为,这种振荡是火羽流与周围空气之间的边界层不稳定引起的。由图 2.3.1 可看出,在接近持续火焰区的上端时,火焰面会由燃烧床的边缘向中间靠拢。在高温作用下火焰面内的可燃气将会急剧膨胀,产生向外扩展的趋势。同时周围受卷吸的空气也大幅度向中部流动。在火焰气体上升过程中,上述影响造成的边界层不稳定使火焰面的扰动增大,容易诱发自内向外的旋转,其中最大的扰动可呈现大体轴对称的涡旋结构。试验观察到的自然扩散火焰的振荡现象便是这种旋涡随羽流上升并发生燃烧的结果。旋涡上部的外露表面将形成火焰尖,当一个旋涡通过后,后面的旋涡又以同样的形式形成新的火焰尖,这是自然扩散火焰的典型特性。火焰的闪烁特性可用于区别红外辐射是来自火焰,还是来自其他稳定的背景,这为探测早期火灾提供了一种依据。

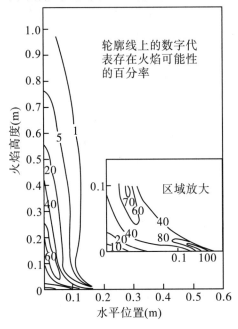 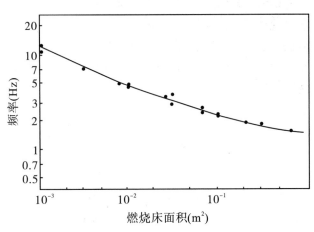

图 2.3.3   自然火焰内的燃烧强度分布   图 2.3.4   酒精池火的振动频率随燃烧面积的变化

McCaffrey 等以甲烷为可燃气,在边长为 0.3 m² 的多孔燃烧器上测量了火羽流中心线的平均温度和平均速度。结果表明,在羽流的每个区域内,速度(用无量纲速度 $U_0/\dot{Q}^{1/5}$ 表示)、温度(用 $2g/\Delta T/T_\infty$ 表示)与高度(用 $Z/\dot{Q}^{2/5}$)之间存在确定的关系,分别见图 2.3.5 和图 2.3.6。

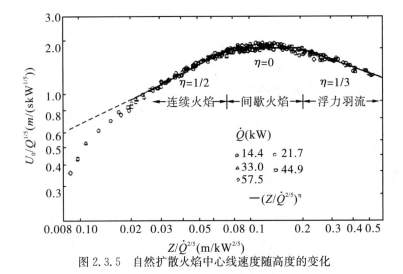

图 2.3.5   自然扩散火焰中心线速度随高度的变化

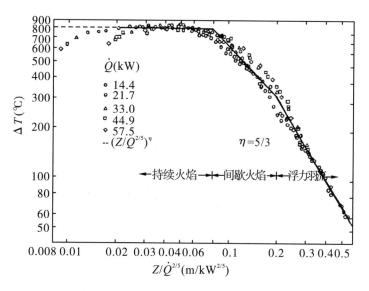

图 2.3.6　火羽流中心线温度随高度的变化

由速度分布图可见,在刚离开燃烧器表面较短的距离内,速度增加很快,但不久变得与 $Z^{1/2}$ 成比例增大,并到达某一最大值;尔后在相当一段距离内速度大体为常数。这反映出由持续火焰到间歇火焰的转变。由温度分布图可看出,在燃烧器上方不远的区域内,火焰温度由 500 ℃ 左右迅速增大到约 800 ℃,尔后就近似不变了,这部分为连续火焰区。再往上方,火焰温度逐渐降低,在间歇火焰的边缘,温度约降低到 320 ℃。Zukoski 等人指出,可以认为自然扩散火焰的平均温度在 500 ℃～600 ℃ 之间是合理的,实际应用中可将其选为 550 ℃。

自然扩散火焰的平均高度是一个重要应用参数,根据它可计算燃烧床上方的火焰体积,并由此可决定火焰与其周围物体的相互作用,例如火焰能否到达房间顶棚,火焰能否提供足够强的辐射热以点燃其周围的物体等。火焰高度常用目测法和照相法确定,还可按奇逊的测燃烧强度分布的方法确定,但前两种方法确定的高度一般比后一种高 20%～30%。

Thomas 等用量纲分析法分析了火羽流,最先得出了决定自然扩散火焰高度的基本参数。他们假设浮力是流动的驱动力,周围的空气通过火焰的外围进入羽流,于是可以把火焰尖的高度定义为卷入的空气足以把可燃气体烧完的高度,并用下式表示:

$$\frac{L}{D} = f\left(\frac{\dot{m}^2}{\rho^2 g D^5 \beta \Delta T}\right) \tag{2-3-1}$$

式中,L 为燃烧床上方的火焰高度,D 为燃烧床的直径,$\dot{m}^2$ 和 ρ 分别为可燃气体的质量流率和密度,ΔT 为火焰与环境的温差,g 和 β 分别为重力加速度常数和空气膨胀系数。$g\beta\Delta T$ 的组合表明浮力具有重要影响。

Zukoski 等比较了大量多种来源的数据,绘出 $\lg(L/D)$ 对 $\lg(\dot{Q}/D)^{5/2}$ 的曲线,见图 2.3.7,其中 $\dot{Q}$ 为热释放速率(kW)。他们注意到当 $L/D>6$ 时,曲线的斜率约为 2/5。这表明自然扩散火焰高度与燃烧床的直径密切相关,即

$$\frac{L}{D} \propto \left(\frac{\dot{Q}_c}{D^{5/2}}\right)^{2/5} \propto \frac{\dot{Q}_c^{2/5}}{D} \tag{2-3-2}$$

式中,$\dot{Q}_c$ 为总热释放速率中由对流部分所占的量。根据他们自己测定的数据得出

$$L/D = 0.23 \dot{Q}_c^{2/5} \qquad (2\text{-}3\text{-}3)$$

然而,当 $L/D < 6$ 时,该公式便不适用了。

Thomas 等对 $3 < L/D < 10$ 的木垛火焰高度作了仔细测量,得到的经验公式为

$$L/D = \left(\frac{\dot{Q}_c}{D^{5/2}}\right)^{0.61} \qquad (2\text{-}3\text{-}4)$$

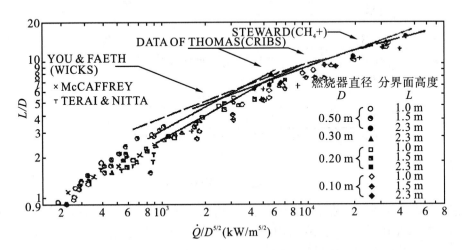

图 2.3.7   自然扩散火焰高度与热释放速率的关系

而在 $L/D < 2$ 的情况下,L/D 与 $\dot{Q}_c/D^{2/5}$ 的关系接近线性关系。

Heskestad 等分析了多种来源的数据,并根据烟气和空气的性质作了简化,得到如下的火焰高度公式:

$$L = 0.23 \dot{Q}_c^{2/5} - 1.02 D \qquad (2\text{-}3\text{-}5)$$

使用表明,在 $7 < \dot{Q}_c^{2/5}/D < 700$ 的范围内,此公式与试验结果符合得相当好,现在不少文献经常引用该公式。但在上述范围之外尚未进行比较。Zukoski 指出,当 $L/D < 1$,火焰将分裂成一些相互独立的小火焰片,在大尺度火灾中(例如 $D > 100$ m 时,见图 2.3.2)就会出现这种情况。

2.3.2   浮力羽流

如果相邻流体之间存在温度梯度,便会出现密度梯度,从而产生浮力效应。在浮力作用下,密度较小的流体将向上运动。单位体积流体受到的浮力由 $g(\rho_0 - \rho)$ 给出,式中 ρ_0 和 ρ 分别为重、轻流体的密度,g 为重力加速度常数。对于火羽流而言,轻流体为烟气,重流体为空气。轻流体上升时还会受到流体黏性力的影响,浮力与黏性力的相对大小由格拉晓夫数 Gr 确定。浮力羽流的结构由它与周围流体的相互作用决定。羽流内的温度取决于火源(或热源)强度(即热释放速率)和离开火源(或热源)的高度。

现根据图 2.3.8 讨论浮力羽流的主要特征。图(a)表示在稳定的开放环境中由点源产生的理想羽流,它是轴对称的,竖直向上伸展,一直到达浮力减得十分微弱以致无法克服黏性阻力的高度。而在受限空间内,浮力羽流可受到顶棚的阻挡。但是如果热源强度不大或顶棚之

下的空气较热(例如在夏天),则羽流只能到达有限的高度。一个常见的例子是在温暖静止的房间内,香烟烟气的分层流动。由于羽流上浮流动的卷吸,其周围较冷的空气进入羽流中,从而使其受到冷却。在羽流温度降低的同时,羽流的质量流量增大(表现为羽流直径的加粗)及向上的流动速度降低。

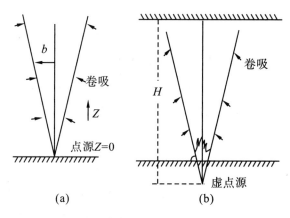

图 2.3.8 浮力羽流的简化模型

原则上说,浮力羽流的结构可通过求解质量、动量和能量守恒方程得出,羽流的任一水平截面处的温度或速度与截面高度的关系可表示为高斯分布的形式。但这种表示法比较复杂,且其结果也不适合于工程分析和应用。因此这里介绍 Heskestad 用量纲分析法得到的简化结果。

Heskestad 由守恒方程导出的关系式出发,使用简单的量纲分析法求得了羽流内的温度和上升速度与热源强度和高度的函数关系。对于像图 2.3.8(a)所示的点源轴对称羽流,高度为 Z 处的半径为 b,设 ρ_0 和 T_0 分别为环境空气的密度和温度,如果忽略黏性力影响,则根据质量、动量和能量守恒方程,可得到下面的关系:

$$b \approx 0.5Z \tag{2-3-6}$$

$$U_0 = 3.4A^{1/3}\dot{Q}_c^{1/3}Z^{-1/3} \tag{2-3-7}$$

$$\Delta T = 9.1(A^{2/3}T_0/g)\dot{Q}_c^{2/3}Z^{-5/3} \tag{2-3-8}$$

式中,U_0 和 ΔT 分别为高度为 Z 处羽流轴线处的速度和该处温度与环境温度的差,参数 $A = g/C_\rho T_0\rho_0$,$\dot{Q}_c$ 为在总热释放速率中由对流所占的部分。

一般说来,这种相似关系也适用烟气产物的浓度,即

$$C_0 \propto A^{-1/3}\dot{m}\dot{Q}_c^{-1/3}Z^{-5/3} \tag{2-3-9}$$

式中,C_0 为羽流中心线处的某种燃烧产物浓度,$\dot{m}$ 为燃烧速率,也表示可燃物的质量流率。

对于给定的可燃物来说,$\dot{Q}_c \propto \dot{m}$,因而上式可写为

$$C_0 \propto A^{-1/3}\dot{Q}_c^{2/3}Z^{-5/3} \tag{2-3-10}$$

它表明,烟气浓度的变化规律与 ΔT 的相似(比较式(2-3-8)和式(2-3-10))。这就是说,如果乘积项 $\dot{Q}_c^{2/3}Z^{-5/3}$ 保持不变,则给定燃料床上方的烟气浓度亦保持不变。这一点对于了解安装在几何相似的高度而位置不同的感烟探测器的动作很有用处。

上述推导是根据点源升起的羽流进行的。对于真实的有一定面积的火源应当加以修正,

通常采用图 2.3.8(b)所示的**虚点源法**。虚点源(Virtual source)指的是这样一个点,即由该点产生的羽流与真实羽流具有相同的卷吸特性,因而对于实际火源来说,羽流高度应从虚点源算起。对于面积不大的可燃固体火源,若面积为 A_f,虚点源大约在其下方轴线上 $Z_0 = 1.5A_f$ 位置,这是根据羽流与其垂直轴线约成 15° 的角度扩张而得出的。

但是对于大火需要进行修正。Kung 曾导出下述关系式:

$$Z_0 = (1.3 - 0.003\dot{Q}_c)(4A_f/\pi)^{1/2} \tag{2-3-11}$$

在 Heskestad 羽流模型中,虚点源的位置用下式表示:

$$Z_0 = 0.083\dot{Q}_c^{2/5} - 1.02D \tag{2-3-12}$$

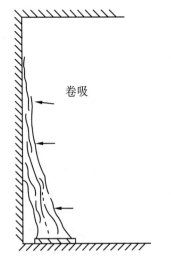

卷吸

图 2.3.9 火羽流向竖直壁面的偏斜

此式与自然扩散火焰的高度公式类似,只是热释放速率前的系数不同。当热释放速率大到一定程度,虚点源的位置可位于燃烧表面上方,这与高强度火源的情况相符。

当火源位于房间的中央时,羽流的竖直运动是轴对称的。但如果火源靠近墙壁或者两墙交界的墙角,则固壁边界对空气卷吸的限制将显示出重要影响,火焰将向限制壁面偏斜,见图 2.3.9。这是空气仅从一个方向进入火羽流的结果。这种影响将加强火焰在竖直(或倾斜)壁面上的扩展,同样也会加强从已燃物体向相邻的竖直表面的蔓延。由于羽流与环境空气的混合速率比不受限情况下的弱,因而随着羽流高度的增加,其温度的下降亦将变慢。若火焰碰到不可燃壁面,将会在该壁面上扩展开以卷吸足够空气,以烧掉烟气中的可燃挥发分。若壁面是可燃的,还可以形成竖壁燃烧,这将大大加强火势,容易引起火灾的大范围蔓延。

2.3.3 顶棚射流

如果竖直扩展的火羽流受到顶棚阻挡,热烟气将形成水平流动的顶棚射流。顶棚射流是一种半受限的重力分层流。当烟气在水平顶棚下积累到一定的厚度时,它便发生水平流动,图2.3.10 为这种射流的发展过程示意图。羽流在顶棚上的撞击区大体为圆形,刚离开撞击区边缘的烟气层不太厚,顶棚射流由此向四周扩散。顶棚的存在将表现出固壁边界对流动的黏性影响,因此在十分贴近顶棚的薄层内,烟气的流速较低;随着垂直向下离开顶棚距离的增加,其速度不断增大;而超过一定距离后,速度便逐渐降低为零。这种速度分布使得射流前锋的烟气转向下流,然而热烟气仍具有一定的浮力,还会很快上浮。于是顶棚射流中便形成一连串的旋涡,它们可将烟气层下方的空气卷吸进来,因此顶棚射流的厚度逐渐增加,而速度逐渐降低。

顶棚射流内的温度分布与速度分布类似。在热烟气的加热下,顶棚由初始温度缓慢升高,但总比射流中的烟气温度低。随着竖直离开顶棚距离的增加,射流温度逐渐升高,达到某一最高值后又逐渐降低到下层空气的温度。

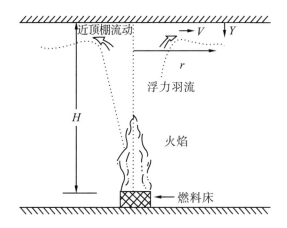

图 2.3.10　浮力羽流与顶棚的相互作用

美国工厂联合组织研究中心(FMRC)曾进行一系列全尺寸火灾试验,测量了不同高度顶棚之下的温度分布。试验发现,当烟气的水平流动不受限且热烟气不会在顶棚下积累时,在离开羽流轴线的任意径向距离(r)处,竖直分布的温度最大值在顶棚之下 $Y \leqslant 0.01H$ 的区域内,但并不紧贴顶棚壁面;在 $Y \leqslant 0.125H$ 区域内,温度急剧下降到环境值 T_0。如果火源离开最近的垂直阻挡物的距离至少 $3H$ 时,这种估计的近似程度相当好。

Alpert 根据上述试验结果推导出了描述温度分布的关系式。他指出,在顶棚之下 $r > 0.18H$ 的任意径向范围内,最高温度可用下面的稳态方程描述:

$$T_{max} - T_0 = \frac{5.38}{H}\left(\dot{Q}_c/r\right)^{2/3} \qquad (2\text{-}3\text{-}13)$$

如果 $r \leqslant 0.18H$,即表示处于羽流撞击顶棚所在区域内,最高温度用下式计算:

$$T_{max} - T_0 = \frac{16.9\dot{Q}_c^{2/3}}{H^{5/3}} \qquad (2\text{-}3\text{-}14)$$

式中,$\dot{Q}_c$ 是热释放速率,或称火源强度,用 kW 表示。图 2.3.11 表示对于功率为 20 MW 的火源,根据这些方程算出的 T_{max} 与 r 和 H 的关系。利用这种温度分布,可以估计感温探测器对稳定燃烧或缓慢发展火灾的响应性,从而为火灾探测提供了另一种依据。

如果火源靠近墙壁或墙角,顶棚射流将受到限制。可以想到,这时由撞击区散开的烟气射流的水平分量一定比不受限时大得多。同时,由于烟气卷吸受到限制而使其温度有所提高。一般通过对方程(2-3-13)和(2-3-14)中的 $\dot{Q}_c$ 分别乘上一个等于 2 或 4 的因子,就可用来计算相应情况下的温度。

如果房间顶棚较低,或者火源强度足够大,自然扩散火焰可以直接撞击到顶棚。这时火焰也要发生水平传播,并可沿顶棚扩展相当长的距离。这主要是因为顶棚射流对其下方空气的卷吸速率

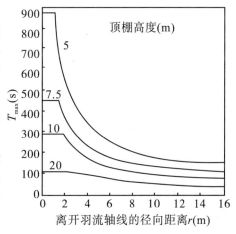

图 2.3.11　顶棚射流的 T_{max} 与 r 和 H 的关系

较低。由于温度较高的烟气在较冷空气之上流动,两者的结构形式稳定,密度差将会反抗混合的进行,结果使可燃气体经过较长的时间才能烧完。

　　夹带火焰的顶棚射流在走廊内的蔓延是建筑火灾的一种重要情形。Hinkley 等较早研究了这种现象。他们把一个槽状容器倒置过来模拟走廊。在槽道内部较靠一端的位置放置了一个多孔气体燃烧器,火灾烟气可沿槽道流动较长的距离,试验安排如图 2.3.12 所示,槽道的衬里材料是不可燃的。

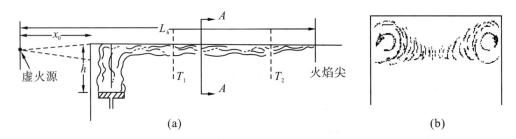

(a)   (b)

图 2.3.12　模拟走廊顶棚下方的火焰传播

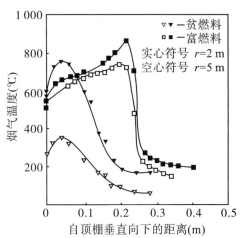

图 2.3.13　走廊顶棚下的垂直温度分布

　　试验发现,火焰的特性与燃烧器表面到顶棚之间的距离(h)和气体体积流率(Q)有密切的关系。若火羽流部分能够卷吸的空气较多,则水平火焰长度有限;若可燃气的流量相当大,顶棚下就可形成燃烧着的烟气层,火焰面出现在富燃料烟气层的下边界处。另外,由模拟走廊的剖面图可看出,射流中燃烧的存在诱发了由中部上升然后向两侧翻卷的旋涡,这显示出走廊的竖直壁面对火焰结构亦有重要影响。图 2.3.13 给出了离开火源不同位置处射流内的竖直温度分布的测量结果,它们分别位于从密封端算起的 2.0 m 和 5.0 m 处。由此可清楚地看出贫燃料燃烧和富燃料燃烧的差别。

　　Hinkley 等指出,当使用富空气的城市煤气做试验时,水平火焰长度可用下式估算:

$$L_h = 2.2\left(\frac{\dot{m}}{\rho_0 g^{1/2}}d\right)^{2/3} \tag{2-3-15}$$

式中,L_h 是从虚点源算起的水平火焰长度,d 是顶棚之下热烟气层的厚度,$\dot{m}$ 是单位走廊宽度的质量流率,即 $L_h \infty (\dot{m})^{2/3}$。这些试验中,虚点源到垂直端面的距离 X_0 近似为 $2h$,且燃烧器表面到顶棚的距离 h 总低于 1.2 m。可以发现,$\left(\frac{\dot{m}}{\rho_0 g^{1/2}}d\right)^{2/3} \approx 0.025$ 是燃烧状况由富空气火焰向富燃料火焰转变的临界值。当大于该值时,可以看到较大的火焰扩展。

　　Babrauskas 对在不可燃顶棚下扩展的火焰特征作了综述后指出,水平火焰的扩展长度 h_r 与自然扩散火焰的截断高度 h_c 有关,见图 2.3.14。

　　虽然他的分析还比较粗糙,而且依赖了很多假设,但可以形象地说明问题。他重点考虑的是水平火焰必须卷吸多少空气才能将进入顶棚射流的可燃气体烧完。表 2.3.1 列出一些主要结论。这些结果是在 $Q_c=500\text{ kW}$ 及 $H=2\text{ m}$ 情况下得到的。火焰高度 L_f 根据间歇火焰区与浮力羽流区的交界处高度的公式计算,即

$$L_f=0.20\times Q_c^{2/5} \tag{2-3-16}$$

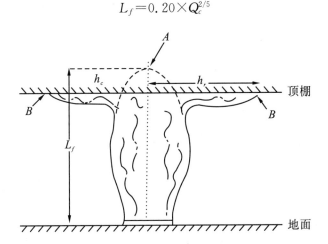

图 2.3.14　火羽流截面高度示意图

表 2.3.1　顶棚之下的水平火焰扩展($Q_c=0.5\text{ MW}$,$H=2\text{ m}$,参见图 2.3.14)

结构形式	h_r/h_c
不受限羽流(1)	1.5
远墙角羽流(2)	3.0
近墙角羽流(3)	12.0
走　廊	取决于走廊宽度

注:(1) 火源不受附近墙壁的限制,且顶棚的四周没有垂壁阻挡,因此顶棚下不会出现烟气积累。
　　(2) 指的是火源接近墙角但又不十分靠近墙角,而是像图 2.3.9 那样使羽流接触墙壁。这时羽流是完整的,但顶棚仅取一个象限,且顶棚四周无阻挡物。
　　(3) 火源紧靠墙角,因而羽流本身也被认为仅取一个象限,其他条件同(2)。

对于不可燃顶棚来说,这种限制的影响是清楚的。如果顶棚的衬里材料是可燃的,则火焰的扩展将会变大,因为衬里材料挥发出的可燃气体将进入顶棚射流内。

2.4　通风对火灾燃烧的影响

在火灾中,助燃空气的供应状况是影响燃烧强度的重要因素,而空气是由建筑物的各类开口流入的。建筑物与外界相通的开口大体可分为两类:一类是墙壁上的竖直开口,例如门、窗等,另一类是顶棚或地板上的水平开口,例如多层商场的自动扶梯口、地下建筑的出入口、船舱和机舱的上下口等。某个房间失火后,门窗之类的开口将成为室内外气体交换的重要通道,室内热的燃烧产物将沿开口的上半部流出,而外界冷的空气将沿开口的下半部流入,这种流型可对室内燃烧起到重要影响。本节重点讨论这种开口的流动。

2.4.1 通风因子

K. Kawagoe(川越邦雄)等用木垛为燃料,对室内火灾的发展进行了较系统的研究。他们使用的房间模型有全尺寸的,也有小尺寸的,均接近正方体。通风口开在一侧墙壁的中央,相当一般的窗户。当火灾发展到轰燃阶段后,测量不同大小的竖直通风口与燃烧速率的关系。他们发现,对于轰燃后的火灾,木垛的燃烧速率与通风口的面积和形状的关系可用下式描述:

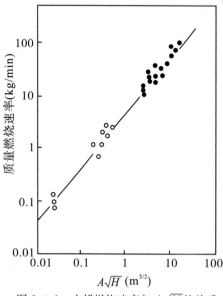

$$\dot{m} = 5.5 A\sqrt{H} \tag{2-4-1}$$

式中,$\dot{m}$ 为木垛的质量燃烧速率(kg/min),A 和 H 分别为通风口的面积(m^2)和自身高度(m)。图 2.4.1 给出了他们的典型试验结果。

进一步研究发现,数组 $A\sqrt{H}$ 可作为分析室内火灾发展的重要参数,现在一般称其为通风因子(Ventilation factor)。人们普遍认为,这一参数的提出是室内火灾模型的重大进展。但上述公式只是在一定的 $A\sqrt{H}$ 范围内有效,且其常数值大小与可燃物类型有很大关系。例如此公式提出不久,Thomas 等便指出该系数的值为 6.0 左右。

图 2.4.1 木垛燃烧速率与 $A\sqrt{H}$ 的关系

通风因子本来是由试验数据整理得到的,根据气体流入和流出起火房间的关系分析也可得到类似的结果。Babrauskas 按图 2.4.2 对此作了成功的推导。他假设着火房间内的气体充分混合,其中不存在纯的定向流动,气体流动是由浮力控制的。如果已知室内外的压力,则沿联系开口内外的任一条流线水平流出的气体量可根据伯努利方程计算。设压力中性面的高度为基准高度,该平面的室内外压力均为 P_0,因而沿该面没有气体流动。

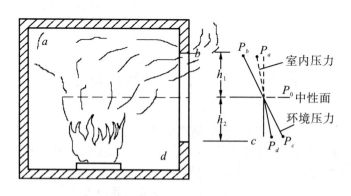

图 2.4.2 火灾充分发展阶段的通风口流动

在烟气流动区,通过室内 a 点和室外 b 点的流动可用伯努利方程联系起来,即

$$\frac{P_a}{\rho_F} + \frac{v_a^2}{2} = \frac{P_b}{\rho_b} + \frac{v_b^2}{2} \tag{2-4-2}$$

式中，v_a 和 v_b 分别为点 a 和点 b 处的纯水平流动速度。如前所述，室内混合气的定向速度很低，可以认为 v_a 近似为零。再将两点的压力分别根据基准平面的压力写出并代入式(2-4-2)，于是可得

$$\frac{P_0 - \rho_F g y}{\rho_F} = \frac{P_0 - \rho_0 g y}{\rho_b} + \frac{v_b^2}{2} \tag{2-4-3}$$

式中，ρ_0 为环境空气的密度，ρ_F 为室内热烟气的密度。

通过点 b 的气体是刚从室内流出的，因此可认为其温度(因而也是密度)与点 a 处的相同。重新整理式(2-4-3)可得

$$v_b^2 = \frac{2(\rho_0 - \rho_F) g y}{\rho_F} \tag{2-4-4}$$

对于中性面之下通过室外 c 点和室内 d 点的空气流入也可进行类似分析，并得到 c 点的速度为

$$v_c^2 = \frac{2(\rho_0 - \rho_F) g y}{\rho_0} \tag{2-4-5}$$

使用这两个速度方程，可以计算空气流入与烟气流出的质量流率，即

$$\dot{m}_F = C_d B \rho_F \int_0^{h_2} v_F \, \mathrm{d}y \tag{2-4-6}$$

$$\dot{m}_a = C_d B \rho_0 \int_{-h_1}^{0} v_0 \, \mathrm{d}y \tag{2-4-7}$$

式中，C_d 为流通系数，B 为通风口宽度(m)，$\dot{m}_F$ 和 $\dot{m}_a$ 分别为烟气和空气的质量流率(kg/s)，h_1 和 h_2 分别为冷空气与热烟气的出口高度，$h_1 + h_2 = H$。将相应的速度方程代入并积分，可以得到：

$$\dot{m}_F = \frac{2}{3} C_d B h_2^{3/2} \rho_F \left(2g \frac{\rho_0 - \rho_F}{\rho_F} \right)^{1/2} \tag{2-4-8}$$

$$\dot{m}_a = \frac{2}{3} C_d B h_1^{3/2} \rho_0 \left(2g \frac{\rho_0 - \rho_F}{\rho_0} \right)^{1/2} \tag{2-4-9}$$

在火灾燃烧中，烟气的生成量主要由进入烟气中的空气量决定，故可假设 $\dot{m}_F \approx \dot{m}_a$。再将 h_2 写为 $H - h_1$，令式(2-4-8)和式(2-4-9)相等，整理可得

$$\frac{h_1}{H} = \frac{1}{1 + (\rho_0/\rho_F)^{1/3}} \tag{2-4-10}$$

通常比值 h_1/H 为 $0.3 \sim 0.5$，就是说，开口进风部分的高度比排烟部分的高度略小，这与试验观测到的火烟从通风口蹿出的现象是一致的。将此式计算的 h_1 代到方程(2-4-9)中，可得

$$\dot{m}_a \approx \frac{2}{3} A \sqrt{H} C_d \rho_0 (2g)^{1/2} \left(\frac{(\rho_0 - \rho_F)/\rho_0}{[1 + (\rho_0/\rho_F)^{1/3}]^3} \right)^{1/2} \tag{2-4-11}$$

Babrauskas 指出，对于轰燃后的火灾，ρ_0/ρ_F 大致为 $1.8 \sim 5.0$，因此上式中的密度项平方根近似为 0.2。若设 $\rho_0 = 1.29 \text{ kg/m}^3$，$g = 9.81 \text{ m/s}^2$，$C_d = 0.7$，则得到空气流入速率 $\dot{m}_a$(kg/s)为

$$\dot{m}_a = 0.52 A \sqrt{H} \tag{2-4-12}$$

再设室内燃烧处于化学当量比。对于木材来说,燃烧 1 kg 木材所需的空气量约为 5.7 kg,于是木材的燃烧速率 $\dot{m}$(kg/s)便表示为

$$\dot{m}=\dot{m}_a/5.7\approx0.09A\sqrt{H}$$

若燃烧速率用 kg/min 表示,则得

$$\dot{m}\approx0.09A\sqrt{H}\times60\approx5.5A\sqrt{H} \tag{2-4-13}$$

尽管上述分析使用了不少假设,所得到的燃烧速率仍与 Kawagoe 的公式基本相符,这表明数组 $A\sqrt{H}$ 正确反映了开口的几何形状对气体流动的影响。而在式(2-4-11)中除了包括 A 和 H 外,还包括一些其他参数,体现的物理意义更清楚,在火灾烟气流动分析中也经常应用。

实际上,Kawagoe 提出的公式隐含了燃烧速率与空气进入之间的耦合,主要是木垛燃料床特殊燃烧性质的结果。真实物品,特别是非纤维素材料燃烧时,就不完全符合上述关系。有人曾用两个相同的房间作过对比试验。在一个房间内木材堆成垛状,每平方米的可燃物量为 15 kg;另一房间内木材以墙的衬里形式出现,每平方米的可燃物量为 7.5 kg。显然后一种情况下可燃物的外露面积大得多。点火后时间不长,其中就发生了轰燃,火焰从窗户蹿出来,而前一情况还处于燃料控制的燃烧阶段。

Bullen 等用乙醇作燃料研究了燃烧面积对燃烧速率的影响,见图 2.4.3。它清楚表明,$\dot{m}$ 不仅仅由 $A\sqrt{H}$ 决定,而且随着燃料床面积 A_F 的变化而变化,同时 $A\sqrt{H}$ 和 A_F 的影响并不是互相独立的。图 2.4.4 说明了在一般条件下的,火灾燃烧速率与 Kawagoe 公式所给值的偏离。

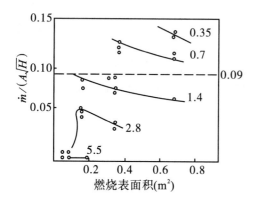

图 2.4.3 乙醇池火的燃烧速率随 $A\sqrt{H}$ 和燃料床面积 A_F 的变化

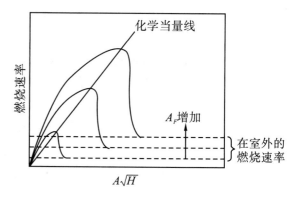

图 2.4.4 室内不同可燃物质量燃烧速率比较

2.4.2 火灾燃烧的控制形式

按方程(2-4-13)那样处理室内燃烧,实际上是假设室内发生的燃烧处于化学当量比,这便意味着认为燃烧速率与空气流入速率直接相关。然而实际了解两者的关系是很困难的。因为在受限空间内,燃烧速率还随着周围反馈到可燃物的辐射热而增加,但目前尚无法根据通风状况确定辐射热。

研究还发现,方程(2-4-1)表示的关系只适用于燃烧表面受房间影响不大的木垛火。在该式所取的 $A\sqrt{H}$ 范围内,可燃物的燃烧速率是由流进室内的空气质量流率控制的,这种燃烧状

况称为通风控制(Ventilation control)。如果开口不断加大,燃烧速率对开口大小的依赖程度将逐渐减弱,而代之由可燃物的性质决定,这时的燃烧状况称为燃料控制(Fuel control)。另外,在起火初期,火区的大小与受限空间的大小相比是很小的,空气的供应不成问题,燃烧状况亦处在燃料控制阶段。因而,通风控制燃烧是受限空间的开口大小处在一定范围、火区发展达到一定规模时出现的现象。

上述两种燃烧控制形式的交界区可由燃料的质量燃烧速率$\dot{m}_F$与空气的实际流入速率之比确定。令r为化学当量比燃烧时的空气/燃料比,$\dot{m}_a$为当量比燃烧所需的空气质量流率。这样如果

$$\dot{m}_a/\dot{m}_F < r \tag{2-4-14}$$

则燃烧为通风控制;如果

$$\dot{m}_a/\dot{m}_F > r \tag{2-4-15}$$

则燃烧为燃料控制。对于木垛火,$\dot{m}_a$一般可用方程(2-4-12)确定。

上述关系是根据可燃蒸气(或可燃挥发分)与空气间的反应无限快得出的,实际上火灾燃烧不可能瞬间完成。试验和观测也证明这一点,例如在有些火灾中,空气流入速率与挥发分产生速率之比明显大于化学当量比r,室内燃烧应处于燃料控制状态,但却出现火焰从开口蹿出的现象。这反映出可燃挥发分完全烧掉需要一定时间,尽管总的说来室内具有足够空气。

Harmathy分析大量室内木垛火数据后指出,以$\dot{m}/A_F$对$\rho g^{1/2}A\sqrt{H}/A_F$作图,可以发现通风控制形式与可燃物控制形式之间有明显的区别,见图2.4.5,式中A_F是可燃物的表面积。他提出,对于纤维素可燃物(木材或木基物品)的火灾燃烧,可用下式区分燃烧是处于通风控制还是可燃物控制。

通风控制:

$$\frac{\rho g^{1/2}A\sqrt{H}}{A_F} < 0.235 \tag{2-4-16}$$

燃料控制:

$$\frac{\rho g^{1/2}A\sqrt{H}}{A_F} > 0.290 \tag{2-4-17}$$

由图2.4.5可看出,两个阶段之间的转变区并不十分固定。这些关系式是根据室内木垛火提出的,它们在实际火灾中的实用性还需验证。不过对于木材这样的可生成木炭的可燃物来说,Harmathy的公式是有说服力的。当然他的分析也有局限性,一个主要问题是没有考虑室内环境对可燃物的热辐射影响。

前些年,世界上若干火灾实验室曾联合开展了充分发展火灾特征的系列试验研究,得到的数据也说明了这一点。将在多次充分发展火灾试验中得到的室内气体平均温度对$A_T/A\sqrt{H}$作

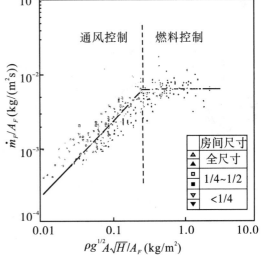

图2.4.5　木垛火由通风控制到燃烧控制的确定

图,见图2.4.6。$A_T/A\sqrt{H}$称为开口因子(Opening factor),式中A_T为室内的墙壁与顶棚的总

面积,但不包括通风口面积 A 在内。因此开口因子越大表示开口在总面积中所占的比例越小。由图 2.4.6 可见,对于可燃物控制的燃烧,$A_T/A\sqrt{H}$ 的值小于 $8\sim10\ \mathrm{m}^{-1/2}$。在此阶段,由于进入室内的空气过量,从而导致室内温度较低。

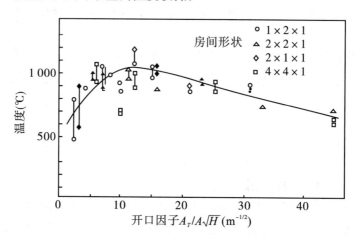

图 2.4.6　模型房间内木垛火的稳定燃烧阶段

将这两种燃烧控制形式区分开来很有实际意义,因为除了通风条件极差的情况之外,燃料控制阶段的火灾严重程度一般不太强烈。

2.4.3　与通风有关的其他因素

对于墙壁开口,通风状态不仅与开口的大小有关,而且与开口的位置高度、开口的数目、火源和房间的体积比等有关,下面分别作些简要讨论。

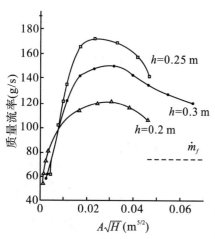

图 2.4.7　开口高度对燃烧速率的影响

1. 开口的位置高度

开口位置高度指的是开口中心到地板的距离,这表明开口不一定在墙壁的中央。霍然等人进行了若干小尺火灾试验研究这一问题,图 2.4.7 给出了部分结果。试验中火源位于地板中心,可见当通风因子大小确定,开口处于墙壁中间偏上位置时的燃烧速率最大,位置过低或过高时的燃烧速率均有所减小。

这些现象表明进风位置的高度对室内燃烧具有重要影响。当开口位置较低时,新鲜空气沿地板附近进入,可以较快地到达可燃物附近,这本有利于燃烧。但这时室内的热烟气层很厚,火焰的上半部浸没在烟层内,总的燃烧结果并不充分;另一方面,开口较高时,流入的新鲜空气必须由上向下运动一段距离才能到达可燃物表面,同时空气和燃烧产物的运动方向相反,它们相互间的卷吸

势必减少空气到达可燃物附近的份额。另外开口偏高还有助于热烟气的流出,造成室内的热烟气层变薄,这都会限制燃烧速率的增大。当开口位于中间偏上时,既不会发生烟层浸没火

焰,又可形成相当厚度的烟气层,若通风因子适当,燃烧速率将达到很高值。

2. 多开口情形

许多房间往往不止一个通风口,通常有门窗等多种开口。若门窗都打开,室内燃烧将发生显著变化,现结合图 2.4.8 说明这一情形。

图 2.4.8 中,H_d 为门的高度,H_w 为窗户的自身高度,N_d 为门窗全开情况下的中性面高度。可见随着窗户自高的增加,N_d/H_d 增大,表明部分烟气从窗户流出,从而使中性面升高。但当门较高时,窗户自高增大的影响将有所减小。

H. Takeda(武田小仓)提出,通过引入当量开口高度,借助单开口的公式可估计双通风口的燃烧速率。他设当量开口高度和当量通风因子分别为:

$$H_{Eq} = H_d(N_d/N_s) \tag{2-4-18}$$

$$(A\sqrt{H})_{Eq} = H_{Eq}W_d\sqrt{H_{Eq}} \tag{2-4-19}$$

式中,W_d 为门的宽度,N_s 为有一个开口(即仅开门)时的中性面高度。通过对若干轰燃后室内火灾试验数据的整理,得到图 2.4.9 的结果。可注意到,双开口时的燃烧速率比仅有门一类的单开口时的低,这显示出窗户排烟的影响。当热气体从窗户流出,将限制室内烟气层的增厚,从而减少了反馈到可燃物表面的辐射热通量。

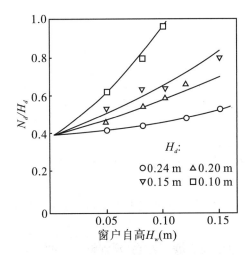

图 2.4.8 门窗高度对中性面高度的影响

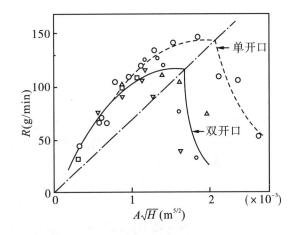

图 2.4.9 轰燃后的燃烧速率与 $A\sqrt{H_{Eq}}$ 的关系

3. 火源与房间的尺寸比

Takeda 等用酒精作燃料在不同尺寸的房间模型内进行面积不变的池火试验,结果见图 2.4.10。可以看出,在中等尺寸模型内的燃烧速率较高,而且没有突然下降到等于敞开环境中的燃烧速率的临界现象。图 2.4.11 给出了上述试验中得到燃烧速率极大值随模型边长变化的曲线,它反映出,中等尺寸模型中的燃烧速率极大值可高达敞开环境中燃烧速率的 7.2 倍。

这表明房间内燃烧速率的增强与火源大小和模型的尺寸比值有关。当池火表面积不变时,房间的体积大意味着需要加热的空间较大,而且房间向外散失的热量亦较多,这便使得其中温度升得不甚高,而这又限制了燃烧速率的增加。另一方面,房间体积小将限制空气与燃料的混合,而且壁面离火焰过近对燃烧区具有较大的冷却作用,因此室内总放热量降低。当火源大小与房间大小处于某种特定比例时,既有利于热量积累,又有利于完全燃烧,从而导致室内燃烧速率最大。

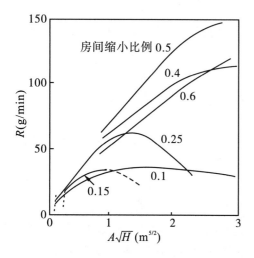 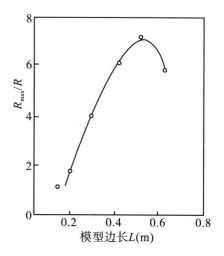

图 2.4.10　房间尺寸变化时 R 与 $A\sqrt{H}$ 的关系　　　　图 2.4.11　R_{max}/R_0 与模型边长 L 的关系

2.5　轰燃与回燃

2.5.1　轰燃形成的基本原因

建筑物内某个局部起火之后,可能出现以下 3 种情形:

(1) 明火只在起火点附近存在,室内的其他可燃物没有受到影响。当某种可燃物在某个孤立位置起火时,多数是这种情形。

(2) 如果通风条件不太好,明火可能自动熄灭,也可能在氧气浓度较低的情况下以很慢的速率维持燃烧。

(3) 如果可燃物较多且通风条件足够好,则明火可以逐渐扩展,乃至蔓延到整个房间。

轰燃是在第三种情形下出现的,它标志着火灾充分发展阶段的开始。发生轰燃后,室内所有可燃物的表面几乎都开始燃烧,当然这一定义也有一定的适用范围,主要是不适用于非常长或非常高的受限空间。显然,在这些特殊建筑物内,所有的可燃物同时被点燃在物理上是不可能的。

轰燃的出现是燃烧释放的热量大量积累的结果,在顶棚和墙壁的限制下,这些热量不会很快从其周围散失。燃烧生成的热烟气在顶棚下的积累,将使顶棚和墙壁上部(两部分合称扩展顶棚)受到加热。如果火焰区的体积较大,火焰还可直接撞击到顶棚,甚至随烟气顶棚射流扩散开来,这样向扩展顶棚传递的热量就更多。反过来,扩展顶棚温度的升高,又可增大反馈(以辐射形式)到可燃物的热通量。另外,对热烟气层本身也有重要影响。当烟气较浓且较多时,烟气层对房间下方的热辐射也很强。随着燃烧的持续,热烟气层的厚度和温度都在不断增加。以上两种因素都使可燃物的燃烧速率增大,这种认识可用下述方程表示:

$$\dot{m} = \frac{\dot{Q}_F'' + \dot{Q}_E'' - \dot{Q}_L''}{L_v} \qquad (2\text{-}5\text{-}1)$$

式中,$\dot{m}$ 为可燃物的质量燃烧速率,$\dot{Q}_F''$ 火焰对可燃物的辐射通量,$\dot{Q}_E''$ 为其他热物体对可燃物的辐射通量,$\dot{Q}_L''$ 为可燃物的热损失速率。应当指出,烟气层的热辐射是 $\dot{Q}_E''$ 的一种,它不仅可以促进火焰在初始着火的物体上扩展,而且会促进火焰向其附近的其他物体蔓延,从而引起燃烧速率进一步增大。因此烟气层的热辐射对确定火灾的发展十分重要。

Friedman 等的试验清楚地说明了这一问题。图 2.5.1 为其试验示意图和部分结果。他用 PMMA 塑料作为可燃物,在可燃物上方吊着的方罩与房间的顶棚和墙壁的上部类似。该罩可以限制火灾烟气,并增大辐射回可燃物表面的热量,空气能够从四周不受限制地进入。可看出,受限情况的最大燃烧速率比敞开环境的约大 3 倍,达到最大燃烧速率所用的时间只有敞开火的 1/3。进一步开展的试验表明,上述影响的大小与可燃物的性质和房间的大小都有关系。例如 Thomas 等人在小房间模型中进行的酒精火试验表明,最大燃烧速率甚至可以比敞开环境的燃烧速率大 8 倍。因此本图所示的结果具有一般性。热辐射作用的增强主要是促进可燃物的蒸发(液体)或热分解(固体),大量可燃气体的生成导致燃烧速率的增大。

Thomas 等指出,轰燃可以被认为是室内的一种热力不稳定状态,并通过多种方式与 Semenov 的热力自燃模型相类比。出发点是假设燃烧速率是温度的函数,但是又受空气供应速率限制。通过把热释放速率和热损失速率表示为温度的函数,并进行比较来分析轰燃的出现。

图 2.5.2 为这种火区增长的准稳态模型的示意图。假设着火初期热释放速率随温度升高,但到达其受空气供应速率限制后便不再升高了,并设燃料床的面积不变。在图中将热释放速率 R 与 3 条热损失速率曲线 L_1、L_2 和 L_3 作了比较,它们分别相应于房间的体积逐渐减小。通常热释放速率 R 和热损失速率 L 有 3 个交点,即 A、B 和 C:A 相应于稳定状态的通风控制火,C 表示小的局部火,B 是个不稳定点。房间上部反馈回来的热量对小火的影响并不重要。对于发展火来说,R 和 L 都是变化的,最终可达到一种临界状态,即燃烧速率的微小增加,就会造成温度和燃烧速率急剧地跳到 A 点。

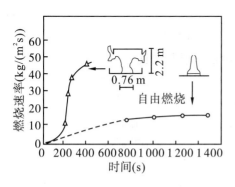

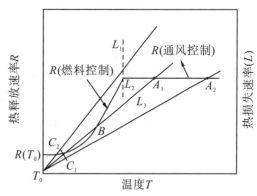

图 2.5.1　顶罩对 PMMA 块燃烧的影响　　　图 2.5.2　把轰燃作为热力不稳定处理示意图

Thomas 等分析了这种跳跃的事实指出,它可表示轰燃现象的出现。并指出使用这一模型还可以按图 2.5.2 所示的曲线形式解释其他类型的热力不稳定现象。他们预言火灾中可能会出现振荡火焰,不久即得到试验证实。

2.5.2　轰燃的临界条件

定量确定发生轰燃的临界条件对火灾防治具有重要的意义。不少火灾科研人员曾经对此作过讨论,这里介绍一些主要观点。

Waterman 在一个 3.64 m(长)×3.64 m(宽)×2.43 m(高)的房间内进行了多种可燃物的火灾燃烧试验,专门研究轰燃现象。他把放在地板上的纸片(即目标物)被引燃确定为轰燃的开始。其结论是,要使室内发生轰燃,在地板平面上需接受到 20 kW/m² 的热通量。以后,Martin 等评述说,这一数值对于纸片着火是足够的,但对于较厚的木块或其他可燃固体来说就显得太小了。不过它足以促使点火成功或助长火焰在可燃物表面的蔓延。Waterman 认为这些热通量大部分来自房间上部被加热的表面而不是直接来自可燃物上方的火焰。他还注意到,如果燃烧速率达不到 40 g/s 是不会发生轰燃的。

此后,人们对轰燃又开展了大量的试验研究,以确定达到轰燃的临界条件。提出的方案主要有两种,一种是仍沿用 Waterman 的定义方式,即在房间较低的平面接收到的热通量达到一定值为条件。实际上不同来源的数据亦存在一定差别。例如,Fang 在一系列的室内火灾试验中发现,对于放在地板上的纸片,点燃的热通量为 17~25 kW/m²,而 6.4 mm 厚的杉木胶合板,点燃的热通量为 21~33 kW/m²。Lee 依据全尺寸船舱火灾试验结果提出,发生轰燃时地板处的热通量为 17~30 kW/m²。

另一种是用顶棚温度接近 600 ℃ 为临界条件,这也是在不少试验中测量到的,例如Hägglund、Fang 等人的试验,需要说明他们所用房间的高度是 2.7 m。

可以想像,如果轰燃的临界条件与辐射到室内较低平面的热通量有关,那么发生轰燃时的顶棚温度值应当是房间高度的函数。Heselden 等人的数据较好地支持了这种观点,他们发现,在 1.0 m 高的小型试验模型内,发生轰燃时的顶棚温度为 450 ℃。

应当指出,使用后一种定义方法忽略了其他热辐射源的作用。一般说,除了来自火源上方的竖直火焰的辐射外,室内还有 3 种辐射通量源,它们是:① 房间上部的所有热表面;② 顶棚之下的火焰;③ 在顶棚之下积累的燃烧产物。这些因素的相对重要性随着火灾的发展而变化,由哪一种控制轰燃的出现将取决于可燃物的性质及通风的状况。

如果可燃物是甲醇一类的燃烧清洁的物质,则反馈回可燃物表面的热量主要来自室内的上部表面,因为它的火焰和燃烧产物的发射率很低。不过几乎在所有的实际火灾中,都会产生大量浓烟,因此轰燃的出现往往由顶棚之下的热气层的临界厚度和温度决定。

Hinkley 等按图 2.5.3 所示的模型研究了走廊内的烟气流动后指出,较长的富燃料火焰在热气层内燃烧所放出的热量有 55% 是通过辐射损失的。如果顶棚的衬里材料是可燃的,则火焰的扩展还会增大。与此相应,烟气层辐射到较低平面的热通量也要增加。对于普通房间,当初期火发展到接近轰燃时候,室内形成的热烟气层较厚,并显示出可观的分层。许多试验充分证明,这时辐射到室内较低平面的热量大部分来自燃烧产物形成的烟气层。

Orloff 等提出了一种可用于计算通风不良的房间内顶棚之下的热烟气层的辐射输出模型。该模型考虑了在热烟气层内温度与燃烧产物两者的分层状况。通过与 PUF 试样在通风受限的全尺寸火灾试验中的燃烧结果进行比较发现,在火灾的增长阶段,地板接收到的辐射热只有很少一部分(少于到达地板总量的 15%)来自房间的顶棚和上部墙壁。它表明在轰燃前阶段,来自热烟气层的辐射起着支配作用。当然如果热气层比较薄,且(或)烟气中的颗粒不太多,那么来自墙壁和顶棚的热辐射贡献将会多些,不过它们各自的纯影响很难区分开来。

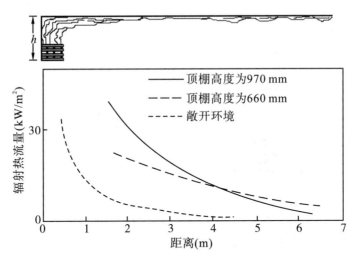

图 2.5.3　走廊型顶棚射流对地板平面的热辐射

Waterman 关于达到轰燃的临界条件(即在地板平面处的辐射通量为 20 kW/m²)只能在火发展得相当大,以致在顶棚下形成的烟气层足以产生如此大的热通量时才能达到。通常这种辐射热通量是随着火的增大而增大的。如果室内的可燃物烧完了,或氧气耗尽了,那就不可能出现轰燃。如果房间的通风速率低,进入的氧气不能补充燃烧增强所需要的氧气量,则氧的消耗将成为重要的问题。在房间体积不大且通风不良的极端情况下,快速燃烧的火(例如碳氢可燃物池火)在经过一阵剧烈燃烧后可能会自动熄灭。但更为常见的是火区的体积迅速变小,然后在空气进入速率的控制下进行缓慢燃烧。

2.5.3　影响轰燃的主要因素

Hägglund 及其同事在尺寸为 2.9 m(长)×3.75 m(宽)×2.7 m(高)的房间内进行了一系列木垛火燃烧试验,通过连续称重来测量质量燃烧速率,并把试验数据以 $\dot{m}$ 对 $A\sqrt{H}$ 的曲线画出,见图 2.5.4。他们发现,若以火焰从开口蹿出或顶棚之下的温度达到 600 ℃作为达到轰燃的临界条件,则轰燃发生区只占该图的一个较狭窄的限定区域,即实心符号表示的区域。当燃烧速率约低于 80 g/s(大约为 Waterman 引述值的 2 倍)时,不出现轰燃现象。根据 $A\sqrt{H}$ 来看,观察不到轰燃的最小值约为 0.8 m^{5/2}。这一临界燃烧速率随着通风因子的增加而增大,大致可用下式表示:

$$\dot{m}_c = 50.0 + 3.33A\sqrt{H} \tag{2-5-2}$$

但他们对于 $A\sqrt{H}$ 的研究范围有限,且没有确定方程(2-5-2)的上限。由其他尺寸的试验中发现,当 $A\sqrt{H}$ 大到一定程度,燃烧速率将不再是通风控制了。在这种情况下,用上式来确定火灾向充分发展阶段(即发生轰燃)的转变将不合适了。

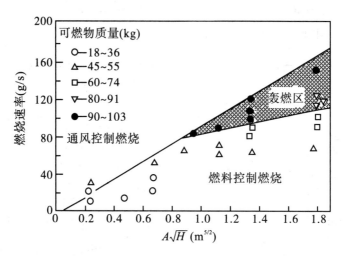

图 2.5.4　室内燃烧速率与轰燃的关系

　　虽然上述研究是在高为 2.7 m 的房间内进行的,但其结果却提出了一条普遍的规律,即在轰燃发生之前,燃烧速率必须要超过一定的临界值,并且要维持一段时间。如果家具的燃烧速率足够高,一件家具也能引起轰燃。Babrauskas 在高为 2.8 m 的房间内进行家具燃烧试验,发现当内衬为 PUF 泡沫塑料块、外面包着聚丙烯人造革的座椅燃烧时,发生轰燃(以在地板平面的热通量为 20 kW/m² 作临界条件)大约需要 280 s,燃烧速率的峰值为 150 g/s。

　　上面关于达到轰燃的临界燃烧速率是由试验观测到的,不过用室内的临界热释放速率作为达到轰燃的条件似乎更合理,也更符合 Thomas 提出的轰燃是一种热力不稳定状态热平衡的观点。McCaffrey 等提出了一种准稳态模型,把这种认识又推进了一步。他们按图 2.5.5 所示的模型对顶棚之下的烟气层进行热平衡计算。假设烟气层是充分混合的,且其温度均匀,可写出热平衡关系如下:

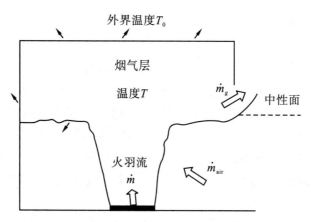

图 2.5.5　McCaffrey 提出的轰燃前室内火灾模型

$$\dot{Q}_c = \dot{m}_g C_p (T - T_0) + \dot{Q}_L \tag{2-5-3}$$

式中,$\dot{Q}_c$ 是火灾中热释放速率的对流部分,表示进入烟气层中的所有能量;$\dot{Q}_L$ 是通过辐射或对流由房间边界传热的损失速率;$\dot{m}_g$ 和 C_p 是离开房间气体的质量流率和比热。$\dot{Q}_L$ 中包括辐

射、对流和导热等几种热损失项,它可用下式近似表示:

$$\dot{Q}_L = h_k A_T (T - T_0) \tag{2-5-4}$$

式中,h_k 为有效传热系数,A_T 为有效换热表面积. 将该式代入方程(2-5-3)中,得

$$\dot{Q}_c = (\dot{m}_g C_p + h_k A_T)(T - T_0) \tag{2-5-5}$$

进一步整理可得到

$$\frac{\Delta T}{T_0} = \frac{\dot{Q}_c / \dot{m}_g C_p T_0}{1 + h_k A_T / \dot{m}_g C_p} \tag{2-5-6}$$

如前所述,在中性面以上离开房间的烟气的质量流量与通风因子的关系可近似表示为

$$\dot{m}_g \propto \rho_0 g^{1/2} A \sqrt{H} \tag{2-5-7}$$

式中,g 是重力加速度常数,ρ_0 是环境空气的密度. 将这一关系式结合到方程(2-5-6)便可把 $\Delta T / T_0$ 表示为两个无量纲数组的函数:

$$\frac{\Delta T}{T_0} = f(\dot{Q}_c / (g^{1/2} C_p \rho_0 T_0 A \sqrt{H}), \quad h_k A_T / (g^{1/2} C_p \rho_0 A \sqrt{H})) \tag{2-5-8}$$

或

$$\frac{\Delta T}{T_0} = C X_1^n X_2^m \tag{2-5-9}$$

式中,X_1 和 X_2 代表方程(2-5-8)中的两个无量纲数组,而常数 C,指数 n 和 m 要由试验数据确定.

McCaffrey 等根据 8 个包括各种类型可燃物的系列试验,对 100 多次的火灾试验数据作了分析. 通过若干次线性回归分析,估算出了常数 n 和 m 的值. 图 2.5.6 表示 ΔT 与无量纲数组 X_1 和 X_2 之间的关系. 在这里计算 h_k 和 A_T 时考虑了地板. 如果不包括地板,其符合情况也相当好,只是曲线形式稍有些不同. McCaffrey 指出,上述两种情况都可以用下式描述:

$$\Delta T = 480 X_1^{2/3} X_2^{-1/3} \tag{2-5-10}$$

在计算中,T_0 取为 295 K,并假设地板、墙壁和顶棚衬里材料的热性能差别不大,这样若忽略了地板的热损失,上式也不会造成很大的误差.

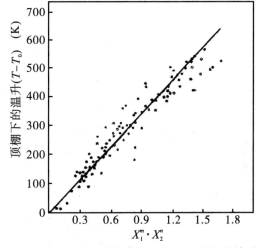

图 2.5.6　ΔT 与无量纲数组 X_1 和 X_2 之间的关系

式(2-5-10)可用于估计发生轰燃时火源的强度. 如果把上层气体的温度升高 500 K 作为发生轰燃的临界条件,则将它代入方程(2-5-10)中求解 X_1 和 X_2. 参考方程(2-5-8)对其重新整理,并令 $g = 9.81$ m/s^2,可得

$$\dot{Q}_{f_0} = 610 (h_k A_T 378 A \sqrt{H})^{1/2} \tag{2-5-11}$$

式中,$\dot{Q}_{f_0}$ 表示使顶棚之下的热气层温度升高约 500 K 所需的热释放速率,h_k、A_T、A 和 H 的单位分别为 kW/(m^2·K)、m^2、m^2 与 m. 根号依赖关系表明,若前三个参数中任意一个的值增大了 100%,则火源的热释放速率必须增加 40% 方可达到指定的轰燃临界条件.

现对上述结果作一些讨论:

(1) 方程(2-5-11)是根据在高度为 2.4±0.3 m 的接近正方体的房间内的若干组试验数据得出的,因而不能指望它适用于那些体积和形状与这种房间差别很大的房间内的快速发展火

灾。该方程本身中没有房间高度,而是将其结合到 A_T 中去了。与此相似,对于通风受限的情况它也不适用,因为这时关于热气层内温度均匀的假设将不成立。

(2) 上述试验数据是在火源位于房间中心燃烧情况下得到的,因而该式也不适用于火源靠近墙壁或墙角的情形,对于后两种情况,根据上一节讲的理由可以想像,达到轰燃所需的最小燃烧速率将会减小。Hägglund 的试验结果也证实了这一点。他是在全尺寸和 1/4 缩尺房间内进行试验的,表 2.5.1 列出了若干结果,其中全尺寸房间的尺寸为 3 m×3 m×2.3 m,对于缩尺模型来说,数据与此成某种比例关系。

表 2.5.1　$\dot{Q}_{f_0}$ 随火源位置的变化

火源位置	$\dot{Q}_{f_0}$ (kW)
房间中心	475
靠近墙壁	400
靠近墙角	340

(3) 房间衬里材料的导热性能通常有很大差别。图 2.5.7 反映了这种因素的影响。若材料的绝热性能好,例如绝热纤维板,则达到轰燃时的火源体积将大大减小,即使是把衬里材料假设为不可燃的、对热释放速率没有任何贡献时也是如此。

(4) 方程(2-5-11)提供了一种估计发生轰燃所需的火源大小的方法,不过使用它来计算实际房间可能发生的轰燃时,还必须知道房间内物品燃烧时的热释放速率的数据。这些物品既包括单件物品,也包括组合物品,通常只有当火扩展到一件以上的物体上才算达到了轰燃。现在关于物品在室内及在敞开环境中燃烧时热释放速率的数据并不多。许多研究者指出,建筑物中常见物品热释放速率的数据汇编对于估计室内轰燃可能性将是十分有用的。下一节将专门讨论火灾中热释放速率的估算。

根据 Hägglund 的试验数据分别用方程(2-5-2)和(2-5-11)进行了计算,其结果见图 2.5.8。线 A 表示 $\dot{Q}_{f_0}=\dot{m}_c\times\Delta H_c$,式中的 $\dot{m}_c$ 是根据方程(2-5-2)算出的,ΔH_c 取为挥发分的燃烧热,约为 15 kJ/g。线 B 是由方程(2-5-11)算出的。可见这两者之间的差别较大。其原因可能是用后一方程计算达到轰燃的时间时,对顶棚之下的温升($\Delta T=500$ K)取得太保守了。

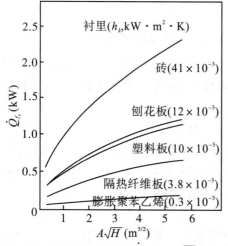

图 2.5.7　不同衬里材料对 $\dot{Q}_{f_0}$ 与 $A\sqrt{H}$ 的关系

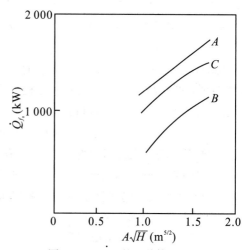

图 2.5.8　$\dot{Q}_{f_0}$ 的几种算法比较

Hägglund 等人观测到的出现轰燃的顶棚温度为 600 ℃，即约相当于 $\Delta T = 600$ K。基于这一认识，若在推导方程(2-5-11)时，将温升取为 600 K，结果为线 C，可见情况有了很大改进。该图还反映出，用方程(2-5-11)的形式来计算，对临界热释放速率的估计略偏低。

对于达到轰燃的临界热释放速率，还有人提出可用下式计算：

$$\dot{Q}_{f_0} = 7.8A_F + 378A\sqrt{H} \tag{2-5-12}$$

式中，A_F 为房间地板的面积，$A\sqrt{H}$ 为通风因子。此式以烟气层温度达到 600 ℃ 为条件，着火房间的壁面材料与石膏板类似。

2.5.4　烟气回燃

1. 回燃的形成

在建筑物的门窗关闭情况下发生火灾时，空气供应将严重不足，形成的烟气层中往往含有大量的未燃可燃组分。实际上对于多数普通建筑物，即使房间的门窗关闭较好，也会有一定量的空气渗入。因此只要房间内存放较多的可燃物且其着火特性和分布适当，火灾燃烧就会持续下去。若这种燃烧维持的时间足够长，室内温度的升高最终可造成一些新通风口，例如使窗玻璃破裂、将木门烧穿等，致使新鲜空气突然进入。某些其他原因，例如为了灭火而突然将门打开、进行机械送风等，也会出现空气突然进入的情形。

新通风口的形成将会使室内的燃烧强度显著增大，这是因为可燃烟气发生了燃烧。烟气中的可燃组分大致可分为两类，一类主要为 CO、CH_4、H_2、C_2H_6 等普通可燃气体，它们的热值不太高，一般在 1 000 kJ/m³ 左右，爆炸浓度极限为 5%～95%，温度不太高即可点燃。纤维素物质燃烧时经常产生这类气体。另一类为热值较高的多碳的大分子组分，其热值可达 15 000 kJ/m³，爆炸浓度极限为 2.5%～60%，有着较高的热着火温度。然而一旦被点燃，放出的热量很大。聚氨酯泡沫、油类、塑料、沥青和橡胶等物质燃烧时常产生这类气体。由于室内物品的多种多样，在火灾燃烧中，这两类气体通常同时存在。当这些积累的可燃烟气与新进入的空气发生大范围混合后，能够发生强烈的气相燃烧，火焰可以迅速蔓延开来，乃至蹿出进风口。这种燃烧产生的温度和压力都相当高，具有很大的破坏力，不仅可对建筑物造成严重损坏，而且能对前去灭火的消防人员构成严重威胁。有些国家的消防部门明确规定，对可能发生回燃的建筑火灾必须严加防范。

国外文献中曾用 Flameover、Backdraft、Flashback 等称这种燃烧现象，近年来，多数人开始称其为 Backdraft。国内则用过回火燃烧、回燃、倒抽风燃烧、逆通风爆炸等词，在此我们称其为烟气回火燃烧，简称回燃(对应于 Backdraft)。有些文献也曾将这种燃烧称为轰燃，但是它与前面所说的轰燃有所不同。主要是通常的轰燃并不需要突然增大的空气量。回燃持续的时间很短，但可以促使室内火灾转变为轰燃或爆炸。

2. 回燃的特点

回燃现象已引起众多火灾科研人员的注意。如 Bullen 等较早指出失火房间窗户突然打开时，发生的回燃将引起室内温度快速升高；Quintiere 等研究火灾由起火房间向走廊的蔓延时指出回燃可在离开起火点很远的地方发生，如走廊和楼梯的交界区，显然该处容易生成可燃混合气。中国科学技术大学火灾科学国家重点实验室也开展了系列回燃试验,较形象地揭示了回燃火焰的传播,试验是在一个模型房间内进行的,火源为气体燃烧器。先将模型的开口全关闭,可以看出燃烧器的火焰逐渐缩小,最终因缺氧而窒息。然后打开模型一端的开口,经过一定的时间延迟,启动电火花点火器。于是重新出现的火焰由点火源开始,大体沿热烟气和冷空气的交界区迅速蔓延开来,以致从开口蹿出,图2.5.9为回燃火焰传播的照片。

图 2.5.9   回燃火焰的传播过程

根据以上现象可看出,烟气回燃是一种发生在烟气层下表面附近的非均匀预混燃烧。可燃烟气层处于室内上半部,如无强烈扰动,后期进入的新鲜冷空气一般会沉在下面。两者在交界面处扩散掺混,形成可燃混合气。若气体扰动较大,混合区将会加厚,但这种可燃混合气通常不均匀。一旦遇到点火源,可燃混合气就会燃烧,并以火焰传播的形式向外扩展。预混火焰边缘常出现小扩散火焰,这反映出烟气和空气混合的不均匀。

霍然等人曾在小尺寸的房间模型内研究了回燃的形成,用垂直放置的热电偶测量温度变化。试验火源为气体燃烧器,开始令通风口很小,并有意使燃料体积流率过量以造成富燃料烟气层。当发现火焰明显减小(由于通风受限)时将开口全打开,于是室内很快发生猛烈的燃烧,火焰几乎充满全室,并可从通风口蹿出。有时燃烧过猛还会造成火源处的火焰熄灭,图2.5.10为一次发生这种燃烧的试验曲线。

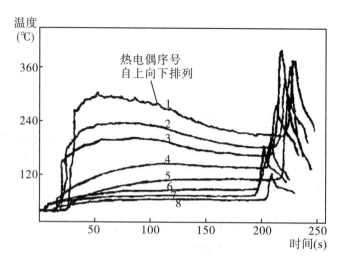

图 2.5.10   发生剧烈燃烧时温度变化的曲线

当建筑物的起火房间有开口与走廊或其他房间相连时,还会逐次出现烟气回燃。图2.5.11 表示在一个房间-走廊相连的模型内发生回燃的温度曲线。火源位于房间内,两者间有门相通。起初模型与外界相通的窗口关闭,约 10 min 突然打开起火间的窗口,很快发生回燃,温度出现突跃,走廊内的温度也随之升高,但没有起火间的高;又过了约 15 min,模型内出现了第二次回燃,而这一次是走廊内的温度变化较大,表明回燃发生在走廊内。

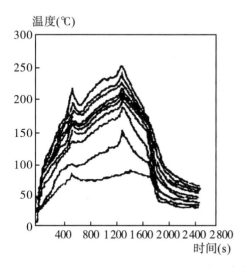 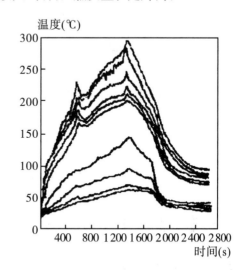

图 2.5.11　房间-走廊模型内两次回燃的温度变化

两次回燃的出现反映出房间分隔的影响。在封闭燃烧阶段,每个房间(包括任何其他分隔间)内都会积存可燃烟气,且处于缺氧状态。打开通风口后,空气进入哪个区域那里就有回燃的可能。有些分隔间的回燃可能滞后相当一段时间,这种延迟性的回燃对进去灭火的人员有着严重威胁,因为发生了前面的回燃后,人们对再发生回燃往往缺乏防备。

3. 回燃的预防

点火源的存在是引起回燃的另一个基本条件。一般可燃烟气与后期进入的空气掺混生成的可燃混合气达不到自燃温度,必需由点火源点燃。在起火建筑物内通常有 3 类点火源:一是明火焰,二是暂时隐蔽的火种,三是电火花。

起火房间内已存在的火焰是典型的明火,在前面所示的试验中,回燃便是由已存在的火焰引发的。在黑暗中灭火时,使用打火机或蜡烛照明,这可能构成回燃的点火源;火灾中还存在多种暂时隐蔽的点火源。例如房间内某些橱、柜内的物品起火,或被其他材料遮盖着的物品起火时,由于热量散不出去,其附近的温度会很高,只是因为缺氧而未将可燃烟气引燃。新鲜空气进入后,该处往往迅速发生燃烧,这是一种典型的延迟性回燃;电气设备的使用常可导致电火花出现,如电源开关、电热器、电灯、电铃等。可燃混合气也可能由这种电火花引燃,因此在火灾中禁止启动无防爆措施的电气设备。后两种回燃往往在灭火人员进入房间后一段时间发生,这时可燃混合气常可混合到接近化学当量浓度,因而燃烧强度很大,无论对人对物都容易造成严重危害。

火灾现场的可燃烟气毕竟具有较高的温度,其点燃的可能性比常温下大得多,这种认识可结合图 2.5.12 说明。图中的实线为某种可燃气体的燃烧速率曲线,其两端为可燃浓度界限。随着温度的升高,可燃浓度界限显著扩大,当温度达到该气体的自燃温度时,则处于任何浓度

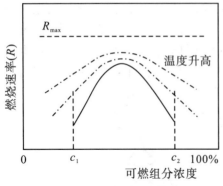

图 2.5.12　热烟气可燃浓度界限的变化

都可着火的状态。这表明在可能发生回燃的场合,小点火源也具有大的危险性。

为了防止回燃的发生,控制新鲜空气的后期流入具有重要作用。当发现起火建筑物内已生成大量黑红色的浓烟时,若未做好灭火准备,不要轻易打开门窗以避免生成可燃混合气。在房间顶棚或墙壁上部打开排烟口将可燃烟气直接排到室外,有利于防止回燃。灭火实践表明,在打开这种通风口时,沿开口向房间内喷入水雾,可有效降低烟气的温度,从而减小烟气被点燃的可能,同时这也有利于扑灭室内的明火。

2.6　火灾中的热释放速率

2.6.1　热释放速率的确定

热释放速率(Heat release rate)是表示火灾发展的一个主要参数。原则上说,如果知道火灾中可燃物的质量燃烧速率就能够按下式计算热释放速率:

$$\dot{Q}=\Phi\times\dot{m}\times\Delta H \tag{2-6-1}$$

式中,$\dot{m}$ 为可燃物的质量燃烧速率;Φ 为燃烧效率因子,反映不完全燃烧的程度;ΔH 为该可燃物的热值。但是仅依靠计算确定火源的热释放速率是困难的,主要是该式右侧的各项难以合理确定。首先在于火灾中的可燃物组分变化很大,热值也不固定。其次在于直接使用物质的燃烧热不符合火灾实际,因为热值是该物质完全燃烧时放出的热量,而在火灾燃烧中物品大都不会全部烧完。再次在于火灾燃烧通常是不完全的,随着火灾场景的不同,燃烧效率因子一般在 0.3~0.9 范围内变化。

很多人提出应当通过试验来认识典型物品的火灾燃烧特性,并据此估计特定火灾中的热释放速率。现在已发展多种测量热释放速率方法,应用最成功的是锥形量热计及其放大型家具量热仪等,并获得了不少的实测数据。火灾试验是一种毁坏性试验,家具、衣物等物品一旦经过火烧基本上便彻底报废,因此全尺寸火灾试验的耗费相当大,一般都只能进行有限度的全尺寸火灾试验,应当充分利用已经得到的室内常用物品的燃烧性能数据。

本节简要介绍物品在火灾燃烧条件下的热释放速率测定原理,收集了若干代表物品热释放速率的数据,并对测定不同物品的热释放速率方法进行了讨论。

2.6.2　锥形量热计的测量

锥形量热计(Cone calorimeter)本是美国建筑与火灾研究所 Babrauskas 等人开发的专门用于测量材料热释放速率的仪器,后来又作了扩展,还可用于测量烟气浓度及 CO 和 CO_2 的生成速率。图2.6.1为锥形量热计的结构简图。该仪器主要由两部分组成,一是量热计,用于测量热释放速率、CO 和 CO_2 的生成速率和烟气浓度;二是以锥形辐射加热器为主的燃烧控制器,用于固定燃烧试样和调节引燃条件。

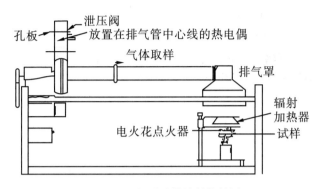

图 2.6.1 锥形量热计结构简图

锥形量热计根据氧耗法测定热释放速率,其基本原理是:在燃烧多数天然有机材料、塑料、橡胶等物品时,每消耗 1 m³ 的氧气约放出 17.2 MJ 的热量(或说每消耗 1 kg 氧气约放出 13.1×10^3 kJ 的热量),其精度在 5% 以内。燃烧控制器的通风状况良好,较好体现了物品自由燃烧的环境。材料试样的面积为 100 cm²,厚度可达 50 mm,其侧面和底面用确定厚度的铝箔包住,并加上不锈钢边框以减少边缘的燃烧效应,对于燃烧中发生膨胀的材料,其上方还可加上控制框格。然后将试样放在耐热纤维垫上。锥形辐射加热器可对试样施加 10~100 kW/m² 的辐射热,基本上覆盖了从燃烧早期阶段到燃烧充分发展阶段的热通量。随着锥形辐射加热器与试样表面距离的变化,热通量的数值有所变化,但在某一平面上的分布是很均匀的。

该仪器使用前应当进行标定,其使用说明规定,标定材料用厚度为 25 mm 的黑色聚甲基丙烯酸甲酯(PMMA)。这种材料的材质均匀,燃烧稳定,当加热到 300 ℃ 以上时,几乎完全分解为易燃气体,黑色则可保持吸热性能稳定。测量表明,这种材料燃烧过程的再现性很好,图 2.6.2 所示的曲线很好地说明了这一点。

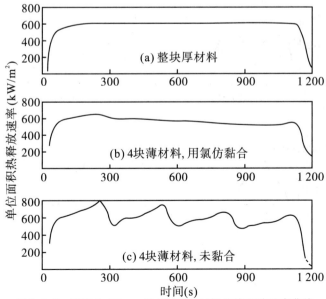

图 2.6.2 厚度为 25 mm 的 PMMA 材料的热释放速率曲线

　　在市场上,25 mm 厚的 PMMA 材料不易获得,因此这种试样经常用几层较薄的材料(例如 4 层厚度为 6 mm 的材料)黏合而成,但黏合剂的加入对热释放速率有一定影响,见表 2.6.1,可见用氯仿黏合的试样与单体厚材料的性能相当接近。

表 2.6.1　黑色 PMMA 标准试样的测量数据

序号	类型	热释放速率 （kW/m²）	有效燃烧热 （MJ/kg）	CO 生成量 （kg/kg）	CO₂ 生成量 （kg/kg）	引燃时间 （s）	层数	黏合剂
1	稳定值	571	22.8	0.006 2	2.01	22.0	1	无
2	峰　值	600	23.6	0.006 5	2.09	33.0	4	无
3	稳定值	575	23.6	0.007 3	1.91	30.6	4	氯仿
4	稳定值	535	22.2	0.007 4	1.96	32.5	4	二氯甲烷
5	稳定值	567	23.5	0.006 9	1.91	29.0	4	市售 a
6	稳定值	561	23.8	0.006 4	1.93	31.8	4	市售 b
7	峰　值	536	22.1	0.006 3	1.97	28.5	4	市售 c
8	稳定值	531	21.9	0.006 1	1.92	31.0	4	市售 d

　　材料的厚度、外保护状况等均对燃烧速率有一定影响,因此制备标准试样时应严格按规定条件操作。完成了对仪器的校准后就可进行有关材料的热释放速率测量。图 2.6.3 为若干其他材料的热释放速率曲线,由图可看出,许多材料的热释放速率是不均匀的。在有的资料中,常用平均值和峰值两个参数来表示材料的热释放速率特性。

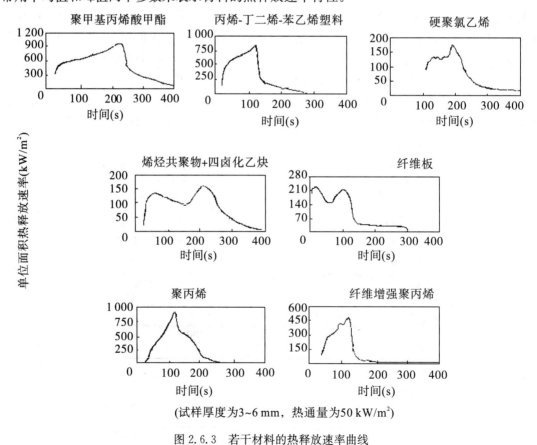

(试样厚度为 3~6 mm, 热通量为 50 kW/m²)

图 2.6.3　若干材料的热释放速率曲线

2.6.3 家具量热仪及典型结果

使用锥形量热计只能测定一些小试样。然而建筑物内使用的物品基本上都是由多种材料组成的,且具有较大的质量和体积,其热释放性能是锥形量热计无法反映的。

于是在锥形量热计基础上发展出了家具量热仪(Furniture calorimeter),用其可测定家具等室内物品和堆放的商品等的热释放速率。图2.6.4为家具量热仪计示意图,其测量原理仍是氧耗法,但由于燃烧物品的体积较大,试样上方未设锥形辐射加热器,而是加了普通铁皮材料制成的集烟罩。

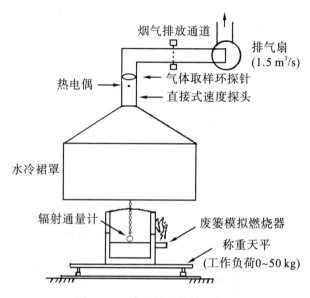

图 2.6.4　家具量热仪计示意图

家具量热仪测量的数据很接近实际火灾环境的结果,因此很有实用价值,现在已用这种仪器测得了不少数据。这种数据可直接表示为热释放速率随时间变化的曲线,此外还有相当多的数据表示为热释放速率平均值或峰值。

Babrauskas等人在测定与收集室内物品的热释放速率方面作了大量工作,在液体及热塑料池、木垛、木板架、沙发、枕头、床垫、衣柜、电视机、圣诞树、帘布、电缆等方面得到的热释放速率很受人们重视,下面介绍其中一些代表性结果。

1. 板条架

图2.6.5(a)为标准试验用板条架示意图,它是用木板条平行堆架而成的,可代表某些货架结构。其热释放速率曲线见图2.6.5(b),可注意到板条架着火后,火势发展很快。在较高的热释放状况下维持一段时间便迅速减弱,这明显是板条架的中空结构决定的。Krasner分析了大量试验数据后指出,长宽都为1.22 m的标准板条架,若木板的燃烧热设为1.2×10^4 kJ/kg,则其热释放速率可用下式表示:

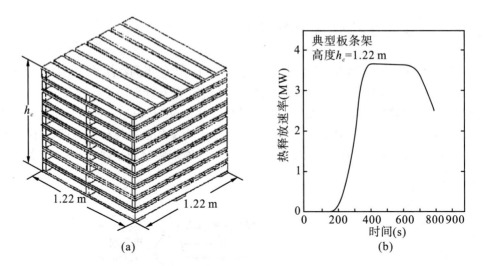

图 2.6.5　板条架的结构及其热释放速率曲线

$$\dot{q}=1\,450(1+2.14h_c)(1-0.027M) \tag{2-6-2}$$

式中，h_c 为板条架的高度(m)，M 为木板的含水率。

2. 蒙皮家具

沙发、席梦思床垫等一般是在木料骨架或弹簧架上铺衬柔软的材料，外部再罩上一层皮革或其他高强度织物组合成的，其热释放特性要受到这些组成材料的影响。表 2.6.2 列出了若干家具组成材料的有效燃烧热，图 2.6.6 为几种沙发的热释放速率曲线。

表 2.6.2　若干家具组成材料的有效燃烧热

家　具　组　成　部　分			平均燃烧热（MJ/kg）
衬垫材料	纤维材料	框　架	
PU 塑料泡沫	聚烯烃树脂	木　料	18.0
PU 塑料泡沫	棉　花	木　料	14.6
棉　花	聚烯烃树脂	木　料	16.1
棉　花	棉　花	木　料	14.9
PU 塑料泡沫	聚烯烃树脂	聚氨酯	20.9
PU 塑料泡沫	聚烯烃树脂	聚丙烯	35.1
PU 塑料泡沫	聚烯烃树脂	＊	30.4
PU 塑料泡沫	棉　花	＊	25.2
PU 塑料泡沫	羊　毛	＊	21.7
PU 塑料泡沫	棉花和尼龙	＊	14.4～23.0
PU 塑料泡沫	PVC	＊	12.7～24.9
棉　花	棉　花	＊	5.7
棉　花	PVC	＊	7.5
乳　胶	PVC	＊	28.0
聚丁橡胶	棉　花	＊	6.7

＊:表示没有框架或没有可燃框架。

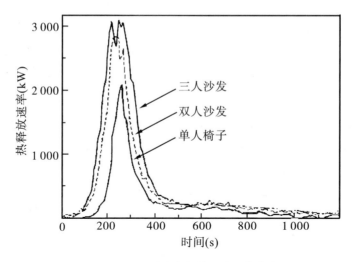

图 2.6.6 几种沙发的热释放速率曲线

由热释放速率曲线可见,这类物品的热释放速率变化规律很难用一定的公式表示。但了解其热释放速率峰值也是很有用的。现在提出两种估计方法,一种是基于基础试验数据发展的,另一种是基于现场使用材料的性能数据发展的。

前一种方法的关系式为

$$\dot{q}=0.63\times q_b\times F_f\times F_m\times F_s \tag{2-6-3}$$

式中,$\dot{q}_b$ 为基础试验得到的热释放速率;F_m 为可燃物质量因子;F_f 为框架因子,对于不燃框架取 1.66,对于可熔塑料取 0.58,对于木料取 0.30;F_s 为式样因子,对于表面平直结构取 1.0,对于雕琢花纹的表面取 1.5,对于接近凹面结构取 1.25。

后一种方法的关系式为

$$\dot{q}=210\times F_c\times F_p\times F_f\times F_m\times F_s \tag{2-6-4}$$

式中,F_c 为材料性质因子,对于热塑料纤维(如聚烯烃树脂)取 1.0,对于纤维素纤维(如棉花)取 0.4,对于 PVC 或 PU 取 0.25;F_p 为填料因子,对于 PU 泡沫或塑胶泡沫取 1.0,对于棉絮取 0.4,对于混合材料取 1.0,对于聚丁橡胶取 0.4。

3. 垫枕

表 2.6.3 列出了若干常见垫枕有关热释放速率的参数,图 2.6.7 则给出了这些垫枕的热释放速率变化曲线。可看出,填充材料的性质对热释放速率的影响很大。

表 2.6.3 若干垫枕的热释放速率数据

填充材料	纤维布料	垫枕质量（kg）	总质量（kg）	最大热释放速率(kW)	总放热量（MJ）	平均燃烧热（MJ/kg）
乳胶泡沫(整块)	50％棉花＋50％聚酯	1.003	1.238	117	27.5	27.6
聚氨酯填料♯1	无 纺	0.650	0.885	43	18.4	22.0
聚氨酯填料♯2	无 纺	0.628	0.863	35	18.9	23.7
聚酯纤维	80％聚酯＋20％棉花	0.602	0.837	33	10.2	20.0

填充材料	纤维布料	垫枕质量 （kg）	总质量 （kg）	最大热释放 速率（kW）	总放热量 （MJ）	平均燃烧热 （MJ/kg）
羽　毛	棉　花	0.996	1.201	16	8.9	18.3
聚酯纤维	玻璃纤维	0.687	0.922	22	3.1	17.4

4. 衣橱

衣橱的样式很多,只能选取一些典型衣橱进行研究。试验所用衣橱的尺寸为 1.78 m(高)×1.22 m(宽)×0.61 m(厚),正面为双开门,壁面可用多种材料制作。图 2.6.8 给出了若干组热释放速率曲线,表 2.6.4 列出了试验的一些其他参数。

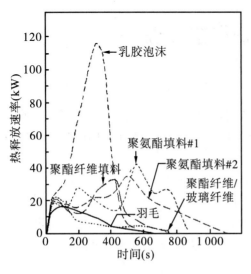

图 2.6.7　若干垫枕的热释放速率曲线　　　　图 2.6.8　衣橱的热释放速率曲线

表 2.6.4　衣橱的热释放速率及有关参数

结　　构	衣橱可燃物质量 （kg）	衣物和纸张 （kg）	热释放速率峰值 （kW）	总体热值 （MJ）	平均燃烧热 （MJ/kg）
金　属	0	3.18 ＊	770	70	14.8
金　属	0	1.93 ＊＊	270	50	18.8
多层胶合板＃1	68.5	1.93 ＊＊	3 500	1 067	—
多层胶合板＃2	68.3	1.93 ＊＊	3 100	1 068	14.9
多层胶合板＃3	36.0	1.93 ＊＊	6 400	590	16.9
多层胶合板＃4	37.3	1.93 ＊＊	5 300	486	15.9
多层胶合板＃5	37.3	1.93 ＊＊	2 900	408	14.2
颗粒压层板	120.3	0.81 ＊＊	1 900	1 349	17.5

＊　挂纤维材料碎布

＊＊　挂模拟的衣服

5. 帘布

一般说来,帘布的热值和燃烧速率都是中等的,但由于其表面积很大,火灾蔓延迅速,容易造成严重危害。Moore 进行了大量这类物品的燃烧试验,表 2.6.5 列出了他的若干试验结果。每组试验使用两块帘布,每块布的尺寸为 2.13 m(高)×1.25 m(宽),当紧靠墙壁放置时,被帘布遮住的墙壁面积为 2.13 m(高)×1.05 m(宽)。试验时用火柴从试样底部点火,在顶棚和墙壁上放置一些用来比较引燃性能的板条,根据被引燃的板条数量可以确定试样的燃烧强度。

表 2.6.5 若干帘布的热释放速率

纤维类型	重量 (g/m²)	布置形式	热释放速率峰值 (kW)	引燃的板条数
棉 花	124	靠墙	188	1
棉 花	260	靠墙	130	7
棉 花	124	敞开	157	0
棉 花	260	敞开	152	7
棉 花	124	靠墙	188	1
棉 花	313	靠墙	600	3
人造丝/棉花	126	靠墙	214	0
人造丝/棉花	288	靠墙	133	6
人造丝/棉花	126	敞开	176	0
人造丝/棉花	288	敞开	196	2
人造丝/棉花	310	靠墙	177	8
人造丝/醋酸纤维	296	靠墙	105	4
醋酸纤维	116	靠墙	155	0
棉花/聚酯纤维	117	靠墙	267	1
棉花/聚酯纤维	328	靠墙	338	5
棉花/聚酯纤维	117	敞开	303	0
棉花/聚酯纤维	328	敞开	236	7
人造丝/聚酯纤维	367	靠墙	658	2
人造丝/聚酯纤维	268	靠墙	329	7
人造丝/聚酯纤维	53	靠墙	219	0
聚酯纤维	108	靠墙	202	1
丙烯酸纤维	99	靠墙	231	0
丙烯酸纤维	354	靠墙	1 177	8
丙烯酸纤维	99	敞开	360	0
丙烯酸纤维	354	敞开	231	7
棉花/聚酯纤维/泡沫	305	靠墙	385	1
人造丝/聚酯纤维/泡沫	371	靠墙	129	5
人造丝/玻璃纤维	371	靠墙	106	5

由表 2.6.5 可见,质地较轻(约 125 g/m²)的试样与质地较重(约 300 g/m²)的试样热释放速率峰值相差不多,不过它们引燃周围物品的能力却相差很大。这一结论适用于热塑料和纤维材料,但不适用于泡沫塑料。质地较重材料的火灾严重性较大的原因主要是其燃烧时间长,可为质地较轻材料的两倍。

6. 废物袋

图 2.6.9 给出了若干废物袋的热释放速率曲线。应当说明,废物袋的燃烧状况与其底面大小和袋内堆放废物的严实程度关系极大,因此本图所示的数值仅作参考。

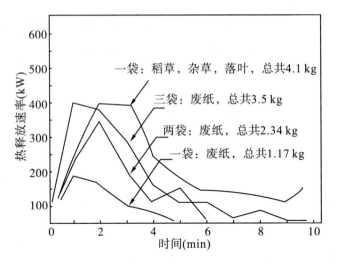

图 2.6.9 若干废物袋的热释放速率曲线

7. 电缆槽

电缆槽火灾是一种相当长的包括电缆材料、槽体材料、捆扎物、点火源在内的多物品火灾，它们的热释放速率难以用全尺寸试验测定。Tewarson 和 Sumitra 等在实验室内对电缆试样进行了较系统的研究，表 2.6.6 列出了若干试样的热释放速率峰值，试验是在 60 kW/m² 的辐射条件下进行的。

表 2.6.6 若干基准尺寸电缆试样的热释放速率峰值(FM 的测定值)

试样号	电缆材料	热释放速率 (kW/m²)	试样号	电缆材料	热释放速率 (kW/m²)
20	聚四氟乙烯	98	8	PE,PP/Cl. S PE	299
21	硅酮与玻璃丝编织衬垫	128	17	XPE / 氯丁橡胶	302
10	PE, PP/Cl. S. PE	177	3	PE / PVC	312
14	XPE/XPE	178	12	PE, PP/Cl. S PE	345
22	硅酮,玻璃丝编织衬垫,石棉	182	2	XPE / 氯丁橡胶	354
16	XPE/Cl. S. PE	204	6	PE/PVC	359
18	PE, 尼龙/PVC, 尼龙	218	4	PE/PVC 275	395
19	PE, 尼龙/PVC,尼龙	231	13	XPE/FRXPE	475
15	FRXPE/Cl. S. PE	258	5	PE/PVC	589
11	PE, PP/Cl. S PE	271	1	idPE	1 071

Lee 分析了他们的数据后提出，可以根据这些数据用下式估算全尺寸电缆的热释放速率：

$$\dot{q}_f = 0.45 \times q''_b \times A \qquad (2\text{-}6\text{-}5)$$

式中，q''_b 为单位试样的热释放速率峰值，A 为电缆发生热解的表面积。

8. 存储商品

美国工厂联合研究所和其他一些实验室进行过大量工业商品的燃烧试验，但大部分数据不能提供给设计者使用，一是因为许多数据是有专用权的；二是因为多数试验的安排是按某种非常特殊的应用设计的。表 2.6.7 列出了若干公开发表的数据。可看出有些状况相同，但在几次试验中得到的数据有些分散，这主要是根据秤重数据估计热释放速率峰值的方法不同造成的。在实际应用中,还应考虑点火源、放置位置、堆放形式等因素的不同所引起的变化。

表 2.6.7　若干存储商品的热释放速率数据(FM 的测定值)

商品名称	单位地板面积的热释放速率峰值(kW/m²)	增大到 1 MW 所用的时间(s)
装满的邮包,堆高 1.5 m	400	190
纸板箱,隔离分,堆高 4.6 m	1 700~4 200	60
纸板箱,三层卡片,金属框加固,堆高 4.9 m	≤2 800	
PE 塑料瓶,装在纸箱内,样式同前	6 200~7 600	85
PS 塑料罐,装在纸箱内,样式同前	14 000~20 900	55
PVC 塑料瓶,装在纸箱内,样式同前	3 400~7 000	95
PP 食品导管,装在纸箱内,样式同前	4 400~9 600	100
PE 薄盘,在车上堆高 1.5 m	8 500≥	180
PE 废物桶,装在纸箱内,堆高 4.6 m	2 000≥	55
PE 瓶,有大有小混装在纸箱内,堆高 4.6 m	2 000~4 200	75
PE 瓶,大号,装在纸箱内,堆高 4.67 m	≤7 300	
PE/玻璃纤维喷头套,装在纸箱内,堆高 4.6 m	1 400≥	85
PU 硬泡沫绝缘板,堆高 4.6 m	1 900~3 200	8
PS 硬泡沫绝缘板,堆高 4.6 m	3 300≥	6
PS 食品导管,带盖,盘卷在纸箱内,堆高 4.3 m	5 400~8 200	120
PS 肉盘,用塑料包膜包裹	≤12 900	
PS 肉盘,用纸包裹	≤13 300	
PS 玩具组件,在纸箱内,堆高 4.3 m	2 000~6 500	125
PE 与 PP 薄片,成卷,堆高 4.3 m	6 200≥	40

2.6.4　设定火灾功率

在设计新建筑或分析现有建筑的火灾安全状况时,建筑物内可能发生火灾的热释放速率是决定火灾发展及火灾危害的主要参数,也是采取消防对策的基本依据,因此具有重要的参考意义。但是这些建筑物内并没有发生火灾,热释放状况是人们根据对火灾燃烧的认识(主要是对可燃物特性的认识)假设的。此参数设定得越恰当,所用预测的火灾危险越合理,采用的消防对策越有效。现在常称这种工作为设定火灾功率(Design fire)。

火灾初期的热释放速率是人们控制火灾主要关心的问题之一。由前面讨论的多种物品的热释放速率曲线可见,从起火到旺盛燃烧阶段,热释放速率大体按指数规律增长。Heskestad指出,这可用下面的二次方程描述:

$$\dot{Q}=\alpha(t-t_0)^2 \tag{2-6-6}$$

式中,α 为火灾增长系数(kW/s²),t 为点火后的时间(s),t_0 为开始有效燃烧所需的时间(s),图2.6.10 为本模型的示意图。通常在研究中不考虑火灾的前段酝酿期,即认为火灾从出现有效燃烧时算起,于是热释放速率公式可写为:

$$\dot{Q}=\alpha t^2 \tag{2-6-7}$$

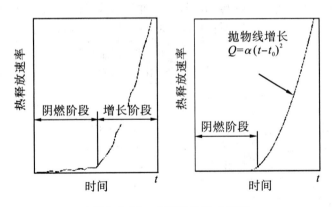

图 2.6.10　火灾增长的 t^2 模型

　　Nelson 进一步指出,火灾的初期增长可分为慢速、中速、快速、超快速等 4 种类型,见图 2.6.11。各类的火灾增长系数依次为 0.002 931、0.011 27、0.046 89、0.187 8。池火、快速沙发火大致为超快速型,托运物品用的纸壳箱、板条架火大致为快速型,棉花加聚酯纤维弹簧床大致为中速型。参考该图可估算实际物品火灾初期阶段的增长因子。

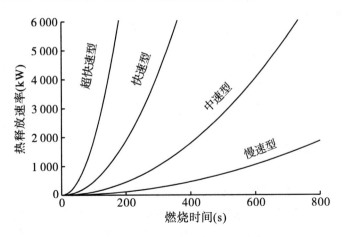

图 2.6.11　火灾增长的 4 种形式

　　有些物品按 t^2 规律燃烧一段时间后,热释放速率便趋向于某一确定值,例如泄漏气体的射流火、油池火、某些热塑料火等。这些情况可按图 2.6.12 的方式进行简化处理。

　　一种常用的简化方式是按照火灾的发展过程将热释放速率曲线分为 3 段:初期增长阶段采用 t^2 模型描述,在充分发展阶段认为热释放速率维持不变,在减弱阶段则按线性减弱处理。这种处理方式对于池火以及大部分热塑料火都是适用的,模型的简图见图 2.6.13。

　　建筑火灾中往往是一件物品先着火,再引燃其周围的其他物品从而使火灾逐渐扩大的。室内物品的搭配形式是复杂多样的,不可能逐一通过试验确定其燃烧速率,但可以根据有关数据对物品组合状况下的热释放速率作出估计。例如,如果大体知道某建筑内物品的热释放速率,及起火源与其他物品被引燃的时间,就能够将它们的热释放速率曲线按点燃的时间叠加起来,从而得到总的热释放速率,见图 2.6.14。

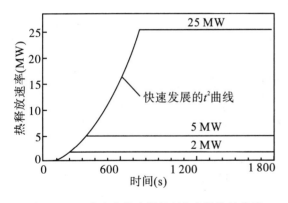

图 2.6.12 火灾由快速增长到稳定燃烧的曲线

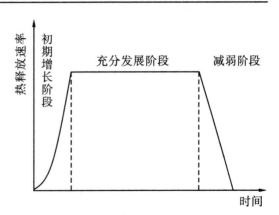

图 2.6.13 t^2-稳定火源模型热释放速率曲线

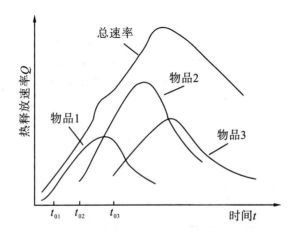

图 2.6.14 3 件物品依次着火的总热释放速率曲线

当需要了解整个火灾过程中的热释放速率变化规律时,可以采用逐段近似的方法来描述各阶段的特点。这种思想用公式表示为

$$
Q = \begin{cases} f_1(t) & t \leqslant t_1 \\ f_2(t) & t_1 < t \leqslant t_2 \\ \cdots\cdots & \cdots\cdots \\ f_n(t) & t_{n-1} < t \leqslant t_n \end{cases} \tag{2-6-8}
$$

若假设在一个较短的时间段内热释放速率保持不变。则热释放速率曲线就可用若干分级变化的线段构成,见图 2.6.15(a)。若假设在每个小时间段内热释放速率按照线性规律变化,那么可以按照图 2.6.15(b)的方式来描述。

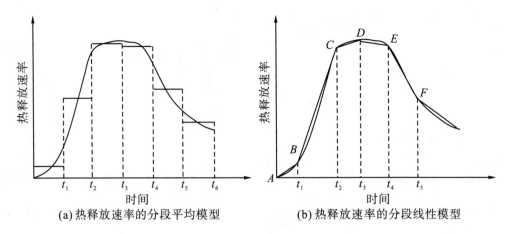

(a) 热释放速率的分段平均模型　　　　　　(b) 热释放速率的分段线性模型

图 2.6.15　热释放速率曲线的分段设置方式

在实际应用中,设定的热释放速率还常用数表形式给出,表 2.6.8 为一示例。这种简化处理比较粗糙,但若设定合理,基本上能够满足火灾安全分析的需要。

表 2.6.8　某建筑火灾的设定热释放速率

时　间(s)	热释放速率(kW)	时　间(s)	热释放速率(kW)
0～20	8	251～320	1 200
21～40	20	321～400	1 500
41～80	50	401～440	900
81～140	100	441～460	400
141～180	300	461～480	200
181～250	800	481～500	100

复 习 题

1. 可燃物有哪些基本形态? 它们的燃烧各有哪些主要特点? 为什么油品的池火燃烧容易生成大量的黑烟?

2. 火灾燃烧与工程燃烧主要有哪些区别?

3. 燃料热值是怎样定义的? 为什么有高位热值和低位热值的区别? 对于固体燃料和气体燃料,分别说明它们的高位热值和低位热值的换算方法。

4. 自然扩散火焰与射流火焰的结构有哪些主要差别? 试分析引发火焰振荡的主要因素。

5. 随着油池面积的增大,池火的燃烧速率如何变化? 简要讨论发生这种变化的原因。

6. 木材燃烧时为什么会生成焦油? 说明焦油生成的条件及减少其生成的途径。

7. 在研究火羽流特点时,设定虚点源的位置有何意义?

8. 在烟气顶棚射流中,最高温度与最高速度区的位置如何确定?

9. 说明川越邦雄(Kawagoe)公式的适用条件。室内的竖直通风口和水平通风口的流型有哪些区别?

10. 何为建筑火灾中的通风控制燃烧与燃料控制燃烧? 它们的分界线是怎样确定的?

11. 说明通风状况对可燃物燃烧速率影响的特点,并分析原因。

12. 什么为轰燃? 轰燃对火灾增长过程具有何种作用? 判断轰燃主要采用哪些判据? 说明它们的适用条件。

13. 简述发生回燃的基本条件。为什么回燃具有很大的危害性?

14. 设某房间的尺寸为 6 m(长)×4 m(宽)×3 m(高),其一侧壁中央有一 1.5 m(高)×1.2 m(宽)的窗户。若其壁面材料为普通黏土砖或隔热纤维板时,试分别计算发生轰燃所需的热释放速率。

(1) 火源位于地板中央;

(2) 火源位于墙角。

参 考 文 献

[1]　傅维镳,张永廉,王清安. 燃烧学[M]. 北京:高等教育出版社,1989.

[2]　欧格拉斯曼. 燃烧学[M]. 赵惠富,张宝成,译. 北京:科学出版社,1983.

[3]　岑可法,等. 燃烧理论与污染控制[M]. 北京:机械工业出版社,2002.

[4]　严传俊,范玮. 燃烧学[M]. 西安:西北工业大学出版社,2005.

[5]　霍然. 工程燃烧概论[M]. 合肥:中国科学技术大学出版社,2001.

[6]　范维澄,王清安,张人杰,等. 火灾科学导论[M]. 武汉:湖北科学技术出版社,1989.

[7]　伍作鹏. 消防燃烧学[M]. 北京:中国建筑工业出版社,1997.

[8]　王补宣. 热工基础[M]. 北京:高等教育出版社,1984.

[9]　弗兰克 P. 英克鲁佩勒,大卫 P. 德维特,狄奥多尔 L. 伯格曼,等. 传热和基本原理[M]. 葛新石,叶宏,译. 北京:化学工业出版社,2007.

[10]　曹红奋,梅国梁. 传热学理论基础及工程应用[M]. 北京:人民交通出版社,2004.

[11]　张奕. 传热学[M]. 南京:东南大学出版社,2004.

[12]　高永庭. 防火防爆工学[M]. 北京:国防工业出版社,1989.

[13]　陈莹. 工业防火与防爆[M]. 北京:中国劳动出版社,1994.

[14]　SFPE Handbook of Fire Protection Engineering[M]. Fire Protection Association,Quincy,MA, 1995.

[15]　Fire Safety Science Society[C]. Proceedings of the Second International Symposium,Japan,1988.

[16]　Fire Safety Science Society[C]. Proceedings of the Fourth International Symposium,Australia, 1994.

[17]　DRYSDALE D. An Introduction to Fire Dynamics [M]. 2nd ed. New York:John Wiley & Sons LTD,UK,1999.

[18]　QUENTIERE J G. Fundamentals of Fire Dynamics [M]. New York:John Wiley & Sons LTD, UK,2005.

[19]　KARLSSON B,QUINTIERE J G. Enclosure Fire Dynamics[M]. CRC Press,2000.

3 烟气的性质与流动

由于火灾燃烧状况非常不完全,几乎所有火灾中都会产生大量烟气。火灾烟气的温度较高,且含有多种有毒、有害组分,能够对人员的安全和室内物品构成严重威胁。烟气的存在还会使建筑物内的能见度降低,这就使人员不得不在恶劣环境中停留较长时间。在建筑空间内,烟气容易迅速蔓延开来,因此距离起火点较远的地方也会受到影响。统计结果表明,在火灾中80%以上的死亡者是死于烟气的影响,其中大部分是吸入了烟尘及有毒气体(主要是 CO)昏迷后而致死的。因此研究火灾中烟气的产生、性质、流动特性等都具有重要的意义。

3.1 烟气的产生与性质

火灾烟气(Smoke)是一种混合物,包括:① 可燃物热解或燃烧产生的气相产物,如未燃燃气、水蒸气、CO_2、CO 及多种有毒或有腐蚀性的气体;② 由于卷吸而进入的空气;③ 多种微小的固体颗粒和液滴。目前普遍认为,烟气的这种定义方式包括的范围比某些常见定义宽,而且指明了讨论烟气时不能把其中的颗粒与气相产物分割开来。另一种常见的定义是"烟气是可燃物燃烧所产生的可见挥发产物"。显然这样说明问题不如前者清楚。

3.1.1 烟颗粒的产生机理

火灾燃烧可以是阴燃,也可是有焰燃烧,两种情况下生成的烟气中都含有很多颗粒。但是颗粒生成的模式及颗粒的性质大不相同。

碳素材料阴燃生成的烟气与该材料加热到热分解温度所得到的挥发分产物相似。这种产物与冷空气混合时可浓缩成较重的高分子组分,形成含有碳粒和高沸点液体的薄雾。在静止空气条件下,颗粒的中间直径 D_{50}(反映颗粒大小的参数)约为 $1\ \mu m$,并可缓慢地沉积在物体表面,形成油污。

有焰燃烧产生的烟气颗粒则不同,它们几乎全部由固体颗粒组成。其中,小部分颗粒是在高热通量作用下脱离固体的灰分,大部分颗粒则是在氧浓度较低的情况下,由于不完全燃烧和高温分解而在气相中形成的碳颗粒。即使原始燃料是气体或液体,也能产生固体颗粒。

这两种类型的烟气都是可燃的,一旦被点燃就可能转变为爆炸,这种爆炸往往发生在一些通风不畅的特殊场合。

本节不详细讨论烟气组分生成的机理,而是围绕着烟气对人的危害,讨论烟气的性质、烟气的流动,并对资料中常采用的火灾模拟试验中产生的烟气与实际火灾中产生烟气的差别作出分析。

在发生完全燃烧的情况下,可燃物将转化为稳定的气相产物。但在火灾的扩散火焰中是很难实现完全燃烧的。因为燃烧反应物的混合基本上由浮力诱导产生的湍流流动控制,其中存在着较大的组分浓度梯度。在氧浓度较低的区域,部分可燃挥发分将经历一系列的热解反应,从而导致多种组分的分子生成。例如,多环芳香烃碳氢化合物和聚乙烯可认为是火焰中碳烟颗粒的前身,正是碳烟颗粒的存在才使扩散火焰发出黄光。这些小颗粒的直径为 $10\sim100$ nm,它们可以在火焰中进一步氧化。但是如果温度和氧浓度都不够高,则它们便以碳烟(Soot)的形式离开火焰区。

母体可燃物的化学性质对烟气产生具有重要的影响。少数纯燃料(例如氢气、一氧化碳、甲醛、乙醇、乙醚、甲酸、甲醇等)燃烧的火焰不发光,且基本上不产生烟。而在相同的条件下,大分子燃料燃烧时就会明显发烟。燃料的化学组成是决定烟气产生量的主要因素。常见碳氢化合物的发烟状况按表 3.1.1 中所列的顺序呈增大趋势。经过部分氧化的燃料(例如乙醇、丙酮)发出的烟量比生成这些物质的碳氢化合物的发烟量少。固体可燃物也是如此,对火焰的观察及对燃烧产物中烟颗粒的测定都证明了这一点。例如在自由燃烧情况下,木材和 PMMA 之类的部分氧化燃料燃烧产生的烟量比聚乙烯和聚苯乙烯之类的碳氢聚合物的烟量要少得多。对于后两者来说,聚苯乙烯发出的烟量更大。因为这种聚合物中含有大量的苯基及其衍生物,而这些物质都具有芳香族的性质。

表 3.1.1　碳氢化合物发烟的增大趋势

碳氢化合物类型		代表物质		分子式
中文名	英文名	中文名	英文名	
正烷烃	n-alkanes	正己烷	n-hexane	$CH_3(CH_2)_4CH_3$
异烷烃	iso-alkanes	2,3-甲基丁烷	2,3-dimethyl butane	$(CH_3)_2CH \cdot CH(CH_3)_2$
烯烃	alkenes	丙烯	propene	$CH_3 \cdot CH{=}CH_2$
炔烃	alkynes	丙炔	propyne	$CH_3 \cdot C{\equiv}CH$
芳香烃	aromatics	聚苯乙烯	styrene	$R{-}CH{=}CH_2$
多环芳香烃	polynuclear	萘	naphthalene	

3.1.2　烟气的浓度

烟气的浓度是由烟气中所含固体颗粒或液滴的多少及性质决定的。测量烟气中颗粒的量主要有以下几种方法:

(1) 将单位体积的烟气过滤,确定其中颗粒物的重量(mg/m^3),此法只适用于小尺寸试验(ASTM,1982)。

(2) 测量单位体积烟气中烟颗粒的数目(个$/m^3$),本法适用于烟浓度很小的情况,如空气的净化过程。

(3) 将烟收集在已知容积的容器内,确定它的遮光性,一般表示为一定的光学密度,此法只适用于小尺寸和中等尺寸的试验(ASTM,1979)。

(4) 在烟气从燃烧室或失火房间中流出的过程中测量它的遮光性,并在测量时间内积分,尔后得到烟气的平均光学浓度。

总的说来,测量烟气遮光性的方法比较适用于火灾研究,它可直接与所考虑场合下人的能见度建立联系,并为火灾探测提供了一种方法。下一节将专门讨论烟气遮光性的测量。

3.1.3 烟气的毒性

火灾烟气中含有多种有毒物质,除了含有一氧化碳或二氧化碳外,还包含了氮化氢、氰化氢、氟化氢、苯乙烯等,尤其是聚合物燃烧时产生的有毒物质更多。研究表明,在火灾初期,当热的威胁还不甚严重时,有毒气体已成为对人员安全的首要威胁。火灾中的死亡人员约有一半是由 CO 中毒引起的,另外一半则由直接烧伤、爆炸压力以及其他有毒气体引起的。虽然在尸体解剖数据中常有报道说,在火灾遇难者的血液中含有氰化物(这表明火灾烟气中可能含有氰化物),但经常发现的是死者血液中含有羰基血红蛋白,而这是暴露在 CO 中的结果。表3.1.2 则列出了一些常见有机高分子材料燃烧所产生的有毒气体。

表 3.1.2 有机高分子材料燃烧产生的毒性气体

成分名称	来源的有机材料
CO,CO_2	所有有机高分子材料
HCN,NO,NO_2,NH_3	羊毛,皮革,聚丙烯腈(PAN),聚氨酯(PU),尼龙,氨基树脂等
SO_2,H_2S,CS_2	硫化橡胶,含硫高分子材料,羊毛
HCl,HF,HBr	聚氯乙烯(PVC),含卤素阻燃剂的高分子材料,聚四氟乙烯
烷,烯	聚烯类及许多其他高分子
苯	聚苯乙烯,聚氯乙烯,聚酯等
酚,醛	酚醛树脂
丙烯醛	木材,纸
甲醛	聚缩醛
甲酸,乙酸	纤维素及纤维织品

现有的火灾数据尚无法提供其他有毒气体对人员的危害。多数研究机构都强调应当对其他有毒气体的作用进行研究。因为根据分析化学可知,火灾燃烧的副产物可能对人存在极大的危害,而这并不一定需要医疗方面的证据加以证实。研究火灾烟气的毒性有多种试验方法,其中动物试验法和气体分析试验法最常用。

(1)动物试验法

动物试验就是用某些动物代替人类,接受各类化学物质及其不同浓度剂量的试验,以推测该物质的毒性,并参考此数据制定出人类面临相同情况下的安全策略。我国公安部行业标准《火灾烟气毒性危险评价方法》(GA/T 506—2004)规定的方法是,将小白鼠暴露于具有特定毒性烟气中一定时间后(一般为 30 min),根据染毒后 14 天体重增减、运动能力、全不致死、半数致死、100%致死等现象,并结合出现的时间、浓度评价烟气毒性。

为了降低试验所需的费用和动物用量,美国国家标准及技术研究院(NIST)提出了 N-气体模型法。该模型假设大多数材料燃烧生成烟气的毒性主要是 N 种气体引起的。对于火灾燃烧,主要考虑 5 种气体产物即 CO、CO_2、O_2、HCN、HCl 和 HBr;另外还将缺氧作为一种特殊的毒性状态处理。一般用剂量有效分数(FED)描述各种气体的整体毒性大小,即

$$FED = \sum_i \frac{\int_0^i C_i \mathrm{d}t}{LC_{50}(i) \cdot t} \tag{3-1-1}$$

式中，C_i 为第 i 种气体的浓度，$LC_{50}(i) \cdot t$ 为 i 种气体的半数致死浓度与时间的乘积。在实验室条件下，暴露时间是固定的，且浓度随时间变化较小，则上式可简化为

$$FED = \sum_i \frac{C_i}{LC_{50}(i)} \tag{3-1-2}$$

基于 NIST 研究，主要气体毒性和它们之间的互相影响通常用下式来表示：

$$FED = \frac{m[CO]}{m[CO_2] - b} + \frac{[HCN]}{LC_{50}(HCN)} + \frac{21 - [O_2]}{21 - LC_{50}(O_2)} + \frac{[HCl]}{LC_{50}(HCl)} + \frac{[HBr]}{LC_{50}(HBr)} \tag{3-1-3}$$

式中的经验系数 m 和 b 分别由试验确定：对于 30 min 暴露期，在 CO_2 体积浓度 ≤5% 时分别为 -18 和 122 000，在 CO_2 体积浓度 >5% 时分别为 23 和 $-38\,600$。对于 O_2，主要是考虑其消耗引起的毒性作用，这样上式中 O_2 的形式就是 $(21 - [O_2])$，线性项中 HCN、HCl、HBr 的 LC_{50} 值分别为 0.15×10^{-3} mg/L、0.38×10^{-2} mg/L 和 0.3×10^{-2} mg/L。

（2）气体分析法

气体分析法就是采用化学分析仪器对火灾烟气成分进行测试，进而综合分析毒性产生的原因和机理。主要的测试方法有气相色谱、气-质联用、非分光红外气体传感器（NDIR）、磁氧分析等。一般是在规定试验燃烧环境中进行气体采样，对 14 种气体（二氧化碳、一氧化碳、甲醛、氧化氮、氰化氢、丙烯氰、光气、二氧化硫、硫化氢、氯化氢、氟化氢、溴化氢、氨气、苯酚）一一分析，测定其浓度。将某种气体的实际浓度与该气体的 30 min 致死浓度的比值作为该气体的毒性因子。分别计算 14 种气体的毒性因子，其代数和即为所测材料的毒性指数（T）：

$$T = \sum_{i=1}^{14} \frac{C_{Qi}}{C_i} \tag{3-1-4}$$

式中，C_{Qi} 是第 i 种气体的实际浓度，C_i 是第 i 种气体 30 min 致死的浓度。

两种方法各有利弊，利用动物实验的方法可以直接对毒性进行综合评价。但是，动物间存在个体差异，且人类与动物之间的差异尚不明确。采用化学分析的方法，可以用数值来表示毒性，具有容易对不同材料之间毒性进行比较的优点。但同时又有基础毒性数据少、燃烧生成物之间毒性作用不明、化学分析不能检测出微量的毒性成分等缺点。

表 3.1.3 列出多种气体的毒性顺序，在此是按毒性逐渐增大排列的。关于人的试验数据无从查阅，甚至关于灵长目动物的资料也相当缺乏。表中的估计值 $LC_{50}(\times 10^{-6})$ 表示在给定的时间内，这种浓度的气体能导致 50% 的暴露者发生死亡。多种气体的共同存在可能加强毒性。但目前综合效应的数据十分缺乏，而且结论不够一致。

空气中氧含量降低是气体毒性的特殊情况。有数据表明，若仅仅考虑缺氧而不考虑其他气体影响，当含氧量降至 10% 时就可对人构成危害。然而，在火灾中仅仅由含氧量减小造成危害是不大可能出现的，其危害往往伴随着 CO、CO_2 和其他有毒成分的生成。有人曾对这种综合效应进行测试，但提供的试验数据不多。

另外，火灾烟气的毒性不仅来自气体，还可来自悬浮固体颗粒或吸附于烟尘颗粒上的物质。这种认识显然是有道理的，然而目前几乎没有这方面的试验数据。

表 3.1.3　若干有毒气体的毒性增大序列(体积分数,×10⁶)

| 气体种类 | | 假定 LC_{50}(对人) | | 参考数据(种类,min) |
符号	中文名	5 min	30 min	
CO_2	二氧化碳	>150 000	>150 000	R
C_2H_4O	乙醛		20 000	$LC(m,240)=1\,500$　$LC_0(r,240)=4\,000$ $LC(r,30)=20\,000$　$LC(r,240)=16\,000$
NH_3	氨	20 000	9 000	$EC(m,5)=20\,000$　$EC(m,39)=4\,400$ $EC(r,5)=10\,000$　$EC(r,30)=4\,000$
HCl	氯化氢	16 000	3 700	$LC(r,5)=40\,989$
CO	一氧化碳		3 000	$LC(r,30)=4\,600$　$LC(h,30)=3\,000$
HBr	溴化氢		3 000	$LC(m,60)=814$　$LC(r,60)=2\,858$
NO	一氧化氮	10 000	2 500	$LC(h,1)=15\,000$
H_2S	硫化氢		2 000	$LC(m,60)=673$　$LC_0(h,30)=600$ $LC(h,30)=2\,000$
C_3H_4N	氰丙烯		2 000	$LC(gpg,240)=576$　$LC(r,240)=500$
NO_2	二氧化氮	5 000	500	$EC(m,5)=2\,500$　$EC(m,30)=700$ $LC(m,5)=83\,331$　$LC(r,5)=1\,880$
SO_2	二氧化硫		500	$LC_0(m,300)=6\,000$
HCN	氰化氢	280	135	$LC(r,5)=570$　$LC(r,30)=110$ $LC(r,5)=503$　$LC(m,5)=323$ $LC(h,30)=135$　$LC(h,5)=280$

注:EC 为有关组分的有效浓度,LC_0 是第一次观察到死亡时的浓度。

　　h=人,m=老鼠,r=野鼠,P=灵长目,gpg=几内亚猪。

3.1.4　烟气的温度

　　火灾烟气的高温对人对物都可产生不良影响,这里只讨论它对人的伤害。对于人员暴露在高温下的忍受时间极限也研究得很不够。工业卫生文献上给出过一定暴露时间下(代表时间是 8 h)的热应力(Heat stress)数据,不过并未对人对高温的忍耐性提出多少建议。

　　对猪进行试验表明,在 120 ℃的温度下待 2 min、100 ℃的温度下待 5 min、90 ℃的温度下待 10 min 都不会受伤。猪的皮肤与人较接近,从这意义上说这些数据大体适合于人。曾有试验表明,身着衣服、静止不动的成年男子在温度为 100 ℃的环境下待 30 min 后便觉得无法忍受;而在 75 ℃的环境下可坚持 60 min,不过这些试验温度数值似乎偏高了。Zapp 指出,在空气温度高达 100 ℃极特殊的条件下(如静止的空气),一般人只能忍受几分钟;一些人无法呼吸温度高于 65 ℃的空气。对于健康的着装成年男子,Cranee 推荐温度与极限忍受时间的关系式为

$$t = 4.1 \times 10^8 / T^{3.61} \tag{3-1-5}$$

式中,t 为极限忍受时间(min),T 为空气温度(℃)。这一关系式并未考虑空气湿度的影响。

当湿度增大时人的极限忍受时间降低。因为水蒸气是燃烧产物之一,火灾烟气的湿度较大是必然的。

衣服的透气性和隔热程度对忍受温度升高也有重要影响。对于长时间的暴露(>30 min)尚有试验数据参考。然而,短时间的暴露(如在建筑火灾中)却没有相应的资料。目前在火灾危险性评估中推荐数据为:短时间脸部暴露的安全温度极限范围为 65 ℃到 100 ℃。

3.2 烟气的遮光性

3.2.1 烟气遮光性的几种表示法

烟气的遮光性(Obscuration)一般根据测量一定光束穿过烟场后的强度衰减确定,图 3.2.1 为测量系统示意图。设 I_0 为由光源射入长度给定空间的光束的强度,I 为该光束由该空间射出后的强度,则比值 I/I_0 称为该空间的透射率(Transmittance)。若该空间没有烟尘,射入和射出的光强度几乎不变,即透射率等于 1。当该空间存在烟气时的透射率应小于 1。透射率倒数的常用对数称为烟气的光学密度(Optical density),即

$$D = \lg(I_0/I) \tag{3-2-1}$$

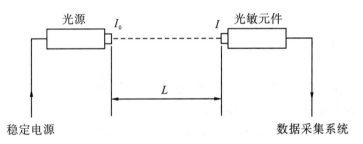

图 3.2.1 烟气遮光性测量装置示意图

考虑到其表示形式与透射率一致,通常将烟气的光学密度定义为

$$D = -\lg(I/I_0) \tag{3-2-2}$$

光束经过的距离是影响光学密度的重要因素。设给定空间的长度为 L,单位长度光学密度表示如下:

$$D_0 = -\lg(I/I_0)/L \tag{3-2-3}$$

另外,根据 Beer-Lambert 定律,有烟情况下的光强度 I 可表示为

$$I = I_0 \cdot \exp(-K_cL) \tag{3-2-4}$$

式中,K_c 称为烟气的减光系数(Attenuation coefficient)。据此,减光系数可表示为

$$K_c = -\ln(I/I_0)/L \tag{3-2-5}$$

注意到自然对数和常用对数的换算关系,可得出

$$K_c = 2.303D_0 \tag{3-2-6}$$

有人还用烟的百分遮光度(Percentage obscuration)来描述烟的遮光性,其定义式为

$$B = (I_0 - I)/I_0 \times 100\% \tag{3-2-7}$$

式中，I_0 和 I 的意义同前，而 $(I_0 - I)$ 为光强度的衰减值。

烟气遮光性的这几种表示法可以相互换算，它们的对应关系见表 3.2.1。

表 3.2.1　烟气遮光性几种表示方法的对应关系

透射率 I/I_0	百分遮光度 $B(\%)$	长度 $L(m)$	单位光学密度 $D_0(1/m)$	减光系数 $K_c(1/m)$
1.00	0	任意	0	0
0.90	10	1.0	0.046	0.105
		10.0	0.004 6	0.010 5
0.60	40	1.0	0.222	0.511
		10.0	0.022	0.051 1
0.30	70	1.0	0.523	1.20
		10.0	0.052 3	0.12
0.10	90	1.0	1.00	2.30
		10.0	0.10	0.23
0.01	99	1.0	2.00	4.61
		10.0	0.20	0.46

3.2.2　烟气的遮光性与人的能见度

由于烟气的减光作用，人们在有烟场合下的能见度(Visibility)必然有所下降，而这会对火灾中人员的安全疏散造成严重影响。能见度指的是人们在一定环境下刚刚看到某个物体的最远距离，引入这一概念很有实际意义。不过，能见度与烟气的颜色、物体的亮度、背景的亮度及观察者对光线的敏感程度都有关。能见度与减光系数和单位光学密度的关系可表示为

$$V = R/K_c = R/2.303D_0 \tag{3-2-8}$$

式中，R 为比例系数，根据实验数据确定。

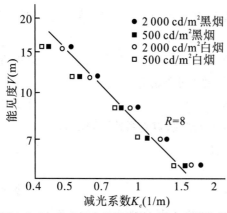

图 3.2.2　发光标志的能见度与减光系数的关系

Jin 曾对自发光和反光标志的能见度进行了测试。他把目标物放在一个试验箱内，其中充满了烟气。白色烟气是阴燃产生的，黑色烟气是明火燃烧产生的，其测量结果见图 3.2.2。通过白色烟气的能见度较低，可能是由于光的散射率较高。他建议对于发光标志 R 取 5～10，对于反光标志和有反射光存在的建筑物，R 取 2～4。由此可知，安全疏散标志最好采用自发光形式。

Batcher 和 Parnell 也指出，自发光标志的可见距离约比表面反光标志的可见距离大 2.5 倍。前方照明与后部照明之间存在相当大的差别。背

景光的散射可大大减低发光物的能见度,但目前这方面的资料较少。

以上关于能见度的讨论并没考虑烟气对眼睛的刺激作用。当然将生理因素与烟气的光学性质联系起来是有缺陷的,因为这似乎表明人的生理效果是由烟气的化学成分引起的,然而烟气对眼睛的刺激作用相当显著。Jin 对暴露于刺激性烟气中人的能见度和移动速度与减光系数的关系进行了一系列试验,下面介绍一些主要结果。

图 3.2.3 表示在刺激性和非刺激性烟气两种情况下,发光标志的能见度与减光度的关系。刺激性强的白烟是由木垛燃烧产生的,刺激性较弱的烟气是由煤油燃烧产生的。可见,方程(3-2-8)给出的能见度的关系式不适于刺激性烟气,在浓度大且有刺激性的烟气中,受试者无法将眼睛睁开足够长的时间以看清目标。

图 3.2.4 给出了暴露在刺激性和非刺激性烟气的情况下,人沿走廊的行走速度与烟气遮光性的关系。烟气对眼睛的刺激和烟气密度都对人的行走速度有影响。随着减光系数增大,人的行走速度减慢,在刺激性烟气的环境下,行走速度减慢得更厉害。当减光系数为 0.4 (1/m)时,通过刺激性烟气的表观速度仅是通过非刺激性烟气时的 70%。当减光系数大于 0.5(1/m)时,通过刺激性烟气的表观速度降至约 0.3 m/s,相当于蒙上眼睛时的行走速度。行走速度下降是由于受试验者无法睁开眼睛,只能走"之"字形或沿着墙壁一步一步地挪动。据此,Jin 提出在刺激性烟气中能见度的经验公式为

$$V = (0.133 - 1.47 \log K_c) \cdot R/K_c \quad (\text{仅对于 } K_c \geqslant 0.25 \ m^{-1} \text{ 有效}) \quad (3\text{-}2\text{-}9)$$

式中,K_c 为减光系数,m^{-1};V 为能见度,m;R 为比例常数。

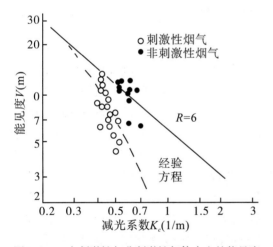
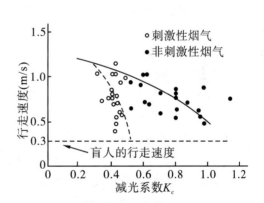

图 3.2.3 在刺激性与非刺激性气体中人的能见 图 3.2.4 在刺激性与非刺激性烟气体中人的行走速度

研究烟气浓度的另一应用背景是火灾探测。许多证据表明,K_c 与颗粒大小的分布有关。随着烟气存在期的增长,较小的颗粒会聚结成较大的集合颗粒,因而单位体积内的颗粒数目将减少。在这一过程中,K_c 随着平均颗粒直径的增大而减少。离子型火灾探测器是根据单位体积内的颗粒数目来工作的,因而对生成期较短的烟气反应较好。它可以对直径小于 10 nm 的颗粒产生反映。而采用散射或阴影原理的光学装置只能测定颗粒直径的量级与仪器所用光的波长相当的烟气,一般为 100 nm,它们对小颗粒反应不敏感。

3.2.3 材料的发烟能力测试

由于火灾烟气的危害,人们希望制定出一种测定材料发烟量的方法,以便对材料的发烟性能进行分级。这种想法实际上是假定发烟量是材料本身的一种性质。应当说明,后来人们对这种假定进行了细致分析后发现,此概念对发烟性能与火灾场合密切相关重视不够。不过制定材料发烟测试还是很有价值的。

现在已提出了多种材料发烟量的测试方法,见表3.2.2。

表 3.2.2   材料发烟性的主要测试方法

名 称	场合类型	参 考
Rohm-Haas XP-2	F,O,S	ASTM,1993(b)
NBS 试验	R,O,S	ASTM,1994(a)
Arapahoe 试验	F,G	ASTM,1989
Steiner 隧道法	F,O,D	ASTM,1995(a)
辐射板试验	R,O,D	ASTM,1995(b)
OSU 量热计	R,O,D	ASTM,1993(c)
ISO 烟箱	R,O,S	ISO,1990
锥形量热计	R,O,D	ASTM,1993(d)

注:F,试样暴露在火中;R,试样暴露在辐射热通量下(火焰可有可无);O,烟量由光强度的衰减决定;G,烟量由示重法确定;S,允许烟气在已知容器内积累;D,在烟气向外流出的过程中进行测量;ASTM,美国试验与材料学会;ISO,国际标准化组织。

其中 NBS 的标准烟箱(ASTM,1979)应用较广泛。除了 Arapohoe 测试法之外,其他方法大多是 NBS 烟箱的改进型或衍生型。这些方法中,有的是使试样只发生热分解,有的是对试样施加辐射热通量使其进行有焰燃烧,但光学密度都是当烟气在固定容积内积累下来后进行测量的。

已经发现,发烟性对试验条件的准确性反应很敏感,且试验结果随装置不同而不同。目前常用的 NBS 烟箱法是将一块 75 cm^2 的试验材料放在燃烧室中,其竖直上方是一个功率固定为 2.5 W/cm^2 的热源,其下方是由 6 个小火焰组成的有焰燃烧阵。允许火焰撞到试样上,将其点燃并可维持燃烧。这种方法规定,测量结果表示为在本装置内的试样光学密度的最大值。即

$$D_m = D_0 \cdot (V/A_s) \tag{3-2-10}$$

式中,D_0 为单位长度的光学密度(m^{-1}),由方程(3-2-2)确定;V 是实验箱的容积(m^3);A_s 是试样的暴露面积(m^2)。表 3.2.3 中列出了一些代表试样在有焰及无焰热分解情况下测得的结果。

表 3.2.3   若干材料发烟量的比较(NBS 烟箱法)

试 样	最大光学密度	
	有焰燃烧	无焰热分解
聚乙烯	62	414
聚丙烯	96	555
聚苯乙烯	717	418
聚甲基丙烯酸甲酯	98	122
聚氨酯泡沫塑料	684	426
聚氯乙烯	445	306
聚碳酸酯	370	41

这种测试方法只考虑了试样的暴露面积。但一般说确定 D_m 应当考虑试样的厚度。这种试验方法的再现性和重复性比许多其他方法好,不过也应当指出,它仍存在 $\pm25\%$ 的浮动。

Rasbas 和 Phillips 也对多种材料的发烟可能性进行了试验研究。他们的发烟炉是仿照 NBS 试验炉制造的,不过烟却收集在一个 13 m³ 的容器中。他们用"发烟势"(Smoke potential)D_p 这一概念来表示烟气生成最大可能性,即

$$D_p = D_0 \cdot (V/W_1) \tag{3-2-11}$$

式中,W_1 是试验过程中产生的挥发分的质量,kg。D_p 的量纲为 $(1/m)\times(m^3/g)=m^2/g$。用这种方式表示的结果比较容易在实际中应用。如果已知燃烧材料的质量损失以及收集烟气的容器大小,就可计算出容器中烟的光学密度。表 3.2.4 中列出某些代表物质在有焰燃烧和无焰热分解情况下的 D_p 值。大多数常见材料在有焰燃烧情况下发出的烟很少,但也有少数例外。

表 3.2.4 若干材料的发烟势(m²/g)

材料名称	发烟势		材料名称	发烟势	
	有焰燃烧	无焰热分解		有焰燃烧	无焰热分解
绝缘纤维板	0.06	0.18	硬 PVC	0.17	0.18
刨花板	0.037	0.19	热压 ABS	0.33	0.42
硬纸板	0.035	0.17	硬质聚氨酯泡沫塑料	0.42	0.17
桦木胶合板	0.017	0.17	软质聚氨酯泡沫塑料	0.096	0.51
装饰胶合板	0.018	0.15	塑料板	0.004 2	0.039
α-纤维	0.022	0.24			

例如,一幅质量为 0.5 kg 的软质聚氨酯材料制的帘布在容积为 50 m³ 的房间中发生有焰燃烧。如果燃烧结束后有 15% 的物质以残渣形式剩下来(即 $W_1=0.85\times0.5$ kg$=0.425$ kg),则当产生的烟在容器内充分混合时,其单位光学密度为

$$D_0 = D_p \cdot W_1/V = 0.096 \times 425/50 = 0.816$$

根据图 3.2.2,此情形下相应的能见度稍小于 2 m。在本计算中,乘积 $D_p \cdot W_1(m^2)$ 可视为在火灾中可燃物总发烟量的一种度量方式,它代表光学密度 D/L 为单位值时的着火容积大小。由此可以确定该房间内总的烟荷载,即

$$V = \sum D_p \cdot W_1 \tag{3-2-12}$$

假设室内每件可燃物的 D_p 和 W_1 都是已知的,用此式就可以比较不同可燃材料放在不同房间的发烟势。

Rasbash 和 Pratl 还在自由燃烧情况下对多种材料的小试样燃烧进行了测试,并将其发烟量与根据前一方法得到的结果作了比较。他们发现,可燃固体处在图 3.2.5 所示的烟囱结构中发出的烟很少。在一般的试验炉中,火焰很难遍及试样的表面,于是导致热分解产物没有燃烧就流走了,因而可形成较浓的烟。

这些测试结果的解释与应用目前还有困难。例如使用 NBS 试验法,试样的燃烧可在有焰和无焰情况下进行试验。但对于某具体建筑物应当按什么值来选择材料,此方法并未提供任何指导。似乎应当使用有焰燃烧的值,因为这样可以非常快地产生烟气。然而在火灾的发展

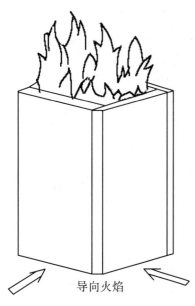

图 3.2.5 研究可燃固体自由燃烧时
发烟性能的装置

阶段,热通量可以使暴露着的尚未燃烧的材料发生热分解,这时相当多的产物是烟颗粒,而且在通风受限及辐射通量很高的情况下,发烟量将会显著增加。轰燃后的室内火灾发出的烟量为敞开环境下的自由燃烧的 4～6 倍。上述各因素对发烟量的影响仍要进行定量研究。

还应当指出,以上的讨论并未涉及发烟速率问题,然而发烟速率是确定烟气从起火区域蔓延到其他空间快慢的重要因素。材料的燃烧速率应当与它的发烟可能性联系起来考虑。

例如,软聚氨酯泡沫塑料(见表 3.2.4)在有焰燃烧条件下的发烟势为 0.096(m^2/g),仅比绝缘纤维板、刨花板和硬纸板等木材产品的大 2～3 倍。但见过这两类物质燃烧的人都会知道,它们的发烟情况大不相同。火焰在泡沫塑料上发展很快,随之而来的是其燃烧速率很高(见表 2.2.11),它产生的烟量达到不可忍受程度的速率要比纤维素材料快得多。

任何能使火焰迅速蔓延开来并出现猛烈燃烧的材料或材料形式都会对人的生命安全构成威胁。因此应当对标准试验的结果作出合理的解释,以便对那些发烟速率很快的材料的使用采取较严格的限制。就是说,使用这些材料时,不仅要考虑其发烟量的大小,还要综合考虑它们在火焰传播和热释放速率试验中的数据。

3.3 烟气的流动

在建筑火灾中,烟气可由起火区向非着火区蔓延,那些与起火区相连的走廊、楼梯及电梯井等处都将会充入烟气,这将严重妨碍人员逃生和灭火。如果人员不能在火灾对他们构成严重威胁前到达安全区域就可能致死。许多人死在起火房间内,他们大多数是由于睡觉或自己无力离开而死在原房间的(如病人或残疾人),但是也的确发现相当多的人死在离起火点较远的地方,显然他们是在逃生过程中死亡的。

为了有效减少烟气的危害,应当了解烟气的运动特性。本节讨论建筑物内烟气运动的有效流通面积、主要驱动力及压力中性面的确定方法。

3.3.1 烟气的有效流通面积

有效流通面积是指某一种流体、在一定压差作用下流过系统的总的当量流通面积。与电路系统的电阻类似,烟气流动系统的路径有并联、串联、及混联(串联与并联相结合)等形式。下面分别讨论各种情形下的流通面积计算。

1. 并联流动

图 3.3.1 所示的加压空间有 3 个并联出口,每个出口的压差 ΔP 都相同,总流量 Q_T 为 3

个出口的流量之和：

$$Q_T = Q_1 + Q_2 + Q_3 \tag{3-3-1}$$

根据 Q_T，可用下式确定这种情况下的有效流通面积 A_e：

$$Q_T = CA_e \cdot (2\Delta P/\rho)^{1/2} \tag{3-3-2}$$

式中，C 为流通系数，A_e 为有效流通面积(m^2)，ΔP 为出口两侧的压差(Pa)，ρ 为流动介质的密度(kg/m^3)。通过 A_1 的流量 Q_1 为

$$Q_1 = CA_1(2\Delta P/\rho)^{1/2} \tag{3-3-3}$$

同理可得 Q_2、Q_3 的表达式。将 Q_1、Q_2、Q_3 代入方程(3-3-1)可得

$$Q_T = (A_1 + A_2 + A_3) \cdot (2\Delta P/\rho)^{1/2} \tag{3-3-4}$$

因此

$$A_e = A_1 + A_2 + A_3 \tag{3-3-5}$$

若独立的并行出口有 n 个，则有效流通面积就是各出口的流动面积之和，即

$$A_e = \sum_{i=1}^{n} A_i \tag{3-3-6}$$

2. 串联流动

图 3.3.2 所示的加压空间有 3 个串联出口。通过每个出口的体积流率 Q 是相同的，从加压空间到外界的总压差 ΔP_T 是经过 3 个出口的压差 ΔP_1、ΔP_2、ΔP_3 之和：

$$\Delta P_T = \Delta P_1 + \Delta P_2 + \Delta P_3 \tag{3-3-7}$$

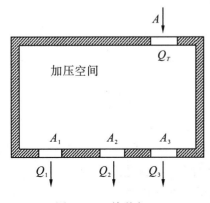

图 3.3.1　并联出口

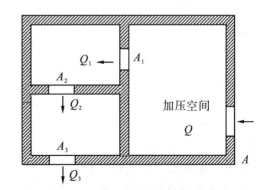

图 3.3.2　串联出口

串联流动的有效流通面积是基于流量 Q 和总压差 ΔP_T 的流动面积，因此 Q 可以写为

$$Q = CA_e \cdot (2\Delta P_T/\rho)^{1/2} \tag{3-3-8}$$

写成求 ΔP_T 的形式为

$$\Delta P_T = \frac{\rho}{2}[Q/(CA_e)]^2 \tag{3-3-9}$$

经过 A_1 时的压差可表示为

$$\Delta P_1 = \frac{\rho}{2}[Q/(CA_1)]^2 \tag{3-3-10}$$

同样可得到 ΔP_2、ΔP_3 的表达式。将它们代入方程(3-3-7)，得到

$$A_e = (1/A_1^2 + 1/A_2^2 + 1/A_3^2)^{-1/2} \tag{3-3-11}$$

以此类推,可以得到 n 个出口串联时的有效流通面积为

$$A_e = \Big[\sum_{i=1}^{n} (1/A_i^2) \Big]^{-1/2} \tag{3-3-12}$$

在烟气控制系统中,两个串联出口最为常见,其有效流通面积常写为

$$A_e = A_1 A_2 / \sqrt{A_1^2 + A_2^2} \tag{3-3-13}$$

3. 混联流动

图 3.3.3 为一并、串混联系统。可见 A_2 与 A_3 并联,组合有效流通面积为

$$A_{23e} = A_2 + A_3 \tag{3-3-14}$$

A_4、A_5 也是并联,其有效流通面积为

$$A_{45e} = A_4 + A_5 \tag{3-3-15}$$

这两个有效流通面积又与 A_1 串联,所以系统的总有效流通面积为

$$A_e = \big[1/A_1^2 + 1/A_{23e}^2 + 1/A_{45e}^2 \big]^{-1/2} \tag{3-3-16}$$

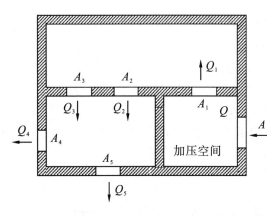

图 3.3.3 混联出口

4. 温度与流通系数变化的影响

对于多数烟气控制计算来说,可以假定气体温度不变和流通系数相同。但是在有些情况下则需要考虑这些参数变化的影响。考虑温度和流通系数变化后,有效流通面积的表达式如下:

并联流动:

$$A_e = \frac{T_e^{1/2}}{C_e} \Big[\sum_{i=1}^{n} C_i A_i (T_i)^{-1/2} \Big] \tag{3-3-17}$$

串联流动:

$$A_e = \frac{T_e^{1/2}}{C_e} \Big[\sum_{i=1}^{n} (C_i A_i)^{-2} T_i \Big]^{-1/2} \tag{3-3-18}$$

式中,T_e 为有效流通路径上的绝对温度(K),C_e 为有效路径的流通系数(无量纲),T_i 为在路径 i 处的绝对温度(K),A_i 为路径 i 的流动面积(m²),C_i 为路径 i 的流通系数(无量纲)。

对于流通系数相同的两个串联流动面积来说,其有效流通面积为

$$A_e = T_e^{1/2} (T_1/A_1^2 + T_2/A_2^2)^{-1/2} \tag{3-3-19}$$

3.3.2 烟气流动的驱动力

烟气流动的驱动力包括室内外温差引起的烟囱效应、燃气的浮力和膨胀力、风的影响、通风系统风机的影响、电梯的活塞效应等。这里主要讨论烟囱效应对烟气运动的影响,对于烟气运动的其他驱动力只作简要说明。

1. 烟囱效应

通常建筑物的室外较冷,室内较热,因此室内空气的密度比外界小,这便产生了使气体向上运动的浮力。高层建筑往往有许多竖井,如楼梯井、电梯井、竖直机械管道及通信槽等。在这些竖井内,气体的上升运动十分显著,这就是烟囱效应(Stack effect)。这种现象有不同的名称,如烟

道作用、烟囱效应、热风压等,在此称之为烟囱效应。现结合图 3.3.4 讨论烟囱效应的计算。

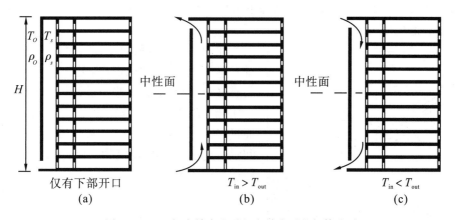

图 3.3.4 正烟囱效应和逆烟囱效应时的气体流动

首先讨论仅有下部开口的竖井,见图 3.3.4(a)。设竖井高 H,内外温度分别为 T_s 和 T_o,ρ_s 和 ρ_o 分别为空气在温度 T_s 和 T_o 时的密度,g 是重力加速度常数,对于一般建筑物的高度而言,可认为重力加速度不变。如果在地板平面的大气压力为 P_o,则在该建筑内部和外部高 H 处的压力分别为

$$P_s(H) = P_o - \rho_s gH \qquad (3\text{-}3\text{-}20)$$

及

$$P_o(H) = P_o - \rho_o gH \qquad (3\text{-}3\text{-}21)$$

因而,在竖井顶部的内外压力差为

$$\Delta P_{so} = (\rho_o - \rho_s)gH \qquad (3\text{-}3\text{-}22)$$

当竖井内部温度比外部高时,其内部压力也会比外部高。如果竖井的上部和下部都有开口,就会产生纯的向上流动,且在 $P_o = P_s$ 的高度形成压力中性平面(Neutral plane,简称中性面),见图 3.3.4(b)。通过与前面类似的分析可知,在中性面之上任意高度 h 处的内外压差为

$$\Delta P_{so} = (\rho_o - \rho_s)gh \qquad (3\text{-}3\text{-}23)$$

多数建筑的开口截面积都比较大,相对于浮力所引起的压差而言,气体在竖井内流动的摩擦阻力可以忽略不计,由此可认为竖井内气体流动的驱动力仅为静压差。

然而如果建筑物的外部温度比内部温度高,例如在盛夏时节,安装空调的建筑内的气体是向下运动的,如图 3.3.4(c)所示。有些建筑具有外竖井,而外竖井内的温度往往比建筑物内的温度要低得多,在其中也可观察到这种现象。一般将内部气流上升的现象称为正烟囱效应,将内部气流下降的现象称为逆烟囱效应。

建筑物内外的压差变化与大气压 P_{atm} 相比要小得多,因此可根据理想气体定律,用 P_{atm} 计算气体的密度。一般认为烟气也遵循理想气体定律,再假设烟气的分子量与空气的平均分子量相同,即等于 $0.028\,9\,\text{kg/mol}$,则方程(3-3-23)可写为

$$\Delta P_{so} = gP_{atm}h(1/T_o - 1/T_s)/R \qquad (3\text{-}3\text{-}24)$$

式中,T_o 为外界空气的绝对温度,T_s 为竖井中空气的绝对温度,R 为通用气体常数。图 3.3.5 给出了正烟囱效应时竖井内及建筑物外的压力分布。将标准大气的参数值代入,方程(3-3-24)改写为

$$\Delta P_{so} = K_s(1/T_o - 1/T_s)h \tag{3-3-25}$$

式中,h 为中性面以上的距离(m),K_s 为修正系数(为 3 460)。图 3.3.5 给出了通常温度范围内烟囱效应引起的压力值。

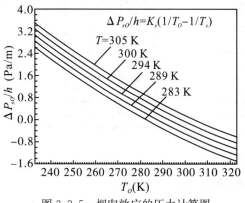

图 3.3.5 烟囱效应的压力计算图

在图 3.3.4 所示的建筑物内,所有的垂直流动都发生在竖井内。然而实际建筑物的楼层地板间会有缝隙,因此也有一些穿过楼板的气体流动。不过实际上就普通建筑物而言,流过楼板的气体量比通过竖井的量要少得多,通常仍假定建筑物为楼层间没有缝隙的理想建筑物。因此通过任一层的有效流动面积为

$$A_e = (1/A_{si}^2 + 1/A_{io}^2)^{-1/2} \tag{3-3-26}$$

式中,A_e 为竖井与外界间的有效流通面积(m^2),A_{si} 为竖井与建筑物间某层的流通面积(m^2),A_{io} 为建筑物某层与外界间的流通面积(m^2)。通过该层的质量流率 $\dot{m}$ 可表示为

$$\dot{m} = CA_e \cdot (2\rho\Delta P_{so})^{1/2} \tag{3-3-27}$$

式中,C 是无量纲流通系数,其值为 0.6~0.7。在串联路径中,某段路径的压差等于系统的总压差乘上系统的有效流通面积与这段路径的流动面积之比的平方,这样竖井与建筑物内部房间之间的压差为

$$\Delta P_{si} = \Delta P_{so}/(A_e/A_{si})^2 \tag{3-3-28}$$

将式(3-3-26)代入该式,消去有效流通面积,得

$$\Delta P_{si} = \Delta P_{so}/[1 + (A_{si}/A_{io})^2] \tag{3-3-29}$$

通常,比值 A_{si}/A_{io} 在 1.7 到 7 之间,表明竖井与建筑物内部房间之间的压差比竖井与外界之间的压差小得多。若着火楼层有较多窗口被烧破,则此层内的 A_{io} 变得很大,于是比值 A_{si}/A_{io} 将变得非常小,以致 ΔP_{si} 接近于 ΔP_{so},即竖井与该层房间的压差几乎等于竖井与外界的压差。

在同一楼层内也存在高度差,而依照式(3-3-28),认为该层的内外压差是相同的,这种处理将会造成一定误差。误差的最大值可以通过方程(3-3-25)计算,式中的高度 h 可取为该楼层的高度。如果楼层高度为 3.1 m,则由方程(3-3-25)计算的最大误差约为 2.5 Pa,总的来说这种误差不大。有些建筑物具有多个竖井,若各竖井内具有同样的压力分布,且起始和终止高度相同,那么上面确定建筑物串联流动压力的方法仍然适用。

烟囱效应是建筑火灾中烟气流动的主要因素。在正烟囱效应情况下,低于中性面火源产生的烟气将与建筑物内的空气一起流入竖井,并沿竖井上升。一旦升到中性面以上,烟气便可由竖井流出来,进入建筑物的上部楼层。楼层间的缝隙也可使烟气流向着火层上部的楼层。如果楼层间的缝隙可以忽略,则中性面以下的楼层,除了着火层外都将没有烟气。但如果楼层间的缝隙很大,则直接流进着火层上一层的烟气将比流入中性面下其他楼层的要多,见图3.3.6(a)。

若中性面以上的楼层发生火灾,由正烟囱效应产生的空气流动可限制烟气的流动,空气从竖井流进着火层能够阻止烟气流进竖井,见图3.3.6(b)。不过楼层间的缝隙却可引起少量烟气流动。如果着火层的燃烧强烈,热烟气的浮力克服了竖井内的烟囱效应,则烟气仍可进入竖井继而流入上部楼层,见图3.3.6(c)。逆烟囱效应的空气流可驱使比较冷的烟气向下运动,

但在烟气较热的情况,浮力较大,即使楼内起初存在逆烟囱效应,但不久还会使得烟气向上运动。

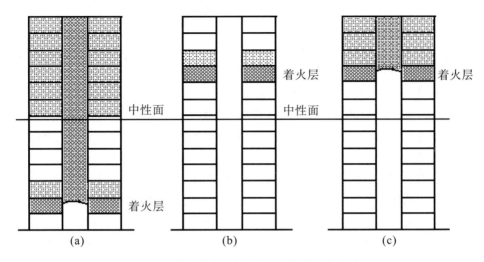

图 3.3.6　建筑物中正烟囱效应引起的烟气流动

2. 燃气的浮力与膨胀力

在这里燃气(Combustion gas)指的是由燃烧刚生成的高温烟气。这种烟气处于火源区附近,其密度比常温气体低得多,因而具有较大的浮力。在火灾充分发展阶段,着火房间窗口两侧的压力分布可用分析烟囱效应的方法分析。与方程(3-3-24)类似,房间与外界环境的压差可写为:

$$\Delta P_{fo} = ghP_{\text{atm}}(1/T_o - 1/T_f)/R \tag{3-3-30}$$

式中,ΔP_{fo} 为着火房间与外界的压差(Pa),T_o 为着火房间外气体的绝对温度,T_f 为着火房间内燃气的绝对温度,h 为中性面以上的距离(此处的中性面指的是着火房间内外压力相等处的水平面)。此方程适用于着火房间内温度恒定的情况。当外界压力为标准大气压时,该关系式可进一步写为:

$$\Delta P_{fo} = K_s(1/T_o - 1/T_f) \times h = 3\,460 \times (1/T_o - 1/T_f) \times h \tag{3-3-31}$$

Fung 进行了一系列的全尺寸室内火灾试验来测定压力的变化。结果表明对于高度约 3.5 m 的着火房间,其顶部壁面内外的最大压差为 16 Pa。当着火房间较高时,中性面以上的距离 h 亦较大,则会产生较大的压差。例如某着火房间的温度为 700 ℃,中性面以上高度为 10.7 m,则由方程(3-3-31)可得,$\Delta P_{fo}=88$ Pa。图 3.3.7 给出了由燃气浮力所引起的压差曲线。

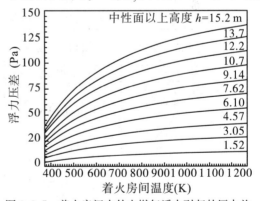

图 3.3.7　着火房间内外由燃气浮力引起的压力差

不少人曾致力于研究这种压差与燃烧状况的关系,例如 Fung 导出下述表达式:

$$0.25(\dot{m}/T_o A_w)^2 T_f < \Delta P_{fo} < 0.1(\dot{m}/T_o A_w)^2 T_f \tag{3-3-32}$$

式中,T_f 是室内燃气温度(K),T_o 是环境温度(K),A_w 是开口面积(m^2),$\dot{m}$ 是质量损失速率(kg/min)。由该式得到的 ΔP_{fo} 的范围与预期的大致相符。

除此之外,燃烧释放的热量还可使得燃气明显膨胀并引起气体运动。若着火房间只有一个小的墙壁开口与建筑物其他部分相连时,燃气将从开口的上半部流出,外界空气将从开口下半部流进。由燃料燃烧所增加的质量与流入的空气质量相比很小,一般将其忽略;再假设燃气的热性质与空气相同,则燃气流出与空气流入的体积流量之比可表达为绝对温度之比:

$$Q_{\text{out}}/Q_{\text{in}} = T_{\text{out}}/T_{\text{in}} \tag{3-3-33}$$

式中,Q_{out} 为从着火房间流出的燃气体积流量(m³/s),Q_{in} 为流进着火房间的空气流量(m³/s),T_{out} 为燃气的绝对温度(K),T_{in} 为空气的绝对温度(K)。

当燃气温度达到 600 ℃时,其体积约膨胀到原体积的 3 倍。若着火房间的门窗开着,由于流动面积较大,燃气膨胀引起的开口处的压差较小可忽略。但是如果着火房间没有开口或开口很小,并假定其中有足够多的氧气支持较长时间的燃烧,则燃气膨胀引起的压差就较重要了。

3. 风的影响

风的存在可在建筑物的周围产生压力分布,而这种压力分布能够影响建筑物内的烟气流动。建筑物外部的压力分布受到多种因素的影响,其中包括风的速度和方向、建筑物的高度和几何形状等。风的影响往往可以超过其他驱动烟气运动的力(自然的和人工的)。一般说来,风朝着建筑物吹过来会在建筑物的迎风侧产生较高滞止压力,这可增强建筑物内的烟气向下风方向的流动,压力差的大小与风速的平方成正比,即

$$P_w = \frac{1}{2}(C_w \rho_o V^2) \tag{3-3-34}$$

式中,P_w 为风作用到建筑物表面的压力,Pa;C_w 为无量纲风压系数;ρ_o 为空气的密度,kg/m³;V 为风速,m/s。使用空气温度表示上述公式可写为

$$P_w = 177 C_w V^2 / T_o \tag{3-3-34a}$$

式中,T_o 是环境温度(K)。该公式表明,若温度为 293 K 的风以 7 m/s 的速度吹到建筑物表面,将产生 $29.6 C_w$(通常风压系数 C_w 的值在$-0.80 \sim +0.80$ 之间,迎风墙为正,背风墙为负)的压力差,显然它要影响建筑物内燃烧或烟囱效应引起的烟气流动。

通常风压系数 C_w 的大小决定于建筑物的几何形状及当地的挡风状况,并且在墙壁表面的不同部位有不同的值。表 3.3.1 给出了附近没有障碍物时矩形建筑物的前后壁面上压力系数的平均值。

表 3.3.1 矩形建筑物各壁面的平均压力系数

建筑物的高宽比	建筑物的长宽比	风向角(α)	不同墙壁上的风压系数			
			正面	背面	侧面	侧面
$H/W \leqslant 0.5$	$1 < L/W \leqslant 1.5$	0°	+0.7	−0.2	−0.5	−0.5
		90°	−0.5	−0.5	+0.7	−0.2
	$1.5 < L/W \leqslant 4$	0°	+0.7	−0.25	−0.6	−0.6
		90°	−0.5	−0.5	+0.7	−0.1
$0.5 < H/W \leqslant 1.5$	$1 < L/W \leqslant 1.5$	0°	+0.7	−0.25	−0.6	−0.6
		90°	−0.6	−0.5	+0.7	−0.25
	$1.5 < L/W \leqslant 4$	0°	+0.7	−0.3	−0.7	−0.7
		90°	−0.5	−0.5	+0.7	−0.1
$1.5 < H/W \leqslant 6$	$1 < L/W \leqslant 1.5$	0°	+0.8	−0.25	−0.8	−0.8
		90°	−0.8	−0.8	+0.8	−0.25
	$1.5 < L/W \leqslant 4$	0°	+0.7	−0.4	−0.7	−0.7
		90°	−0.5	−0.5	+0.8	−0.1

注:H 为屋顶高度,L 为建筑物的长边,W 为建筑物的短边。

由风引起的建筑物两个侧面的压差为

$$\Delta P_w = \frac{1}{2}(C_{w1} - C_{w2})\rho_o V^2 \tag{3-3-35}$$

式中,C_{w1} 为迎风墙的压力系数,C_{w2} 为背风墙的压力系数。

一栋建筑与其他建筑的毗连状态及该建筑本身的几何形状对其表面的压力分布有着重要影响。现在高层建筑的下部经常修建一些单层裙房,在这种几何形状特殊的楼房周围,风的流动形式将是相当复杂的。随着风的速度与方向的变化,裙房房顶表面的压力分布亦将发生很大改变。在某种风向情况下,裙房可以依靠房顶排烟口的自然通风来排除烟气,但在另一种风向时,房顶上的通风口附近可能是压力较高的区域,这时便不能指望依靠自然通风把烟气排到室外。

上述各计算公式都用到风速 V。总的来说,风速随离地面的高度增加而增大。由气象学可知,在垂直离开地面一定高度的空中,风速基本上不再随高度增加,可认为那里是等速风。从地面到等速风之间的气体流动是一种大气边界层流动,地势或挡风物体(如建筑物、树木等)都会影响边界层的均匀性,通常风速与高度的关系用以下指数方程表达:

$$V = V_0(Z/Z_0)^n \tag{3-3-36}$$

式中,V 为实际风速(m/s),V_0 为参考高度的风速(m/s),Z 为测量风速 V 时所在高度(m),Z_0 为参考高度(m),n 为无量纲风速指数。

图 3.3.8 显示了不同地形条件下的风速分布,可见不同地区的大气边界层厚度差别很大,应使用不同的风速指数。在平坦地带(如空旷的野外),风指数可取 0.16 左右;在不平坦的地带(如周围有树木的村镇),风速指数可取 0.28 左右;在很不平坦的地带(如市区),风指数约为 0.40。机场和气象站等一般在离地高度 10 m 处测量风速,本书亦将参考高度取为 10 m。在设计烟气控制系统时,涉及如何选择参考风速的问题。有资料指出,大部分地区的平均风速为 2~7 m/s,但此值对于设计烟气控制系统未必合适。大量证据表明,在半数以上的火灾中,实际风速大于此值。建筑设计部门一般把当地的最大风速作为建筑安全设计参考值,其值常取为 30~50 m/s。但对烟气控制系统来说,此值又显得太大了,因为发生火灾的同时又遇到如此大风的概率太小了。在没有更理想的结果前,建议在设计烟气控制系统时,将参考风速取为当地平均风速的 2~3 倍。

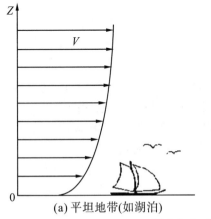
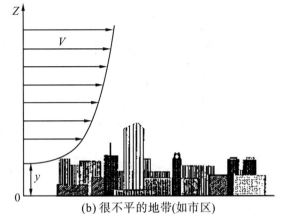

图 3.3.8　不同地形条件下的风速分布

(a) 平坦地带(如湖泊)　　　　　(b) 很不平的地带(如市区)

4. 空调系统对烟气流动的影响

出于取暖、通风和空气调节(Heat Ventilation and Air Condition)的目的,许多现代建筑中都安装了供热通风与空调系统(HVAC)。在这种情况下,即使引风机不开动,HVAC 系统的管道也能起到通风网的作用。在前面所说的几种力(尤其是烟囱效应)的作用下,烟气将会沿管道流动,从而促进烟气在整个楼内蔓延。若此时 HVAC 系统在工作,通风网的影响还会加强。当火灾发生在建筑物中没人的区域,HVAC 系统能将烟气传到有人的区域。

图 3.3.9 为某装有 HVAC 系统的剧场内,在有火与无火情况下的气体流动状况。可见在有火的情况下,烟气羽流的形状发生明显变化,部分烟气开始向 HVAC 系统的回风口流动。

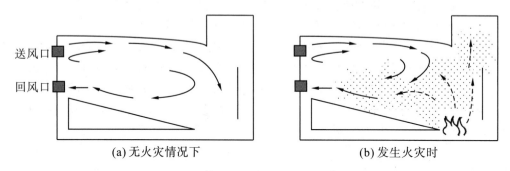

(a) 无火灾情况下   (b) 发生火灾时

图 3.3.9   某装有 HVAC 系统建筑中的气流流动状况

当建筑物的局部区域发生火灾后,火灾烟气会通过 HVAC 系统送到建筑的其他部位,从而使得尚未发生火灾的空间也受到烟气的影响。对于这种情况,一般认为,应关闭 HVAC 系统以避免烟气扩散并中断向着火区供风。这种方法虽然防止了向着火区的供氧及在机械作用下烟气进入回风管的现象,但并不能避免由于压差等因素引起的烟气沿通风管道的扩散。

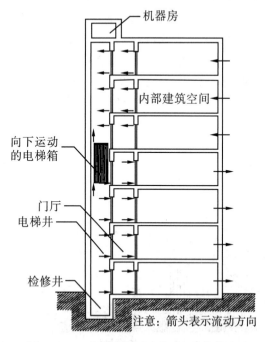

注意:箭头表示流动方向

图 3.3.10   电梯向下运动时引起的气体流动

5. 电梯的活塞效应

电梯在电梯井中运动时,能够使井内出现瞬时压力变化,这称为电梯的活塞效应(Elevator piston effect)。如图 3.3.10 所示,向下运动的电梯使得电梯以下空间向外排气,电梯以上空间向内吸气。由活塞效应引起的电梯上方与外界的压差 ΔP_{so} 为

$$\Delta P_{so} = \frac{\rho}{2}\left[\frac{A_s V}{N_a C A_e + C_c A_a \left[1 + (N_a/N_b)^2\right]^{1/2}}\right]^2$$

(3-3-37)

式中,ρ 为电梯井内空气密度(kg/m³),A_s 为电梯井的截面积(m²),V 为电梯的速度(m/s),N_a 为电梯以上的楼层数,N_b 为电梯以下的楼层数,C 为建筑物缝隙的流通系数(无量纲),A_e 为在每层中电梯井与外界的有效流通面积(m²),C_c 为电梯周围的流体的流通系数(无量纲),A_a 为电梯周围的自由流通面积(m²)。对于一个可通行两部电梯的电梯井,若只有一部电梯运动,C_c 取 0.94;两部电梯并行运动时,C_c 取 0.83。一部电梯在单电梯井中运动时产生的压力系数与两部电梯一起运动的压力系数大致相同。为了简单起见,推导方程(3-3-37)时,忽略了浮力、风、烟囱效应及通风系统的影响。

对于图 3.3.10 所示的流动系统,在每一楼层中,从电梯井到外界包括 3 个串联通道,其有效流通面积 A_e 为

$$A_e = \left(\frac{1}{A_{rs}^2} + \frac{1}{A_{ir}^2} + \frac{1}{A_{oi}^2}\right)^{-1/2} \tag{3-3-38}$$

式中,A_e 为有效流动面积(m^2),A_{rs} 为门厅与电梯井的缝隙面积(m^2),A_{ir} 为房间与门厅的缝隙面积(m^2),A_{oi} 为外界与房间的缝隙面积(m^2)。

与讨论烟囱效应的方法相似,门厅与建筑物内部房间之间的压差可表示为

$$\Delta P_{ri} = \Delta P_{so}(A_e/A_{ir})^2 \tag{3-3-39}$$

式中,ΔP_{ri} 为门厅与房间的压差(Pa),ΔP_{so} 为电梯井与外界的压差(Pa),A_e 为电梯井与外界的有效流动面积(m^2),A_{ir} 为门厅与房间的缝隙面积(m^2)。

这种串联流动路径分析不包括建筑物其他竖井的影响,如楼梯井及升降机井等。如果这些竖井与外界的缝隙面积比 A_{oi} 小得多,则方程(3-3-38)也适用于估算楼层之间还有连通的建筑物的 A_e。进一步说,若所有流动通道都是串联的,并且在建筑物内的空间(除电梯井)可以忽略垂直流动,则方程(3-3-38)适用于楼层之间隔断的情形。复杂流动系统需依据具体情况使用有效面积方法逐一计算。

图 3.3.11 给出的是在某宾馆电梯井的测试结果,其纵坐标为电梯下降时顶层电梯门两侧的压差。可见计算值与实验值符合得很好。

但压差 ΔP_{ri} 不能超过下述的上限值:

$$(\Delta P_{ri})_u = \frac{\rho}{2}\left(\frac{A_s A_e V}{A_a A_{ir} C_c}\right)^2 \tag{3-3-40}$$

式中,$(\Delta P_{ri})_u$ 为房间与门厅间压差的上限(Pa),ρ 为电梯井内空气密度($\mathrm{kg/m}^3$),A_s 为电梯井的截面积(m^2),A_e 为每层中电梯井与外界的有效流动面积(m^2),V 为电梯速度(m/s),A_a 为电梯周围的自由流动面积(m^2),A_{ir} 为房间与门厅的缝隙面积(m^2),C_c 为电梯周围气流的流通系数(无量纲)。

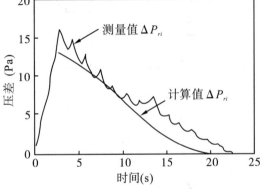

图 3.3.11　电梯井顶层门厅的压差 ΔP_{ri}

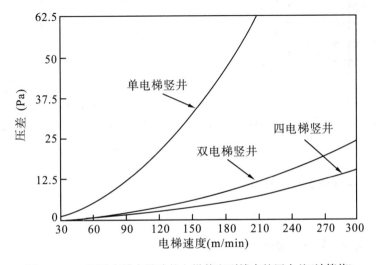

图 3.3.12　因活塞效应导致的电梯前室到楼内的压力差(计算值)

此式适用于通风口关闭的电梯井。压差 $(\Delta P_{ri})_u$ 强烈地依赖于 V、A_s、A_a 的大小。图 3.3.12(第 105 页)给出了在具有单梯井、双梯井和四梯井的情况下,当一部电梯运行时 $(\Delta P_{ri})_u$ 与 V 间的关系。可见在单梯井中 $(\Delta P_{ri})_u$ 的值要大得多,这表明在单梯井中由活塞效应所引起的烟气问题比多梯井严重。

3.4 压力中性面

对于高层建筑来说,确定压力中性面的位置是一个很重要的问题。气体的流动是在一定压力作用下产生的。当存在压力中性面时,其上下方的气体流动会存在不同的方向和路径,致使烟气的流动、控制受到影响。确定压力中性面的位置,就可确定其上下方的不同烟气控制策略,实现烟气的有效控制。

3.4.1 中性面位置的计算

本节按一个竖井与外界连通的情况讨论确定中性面位置的方法,可用有效面积法把这种分析扩展到建筑物的分析。使用前面讨论的串联流动模型,根据中性面位置,可估计流过建筑物的气体流率及压差。

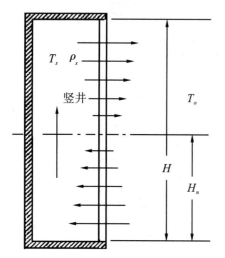

图 3.4.1 与外界具有连续开缝竖井的烟囱效应

1. 具有连续开缝的竖井

现讨论一个竖井,从其顶部到底部有连续的宽度相同的开缝与外界连通,由正烟囱效应而引起的该竖井的流动和压力分布见图 3.4.1。竖井与外界的压差由方程(3-3-23)给出。中性面以下流过微元高度 $\mathrm{d}h$ 的质量流率 $\mathrm{d}\dot{m}_{in}$ 为

$$\begin{aligned} \mathrm{d}\dot{m}_{in} &= C \cdot A' \sqrt{2\rho_o \Delta P_{so}}\,\mathrm{d}h \\ &= C \cdot A' \sqrt{2\rho_o bh}\,\mathrm{d}h \end{aligned} \quad (3\text{-}4\text{-}1)$$

式中

$$b = gP_{\mathrm{atm}}(1/T_o - 1/T_s)/R \quad (3\text{-}4\text{-}2)$$

A' 为单位高度的开缝面积。为了得到流进井内的质量流率,可对方程在中性面($h=0$)到井底($h=-H_n$)之间进行积分,得

$$\dot{m}_{in} = \frac{2}{3}CA'H_n^{3/2} \cdot \sqrt{2\rho_o b} \quad (3\text{-}4\text{-}3)$$

类似,可得到流出竖井的质量流率为

$$\dot{m}_{\mathrm{out}} = \frac{2}{3}CA'(H-H_n)^{3/2} \cdot \sqrt{2\rho_s b} \quad (3\text{-}4\text{-}4)$$

式中,ρ_o 和 ρ_s 分别为外界空气和竖井内气体的密度(kg/m³),H_n 为中性面到井底的距离(m),H 为竖井的高度(m)。对于稳定情况,流进与流出竖井的质量流率相等,则联立式(3-4-3)、

(3-4-4),消去相同的项,使用理想气体定律,并重新整理得

$$\frac{H_n}{H} = \frac{1}{1 + (T_s/T_o)^{1/3}} \qquad (3\text{-}4\text{-}5)$$

式中,T_s 为竖井内空气的绝对温度(K),T_o 为外界空气的绝对温度(K)。

2. 具有上下双开口的竖井

设有一竖井具有上下两个开口,其中的正烟囱效应如图 3.4.2 所示。竖井与外界的压差仍用式(3-3-28)。为了简化分析,假设两个开口间的距离比开口本身的尺寸大得多,这样可忽略沿开口自身高度的压力变化。进入竖井的质量流率为

$$\dot{m}_{in} = C \cdot A_b \sqrt{2\rho_o b H_n} \qquad (3\text{-}4\text{-}6)$$

流到外界的质量流率为

$$\dot{m}_{out} = C \cdot A_a \sqrt{2\rho_s b (H - H_n)} \qquad (3\text{-}4\text{-}7)$$

式中,A_a 和 A_b 分别为上部和下部开口的面积(m^2)。令上述两式相等,得

$$\frac{H_n}{H} = \frac{1}{1 + (T_s/T_o)(A_b/A_a)^2} \qquad (3\text{-}4\text{-}8)$$

中性面位置对 A_b/A_a 的值依赖关系很强。当 A_b/A_a 趋近于零时,H_n 便接近 H,这意味着,若底部通风口面积与上部通风口相比很小,中性面的位置就接近于或位于上部。方程(3-4-8)还反映出,中性面位置受流动面积影响较大,而受温度影响较小。

3. 具有连续开缝和一个上开口的竖井

设某竖井具有连续开缝和一个上部开口,则井内由正烟囱效应所引起的流动及压力分布见图 3.4.3。设开口的面积为 A_v,其中心到地面的高度为 H_v。开口位于中性面之下时也可作类似分析。流进井内的质量流率由方程(3-4-2)给出。为简化起见,认为开口的自身高度与井高 H 相比很小,这样可认为流体流过开口时的压力差不变。

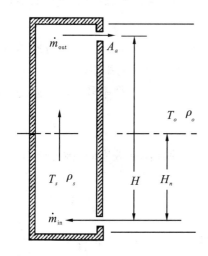

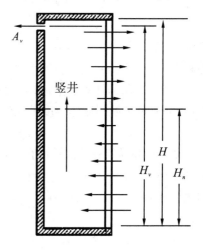

图 3.4.2 双开口竖井的烟囱效应 　图 3.4.3 具有一个上开口及连续开缝
　　　　　　　　　　　　　　　　　　　　　的竖井的正烟囱效应

流出竖井的质量是由连续开缝流出的质量与由开口流出的质量之和,即

$$\dot{m}_{out} = \frac{2}{3} C \cdot A' (H - H_n)^{3/2} \sqrt{2\rho_s b} + C \cdot A_v \sqrt{2\rho_s b (H_v - H_n)} \qquad (3\text{-}4\text{-}9)$$

根据竖井内的质量连续方程,流出的质量应等于流入的质量,因此上式还可写为

$$\dot{m}_{out} = \frac{2}{3} C \cdot A' H_n^{3/2} \sqrt{2\rho_0 b} \qquad (3\text{-}4\text{-}10)$$

消去相同的项,并将理想气体定律关于密度和温度的关系代入,得

$$\frac{2}{3} A'(H-H_n)^{3/2} + A_v(H_v-H_n)^{1/2} = \frac{2}{3} A' H_n^{3/2} (T_s/T_o)^{1/2} \qquad (3\text{-}4\text{-}11)$$

当 $A_v=0$ 时,此式便变成式(3-4-5)。当 $A_v \neq 0$ 时,此式可重新整理为

$$\frac{2}{3} \cdot \frac{A'H(H-H_n)^{3/2}}{A_v H} + \frac{(H_v-H_n)^{1/2}}{H} = \frac{2}{3} \cdot \frac{A'H \cdot H_n^{3/2} T_s^{1/2}}{A_v H \cdot T_o^{1/2}} \qquad (3\text{-}4\text{-}12)$$

对于较大的开口,比值 $A'H/A_v$ 趋近于零。而当 $A'H/A_v$ 接近零时,上式中的第一、三项接近于零,于是得到 $H_n \approx H_v$。这样中性面就位于上开口处。与方程(3-4-8)一样,由上述方程决定的中性面位置受流动面积影响较大,而受温度影响较小。

无论开口在中性面上部还是下部,其位置将位于方程(3-4-8)所给的无开口时的高度与开口高度 H_v 之间。$A'H/A_v$ 的值越小,中性面的位置就越接近于 H_v。

3.4.2 中性面以上楼层内的烟气浓度

火灾烟气流到建筑物的上部楼层后,那里气相中的有害污染物浓度也将发生变化。在某些需要考虑烟气控制的情况下,人们应对这些物质的影响有所认识。现结合中性面以上楼层讨论其估算方法。

可以认为,烟气的质量流率是稳定的,尽管有害污染物的浓度在不断变化。中性面位置可由前面讨论的方法确定,并设外界温度低于竖井内的温度($T_a < T_s$)。因为楼层之间没有缝隙,所以由竖井流进各层的质量流率等于从各层流到外界的质量流率,这一流率可表达为

$$\dot{m} = C \cdot A_e \sqrt{2\rho_s \Delta P} \qquad (3\text{-}4\text{-}13)$$

式中,$\dot{m}$ 为质量流率(kg/s),C 为流动系数(无量纲,一般约为 0.65);A_e 为竖井与外界间的有效流动面积(m^2),ρ_s 为竖井内气体密度(kg/m^3),ΔP 为竖井与外界的压差(Pa)。

方程(3-3-26)表示的计算有效流动面积的方法仅适用于两条路径串联且流体温度相同的情况,但这种分析可扩展到流体温度不同的情况:

$$A_e = [1/A_s^2 + (T_{fl}/T_s)/A_a^2]^{-1/2} \qquad (3\text{-}4\text{-}14)$$

式中,A_e 为竖井与外界的有效流动面积(m^2),A_s 为竖井与房间的有效流动面积(m^2),A_a 为房间与外界的有效流动面积(m^2),T_{fl} 为楼层内的温度(K),T_s 为竖井内的温度(K)。

压差由烟囱效应方程给出:

$$\Delta P = K_s (1/T_a - 1/T_s) \cdot Z \qquad (3\text{-}4\text{-}15)$$

式中,T_a 为外界空气的温度(K),T_s 为竖井内气体的温度(K),Z 为中性面以上的距离(m),K_s 为系数(3 460)。

在中性面以上的某一楼层中,污染物的质量守恒方程为

$$\frac{dC_{fl}}{dt} = \frac{\dot{m}}{V_{fl}\rho_{fl}}(C_s - C_{fl}) \qquad (3\text{-}4\text{-}16)$$

式中,C_{fl} 为中性面以上某楼层内污染物浓度,C_s 为竖井内污染物浓度,t 为时间(s),$\dot{m}$ 为质量

流率(kg/s)，V_{fl} 为该楼层容积(m³)，ρ_{fl} 为该楼层内的气体密度(kg/m³)。此微分方程的解为

$$C_{fl} = C_s(1 - e^{-\lambda t}) \tag{3-4-17}$$

而

$$\lambda = \frac{\dot{m}}{V_{fl}\rho_{fl}} \tag{3-4-18}$$

浓度 C_{fl} 和 C_s 可用任意适当的量纲表示。现按图 3.3.6 所示的结构形式讨论中性面以上任一楼层内有毒气体浓度的计算。

设竖井内 CO 浓度为 1%，外界空气温度 $T_a = -18\,℃$，竖井内气体温度 $T_s = 93\,℃$，某楼层在中性面以上的高度 $Z = 18.3$ m，该层内气体温度 $T_{fl} = 21\,℃$，竖井与房间的开口面积 $A_s = 0.186$ m²，房间与外界之间的开口面积 $A_a = 0.279$ m²，该层容积 $V_{fl} = 561$ m³，求该楼层内的 CO 浓度随时间的变化。

气体密度由理想气体定律计算，设 P 是大气压力（101 325 Pa），气体常数 $R = 287.0\ \mathrm{J/(kg \cdot K)}$，可得密度 $\rho_s = 0.964$ kg/m³，$\rho_{fl} = 1.20$ kg/m³。根据式 3-4-14 可算出 $A_e = 0.160$ m²，由式 3-4-15 可得 $\Delta P = 75.3$ Pa，由式 3-4-13 可得 $\dot{m} = 1.25$ kg/s，由式 3-4-18 可得 $\lambda = 0.001\,86\ \mathrm{s^{-1}}$。

该楼层内 C_{CO} 随时间的变化由方程 3-4-16 计算，部分结果见表 3.4.1。

表 3.4.1　所选算例的计算结果

时间 （min）	C_{CO} （mg/kg）	C_{CO}（平均） （mg/kg）	时间 （min）	C_{CO} （mg/kg）	C_{CO}（平均） （mg/kg）	时间 （min）	C_{CO} （mg/kg）	C_{CO}（平均） （mg/kg）
0	0	0	8	5 851	5 341	16	8 279	8 067
2	1 974	987	10	6 670	6 261	18	8 618	8 449
4	3 559	2 767	12	7 328	6 999	20	8 891	8 755
6	4 830	4 195	14	7 855	7 919			

通常认为，C_{CO} 约为 8 500 mg/kg 时便可致人死亡。因此在此算例中，该楼层内 CO 达到致死浓度的时间约 19 min。竖井中的 CO 浓度值对估计人员致死时间有很大影响，图 3.4.4 给出了一些估计值，此处所用的参数值与上例相同。

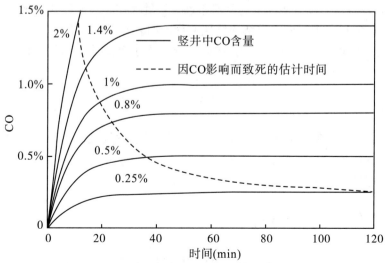

图 3.4.4　CO 浓度与致死时间的计算结果(参见上例)

3.5 烟气的生成速率

为了定量计算烟气的流动,必须知道实际火灾过程中烟气的生成速率。在室内火灾中,在烟气以浮力羽流形式垂直升起的过程中,不断将空气卷吸进来。烟气的生成速率主要由烟气羽流所卷吸的空气量决定,而可燃物的消耗对烟气量的贡献不大,而计算烟气生成速率需要基于一定的羽流模型。

3.5.1 烟气羽流卷吸速率的理想模型

Morton、Turner 和 Taylor 等人较早开始火羽流理论的研究,并建立了一种羽流模型。通常称之为理想羽流模型,其主要的基本假设有:

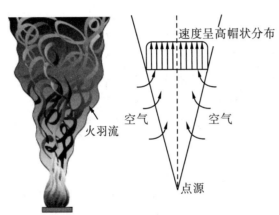

图 3.5.1 理想羽流模型示意图

(1) 火源为一点源,释放的能量均出自该点源,且此能量全部留存于火羽流之中,忽略火焰对外界的辐射热损失。

(2) 采用 Boussinesq 近似,假设整个羽流之内密度变化很小,仅当涉及浮力项时才考虑密度的变化,因此理想羽流理论有时又被称作弱羽流理论,由此假设导出的方程只适用于远场。

(3) 速度、温度和力有着类似的分布形式,并进一步假定速度和温度在羽流横截面上呈高帽状分布(Top hat profile),即均为常数,如图 3.5.1 所示。

(4) 羽流边缘空气水平卷吸速度与羽流中该位置处气体竖直速度成正比。

在以上假设条件下,通过联立求解连续性方程、动量方程和能量守恒方程,可以分别得到羽流半径、羽流轴心速度、温度和质量流量的关联式。根据理想羽流模型导出的羽流质量流量的计算公式为

$$\dot{m}_p = 0.2 \left(\frac{\rho_\infty^2 g}{c_p T_\infty} \right)^{\frac{1}{3}} \dot{Q}^{\frac{1}{3}} \cdot z^{\frac{5}{3}} \tag{3-5-1}$$

式中,$\dot{m}_p$ 为高度 z 处的羽流质量流量(kg/s),T_∞ 为环境空气温度(K),ρ_∞ 为环境空气密度(kg/m³),c_p 为空气比热(kJ/(kg·K)),g 为重力加速度(m/s²),$\dot{Q}$ 为火源的热释放速率(kW),z 为距离火源的高度(m)。

3.5.2 若干经验羽流模型

自 Morton 首次提出理想火羽流理论以来,其后所有研究大都以 Morton 的理论为基础,

致力于火羽流的轴心速度、温度以及羽流半径的研究,并在此基础上提出了不同的羽流模型。其中比较著名的有 Zukoski 模型、Heskestad 模型、McCaffrey 模型及 Thomas-Hinkley 模型等。

1. Zukoski 羽流模型

Zukoski 使用小尺寸的火源,在集气罩中开展实验,如图 3.5.2 所示,将实验结果与理想羽流的质量流量公式进行对比,并根据实验数据对常系数进行了微小的调整,即由 0.20 变为 0.21。

$$\dot{m}_p = 0.21\left(\frac{\rho_\infty^2 g}{c_p T_\infty}\right)^{\frac{1}{3}}\dot{Q}^{\frac{1}{3}} \cdot z^{\frac{5}{3}} \tag{3-5-2}$$

将环境空气的有关物性参数代入上式得

$$\dot{m}_p = 0.071\dot{Q}^{1/3} z^{5/3} \tag{3-5-3}$$

上述公式只适用于远场羽流质量流率的计算。

2. Heskestad 羽流模型

Heskestad 对理想羽流中的 3 条假设进行了如下修正:

(1) 引入虚点源概念,对"点源"条件进行了拓宽,可适用于面型火源;考虑辐射热损失,以 $\dot{Q}_c$ 代替 $\dot{Q}$,一般情况下,$0.6\dot{Q} \leqslant \dot{Q}_c \leqslant 0.8\dot{Q}$。其中 $\dot{Q}_c$ 表示火源的总热释放速率 $\dot{Q}$ 的对流部分,一般可取 $\dot{Q}_c = 0.7\dot{Q}$(适用于液体池火和其他表面火,固体深位火灾等情形除外)。

(2) 速度和温度在羽流横截面上呈高斯分布(Gaussian profile),取代理想羽流假设中的高帽状分布,如图 3.5.3 所示。高斯分布被认为更符合真实情况,不过这尚无理论依据。

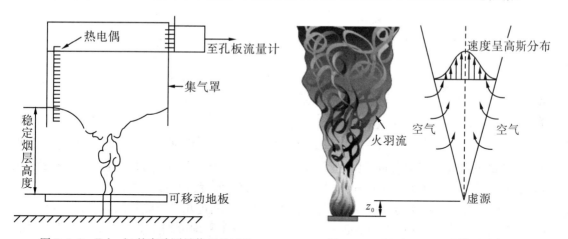

图 3.5.2　Zukoski 的实验测量装置(1980)　　　图 3.5.3　Heskestad 羽流模型示意图

(3) 解除了 Boussinesq 弱浮力近似,考虑大的密度差,因此 Heskestad 羽流公式适用于强羽流情况。

结合以上假设和实验数据拟合所得的羽流半径、轴心温度和速度的关系式,Heskestad 最终导出火焰上方和下方的羽流质量流量分别为:

$$\dot{m} = 0.071\dot{Q}_c^{1/3}(z - z_0)^{5/3} + 0.001\,92\dot{Q}_c, \quad z > z_L \tag{3-5-4}$$

$$\dot{m}_p = 0.005\,6\dot{Q}_c\frac{z}{z_L}, \quad z < z_L \tag{3-5-5}$$

$$z_L = -1.02D + 0.235\dot{Q}^{2/5} \tag{3-5-6}$$

$$z_0 = -1.02D + 0.083\dot{Q}^{2/5} \tag{3-5-7}$$

式中，$\dot{Q}_c$ 为火源热释放速率中的对流换热部分（kW），z_L 为平均火焰高度（m），z_0 为火源底部到虚点源的距离（m），D 为火源直径或当量直径（m）。平均火焰高度和虚点源位置公式均由实验测量数据拟合得到。虚点源位置的计算公式有多种，式（3-5-7）为其中形式最简单且最常用的一种。

3. McCaffrey 羽流模型

McCaffrey 通过天然气扩散火焰的实验现象，将火羽流分为 3 个区，即连续火焰区、间断火焰区和浮力羽流区。实验测量发现，仅羽流区的速度及温度的时均值近似呈高斯分布，在连续火焰区和间断火焰区，速度及温度沿径向的下降不如高斯分布那么快，更接近于高帽状分布。在所有 3 个区域，速度分布均比温度分布要宽，且在不同区域呈现不同的变化规律。McCaffrey 进一步采用量纲分析的方法，由实验数据拟合得到羽流轴心速度和温度的关联式。使用理想气体定律以及速度温度的高斯分布假设，通过积分计算得到火羽流的 3 个区域的质量流量如下。

连续火焰区：

$$\frac{\dot{m}_p}{\dot{Q}_c} = 0.011 \left(\frac{z}{\dot{Q}_c^{2/5}}\right)^{0.566}, \quad 0.00 \leqslant \frac{z}{\dot{Q}_c^{2/5}} < 0.08 \tag{3-5-8}$$

间断火焰区：

$$\frac{\dot{m}_p}{\dot{Q}_c} = 0.026 \left(\frac{z}{\dot{Q}_c^{2/5}}\right)^{0.909}, \quad 0.08 \leqslant \frac{z}{\dot{Q}_c^{2/5}} < 0.20 \tag{3-5-9}$$

浮力羽流区：

$$\frac{\dot{m}_p}{\dot{Q}_c} = 0.124 \left(\frac{z}{\dot{Q}_c^{2/5}}\right)^{1.895}, \quad 0.20 \leqslant \frac{z}{\dot{Q}_c^{2/5}} \tag{3-5-10}$$

4. Thomas-Hinkley 羽流模型

在科研工作者致力于火羽流的流场结构和卷吸理论研究的同时，工程师们往往希望获取更为简单的羽流模型用于消防工程计算。由 Thomas 和 Hinkley 等提出的用于露天大面积火灾的计算模型（Large fire equation）形式简单，在英国获得广泛使用。

Thomas 等人通过实验发现，在连续火焰区羽流质量流量几乎与热释放速率无关，它更多地与火源周长 P_f 和离起火点的高度 z 相关。这一点对于平均火焰高度远小于火源直径的大面积火源情形尤为正确。通过假设卷吸到火羽流中的空气量与火羽流表面成正比，他们得到

$$\dot{M} = 0.096 P_f \rho_o Y^{3/2} (gT_o/T_f)^{1/2} \tag{3-5-11}$$

式中，P_f 是火区的周长（m），Y 是由地板到烟气层下表面的距离（m），ρ_o 为环境空气的密度（kg/m³），T_o 和 T_f 分别为环境空气和火羽流的温度（K）。$\dot{M}$ 可视为烟气的质量生成速率。若取 $\rho_o = 1.22$ kg/m³，$T_o = 290$ K，$T_f = 1100$ K，上式便成为

$$\dot{m}_p = 0.188 P_f z^{3/2}, \quad z < 10D \tag{3-5-12}$$

Thomas-Hinkley 羽流公式的典型应用场合是诸如大型购物中心等面积比较大、层高比较低的场所。Hinkley 曾指出，该经验公式与其他具有更为扎实理论基础的关联式相比，与实验数据的吻合性更好。

5. NFPA92B 的羽流模型

美国消防协会标准《商业街、中庭及大空间烟气控制系统设计指南》(NFPA92B)羽流模型示意图如图 3.5.4 所示。火灾烟气生成速率的计算公式如下：

$$\dot{m}_p = 0.071\dot{Q}_c^{1/3}z^{5/3} + 0.0018\dot{Q}_c, z > z_l \qquad (3\text{-}5\text{-}13)$$

$$\dot{m}_p = 0.032\dot{Q}_c z, \quad z < z_l \qquad (3\text{-}5\text{-}14)$$

$$z_l = 0.166\dot{Q}_c^{2/5} \qquad (3\text{-}5\text{-}15)$$

式中，$\dot{Q}_c$ 为火源热释放速率中的对流换热部分(kW)，z_l 为平均火焰高度(m)，z 为距离火源的高度(m)。平均火焰高度由式(3-5-15)计算得出。

在上述所有羽流公式中，均假设羽流性质与燃料类型无关。不同类型的燃料，其烟气生成量的差别仅以热释放速率 $\dot{Q}$ 或 $\dot{Q}_c$ 的形式体现出来。

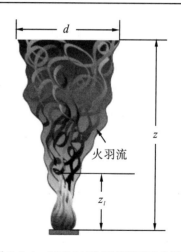

图 3.5.4　NFPA92B 羽流模型示意图

3.5.3　受壁面限制时的羽流模型

上面所介绍的羽流模型均是以火灾位于建筑物的中部为基础建立的，这种羽流可近似为轴对称羽流。但火源还可位于房间的墙壁附近，在壁面的影响下，烟气羽流的卷吸状况将发生显著变化。这类受限羽流主要有墙边羽流、墙角羽流等，见图 3.5.5。

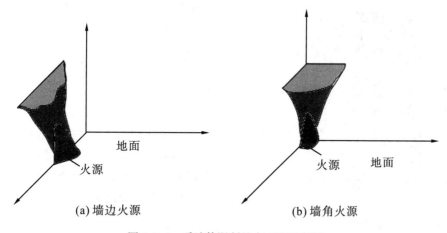

(a) 墙边火源　　　　　　　　　　　　(b) 墙角火源

图 3.5.5　受墙体限制的火羽流示意图

墙边羽流与墙角羽流的质量流量一般以 Zukoski 的轴对称羽流模型为基础，根据"镜像"原理推广计算得到。假设轴对称羽流质量流量可表示为 $\dot{m}_p = f(\dot{Q}, z)$，墙边火与墙角火羽流的质量流率可分别表示为：

$$\dot{m}_p = \frac{1}{2}f(2\dot{Q}, z) \qquad (3\text{-}5\text{-}16)$$

$$\dot{m}_p = \frac{1}{4}f(4\dot{Q}, z) \qquad (3\text{-}5\text{-}17)$$

需要指明的是,只有当火源边缘完全贴靠在墙壁时上式才近似成立。当火源离墙边有一定距离时,墙壁对羽流卷吸的影响将减弱。因此计算这种近壁火的烟气生成量就不能简单地按照"镜像"模型处理。

应当指出,根据"镜像"假设来处理受限羽流的卷吸是存在一定误差的,需要进一步探讨。李元洲等人研究表明,在高大空间内,火源在墙边和墙角时烟气羽流模型可分别修正为:

$$\dot{m} = 0.042\dot{Q}_c^{1/3}z^{5/3} \tag{3-5-18}$$

$$\dot{m} = 0.025\dot{Q}_c^{1/3}z^{5/3} \tag{3-5-19}$$

可见,墙边羽流与墙角羽流的卷吸量并不严格地等于轴对称羽流卷吸量的 1/2 和 1/4。

3.6 烟气层的形成与排烟机理

在浮力的作用下,高温烟气将上升到房间的上部,在房间顶棚与壁面阻挡下,可形成逐渐加厚的烟气层。这样房间内便可大体分为两个区域,即上部热烟气层和下部冷空气层,双区火灾模型就是基于这种情况建立的。

3.6.1 烟气层高度

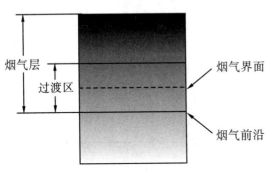

图 3.6.1 烟气层界面的定义(NFPA92B)

烟气层的高度经常用烟气层界面(Smoke layer interface)距地面的高度表示,在有些情况下也用本身的厚度表示。室内烟气的实际分布如图 3.6.1 所示,即在高温烟气层与低温空气层之间存在一段过渡区域(Transition zone),而不是在某一位置发生"突变"或"阶跃式"变化。该过渡区域底部高度通常被称为烟气前沿(First indication of smoke),烟气层界面应指过渡区域的中间位置。

了解烟气层厚度的变化对于减轻或消除火灾烟气危害具有重要的意义。

烟气层界面的位置可以根据温度、能见度或代表燃烧产物浓度的分布状况进行判断。根据实验测量或模拟计算,可以发现在烟气层界面附近,温度、能见度或燃烧产物浓度分布在纵向上是连续变化的,不过变化速率比较剧烈。对于如何根据这种连续变化的烟气特性参数确定烟层界面的高度,文献中提出了多种方法,其中最著名的是由 Cooper 等人提出的 N-百分比法则(N-percentage rule)。

N-百分比法是基于房间内竖向温度分布来确定烟气层界面高度的,其计算公式为

$$T = T_{\text{amb}} + \Delta T \cdot N/100 \tag{3-6-1}$$

式中,$\Delta T = T_{\text{max}} - T_{\text{amb}}$,$T_{\text{amb}}$ 为环境温度(或房间底部温度),T_{max} 为上部烟气层温度的最大值。

若 N 值取得较小,则所确定的烟气层界面的位置靠近过渡区的下部。根据 NFPA92B(2000)规定,判断烟气前沿时的 N 值为 $10\sim20$,判断烟气层界面的 N 值为 $80\sim90$。

N-百分比法则使用起来较为简单,但 N 值的选取带有一定的主观性和经验性。如果在烟层界面区域的温度梯度很大,则 N 值的选取就有很大的自由度,如图 3.6.2(a)所示,即使 N 取 50 所得到的界面高度 H_i 也和 N 取 15 或 20 所得结果非常接近。但是,如果温度随着高度增加缓慢,那么由 N-百分比法则确定的烟层界面高度将对 N 值的选取非常敏感,如图 3.6.2(b)所示。像这种温度逐渐增加的例子通常出现在房间内离火源较远的区域以及返混效应强烈的长走廊中。

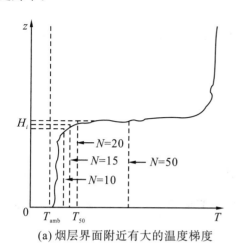 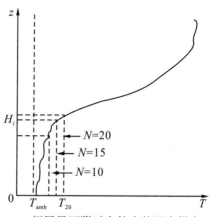

(a) 烟层界面附近有大的温度梯度　　　　(b) 烟层界面附近有较小的温度梯度

图 3.6.2　不同 N 值确定的烟层界面高度的比较

为了消除实验数据处理过程中的主观性和经验性,何亚平等人提出了使用积分比法(Integral ratio method)和最小平方法(Least-squares method)来确定烟气层界面。首先基于测量所得的连续温度分布,引入两种平均法则定义上层热烟气的平均温度和下层冷空气的平均温度。在此基础上定义两个特征参数——积分比之和与偏差的平方和,两个特征参数均为高度的函数,在特征参数取最小值时所对应的高度即为烟气层界面高度。该方法将烟气层界面位置的确定与物理量的整体分布联系起来,而非取决于个别孤立的测量点。

积分比法和最小平方法具有较为严谨的数学理论基础,摈弃了数据处理过程中的主观性和经验性,但也具有不足之处。比如在计算烟气的自然填充时,当火灾发展到一定时间以后,下层区域的气体被加热导致其温度有大幅上升时,某些情况下使用积分比法所确定的烟层界面高度会有所偏高。

根据实验测量或模拟计算所得的能见度分布或燃烧产物浓度分布,也可以使用类似的插值方式来确定烟气层界面的高度。例如可采用摄像机记录不同高度的能见度的变化,并采取 N-百分比法的原理处理烟气层界面区域的能见度,从而得到烟气层界面的高度。

需要指出的是,在基于房间的竖向温度分布、能见度分布和燃烧产物浓度分布等来判定烟气层界面的高度时,结果经常出现不完全一致的情况,主要原因在于,烟气能见度及燃烧产物浓度的分布主要通过对流和扩散这两种传质机理决定,而温度分布则由对流、传导和辐射这 3 种机理决定。因此,一般而言温度分布与能见度及燃烧产物浓度的分布并不重合或相似。对于由温度分布确定的界面高度与由燃烧产物浓度分布和能见度分布确定的界面高度之间的关系,还应当进行更细致的研究。

3.6.2 烟气层高度的计算

在一定的建筑空间内,烟气层的高度实际上反映了烟气体积的大小,或者说烟气层高度的变化率反映出烟气生成速率的大小。如何确定烟气层的高度随时间的变化是火灾安全工程一个重要研究内容。

目前常用的计算烟层高度的公式主要有以下几种:

1. NFPA92B 的公式

在美国消防协会的标准《商业街、中庭及大空间烟气控制系统设计指南》(NFPA92B)中给出的条件是,假定烟羽流不与围护结构壁面接触且空间横截面积不随高度变化,且为稳定火源时:

$$\frac{z}{H} = 1.11 - 0.28\ln\frac{t\dot{Q}^{1/3}H^{-4/3}}{A/H^2} \tag{3-6-2a}$$

当为 t^2 火源条件下:

$$\frac{z}{H} = 0.91\left[t_g^{-2/5}H^{-4/5}(A/H^2)^{-3/5}\right]^{-1.45} \tag{3-6-2b}$$

式中,t_g 为火灾增长时间,s;A 为充满了烟气的空间的横截面积,m²。公式的适用范围为 $1.0 \leqslant A/H^2 \leqslant 23, z/H \geqslant 0.2$。

2. Milke Mowrer 公式

美国学者假设空间有固定的水平截面积和平坦的天花板,火焰在烟气层的下方且热释放速率能用幂函数表示,即 $\dot{Q} = \alpha t^n$。

对于稳态火:

$$z = \left(1 + \frac{2k_v\dot{Q}^{1/3}H^{2/3}t}{3A}\right)^{-3/2} H \tag{3-6-3a}$$

对于 t^2 火:

$$z = \left[1 + \frac{4.1k_v}{A}\left(\frac{H}{t_g}\right)^{2/3}t^{5/3}\right]^{-3/2} H \tag{3-6-3b}$$

式中,H 为燃料表面到中庭顶棚的高度,m;k_v 为测定体积的卷吸常数,一般取为 0.053 m⁴ᐟ³/(s·kW¹ᐟ³)。

3. ISO 的公式

国际标准化组织(ISO)对此给出的建议是,假定房间的下部有足够开口,空气比较容易进入室内。当无排烟设施时:

$$z = \left[\frac{0.152\alpha^{1/3}t^{(1+n/3)}}{\rho_s A(n+3)} + \frac{1}{H^{2/3}}\right]^{-3/2} \tag{3-6-4a}$$

在实际应用中,对于初期的烟气填充过程,取 $\rho_s = 1.0$ kg/m³ 时所得结果偏于保守。

当安装了机械排烟设施或在侧墙设有自然排烟设施,且烟气层处于准稳定状态时:

$$z = \left(\frac{\rho_s V_e}{0.076\dot{Q}^{1/3}}\right)^{3/5} \tag{3-6-4b}$$

所谓的稳定状态是指排烟量等于烟气生成量,烟气层界面高度不发生变化的状态。

当屋顶设有自然排烟设施,且烟气层处于稳定状态时:

$$z = \left(\frac{m_e}{0.076 \dot{Q}^{1/3}} \right)^{3/5} \tag{3-6-4c}$$

式中,z 为烟气层界面高度,m;H 为顶棚高度,m;A 为封闭空间地面的面积,m^2;$\dot{Q}$ 为热释放速率,kW;t 为时间,s;α 为火灾增长系数,kW/s^2;ρ_s 为烟气的密度,kg/m^3;m_e 为排烟的质量流率,kg/s;V_e 为排烟的体积流量,m^3/s。

4. Tanaka 公式

日本学者 Tanaka 等人针对指数增长火源的烟气自然充填过程,对烟气层高度的变化提出了一个积分公式。设火源功率随时间的变化为

$$\dot{Q} = \dot{Q}_0 t^n \tag{3-6-5}$$

则烟气层高度随时间变化可表示为

$$z = \frac{1}{\left(k \dfrac{\dot{Q}_0^{1/3}}{A} \dfrac{2}{n+3} t^{1+n/3} \dfrac{1}{H^{3/2}} \right)^{3/2}} \tag{3-6-6}$$

式中,k 为与羽流模型、环境温度、密度、烟气密度有关的量。

上述公式均是根据烟气自然填充时计算烟气层高度随时间变化情况,并未考虑排烟和补风等因素的影响,在实际工程中应当根据建筑物的通风条件加以修正。

3.6.3 通过房间顶棚开口的流动

如第 2 章所述,建筑物与外界相通的开口大体可分为竖直开口和水平开口两类,前者如墙壁上的门、窗,后者如房间顶棚或地板上的水平开口,例如多层商场的自动扶梯口、地下建筑的出入口、船舱和机舱的上下口等。

气体流过这两类开口的机理有所不同,见图 3.6.3。对于门窗之类的竖直开口,室内热气体和外界冷气体将分别沿开口的上半部流出和下半部流入,上下两区存在方向相反的单向流;然而对水平开口情况就不同了,设房间下部失火,气体通过开口的双向交换流动的形式复杂多变,冷、热流体之间没有明确的分界面。这里结合图 3.6.3(b)对热气体流过顶棚水平开口的特点作些讨论,这有助于加深对自然排烟机理的了解。

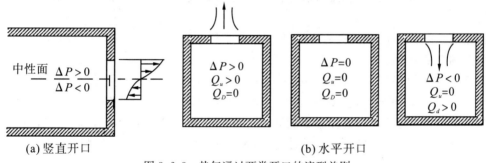

(a) 竖直开口   (b) 水平开口

图 3.6.3 热气通过两类开口的流型差别

设顶棚开口下方与上方的压力差为 ΔP,若根据伯努利方程计算,则通过开口的气体流率由下式决定:

当 $\Delta P > 0$,　　　 $Q_u = C_d A_v (2\Delta P / \rho_d)^{1/2}$

　　　　　　　 $Q_d = 0$ 　　　　　　　　　　　　　　　　　　　　　　　　　　(3-6-7)

当 $\Delta P = 0$,　　　 $Q_u = 0$

　　　　　　　 $Q_d = 0$ 　　　　　　　　　　　　　　　　　　　　　　　　　　(3-6-8)

当 $\Delta P < 0$,　　　 $Q_u = 0$

　　　　　　　 $Q_d = C_d A_v (2\Delta P / \rho_u)^{1/2}$ 　　　　　　　　　　　　　　　(3-6-9)

式中,Q 为通过开口的体积流率,下标 u 和 d 指明流动方向;A_v 为开口面积;C_d 为开口的流通系数。可见,气体的流动方向由压力差 ΔP 的符号决定,当 $\Delta P = 0$ 时,开口处应不存在气体流动。

然而这与实际情况是不相符的,问题在于当 $\Delta P = 0$ 时,上下两个空间的气体还存在密度差。例如,若开口下方的房间起火,其中的气体密度将小于开口上方的气体密度。当浮力失稳作用大到足以克服黏性和导热的致稳作用时,上下两空间的流体就会发生交换流动。这是一种热不稳定性问题,需使用新的分析方法。

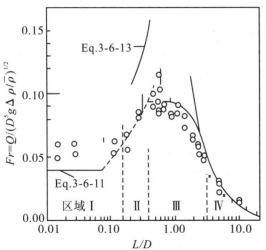

Epstein M. 系统分析了通过这种水平开口的浮力驱动流的实验数据,不仅有气体实验数据,也有盐水/清水的模拟实验数据,图 3.6.4 给出了他们的分析结果。在这里体积交换流率是用 Froude 数表示,即

$$Fr = Q / (D^5 g \Delta\rho / \bar{\rho})^{1/2} \qquad (3-6-10)$$

图中,L 为开口的深度(或者说顶棚的厚度),D 为开口的当量直径,因此 L/D 为反映开口几何特性的因子。对于正方形开口,当量直径用边长代替。

由图可见,当 L/D 较小时,Fr 数大致为一常数;$L/D > 0.1$ 后,Fr 的增大速率加快,在 L/D 约为 0.6 时,Fr 达到极大值;之后 Fr 数随着 L/D 的增大而减小。

图 3.6.4　无量纲交换流率 Fr 随 L/D 的变化

根据曲线的特点,Epstein 提出,随着 L/D 的增大,流体的交换流率可出现 4 种区段,即振荡交换流、伯努利流、湍流扩散流与伯努利流的混合流、完全湍流扩散流,不同区段流动机制存在差别。

在建筑火灾研究中,主要关心 L/D 较小情况下气体交换流率的计算。这时开口处的流动表现为振荡交换流和伯努利流。

若开口直径 D 保持一定值时,顶棚厚度 L 减少到足够小,便可使 L/D 变小。这时开口两侧的压力基本相同,即压力差 $\Delta P \to 0$。由于密度较大的流体在上部,密度较小的流体在下部,系统是不稳定的。随机出现的任意小扰动,都会使得下部流体以羽流形式通过开口向上弥漫,同时上部的流体通过开口向下弥漫,因此称为振荡交换流。Epstein 提出此阶段通过水平开口的质量交换速率可表示为

$$Q = 0.04(D^5 g \Delta\rho/\rho_o)^{1/2} \tag{3-6-11}$$

实际上此式认为 Fr 为常数。这与实验结果大致相符,但比实验值略小。

在伯努利流阶段,两种流体各自以连续的多股流形式进行相向流动,它们可分别用伯努利方程分析。Brown 考虑流体的流动提出,每种流体流过开口的平均速度为

$$u = \left(\frac{1}{3} \frac{\Delta\rho g L}{\rho} \right)^{1/2} \tag{3-6-12}$$

再设每种流体各占开口面积的一半,于是体积交换流率可写为

$$Q = \frac{1}{2} \frac{\pi D^2}{4} u = 0.23(D^5 g \Delta\rho/\rho)^{1/2} (L/D)^{1/2} \tag{3-6-13}$$

由图 3.6.4 可看出,实验值约为按此式计算值的 0.64,这与 Brown 的公式没有考虑流体流动的不稳定性和两种流体的掺混有关。

Cooper 作了分析,建议在零压差下气体交换流率取下述简化形式:

$$Q_{Ex} = 0.055(D_e^5 g \Delta\rho/\rho_o)^{1/2} \quad (\mathrm{m^3/s}) \tag{3-6-14}$$

此式也认为 Fr 为常数,且没有考虑 L/D 变化的影响,显然适应范围有局限。现提出以下改进算法。

假设当烟气羽流流出开口后的长度与开口的直径 D 的大小相当时,将会脱离开口的限制。这样气体流过开口的速率 Q 可用下面的方法导出。设开口下平面附近有一流体微团,见图 3.6.5。由于该微团的起始位置仍在箱体内,可认为其初速度为零,它在垂直方向上的折减重力加速度为

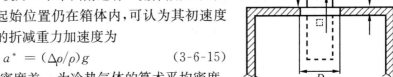

$$a^* = (\Delta\rho/\rho)g \tag{3-6-15}$$

式中,$\Delta\rho$ 为冷热气体的密度差,ρ 为冷热气体的算术平均密度,g 为重力加速度常数。假定此微团从所示位置向上运动,当它经过顶棚厚度 L 后,速度 u_0 为

图 3.6.5 烟气微团流出过程示意图

$$u_0 = (2Lg \Delta\rho/\rho)^{1/2} \tag{3-6-16}$$

此后微团还将继续加速流动,当离开开口上平面的距离等于 D 后便脱离开口。因此,微团从开始运动到脱离开口所需的总时间 t 如下求出:

$$u_e^2 = u_0^2 + 2a^* D = 2(L+D)g\Delta\rho/\rho \tag{3-6-17}$$

$$t = \frac{u_e - u_0}{a^*} = \frac{[2(L+D)\,g\Delta\rho/\rho]^{1/2} - (2Lg\Delta\rho/\rho)^{1/2}}{(\Delta\rho/\rho)g}$$

$$= \left(\frac{2D}{g\Delta\rho/\rho} \right)^{1/2} [(1+L/D)^{1/2} - (L/D)^{1/2}]^2 \tag{3-6-18}$$

进一步假设外流的气体占据开口截面积的一半,则随同微团由开口下方运动到开口上方而脱离的烟气柱的体积为

$$V = \frac{1}{2} A_v D = \frac{1}{2} \frac{\pi D^2}{4} D = \frac{1}{8} \pi D^3 \tag{3-6-19}$$

因此气体流入速率 Q 为

$$Q = \frac{V}{t} = \frac{\pi D^3/8}{(2D/(g\Delta\rho/\rho))^{1/2}[(1+L/D)^{1/2} - (L/D)^{1/2}]}$$

$$= \frac{\pi}{8\sqrt{2}}(D^5 g \Delta\rho/\rho)^{1/2}\left[(1+L/D)^{1/2}+(L/D)^{1/2}\right] \tag{3-6-20}$$

对括号内的第一项用 Taylor 级数展开:

$$(1+L/D)^{1/2} = 1 + \frac{L/D}{2} - \frac{(L/D)^2}{8} + \cdots\cdots \tag{3-6-21}$$

忽略二阶及其以上小量,式(3-6-21)简化为

$$Q = 0.088\ 4\pi(D^5 g \Delta\rho/\rho)^{1/2}\left[1+(L/D)^{1/2}\right] \tag{3-6-22}$$

式(3-6-22)是在理想条件下得到的,实际上气体的流出要受到较大的阻力,需乘上一定的流出系数。参考有关文献的建议,将此系数取为 0.18,代入式(3-6-22),并用无量纲 Fr 数表示气体流率,于是

$$Fr = \frac{Q}{(D^5 g \Delta\rho/\rho)^{1/2}} = 0.049\ 8\left[1+\frac{L/D}{2}+(L/D)^{1/2}\right] \tag{3-6-23}$$

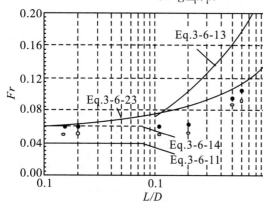

图 3.6.6 顶口气体交换速率的算法比较

可以看出,如果也采用忽略 L/D 的假设,此式与式(3-6-11)和(3-6-14)的形式是一致的,并介于两者之间。将上述各式都用 Fr 的形式表示,在图 3.6.6 绘出了它们随 L/D 的变化。显然,本节得出的式(3-6-23)与实验数据符合更好,而且可统一计算这两个阶段的交换速率。实际上,振荡交换流阶段与伯努利流阶段是逐渐过渡的,它们之间并没有截然的分界线,适宜使用统一的公式来表示。L/D 在 0.01~0.1 的范围内,可按 Fr 等于常数进行简化计算。

3.6.4 烟气层高度的控制

当建筑物发生火灾时,若烟气层过厚就将会对室内的人员和物品造成危害,因此应当通过一定的方式将烟气排到室外,以防止烟气层降低到可造成危害的高度。烟气层的高度可根据建筑物的几何条件、烟气的生成速率和排烟速率确定,现结合图 3.6.7 进行讨论。

设烟气的生成速率由 Thomas 的羽流模型确定,即

$$\dot{m} = 0.188 P_f Y^{3/2} \tag{3-6-24}$$

为了有效排出烟气,假设排烟口始终处于烟气层之中。若将烟气层有害高度取为 2 m,则由上式可算出

$$\dot{m} = 0.188 P_f \times 2^{3/2} = 0.53 P_f \tag{3-6-25}$$

于是烟气的体积生成速率可写为

$$\dot{V}_s = 0.53 P_f/\rho_o \tag{3-6-26}$$

式中,$\dot{V}_s$ 为烟气的体积生成速率,$\mathrm{m^3/s}$;ρ_o 为排烟口处(或烟道内)的烟气密度。由于气体的密度与温度成反比,所以需要排出的高温烟气的体积是相当大的。

通过排烟口的烟气体积流率必须不少于 $\dot{V}_s$。为了计算 $\dot{V}_s$,必须知道 P_f、Y 和烟气在排烟

口处的温度 T_f 等。$\dot{V}_s$ 可由通风口面积 A_v、T_f 及稳定状态下浮力效应产生的压力确定,它将是 T_f 和热烟气层的厚度 h(即图 3.6.7 中的 H 和 Y)的函数。

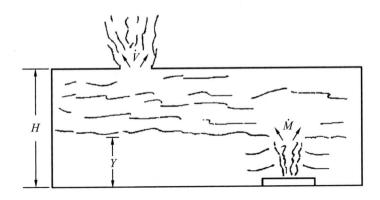

图 3.6.7 室内烟气层的形成及烟气的排出

根据建筑物的尺寸,烟气的体积生成速率还可用下式表示:

$$\dot{V}_s = A(H-Y) \tag{3-6-27}$$

式中,A 为房间的平面面积。将得到的方程积分可得

$$t = 20.8(A/P_f)(T_f/gT_o)^{1/2}(1/Y^{1/2} - 1/H^{1/2}) \tag{3-6-28}$$

假设 $T_o = 300\,\mathrm{K}$,并将计算(3-6-28)式所用的有关值代入上式可得

$$t = 20(A/P_f)g^{-1/2} \cdot (1/Y^{1/2} - 1/H^{1/2}) \tag{3-6-29}$$

若已知房间的地板面积 A_s、高度 H 以及火区的周长 P_f,就可由此公式确定烟气层界面下降到高度为 Y 米的时间 t。如果要求将烟气层的高度阻止在 Y 米以上,则应当在烟气层到达这一高度之前把相关的排烟口打开。

复 习 题

1. 火灾烟气的危害性主要体现在哪些方面?

2. 烟气的浓度主要有哪些测量方法? 光学浓度是怎样定义的? 它与能见度的关系如何?

3. 可燃物的有焰燃烧与阴燃状态下产生的烟气性质主要有哪些差别?

4. 分析可燃材料的发烟性能时应考虑哪些方面? 实际测定这些性能存在哪些困难?

5. 某大厦高 83 层、426 m,试计算其 40 层和 80 层的内外压力差。设室内外温度分别为 30 ℃和 10 ℃。

6. 设某大楼高 100 m,处于市郊,在某时间段中,该大楼附近参考高度的风速为 8 m/s。试求其大厦顶部的风速及各个侧面的风压。

7. 何为电梯井的活塞效应? 当某大楼中部的一个楼层失火,试分析电梯上行与下行对烟气蔓延的影响。

8. 烟气的生成速率主要与哪些因素有关? 分别说明 McCaffrey 模型和 Zukoski 模型的得出条件。对于高大空间建筑,采用哪种公式计算火灾烟气生成量较为适宜?

9. 简要说明室内中央羽流、近壁羽流和墙角羽流的流动特征,在计算烟气生成速率时应当注意些什么问题?

10. 在火灾过程中,烟气层的高度应当如何判断? 对于不同高度的建筑,在估算烟气层高度时应如何修正?

11. 某大楼的中庭高 30 m、长 50 m、宽 30 m,设与其相邻的某房间起火,其火源的热释放速率分别为 2 MW、5 MW、10 MW,试分别计算烟气层的平均温度(随时间变化)。

12. 某中庭的体积为 24 m(长)× 12 m(宽)× 27 m(高)。某次试验时所用火源的面积分别为 0. 6 m², 1. 0 m², 2. 0 m²。设空气为常温,火羽流的平均温度为 800 ℃,计算上述各种情况下烟气的体积生成速率。

参 考 文 献

[1] 日本建筑省. 建筑物综合防火设计[M]. 孙金香,高伟译. 天津:天津科技翻译出版公司,1994.

[2] 赵国凌. 防排烟工程[M]. 天津:天津科技翻译出版公司,1991.

[3] 勃却 E G,等. 建筑消防安全设计中的烟气控制[M]. 吴启鸿,等,译. 北京:群众出版社,1988.

[4] 柴慧娟,等. 高层建筑空调设计[M]. 北京:中国建筑工业出版社,1995.

[5] KLOTE J H, MILKE J A. Design of Smoke Management Systems, American Society Heating, Refrigerating and Air-Conditioning Engineers [M]. SFPE,1992.

[6] TANAKA T, YAMANA T. Smoke Control in Large Scale Spaces-Part 1 & 2[J]. Fire Science & Technology, 1985, 5:31-54.

[7] NFPA 92B. Guide for Smoke Management Systems in Malls, Atria and Large Areas[J]. National Fire Protection Association-Quincy,Ma,U. S. A. ,1995.

[8] HINKLEY P L. Comparison of An Established Method of Calculation of Smoke Filling of Large Scale Spaces with Recent Experiments[J]. Fire Science & Technology,1988.

[9] SFPE Handbook of Fire Protection Engineering[M]. 2nd ed. National Fire Protection Association, Quincy,MA,1995.

[10] HINKLEY P L, WRAIGHT H G H, THEOBALD C R. The contribution of flames under ceilings to fire spread in compartments[J]. Fire Safety Journal, 1984,7(3).

[11] THOMAS P H, BULLEN M L, QUINTIERE J G, et al. Flashover and instabilities in fire behavior. Source[J]. Combustion and Flame, 1980,38(2).

[12] HESKESTAD G, DELICHATSIOS M A. The initial convective flow in fire[J]. Symposium(International) on Combustion, 1979,17(1).

[13] DRYSDALE D. An Introduction to Fire Dynamics [M]. 2nd ed. New York:John Wiley & Sons LTD,UK,1999.

4　建筑火灾的被动防治对策

为保证建筑物的火灾安全状况良好,需要从多个环节抓起,既要采取技术措施,又要加强安全管理。提高火灾防治的技术水平具有至关重要的作用,现在已发展出多种火灾防治技术,总的说来可分为被动性对策和主动性对策两大类。

被动性防治对策(Passive measurements)指的是提高或增强建筑构件或材料承受火灾破坏能力的技术,如提高建筑构件耐火(及耐高温)性技术、可燃材料的阻燃技术等;主动性防治对策(Active measurements)指的是直接限制火灾发生和发展的技术,如火灾探测报警技术、喷水灭火或其他灭火技术等。有的技术实际上同时涉及主动和被动的技术成分,例如烟气控制技术有被动式的防烟对策,也有主动式的排烟对策。在建筑防火安全设计时,要对建筑物的火灾防治作出总体规划,综合考虑各类消防技术的应用。

本章重点讨论建筑材料与构件耐火和阻燃的基础知识,下一章讨论火灾探测、灭火与烟气控制的原理与方法。

4.1　常用建筑材料在高温下的力学性能

建筑火灾发展到轰燃阶段后,其中所有的可燃物几乎都将发生燃烧,室内温度一般都有几百度,有时还可能超过 1 000 ℃。这种高温通常要持续一段时间,直到可燃物的挥发分生成速率明显降低为止。在此阶段,建筑构件和材料受到很高的热力作用,可能部分或全部破坏。因此建筑构件应具有足够强的承受火灾高温的能力,这种能力用材料的耐火等级表示。多个火灾案例表明,耐火性强的建筑物不仅为人员安全疏散提供了条件,从而大大减少火灾中的伤亡,而且有助于建筑物的火灾后修复。

根据使用功能,建筑材料大体可分为结构材料和装修材料两大类。结构材料的基本作用是维持建筑物的框架结构不变,从火灾安全来说,主要是应具有足够的耐火性,以保证受到火灾作用后建筑物的整体性不被破坏。为使建筑物更加美观舒适和实用,对其进行装修是必不可少的。由于取材用材的方便,肯定要使用一些可燃材料。从火灾安全的角度出发,要求对装修材料的燃烧性能给予一定限制,以便发生火灾后不致因它们存在而加剧燃烧。

在现代建筑中大都使用了大量钢材。按照应用形式,它们大体可分为结构用钢材(如板材、型材)和钢筋混凝土用钢材两类。前者一般单独作为钢柱钢梁使用。随着建筑物向高层和大跨度发展,结构钢构件以其自身质量轻、强度高、吊装方便等优点而得到越来越广泛的使用。例如宾馆、饭店、体育馆、展览厅等公共建筑和高层住宅均大量应用了结构钢。钢筋混凝土是现代建筑中应用最多的建筑材料。混凝土单独使用时,其抗拉强度只有抗压强度的 1/8～

1/12,故一般均在混凝土内配以钢筋或预应力钢筋,使钢筋和混凝土各显其能,共同承担来自上部的各种载荷。这类材料在火的作用下不会发生燃烧,但其强度将随着温度的升高而降低。当温度达到某一极限值时,材料的强度会显著降低以至失去承载能力,在火灾中结构钢可直接受到高温作用,保持其结构稳定性的意义是显而易见的。在钢筋混凝土中,钢筋由混凝土包裹,所以人们总感到钢筋混凝土建筑坚固、安全。然而实际上在火灾作用下,钢筋混凝土构件的力学性能也会急剧降低,并使建筑结构破坏。

本节主要讨论混凝土和钢材在高温条件下的力学性能,重点说明其承载能力与温度的关系;对木材和若干其他建筑材料的耐高温性能只作些简要介绍。

4.1.1　混凝土

混凝土是由起黏结作用的水泥、起骨架作用的石和沙与水混合而成的。上述材料搅拌后,它们很快凝固在一起,之后其内部还将发生缓慢的化学反应,水化部分逐渐增多。混凝土中存在许多微孔和微缝,其力学性能不仅取决于其组成成分,而且取决于硬化的环境。在火灾作用下,混凝土的弹性模量、抗拉强度、抗压强度等力学性能均会发生变化。

1. 弹性模量

弹性模量是结构计算中的一个重要物理参数,此性能的好坏对结构的稳定性具有极大的影响。图 4.1.1 给出了某种混凝土的弹性模量随温度的变化,可见当温度低于 50 ℃时,其弹性模量变化很小;200 ℃时的弹性模量只有常温下弹性模量的一半;400 ℃时的弹性模量下降为常温下弹性模量的 15%,600 ℃时只有常温弹性模量的 5%。实际建筑火灾的温度经常达到800 ℃以上。建筑可由于混凝土弹性模量的急剧下降而导致整体结构稳定性丧失,以致倒塌。

2. 抗压强度

在正常情况下混凝土的抗压强度较高,在火灾情况下,其抗压强度却随着温度的升高而逐渐降低,基本上呈线性下降趋势,如图 4.1.2 所示。从图可知,当温度升到 600 ℃时,混凝土的抗压强度仅为正常温度下强度的 45%左右;至 1 000 ℃时完全丧失强度。由此可见,混凝土在火灾作用下的抗压性较低。有部分试验表明,在 300 ℃左右时混凝土的抗压强度较常温下略有增大,目前尚难解释其机理。但从实际应用角度来说,这一小范围的抗压强度回升价值不大。

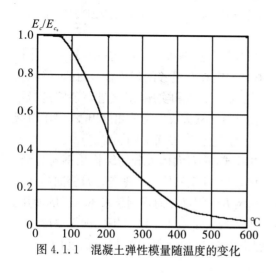

图 4.1.1　混凝土弹性模量随温度的变化

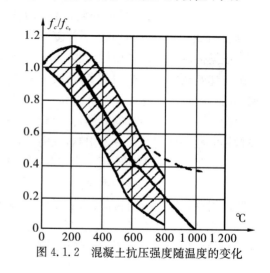

图 4.1.2　混凝土抗压强度随温度的变化

3. 抗拉强度

在常温下,混凝土直接受拉容易开裂,断裂前无明显残余变形。抗拉强度过低可导致构件开裂、变形等。火灾发生时,混凝土因受热而膨胀,结果在混凝土内部产生内应力,并引起局部出现微缝。外部混凝土的开裂会将内部的钢筋直接暴露在火中。混凝土抗拉强度随温度变化,见图4.1.3。可以看出,自50℃左右起到600℃时,抗拉强度基本上为直线下降,到600℃时其值降为零。

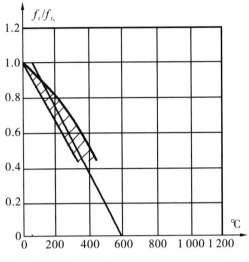

图4.1.3　混凝土抗拉强度随温度的变化

4.1.2　钢材

1. 普通钢筋

钢材的导热系数较混凝土大得多(在常温下,混凝土约为1.8 W/(m·K),钢材约为58.2 W/(m·K),约为混凝土的32倍)。因此这种材料受热后的伸长变形往往大于混凝土,致使两者的黏结强度减弱。

(1) 弹性模量

钢筋的弹性模量也是随着温度的升高而连续降低,变化趋势如图4.1.4所示。可看出,在0~1000℃的范围内,钢筋的弹性模量变化可大致分为两段:600℃以前,弹性模量的下降由慢变快;600℃以后,下降则由快变慢。1000℃时的零值是人为设定的,实际上此时弹性模量还有很小的残余。在这两段中钢筋的弹性模量随温度的变化可分别用下式描述:

当 $0 < T \leqslant 600$ ℃,　$E_T/E_{T_0} = 1.0 + T/[2\,000\ln(T/1\,100)]$　　　　　(4-1-1)

当 600 ℃ $< T < 1\,000$ ℃,　$E_T/E_{T_0} = (690 - 0.69T)/(T - 53.5)$　　　　(4-1-2)

式中,E_T 和 E_{T_0} 分别为钢筋在受热与常温下的弹性模量,T 为当时的温度(℃)。

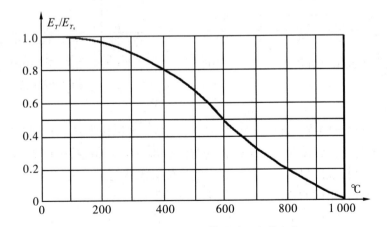

图4.1.4　钢筋的弹性模量随温度的变化

(2) 抗拉强度

在高温条件下钢筋的抗拉强度与钢的型号、冶炼方法等有直接关系。例如热轧钢筋在常温下有明显的屈服点,但在高温下屈服点消失。在同样温度条件下,普通热轧低碳钢的徐变大于高强度钢丝的徐变。总的说来,各种钢筋的抗拉强度均随温度的升高而逐渐下降。图4.1.5给出了若干与混凝土配用的软钢筋的试验结果。可见在200 ℃以前各类钢筋的抗拉强度减弱不很明显,500 ℃后,大部分钢筋的强度只有常温下的一半,600 ℃后可认为已无支持能力。

2. 预应力钢筋

高强预应力钢筋在钢筋混凝土中的应用也很广泛。与有明显屈服点的软钢筋相比,这种钢筋的抗拉强度对温度的变化更为敏感。图4.1.6为某种预应力硬钢筋的抗拉强度随温度变化的试验曲线。可见当温度低于175 ℃时,其抗拉强度略有升高,这可能是钢材的初期热膨胀对强度产生了加强作用。之后便随温度的升高而快速降低,当温度升到500 ℃,钢筋的抗拉强度只有常温下抗拉强度的30%,到750 ℃时,其抗拉强度全部丧失。

由此可见,在火灾作用下,钢筋强度的降低比混凝土更大。因此在防火设计时,应充分考虑建筑结构在高温应力下的变化。

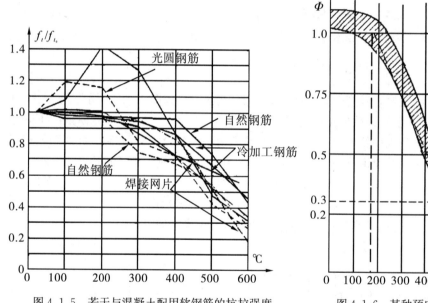

图4.1.5　若干与混凝土配用软钢筋的抗拉强度

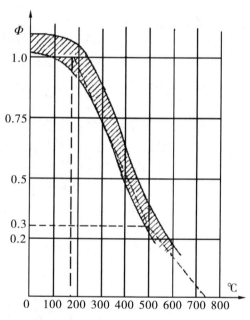

图4.1.6　某种预应力硬钢筋的抗拉强度随温度的变化

3. 结构钢材

结构钢材在常温下的抗拉性能很好,但受火作用后,会迅速变坏。有试验表明,某结构钢梁在温度20 ℃时的抗拉强度为440 MPa;温度升至485 ℃时,其抗拉强度为270 MPa;温度升高到614 ℃时,其抗拉强度只有70 MPa,这时完全失去承载能力。从挠度变化可以看到,当温度升到700 ℃左右时,钢梁的挠度已超过了13.3%,已失去支持能力。从高温作用的时间看,钢梁遇火15~20 min后就急剧软化,这样便可使建筑物整体失去稳定而破坏。在国内已经发生过多起这种火灾案例,如北京友谊宾馆火灾、北京二七车辆厂火灾、蒙牛乳业(马鞍山)公司冷库火灾,在火的作用下仅10~20 min结构钢就严重变形,而且被破坏后的结构钢无法修复再用。

钢材耐火极限低的一个原因是钢材的导热系数大。在火灾作用下,热量可在钢材内部迅速传递,由火焰直烧处的高温部分很快影响到邻近的低温部分。在 0 ℃～700 ℃的范围内,钢材导热系数随温度的变化可表示为:

$$K = -0.0329T + 54.7 \tag{4-1-3}$$

式中,K 为钢材的导热系数,($W/(m \cdot ℃)$);T 为钢材的温度($℃$)。进行钢材耐火极限的简化计算时,K 常取为常数,即 $K=34.9$,此时的温度约为 600 ℃。

钢材耐火极限低的另一个原因是其内部存在缺陷。从微观分析可知,钢材中原子以结点形式整齐排列着。常温下它们以结点为中心,在一定振幅范围内进行热振动。遇到高温后原子的动能增大,可离开平衡结点而形成空位。温度越高,空位越多,空位削弱了原子间的结合力;另一方面,在载荷的作用下,空位处容易形成应力集中,因此在火灾和载荷的共同作用下,钢材首先从空位处开始破坏,并逐渐向周围扩展。钢材由局部到整体破坏需要的时间很短。

未作防火保护处理的结构钢是不耐火的。为了提高结构钢的耐火极限,必须采取适当的防火保护措施,如在结构钢的外部包覆石膏板、石棉板、耐火纤维板、喷涂防火涂料等。其中喷涂防火涂料的投资少、施工快,近年来受到人们的普遍重视。

4.1.3 木材

木材是一种植物纤维素材料,多年来一直是建筑物的主要结构材料。随着大量新型建材的出现,现在木材已不再是主要的结构材料了,但由于其加工、安装方便,在建筑物内的使用仍很普遍。

木材被点燃后,在其表面形成炭化层。炭化层的导热性差,在火灾中它的增厚可有效阻碍木材内层的热分解,从而使燃烧速度变慢。木材的种类、含湿率、构件的几何形状、受热的方式和方位都对其燃烧速度有较大影响。大部分木材超过 100 ℃就可分解,240 ℃～270 ℃可点燃,达到 400 ℃可自燃。随着燃烧的进行,其炭化体积增大,强度下降。

为了提高木材的着火温度或减慢木材的燃烧速率,现在经常对其进行耐火处理。一般可用耐火盐类浸泡,或在其表面上喷涂防火涂料。但最好是在其外部加隔热保护层或饰面板,做成夹心结构。表 4.1.1 列出了若干饰面板对木板的保护时间。

表 4.1.1　常用木材饰面板的保护时间

饰 面 板		保 护 时 间(min)	
种 类	厚度(mm)	与木材紧密接触	未与木材紧密接触
标准石膏饰面板	9.5	11	8
	12.5	15	10
	15	21	14
	18	28	19
	23	35	23
板条上或丝网口抹灰	15	45	30
	20	50	35
	30	60	40

饰　面　板		保护时间(min)	
种　类	厚度(mm)	与木材紧密接触	未与木材紧密接触
石膏 实心砖	50	—	90
	60	—	104
	70	—	120
	100	—	160

一般认为木材在受火条件下既不膨胀也不收缩,其未受火影响的部分仍然保留原有的力学性能。在常温下,木结构的设计安全系数为 3.5～10。在遇火情况下,如果经受了规定的受火时间后,木材构件仍具有以下承受能力,就表明它能满足耐火要求:

(1) 梁或隔栅等受弯构件。若木材的残余厚度≥30 mm,等于容许应力的 2.25 倍;若残余厚度<30 mm,等于容许应力的 1.75 倍。

(2) 受拉构件。等于容许应力的 2.25 倍。

(3) 柱、杆等受压构件。若木材的残余厚度≥30 mm,等于容许应力的 2.0 倍;若残余厚度<30 mm,等于容许应力的 1.5 倍。

4.1.4　部分其他建筑材料

下面概要介绍若干其他建筑材料的耐火性能。

(1) 黏土砖。普通实心砖在 800 ℃～900 ℃的高温下没有明显破坏,遇水急冷对其性能的影响也不太大。而空心砖受热后膨胀不均,容易开裂,表面亦容易脱落。

(2) 硅酸盐砖。这种砖是由炉渣、粉煤灰、石灰等混合烘干制成的,在 300 ℃～400 ℃时开始分解,放出 CO_2,并自身开裂,不能作为耐热材料使用。

(3) 石膏板、石膏块。在高温下大量吸热而脱水分解,易开裂,遇水易受破坏,但它们是良好的隔热材料。

(4) 普通平板玻璃。在 700 ℃～800 ℃时软化,900 ℃～950 ℃时熔化。但在火灾条件下,大多数玻璃在 250 ℃左右时便碎裂,这主要是由于门窗的边框限制了玻璃的自动变形造成的。

(5) 花岗岩等天然石材。遇高温易开裂,主要因为由不同矿石组成的石材膨胀不均。而由石灰石等单一岩石组成的石材可耐 800 ℃～900 ℃的高温。

(6) 砂浆抹灰层。作为某些结构构件的保护层使用,一般均能耐 800 ℃以上的高温。当其与所覆盖的结构表面结合牢固时,若灰层厚达 10～20 mm,可使构件的耐火时间延长约半小时。

(7) 胶合板、纤维板。前者是用薄木板纵横叠放黏结而成的,后者则是用分层人造纤维网黏结而成的。它们的燃烧性能与所用的黏结剂有关。一般使用树脂型黏结剂的人造板为易燃或难燃板,使用无机黏结剂的板为不燃板。

(8) 水泥刨花板或木丝板。是用木丝或刨花与水泥混合压制成的。由于外部有水泥包覆,木质物的热分解和燃烧受到了限制。通常在 270 ℃左右开始炭化,400 ℃左右可化为灰烬。

（9）塑料板。人工合成的高分子材料，其耐热性差，实用温度一般为 60 ℃～150 ℃。在火灾中大多数塑料可以熔化，或发生滴落，或到处流淌，容易加剧火灾蔓延，塑料燃烧时可产生大量有害烟气。

（10）专用绝热材料。这类产品很多，如矿渣棉及其制品、珍珠岩及其制品、膨胀蛭石及其制品、岩棉及其制品、硅酸铝及其制品等。它们均可用于结构构件的防火保护。

4.2　建筑构件的耐火性

各类建筑物都是由墙、柱、梁、楼板、门、窗、屋面、楼梯等构件组成的，这些通称为建筑构件。建筑物的耐火等级是由组成它的构件的耐火性能决定的。建筑构件的耐火性能表示该构件在火灾过程中能够继续起到隔离层或结构组件作用的能力，用耐火极限表示。耐火极限指的是将构件置于标准火灾环境下，从受热算起到其失去支撑能力、或发生穿透性裂缝、或背火面的温度升高到设定温度（如 220 ℃）的时间。通常应当用全尺寸构件试样进行试验，如果可能，还应在试件上加上荷载。

4.2.1　标准火灾环境

标准火灾环境是一种人为设计的炉内燃烧环境，试验炉内的气相温度按照规定的温升曲线变化。现在这种温度-时间变化曲线称为标准火灾温升曲线，简称标准火灾曲线。标准火灾曲线的概念最先是 1916 年根据早期的火灾试验中对木垛火的温度观测提出的。虽然过去了多少年，但标准火灾曲线只作了很小的改动。

国际标准化组织（ISO）规定的标准火灾曲线温升速率表达式为：

$$T - T_0 = 345\lg(8t + 1) \qquad (4\text{-}2\text{-}1)$$

式中，T_0 和 T 分别是在试验开始时刻和 t 时刻的温度，t 为试验时间，用分钟表示，相应的曲线见图 4.2.1。

现在我国采用国际标准火灾曲线作为本国的标准火灾曲线，世界上很多国家也是如此，如俄罗斯、比利时、丹麦等。有些国家则根据本国的情况制定了自己的标准火灾曲线。如美国的标准火灾曲线是由一组数据点确定的；在英国标准协会所给公式中，时间 t 前的系数取值略有不同。表4.2.1 中列出了若干国家标准火灾曲线代表值。

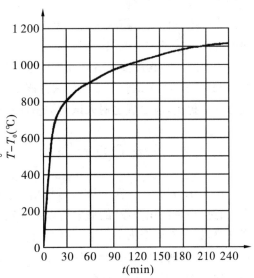

图 4.2.1　国际标准火灾曲线

表 4.2.1　若干国家的标准火灾曲线的代表数据

国　名	时　间（min）										
	5	10	15	30	60	90	120	180	240	360	480
国际标准	556	659	718	821	925	986	1 029	1 090	1 133	1 193	
美　国	538	704		843	927		1 010		1 093		1 260
英　国	538	708		843	927		1 010		1 121	1 204	
法　国	556	659	718	821	925	986	1 030	1 090	1 133	1 194	
日　本	540	705	760	840	925	980	1 019	1 050	1 095		

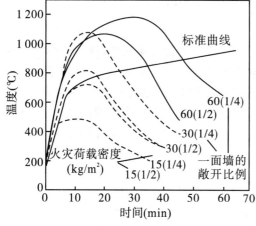

图 4.2.2　标准火灾曲线与实际室内火灾温升曲线的比较

建筑构件的耐火性是用该构件在标准火灾试验炉中的失效时间表示的。不过，构件暴露在实际火灾中与在标准试验炉中经受的情况存在很大差别。图 4.2.2 对一些全尺寸火灾试验中测量的温度与标准火灾曲线作了比较，可看出它们之间的不同。实际火灾曲线在火势减小时，有一个衰减阶段。从发现这一问题的初期起，就有人对继续使用标准火灾曲线是否有效提出了疑问。但直到现在对这一问题还没有提出更好的解决方法，在建材工业部门中仍然广泛地使用标准火灾曲线法来检验材料的耐火性。

标准火灾试验炉是通过调节燃料（煤气或燃油）的流率来控制炉内温度使其按预定的温升曲线变化的。由于测量的是炉内气体温度，因而实际出现的火暴露状况对炉壁的物理性质及发射率的反应很敏感。可以想像，对试件传热的控制形式是炉壁的热辐射。如果炉壁的热容量较低，其表面温度将会迅速升高，因而所形成的火暴露严重程度要比容积相同但壁面用致密材料（即热容量较大）建成的炉子大。实际上很难找到两个火灾试验炉给出的火暴露情况完全相同。人们曾多次注意到这种差异，为此有关方面已提出，应当规定耐火试验炉壁面材料热物性的标准。

4.2.2　火灾严重性与构件的耐火性

Ingberg 进行了一系列试验后指出，火灾荷载密度是确定室内潜在火灾严重性的主要因素，通过"当量面积假设"的概念可以把火灾严重性与构件的耐火要求联系起来。这一概念的意义是，如果有两个火灾环境，它们各自的温升曲线与基准线（如 150 ℃ 或 300 ℃）围成的面积相同，那么这两者的火灾严重程度相同。于是如果其中一条取标准火灾曲线，就可将火灾严重性与建筑构件耐火性联系起来，见图 4.2.3。

根据这种认识，Ingberg 绘制了一张火灾荷载密度与火灾严重性的关系表，见表 4.2.2。按照他的假设，如果可以测量（或预先指定）建筑物内的火灾荷载，通过该表就可以得到某种建筑构件的耐火要求。这种关系表简便实用，因此颇受人们欢迎，不过它也有一些问题需要讨论，如：

（1）这种假设所采用的数据是根据某些旧式结构建筑物的全尺寸火灾试验得到的，它们可能与现代结构材料的建筑火灾有所不同,因此应当注意其使用范围。

（2）这种方法假定房间或建筑物的居住状况不变,就是说在建筑物的有效使用期内,其中的火灾荷载不会增加。但实际上在建筑物的后期使用中经常出现火灾荷载超过原定指标的情况,而这将使建筑物的火灾严重性增大。因此难以完全按照建造建筑物时的火灾荷载设定其构件的耐火要求。

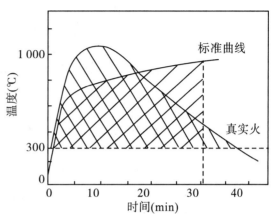

图 4.2.3　Ingberg 提出的当量面积假设

（3）现在人工合成材料在建筑物中的使用越来越广泛,这些材料的燃烧速度和强度比木材大得多,可以很快出现很高的温度。按上述关系处理耐火性可能不适用现在的情况。

（4）这种假设无法在理论上进行证明,因为当传热由辐射控制时,辐射通量与 T^4 成正比,这种传热方式不能用简单比例关系描述。例如,在 900 ℃ 的情况下维持 10 min 的效果与在 600 ℃ 下维持 20 min 是大不相同的。

表 4.2.2　Ingberg 建议的火灾荷载与火灾严重性的关系表

火灾荷载密度（当量木材）		相当功率	要求的耐火时间
（kg/m²）	（lb/ft²,磅/英尺）	（MJ/m²）	（h）
49	10	0.90	1.0
73	15	1.34	1.5
98	20	1.80	2.0
146	30	2.69	3.0
195	40	3.59	4.5
244	50	4.49	6.0
293	60	5.39	7.5

注:火灾荷载密度以地板面积为基准计算,当量木材的燃烧热取为 18.4 J/g。

有些科研人员仍在探讨火灾严重性与材料耐火性的关系。如 Law 分析了绝热柱体暴露在标准火灾环境与真实火灾条件下的热响应,通过整理 CIB 组织进行的多次充分发展火灾试验数据后得出:

$$t_f = k \frac{M_f}{(A_w/A_t)^{1/2}} \tag{4-2-2}$$

式中,t_f 为构件所需的耐火时间(min),M_f 为室内总的火灾荷载,A_w 和 A_T 分别为通风口的面积和房间内部总面积(除去通风口面积),k 是接近于 1 的系数。这一关系是通过分析绝热柱体得到的,对暴露在火中的钢结构的适用性仍待研究。

Law 提出的估计构件耐火要求的公式仍然要依赖标准火灾试验的结果,Peterson 等发展的方法则突破了这一限制,此法完全依靠计算得到的室内火灾的温升曲线来确定构件的防火要求。其基本思想是:建立起火房间的热平衡方程,利用关于火灾燃烧和建筑结构形式的知识,算出该房间释热速率和散热速率,进而得到室内气相的温升速率,然后按照这种温度变化规律计算火对构件的影响,从而得出对构件的耐火要求。在法国、瑞典等一些欧洲国家已开始采用这种计算方法。在我国目前的耐火设计仍采用查表法,故对此不做进一步的讨论。

还应指出,构件的标准火灾试验结果适用于仅存在固体可燃物的室内火灾。可燃液体火灾具有完全不同的火行为,这种火能够在很短的时间将建筑构件加热到危险程度。因此对于加工或存放可燃液体的建筑物的构件应采用更符合液体燃料火灾的试验方法,以便使试验中的温升曲线比方程(4-2-1)所确定的曲线要陡得多。

4.2.3 建筑构件耐火极限的划定

根据建筑构件在建筑物中所起的作用,可将其分为分隔构件、承重构件和具有承重与分隔双重作用的构件。隔墙、门窗、吊顶等为分隔构件,梁、柱、屋架等为承重构件,承重墙、楼板、屋面等为具有双重作用的构件。

进行耐火试验时不同建筑构件受火条件分别为:墙壁、门窗和隔板为一面受火,楼板、屋面板、吊顶为下方受火,横梁为两侧和底面受火,立柱为四面受火。

建筑构件的耐火极限应从失去稳定性、完整性和绝热性3个方面考虑。

失去稳定性指的是构件在试验中失去支持能力或抗变形能力,它主要是针对承重构件说的。如墙、梁和柱在试验中发生了坍垮,表明失去承载能力;梁或板的最大挠度超过 $L/20$,表明失去了抗变形能力。影响构件稳定性的因素很多,主要包括所用材料的燃烧性质和强度、钢材的品种、构件的形状与尺寸、表面保护状况、受力状况等。

失去完整性是针对分隔构件说的,指的是构件出现穿透性裂缝或孔隙,不再具有阻止火焰和高温烟气穿过的能力,这时构件背火面的可燃物能够被引燃。若构件的材料容易发生爆裂、构件本身有接缝或贯穿孔而封堵不良,就可能出现完整性受破坏的情况。

失去绝热性也是针对分隔构件说的,指的是构件失去隔绝过量热传导的能力。材料的导热性和构件的厚度是影响绝热性的主要因素,导热性强则热量容易传到构件的背火面,构件厚则可使其背火面温度上升得慢些。表4.2.3列出了若干建筑构件的耐火性数据。

表 4.2.3 若干建筑构件的耐火性数据

构件名称	燃烧性能	构件厚度或截面尺寸(cm)	耐火极限(h)
1. 承重墙			
(1) 普通黏土砖、硅酸盐砖及钢筋混凝土实心墙	不燃烧体	12	2.50
		18	3.50
		24	5.50
		37	10.50
(2) 轻质混凝土砌块墙	不燃烧体	12	1.50
		24	3.50
		37	5.50

续表

构件名称	燃烧性能	构件厚度或截面尺寸(cm)	耐火极限(h)
2. 非承重墙			
(1) 普通黏土砖墙	不燃烧体	15	4.50
		18	5.50
		25	12.00
(2) 充气混凝土砌块墙	不燃烧体	15	7.00
(3) 木龙骨两面钉			
石膏板	难燃烧体	1.2+5(空)+1.2	0.30
板条抹灰	难燃烧体	1.5+5(空)+1.5	0.85
(4) 水泥刨花板	难燃烧体	1.0+5(空)+1.0	0.30
3. 柱			
(1) 钢筋混凝土柱	不燃烧体	20×30	2.50
		20×40	2.70
		30×30	3.00
		30×50	3.50
(2) 有保护层钢柱			
12 cm 的普通黏土砖	不燃烧体	—	5.00
10 cm 的陶粒混凝土	不燃烧体	—	3.00
4. 梁(简支钢筋混凝土梁)			
非预应力钢筋,保护层为			
2 cm	不燃烧体	—	1.75
3 cm	不燃烧体	—	2.30
4 cm	不燃烧体	—	2.90
5 cm	不燃烧体	—	3.50
预应力钢筋或高强度钢筋保护层为			
4 cm	不燃烧体	—	1.50
5 cm	不燃烧体	—	2.00
5. 楼板			
(1) 简支钢筋混凝土楼板			
非预应力钢筋,保护层为			
1 cm	不燃烧体	—	1.00
2 cm	不燃烧体	—	1.25

构件名称	燃烧性能	构件厚度或截面尺寸(cm)	耐火极限(h)
3 cm	不燃烧体	—	1.50
预应力钢筋或高强度钢筋保护层为			
1 cm	不燃烧体	—	0.50
2 cm	不燃烧体	—	0.75
3 cm	不燃烧体	—	1.00
(2) 现浇整体楼板,保护层厚为			
1 cm	不燃烧体	8	1.00
2 cm	不燃烧体	10	2.10
6. 吊顶			
(1) 木吊顶隔栅			
钢丝网抹灰 1.5 cm	难燃烧体	—	0.25
板条抹灰 1.5 cm	难燃烧体	—	0.25
(2) 钢吊顶隔栅			
钢丝网抹灰 1.5 cm	难燃烧体	—	0.25
钉双面石膏板 1.0 cm	不燃烧体	—	0.30
7. 防火门			
(1) 双层木板外包镀锌铁皮	难燃烧体	4.1	1.20
(2) 木骨架外包镀锌铁皮 门扇内填硅酸铝纤维	难燃烧体	4.6	1.60
(3) 型钢门框,外包 1 mm 铁皮			
内填岩棉或硅酸铝纤维	不燃烧体	4.1	0.60
内填硅酸钙或硅酸铝	不燃烧体	4.6	1.20
内填硅酸铝纤维	不燃烧体	4.6	0.90
8. 防火窗			
(1) 单层钢窗或钢筋混凝土窗			
铅丝玻璃,铁销销牢	不燃烧体	—	0.70
铅丝玻璃,角钢加固	不燃烧体	—	0.90
(2) 双层钢窗,铅丝玻璃,铁销 销牢	不燃烧体	—	1.20

4.2.4　若干防火建筑构件的耐火要求

建筑主要的防火分隔物有防火墙、防火门、防火卷帘、防火窗、防火垂壁、防火水幕等,在此简要介绍前 3 种的耐火要求。

1. 防火墙

防火墙是最基本的防火分隔措施,其目的是阻止火的蔓延并且要有足够的耐火性使火势不至于蔓延到隔墙之外。防火墙应使用不燃烧体建造,且对其结构的完善程度应提出严格的要求。建筑物的防火墙有内部防火墙、外部防火墙和独立防火墙之分。内部防火墙把室内分为若干防火小区;外部防火墙是因建筑物之间的防火间距不足而设置的有一定的耐火要求但没有窗户的隔墙;当建筑物间的防火间距不足却又不宜于设置外部防火墙时可采用独立防火墙。

防火墙的耐火极限不少于 4.00 h。防火墙应当直接修建在建筑基础或钢筋混凝土框架上。当与该墙相连的构件掉落时,防火墙的性能不应受影响。防火墙应当有效地将其两侧的可燃物隔断,根据具体情形采取适当措施。例如为防止火从屋顶上部由一个防火分区蔓延到另一个分区,可以将防火墙砌得高出屋面 500 mm 以上如表 4.2.4 所示。又如有的建筑物呈 L 形或 U 形,一般不宜直接在交界处设内部防火墙,可向某一方向适当错开一定距离。如果不得已必须设在该处,则应当在外部防火墙上采取一定措施,如拐角两侧相临的窗户的距离不小于 4.0 m,以防止蹿火。

表 4.2.4　一些国家对防火墙高出屋面尺寸的要求

屋面构造	防火墙高出屋面的尺寸(cm)			
	中国	日本	美国	俄罗斯
不燃烧体	40	50	45～90	30
燃烧体	50	50	45～90	60

在防火墙上一般不应开门窗和其他贯通口,必须要开时则应在相应位置安装防火门或防火窗。防火墙上的小尺寸开口或缝隙则应使用耐火材料封堵好。

2. 防火门

由于防火门制造上的困难,现在对防火门耐火极限的要求比防火墙低,一般规定为 1.20 h、0.90 h 和 0.60 h,它们分别适用于一、二、三级耐火要求的建筑。根据制造使用的材料,防火门大体分为不燃烧体和难燃烧体两类。不燃烧体防火门采用薄壁型钢作骨架,外敷用 1.0～1.2 mm 的钢板作门面,内填矿渣棉、玻璃纤维等耐火材料。难燃烧体防火门主要是用经过阻燃处理的木材制造的,这种门比用钢板制造的轻,且比较美观,因此其使用量很大。木质防火门内也需要填充玻璃纤维之类的耐火材料。

为了保证防火门关闭的严密程度,可在门缝处加装柔性耐火材料制造的防烟条。防火门的动作有多种形式,如悬吊式、侧向推拉式、铰链式等,无论哪种形式都要求开闭灵活,最好设置自动关闭装置。常开的防火门,当发生火灾时,应具有自行关闭和信号反馈的功能。一般说,防火门的使用频率不高,常出现由于长期失修而锈死的情况。对于制造防火门厂家来说,应规定对有关滑轮、铰链等采取不宜生锈的材料;对于用户来讲,应强调进行定期保养,避免发生出现事故无法用的情况。

3. 防火卷帘

由于使用功能的需要,有些建筑物不能采取固定的墙和门进行防火分隔,但它某些区域的面积已超过防火分区的面积,例如大型商场、展览厅、敞开式楼梯、候车(机)厅等。在这种情况下应当采取防火卷帘。平时卷帘卷收在固定轴杆上,一旦起火,它可根据自动的或人工的控制信号展放开,挡住火焰和烟气的蔓延。

现在常用的防火卷帘由多条钢板帘片扣接或绞接而成。轻型帘的钢板厚度为 $0.5\sim$ $0.6\,mm$,重型帘的钢板厚度为 $1.0\sim1.6\,mm$,通常使用的大多是 $1.0\sim1.2\,mm$ 厚的钢板。每个帘片中应加入耐火材料。防火卷帘有上下开启、横向开启和水平开启等形式,对于不太宽的门道一般采用上下开启型,对于跨度较大的区域宜采用横向开启式,对于楼层间孔口则采用水平开启式。为了防止帘片遇火后变形,防火卷帘一般应当与水幕配合使用。当采用包括背火面温升作耐火极限判定条件的防火卷帘时,其耐火极限不低于 $3.00\,h$;当采用不包括背火面温升作耐火极限判定条件的防火卷帘时,其卷帘两侧应设独立的闭式自动喷水系统保护,系统喷水延续时间不应小于 $3.00\,h$。

防火卷帘转动控制机构的工作可靠性需要引起重视。当发出开启或关闭的命令时,它应当及时准确地作出反应。设在疏散走道上的防火卷帘应在卷帘的两侧设置启闭装置,并应具有自动、手动和机械控制的功能。实际使用中多次发生过控制器动作不良的问题,需要关闭的时候关不上,不需要关的时候却自动关闭。有的是部件材料或元件选择不当,有的是控制机构的抗干涉性差,也有的是设计不合理,因此应加强防火卷帘控制器的研究。

穿越楼板的竖井和管道的防火分隔也不容忽视,不少案例表明,这是造成火灾由着火层向外蔓延的重要渠道。大型高层建筑物大都有电缆井、管道井、排烟道、通风道、垃圾道等多种竖井,它们的功能不同,应当分别设置,以防一个竖井发生事故影响到其他竖井。竖井的壁面材料应当有适当的耐火等级,禁止使用可燃材料。通常电缆井、排烟道壁面的耐火等级不低于 $1.00\,h$。管道与各层地板的相交口的封堵也需引起注意,做好这种封堵并不困难,但容易被人忽视。

4.2.5 提高建筑构件耐火性的途径

建筑构件的耐火性与所用材料的性质、构件的尺寸、保护层的厚度、构件所处的结构形式和支撑条件等都有关系。进行建筑物的耐火设计时,如遇到某些构件的耐火极限或燃烧性能达不到规范要求时,可以采取一些变更调整措施。常用的方法主要有:

(1) 在钢筋混凝土构件外设加保护层

钢筋混凝土构件的耐火性主要取决于受力钢筋在高温下的强度变化。在构件的外围加上保护层可以延缓和减小火灾燃烧对钢筋的影响。

(2) 在钢构件表面加耐火保护层

许多大型建筑物使用了相当多的钢梁和钢柱。它们直接受火作用时很容易失去稳定性,在其外部增加耐火保护层可以减小这种影响。浇注混凝土层、包敷耐火纤维、粘贴轻质保温板、喷刷防火涂料等是目前常用的措施。

(3) 设置耐火吊顶

在有些大跨度的建筑使用了较长的钢梁。为了防止火灾烟气直接作用于钢梁,可在梁下安装耐火材料吊顶,实践证明这是一种有效的保护措施。

（4）适当加大构件的截面

构件的尺寸较大显然能够增大稳定性、完整性和绝热性。但加大构件势必增加建设费用,因此需要合理掌握增加的幅度。

（5）采取合理的耐火构造设计

采取合理的结构设计,避免构件出现过大的挠曲、过于集中的受力等。这不仅有助于改善结构,同时也加强了构件的耐火能力。

（6）加强有关缝隙的封堵

在建筑构件上不可避免存在接缝,或者需要留有贯穿孔。这些部位的耐火性能薄弱,应当额外加强,然而却经常被人忽视。例如有的封堵不严或堵料厚度不够,有的堵料的耐火性差。在建筑物的建设过程中和进行安全检查时都应注意这方面的问题,尤其应注意那些贯穿楼层的缝隙和孔隙的封堵。

4.3 建筑材料及制品的燃烧性能及其测定方法

为了较好地满足人们工作和生活的需求,建筑物必须进行一定的内部装修。而对室内装修所用材料和制品的燃烧性能应当进行适当的限制,否则便容易引发火灾或造成火灾的快速蔓延。

4.3.1 建筑材料及制品的燃烧性能等级规定

目前在我国,建筑材料的燃烧性能根据国家标准《建筑材料及制品燃烧性能分级》（GB 8624-2006）进行分级。该标准适用于铺地材料和除铺地材料以外的其他建筑制品,所考虑的建筑制品是其最终应用形态的制品。

1997 年,该标准是以《建筑材料燃烧性能分级方法》为名发布的。新标准与旧标准相比有重大变化,主要是:

（1）对铺地材料和管道隔热材料的燃烧性能分级作了单独规定,其燃烧性能等级由下标 fl 和 L 来加以区分;

（2）对材料燃烧性能级别的划分由 A 级（匀质材料）、A 级（复合夹芯材料）、B1、B2、B3 五个级别改为 A1、A2、B、C、D、E、F 七个级别;

（3）对材料燃烧性能级别的试验方法及判据有很大的变化,特别是考虑了燃烧的热值、火灾发展速率、烟气产生速率等燃烧特征因素;

（4）燃烧性能分级适用的材料范围有所变化,对原标准规定的部分特定用途的材料,如窗帘幕布类的纺织物、电线电缆套管类塑料材料的分级不再包括。

应当指出,在我国 GB 8624 作为一种基础标准被诸多规范和标准引用,而这些规范和标准的修订都需要一定的时间。因此有关部门指出,为了有利于新体系的实施,不至于影响产品的研究、生产和监督,宜适当延长新旧标准的过渡期。在本书中,有不少地方仍沿用旧体系的说法。

　　建筑材料及制品的燃烧性能等级及其燃烧性能对应关系见表4.3.1与表4.3.2。燃烧性能为某一等级的制品被认为满足低于该等级的任一等级的全部要求。两表中所涉及的一些主要符号与缩写的含义见表4.3.3。

表4.3.1　建筑材料及制品(铺地材料除外)燃烧性能分级

等级	试验标准		分级判据		附加分级
A1	GB/T 5464[a]	且	$\Delta T \leqslant 30$ ℃,	且	
			$\Delta m \leqslant 50\%$,	且	
			$t_f = 0$(无持续燃烧)		
	GB/T 14402		$PCS \leqslant 2.0$ MJ/kg[a]	且	
			$PCS \leqslant 2.0$ MJ/kg[b]	且	
			$PCS \leqslant 1.4$ MJ/kg[c]	且	
			$PCS \leqslant 2.0$ MJ/kg[d]		
A2	GB/T 5464[a]或	且	$\Delta T \leqslant 50$ ℃,	且	
			$\Delta m \leqslant 50\%$,	且	
			$t_f \leqslant 20$ s		
	GB/T 14402		$PCS \leqslant 3.0$ MJ/kg[a]	且	
			$PCS \leqslant 4.0$ MJ/kg[b]	且	
			$PCS \leqslant 4.0$ MJ/kg[c]	且	
			$PCS \leqslant 3.0$ MJ/kg[d]		
	GB/T 20284	且	$FIGRA \leqslant 120$ W/s	且	产烟量[e]且
			$LFS <$ 试样边缘	且	燃烧滴落物/微粒[f]
			$THR_{600\ s} \leqslant 7.5$ MJ		
	GB/T 20285				产烟毒性[i]
B	GB/T 20284	且	$FIGRA \leqslant 120$ W/s	且	产烟量[e]且
			$LFS <$ 试样边缘	且	燃烧滴落物/微粒[f]
			$THR_{600\ s} \leqslant 7.5$ MJ		
	GB/T 8626[h] 点火时间$=30$ s	且	60 s内 $F_s \leqslant 150$ mm		
	GB/T 20285				产烟毒性[i]
C	GB/T 20284	且	$FIGRA \leqslant 250$ W/s	且	产烟量[e]且
			$LFS <$ 试样边缘	且	燃烧滴落物/微粒[f]
			$THR_{600\ s} \leqslant 15$ MJ		
	GB/T 8626[h] 点火时间$=30$ s	且	60 s内 $F_s \leqslant 150$ mm		
	GB/T 20285				产烟毒性[i]

续表

等　级	试　验　标　准	分　级　判　据	附　加　分　级
D	GB/T 20284　　　　　且	$FIGRA \leqslant 750$ W/s	产烟量^{e}且 燃烧滴落物/微粒^f
D	GB/T 8626^h 点火时间＝30 s　　且	60 s 内 $F_s \leqslant 150$ mm	产烟量^{e}且 燃烧滴落物/微粒^f
E	GB/T 8626^h 点火时间＝15 s	20 s 内 $F_s \leqslant 150$ mm	燃烧滴落物/微粒^g
F	无性能要求		

注：a　匀质制品和非匀质制品的主要组分。

　　b　① 非匀质制品的外部次要组分。

　　　　② 另一个可选择的判据是对 $PCS \leqslant 2.0$ MJ/ m^2 的外部次要组分，则要求满足 $FIGRA \leqslant 20$ W/s、$LFS <$试样边缘、$THR_{600\,s} \leqslant 4.0$ MJ、s1 和 d0。

　　c　非匀质制品的任一内部次要组分。

　　d　整体制品。

　　e　在试验程序的最后阶段，需对烟气测量系统进行调整，烟气测量系统的影响需进一步研究。由此评价产烟量的参数或极限值的调整。

　　　　s1＝$SMOGRA \leqslant 30$ m^2/s^2 且 $THR_{600\,s} \leqslant 50$ m^2；s2＝$SMOGRA \leqslant 180$ m^2/s^2 且 $THR_{600\,s} \leqslant 200$ m^2；s3＝未达到 s1 或 s2。

　　f　d0＝按 GB/T 20284 规定，600 s 内无燃烧滴落物/微粒；

　　　　d1＝按 GB/T 20284 规定，600 s 内燃烧滴落物/微粒持续时间不超过 10 s；

　　　　d2＝未达到 d0 或 d1；

　　　　按照 GB/T 8626 规定，过滤纸被引燃，则该制品为 d2 级。

　　g　通过＝过滤纸未被引燃；

　　　　未通过＝过滤纸被引燃（d2 级）。

　　h　火焰轰击制品的表面和（如果适合该制品的最终应用）边缘。

　　i　t0＝按 GB/T 20285 规定的试验方法，达到 ZA1 级；

　　　　t1＝按 GB/T 20285 规定的试验方法，达到 ZA3 级；

　　　　t2＝未达到 t0 或 t1。

表 4.3.2　铺地材料燃烧性能分级

等　级	试　验　标　准	分　级　判　据	附　加　分　级
A1$_{fl}$	GB/T 5464^a　　　　　且	$\Delta T \leqslant 30$ ℃，　　　　且 $\Delta m \leqslant 50\%$，　　　　且 $t_f = 0$（无持续燃烧）	
A1$_{fl}$	GB/T 14402	$PCS \leqslant 2.0$ MJ/kg^a　　且 $PCS \leqslant 2.0$ MJ/kg^b　　且 $PCS \leqslant 1.4$ MJ/kg^c　　且 $PCS \leqslant 2.0$ MJ/kg^d	

续表

等　级	试　验　标　准		分　级　判　据		附　加　分　级
A2$_{fl}$	GB/T 5464^a 或	且	且 $\Delta T \leqslant 50\ ℃$，　　　　　　且 $\Delta m \leqslant 50\%$，　　　　　　且 $t_f \leqslant 20\ s$		
	GB/T 14402		$PCS \leqslant 3.0\ MJ/kg^a$　　　　且 $PCS \leqslant 4.0\ MJ/kg^b$　　　　且 $PCS \leqslant 4.0\ MJ/kg^c$　　　　且 $PCS \leqslant 3.0\ MJ/kg^d$		
	GB/T 11785^e	且	临界热辐射通量 $CHF^f \geqslant 8.0\ kW/m^2$		产烟量^g
	GB/T 20285				产烟毒性^i
B$_{fl}$	GB/T 11785^e	且	临界热辐射通量 $CHF^f \geqslant 8.0\ kW/m^2$		产烟量^g
	GB/T 8626^h 点火时间＝15 s	且	20 s 内 $F_s \leqslant 150\ mm$		
	GB/T 20285				产烟毒性^i
C$_{fl}$	GB/T 11785^e	且	临界热辐射通量 $CHF^f \geqslant 4.5\ kW/m^2$		产烟量^g
	GB/T 8626^h 点火时间＝15 s	且	20 s 内 $F_s \leqslant 150\ mm$		
	GB/T 20285				产烟毒性^i
D$_{fl}$	GB/T 11785^e	且	临界热辐射通量 $CHF^f \geqslant 3.0\ kW/m^2$		产烟量^g
	GB/T 8626^h 点火时间＝15 s	且	20 s 内 $F_s \leqslant 150\ mm$		
E$_{fl}$	GB/T 8626^h 点火时间＝15 s		20 s 内 $F_s \leqslant 150\ mm$		燃烧滴落物/微粒^g
F$_{fl}$	无性能要求				

注:a　匀质制品和非匀质制品的主要组分。

　　b　非匀质制品的外部次要组分。

　　c　非匀质制品的任一内部次要组分。

　　d　整体制品。

　　e　试验时间＝30 min。

　　f　临界热辐射通量是指火焰熄灭时的热辐射通量或试验进行 30 min 后的热辐射通量,取二者较低值(该热辐射通量对应于火焰传播的最远距离处)。

　　g　s1＝产烟≤750%×min。

　　h　火焰轰击制品的表面和(如果适合该制品的最终应用)边缘。

　　i　t0＝按 GB/T 20285 规定的试验方法,达到 ZA1 级;

　　　t1＝按 GB/T 20285 规定的试验方法,达到 ZA3 级;

　　　t2＝未达到 t0 或 t1。

表 4.3.3 建筑材料及制品燃烧性能分级所涉及的相关符号与缩写

符　号	含　义	符　号	含　义
ΔT	温升(K)	$SMOGRA$	烟气生成速率
Δm	质量损失率(%)	t_f	持续燃烧时间(s)
F_s	燃烧长度(mm)	$THR_{600\,s}$	时间为 600 s 时的总放热量(MJ)
$FIGRA$	用于分级的燃烧增长指数	$TSP_{600\,s}$	时间为 600 s 时总烟气产生量(m²)
$FIGRA_{0.2\,MJ}$	总放热量门槛值为 0.2 MJ 的燃烧增长率指数	CHF	临界热辐射通量(kW/m²)
$FIGRA_{0.4\,MJ}$	总放热量门槛值为 0.4 MJ 的燃烧增长率指数	m'	由试验方法中规定的最少数量的试验获取的一组连续参数结果的平均值
LFS	火焰横向蔓延长度(m)	m	按分级试验数量规定程序获取的一组连续参数结果的平均值,其用于燃烧性能分级
PCS	总热值(MJ/kg 或 MJ/m²)	C	材料产烟密度(mh/L)
PCI	净热值(MJ/kg 或 MJ/m²)	Y	材料产烟率(%)

上面提到的决定建筑材料燃烧性能的参数可分为连续性参数与合格性参数两类。其中连续性参数 ΔT、Δm、t_f 根据 GB/T 5464 确定,PCS、PCI 根据 GB/T 14402 确定,$FIGRA_{0.2\,MJ}$、$FIGRA_{0.4\,MJ}$、$THR_{600\,s}$、$SMOGRA$、$TSP_{600\,s}$ 根据 GB/T 20284 确定;合格性参数 LFS 根据 GB/T 20284 确定,F_s 根据 GB/T 8626 确定,产烟毒性根据 GB/T 20285 确定。

现结合表 4.3.1 简要分析一下除铺地材料外的建筑制品燃烧性能的分级判据,而铺地材料的判据与此类似,在此不详细说明。

F 级　无性能判据。

按照 GB/T 8626 的规定进行试验,达不到 E 级的制品,则为 F 级。

E 级　符合本级的判据为:

按照 GB/T 8626 的规定进行试验,在火焰轰击试样表面 15 s(必要时还要用火焰轰击试样边缘)的条件下,在 20 s 内火焰传播与着火点的垂直距离不超过 150 mm。

D 级　符合本级的判据有两个:

(1) 按照 GB/T 8626 的规定进行试验,在火焰轰击试样表面 30 s(必要时还要用火焰轰击试样边缘)的条件下,在 60 s 内火焰传播与着火点的垂直距离不超过 150 mm。

(2) 按照 GB/T 20284 的规定进行试验,$FIGRA(=FIGRA_{0.4\,MJ})\leqslant 750$ W/s。

C 级　符合本级的判据有两个:

(1) 按照 GB/T 8626 的规定进行试验,在火焰轰击试样表面 30 s(必要时还要用火焰轰击试样边缘)的条件下,在 60 s 内火焰传播与着火点的垂直距离不超过 150 mm。

(2) 按照 GB/T 20284 的规定进行试验,火焰横向蔓延长度(LFS)不得到达试样边缘;$FIGRA(=FIGRA_{0.4\,MJ})\leqslant 250$ W/s;$THR_{600\,s}\leqslant 15$ MJ。

B 级 符合本级的判据有两个:

(1) 按照 GB/T 8626 的规定进行试验,在火焰轰击试样表面 30 s(必要时还要用火焰轰击试样边缘)的条件下,在 60 s 内火焰传播与着火点的垂直距离不超过 150 mm。

(2) 按照 GB/T 20284 的规定进行试验,火焰横向蔓延长度(LFS)不得到达试样边缘; $FIGRA(=FIGRA_{0.2\,MJ})\leqslant120$ W/s;$THR_{600\,s}\leqslant7.5$ MJ。

A2 级 符合本级的判据为:

按照 GB/T 20284 的规定试验,每种 A2 级制品应满足 B 级制品的判据。

(1) 匀质制品

按照 GB/T 14402 的规定进行试验,$PCS\leqslant3.0$ MJ/kg;或依据 GB/T 5464 的规定进行试验,$\Delta T\leqslant50$ ℃,且 $\Delta m\leqslant50\%$,且 $t_f\leqslant20$ s。

(2) 非匀质制品

① 每个主要组分应符合按照 GB/T 14402 的规定进行试验,$PCS\leqslant3.0$ MJ/kg;或按照 GB/T 5464 的规定进行试验,$\Delta T\leqslant50$ ℃,且 $\Delta m\leqslant50\%$,且 $t_f\leqslant20$ s。

② 每个外部和内部次要组分应符合按照 GB/T 14402 的规定进行试验,$PCS\leqslant4.0$ MJ/m^2。

③ 整体制品应符合按照 GB/T 14402 的规定进行试验,$PCS\leqslant3.0$ MJ/kg。

A1 级 符合本级的判据为:

(1) 匀质制品

按照 GB/T 14402 的规定进行试验,$PCS\leqslant2.0$ MJ/kg,且按照 GB/T 5464 的规定进行试验,$\Delta T\leqslant30$ ℃,且 $\Delta m\leqslant50\%$,且 $t_f=0$ s。

(2) 非匀质制品

① 每个主要组分按照 GB/T 14402 的规定进行试验,应符合 $PCS\leqslant2.0$ MJ/kg;且按照 GB/T 5464 的规定进行试验,$\Delta T\leqslant30$ ℃,且 $\Delta m\leqslant50\%$,且 $t_f=0$ s。

② 每个外部次要组分应符合:

按照 GB/T 14402 的规定进行试验,$PCS\leqslant2.0$ MJ/kg,或按照 GB/T 14402 的规定进行试验,$PCS\leqslant2.0$ MJ/m^2,且按照 20284 的规定进行试验,$FIGRA(=FIGRA_{0.2\,MJ})\leqslant20$ W/s,$LFS<$试样边缘,$THR_{600\,s}\leqslant4.5$ MJ,且符合 s1 和 d0 的条件。

③ 每个内部次要组分按照 GB/T 14402 的规定进行试验,应符合 $PCS\leqslant1.4$ MJ/m^2。

④ 整体制品按照 GB/T 14402 的规定进行试验,应符合 $PCS\leqslant2.0$ MJ/kg。

对于 A2、B、C、D 和 E 级的建筑材料与制品燃烧,除了应考虑以上的基本等级外,还应考虑以下的附加等级:

(1) 产烟附加等级 s1、s2、s3

符合本级的判据为:

s1,按照 GB/T 20284 的规定进行试验,$SMOGRA\leqslant30$ m^2/s^2,且 $TSP_{600\,s}\leqslant50$ m^2。

s2,按照 GB/T 20284 的规定进行试验,$SMOGRA\leqslant180$ m^2/s^2,且 $TSP_{600\,s}\leqslant200$ m^2。

s3,无性能要求,或不符合 s1 和 s2 判据的制品。

(2) 燃烧滴落物/微粒的附加等级 d0、d1、d2

① A2、B、C、D 级制品在其燃烧滴落物/微粒方面可以有附加等级 d0、d1、d2:

d0,按照 GB/T 20284 规定进行试验,600 s 内无燃烧滴落物/微粒产生。

d1,按照 GB/T 20284 规定进行试验,600 s 内产生燃烧滴落物/微粒的时间不超过 10 s。

d2,无性能要求,或者如果制品不符合上述的 d0 和 d1 级判据或在可燃性试验中引燃过滤级(GB/T 8626)。

② E 级制品:若在 GB/T 8626 试验中过滤纸被引燃,则该制品燃烧滴落物/微粒的附加等级为 d2 级。如果过滤纸未被点燃,该制品为 E 级,无须再表示燃烧滴落物/微粒级别。

(3)产烟毒性附加等级 t0、t1、t2

A2、B、C 级制品在热分解烟气毒性方面须有材料产烟毒性附加等级 t0、t1、t2:

t0,按照 GB/T 20285 的规定进行试验,达到 ZA1 级;

t1,按照 GB/T 20285 的规定进行试验,达到 ZA3 级;

t2,未达到 t0 或 t1。

4.3.2　标准指定的试验方法

GB 8624-2006 指定使用不燃性试验、燃烧热值试验、单体燃烧试验、可燃性试验、评定铺地材料燃烧性能的辐射热源法和材料产烟毒性试验来进行燃烧性能分级。下面对各个试验的基本要求作简要介绍:

1. 不燃性试验(GB/T 5464)

本试验用于测定不会燃烧或不会明显燃烧的建筑制品,即确定 A1、A2、A1$_{fl}$ 和 A2$_{fl}$,而且不论这些制品的最终应用形态如何。它不适用于涂层、面层或包以薄层的材料,也不直接反映建筑材料在实际火灾中的火灾危险性。试验所采用的设备主要是电加热试验炉及必要的控温、计时和称量仪器。

为了能够代表该材料,试样应足够大。每种材料应制备 5 个试样,试样为圆柱形,直径 45_{-2}^{0} mm,高 50 mm±3 mm,体积 80 cm³±5 cm³。如果材料厚度小于 50 mm,可通过叠加该材料的层数并调整每层材料的厚度来保证。在试样顶部中心沿轴向应预留一个直径为 2 mm 的孔,孔深应使热电偶接点处于试样的几何中心。

试验前,试样应在温度为 60±5 ℃的通风干燥箱内调节 20 h 至 24 h,并置于干燥皿中冷却至室温。应在试验前称量每个试样的质量,精确到 0.1 g。

按照预定步骤,将试件放入炉内,每层材料均应在试样架中水平放置,并用两根直径不超过 0.5 mm 的铁丝将各层紧捆在一起,以排除各层间的气隙,调整炉温,进行试验。试验结束后,按照规定的判据确定材料的等级。

2. 燃烧热值试验(GB/T 14402)

本试验用于测定制品完全燃烧后的最大热释放总量,可给出总热值(PCS)和净热值(PCI),而不论这些制品的最终应用形态。该试验用于燃烧性能等级 A1、A2、A1$_{fl}$ 和 A2$_{fl}$。试验在体积恒定的氧弹量热仪中进行。

氧弹量热仪需用标准苯甲酸进行校准。在标准条件下,将特定质量的试样置于氧弹中燃烧,以测试温升为基础,在考虑所有热损失及汽化潜热的条件下,计算试样的燃烧热值。

制备的试样应具有代表性。对匀质制品或非匀质制品的被测组分,应任意截取至少 5 个样块作为试样。若被测组分为匀质制品或非匀质制品的主要成分,则样块最小质量为 50 g。若被测组分为非匀质制品的次要成分,则样块最小质量为 10 g。对于松散填充材料,应从制品上任意截取最小质量 50g 的样块作为试样;对于含水产品,将制品干燥后,任意截取其最小质量为 10 g 的样块作为试样。

3. 单体燃烧试验(GB/T 20284)

用于评价在房间角落处,模拟制品附近有单体燃烧火源的火灾场景下,制品本身对火灾的影响。该试验用于燃烧性能等级 A2、B、C 和 D。试验装置包括 3 m×3 m 燃烧室、排烟系统、常规测量仪器和推车、燃烧器、集气罩等辅助设施。

试样的最大厚度为 200 mm。所用的试样为角型,有长、短两翼。板式制品的尺寸为:短翼(495±5) mm×(1500±5) mm;长翼(1000±5) mm×(1500±5) mm。除非在制品说明里有规定,否则若试样厚度超过 200 mm,则应将试样的非受火面切除掉以使试样厚度为 200_{-10}^{0}mm。应在长翼的受火面距试样夹角最远端的边缘且距试样底边高度分别为 500±3 mm 和 1000±3 mm 处画两条水平线,以观察火焰在这两个高度边缘的横向传播情况,所画横线的宽度值≤3 mm。

试样的燃烧性能通过 20 min 的试验过程来进行评估,主要的性能参数包括热释放速率、产烟量、火焰横向传播和燃烧滴落物及颗粒物。试验系统配有用测量温度、光衰减、O_2 和 CO_2 的摩尔分数以及管道中引起压力差的气流的传感器。一些参数测量可自动进行,另一些则可通过目测法得出,如火焰的横向传播和燃烧滴落物及颗粒物。

4. 可燃性试验(GB/T 8626)

本试验用于评价与小火焰接触时制品的着火性,用于确定燃烧性能等级 B、C、D、E、B_{fl}、C_{fl}、D_{fl} 和 E_{fl}。本试验在可燃性燃烧装置中进行,燃烧箱的尺寸为 700 mm(长)×400 mm(宽)×600 mm(高),并配有相应的燃烧器及试验支架等。

使用试样模板在代表制品的试验样品上切割试样。试样模板为两块金属板,其中一块长 250_{-1}^{0} mm,宽 90_{-1}^{0} mm;另一块长 250_{-1}^{0} mm,宽 180_{-1}^{0} mm。若观察到制品未着火就因为受热出现熔化收缩现象时,试验应采用大尺寸模板。名义厚度不超过 60 mm 的试样应按其实际厚度进行试验;名义厚度大于 60 mm 的试样,应从其背火面将厚度削减至 60 mm,按 60 mm 厚度进行试验。对于非平整制品,试样可按其最终应用条件进行试验(如隔热导管)。应提供完整制品或 250 mm 的试样。对于每种点火方式,至少应测试 6 块具有代表性的制品试样,并应分别在样品的纵向和横向上切制 3 块试样。

试验结束后,按照规定的判据确定材料的等级。

5. 评定铺地材料燃烧性能的辐射热源法(GB/T 11785)

用于确定火焰在试样水平表面停止蔓延时的临界热辐射通量,用于燃烧性能等级 $A2_{fl}$、B_{fl}、C_{fl} 和 D_{fl}。试验是在试验燃烧箱中进行的,用水平火焰点燃水平放置并暴露于倾斜的热辐射场中的铺地材料,评估其火焰传播能力。

铺地材料试件应能代表其最终使用的情况。试验时应制取 6 个尺寸为 1 050±5 mm×230±5 mm 的试件。一个方向制取 3 个(如生产方向),在该方向的垂直方向再制取另外 3 个试件。如果试件厚度超过 19 mm,长度可减少至 1 025±5 mm。

试件应该用与实际使用方式相同的方法安装在模拟实际地面的基材上。试件使用的黏合剂与实际应用的相比应具有一定代表性。如果试件由小块拼接而成,那么安装时应把接点放在离零点 250 mm 的地方;如果此小块不是黏合在一起的,那么试件边缘应该通过机械方式固定在基材上。那些试验时可收缩而从试样夹具框上脱离的铺地材料,会因不同的安装方法而产生不同的试验结果,因此处于热辐射场中有热收缩趋势的铺地材料,应特别注意使用可靠的安装方法。

6. 材料产烟毒性试验(GB/T 20285)

用于测定材料充分产烟时无火焰烟气的毒性,适用于燃烧性能等级 A2、B、C、A2$_{fl}$、B$_{fl}$、C$_{fl}$。试验装置由环形炉、石英管、石英舟、烟气采集配给组件、染毒箱、小鼠转笼及温度控制系统等组成。

本方法采用等速载气流,稳定供热的环形炉对质量均匀的条形试样进行等速移动扫描加热,可以实现材料的稳定热分解和燃烧,获得组成物浓度稳定的烟气流。以充分产烟和无火焰情况下的烟气进行动物染毒试验,按动物达到试验终点所需的产烟浓度作为判定材料产烟毒性危险级别的依据。所需产烟浓度越低的材料产烟毒性危险越高,所需产烟浓度越高的材料产烟毒性危险越低。按级别规定的材料产烟浓度进行试验,可以判定材料产烟毒性危险所属的级别。

本试验中对于能成型的试样,应制成均匀长条形,不能制成整体条状的试样,应将试样加工拼接成长条形。对于受热易弯曲或收缩的材料,制作可采用缠绕法或捆扎法将试样固定在平直的 $\varnothing2$ mm 铬丝上;对于颗粒状材料,应将颗粒试样均匀铺在石英试样舟内;对于有流动性的液体材料,制作应采用浸渍法或涂覆法将试样和惰性载体制成均匀不流动试件,放在石英舟内。

试件应在环境温度(23 ± 2)℃、相对湿度(50 ± 5)%的条件下进行状态调节至少 24 h 以达到质量恒定。

4.3.3 试样的制备及分级试验数量

1. 试样制备要求

(1) 试样制备的一般要求

试验前,制品试样的制备、状态调节和安装应按照相应的试验方法、产品说明或技术规程进行。如果产品说明要求进行老化和洗涤处理,其老化和洗涤程序需按照产品说明执行。

(2) 不燃性试验和热值试验的特殊要求

不燃性和热值是制品的内在特性,与制品的最终应用无关。对于匀质制品,其不燃性和热值可按照规定的试验方法直接确定;对于非匀质制品,其不燃性和热值可按照规定的试验方法并根据试样的主要组分和次要组分的试验数据间接确定。

(3) 单体燃烧试验、可燃性试验和评定铺地材料燃烧性能的辐射热源法的特殊要求

引起制品燃烧的因素不仅与制品的内在特性和受热有关,在很大程度上还与制品在建筑中的最终应用有关。因此,制品应在模拟其最终应用的条件下进行试验。最终应用主要涉及制品的方位及其与邻近物品的相对位置(如基材、固定方式等)两个方面。

典型的制品方位包括:垂直放置,面向露天空间(墙壁/正面位置);垂直放置,面向一个孔洞;水平放置,外露表面朝天(天花板位置);水平放置,外露表面朝上(地板位置);一个孔洞内水平放置。除铺地材料以外所有的建筑制品需进行垂直位置燃烧试验以确定其燃烧性能等级。

制品相对于其他物品的位置包括:无约束直立(在该制品前后都没有其他制品);在基材上,经胶合、机械固定或只是简单接触;制品与基材间形成空隙。

　　考虑到基材和固定件对制品燃烧行为的可能影响,单一制品的燃烧性能可根据其不同的最终应用划分为不同燃烧性能等级。

　　面向垂直或水平孔洞的制品,试验时要有一个空隙。在这样的实际应用中,对于不对称制品,其两个面要分别进行试验和分级。

　　在可燃性试验 GB/T 8626 中,只有当最终应用中制品的边缘不可能发生火焰直接轰击的情况下,才进行制品表面火焰轰击试验。如果在最终应用中,制品的边缘可能受火,则要对制品的表面和边缘都进行火焰轰击试验。

2. 分级试验数量

　　(1) 最少数量的试验在相关的试验方法中给出。

　　(2) 对于声称是某一燃烧性能等级的制品,应符合表 4.3.1 和表 4.3.2 中给出的所有相关参数的规定要求。

　　(3) 对于每个连续参数(ΔT、Δm、t_f、PCS、PCI、$FIGRA_{0.2MJ}$、$FIGRA_{0.4MJ}$、THR_{600}、$SMOGRA$、TSP_{600}、CHF),燃烧性能等级是按照相关的试验方法且根据该参数该组结果的平均值来确定。

　　(4) 对于合格性参数 LFS、F_s、燃烧滴落物/微粒和产烟毒性,燃烧性能等级是根据按相关试验方法得出的该组参数结果是否存在"不合格"来确定的。

　　(5) 只有在(3)与(4)中某些规定的条件下才增加两次附加试验,用于制品的分级试验次数等于试验方法规定的最少试验次数加 2。

4.3.4　若干其他相关燃烧试验

　　对于建筑材料的可燃性,现在还发展了一些其他测试方法,如氧指数法、垂直燃烧法、水平燃烧法、热分析法等,这些在火灾研究中也很常用。

1. 氧指数(OI)试验法

　　Fenimore 和 Martin 于 1966 年提出了采用氧指数法判断聚合物材料的可燃性。氧指数指的是在规定试验条件下,刚刚能支持材料继续燃烧所需要的最低氧浓度,即氧在它和氮混合气中的最低体积百分数。这种方法重现性好,又能给出数字结果,所以氧指数技术发展很快,很多国家相继用它作为评价聚合物材料可燃性的试验方法,其中有 ASTM D2863、JIS K7201等,我国于 1980 年也制定了相应的氧指数试验标准(GB 2406-80)。氧指数的定义为:

$$OI = \frac{[O_2]}{[N_2] + [O_2]} \times 100\% \qquad (4\text{-}3\text{-}1)$$

式中,$[O_2]$为氧气流量,$[N_2]$为氮气流量。

　　氧指数试验法的试验装置主要是由燃烧筒和供气部分组成的。燃烧筒是一个内径不小于75 mm、长度不小于 450 mm 的耐热玻璃管,其底部用直径为 3~5 mm 的玻璃珠充填,充填高度为 100 mm。玻璃珠上方放一金属网,以遮挡燃烧试样燃烧时的滴落物。试样夹安装在燃烧筒的轴心位置上。供气系统由压力表、稳压阀、调节阀、管路和转子流量计等组成。计量后的氧气和氮气经气体混合器由底部进入燃烧筒,燃烧筒内混合气体流速控制在 4 ± 1 cm/s,试样尺寸见表 4.3.4。

表 4.3.4 氧指数实验试样的尺寸

类别	材料形状	宽(mm)	厚(mm)	长(mm)
A	自支撑塑料	6.5±0.5	3.0±0.5	70~150
B	软载塑料	6.5±0.5	2.0±0.5	70~150
C	泡沫塑料	12.5±0.5	12.5±0.5	125~150
D	薄膜或织物	50±0.5	自身厚度	140±5

表 4.3.5 列出部分聚合物材料的氧指数。大量试验证明,氧指数在 27~60 之间的材料,在空气中一般都能自熄。普通纤维的氧指数在 15~20 之间。

表 4.3.5 若干聚合物的氧指数(OI)

聚合物名称	OI	聚合物名称	OI
聚甲醛	15	羊毛	25
聚环氧乙烷	15	聚碳酸酯	27
聚甲基丙烯酸甲酯	17	聚间苯二甲酰间苯二胺	28.5
聚丙烯腈	18	(商品名 Nomex)	
聚乙烯	18	聚苯醚	29
聚丙烯	18	聚砜	30
聚异戊二烯	18.5	聚酚醛树脂	35
聚丁二烯	18.5	氯丁橡胶	40
聚苯乙烯	18.5	聚苯内咪唑	41.5
纤维素	19	聚氯乙烯	42
聚对苯二甲酸乙二酯	21	聚偏氯乙烯	44
聚乙烯醇	22	碳(石墨)	60
尼龙 66	23	聚四氯乙烯	95
聚 3'3(氯甲基)环氧丙烷 (商品名 Penlon)	23		

聚合物材料的氧指数除与试样尺寸有关外,还与环境温度及试样的重量、结构、温度和纯度有关,在此不展开详细讨论。

2. 垂直燃烧试验法

垂直燃烧法是在规定条件下,对垂直放置的,具有一定尺寸的试样施加火焰后的燃烧行为进行分类的一种方法。它仅适用于质量控制试验和选材试验,不能作为实际条件下着火危险性的依据。我国的国家标准(GB/T 4609-84)对试验的条件作了规定,试验装置主要包括燃烧箱、本生灯、试样夹。燃烧箱的内部尺寸为 329 mm×329 mm×780 mm,其顶部开有一个直径为 150 mm 的排气口。管长 100 mm、内径 9.5±0.5 mm 的本生灯安在箱内侧,向上倾斜 45°。试样夹安在燃烧箱右侧。将长 130±3 mm、宽 13.0±0.3 mm、厚 3.0±0.2 mm,表面平整,无气泡、飞边和毛刺,20±2 mm 高的试样,垂直放置于箱体内的夹具上,用火焰对其作用 10 s,并立即记录移开火焰后试样的有焰燃烧时间;若火焰熄灭,则再施加火焰 10 s,并分别记录移开火焰后试样有焰燃烧和无焰燃烧(有炽亮但没火焰)时间。

材料的燃烧性按表 4.3.6 的规定分为 FV-0、FV-1 和 FV-2 三级。如果每组 5 个试样施加 10 次火焰后,总的有焰燃烧时间不超过 50 s 或 250 s,则允许有一次施加火焰后有焰燃烧时间超过 10 s 或 30 s;如果一组 5 个试样中有一个不符合表中要求,应再取一组试样进行试验,第二组的 5 个试样应全部符合要求,如果第二组试样中仍有一个试样不符合表中相应的要求,则以两组中数字最大的级别作为该材料级别。如试样结果超出 FV-2 相应的要求,则不能用垂直燃烧法评定。

表 4.3.6　按垂直燃烧法测定的材料分级表

试 样 的 燃 烧 行 为	级别		
	FV-0	FV-1	FV-2
每个试样每次施加火焰,离火后的有焰燃烧时间≤	10 s	30 s	30 s
每组 5 个试样施加 10 次火焰,离火后有焰燃烧的总时间≤	50 s	250 s	250 s
每个试样第二次施加火焰,离火后的无焰燃烧时间≤	30 s	60 s	60 s
每个试样有焰燃烧或无焰燃烧蔓延到夹具的现象	无	无	无
每个试样滴落物引燃脱脂棉现象	无	无	有

3. 水平燃烧试验法

水平燃烧法适用于常温时一端固定后能水平自撑、另一端下垂不大于 10 mm 的塑料试样。它只适用评定实验室条件下材料的燃烧性能,不作为实际使用条件下着火危险性的依据。

试验装置主要包括铁架台、本生灯和测定用的秒表及卡尺等。试验要求每组 5 个试样,试样长度为 125±5 mm,宽度为 13.0±0.3 mm,厚度为 3.0±0.2 mm,表面平整光滑,无气泡、飞边和毛刺。试验时首先在距试样点火端 25 mm 和100 mm 处各画一条标线,将试样夹在试样夹中,使试样呈水平或 45°。用本生灯点燃试样,并开始计时。点火时间为 30 s,点火时不得移动本生灯位置。若不足 30 s 火焰前沿即已燃烧到第一标线,应立即停止燃烧,并记录火焰前沿从第一标线到第二标线所需时间,以两标线间距离除以时间,即为燃烧速度 V(mm/min);如果火焰在到达第二标线前熄灭,记下燃烧长度 S,即:

$$S = 100 - L \tag{4-3-2}$$

式中,L 是从第二标线到未燃烧部分的最短距离,精确到 1 mm。

用 5 个试样进行试验,取最大数据作为材料评定结果。

4. 热分析法

热分析法是在程序温度控制下,测量物质的物理性质与温度关系的一类技术。在加热或冷却的过程中,随着物质的结构、相态和化学性质的变化,通常伴有相应的物理性质的变化,包括质量、温度、热量以及机械、声学、电学、光学等性质。热分析法又分为热重、差热、差示扫描量热、逸出气体、热机械分析法等,在此仅对前 3 种作出简要说明:

热重法(Thermogravimetry, TG)是在程序控制温度下,测量物质的质量与温度关系的一种技术。热重法记录的是热重曲线(TG 曲线),它是以质量作纵坐标,以温度(T)或时间(t)作横坐标。通过这样对材料降解轮廓的显示,可获得材料燃烧基本过程——热分解的信息。

差热分析法(Differential Thermal Analysis,DTA)是在程序控制温度下,测量试样与参比物(一种在测量温度范围内不发生任何热效应的物质)之间的温度差与温度关系的一种技术。该方法可根据各温度区间的吸热或放热反应,粗略地确定反应中放出或吸收的热量。

差式扫描量热法(Differential Scanning Calorimetry,DSC)是在程序控制温度下,测量输给物质与参比物的功率差与温度关系的一种技术。在这种方法中,试样在加热过程中发生的热量变化,由于及时输入电能而得到补偿,所以只要记录电功率的大小,就可以知道吸收(或放出)多少热量,这种记录补偿能量的曲线称为 DSC 曲线。典型的 DSC 曲线以热流率 dH/dt 为纵坐标,以 t(时间)或 T(温度)为横坐标,曲线离开基线的位移,代表热量的变化。因此差式扫描量热法可以直接测量试样在热解和燃烧过程时的热效应。

热分析法可测得可燃物与阻燃剂体系在升高温度下发生化学反应的结果。可燃物在连续加热时发生热解,释放出挥发物(如可燃气体、难燃性气体、焦油)和残留物焦炭。当挥发物在一定浓度范围内达到一定温度,并在氧的存在下呈有焰燃烧时,TG、DTA 或 DSC 法可以测得燃烧过程的各个阶段中可燃物失重率和热效应情况,这便提供了研究材料燃烧性能和阻燃机理的数据。

4.3.5　防火涂料的性能测试

在建筑中不可避免要使用多种可燃或易燃材料。为了防止起火,使用防火涂料对其进行必要保护是一种主要技术手段。将这种涂料涂覆于材料表面,既可以起到装饰及防腐、防锈、耐酸碱和盐雾等作用,在火灾发生时,还可阻止火焰的传播,控制火势的发展。

防火涂料作为保护层和饰面材料,必须具有使用对象所要求的理化性能。这些理化性能按照我国普通油漆的国家标准进行测试,应符合表 4.3.7 的规定。

表 4.3.7　饰面型防火涂料的理化性能指标

项　　目	标　　准	技术指标
在容器中状态	GB/T 6753.3-86	无结块,搅拌后均匀
细度(μm)	GB/T 6753.3-86	≤100
附着力(级)	GB/T 1720-89	≤3
干燥时间(h)	GB/T 1728-89	表干:≤4 实干:≤24
柔韧性(mm)	GB/T 1731-93	≤3
耐冲击性(kg·cm)	GB/T 1732-93	≥20
耐水性(h)	GB/T 1733-93	24 h 涂层无起皱无剥落
耐湿热性(h)	GB/T 1740-93	48 h 涂层无起皱无剥落

注:1997 年 9 月 1 日起规定涂料细度≤90 μm,表干时间为 5 h。

检验涂有防火涂料构件性能的方法主要有:

1. 大板燃烧法(GB/T 15442.2)

该法是在特定的基材和燃烧条件下,测试涂覆于试板表面的防火涂料的耐燃特性,并以此评定防火涂料耐燃性能的优劣。它是以一级五层胶合板为试验基材,试板尺寸为 900 mm×900 mm,在试板上涂上湿涂覆比为 500 g/m² 的防火涂料。干燥后置于试架上,用燃烧器以一定的升温曲线燃烧涂覆面,测定试板背火面温度达到 220 ℃或试板出现穿透性裂缝所需的时间(min)。

2. 隧道燃烧法(GB/T 15442.3)

该法是在实验室条件下,以小隧道炉测试涂覆于基材表面防火涂料的火焰传播特性,并以此评定防火涂料对基材的保护作用以及火焰传播性能。试验基材为一级五层胶合板,试样的长 600 mm、宽 90 mm、厚度 5±0.2 mm,涂覆了湿涂覆比为 500 g/m² 的防火涂料。干燥后置于试架上以燃烧器燃烧,同时观察火焰沿试件底、侧面扩展情况,每 15 s 记录火焰前沿到达的距离长度值,直至 4 min。并以此推算其火焰传播速度。

3. 小室法(GB/T 15442.4)

该法是在实验室条件下,测试涂覆于基材表面的防火涂料(湿涂覆比为 250 g/m²)防火性能,以其燃烧失重、炭化体积来评定防火涂料的优劣。饰面型防火涂料的防火性能分级见表 4.3.8。

表 4.3.8　饰面型防火涂料的防火性能分级

序　号	项　目	指标与级别	
		一级	二级
1	耐燃时间(min)	≥20	≥10
2	火焰传播比值	≤25	≤75
3	阻火性质量损失,g	≤5	≤15
	炭化体积,cm³	≤25	≤75

体育馆、展览馆、候车厅等大型建筑使用大量结构钢材,由于钢材的耐火性很差,仅有约 0.25 h 的耐火极限,遭遇火灾极易变形垮塌。现在一种主要措施是用钢结构防火涂料对基材进行保护。钢结构防火涂料的耐火试验是采用标准工字钢梁,经除锈后直接刷涂涂料,并将试件养护到规定的试验条件,在钢梁上翼缘覆盖砼板形成涂覆钢梁试件,试验时按设计荷载加载。依据 GB 14907-2002 对室内和室外钢结构防火涂料进行耐火、理化性能检验,其指标见表 4.3.9 和表 4.3.10。

表 4.3.9　室内钢结构防火涂料技术性能

序号	检验项目	技术指标			缺陷分类
		NCB	NB	NH	
1	在容器中的状态	经搅拌后呈均匀细腻状态,无结块	经搅拌后呈均匀液态或稠厚流态,无结块	经搅拌后呈均匀稠厚流体状态,无结块	C
2	干燥时间(表干)(h)	≤8	≤12	≤24	C
3	外观与颜色	涂层干燥后,外观与颜色同样品相比应无明显差别	涂层干燥后,外观颜色同样品相比应无明显差别	—	C
4	初期干燥抗裂性	不应出现裂纹	允许出现1~3条裂纹,其宽度≤0.5 mm	允许出现1~3条裂纹,其宽度应≤1 mm	C
5	黏结强度(MPa)	≥0.2	≥0.15	≥0.04	B
6	抗压强度(MPa)	—	—	≥0.03	C
7	耐水性(h)	≥24,涂层应无起层、发泡、脱落现象	≥24,涂层应无起层、发泡、脱落现象	≥24,涂层应无起层、发泡、脱落现象	B
8	干密度(kg/m³)	—	—	≤500	C
9	耐冷热循环性(次)	≥15 涂层应无开裂,剥落,起泡现象	≥15 涂层应无开裂,剥落,起泡现象	≥15 涂层应无开裂,剥落,起泡现象	B

续表

序号	检验项目		技术指标			缺陷分类
			NCB	NB	NH	
10	耐火性能	涂层厚度(不大于,mm)	2.00±0.20	5.0±0.5	25±2	A
		耐火极限(不低于,h,以 I36b 或 I40b 标准工字钢梁作基材)	1.0	1.0	2.0	

注:NCB 表示室内超薄型钢结构防火涂料;NB 表示室内薄型钢结构防火涂料;NH 表示室内厚型钢结构防火涂料。

表 4.3.10 室外钢结构防火涂料技术性能

序号	检验项目	技术指标			缺陷分类
		WCB	WB	WH	
1	在容器中的状态	经搅拌后细腻状态,无结块	经搅拌后呈均匀液态或稠厚流态,无结块	经搅拌后呈均匀稠厚流体状态,无结块	C
2	干燥时间(表干,h)	≤8	≤12	≤24	C
3	外观与颜色	涂层干燥后,外观与颜色同样品相比应无明显差别	涂层干燥后,外观与颜色同样品相比应无明显差别	—	C
4	初期干燥抗裂性	不应出现裂纹	允许出现1~3条裂纹,其宽度≤0.5 mm	允许出现1~3条裂纹,其宽度应≤1 mm	C
5	黏结强度(MPa)	≥0.2	≥0.15	≥0.04	B
6	抗压强度(MPa)	—	—	≥0.5	C
7	干密度(kg/m³)	—	—	≤650	C
8	耐曝热性(h)	≥720 涂层应无起层、脱落、空鼓、开裂现象	≥720 涂层应无起层、脱落、空鼓、开裂现象	≥720 涂层应无起层、脱落、空鼓、开裂现象	B
9	耐湿热性(h)	≥504 涂层应无起层、脱落现象	≥504 涂层应无起层、脱落现象	≥504 涂层应无起层、脱落现象	B

续表

序 号	检验项目		技术指标			缺陷分类
			WCB	WB	WH	
10	耐冷热循环性(次)		≥15 涂层应无开裂,剥落,起泡现象	≥15 涂层应无开裂,剥落,起泡现象	≥15 涂层应无开裂,剥落,起泡现象	B
11	耐冻融循环性(次)		≥15 涂层应无开裂、脱落、起泡现象	≥15 涂层应无开裂、脱落、起泡现象	≥15 涂层应无开裂、脱落、起泡现象	B
12	耐酸性(h)		≥360 涂层应无起层、脱落、开裂现象	≥360 涂层应无起层、脱落、开裂现象	≥360 涂层应无起层、脱落、开裂现象	B
13	耐碱性(h)		≥360 涂层应无起层、脱落、开裂现象	≥360 涂层应无起层、脱落、开裂现象	≥360 涂层应无起层、脱落、开裂现象	B
14	耐盐雾腐蚀性(次)		≥30 涂层应无起泡,明显的变质、软化现象	≥30 涂层应无起泡,明显的变质、软化现象	≥30 涂层应无起泡,明显的变质、软化现象	B
15	耐火性能	涂层厚度(不大于,mm)	2.00±0.20	5.0±0.5	25±2	A
		耐火极限(不低于,h,以I36b 或 I40b标准工字钢梁基材)	1.0	1.0	2.0	

注:WCB 表示室外超薄型钢结构防火涂料;WB 表示室外薄型钢结构防火涂料;WH 表示室外厚型钢结构防火涂料。

4.4 阻燃与消烟

近几十年来,有机合成材料得到异常迅速的发展,现已广泛应用于建筑材料、仪器仪表、日用家具、室内装饰等各个领域。但有机合成材料大都易燃,且燃烧时产生大量烟雾和有毒气体,为了降低这些材料及制品的着火性能,减轻火灾燃烧的强度,除了可在材料表面喷涂防火涂料外,对材料进行阻燃处理也是一种重要的方法。阻燃科学技术便随之迅速发展起来。

4.4.1 阻燃机理概述

阻燃性指的是使材料具有减慢、终止或防止热辐射性的特性。降低聚合物的可燃性主要有两种方法,一种是合成耐热性材料,但合成这类聚合物的成本过高,仅用于某些特殊场合;另一种是利用物理的或化学的方式,将阻燃性添加剂添加到聚合物的表面或体内。阻燃剂是提高可燃材料难燃性的一类助剂。可燃聚合物的燃烧通常可分为热分解、热自燃、热点燃等阶段,针对不同的阶段采取凝聚相(固相或液相)阻燃、气相阻燃或中断热交换阻燃等途径使可燃材料达到难燃或不燃。经过阻燃处理后的材料,在燃烧过程中,阻燃剂在不同的相区内起到抑制燃烧的作用。

1. 凝聚相机理

凝聚相阻燃是指阻止有机聚合物的热分解和释放可燃性气体而采取的措施,主要通过以下方法来实现:

(1)添加能在固相中阻止聚合物热解或产生自由基的添加剂。

(2)加入无机填料。无机填料具有较大的热容,能起到蓄热作用;同时由于它为非绝热体,可改善导热作用,于是使聚合物的升温受到限制,从而达不到热分解的温度。

(3)添加吸热后可分解的阻燃剂,如水合三氧化铝等,这类阻燃剂受热分解,释放出水分,能有效使聚合物处于较低温度。

(4)在聚合物材料表面形成一种不燃性的保护层,这样可以起到隔热、隔氧的作用,并阻止聚合物分解析出的可燃气体逸出。

2. 气相机理

气相阻燃是指阻止聚合物分解出的可燃气体发生燃烧反应的作用,可通过以下方法实现:

(1)采用在热作用下能释放出活性气体化合物的阻燃剂。这种化合物能对影响火焰形成的自由基发生作用,从而使燃烧反应中断。工业常用的 Sb_2O_3-卤族化合物即是以此种方式发生作用的。

(2)采用在聚合物燃烧中能形成微细粒子的添加剂。这种烟粒子能对燃烧中的自由基的结合和终止起催化作用。

(3)选择分解时能释放出大量惰性气体的添加剂。大量惰性气体的存在能稀释聚合物分解生成的可燃气体,并降低其温度,使之与周围空气不能发生燃烧。

(4)加入受热后可释放出重质蒸气的添加剂。这种蒸气可覆盖住聚合物分解出的可燃气体,阻止了可燃气与空气的正常交换,从而使火焰窒息。

3. 中断热交换机理

维持燃烧的一个重要条件是燃烧释放的部分热量反馈到聚合物表面上,从而使聚合物不断受热分解。如果加入某种添加剂能把燃烧热带走而不返回到聚合物上,这样便能中断燃烧。例如,液体或低分子量的氯化石蜡,或其与 Sb_2O_3 协效的阻燃体系,能促进聚合物解聚或分解,有利于聚合物受热熔解。当燃烧的聚合物熔滴由本体滴落时,能将大部分燃烧热带走,从而中断了热量反馈到聚合物,最终使燃烧停止。

与传热有关的延缓聚合物燃烧的手段还有将隔热材料涂敷于聚合物表面。这种涂层将聚合物基质与燃烧区隔开。

4.4.2 阻燃剂的组成及分类

阻燃剂的种类很多,它们大多数是元素周期表中的第 V_A、VII_A 和 III_A 族元素的化合物。如 V_A 族氮、磷、砷、锑和铋的化合物,第 VII_A 族氯和溴的化合物以及第 III_A 族硼和铝的化合物。此外,硅、锑和镁的化合物也可作阻燃剂使用,这些元素在元素周期表的分布如表 4.4.1 所示。现在最常用的和最重要的阻燃剂是磷、氯、溴、锑和铝的化合物。

表 4.4.1　元素周期表中具有阻燃作用的元素

	I_A																	0
1	H	II_A											III_A	IV_A	V_A	VI_A	VII_A	He
2	Li	Be											**B**	C	**N**	O	**F**	Ne
3	Na	**Mg**	III_B	IV_B	V_B	VI_B	VII_B		VIII			I_B	II_B	**Al**	Si	**P**	S	**Cl**	Ar
4	K	**Ca**	Sc	**Ti**	V	Cr	Mn	Fe	Co	Ni	**Cu**	**Zn**	Ga	Ge	**As**	Se	**Br**	Kr
5	Rb	Sr	Y	**Zr**	Nb	**Mo**	Tc	Ru	Rh	Pd	Ag	Cd	In	Sn	**Sb**	Te	**I**	Xe
6	Cs	Ba	La	Hf	Ta	**W**	Re	Os	Ir	Pt	Au	Hg	Tl	Pb	**Bi**	Po	At	Rn
7	Fr	Ra	Ac	Rf	Db	Sg	Bh	Hs	Mt									

按所含元素阻燃剂又可分为磷系、卤系、氮系和无机系等几类。

按阻燃作用阻燃剂可分为化学作用和物理作用两类。图 4.4.1 既可表示阻燃剂的这种分类,又反映出阻燃元素之间的协同作用。

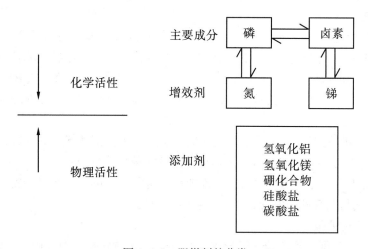

图 4.4.1　阻燃剂的分类

按使用方法分,阻燃剂可分为添加型阻燃剂和反应型阻燃剂两类。添加型又可分为有机阻燃剂和无机阻燃剂。添加型阻燃剂是通过机械混合方法加入到聚合物里的,主要用于聚烯烃、聚氯乙烯、聚苯乙烯等树脂中;反应型阻燃剂是作为一种单体参加反应的,使聚合物本身含有阻燃成分,多用于缩聚反应,如聚氨酯、不饱和聚酯、环氧树脂等,其优点是对聚合物材料使用性能影响较小,阻燃性持久。

阻燃剂主要应用于塑料领域中,据粗略估计,全球阻燃剂的 65%～70% 用于阻燃塑料,20% 用于橡胶,5% 用于纺织品,3% 用于涂料,2% 用于纸张及木材。

近几年来,我国阻燃剂工业发展迅速,但与世界发达国家和地区相比,消费结构差距甚大。国外的阻燃剂已趋于以无机体系为主,而在我国污染较大、毒性较高的卤系阻燃剂仍占很大比例,应大力加强新型阻燃剂的研发。

以下按无机阻燃剂和有机阻燃剂分类法讨论一些常用阻燃剂及消烟剂。

4.4.3　无机阻燃剂

无机阻燃剂主要有无机磷单质和磷酸盐、氢氧化铝和氢氧化镁、锑系、硼系等阻燃剂。表4.4.2列出了若干无机阻燃剂的物理性质。

表 4.4.2　部分无机阻燃剂的物理性质

名　称	分子式	密度 (g/cm^3)	结晶水 (%)	分解温度 (℃)	总吸收热量 (kJ/kg)
氢氧化镁	$Mg(OH)_2$	2.4	30.9	350	825.1
氢氧化铝	$Al(OH)_3$	2.42	34.5	200	1 966.5
水合石膏	$CaSO_4 \cdot 2H_2O$	2.3	20.9	$128\left(减少\frac{2}{3}\ mol\right)$ 163(减少 0.5 mol)	688.3
高岭土	$Al_2O_3 \cdot 2SiO_2 \cdot 3H_2O$	2.5～2.6	13.9	500	569.0
碳酸钙	$CaCO_3$	2.6～2.7	59.9	880～900	1 794.9
明矾石	$K_2Al_3(OH)_6(SO_4)_2$	1.76	13.2	650	4.2
碱式碳酸镁	$3MgCO_3 \cdot Mg(OH)_2 \cdot 3H_2O$	2.16	19.7	—	4.2
氢氧化钙	$Ca(OH)_2$	2.24	24.3	450	928.8
水滑石	$Mg_4Al_2(OH)_{12}CO_3 \cdot 3H_2O$	—	—	—	4.2
硼酸锌	$2ZnO \cdot 3B_2O_3 \cdot 3.5H_2O$	2.69	14.5	430	619.2

1. 含磷无机阻燃剂

磷和含磷化合物是阻燃剂中最重要的一类。这类阻燃剂具有热稳定性好、不挥发、不产生腐蚀性气体、效果持久、毒性低等优点,因而获得广泛应用。含磷无机阻燃剂受热分解生成多聚磷酸,熔融覆盖在基材表面。它是强脱水剂,能使聚合物表面脱水形成炭膜,起隔热阻燃作用。常见的含磷无机阻燃剂有红磷、聚磷酸铵、磷酸二氢铵、磷酸一氢铵等。在此仅简述红磷和聚磷酸铵阻燃剂的特性。

(1) 红磷阻燃剂

红磷的化学式为 P_n,可广泛应用于泡沫塑料、橡胶制品、合成纤维和涂料等材料中,随着阻燃材料的无卤化发展趋势及对阻燃剂高效、低毒、低烟的要求,使红磷这一可以单独使用的高效无卤阻燃剂越来越受到人们的重视。红磷是通过黄磷在 250 ℃左右及催化剂和隔绝空气的条件下制备的。由于红磷在空气中很容易吸收水分,因此必须对红磷进行微胶囊化包裹。处理方法可分为无机包覆法、有机包覆法、无机-有机复合包覆法 3 种。无机包覆法是以无机材料为基材,通过适当的手段,使之沉积于红磷微粒表面,形成无机包覆层,其不足之处为与聚合物相容性差。目前对红磷的有机包覆普遍采用热固性树脂界面聚合或原位聚合的方法。这些树脂可以是酚醛树脂、三聚氰胺树脂、糖醇树脂、环氧树脂及醇酸树脂等,其不足之处是吸湿性强,对聚合物的电绝缘性能影响较大。为了克服单一包覆的不足,近来发展出了无机-有机复合包覆法,即在无机包覆红磷的基础上,选择恰当的高分子材料再将囊材进行包覆。

经过微胶囊化处理过的红磷具有如下特点:用量低、阻燃效率高;流动性增强、热稳定性好;无毒、发烟量小;耐候性好,贮存期长;金属杂质含量极少,绝缘性能良好。

在聚合物燃烧时,包覆红磷的囊材破裂,其阻燃机理为:红磷首先受热分解 $P_n \rightarrow P_4 \rightarrow P_2$,可夺取氧形成交联炭化层,也可与环境中的氧生成含氧磷酸(主要是偏磷酸),这种含氧酸具有极强的脱水性,使燃烧聚合物表面炭化。炭化层的存在,一方面可以隔离聚合物,减少可燃性挥发组分的释放,另一方面还具有吸热作用,降低聚合物表面的氧化热,起到凝聚相阻燃的作用。同时红磷的热解产物 PO· 自由基进入气相后,还可捕捉燃烧火焰中的大量 H·、HO· 自由基,切断火焰氧化链反应,起到气相阻燃的作用。

(2) 聚磷酸铵阻燃剂

聚磷酸铵通式为 $(NH_4)_{n+2}P_nO_{3n+1}$,简称 APP。当 $n=10\sim20$ 时为短链聚磷酸铵,呈水溶性;当 $n>20$ 时,为长链聚磷酸铵,难溶于水。APP 的含磷量与含氮量高,产品接近中性,与其他物质混合不起化学反应,且分散性好、毒性低,与有机阻燃剂相比价廉,是较理想的无机阻燃剂。

APP 的一个重要用途是用于膨胀型防火涂料中,作为膨胀剂与炭化剂、发泡剂并用,遇火分解,使炭化剂脱水,发泡剂发泡,而涂膜炭化膨胀,可形成蜂窝状隔热层,阻燃效果显著,APP 的分解过程如下:

$$(NH_4PO_3)_n \longrightarrow (HPO_3)_n + NH_3 \xrightarrow{C(CH_2OH)_4} C(CH_2OH)_4 \cdot (HPO_3)_n$$

$$\xrightarrow{NH_3} C + H_2O + H_2PO_4$$

APP 可用于纤维、纸张和木材的阻燃,还可添加在塑料、橡胶、纤维板中制成各种阻燃制品,并可作为干粉灭火剂用于森林、煤田等的大面积灭火。

聚磷酸铵在潮湿空气中容易吸湿,故在某些场合的应用受到限制。改进聚磷酸铵的主要方法为微胶囊化包覆和提高聚磷酸铵的聚合度。

2. 氢氧化物阻燃剂

氢氧化铝 $Al(OH)_3$ 和氢氧化镁 $(Mg(OH)_2)$ 是无机阻燃剂的主体,在某些领域中是首选的无卤阻燃材料。它们的优点主要是燃烧时不产生有毒气体,且具有阻燃和抑烟的双重功效。

(1) 氢氧化铝阻燃剂

氢氧化铝是一种着色性好、无毒、无公害、价格低廉的白色粉末。目前在无机阻燃剂的用量中居首位,主要用于环氧树脂、不饱和聚酯树脂、聚氨酯、硅树脂、氯丁橡胶中,还常用于热塑性塑料中,如聚乙烯、聚丙烯、ABS、硬质 PVC 等。氢氧化铝在 200 ℃~550 ℃ 之间可分解产生水蒸气,吸收大量热量,经过一系列的脱水转化过程,最终生成氧化铝和水,总的吸热量为1 974 kJ/kg,从而降低了聚合物的温度,减慢了聚合物的降解速度。这是氢氧化铝阻燃的主要作用。同时,氢氧化铝填充到聚合物里,有助于燃烧时形成炭化层。在燃烧过程中,氢氧化铝不会产生腐蚀性产物,也不会从聚合物中蒸发和渗出,它不受水和某些水溶液的影响。

改善 $Al(OH)_3$ 使用性能的基本方法是使其超细化,并具有合理的粒度和形状,同时降低 $Al(OH)_3$ 中 Na^+ 的浓度,提高耐湿性。此外还需对 $Al(OH)_3$ 表面进行适当处理,以提高其与聚合物之间的相容性。

(2) 氢氧化镁阻燃剂

氢氧化镁阻燃剂兼具阻燃、抑烟、阻滴、抗酸以及填充等多种功能。其阻燃机理与氢氧化铝类似,但热分解温度比氢氧化铝高,360 ℃以后分解生成氧化镁和水的反应加快,在 430 ℃ 达到高峰,490 ℃时分解完结,分解吸收 772.8 kJ/kg 热量。

随着低卤、低毒材料的发展,氢氧化镁越来越受到人们的关注。目前主要的实用研究是氢氧化镁的超细化和表面处理。通过有效的气流粉碎装置可以生产微米级的氢氧化镁粉体。但由于超细氢氧化镁的表面极性大,粒子之间的集聚成团性强,在塑料中的分散性和相容性差。因此应通过合适的表面活性剂处理氢氧化镁以减小对材料性能的影响。

氢氧化镁阻燃剂广泛应用于聚丙烯、聚乙烯、聚氯乙烯、三元乙丙橡胶及不饱和聚酯和油漆涂料等高分子材料中。据报道,超细化氢氧化镁和含磷阻燃剂配合加入到聚烯烃中,可取得很好的阻燃效果。

3. 锑系阻燃剂

锑类阻燃剂的种类较多,最常用的为三氧化二锑。它本身没有阻燃作用,而是一种重要的无机阻燃增效剂,已在工程塑料、橡胶制品等高分子材料中得到了广泛的应用。三氧化二锑主要按以下几种机理阻燃:

(1) 受热后能在可燃物表面形成熔融的无机薄膜,隔断热传导和热辐射,隔绝氧气输入,使材料具有自熄性.

(2) 与卤系阻燃剂组合的协同效应。卤素阻燃剂热分解产生的卤化氢,可与氧化锑反应生成卤氧化锑和卤化锑,它们可以在气相燃烧区内捕捉气态活性自由基 HO·,使燃烧链反应终止,机理如下:

$$HO·+ SbCl_3 \rightarrow SbOCl + HCl + Cl·$$

$$HO·+ HCl \rightarrow H_2O + Cl·$$

锑系阻燃剂还具有壁面效应并能促进不燃性化合物的生成。在实际应用中,基本上都是采用卤素阻燃剂与氧化锑配合使用,这样不仅可以减少阻燃剂添加量,降低成本,还可避免由于添加阻燃剂材料对物理性能的影响。

我国锑的生产量居世界之首,1991 年至 1996 年间锑的累计产量约占世界同期锑产量的 63.3%,因此这类阻燃剂的发展前景很好。

4. 硼系阻燃剂

硼酸锌阻燃剂简称 ZB,具有热稳定性高、粒度细、无毒等优点。按其组成不同而有多种牌号,如:ZB-112($ZnO·B_2O_3·2H_2O$)、ZB-235($2ZnO·3B_2O_3·5H_2O$)、ZB-237($2ZnO·3B_2O_3·7H_2O$)、ZB-2335($2ZnO·3B_2O_3·3.5H_2O$),目前使用最多的是 ZB-2335。当它与卤系阻燃剂锑化物协同使用时,阻燃效果更加理想。

硼酸锌的阻燃机理如下:

硼酸锌与卤素阻燃剂 RX 混合使用,当接触火源时,生成气态卤化硼、卤化锌、并释放出结晶水。

$$2ZnO·3B_2O_3·3.5H_2O+22RX \rightarrow 2ZnX_2+6BX_3+11R_2O+3.5H_2O$$

同时燃烧时产生的 HX 继续与硼酸锌反应生成卤化硼和卤化锌。所生成的卤化硼和卤化锌可以捕捉气相中反应活性强的 HO· 或 H·,干扰并中断燃烧的链反应;在固相中能促进生成致密而又坚固的炭化层,同时在高温下,硼化物在可燃物表面形成玻璃状固熔物,包覆于合成树脂表面,可隔热,又可隔绝空气。硼酸锌在 300 ℃以上时陆续释放出大量的结晶水,可起到吸热、降温和消烟的作用。

　　硼酸锌为无机添加型阻燃剂,一般和氧化锑(ZB：Sb_2O_3=1.1~3.1)复合加在 PVC、氯丁橡胶、卤化聚酯、氯化聚乙烯等含卤素树脂中,或与含卤素的其他阻燃剂(如氯化石蜡、十溴联苯醚等)使用于一般未卤化树脂中,如聚丙烯、ABS、丁苯橡胶等中。硼酸锌与氧化锑复合使用的阻燃效果比单独使用 Sb_2O_3 更佳,而且可减少发烟量。

5. 氮系阻燃剂

　　氮系阻燃剂是一种新型阻燃剂,近几年在国内外受到广泛的关注。氮系阻燃剂主要是在聚合物材料燃烧时的气相中发挥阻燃作用,通过分解吸热及生成不燃气体以稀释可燃气体而达到阻燃的效果。它们的主要优点在于无色、无卤、低毒、低烟、不产生腐蚀气体、价廉、抗紫外照射等;主要缺点是阻燃效率欠佳、与热塑性聚合物的相容性不好、不利于在基材中分散、使基材黏度提高等。

　　含氮阻燃剂主要包括三大类:三聚氰胺、双氰胺、胍盐(碳酸胍、磷酸胍、缩合磷酸胍和氨基磺酸胍)及它们的衍生物,特别是磷酸盐类衍生物。

　　氮系阻燃剂的阻燃性能不是很好,往往需要和其他阻燃剂复配使用。最常见的是和磷系阻燃剂复配形成 P-N 膨胀型阻燃剂。含有这类阻燃剂的聚合物受热时,表面能够生成一层均匀的碳质泡沫层,起到隔热、隔氧、抑烟的作用,并防止产生熔滴现象,故具有良好的阻燃性能。

　　膨胀型阻燃剂的阻燃机理是:受热时酸源分解产生脱水剂,与成炭剂生成酯类化合物,随后酯脱水交联形成炭,同时发泡剂释放大量的气体从而形成蓬松多孔的泡沫炭层,如图 4.4.2所示。聚合物表面与炭层表面存在一定的温度梯度,使聚合物表面温度较火焰温度低得多,减少了聚合物进一步降解并释放可燃性气体的可能性,同时隔绝了外界氧的进入,从而在相当长的时间内对聚合物起阻燃作用。

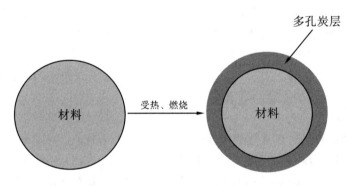

图 4.4.2　膨胀型阻燃剂作用示意图

4.4.4　有机阻燃剂

　　无机阻燃剂的填充量比较大,加上其本身的某些特性,会降低聚合材料的加工性、成塑性及力学性能、电气性能等。而有机阻燃剂与高聚物材料有好的相容性,对材料的力学性能影响也小。

　　有机阻燃剂的种类很多,在实际应用中主要是有机磷系阻燃剂和有机卤系阻燃剂。

1. 有机磷系阻燃剂

　　有机磷系阻燃剂主要包括含卤磷酸酯、含卤亚磷酸酯、非卤磷酸酯和亚磷酸酯。磷酸酯作为阻燃剂兼具增塑剂作用,亚磷酸酯作为阻燃剂兼具热稳定剂作用。

当有机磷阻燃剂被加入到高分子材料中,受热时分解生成偏聚磷酸。偏聚磷酸具有极强的脱水性,使高分子材料燃烧表面形成炭化膜,这一炭化膜隔绝了高分子材料燃烧表面与空气的直接接触,从而使火焰熄灭。

下面列举几种磷系阻燃剂。

(1) 磷酸三(1,3-二氯丙基)酯

磷酸三(1,3-二氯丙基)酯简称 TDCP,由于其分子中含有氯、磷酯键,分子量较大,空间位阻大,具有不易挥发,热稳定性高,对水和碱溶液稳定,可以溶于大多数有机溶剂,并可与大多数有机聚合物互溶等特点,同时其结构中含有磷、氯两种阻燃元素,又具有良好的自身阻燃协同效应。有关文献报道 TDCP 的阻燃性能在同类卤代磷酸酯阻燃剂中是最好的。TDCP 既可作阻燃剂,又可作增塑剂,广泛应用于橡胶、聚氨酯、纤维织物、聚氯乙烯及其合成材料和涂料中;另外还可作为乳化剂和高温裂解防爆剂,用于电线电缆和树脂中。

(2) 磷酸三甲苯酯

磷酸三甲苯酯简称 TCP,属添加型阻燃增塑剂,沸点 410 ℃～440 ℃,闪点 215 ℃～230 ℃,不溶于冷水,溶于苯、醚类、醇类、亚麻子油、蓖麻油等有机溶剂和油类。TCP 主要用于聚氯乙烯、氯乙烯共聚物、聚苯乙烯、醇酸纤维素、丁苯橡胶。

(3) 四羟甲基氯化磷

四羟甲基氯化磷简称 THPC,为无色透明的 80% 水溶液。主要用作纤维、织物、纸张等的阻燃后整理。由于其处理后的棉布具有优良的阻燃性能、耐洗性好、织物强度降低小、成本较低等优点,在实际使用中,通常将等摩尔的 THPC 和氢氧化钠反应制备四羟甲基氢氧化磷(THPOH),用于棉织品、涤棉织品等阻燃处理,处理方法包括浸轧、预烘、氨熏、水洗氧化和防缩等。

(4) 丙烯酰胺磷酸酯

丙烯酰胺磷酸酯代表性商品为瑞士 Ciba-Geigy 公司的 Pyrovatex CP,其主要成分为 N-羟甲基二甲基磷酸基丙酰胺。Pyrovatex CP 对人体安全可靠,无毒,是一种持久良好的棉织品阻燃剂。

(5) 9,10-二氢-9-杂氧-10-磷杂菲-10-氧化物

9,10-二氢-9-杂氧-10-磷杂菲-10-氧化物,简称 DOPO,是一类反应型的阻燃剂。20 世纪 90 年代,DOPO 就已在阻燃方面进行了应用研究,目前在工业领域,尤其是电子电器材料领域得到了比较广泛的应用。

DOPO 的性能特点主要有以下几个方面:① 键合在环氧树脂上,使环氧树脂具有优异的阻燃性能和其他物理机械性能;② 键合在某些聚合物中,使之成为具有阻燃功能的物质;③ 其衍生物能与某些化合物进行加成,生成发光聚合物;④ 将其键合于某些化合物上,对其理化性能进行改性。

2. 有机卤系阻燃剂

有机卤系阻燃剂主要包括溴系阻燃剂和氯系阻燃剂两类。

在氯系阻燃剂中,最常用的是氯化石蜡、氯化聚乙烯等。氯化石蜡价廉易得,且兼具有增塑剂作用,在国内外用量都很大。氯系阻燃剂在阻燃效果、稳定性、毒性等方面都较溴系差些,但像六氯环戊二烯类、氯化聚乙烯等新品种还是值得开发的。

溴系阻燃剂的阻燃效果好且添加量少、相容性好、热稳定性好、对阻燃制品性能影响小,是有机阻燃剂的重要品种。目前发展新型溴系阻燃剂的方向是继续提高溴含量和增大分子量,它们多为含溴单体的齐聚物。但由于对阻燃材料燃烧时的烟量和有毒气体的限制,寻求代替溴系阻燃剂的研究已成为阻燃技术的重要方面。

卤系主要通过以下机理阻燃:

(1) 溴系阻燃剂在高温下分解可产生溴化氢,溴化氢气体的比重比空气大,可沉积在燃烧物外层,稀释了周围的空气或隔绝了新鲜空气的补充,使燃烧物在缺氧状态下窒息灭火。

(2) 高分子材料燃烧时,通常先裂解生成低分子量的可燃性气体,这些气体再发生气相燃烧。其间生成了 HO· 自由基可急剧加速材料裂解和燃烧。而溴系阻燃剂在高温下生成的溴化氢可极快地捕捉 HO· 自由基,从而减缓高分子材料裂解速度。

(3) 溴系阻燃剂与金属氧化物(主要指三氧化二锑)配合使用可产生协同效应。它们在燃烧时生成三溴化锑,而三溴化锑立即升华成为极细的微粒,密布在燃烧材料周围,阻止新鲜空气的进入。

按使用方法溴系阻燃剂可分为反应型与添加型;根据组成可分为脂肪族、芳香族和脂环族化合物。如四溴双酚 A 含有活泼的羟基,可参与缩合反应或酯化反应;再如双(2,3-二溴丙基)反丁烯二酸酯本身含有双键,可参与接枝聚合、连锁聚合等反应,使高分子材料阻燃。一般脂肪族含溴阻燃剂热稳定性稍差,但阻燃效能高。长链阻燃剂往往兼具抗静电功能,但与材料的相容性一般不如脂肪族。

下面介绍几种代表性的有机卤系阻燃剂。

(1) 十溴联苯醚

十溴联苯醚简称 DBDPO,是一种白色或淡黄色粉末状添加型阻燃剂。其熔点为 304 ℃~309 ℃,溴含量 83.3%,热稳定性好。十溴联苯醚的溴含量较高,是一种高效阻燃剂。

(2) 四溴双酚 A

四溴双酚 A 简称 TBA 或 TBBPA,是一种白色粉末状的反应型阻燃剂,熔点为 179 ℃~181 ℃,溴含量 58.8%,起始分解温度为 240 ℃。

TBA 作为反应型阻燃剂可制备含溴环氧树脂、含溴聚碳酸酯、含溴酚醛树脂等,作添加型阻燃剂可用于环氧树脂、酚醛树脂、抗冲聚苯乙烯、ABS 树脂、聚氨酯等,使其获得阻燃性能。此外,TBA 还可作为纸张、纤维的阻燃处理剂。

(3) 氯化石蜡

根据含氯量不同,氯化石蜡有氯化石蜡-42(含氯量 40%~44%)、氯化石蜡-52(含氯量 50%~54%)和氯化石蜡-70(含氯量 70% 左右)。前两种氯化石蜡均为液体,而氯化石蜡-70 为白色粉末。

氯化石蜡具有较好的阻燃性,并兼防潮、抗静电、抗软化、抗拉、抗压、低挥发等性能,可较好地提高低挥发树脂的流动性和制品光泽。氯化石蜡常用于乙烯基聚合物和共聚物、聚苯乙烯、氯丁橡胶、天然橡胶等阻燃处理。例如能提高地毯、篷帆、运输带、电线电缆、玻璃钢制品的难燃性,也可用于制造调和防火漆、防火涂料等。通常氯化石蜡与三氧化二锑并用作为高聚物的阻燃剂。

(4) 氯化磷腈聚合物

氯化磷腈聚合物的通式 $(PNCl_2)_n$, $n=1\sim13$。常见的氯化磷腈为三聚物和四聚物

$(PNCl_2)_4$。氯化磷腈聚合物称作无机橡胶,在潮湿环境中由于水解而弹性降低。在实际使用过程中,通常采用烷氧基或其他功能基团取代部分氯化磷腈上的氯,形成了一系列的化合物。这些化合物可作为添加型阻燃剂和反应型阻燃剂加到聚合物中,由于该类聚合物具有氮-磷、磷-氯协调体系,有助于提高材料阻燃性能。氯化磷腈聚合物可用于织物、塑料等的阻燃。

4.4.5　消烟机理与消烟剂

许多事例表明,在材料中加入阻燃剂能有效地阻止有焰燃烧,但烟气的生成量却大大增加。这种烟基本上是材料热分解的产物,包括不完全燃烧产物和多种中间组分,它们大多具有较大的毒性,因此必须引起重视。

减少烟气生成的主要办法是在使用阻燃剂的同时加入抑烟剂。抑烟剂有吸附型和反应型两类。前者可把某些有毒组分吸附在一定区域,使其不能扩散;后者则可与热分解或与不完全燃烧产物发生化学反应,生成比重较大、不易成烟的物质。

多数无机阻燃剂都具有消烟作用,目前使用较多的有氢氧化铝、氢氧化镁、碳酸钙、陶土等,而许多钼化合物、钒化合物、硅化合物也有消烟作用。

氢氧化铝和氢氧化镁的热分解温度低于高分子聚合物材料的分解温度,受热时将吸收大量的热量,使材料难以分解从而起到抑烟作用。另外氢氧化铝和氢氧化镁是两性氧化物,易与烟气中的酸性或碱性物质(如 HCl、NH_3)等反应,生成挥发性小的盐类,这也是一种抑烟机理。

碳酸钙的抑烟作用主要是捕捉烟气中的氯化氢气体,使之生成稳定的氯化钙残留在燃烧后的炭化层内。这种反应是在碳酸钙颗粒的表面进行的,因此使用小颗粒的碳酸钙效果较好。

钼化物是一种具有阻燃和消烟作用的新型阻燃剂,在聚氯乙烯、聚酯、聚苯乙烯、聚酰胺、环氧树脂中有着良好的阻燃消烟效果。当将三氧化钼与三氧化二锑联合应用时,效果优于单独使用后者。三氧化钼可阻止聚氯乙烯脱氯化氢后生成多烯结构的内环分子化合物,从而减少了燃烧时含苯环产物的生成,因此可使燃烧时的发烟量大大减少。

其他消烟剂的消烟机理大都不够清楚,故予不说明。实践证明,由于烟气的成分不同,经常需同时使用两种或两种以上的抑烟剂才能收到较好的消烟效果。

阻燃剂或消烟剂的使用大大改进了材料的燃烧性能。但如果使用不当,可能对材料的其他性能(如力学性能、化学性能等)造成一定影响。另外,任何阻燃剂都有一定的局限性,应结合物品的性能来选择合适的阻燃剂和工艺条件。

今后开发阻燃剂新品种与新技术应满足"4E"原则,即:经济(Economy)、效率(Efficiency)、生态(Ecology)和节能(Energy)。以促进阻燃技术取得更快的发展。

4.5　阻燃材料及应用

以高聚物为基础制造的塑料、橡胶和纤维三大合成材料及其制品日益广泛地应用于国防、工农业生产和人民的日常生活。它们大多数为可燃或易燃的,燃烧时大都放出浓烟和有毒气体(如聚氨酯泡沫塑料燃烧时放出氢氰酸,聚氯乙烯燃烧时放出氯化氢,含氟塑料放出氟化氢等),会污染和毒化环境。所以,实现高聚物阻燃化至关重要。

4.5.1 阻燃性塑料

塑料是以高聚物(或称树脂)为主要成分,再加入填料、增塑剂、抗氧化剂及其他一些助剂,经某种方法加工制成的材料。使塑料阻燃化的主要手段是添加各种阻燃剂。常用的阻燃剂分为有机型和无机型两大类。属于前者的主要有:氯化石蜡、氯化聚乙烯、六溴苯、十溴联苯醚、三(2,3-二溴苯基)异氰酸酯、四溴双酚 A、四溴苯酐、六溴十二烷等。属于后者的主要有:三氧化二锑、水合氧化铝、硼酸锌、氢氧化镁、多聚磷酸铵等。为了使高聚物与上述无机阻燃剂具有更好的相容性,有的无机阻燃剂已做表面处理,例如表面经钛酸酯、铝酸酯或有机硅烷处理的水合氧化铝。也有少数阻燃塑料制品是直接在分子中导入了含溴、氯、磷的原料制备的,如用四溴双酚 A 代替一般的双酚 A 制备的阻燃环氧树脂,用含磷聚醚多元醇制备的阻燃聚氨酯泡沫塑料等。

1. 阻燃性塑料的分类

按在加热和冷却的重复条件下阻燃塑料的特征,分为阻燃热固性塑料和阻燃热塑性塑料。

(1) 阻燃热固性塑料

这种塑料的特点是在一定温度下加热到一定时间后就会硬化。硬化后的塑料质地坚硬,不溶于溶剂,也不能用加热使其软化。如果温度过高,此塑料就会发生分解。典型的产品有阻燃性酚醛、环氧、氨基(又分为脲醛塑料和蜜胺塑料)、聚酯、不饱和聚酯、有机硅、聚酰亚胺塑料等。

(2) 阻燃热塑性塑料

这一类塑料遇热软化,冷却后变硬,这一过程可以反复转变。典型的产品有阻燃的聚氯乙烯、聚乙烯、聚丙烯、聚苯乙烯、苯乙烯的共聚物(如苯乙烯与丁二烯和丙烯腈的三元共聚物,它又称 ABS 塑料)、聚甲基丙烯酸酯类(如聚甲基丙烯酸甲酯——有机玻璃)、聚酰胺(俗称尼龙)、聚碳酸酯、氯化聚醚以及一些新的阻燃耐热塑料,如阻燃的聚苯撑氧、聚砜、聚次苯基硫醚等。

按塑料的应用,可将阻燃塑料分为 3 类。

(1) 阻燃通用塑料

通常把应用面广、价格便宜、主要用于人们日常生活和工农业生产(如包装材料、农膜等)的塑料称为通用塑料。其中产量最大的为聚氯乙烯,广泛用作阻燃电线、电缆的包皮和护套、矿井下用的阻燃输送带、乳液阻燃浆料、电线阻燃套管、电缆用防火轻型槽盒等;其次为高压、低压聚乙烯;主要用于制造阻燃铝塑天花板,阻燃、防爆板等。再次为阻燃聚丙烯及阻燃改性聚苯乙烯、阻燃高抗冲聚苯乙烯及苯乙烯与丁二烯、丙烯腈的三元共聚物——阻燃 ABS 塑料,后二者广泛用于制作电视机等物品的外壳和后盖。属于阻燃通用热固性塑料的还有阻燃酚醛塑料、阻燃氨基塑料(包括阻燃脲醛塑料和阻燃蜜胺塑料)等。

(2) 阻燃工程塑料

指具有较高机械性能和耐热性能、能代替金属或木材等作为结构材料使用的阻燃塑料。主要的阻燃工程塑料有阻燃的聚酰胺类塑料、聚碳酸酯、聚甲醛、改性聚苯撑氧、聚对苯二甲酯乙二醇酯、不饱和聚酯、氯化聚醚、聚砜、聚硫醚(如聚次苯基硫醚)以及阻燃环氧树脂塑料等。

其中,聚次苯基硫醚本身就有较高的阻燃性,在一般应用场合,可不必再加入阻燃剂。

（3）阻燃特种塑料

与金属、陶瓷相比,一般的工程塑料和通用塑料还有耐温不太高、强度低、综合性能不足等缺点,不能满足在特殊条件下的使用。特种塑料就是在这种背景下发展起来的。特种塑料主要有含氟塑料（如聚四氟乙烯、聚三氟氯乙烯、聚全氟乙丙烯、乙烯-四氟乙烯共聚物、聚偏氟乙烯等）、阻燃有机硅塑料以及以芳杂环聚合物为基础的塑料。在后一类特种塑料中应首推聚酰亚胺塑料（它又分为不熔性的和可熔性的）。不熔性的聚酰亚胺有优良的综合性能,可在$-296\ ^{\circ}\text{C}$ $\sim +260\ ^{\circ}\text{C}$下长期使用;它可抗高能辐射,电绝缘性好,且耐化学试剂、耐水,氧指数达36。有些特种塑料本身就具有优良的阻燃性。

2. 阻燃性塑料制品的实例

（1）阻燃高抗冲聚苯乙烯粒料

本品是在高抗冲聚苯乙烯树脂中添加阻燃剂和其他助剂经过分散混合挤出的造粒。将所得的粒料注入注塑成型机即可制得成品。本品的性能如表 4.5.1 所示。

表 4.5.1 阻燃高抗冲聚苯乙烯

测试项目	试验方法	HIPS(HT76)	阻燃 PS(HT76FRS)
抗张强度(MPa)	GB/T 1040-79	28.84	20.40
弯曲强度(MPa)	GB/T 1042-79	49.61	34.40
冲击强度(kJ/m^2)	GB/T 1043-79	18.70	12.60
表面电阻(Ω)	GB/T 1410-78	2.5×10^{15}	2.5×10^{15}
体积电阻($\Omega\cdot cm^3$)	GB/T 1410-78	3.2×10^{15}	3.2×10^{15}
介电常数	GB/T 1409-78	3.3	3.6
介电损耗	GB/T 1409-78	0.006 1	0.007 8
阻燃性	GB/T 2406-80	OI＝18.5	OI＞28

（2）阻燃聚乙烯塑料

阻燃聚乙烯塑料是在聚乙烯树脂中添加阻燃剂、阻燃协效剂、交联剂、填充剂和其他助剂,经分散保护处理、混合混炼、破碎造粒而制得的。

聚乙烯树脂可选用高压聚乙烯（密度 $0.91\sim0.93\ \text{g/cm}^3$）、中压聚乙烯（密度 $0.95\sim0.97\ \text{g/cm}^3$）和低压聚乙烯（密度 $0.94\sim0.96\ \text{g/cm}^3$）;常用阻燃剂为十溴二苯醚、氯化石蜡、三氧化二锑、氢氧化铝、四溴双酚 A 衍生物;交联剂常选用含氯量为 36% 的氯化聚乙烯;填充剂常选用超细级的滑石粉;偶联剂可选用钛酸酯或硅烷偶联剂。

阻燃聚乙烯用途非常广泛,主要用作管材、板材、打包带、包装材料以及电气、轻纺、化工、建筑等工业用材料。

4.5.2 阻燃性橡胶

天然橡胶和大多数合成橡胶都是可燃的,应当进行阻燃化处理。橡胶广泛应用于电线电缆包皮、传送带、电机与电器工业的橡胶制品、矿山导气用管等。

1. 橡胶的分类

按橡胶大分子的组成和易燃程度,可将橡胶分为 3 类:

（1）大分子主链只含碳、氢的橡胶,又称烃类橡胶。包括天然橡胶（NR）、丁苯橡胶

（SBR）、丁基橡胶（IIR）、丁二烯橡胶（BR）、丁腈橡胶（NBR）、氯丁橡胶（CR）、二元乙丙橡胶（EPM）和三元乙丙橡胶（EPDM）。它们是橡胶中最主要的一类。

烃类橡胶是橡胶中所占比例最大，受热时呈无规降解，其大分子主链发生断裂，分子量迅速下降。同时，烃类橡胶大都属于可燃的材料，氧指数较低，热释放速率较高，而且在燃烧过程中生烟量较大，成炭量非常低。这类橡胶中含侧基的氧指数高于不含侧基的氧指数。

（2）大分子主链除含碳、氢外，还含有其他元素原子的橡胶，如硅橡胶、聚硫橡胶等。

这类橡胶中最重要的品种是硅橡胶，其主链结构由硅、氧原子组成，具有使用温度宽、优良的耐候性和热稳定性等优点，可在 200 ℃的条件下长期使用。

（3）含卤素的橡胶，如氯丁橡胶（CR）、氟橡胶等。

这类橡胶的卤素含量大多在 28%～40%之间，受热分解的第一阶段是脱 HCl，第二阶段是橡胶大分子主链断裂。在一定范围内，含卤素橡胶的氧指数值随卤素含量的增加而提高。这类橡胶一般自阻燃性能好，其氧指数高于不含卤橡胶，但燃烧时的发烟量很大，产物的毒性和腐蚀性较强。

常用胶种如以氧指数（OI）来衡量，燃烧（难易程度由易到难）的排列顺序如表 4.5.2所示。

表 4.5.2　常见橡胶的氧指数（OI）

EPDM	BR、IIR	NR	SBR、NBR	CHR、CSM	CR
17	18～19	20	21～22	27～30	38～41

2. 橡胶的阻燃

由于橡胶对添加剂的相容性比塑料大，因此添加阻燃剂是橡胶阻燃的主要手段。根据橡胶的种类，通常根据如下机理实现阻燃：① 在橡胶中加入可捕捉高能自由基 HO· 的物质；② 加入可阻滞橡胶热分解、并促进形成不易燃的三维空间炭质层的物质；③ 加入受热分解时可吸收热量或稀释橡胶热分解产生的可燃性气体的物质；④ 加入使橡胶燃烧后形成熔融胶滴，并迅速脱离橡胶主体，从而使其隔离火源的物质；⑤ 加入受热后能产生黏稠液体并覆盖在橡胶表面，使其与空气隔离的物质；⑥ 在大分子链上导入卤素、磷等阻燃元素。

EPDM 常常选用氢氧化铝作为阻燃剂，其阻燃机理为③ ，同时还有消烟作用。此外，聚磷酸胺（APP）是含磷阻燃剂新开发的品种，特别适宜在 EPDM 中使用。

目前 NR、SBR 等橡胶的阻燃是加入三氧化二锑或氯化石蜡、四溴双酚 A、十溴联苯醚、三（2,3-二溴丙基）异三聚氰酸酯等有机卤化物，使之组成的复合阻燃体系，其阻燃机理为① 。

对于 NBR 则可再加入含磷阻燃剂（如磷酸三甲苯酯）以实现阻燃，其阻燃机理为②与⑤ 。

对于 NR、SBR、NBR 等橡胶，除加入上述阻燃剂外，还常加入氢氧化铝，它除按机理③阻燃外，还有消烟作用。

硼酸锌是橡胶阻燃的良好增效剂，它一般可与三（2,3-二溴丙基）异三聚氰酸酯、氯化橡胶、氯化石蜡、十溴联苯醚等卤素阻燃剂以及三氧化二锑或五氧化二锑并用，其阻燃机理为④。

3. 阻燃橡胶的加工工艺

橡胶加工系指橡胶与各种配合剂通过塑炼、混炼成均匀的混合物，然后用适当方法成型，最后硫化成产品的过程。

塑炼可以提高生胶的可塑性和流动性，有利于后工序的进行；将各种配合剂混入生胶中制成质量均匀的混炼胶的过程称为混炼,常使用开放式炼胶机或密闭式炼胶机进行混炼;混炼胶通过压延和压出等工艺,可以制成一定形状的成品。

所有的橡胶在加工中均需硫化,各类阻燃剂大多在橡胶硫化前与硫黄、硫化促进剂以及其他助剂一起加入到橡胶中,经过混炼混合后,再进行硫化,最后制得各种阻燃橡胶制品。

4.5.3   阻燃性纤维

纤维材料可分为天然纤维和化学合成纤维。现在合成纤维材料的使用相当广泛。由于其呈纤维状,表面积大,不仅容易点燃,而且火焰容易迅速蔓延。近年来,由于社会经济和生活水平的提高,纤维纺织品广泛应用于室内装饰,成为引发室内火灾的重大隐患,加强纤维的阻燃处理也非常重要。

1. 阻燃机理

(1) 降低材料的可燃性,这是纤维阻燃改性的主要方式。

(2) 改变燃烧反应的方向,增大不燃产物(如 H_2O、HCl、HBr、CO_2 等)的生成量,降低可燃产物或捕获游离基。

(3) 产生不燃气体,稀释基材表面上的氧气。

(4) 阻燃剂吸热分解,或阻燃剂降解物可与火焰中各产物或基材产物发生吸热反应,降低燃烧区温度。

(5) 在基材表面上生成不挥发炭质或玻璃状薄层以阻断氧气,并降低热传导。

阻燃剂要能在纤维中得到实际应用,必须满足一系列要求,主要有:① 难燃性能达到使用所需的最低要求;② 燃烧时要减少烟气生成量;③ 对纤维的强度、弹性或手感等性能不降低或少降低;④ 在生产和使用中没有生理毒性,且燃烧产物毒性不增加;⑤ 在正常使用中仍长期保持阻燃性;⑥ 工艺条件和价格的增加为产品所能接受。通常仅靠一种阻燃剂难以完全满足上述要求,因而应使用几种阻燃剂复合以起到协同效果。

2. 纤维阻燃剂的改性方法

(1) 在纤维合成中应用阻燃共聚单体。此法的优点是阻燃剂成为纤维聚合物的一部分,不易渗出或被浸沥,使用寿命长;缺点是将改变聚合物结构及物理性能和机械性能等。在工业上丙烯酸系纤维、聚酯纤维常用共聚单体作阻燃剂。

(2) 在聚合物中应用阻燃添加剂。在纺丝前将添加剂加入纺丝溶液中,为此要求添加剂在纺丝过程中稳定,均匀分散,并能在聚合纤维中保持必须的量。在人造丝、醋酸纤维中常用此法。

(3) 用阻燃单体对纤维进行接枝共聚。这是一种较理想的方法。现在已有大量的研究报道,但工业化的不多。

(4) 对纤维和织物用阻燃剂整理。这是天然纤维(木材、棉和毛)唯一可能的阻燃处理方法。阻燃剂整理可以是非永久的(不耐溶剂和水洗涤)或耐久的(可用溶剂或水洗涤),后者要求阻燃剂在整理中与基质反应,或就地聚合而成为不溶的物质,现已成功地应用于棉纤维。

(5) 用阻燃剂涂层保护基材。这是一种广泛应用的方法,如阻燃油漆。阻燃涂料对老化和耐候性要求高,往往不易达到。

3. 若干纤维材料的阻燃改性方法及其阻燃剂

（1）木材

木材阻燃的主要方法是浸渍和表面涂层。通过无机化合物添加法对木材阻燃的物质有：① $NH_4H_2PO_4$，$(NH_4)_2HPO_4$ 或 $(NH_4)_2SO_4$，也可以加入尿素或其他组分；② $Na_2B_4O_7$ + H_2BO_3；③ $ZnCl_2 + Na_2Cr_2O_7$；④ ZnO，$H_3PO_4 + CuSO_4$。

通过有机化合物对木材进行化学改性阻燃的方法有：① 用有机磷酸酯乳液结合油基防腐剂浸渍；② 用磷和卤素有机化合物溶液浸渍；③ 用不饱和有机磷单体浸渍，加放射线照射聚合；④ 使木质素溴化生成溴化木质素阻燃剂。

（2）棉和其他纤维素制品

棉纤维改性工作的成就远较其他纤维为大。20 世纪 50 年代末期便开始使用三氮丙啶基氧化磷（APO）和四羟甲基氯化磷（THPC）作为棉纤维的耐洗整理体系的主要组分。60 年代瑞士汽巴嘉基公司开发了 N-羟甲基二甲基磷酸基丙酰胺（Pyroxatex CP），它与纤维素 OH 基反应结合，可用于儿童睡衣、内衣和其他棉织物。70 年代工业上应用的还有齐聚乙烯基磷酸酯（Fyro176），它在纤维中与羟甲基丙烯酰胺进行游离基加聚反应，产物的阻燃性、手感和强度都很好，耐漂白、耐多次洗涤，可用于棉和各种混纺织物。

对于人造丝阻燃改性，可以在纺丝液中加阻燃剂，或用阻燃剂浸渍纤维材料。掺入纺丝液可用烷氧基环偶磷氮、三氯芳基磷酸酯。用以浸渍的阻燃剂有：磷酸与二氰胺、二溴新戊基二醇与磷酐反应生成的酯和氨的复合物等。人造丝在纺丝前与阻燃单体接枝聚合的设想迄今仍未取得结果。用废弃人造丝生产无纺产品，多半不须洗涤再用，可以用无机阻燃剂处理阻燃。

（3）醋酸纤维和三醋酸纤维

醋酸纤维、三醋酸纤维以及纤维素乙酰化制成的纤维素酯都是热塑性的，其熔点约 360 ℃，分解温度约 300 ℃。燃烧时易产生滴落，滴上的火焰能继续蔓延。其阻燃改性的一种方法是在抽丝溶液中加入阻燃性，如 2,3-二溴丙基磷酸酯。如果与非热塑性纤维混纺，则它在火焰中对熔融聚合物起到灯芯作用，从而增加阻燃困难。通常添加的量少（约 10%）就不起作用，而量多了又将影响纤维的性能。

（4）毛类织物

毛纤维的阻燃改性有 3 个途径：① 非耐久性处理，主要是硼酸盐或磷酸盐用于不须洗涤的产品，如帷幕等；② 为纤维素改性而发展的体系，其中以卤素化合物为主，例如卤素桥酸类、卤代苯二酸类和溴代水杨酸类等，以及以 THPC 为基础的体系，还有使用一价金属无机盐与多价金属盐，例如 $NH_4H_2PO_4$-$Zn(H_2PO_4)_2$ 的混合溶液作耐久处理的；③ 基于钛和锆的复合物同时加入苹果酸或溴代苯二甲酸，或用四氯化钛和草酸甲钛与苹果酸联合应用在低 pH 煮沸作耐久处理，主要为地毯、毛织物或其他室内装潢而开发的。

与棉纤维相比毛类纤维较不易燃烧，同时消费量远小于棉纤维，所以阻燃改性工作做得较少。

（5）聚酯纤维

聚酯纤维是热塑性纤维，燃烧能收缩并熔融滴下，具有自熄倾向。聚酯纤维阻燃改性方法有：在合成时用含溴或含磷化合物作共聚单体，如二溴对苯二甲酸、四氯对苯二甲醇和双（对羧苯基）甲基膦酸。在纺丝时加阻燃剂和用含溴阻燃剂整理织物，如脂肪族溴化物、溴代联苯醚、四溴双酚 A 二乙基酯、磷酸酯齐聚物、氧化三苯基膦等。

（6）聚烯烃纤维

聚烯烃纤维是易燃的,其降解产物会迅速着火,滴下物也能燃烧。化学阻燃改性比较困难,因为其共价键不容易达到化学改性。聚丙烯纤维主要作为地毯背衬(不织布),可以在黏结剂中加含氯单体共聚,也常加氧化铝、氧化锑和氯化石蜡。有人对聚丙烯中加聚磷酸铵的机理进行了研究,认为是凝聚相机理而降低了可燃性。

（7）混纺纤维

混纺纤维的阻燃改性,由于可变因素多(如纤维种类、比例、可溶性等)而增加了复杂性,尚不能提出一个普遍的原则。

对混纺纤维进行阻燃处理,阻燃剂有四羟甲基𬭩类化合物、十溴二苯醚加氧化锑、磷酸盐二聚体、Fyro176、甲基磷二酰胺类酰胺类含磷氮卤素化合物等。

纤维材料阻燃改性由于特殊性能要求、经济等原因增加了复杂性。一般说,天然纤维材料以是对的加工为主,合成材料以添加溶液纺丝和整理加工并用。在各种纤维阻燃改性中较成熟的是棉纤维,在聚酯、聚丙烯酸系纤维方面也有一定发展。

4.5.4　防火涂料

防火涂料主要有饰面型防火涂料、电缆防火涂料、钢结构防火涂料、透明防火涂料等。按照防火原理,防火涂料可分为膨胀型防火涂料和非膨胀型防火涂料两大类。膨胀型防火涂料的应用广泛,下面主要讨论这类涂料的防火原理。

膨胀型防火涂料成膜后,在常温下是普通的漆膜。在火焰或高温作用下,涂层发生膨胀炭化,形成一种比原来厚度大几十倍甚至几百倍的不燃的海绵状的炭质层,它可以切断外界火源对基材的加热,从而起到阻燃作用。膨胀型防火涂料通常含有成膜剂、发泡剂、成炭剂、脱水成炭催化剂、防火添加剂、无机颜料与填料、辅助剂等。

1. 基料

基料对膨胀型防火涂料的性能有重大的影响。它与其他组分匹配,既保证涂层在正常工作条件下具有一般的使用性能,又能在火焰或高温作用下使涂层具有难燃性和优异的膨胀效果。通常使用的基料主要有:

（1）水性树脂

水性树脂是以水作溶剂或分散剂的一类树脂。它具有节约有机溶剂、施工方便、毒性小、无火灾危险等优点。常用的水性树脂有聚醋酸乙烯乳液、氯乙烯-偏二氯乙烯共聚物乳液、聚丙烯酸酯乳液、氯丁橡胶乳液。

（2）含氮树脂

含氮树脂的耐水性、耐化学性、装饰性及物理机械性能都较好,也具有一定的阻燃效果。常用的有三聚氰胺甲醛树脂、聚氨基甲酸酯树脂、聚酰胺树脂、丙烯腈共聚物等。

2. 脱水成炭催化剂

脱水成炭催化剂的主要作用是促进和改变涂层的热分解进程,如促进涂层内含羟基的有机物脱水,形成不易燃的三维空间结构的炭质层,减少热分解产生的焦油、醛、酮的量,阻止放热量大的炭氧化反应等。磷酸、聚磷酸、硼酸等的盐、酯、酰胺类物质在 $100\,^{\circ}\mathrm{C} \sim 250\,^{\circ}\mathrm{C}$ 可分解产生相应的酸,都可作为成炭反应的催化剂。

3. 成炭剂

成炭剂是形成三维空间结构不易燃的泡沫炭化层的物质基础,对泡沫炭化层起着骨架的作用,它们是一些含高碳的多羟基化合物,如淀粉、糊精、甘露醇、糖、季戊四醇、二季戊四醇、三季戊四醇、含羟基的树脂等。这些多羟基的化合物和脱水催化剂反应生成多孔结构的炭化层。

4. 发泡剂

膨胀型防火涂料的涂层遇热时能放出不燃性气体,如氨、二氧化碳、水蒸气、卤化氢等,使涂层膨胀起来,并在涂层内形成海绵状结构。这些都是靠发泡剂来实现的。

常用的发泡剂有三聚氰胺、双氰胺、六亚甲基四胺、氯化石蜡、碳酸盐、偶氮化合物、N-亚硝化和合物、二亚硝基戊四胺及磷酸铵盐、聚氨基甲酸酯、三聚氰胺甲醛树脂等。

5. 有机难燃剂

有机难燃剂在防火涂料中的作用是增加涂层的阻燃能力,并在其他组分的协同作用下实现涂层的难燃化。

6. 颜料、填料

对膨胀型防火涂料来说,含无机填料的比例较少,甚至不含,因其含量增加会影响涂层的发泡效果,从而降低涂层的防火性能。此外,防火涂层一般施工厚度大,较低的颜料组分已能满足遮盖力的要求,故不必加入较多的无机颜料、填料,常用的着色颜料有钛白粉、氧化锌、铁黄、铁红等。

7. 辅助剂

为了提高涂层及炭化层的强度,避免泡沫气化时造成涂层破裂。在膨胀型防火涂料中有时加入少量的玻璃纤维、石棉纤维、酚醛纤维作为涂层的补强剂。同时某些助剂可以提高涂层的物理性能,如增稠剂、乳化剂、增韧剂、颜料分散剂等。

4.5.5 阻燃材料最新进展

含卤阻燃剂燃烧时会释放有毒或腐蚀性的气体,因而会腐蚀设备,从而严重影响火灾灭火和人员逃生。在无卤体系中,磷系无机或有机小分子阻燃剂价格偏高,且易水解、热稳定性差;金属氢氧化物添加量大,可影响材料的其他性能;阻燃齐聚物的阻燃效果好,低烟低毒,但是合成工艺复杂,成本高。开发高效、低烟、低毒,同时其他性能(机械力学性能、抗老化、可生物降解等性能)优异的综合性能优化的新型阻燃材料成为阻燃材料领域的发展趋势。

纳米复合技术的引入为阻燃研究开辟了一个新的领域,纳米复合材料(Nanocomposites)是指分散相尺寸至少有一维小于 100 nm 的复合材料,由于纳米分散相大的比表面积和强的界面相互作用,纳米复合材料表现出不同于一般宏观复合材料或微米级复合材料的力学、热学、电学、磁学和光学性能,而且纳米复合材料还具有原组分所不具备的特殊性能和功能。

纳米复合材料对改进聚合物的阻燃具有突出的作用,目前对其阻燃原理的研究已经有了重大进展,并发展了一些新的纳米阻燃技术,下面简要介绍两种常用的纳米阻燃材料。

1. 聚合物/层状无机物纳米复合材料

阻燃聚合物/无机物纳米复合材料中常涉及的无机物有:① 纳米级无机阻燃剂。目前使用的无机阻燃剂颗粒一般是微米级,阻燃填充量大,阻燃效率不高,所引起的加工工艺及产品性能的问题都比较严重。近年来利用超细化技术或化学合成的方法将传统阻燃剂颗粒粒径降到 1～100 nm，即为纳米无机阻燃剂。利用纳米微粒本身所具有的纳米效应来增强界面作用，改善无机物和聚合物基体的相容性，达到减少用量和提高阻燃性能的目的。常用的纳米无机阻燃剂有氢氧化铝、氢氧化镁和水滑石等。② 具有显著的阻燃性能和协同阻燃特性的无机物。将其和阻燃剂复合使用，能产生明显的协同阻燃效应，提高阻燃效率，同时还具有增强其他性能的作用。它在聚合物基体中的添加量一般只需 2%～5%，即能获得明显的效果。一般有层状无机物、碳纳米管和笼状寡聚倍半硅氧烷（POSS）等。

聚合物/层状硅酸盐纳米复合材料是纳米复合材料的一个重要组成部分，指聚合物以客体的形式插入到层状硅酸盐主体中，使硅酸盐的层间距扩大或促使其剥离并均匀地分布在聚合物基体中形成的一类杂化物。蒙脱土的结构如图 4.5.1 所示。根据形成的纳米复合结构形态的不同，通常可分为两类：① 插层型纳米复合材料，聚合物插入层状无机物片层之间，片层间距扩大，但片层仍具有一定的有序性；② 层离型纳米复合材料，层状无机物片层完全解理，均匀地分散在聚合物基体中。1987 年日本的 Okada 等人首次报道采用插层聚合方法制备了尼龙 6/黏土纳米复合材料，实现了层状硅酸盐纳米片层在聚合物基体中的均匀分散以及有机/无机界面间的强结合力，使得 PA 6/黏土纳米复合材料具有常规聚合物/无机填料无法比拟的优点，显示出重要的科学意义和诱人的应用前景。

研究表明，阻燃技术与聚合物/黏土纳米复合技术相结合，以相对较少的阻燃剂添加量，形成纳米复合协同高效阻燃体系，能有效提高阻燃性能，达到相关的阻燃标准，火灾危险性较低，并能保持或提高材料的其他性能，从而达到使用要求。因此阻燃聚合物/黏土纳米复合材料有可能是一种具有相当潜力的新型阻燃材料。迄今为止，在聚合物/层状硅酸盐纳米复合材料体系中，已研究的聚合物种类繁多，包括聚乙烯基类化合物（苯乙烯、乙烯、丙烯、丙烯酸及其酯类）、聚酰胺、聚酰亚胺、环氧树脂、聚酯、聚碳酸酯、聚硅氧烷等。

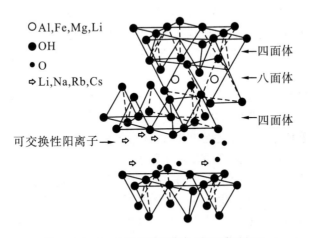

○ Al,Fe,Mg,Li
● OH
• O
⇨ Li,Na,Rb,Cs

四面体
八面体
四面体

可交换性阳离子 →

图 4.5.1　2∶1 型层状蒙脱土的结构示意图

2. 聚合物/碳纳米管纳米复合材料

聚合物/碳纳米管纳米复合材料是另一种研究很多的材料。碳纳米管（CNT）自 1991 年发现以来，因其优异的物理、化学和机械性能，而得到了材料领域研究者的广泛关注。迄今为止，已经能够采用多种聚合物基体来制备此类纳米复合材料。将多壁碳纳米管（MWNT）添加到聚合物基体中形成纳米复合材料后，可以赋予聚合物优良的阻燃性能，MWNT 具有阻燃协同效应,甚至在 MWNT 添加量特别低的情况下也是如此。同时还提高了材料的机械强度、电导性和热导性。然而,碳纳米管的商业应用潜力受到其昂贵的价格的限制。目前只有在航空航天等特殊领域有少量应用。

此外,聚合物/POSS 纳米复合材料是近几年新兴的一种纳米复合材料。POSS 是一种分子结构为 $RSiO_{1.5}$ 的寡聚倍半硅氧烷,R 可为 H、烷基、亚烃基、芳基、亚芳基或这些基团的取代基。POSS 具有由 Si—O 键组成的六面体的笼状结构,在六面体的 8 个顶角上带有有机基团。POSS 本身具有纳米尺寸,其分子尺寸约 1.5 nm。聚合物/POSS 纳米复合材料以 POSS 为无机成分,无机相与有机相间通过强的化学键结合,不存在无机粒子的团聚和两相界面结合力弱的问题,从而提高聚合物的耐热性、氧气渗透性、硬度和耐热阻燃性能。POSS 复合材料制备方法简便灵活,易于进行分子结构的设计,可以通过为聚合物提供纳米结构来改善聚合物的某些性能。将离子型八(四甲基铵)笼形倍半硅氧烷加入聚苯乙烯(PS),制得的 PS/POSS 纳米复合材料,其热释放速率峰值、CO 和 CO_2 释放速率峰值、CO 和 CO_2 浓度峰值都显著降低。POSS 的加入有效地提高了 PS 的阻燃性能,降低其潜在火灾危险性。

纳米材料在增强与阻燃聚合物的应用中有其独特的性能,然而目前对材料的潜在火灾危险性、环境效应等的研究工作较少,在应用当中也存在一些潜在的问题,因此借助新的物理化学手段,深入研究阻燃聚合物纳米复合材料的结构与性能的关系,建立立体综合优化体系,是今后相当长一段时间内阻燃纳米复合材料研究的目标。

复 习 题

1. 参考火灾发展的时间线,简要说明各类火灾防治对策的基本作用。

2. 钢筋混凝土构件的耐火性能有哪些特点? 简要说明理由。

3. 钢构件的耐火性能有哪些特点? 为什么说加强钢结构在火灾条件下的耐火保护具有重要意义?

4. 标准火灾环境是怎样定义的? 这种环境与真实的火灾环境有哪些区别? 简要谈谈你对认识设定标准火灾环境作用的看法。

5. 说明火灾严重性与构件耐火性的关系,试分析应如何将两者适当关联起来。

6. 提高建筑构件的耐火性有哪些基本途径?

7. 划分建筑构件耐火极限的主要依据,并说明这些依据的应用意义。

8. 简要说明材料难燃性的测定方法。在测试过程中应注意哪些问题?

9. 测定可燃材料的氧指数法有什么意义? 此方法适用于测定哪些材料?

10. 阻燃剂主要通过哪些机理达到阻燃效果? 说明气相阻燃机理的主要特点。

11. 无机阻燃剂主要有哪些类型,它们的主要阻燃机理是什么?

12. 常用卤素阻燃剂有哪些类型,它们的使用有哪些局限性?

13. 简要分析纳米阻燃剂的特点,在应用中需注意哪些问题?

14. 在进行材料阻燃处理时为什么要特别重视消烟? 消烟的技术措施主要有哪些?

参 考 文 献

［1］　王学谦,刘万臣. 建筑防火设计手册[M]. 北京:中国建筑工业出版社,1998.

［2］　李引擎,马道贞,徐坚. 建筑结构防火设计计算和结构处理[M]. 北京:中国建筑工业出版社,
　　　1991.

［3］　中华人民共和国公安部. GB 50222-95:建筑内部装修设计防火规范[S]. 北京:中国建筑工业出版
　　　社,2001 年.

［4］　陈保胜. 建筑防灾设计[M]. 上海:同济大学出版社,1990.

［5］　蔡永源,刘静娴. 高分子材料阻燃技术手册[M]. 北京:化学工业出版社,1993.

［6］　于永忠,吴启鸿,葛世成,等. 阻燃材料手册[M]. 北京:群众出版社,1990.

［7］　高永庭. 防火防爆工学[M]. 北京:国防工业出版社,1989.

［8］　薛恩钰,曾敏修. 阻燃科学及应用[M]. 北京:国防工业出版社,1988.

［9］　王元宏. 阻燃剂化学及其应用[M]. 上海:上海科学技术文献出版社,1988.

［10］　睦维民,黄向安,陈佩兰. 阻燃纤维及织物[M]. 北京:纺织工业出版社,1990.

［11］　胡源,宋磊,尤飞. 火灾化学导论[M]. 北京:化学工业出版社,2007.

［12］　张军,纪奎江,夏延致. 聚合物燃烧与阻燃技术[M]. 北京:化学工业出版社,2005.

［13］　欧育湘,李建军. 阻燃剂:性能、制造及应用[M]. 北京:化学工业出版社,2006.

［14］　王国建,王凤芳. 建筑防火材料[M]. 北京:中国石化出版社,2006.

［15］　C. A. 哈珀. 建筑材料防火手册[M]. 北京:化学工业出版社,2006.

［16］　胡源,尤飞,宋磊. 聚合物材料火灾危险性分析与评估[M]. 北京:化学工业出版社,2007.

5 建筑火灾的主动防治对策

现在的建筑物形式越来越多,并快速向高层、地下、大空间、多功能发展。有的建筑物可容纳成千上万的人,内部均安装或布置了很多电气、热力设施。一旦起火,火灾容易迅速蔓延,而且难以扑灭。很多专家指出,在现代建筑的火灾中,主要依靠外来人员进行扑救已很不现实,这样往往会延误灭火时机,造成重大损失。因此发展强有力的主动式自防、自救技术将成为现代化大型建筑的基本火灾防治手段。

本章简要讨论火灾探测、灭火与烟气控制的技术原理、结构性能及使用中应注意的问题,并探讨进一步研究改进的途径。

5.1 火灾探测原理与探测器选用

5.1.1 引言

火灾探测技术、自动灭火技术是当前发展最快、应用最广的主动式防火对策。在火灾的早期阶段,准确地探测到火情并迅速报警,进而及时灭火,对控制火灾的蔓延和减少火灾损失具有特别重要的意义。图 5.1.1 给出了火灾探测报警与灭火过程的特征时间。t_1 表示从起火到火被探测的时间,它由火灾探测器的性能指标确定。火灾探测器通过电动、气动、水动或机械的手段,探测起火迹象,当探测到的信号超过某一预定的阈值,即认为发生了火灾,然后将火灾信号转换为可看见或可听到的光声信号,警告人们发生了火灾。t_2 为探测到火到采取灭火行动的响应时间。这一时间与灭火人员的动作快慢有关,也与灭火设备的性能有关。不同灭火设备的响应时间大不一样,自动灭火设备可能只要几秒到几十秒,而水龙或灭火器则可能是几分到几十分钟。T_f 为发生轰燃时温度。t_3 为灭火所需的时间。缩短这 3 个典型时间有助于将火灾扑灭在早期阶段。

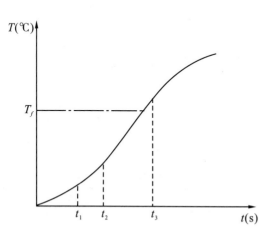

图 5.1.1　火灾探测与灭火的特征时间

火灾自动报警系统包括火灾探测器和报警控制器两大基本部分。本节着重讨论几类基本形式火灾探测器的工作原理,适当分析它们在安装使用过程中应注意的问题。而火灾报警控制器将结合消防监控系统讨论。

火灾探测器是感受火灾信号的装置,根据其工作特点安装在建筑物的不同部位,并通过某些方式连接到火灾报警控制器上。对于一定规模的建筑物来说,火灾探测器的用量都较大,一般有数百至上千只。根据所探测的火灾参数的不同,火灾探测器分为感温、感烟和感光(主要是火焰)、气体和复合式等几种形式。图 5.1.2 列出了火灾探测器的主要类别。

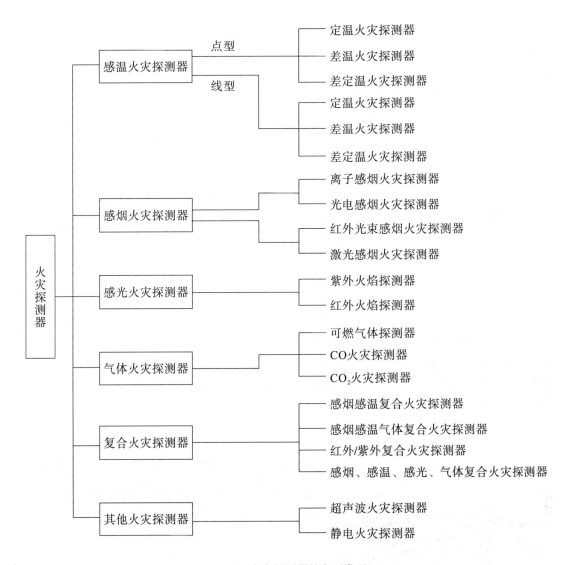

5.1.2　火灾探测器的主要类型

目前,感烟、感温和火焰探测器用得较广,它们分别是根据火灾烟气的高温、烟气中含悬浮颗粒的浓度及燃烧过程的热辐射进行火灾探测的。气体探测器是根据空气中某些特殊气体的含量进行探测的。在某些场合下,由于可燃物的热解或其他原因,可析出可燃气体,这时虽未着火,但已明显具有潜在危险,因此这种探测方式对确定初期火灾具有重要作用。复合式探测器往往是以上几种探测方法的某种组合,近来发展得较快。

5.1.2 火灾探测器的主要类型

1. 感温探测器

这类探测器是根据火灾烟气的温度进行探测的。根据探测原理,主要有定温、差温和差定温等形式。

定温式探测器中均有某种感受温度影响的元件。常用的感温元件有易熔合金片、易碎玻璃泡、双金属片、水银触点、热敏半导体、铂金丝等。前四类属节点型,后两类属热敏类。对于节点类探测器,当室内达到某一温度(例如 68 ℃、83 ℃等)时,其节点闭合状态发生改变,或接通或断开原先的电气线路,从而启动报警装置。图 5.1.3 为一种用热膨胀系数不同的双金属片(如镍-铁合金)制成的探测器结构示意图。

热敏半导体和铂金丝的电阻具有随温度变化而改变的特点,据此可制成无触点式的感温探测器。这类探测器的体积小,结构简单,使用寿命长,近年来发展很快,可望成为感温探测器的主导产品。

差温式探测器通常在可能发生燃烧快速发展的场合使用。差温式探测器的探头主要由两个温度变化系数不同的热敏元件组成。当温度迅速上升时,一个元件的某种性质变化大,而另一种变化小;温度上升速率越大,其差值越大,当其达到一定值便可发出报警信号。

差温探测头常设计为气动和电动型。图 5.1.4 为气动式的基本形式,它包括一个气室,气室壁面有一小孔与外界相通,故平时室内气体的压力温度与外界相同。气室顶部有一弹性薄膜。当外界温度升高后热量可通过气室外壳传给其中的气体,使其膨胀。温升较慢时,气体通过小孔流出。温升较快时,靠小孔流出已无法阻止室内压力升高,于是推动薄膜活动,从而发出报警信号。电动式一般是以热电偶的热电效应为基本原理设计的。这种探头对辐射热和对流热都很敏感。为了测出温度差,探测头装有匹配的热电偶对。一个在探测头外,用于感受外界温度变化,另一个装在探测头内。当两者温差达到一定值时,热电偶产生的电压便可驱动报警器。

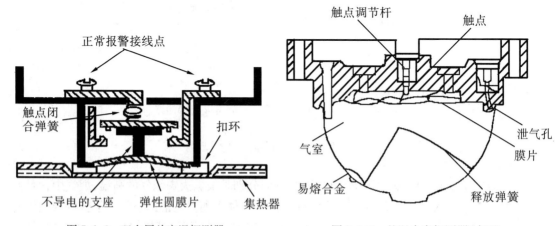

图 5.1.3 双金属片定温探测器　　　　图 5.1.4 差温火灾探测器(点型)

差温探测器的灵敏度比定温式高,但使用表明,它不宜装在安有取暖系统的建筑物内。因为一旦建筑物打开门窗后,顶棚下的温度会急剧下降,关上门窗后,取暖系统又会使顶棚下的温度迅速升高,尤其是冬天室内外的温差更大,这就会发生误报。为了克服定温探测器的热滞后和差温探测器容易误报及对缓慢燃烧容易漏报的缺陷,人们研制出了差动补偿式感温探测器,其思想是将差温式探测器与某种定温装置联合使用,只有当室内温度达到某一值后,差温探测器才开始工作。图 5.1.5 为一种差定温探测器的示意图,其外壳为膨胀系数较大的金属管,内部有一对膨胀系数较小的斜支杆,支杆头部为电极触点。当探测器受热时,外壳膨胀快于内部支杆从而具有速率补偿能力。当受热速率达到一定值时,触点还将闭合以致报警。

以上两种探测器的体积不大,常称为点型探头。另外还有一类线型(或称缆式)感温探测器。线型探测器的型式较多,图 5.1.6 所示的探测器是一根长缆,其中包裹着一对钢丝分别接在相应的电路上。钢丝间用热敏绝缘物隔开。当缆线所经过的某位置达到预定温度,绝缘物熔化,钢丝接触从而发生报警。另一种代表性探测器的敏感元件是一根长管,管中心装一根镍丝,丝与管壁间填充热敏共晶体盐类化合物。平时在管壁和金属丝上加一低电压,当管子任一部位出现过热时,填料的电阻下降,两极有电流通过从而报警。缆式感温探测器的保护面积比点型的大,在地板下、电缆沟、管道井等处使用较广泛。

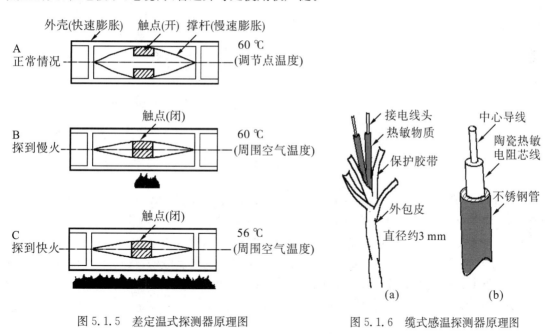

图 5.1.5 差定温式探测器原理图   图 5.1.6 缆式感温探测器原理图

感温式探测器的可靠性、稳定性及维修的方便性都很好,但灵敏度较低。感温式探测器主要是对烟气对流热进行探测的。为使它有效工作,应当注意尽量把它安装在烟气温度最高的区域。

2. 感烟探测器

火灾烟气中悬浮有大量小颗粒。不同直径烟颗粒的性质亦有较大差别,大于 $5\ \mu m$ 的颗粒具有较强的遮光性,小于 $5\ \mu m$ 的颗粒基本上看不见,由于小颗粒受重力影响小,容易随气体流动,且易黏结成大颗粒。依据烟气颗粒的这些特点制成的感烟探测器有光电式和离子式两类设计型式。

烟颗粒的存在既具有遮光作用,又具有散射光的作用。根据烟颗粒对光束的这两种影响,光电火灾探测器沿两条途径开发。大多数遮光探测器是光束型的,它主要包括一个光源、一个光束平行校正装置和一个光敏接收器。将光源安装在被保护区的一侧,光敏接收器放在另一侧,图 5.1.7 为这种探测器的示意图。当所监测的空间有烟时,接受到的光强度减弱从而启动报警装置。光束可以是直射式的,也可以通过若干镜面进行几次反射以扩大监测范围。

常用散射光型探测器大都是点型的,图 5.1.8 是一种典型结构形式,它主要由光源、与光束垂直的接收元件、与光束相对的捕光器及小暗室组成。捕光器的作用是防止光源射出的光线散漏到光电元件上去。当足够浓的烟气进入小暗室,烟颗粒就可将光源发出的光反射或散射到光电元件上,从而产生触发信号发出火灾报警。现在光电型探测器新产品大都采用亮度很高的频闪灯作光源,这样,即使烟浓度较低,烟粒子较小,它们反射的光也足以使光电元件工作。光电元件多为光敏二极管或光敏三极管。

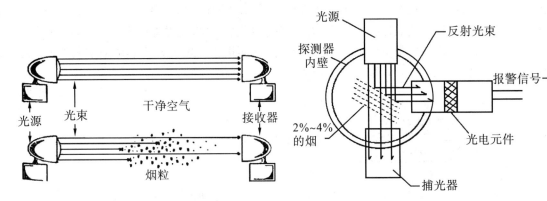

图 5.1.7　光束探测器的示意图　　　　　图 5.1.8　反射光束型感烟探测器

离子式探测器适宜探测烟颗粒较小的烟气。图 5.1.9 为常见离子探测器的原理图。它含有一个离子采样室,其两侧装有电极,下部有一 α 射线源。室内空气中的氧气和氢气分子在 α 射线的作用下发生电离,两极间加上电压 V_0 时,极板间就会形成电场。在电场的作用下,采样室内便有微弱的电流 I_0 通过。电压恒定,电流也是恒定的,这两者的关系基本是线性的,其伏-安特征曲线见图 5.1.10 中的 A 线。当含颗粒烟气通过时,离子便黏附在小颗粒上。烟颗粒虽小,但仍比离子大得多,可阻碍离子的运动,于是采样室的电流减弱,伏-安特性曲线下移,见 B 线。这种变化可触发探警信号。据研究,当烟颗粒的直径为 $0.01\sim1.0\ \mu m$ 时,这类探测器的效果最好。

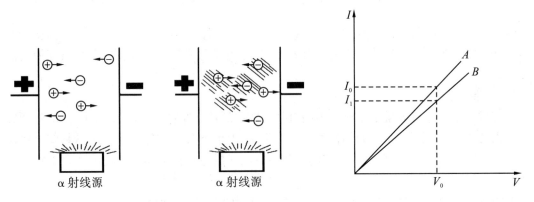

图 5.1.9　双极离子式探测原理　　　　　图 5.1.10　离子感烟探测器的伏-安特征曲线

离子式探测器中是包含有某种放射源的,其核辐射影响问题自然受到很多人关心。现在选用的放射物质一般为 Am^{241},它所放射的 α 射线的辐射强度为 $2\sim3$ Ci(居里)。α 射线的射程很短,远小于 1 m;穿透力也较弱,一张纸就可将其挡住。在探测器中是将其固定在密封良好的迷宫式结构内,在正常使用条件下不会对人造成危害。但 Am^{241} 的半衰期为 458 年,若由于某种原因使其保护结构破坏,也会造成有害影响。因此对于损坏或淘汰的离子式探测器应当妥善处理,不允许私自拆卸。

目前离子式探测器在我国的使用还比较广泛。但是这种探测器不适于燃烧缓慢、阴燃火及燃烧初期产生大颗粒黑烟的火灾,对环境的要求也较高,且存在着放射性污染的危险。因此,有些专家指出,从长远的观点看还是减少发展离子型探测器为好。在一些发达国家已有明显的转型趋势,例如近年来日本生产的感烟探测器中离子型仅占 1% 左右。他们认为通过提高光电探测元件的质量完全可以制造出性能良好的探测器。我国也应当加强新型光电式探测器的开发。

还有一种电阻电桥式离子探测器,它不是探测烟气中的颗粒,而是探测烟中的水蒸气,其探测头是用喷涂有两种金属氧化物导体的玻璃板制成的,其电阻受大气导电性的影响较大。室内的水蒸气含量增大时,室内大气导电性增加,并影响极板导电性变化,从而触发报警信号。这种探测器不能专用于火灾探测,通常与烟气离子型探测器联合使用。而有这两种功能的探测器,灵敏度和可靠性都有所改进。

3. 火焰探测器

火焰探测器是靠燃烧放热引起热辐射特性来探测火灾的。目前主要有紫外和红外两种型式。火焰探测器一般不用可见光波段,因为这不易有效地把火灾火焰的辐射光与周围的照明光区别开来。

紫外火焰探测器对波长低于 4 000 Å(10^{-10} m)的辐射光比较敏感。据研究,室内自然扩散火焰可产生足够强的紫外光,其波长通常为 1 800 Å 至 3 000 Å。太阳光中也含有波长小于 2 900 Å 的辐射光,因此紫外火焰探测器应具有分辨这两种光的能力。紫外探测器的探测元件有充气管、光敏碳化硅二极管等。充气管能排除太阳辐射光的干扰,又能较好感应火焰发出的 1 850~2 850 Å 的辐射光,因而应用较广。光敏二极管的灵敏度很高,但对非火焰的紫外光的分辨能力略差。图 5.1.11 为某种紫外光探测器的工作部分示意图。为了提高探测的灵敏度并排除外来干扰,紫外探测器常装在离火焰较近的地方。

红外火焰探测器对波长大于 7 000 Å 以上的光辐射比较敏感。与紫外探测器不同,它可以装在离火焰较远的位置,因而常用于大面积和大空间的火灾探测。图 5.1.12 是一种常见红外探测器的原理图,它的头部安置一对透镜,用于滤除非红外光,然后光线才投射到敏感元件上。常用的敏感元件有硫化铝、硫化镉光电池等。此外,为了防止火焰外的红外光误启动探测系统,在输入电路上还设有某种形式的火焰闪烁频率识别器。实验表明,火灾扩散火焰的闪烁频率在 5~30 Hz 之间,探测器的频率识别器只识别这一范围的红外光。为了触发报警装置,探测器接收的辐射必须有一定的强度。对于常用的探测器,当闪烁频率为 12 Hz 时,触发报警装置的最低光照强度不低于 6 lx。

紫外探测器的灵敏度高,可靠性、维修方便性及稳定性中等,但探测的范围小。红外探测器的灵敏度、可靠性和维修方便程度中等,稳定性低,但探测的空间范围大。应根据现场的具体情况选择使用。

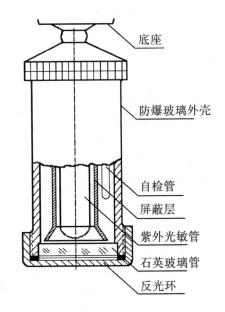

图 5.1.11　某种紫外火焰探测器原理图

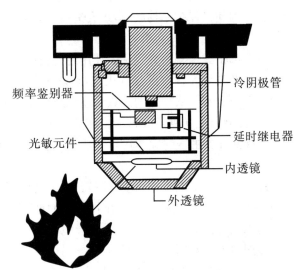

图 5.1.12　红外火焰探测器

4. 气敏探测器

发生火灾后,环境中某些气体的含量可发生显著变化。有些物质对这些特殊气体的反应比较敏感,于是便可用其来探测火灾。现在用于火灾探测的传感器主要有半导体气敏元件和催化元件。前者能对气相中氧化性或还原性的气体发生反应,使半导体的电导率发生变化,从而启动报警装置。图 5.1.13 为一种探测原理示意图。其中 GS 为气敏元件,由金属氧化物烧制而成;U_2 为测量 GS 电阻的电源;U_1 为 GS 的加热电源。可燃气体一旦扩散到气敏元件上,

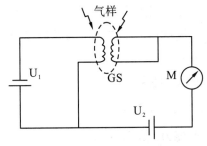

图 5.1.13　某种气敏探测器原理图

其电阻迅速下降,从而触发报警装置。后者能加速某些可燃气体的氧化反应,结果导致元件的温度升高,进而启动报警装置。这类探测器对预防液化石油气、天然气、煤气和汽油、酒精等气体火灾尤为有效。在石化企业、矿井中有着广泛的应用。

5. 图像监控式火灾探测器

闭路电视系统在许多建筑物内已使用多年,但常规的闭路电视系统只具有安全监控作用,而且安装费用很高。随着 CCD 等电子器件和计算机技术的发展,闭路电视监控系统得到了长足的发展。现在有关科研人员开始将这种技术加以改造,并应用到火灾监控上来。

目前开发的探测器主要是利用红外摄像原理。一旦发生火灾,火源及相关区的温度必然升高,可发出一定的红外辐射。在远处的摄像机发现这种信号,通过综合分析,若判断它是火灾信号,则立即发出报警,并将该区显示在屏幕上。值班人员可及时加以处理。在无值班人员的情况下,也可将系统设置成自动控制状态,及时启动对外报警、灭火或控烟系统。

图像式火灾探测器是一种非接触式的探测装置,有利于较早发现火灾,在某些场合具有突

出的优点,如大空间建筑内、灰尘较大的厂房仓库内等。加上它具有可视功能,有助于减少误报警,因此近年来得到了很快发展。现在这种系统往往与安全监控系统结合使用。

5.1.3 火灾探测器的故障分析

1. 故障类型

火灾探测器故障主要有漏报或误报两种情况。漏报指的是火灾已发展到应当报警的规模但却没有报警,误报指的是没有火灾却发出了报警信号。前者表明探测器没有发挥作用,安装的探测器等于虚设;而后者的经常出现则给使用单位带来了很多烦恼,这好比老是喊"狼来了"一样,造成人们对防火问题的麻痹。

探测器类型选择不当是造成漏报的主要原因之一。不同的火灾探测器都只对某些火灾信号比较敏感。有的火灾有较长的阴燃阶段,有的火灾热释放速率较快,有的火灾火焰辐射较强,应当根据建筑物的火灾特点选择探测器。一般说对于火灾初期有阴燃阶段、易产生大量烟和少量热、很少或没有火焰的场合,应选用感烟探测器;对于火灾发展迅速、能产生大量热的场合,应选用感温探测器;对于火灾发展迅速、有强烈火焰辐射但发烟较少的场合,应选用火焰探测器。建筑物的火灾特点是难以准确预料的,但可以根据模拟试验的结果进行估计。

建筑物的内部结构和顶棚特点、探测器的安装形式和位置等也对漏报有着重要影响。感温、感烟和气敏探测器都是接触式探测器,只有当足够浓或足够热的烟气到达探测器所在位置它们才能发生反应。假定探测器本身及线路没有故障,出现漏报往往是探测器没有探测到足够多的烟气。例如目前常用的感烟探测器基本上适用于普通民用建筑,其顶棚的高度一般不超过 10 m。这样当其地板附近起火时,火灾烟气可在几秒钟升到顶棚,并迅速形成烟气层,探测器能够起到及时发现火灾的作用。如果建筑物的内部空间较大、较高,烟气到达顶棚的时间必将延长,而且由于卷吸空气的稀释,烟气的浓度有所降低。等达到探测器的报警浓度时,火灾已经发展到相当大的规模,早期灭火的时机往往已被错过。

建筑物的顶棚形式是多种多样的。不少建筑物的顶棚不是水平的,有的有台阶,有的是尖顶,见图 5.1.14。探测器在这些顶棚下的安装方式不适当,就无法感受到烟气。一般,探测器应尽量装在位置较高的空间,图中给出了一些顶棚形式下的参考距离值。

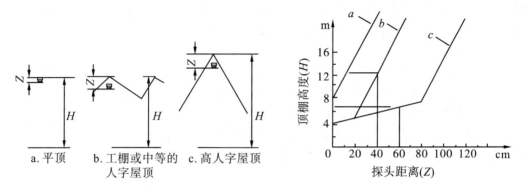

图 5.1.14 感烟探测器离顶棚的距离

但有时过于靠近顶棚也不合适。例如在夏季,环境温度较高时,可造成室内顶棚下的空气温度较高。它可以导致燃烧刚产生的烟气无法到达顶棚,这通常称为烟气的热降。若探测器离顶棚过近就会漏报警。为避免热降,感烟探测器应与顶棚保持一段距离。又如当室内有通风换气装置时,形成的强制空气流动可以使烟气偏斜,以致到不了探测器位置。所有这些都应具体情况分别对待。

造成探测器误报有结构方面的原因,也有使用方面的原因。前一方面主要与探测器的灵敏度有关,探测器的灵敏度过低会造成报警延迟,但太高了又容易发生误报,应当选择合适的报警灵敏度。现在通用的探测器大都将灵敏度设为若干级,如定温探测器的一级灵敏度的动作温度为 62 ℃,二级灵敏度的动作温度为 70 ℃,三级灵敏度的动作温度为 78 ℃;感烟探测器的一级灵敏度表示单位长度的烟气减光率达到 10% 报警,二级灵敏度表示该减光率达到 20% 报警,三级灵敏度表示该减光率达到 30% 报警等。一般,通过了法定检测机构认定的探测器都可选用。

2. 误报因素

统计表明,由于使用不当引起火灾误报主要有以下因素:

(1) 吸烟

这是大量事实所证明的,尤其是当房间顶棚较低而探测器的灵敏度较高时更容易发生。有时一个人吸烟就可干扰探测器的工作,3 个人同时吸烟足以使探测器发出报警。由于吸烟过程多为阴燃,生成的烟颗粒较大,故更容易使光电型探测器误报。

(2) 灰尘

灰尘对探测器的影响与烟颗粒相同,在安装探测器的房间内应当尽量减少空气中的灰尘。如果灰尘与油污混杂起来,还容易积聚在探测器的发射或接收元件上,产生长期不良影响。

(3) 水蒸气

当室内的湿度较大时,水蒸气可进入探测器内干扰探测器的工作。若水蒸气凝结在有关元件上,也会影响光线的发出和接收。造成室内水分过多主要有两种情况。一是室内存在水源或汽源,如厨房、洗衣间、房间漏水等。二是季节影响,如夏季,尤其是梅雨时节,容易出现室内湿度很大的情况。现在所用的大多数探测器适用于相对湿度低于 85% 的环境。

(4) 小昆虫和蜘蛛网

为了让烟气进入探测器内腔,通常设置一些进烟孔,并在孔口加上丝网,其主要目的是阻挡昆虫进入。但孔口过小又会影响烟气进入。出于综合考虑,目前常用的丝网孔径为 1.25 mm。它可挡住大昆虫,但小昆虫和小蜘蛛难免会进入。

(5) 炊事

做饭时常产生大量的烟气。尤其是炒、蒸、熏时产生的烟气量更大。这种烟中往往掺杂着油蒸气,对探测器的有害影响很严重。

(6) 缺乏清洁

这一因素对探测器的影响是逐渐增大的。探测器的使用时间长了,其内部总会积聚污染物,因此必须定期清洁。然而现在许多单位并未重视这一问题,他们的探测器往往几年不保养,这就难免经常发生误报。

为了有效减少误报警,应当根据建筑物的使用特点采取措施。在安有探测器的区域,尽量消除容易造成误报的物质因素,如对吸烟等作出必要的限制。对于确实无法消除的多灰或多水分场合,则宜选用其他类型的火灾探测器。

5.1.4 火灾探测器的发展方向

目前室内防火系统中最薄弱的环节是探测装置,而探测装置的关键部件是敏感元件,由此引起的火灾误报比例相当大。误报往往造成一系列不应有的恶果,并使人们感到烦恼。现在一方面应提高现有火灾探测器的质量,另一方面应注意研究新的探测方法。近年来以下方法受到人们的密切注意。

1. 复合式火灾探测器

以上所述的基本型探测器也可称为"单信号"探测,它们各自对某种火灾信号比较敏感,但对另外的信号却不敏感,或无法区别来自非火灾的类似信号。复合式火灾探测器的思想就是将几种探测原理结合在一起,以提高火灾探测的准确性。现在采取的复合方案很多,如感温与感烟结合、感温与气敏结合等。前不久,日本研制出一种热敏元件、CO 传感器和散射光电式结合的复合探测器,见图 5.1.15,据测试它在减少误报方面有较大改进。需要说明,复合式探测器并不是几种探测原理的简单合并,需要解决合理的分析判断方法。几类探测方法分别提供了不同范围的信息,它们可能相差较远,也可能有部分重叠。不恰当地按它们共同提供的信号作报警依据,或按它们都达到单独使用时的报警值为报警依据,都有可能延长报警时间。现在有些人开始使用模糊数学的理论发展火灾鉴别判断方法。

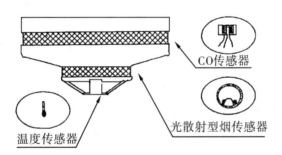

图 5.1.15   一种三信号的复合探测器

2. 高灵敏度吸气式探测器

在通信枢纽、计算机房、核电站、集成电路生产车间等很多场合,对火灾防治的要求比普通建筑要高得多,这就提出了超早期报警的需要。高灵敏度吸气式探测系统主要是针对这种需要开发的。它改变了普通探测器那种"等"烟的被动工作方式为"抽"烟的主动方式。通过某种管道将所监测区域的空气样本抽取到中心检测室,利用高强度的光源和高灵敏度的光接收元件,对样本进行分析。这种探测器的灵敏度比普通探测器可高出几百倍。图 5.1.16 为一种高灵敏度吸气式感烟探测器的原理图。其抽气管网分布在探测区域内,在吸气泵的作用下,空气样本通过采样孔流入。过滤器用于清除颗粒大于 20 μm 的大颗粒。测量光源为氙闪光管,光源发出的光并不直接射到接收元件上。烟气中若含有颗粒则会散射光线,从而使接收元件收到光信号。颗粒浓度不同产生的电压不同。据报道,这种探测器的减光率灵敏度每米可达0.05%。该系统的抽气管可达 10 根,每根长度可达 100 m。

现在最新设计的高灵敏度吸气式感烟探测器采取激光器作光源,直接对空气样本中的粒子计数,其灵敏度有了进一步提高。目前这类探测器的成本较高,采样方式和数据处理方面也有若干问题要进一步研究解决,但其优点极其明显,应用范围正在扩大。

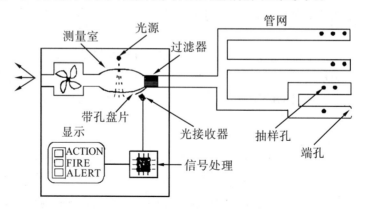

图5.1.16　高灵敏度吸气探测器原理图

另外,在一氧化碳极早期火灾探测研究方面也取得了突飞猛进的发展。大量的实验研究表明:火灾的早期阶段始终存在着含量比预测环境中含量高的一氧化碳,一氧化碳是几乎所有燃烧过程的生产物,在燃烧不充分的火灾早期更是如此,而且一氧化碳气体比空气轻,扩散性比烟雾更强,特别是许多常用感烟探测的误报源并不产生一氧化碳气体。目前已有多种采用离子传导性固体电解质和二氧化碳作为敏感元件的一氧化碳探测器投入使用,但是这些探测器大都存在着灵敏度低、稳定性差和易受环境影响等缺点,在实际应用中误报率和不报率较高。近年来国内外逐渐开始利用一氧化碳的红外光谱吸收的原理来研究其浓度的测量方法,这种测量方法灵敏度高、反应速度快,易结合神经网络等智能探测算法进行数据分析。随着这种探测器的探测准确性的提高,其在未来火灾探测中必将有着广泛的应用前景。

3. 无线传输式火灾探测器

在普通火灾探测报警系统中,探测器或其他终端装置是用导线与控制器连接起来的。为了保证传输信号的可靠,一般安装规范还规定使用铜芯线。一套火灾报警系统需要大量的导线。布置传输线的工作量很大,而且有些建筑物的布线有很多困难。无线传输式火灾探测器便应运而生。

无线火灾探测器的探测原理并没有大的改变,主要是在信号的无线传输质量上有较大突破。这类探测器要求有较高的抗干扰性能,美国松柏公司(ITI)的产品采取曾在军事技术中使用的数码传送和鉴别方法,较好地解决了探测器工作可靠性问题。无线火灾探测器一般用干电池供电,其代表工作频率为319.5 MHz,频宽为10 kHz,外来干扰很低,同时可兼顾射程和穿透力,可在一般建筑物内使用。

4. 家用火灾探测器

火灾统计表明,大约70%的建筑火灾发生在住宅建筑内,加强住宅火灾的探测报警非常必要。但使用实践表明,在家庭住宅这类建筑中,采用多路监控的方式并不合适。目前人们大都认为在家庭中宜采用具有同时探测和报警功能的单点探测器,或只带几个探测器的小型探测报警系统。

多次火灾试验均反映出,一般家庭火灾产生的可测烟气量比可测热量早,这是这种火灾与其他火灾的一个显著区别。因此在家庭中宜优先选用感烟型探测器,而只在某些特殊位置安装感温探测器。家用火灾探测器装有音量逐渐升高的音响装置,在 3.0 m 范围(大体为一个普通房间)内,输出的最大声级约为 85 dB。这样它足以惊醒大多数熟睡的人,但又不会对邻居造成太大干扰。

在美国等发达国家,家用火灾探测器的作用已为许多人所认识,其使用越来越广泛。图 5.1.17 给出了十来年中美国与瑞典家庭火灾探测器的安装情况。目前,家用火灾探测器在我国的重视程度还很不够,需要加强有关的宣传教育。

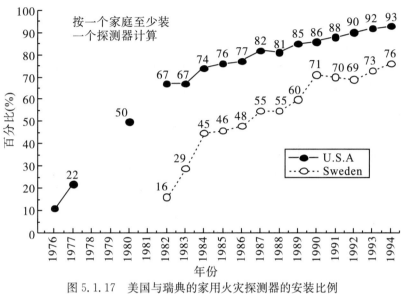

图 5.1.17 美国与瑞典的家用火灾探测器的安装比例

5.2 灭火的机理与方法

5.2.1 灭火的机理

火灾燃烧是一种快速化学反应,燃烧的维持需要有可燃物、氧化剂及足够的点火能,消除或限制其中的任一条件均可使燃烧反应中断,隔离、冷却、窒息和抑制等是扑灭火灾的基本方法。

隔离法是指通过限制或减少燃烧区的可燃物而使火灾熄灭的过程。由于把未燃物与已燃物隔开,从而中断可燃物向燃烧区的供应。如关闭可燃气体和液体阀门,将可燃、易燃物搬走等。

冷却法是通过降低温度来控制火灾或使火灾熄灭的过程。将温度低的物质喷洒到燃烧物上,使温度降低到该可燃物的燃点以下,或是喷洒到火源附近的物体上,使其不受火焰辐射的影响,避免形成新火源。

窒息法是通过限制氧气供应而使火灾熄灭的过程。用不燃或难燃的物质盖住燃烧物,断绝空气向燃烧区的供应,或稀释燃烧区内的空气,使其氧气含量降到维护燃烧所需的最低浓度以下,一般认为这一最低氧浓度约为 15%。

抑制法是通过使用某些可干扰火焰化学反应的物质而使火灾熄灭的过程。将有抑制链反应作用的物质喷洒到燃烧区,用以清除燃烧过程中产生的活性基,从而使燃烧反应终止。

可燃物的种类很多,其燃烧特性亦差别很大。根据国家标准《火灾分类》(GB4968-85),按照物质的燃烧特性,把火灾分为以下 4 类:

A 类指固体物质火灾。这种物质很多具有有机物性质,一般能在燃烧时产生灼热的余烬,如木材、棉、麻、毛、纸张火灾等。

B 类指液体火灾和可熔化的固体物质火灾,如汽油、煤油、柴油、原油、甲醇、乙醇、沥青、石蜡火灾等。

C 类指气体火灾,如煤气、天然气、甲烷、乙烷、丙烷、氢气火灾等。

D 类指金属火灾,如钾、纳、镁、钛、锆、锂、铝镁合金火灾等。

此外,在建筑灭火器配置设计中还专门提出 E 类火灾,它指的是电器、计算机、发电机、变压器、配电盘等电气设备或仪表及其电线电缆在燃烧时仍带电的火灾,一般,这类火灾与 A 类或 B 类火灾共存。

对于不同类型的火灾应采取不同的灭火方法,这样才能取得最好的灭火效果。灭火方法不当不仅会延误灭火时机,而且会造成火灾的扩大。这种案例已经发生过多次。现在主要的灭火设备均注明了适用范围及使用方法,对此人们应当正确了解。

喷到火区内用来扑灭火灾的物质称为灭火剂。水是最常用的灭火剂,大多数火灾都可用水扑灭,下面着重讨论水灭火的机理与应用。有些化学物质灭火剂对扑灭或控制某类火灾特别有效,本节也对若干其他的典型灭火剂的作用作了分析。

5.2.2　水基灭火体系

由于水的灭火效果较好、价格便宜、使用方便,水一直是建筑火灾中的主要灭火剂。各类建筑都应设计安装消防给水系统。在这一系统的设计中,合理解决消防供水是最重要的问题,要保证建筑物内各部分的水压能够满足相应灭火装置的要求,必要时还应当设计消防水泵,并结合建筑物的具体情况,铺设合理的室内外给水管道和消火栓。大量火灾案例表明,造成建筑火灾灭火不利的一个重要的原因是火场缺水或没有完善的消防给水设施,因此需要特别强调这一问题。

1. 水灭火的机理

将水直接喷向火区,首先水具有冷却作用,可使燃烧区的温度降低,燃烧强度减弱。水落到燃烧物表面上将使其温度降低,从而使其减少或停止析出可燃挥发分。在高温环境中水会迅速蒸发,这也可以吸收大量的热量。1 kg 的水由常温变为蒸汽约吸收 2 258 kJ 的热量,并且其体积大大增加,增大的比例约为 1:1 600。这就可有效地阻止助燃空气进入燃烧区,起到窒息作用。

灭火的水一般是通过某种喷头喷出的,以较小的水滴喷到火区。为了有效扑灭火焰,水滴必须能够穿透火羽流而到达燃烧物体的表面。火羽流具有一定的向上流动速度,实验表明,最大速度在间歇火焰区。根据 McCaffrey 的试验数据(参见图 2.3.5),该速度可写为

$$V_{0,\max} = 1.9 Q_c^{1/5} \quad (\text{m/s}) \tag{5-2-1}$$

式中,Q_c 为火源的热释放速率,单位为 kW。促使水滴下落有两种因素,一是喷出的动量,二是重力。在喷出的初期,第一种因素起主导作用,但由于空气阻力,其影响逐渐减弱,而重力影响则逐渐加强。水滴在重力作用下的末速至少等于羽流的最大向上速度才可穿透火羽流。

图 5.2.1 给出了在重力作用下,水滴穿过 3 种温度的空气时末速与滴径的关系。左侧纵坐标表示水滴末速,它与羽流最大速度 $V_{0,\max}$ 相对应。右侧坐标为按式(5-2-1)算出火源功率

Q_c。可见,在重力作用下直径小于2 mm的水滴将穿不透4 MW火焰上方的羽流。人们可以通过增加液滴动量来使小水滴穿过羽流,但其代价大,而且它一般只能起到冷却火焰气体的作用,不能有效降低可燃物的温度,因而对灭火(尤其是快速发展火灾)的贡献不大。但水滴过大将造成蒸发不充分,灭火效果不好,造成的水渍损失也较大。

用水灭火应当注意使用场合,例如水的导电性较强,因而对电气火灾,靠人用水龙扑救,就有可能造成电击伤。但当水滴很小(如雾状)时,形不成连续的水流柱,电击伤便不会发生了。又如水的密度比油大,因而用水扑灭油火时应控制水滴大小,使其能够到达液面又不至于大量沉到油面之下。

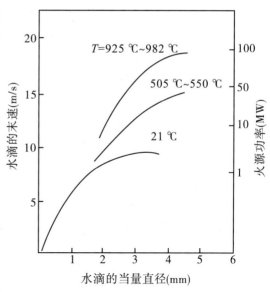

图 5.2.1　当量水滴直径与下降速度

水经过适当处理后灭火性能会更好。现在有两种方案,一是加入浓缩剂制成增稠水,这种水落到燃烧的可燃物表面上不易很快流失,从而延长了水的作用时间。另一种是加洗涤剂等制成湿润水,这种水的表面张力降低,且增加了水的渗透和扩张能力,对于扑灭木材类火尤为有效。水还是多种其他灭火剂的载体,在那些灭火剂中合理地加入水有助于更好地发挥其灭火作用。

2. 自动喷水灭火系统的类型与组成

建筑物的喷水灭火系统主要包括消防给水系统和喷水灭火设备两大部分,常用的水灭火设备有固定消火栓和自动喷水灭火系统,在此重点讨论自动喷水灭火系统。

自动喷水灭火系统包括水泵、输水管、水喷头、水流控制阀和若干辅助装置。根据水从水源到喷头的形式,系统大体分为以下5种形式。

(1)湿式系统

图5.2.2为某种湿式自动喷水系统示意图。本系统的水管内无论何时均充有加压水,发生火灾时,产生的热量作用到该区的有关喷头上,使其工作元件启动,水立即喷出灭火。

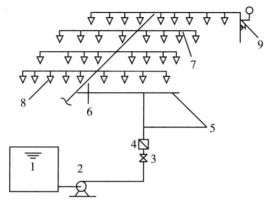

1. 水池　2. 水泵　3. 总控制阀　4. 湿式报警器　5. 配水干管
6. 配水管　7. 配水支管　8. 闭式喷头　9. 末端试水装置

图 5.2.2　某种湿式自动喷水系统示意图

这种系统适用于水在管道内无冰冻危险的场合。湿式系统的结构较简单,维修方便,建设和运行费用都较低,是当前常用的喷水灭火系统之一。

(2) 干式系统

干式自动喷水系统与湿式系统基本类似。这种系统的喷头与充有加压空气或氮气的管道连接,而管道通过报警控制阀与加压水管相连。当喷头的工作元件受火灾影响启动后,充气管内压力下降,导致报警阀另一侧的水压打开阀门,水再从任意开启的喷头喷出灭火。

这种系统适用于不能正常采暖的场合,如寒冷和高温场所。由于增加了一套充气设备,其建设投资比一般湿式系统大,平时维护也较为复杂。

(3) 预作用系统

图 5.2.3 为某种预作用自动喷水系统示意图。这种系统的喷头前的管道内也充有气体,可加压,也可不加压。发生火灾时,该区的辅助火灾探测装置先动作,从而将水流控制阀打开,水进入管道内。当喷头被火灾产生的热量启动后便像湿式系统喷头那样灭火。这种系统适用于水喷头偶尔损坏或管道破裂对建筑物没有太大水渍危害的场合。

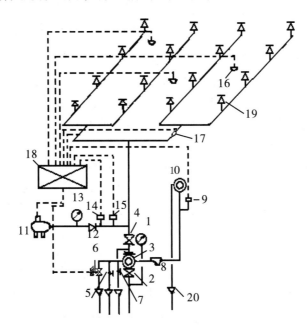

1. 阀前压力表　2. 控制阀　3. 预作用阀(采用干式报警阀火雨淋阀)
4. 检修阀　5. 手动阀　6. 电磁阀　7. 试水阀　8. 过滤器　9. 压力继电器
10. 水力警铃　11. 空压机　12. 止回阀　13. 压力表　14. 低压压力开关　15. 高压压力开关
16. 火灾探测器　17. 水流指示器　18. 火灾报警控制箱　19. 闭式喷头　20. 排水漏斗(或管或沟)

图 5.2.3　某种预作用自动喷水示意图

预作用自动喷水灭火系统是近年来发展起来的,由于与火灾探测报警系统联动,可有效地克服湿式系统容易造成水渍危害和干式系统喷水延缓的缺陷。与普通湿式系统相比,其造价和维持费用都增加不多。

(4) 雨淋系统

图 5.2.4 为某种雨淋自动喷水系统示意图。这种系统的喷头始终处于开启状态,平时输水管内无水。当火灾报警装置被火灾信号启动后雨淋阀打开,水进入管系内,可从所有的喷头

喷出。一般管道上还装有手动阀门开启装置。这种系统的喷水量很大,因此只在某些需要特殊保护的区域使用。

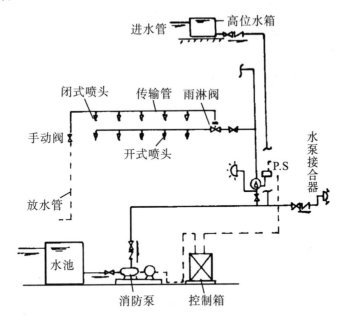

图5.2.4　某种雨淋式喷水系统示意图

雨淋系统的喷水面积较大,适宜对有关场合实施整体保护,一般用于火灾危险性大,可燃物集中、燃烧放热多而快的建筑和构筑物。

（5）水幕系统

图5.2.5为某种水幕自动喷水系统示意图。该系统的喷头喷出的水呈现水幕状,一般与防火门、防火卷帘门配合使用,可对其起冷却作用,并阻止火灾的蔓延。有时也用在某些建筑物的门窗洞口等部位。

图5.2.6为一种水幕系统与木质门配合安装的示意图,由于水幕作用,可大大提高门的抗火能力。

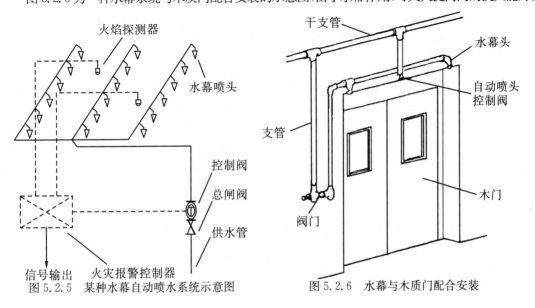

图5.2.5　某种水幕自动喷水系统示意图　　　　　图5.2.6　水幕与木质门配合安装

在建筑物内经常使用的水灭火系统还有水雾灭火系统,这可认为是自动喷水灭火系统的一个特例。对这种系统在我国单独制定了设计规范(GB 50219-95)。水雾灭火系统的组成结构和雨淋系统相似,两者的主要差别在于水喷头不同。图 5.2.7 为某种水雾自动喷水系统示意图。水雾喷头喷出的水滴很小,一般为 0.02~2.0 mm,灭火时的冷却作用较水滴强,窒息灭火效果好,而且具有良好的绝缘性。不仅可灭固体火灾,还可用于扑灭液体和电气火灾,目前普遍认为这是卤代烷灭火剂的一种理想替代物。

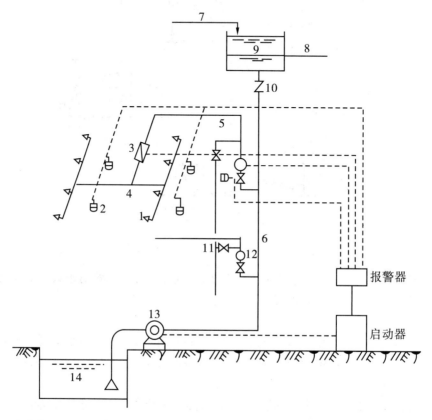

1. 水雾喷头 2. 火灾探测器 3. 水流指示器 4. 配水管 5. 干管 6. 供水管 7. 水箱进水管
8. 生活用水出水管 9. 消防水箱 10. 单向阀 11. 放水管 12. 控制阀 13. 消防水泵 14. 消防水池
图 5.2.7 某种水雾自动喷水系统示意图

水雾灭火系统主要用于保护工业领域中的专用设施,如油浸电力变压器、电缆、电气控制室等。这种系统对运行条件要求较高,应当经常检查水泵、过滤器、喷头等的工作状况,并由专门人员负责维修和管理。

另外为了改进单一水系统的灭火功能,很多国家还研制了一些复合系统,如干式和预作用结合系统、干式与湿式结合系统等。前者的主要目的是防止火灾探测装置发生故障。当火灾信号正常启动该探测装置时,本系统按预作用系统方式喷水;当火灾探测装置发生故障,系统也能按普通干式系统方式灭火。后者也有若干设计形式。有的系统部分管道为干式,部分管道为湿式,视安装场合确定;有的夏秋为湿式,冬春为干式。但各种实际设计都应符合设计规范。

设计自动喷水灭火系统时,首先应考虑建筑物的危险等级,了解其中生产或储存的可燃物的性质、数量、堆放状态、火灾扑救难度及建筑物本身的耐火性等。通常将建筑物的火灾危险性分为严重、中等、轻度危险 3 级,国家标准中对湿式、干式和预作用式 3 类自动喷水灭火系统设计参数作了规定,见表 5.2.1。

表 5.2.1　三类自动喷水灭火系统设计参数

建、构筑物的危险等级		设计喷水强度 $(1/(min \cdot m^2))$	作用面积 (m^2)	喷头工作压力 (Pa)
严重危险级	生产性	10.0	300	9.8×10^4
	储存性	15.0	300	9.8×10^4
中等危险级		6.0	200	9.8×10^4
轻度危险级		3.0	180	9.8×10^4

3. 洒水喷头的结构型式

洒水喷头是自动喷水灭火系统的关键部件,按其出口的封闭形式,可分为开式和闭式两类。本节着重讨论现在称为自动洒水喷头的闭式喷头。

自动洒水喷头主要包括底座、溅水盘和动作元件等部分,图 5.2.8 为一种常见顶棚安装式喷头的示意图。喷头通过带丝扣的底座安装在水管的设定端口上,内壁面光滑以减小流动阻力。动作元件实际上是一种热敏元件,平时被压封在喷口上,阻止水的流出。当达到了预定温度时,它便自动开启,让水喷出来灭火。

这类动作元件为易熔合金和其他热敏材料。常用的易熔合金是由锡、铅、镉、铋混炼成的,其熔点确定,适宜作定温控制用。易碎玻璃球通常是用耐热玻璃密闭制成的,其内部装有特殊配制的液体,并残留一个小空气泡。玻璃球受热后,液体膨胀,气泡被压缩,并逐渐被液体吸收。当气泡完全消失后,液体的压力将快速升高,直至胀破玻璃球,使水由喷口释放出来。由于玻璃球工作可靠、制造成本较低,近年来发展得很快,现已成为我国自动洒水喷头的主导产品。其他热敏元件目前用得较少,但其改进研究仍在进行。

图 5.2.8　顶装式洒水喷头

溅水盘的作用是将喷出的水柱分散成一定保护面积的细水滴。喷水量由水流压力和喷口直径决定,每种喷头均有规定的工作压力和流量。溅水盘的形式则决定了水滴的尺寸和保护面积的大小,各种喷头对溅水盘均有一定的要求。

在环境温度不同的场合安装喷头,其公称动作温度宜比环境最高温度高 30 ℃。现在已有一批定型的标准洒水喷头,表 5.2.2 列出了这类喷头的公称动作温度及其色标,可供选用时参考。

表 5.2.2　自动洒水喷头的公称动作温度及其色标

玻璃球式	公称动作温度(℃)	57	68	79	93	141	182	227	260	343
	工作液体颜色	橙	红	黄	绿	蓝	紫红	黑	黑	黑
易熔元件式	公称动作温度(℃)	57～77	80～107	121～149	163～191	204～246	260～302	320～343		
	轭臂色标	本色	白	蓝	红	绿	橙	黑		

建筑物的结构形式是复杂多变的,室内存放的物品也种类繁多,实际上时常出现普通喷头不能令人满意的情形。因此研制特殊喷头成为当前灭火研究的一个重要方面。目前正在发展的主要形式有:

(1) 大水滴喷头。其溅水盘作了特殊设计,可结合较大的水流量以形成大水滴。这种水滴能穿透高强度火灾所产生的上升羽流。

(2) 快速反应喷头。其动作元件的感温动作时间比普通喷头短得多,例如有的只有普通喷头的五分之一。这种喷头适用于特别需要注意保护人员生命安全的场合。

(3) 耐腐蚀喷头。在有腐蚀气氛的场合下,普通喷头不能按规定工作,需要采取防腐措施,其基本办法是加涂层。常用涂层有蜡、沥青、铅等。一般对热敏动作元件也要加涂层,应注意的是这可能影响其正常工作,因此对加涂层的喷头需要另行测试。

(4) 侧装式喷头。这种喷头可向一侧喷射绝大部分水,其喷射距离比顶装式的大。这种喷头可根据需要确定喷射方向,且管路安装简单,适宜装在火险不太高的房间内,如办公室、客房、餐厅等。

(5) 隐蔽式喷头。该喷头的所有部分全都隐装在特殊挡板的上方,这样室内的顶棚平整美观。发生火灾时,挡板脱落,使喷头露出,随后按规定温度启动。

(6) 水雾喷头。为了形成细水雾,喷头的喷射压力比普通喷头高得多,因此其喷口形状需要特别设计,有的采用多个小孔,有的喷口内壁面采用螺旋槽道以便使水高速旋转喷出。一种水雾系统对所用喷头有确定的要求,一般不能用其他形式的喷头代替,否则会严重影响喷雾效果。

4. 自动喷水灭火系统的检测与维护

根据各国的统计资料来看,安装自动喷水灭火系统的费用并不高,一般只占建筑工程总造价的 $1\%\sim3\%$。如果当地具有完善的火灾保险体系,则在几年内少缴的保险费就可支付这些安装费用。从减少火灾损失和防火总代价方面看也是合算的,各地都有许多安装了这种系统而有效控制火灾的案例。推广应用自动喷水灭火系统是搞好火灾安全的重要措施。

应当指出,火灾中也多次出现过自动喷水灭火系统未发挥作用的情况。主要原因是缺乏正常而合理的检查和维护。为了使自动喷水灭火系统有效发挥作用,有的国家已开始制定专门的检查、试验和维护标准,我国也在向这方面发展。这项工作的规范化应当考虑以下方面:

(1) 建筑物的火险状况与消防设施的关系是否恰当。就是说已安装的自动喷水灭火系统能否达到预定的灭火或控火目的。当建筑物的使用性质发生变化后,需要对其火险程度做新的评估。

(2) 消防用水是否充足。造成自动喷水灭火系统未能发挥作用的一个重要原因是缺乏足够的消防用水,前面已结合消火栓讨论过这一问题。自动喷水灭火系统对消防给水的要求更高,应严格按本系统的规范检查给水情况。

(3) 输水系统的工作状况。对喷淋泵、稳压泵、压力表、控制阀、水力报警装置等进行定期检查和试验,不同装置的检查与试验期分别按情况制定,在这方面已有若干规定。由于水中的异物或水管的锈蚀等,可能造成管道堵塞,应该定期进行管道冲洗。这项工作应由有经验的专门人员承担,以判断有关机构是否存在问题。

(4) 喷头的状况。洒水喷头是直接灭火的部件,也是容易损坏的部件。需要检查有无机械损伤、腐蚀或油漆涂料覆盖,有无外部物体遮掩。对有故障的喷头应及时更换同型号的喷头。

（5）管道系统的防冻检查。在气候寒冷地区,自动喷水灭火系统还需要注意防冻。冰冻不仅会堵塞管道,还可能破坏管道。对于小范围的冻结可及时将管中的冰融化,并消除引起冰冻的原因。有时可在水中加入防冻液以降低其冰点。加防冻液的水应和生活用水分开,且应符合当地的卫生标准。每年应对这种防冻水的性能进行一次测定。

5.2.3　室内其他灭火系统

在建筑物内还配备有多种其他形式的灭火系统或灭火器,这也是室内灭火的重要设施,这里主要讨论固定灭火系统。常用的室内灭火系统有二氧化碳灭火系统、干粉灭火系统、泡沫灭火系统和卤代烷灭火系统,现分别介绍一下它们的灭火机理及使用方法。

1. 二氧化碳灭火系统

二氧化碳(CO_2)是完全燃烧产物,与大多数物质均不反应,主要靠窒息作用灭火。二氧化碳在常温下为气体,但容易液化(三相点为$-57℃$),通过加压容易装在钢瓶内。当二氧化碳从灭火器喷嘴喷出时,压力降低,使液态二氧化碳变成气体喷出,其中还夹带着一些微小的固体干冰颗粒。因此这种二氧化碳除了靠窒息灭火外,还对可燃物表面有冷却作用。二氧化碳对火场的设备影响小,不留残余物,因此常用来扑灭价格昂贵的电气仪器火灾。

但二氧化碳灭火也有一定的局限性,二氧化碳是气体,容易流动,因而不宜用它扑灭对流较强区域的火。它不像水那样对固体可燃物有浸渍作用,故不能扑灭深层火。对于钠、钾、镁、钛等活性金属或氢化金属火灾也不能用二氧化碳灭火,因为它们可使二氧化碳分解。二氧化碳还不适宜扑灭硝酸纤维之类的含氧物质火灾。

使用二氧化碳灭火还应当特别注意人身保护。通常大气中含有3%的二氧化碳便会使人呼吸加快;含9%时,大多数人只能坚持几分钟就会晕倒。而喷注二氧化碳灭火的区域内,二氧化碳的浓度可达30%以上,所以只有当确认人员全部撤离后才可喷射二氧化碳。有的地方安装了二氧化碳自动喷射设备,防止这类设备的误动作应当引起足够的重视。在设置二氧化碳灭火系统的场所应配备专用的空气或氧气呼吸器。

二氧化碳灭火有两种基本方法,一是全淹没法,二是局部应用法。全淹没法是在规定时间内将足够多的二氧化碳喷到整个防护空间内,使其中形成一种灭火气氛。防护空间的密封程度是这种系统应用成败的关键,如果墙壁或地板有开口,大量二氧化碳将会流失,使其灭火气氛减弱。局部应用法是通过特定的喷嘴直接将二氧化碳喷到着火物表面。这种可燃物是比较确定的,喷嘴应在其上方或侧上方安装。喷射流量应根据可燃物的形状确定。当其表面较平整时用面积法,设计中应考虑一个喷头的保护面积。当其形状不规则,需用体积法。

二氧化碳灭火系统应设自动控制、手动控制和机械应急操作3种启动机构。主要目的是防止其误动作。

2. 泡沫灭火系统

泡沫灭火剂是按某些专门配方配制的发泡剂浓缩液,将其与水掺混并充气搅拌,可以生成大量气泡结构。这种泡沫很轻,容易浮在可燃物的上方,形成连续的泡沫覆盖层,从而隔断了氧气向燃烧区的供应。因此它们也主要是靠窒息作用灭火的。泡沫中含有较多的水,对燃烧区还有一定的冷却作用。

泡沫灭火剂最终生成的泡沫体积与没有掺混前的液体体积之比称为发泡倍率。根据发泡倍率的大小，泡沫灭火剂分为 3 类：① 低倍率泡沫，发泡倍率小于 20；② 中倍率泡沫，发泡倍率为 20～200；③ 高倍率泡沫，发泡倍率为 200～1 000。低倍率泡沫容易形成冷却的黏附的覆盖层，适宜扑灭可燃和易燃液体的流淌火灾和油罐火灾。高、中倍率泡沫主要用于扑灭油、气火灾，还常用来充填某些封闭空间以扑灭其中的火灾，例如地下室、船舱、电气设备室等。为了取得最好的灭火效果，应当注意不同泡沫灭火剂所适用的火灾场合。

泡沫灭火剂主要有化学泡沫和空气泡沫两大类。化学泡沫是将硫酸铝水溶液、碳酸氢钾水溶液和发泡剂分别装在灭火器内的筒体中。灭火时将它们混合，利用化学反应产生的较高压力，将泡沫液喷出。这种灭火器一经启动便不能停止，只能任全部气体喷完。它还必须经常换药，因为化学泡沫剂放置时间长了要变质。加上空气泡沫的发展和改进较快，目前化学泡沫已用得不多了。

空气泡沫有蛋白、氟蛋白、水成膜和抗溶泡沫等几类。蛋白泡沫灭火剂含有高分子的天然蛋白聚合物，是通过化学浸渍和水解天然蛋白质固体得到的。这种泡沫密集而黏稠，稳定性好，没有毒性，且在稀释后能生物降解。氟蛋白泡沫的结构和蛋白泡沫相似，只是其中还含有氟化表面活性剂。这使得灭火泡沫有脱离可燃物而上升的特性，当将其投入火油品中时，它可很快升到液体表面形成泡沫层，因此灭火效果较好。此外这种泡沫与干粉灭火剂的相容性比普通泡沫好。水成膜泡沫是氟蛋白泡沫的另一类型，其氟化表面活性剂能使泡沫迅速在燃油表面上形成水溶液薄膜，从而有效地隔绝空气和可燃物。有些可燃物具有水溶性或水混性，如醇类、酮类、胺类、清漆稀释剂等。用普通泡沫扑灭这种火时，泡沫很容易破裂，灭火效果受影响，为此人们开发出了抗溶泡沫液。其中的添加剂可使水成膜中生成类似悬浮凝胶的物质，以保证泡沫层的完整性。

泡沫灭火系统一般要使用回转泵输入空气，使其将水和发泡剂吸入，在流动过程中混合，然后再由喷嘴喷出灭火。使这些物质进行比例混合是形成合适泡沫的重要因素。人们已开发了多种比例混合器，但由于灭火场合和灭火设备的差异，更合理、更实用的比例混合器仍是重要的研究课题。

3. 干粉灭火系统

干粉灭火剂是一种粉状混合物，其颗粒为 $10～75\ \mu m$。干粉灭火剂的类型很多，目前常用的干粉灭火剂是以磷酸氢铵、碳酸氢钠、碳酸氢钾和磷酸一铵等为基料制成的，其中混入多种添加剂，以改善其流动、储存和斥水性。常用的添加剂有硬脂酸金属盐、磷酸三钙、硅油等，它们涂在干粉颗粒表面，有利于流动，同时可防止由于潮湿和震动引起的结块。

干粉灭火剂喷洒到燃烧区中就会受热分解，生成 CO_2 和 H_2O 及一些活性物质。例如碳酸氢钾（紫钾粉）的灭火的主要过程为：

$$2KHCO_3 \rightarrow CO_2 + K_2CO_3 + H_2O \qquad 受热$$

$$K_2CO_3 \rightarrow CO_2 + K_2O \qquad 受热$$

$$K_2O + H_2O \rightarrow 2KOH \qquad 燃烧产生$$

$$KOH + H\cdot \rightarrow K + H_2O$$

及

$$KOH + OH\cdot \rightarrow KO\cdot + H_2O$$

反应产生的 CO_2 和 H_2O 具有窒息灭火作用，而活性物质易于消除燃烧反应产生的活性基,具有抑制灭火作用。磷酸氢铵干粉分解后还可生成多磷盐,它可附着在可燃物表面和微孔中阻止空气与可燃物接触。干粉在扑灭液体火灾时非常有效,还常用于扑灭电气设备火灾。但干粉对燃烧区没有冷却作用,当用普通干粉扑灭某些易燃物火灾时,有时会发生复燃现象。为了克服这一缺点,干粉灭火剂常与水灭火剂联合使用。近年开发的称为通用干粉的灭火剂也能较有效地扑灭一般固体火灾,这种灭火剂现已成为主要的干粉灭火剂。

　　干粉灭火剂的应用有固定系统、手提软管系统和灭火器 3 种。干粉系统需设计粉源、动力气源、启动装置、输送管道、喷嘴等,它们主要用在易燃液体生产和储存较集中的场合。现在干粉灭火剂在手提灭火器上使用很广,对此本书不展开讨论。

　　干粉灭火剂本身是无毒的,但如果在室内使用不当也可能对人的健康产生不良影响,如人吸进了干粉颗粒会引起呼吸系统发炎。在常温下,干粉是稳定的,当温度较高时,其中的活性成分将分解。一般规定干粉灭火剂的储存温度不超过 49 ℃。另外不加区别的将不同类型的干粉混在一起是有危险的,它们可以发生反应生产二氧化碳,发生结块,并可能引起爆炸。

4. 卤代烷灭火系统

　　卤代烷灭火剂还常称为"哈龙"灭火剂。碳氢化合物中的氢原子部分或完全被卤族元素取代而生成的化合物称为卤代烷。在灭火技术上使用的卤代烷化合物只含 1、2 个碳原子,使用的卤元素只为氟、氯和溴。表 5.2.3 中给出了一些常见卤代烷的分子式与习惯编号,编号中的数字顺序分别表示该分子中含的碳、氟、氯、溴的数目。如果未含某种元素,则用零代替。于是1301 表明含 1 个碳原子、3 个氟原子、1 个溴原子、不含氯原子。作为灭火剂使用的卤代烷主要是 1301 和 1211。

表 5.2.3　卤代烷灭火剂的编号

化学名称	分子式	编　号	化学名称	分子式	编　号
二氟二氯甲烷	CF_2Cl_2	1220	氯溴甲烷	CH_2ClBr	1011
三氟一溴甲烷	CF_3Br	1301	四氟二氯乙烷	$C_2F_4Cl_2$	2420
二氟一氯一溴甲烷	CF_2ClBr	1211	四氟二溴乙烷	$C_2F_4Br_2$	2402
七氟丙烷	CF_3CHFCF_3	—			

　　研究认为,卤代烷灭火剂是通过中断燃烧的链反应而灭火的。例如 1301 主要按下述方式影响燃烧过程:① 1301 受热分解成 Br·;② Br· 与可燃物中的含氢化合物反应生成溴化氢;③ 溴化氢与 OH· 反应再次放出 Br·;④ Br· 又可与更多的燃料分子发生反应②,而反应③阻止了 OH· 直接参加燃烧化学反应,故使链反应中断,燃烧停止。

　　这类灭火剂的灭火速度快,用量少,灭火后在现场不留痕迹和残渣,适宜电子设备和文物存放场所的火灾保护,其自身的化学稳定性和热稳定性都较好。但卤代烷具有一定毒性,不过一些毒性较大的卤代烷禁止作为灭火剂使用。据研究,1301 的毒性最小,1211 次之。测试表明,1301 在空气中的浓度低于 10% 时,人在其中待上 10 min 对健康亦没有影响。然而卤代烷热解产物的毒性会显著增大,因此用卤代烷包括 1301 等灭火后,应当及时通风以清除残留的灭火剂及其分解产物。另有研究表明,卤代烷热解产物的毒性一般比着火产物的毒性低,因此不应当把卤代烷热解产物的毒性估计过高。

　　应当指出的是,使用卤代烷灭火后,残余的灭火剂及其分解产物将全部进入大气。研究发现,这对大气臭氧层具有很大的破坏作用。为了保护大气臭氧层,限制卤代烷灭火剂等产品的使用已成为国际间的共识。1987年联合国又在加拿大蒙特利尔市签署了《关于消耗臭氧层物质的蒙特利尔议定书》(以下简称《议定书》)。按照《议定书》的要求,主要经济发达国家须在1994年1月1日起停止生产和使用哈龙。中国政府于1991年6月正式加入《关于消耗臭氧层物质的蒙特利尔议定书》修正案,并规定于从1997年开始逐年削减哈龙1211灭火剂的生产,2005年全部淘汰哈龙1211,2010年完全淘汰哈龙1301。因此,研制有效的哈龙替代产品是当前灭火剂研究的一个热门课题。

5.3 烟气控制的途径与方式

烟气控制系统是一种在火灾条件下的通风工程,不仅要具有一般通风工程的基本功能,而且要具有许多特殊的功能。

控制火灾烟气在建筑物内的蔓延主要有两个基本方式:一是防烟,二是排烟。防烟是指用具有一定耐火性能的物体或材料把烟气阻挡在某些限定区域,或者说防止烟气流到可对人对物产生危害的地方。排烟就是使烟气沿着对人和物没有危害的渠道排到建筑外,从而消除烟气的有害影响。排烟有自然排烟和机械排烟两种形式。自然排烟适用于烟气具有足够大的浮力、可能克服其他阻碍烟气流动的驱动力的区域。不过在许多现代化建筑中,可用自然排烟的区域有限,通常广泛采用机械排烟。虽然这种方法需要增加很多设备,但可有效克服自然排烟的局限性。

在烟气蔓延的过程中会不断将周围的空气卷吸进来,从而使烟气总量大大增加。因此防烟与排烟装置的位置离开起火点越近越有助于控制烟气的蔓延。能够将烟气控制在起火房间,或在起火房间内将烟气排到室外效果越好。但是在每个房间内都安装排烟系统是不现实的,通常只会在一些较大的房间或大厅内直接安装排烟装置。

大型建筑的内部空间结构是相当复杂的,其防排烟的具体位置和方式需要认真选择,实际上往往是几种方法的有机结合。防排烟形式是否合理不仅关系到烟气控制的效果,而且关系到经济投入的大小。

5.3.1 固体壁面防烟

1. 固体壁面的类型与使用

固体壁面是防止烟气从起火房间或浓烟区向外蔓延的主要建筑构件,例如隔墙、隔板、楼板、梁、挡烟垂壁等。固体壁面可以用砖与水泥砌成,也可用其他薄板材料制成。为了能够有效防烟,固体壁面不应有缝隙、漏洞或无法关闭的开口。

固体壁面是一种被动式防烟方式,它能使离火源较远的空间不受或少受烟气的影响。对于这种防烟作用,有些人常觉得这不过是不用计算的启发式方法,实际上它具有非常重要的作用,需要进一步加深对正确发挥这种基本方法好处的认识。固体壁面挡烟可以单独使用,同时也是加压防烟的基本条件,两者需要配合使用。

2. 缝隙间的流率与压差的计算

事实上,固体壁面本身也存在一定的烟气泄漏,泄漏量由该物体缝隙的大小、形状以及该物体两侧的压差决定。缝隙的两侧存在压差就能引起气体流动。可以用多种方程描述空气或烟气流率与压差的关系,在此仅讨论一些可供工程应用的计算建筑物缝隙流动的方程。通过缝隙的流率与压差的关系可表示为下述一般形式:

$$Q = f(\Delta P) \tag{5-3-1}$$

式中,Q 为流过给定路径的体积流率,ΔP 为跨过该路径的压差,f 为通用函数关系。依据路径的几何尺度和雷诺数 Re 的不同,函数 f 取不同的形式。压差可表示为

$$\Delta P = P_i - P_0 + \rho g(Z_i - Z_0) \tag{5-3-2}$$

式中,P_i 和 P_0 分别为路径的进、出口压力,ρ 为路径内气体密度,Z_i 和 Z_0 分别为路径的进、出口高度,g 为重力加速度。雷诺数 Re 可表示为

$$Re = D_h V / \upsilon \tag{5-3-3}$$

式中,D_h 为路径的特性尺寸,V 为流体的平均速度,υ 为流体的运动黏度。

式(5-3-1)和(5-3-2)假设,流通路径内的气体密度是定常的,路径的进、出口的压力和高度也都不变。用这种方式不适于分析进、出口压力随着高度剧烈变化的情况,而高温烟气流却经常处于这种情况。不过对于烟气控制设计来说,流动分析只能限于普通建筑物和一般外界温度的情形,所以这种表达式仍可用于烟气控制和建筑内的空气流动分析。下面讨论几种具体的函数形式。

当 Re 较大时,为动力控制的流动,流率与路径压差的平方根成正比:

$$Q = CA\sqrt{2\Delta P / \rho} \tag{5-3-4a}$$

式中,Q 为通过路径的体积流率($\mathrm{m^3/s}$),C 为无量纲流通系数,A 为流通面积(或泄漏面积)($\mathrm{m^2}$),ρ 为路径内的气体密度($\mathrm{kg/m^3}$),ΔP 为路径两端压差(Pa)。依据路径的几何尺寸,动力控制流动的 Re 在 $2\,500\sim4\,000$ 之间。在这样大的 Re 下,流动转变为湍流。

式(5-3-4a)是以伯努利(Bernoulli)方程为基础建立的,本应限定在定常、无摩擦、不可压的流动情况下应用。然而通过引入流通系数 C 也可计算存在黏性摩擦损失和动力损失的情况。流通系数 C 决定于 Re 和路径的几何特性。对于通过门缝和建筑缝隙内的流动中,系数 C 一般在 $0.6\sim0.7$ 之间。若空气密度 $\rho = 1.2\,\mathrm{kg/m^3}$,流通系数 $C = 0.65$,上面流动方程可表达成

$$Q = K_f A \sqrt{\Delta P} \tag{5-3-4b}$$

系数 K_f 约为 0.839。此式为标准温度($21\,℃$)和标准大气压($101\,\mathrm{kPa}$)下的流率公式。

当 Re 为 $100\sim1\,000$ 时为黏性控制的流动,具体值依据路径的几何形状确定。在低 Re 时,流率与压力损失成正比。对于两块无限长平行平板间的泊松(Poiseuille)流,两板间的速度分布是抛物线型的,流体速度仅在与流动垂直的方向上变化。这种流动是层流,其平均速度 V 与压力损失 $\mathrm{d}P/\mathrm{d}X$ 成正比:

$$V = -\frac{a^2}{12\mu} \frac{\mathrm{d}P}{\mathrm{d}X} \tag{5-3-5}$$

式中,a 为平板间的距离(或缝隙宽度),μ 为流体的绝对黏性系数,P 为压力,X 为气体流通方向。

形成抛物速度分布需要一定距离,而建筑物的实际缝隙不可能无限深。入口段的压力损失($\mathrm{d}P/\mathrm{d}X$)要比在充分发展段损失大。另外,由于缝隙之外也存在流动,所以还存在进、出口

压力损失。因此实际流动与平板泊松流存在一定偏差。

不过,在建筑物中还大量存在介于黏性力控制和动力控制之间的流动,这类流动可用下面的指数形关系表示:

$$Q = C_e(\Delta P)^n \tag{5-3-6}$$

式中,Q 为体积流率(m^3/s),C_e 为指数方程的流通系数($m^3/(s \cdot Pa^{-n})$),ΔP 为路径两侧的压差(Pa),n 为流通指数,其值在 0.5 到 1.0 之间。

方程(5-3-6)只是近似给出了流率与压差间的关系,C_e 和 n 的值都依赖于 ΔP 的范围。已经证明,对计算低压差下通过建筑物多个小缝隙流动时此公式很有用。但它没有像式(5-3-4a)和式(5-3-5)那样直接给出与流通路径几何尺寸的关系。对于特殊的流通路径,C_e 的值必须凭经验确定。

在分析建筑物空气流时,内部路径的指数常取为 0.5,外部墙壁的指数常取为 0.6 或 0.65。烟气控制设计中最关心的是内部路径的压差,把流通指数都取为 0.5 对于设计来说足够精确。式(5-3-4a)和式(5-3-4b)就是这样处理的。

3. 缝隙流动的计算

Gross 和 Haberman 发展了一种计算流过不同形状缝隙的泄漏量的通用方法,他们是通过确定了下面两个无量纲数之间的函数关系来实现的:

$$Q_N = Re(a/x) \tag{5-3-7}$$

$$P_N = \frac{\Delta P D_h^2}{\rho v^2}\left(\frac{D_h}{x}\right)^2 \tag{5-3-8}$$

式中,Q_N 为无量纲流率,P_N 为无量纲压差,Re 为雷诺数,a 为垂直于流动方向的缝隙宽度,x 为平行于流动方向的缝隙深度,ΔP 为缝隙两端的压差,D_h 为特征直径($D_h = 2a$),ρ 为缝隙内的气体密度,v 为运动黏性系数。

对于直通缝的进口部分,当流动尚未达到充分发展段之前,无量纲流率与压差的关系见图 5.3.1。可看出流过这种直通狭缝的流动可大体分为 3 段,各段上的函数关系是:

Ⅰ 段(黏性力控制段,$P_N \leqslant 250$)

$$Q_N = 0.010\,42 P_N \tag{5-3-9}$$

Ⅱ 段(过渡段,$250 < P_N < 10^6$)

$$P_N = 0.016\,984 P_N^a \tag{5-3-10}$$

其中,$a = 1.017\,46 - 0.044\,181 lg(P_N)$

Ⅲ 段(动力控制段,$P_N \geqslant 10^6$)

$$Q_N = 0.555 P_N^{1/2} \tag{5-3-11}$$

Ⅰ、Ⅲ 两段的方程是 Gross 等人导出的,但他们对 Ⅱ 段的分析过于复杂。在此选用了 Forney 导出的公式,使用表明它与 Gross 的原公式相差不到 6%,并且在端点处与其他两段连接较好。将 Re 的定义式代入式(5-3-7),就可得到流过直通缝的体积流率:

$$Q = \frac{vxLQ_N}{D_h} \tag{5-3-12}$$

式中,Q 为体积流率(m^3/s),Q_N 为无量纲流率,x 为流动方向的缝隙深度(m),D_h 为特征直径(m),L 为狭缝的长度(m),v 为运动黏性系数(m^2/s)。

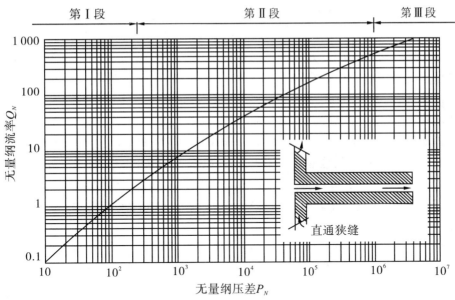

图 5.3.1　流过直通狭缝的流率和压力

门缝通常是有一个或多个弯折的。对于一个或两个弯折的狭缝,其无量纲流率 Q_N 可由直通缝的 Q_N 乘以 F_1 或 F_2 的流通系数得到,见图 5.3.2。F_1 和 F_2 的计算值亦可见表 5.3.1。

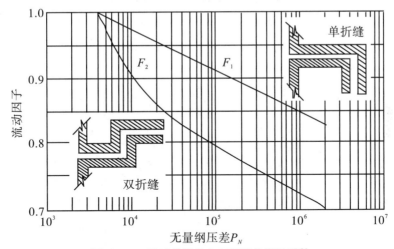

图 5.3.2　通过单折缝和双折缝的流通系数

表 5.3.1　单折缝和双折缝的流通系数

无量纲压力(P_N)	单折缝(F_1)	双折缝(F_2)	无量纲压力(P_N)	单折缝(F_1)	双折缝(F_2)
<4 000	1.00	1.00	100 000	0.910	0.793
7 000	0.981	0.939	200 000	0.890	0.772
10 000	0.972	0.908	400 000	0.872	0.742
15 000	0.960	0.880	1 000 000	0.848	0.720
20 000	0.952	0.862	2 000 000	0.827	0.700
40 000	0.935	0.826			

例 1 结合图 5.3.3 估算对流过门缝的流率。设空气参数取值如下: $T_0 = 21$ ℃,$\rho = 1.20$ kg/m³,$v = 1.52 \times 10^6$ kg/m³,门两侧的压差 ΔP 为 37.3 Pa。

对于门的底缝:$a = 0.0127$ m,$D_h = 2a = 0.0254$ m,$L = 0.914$ m,$x = 0.0445$ m。

由式(5-3-8)得 $P_N = 28.2 \times 10^6$;由式(5-3-11)得 $Q_N = 2950$;再由式(5-3-12)得到通过底边狭缝的流率:$Q_1 = 0.0718$ m³/s。

对于门的上边和侧边狭缝:$a = 0.00305$ m,$D_h = 2a = 0.00610$ m,$L = 5.18$ m,$x = 0.0602$ m。

同样由式(5-3-8)得 $P_N = 51000$,由式(5-3-10)得 $Q_N = 109.8$,由式(5-3-12)按直通缝计算,$Q = 0.0855$ m³/s,而门的这些部分为单折缝,故取 $F_1 = 0.93$,于是 $Q_1 = 0.0855 \times 0.93 = 0.0792$ m³/s。

通过门缝的总的流率为:$Q_i = 0.0718 + 0.0792 = 0.151$ m³/s。

4. 缝隙的流通面积

进行烟气控制设计时,必须确定流通路径并估算流通面积。有些路径是明显的,如门缝、敞开的门、窗、电梯门等。但建筑物墙壁和地板上的裂缝就不那么明显,而它们的作用也很重要。

大开口的流通面积容易计算,而裂缝的流通面积计算就困难得多。裂缝流通面积的大小主要取决于施工水平,如门的装配质量、有无防风雨条等。表 5.3.2 列出了一种常见门的门缝流通面积。这些流通面积可供式(5-3-4a)或式(5-3-4b)使用,计算中 $C = 0.65$。

表 5.3.2　某种门的缝隙流通面积

门　宽(m)	顶缝和侧缝宽度(m)	底缝宽度(m)	门缝流通面积(m²)
0.914	0.000508	0.00508	0.0005
0.914	0.000508	0.00635	0.0073
0.914	0.000508	0.0127	0.0144
0.914	0.000508	0.0191	0.0214
0.914	0.00203	0.00635	0.0157
0.914	0.00203	0.0127	0.0227
0.914	0.00203	0.0191	0.0297
0.914	0.00305	0.00635	0.0225
0.914	0.00305	0.0127	0.0295
0.914	0.00305	0.0191	0.0364
0.914	0.00406	0.00635	0.0288
0.914	0.00406	0.0127	0.0358
0.914	0.00406	0.0191	0.0428
1.12	0.000508	0.00508	0.0005
1.12	0.000508	0.00635	0.0089
1.12	0.000508	0.0127	0.0175
1.12	0.000508	0.0191	0.0260
1.12	0.00203	0.00635	0.0173
1.12	0.00203	0.0127	0.0258
1.12	0.00203	0.0191	0.0344
1.12	0.00305	0.00635	0.0241

续表

门　宽(m)	顶缝和侧缝宽度(m)	底缝宽度(m)	门缝流通面积(m²)
1.12	0.003 05	0.012 7	0.032 6
1.12	0.003 05	0.019 1	0.041 2
1.12	0.004 06	0.006 35	0.030 4
1.12	0.004 06	0.012 7	0.038 9
1.12	0.004 06	0.019 1	0.047 5

注：1. 这种门高为 2.13 m，厚为 0.045 5 m，门框突缘为 0.015 7 m。

2. 流通面积供式(3-4-8)计算流量，其中 $C=0.65$，$\rho=1.2$ kg/m³，$\Delta P=37.3$ Pa，Q 也可用格罗斯的方法求出。

商业建筑墙壁和地板的典型裂缝面积可见表 5.3.3。这些数据是以加拿大国家研究院(NRCC)进行的试验为基础的。可以明确，实际的裂缝面积大小主要决定于施工水平而不是建筑材料。某些特殊建筑的裂缝面积有时会与表中列的数值有差别。例如在敞开的楼梯门道中可形成稳定的旋流，从而导致通过门道的流率比按式(5-3-5)把几何面积作为流通面积来计算的流率小得多。因此建议将敞开楼梯井门厅的流通面积取为其几何面积的一半。处理敞开楼梯井门道的另一种方法是仍采用其几何面积，但减小流通系数。由于这种方法不能直接应用式(5-3-5)，所以在本书中没有采用。

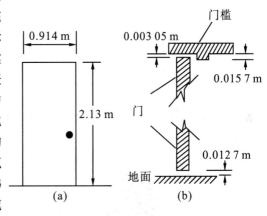

图 5.3.3　某门的尺寸及其缝隙示意图

不少通向外界的通风管道内往往存在某些阻挡物，例如，有的开口外常常罩着百叶窗或滤网，因此实际流通面积要小于路径面积。又因为百叶窗中的板条通常是斜置的，使得流通面积的计算更加复杂。

假定某楼梯井墙壁为一般严密，楼梯与建筑内部的门面积为 2.13 m×0.91 m，门的顶缝和侧缝宽为 0.002 03 m，门的底缝宽为 0.006 35 m。楼梯井面积为 2.44 m×5.49 m，顶棚距地板 3.05 m，求楼梯井与建筑之间的总缝隙面积。

可算出楼梯井的墙壁面积是：$2×(2.44＋5.49)×3.05＝48.4$ m²。从表 5.3.3 得，这种情况下的墙壁裂缝面积与墙壁面积比是 $0.11×10^{-3}$，故墙壁裂缝面积是 $0.11×10^{-3}×(4.48)＝0.053$ m²。又由表 5.3.2 知，此门的门缝流通面积为 0.015 7 m²。因此对每一楼层而言，楼梯井与建筑物之间的总缝隙流通面积为 $0.005 3＋0.015 7＝0.021 0$ m²。

表 5.3.3　商业建筑的典型裂缝面积

构　件	严密度	面积比
1. 建筑外墙(包括构件裂缝门窗边缝)	严密	$0.7×10^{-4}$
	一般	$0.21×10^{-3}$
	较松	$0.42×10^{-3}$
	很松	$0.13×10^{-2}$

续表

构　件	严　密　度	面　积　比
2. 楼梯井墙(包括构件裂缝,但不包括门窗边缝)	严密	0.14×10^{-4}
	一般	0.11×10^{-3}
	较松	0.35×10^{-3}
3. 电梯井墙(包括构件裂缝,但不包括门的边缝)	严密	0.18×10^{-3}
	一般	0.84×10^{-3}
	较松	0.18×10^{-2}
4. 地板(包括构件裂缝和贯穿孔的边缝)	严密	0.66×10^{-5}
	一般	0.52×10^{-4}
	较松	0.17×10^{-3}

注:面积比指的是裂缝面积与墙壁总面积之比。

5.3.2　机械送风防烟

机械送风防烟主要有两种机理,一种是使用风机可在防烟分隔物的两侧造成压差从而控制烟气流过,另一种是直接利用空气流阻挡烟气。

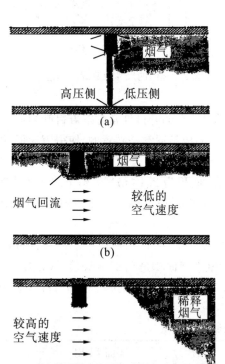

图 5.3.4　挡烟门两侧的压差及气体流动

1. 正压送风

设建筑物某隔墙上的门是关闭的,门的左侧可以是疏散通道或避难区,通过风机可使该侧形成一定的高压。若门的右侧存在热烟气,则穿过门缝和隔墙裂缝的空气流能够阻止烟气渗透到高压侧来,见图5.3.4(a)。若门被打开,空气就会流过门道。当空气流速较低时,烟气便可经门道上半部逆着空气流进入避难区或疏散通道,如图5.3.4(b)所示。但如果空气流速足够大,烟气逆流便可全部被阻止住,见图5.3.4(c)。阻止烟气逆流所需的空气量由火灾的释热速率决定。由此可见,加压控制烟气有两种情形,一是利用分隔物两侧的压差控制,二是利用平均流速足够大的空气流控制。

实际上加压也是在门缝和建筑缝隙中产生高速空气流来阻止烟气逆流,所以两者的控制原理相同。但是在讨论烟气控制设计时,将它们分别考虑是有好处的。若分隔物上存在一个或几个大的开口,则无论对设计还是对测量来说都适宜采用空气流速;但对于门缝、裂缝一类小缝隙,按流速设计和测量空气流速都不现实,这时适宜使用压差。另外将两者分开考虑,强调了对于开门或关门的情况应采取不同的处理方法。

为了保证加压引起的膨胀不成为问题,加压系统中应当设计一种可将烟气排到外界的通道。这种通道可以是顶部通风的电梯竖井,也可由排气风机完成。现在加压送风系统普遍用在加压楼梯井和分区烟气控制方面。

2. 空气流

在某些情况下,还可用直接使用空气流(Airflow)防烟。在铁路和公路隧道、地下铁道的火灾烟气控制中,空气流用得很广泛。用这种方法阻止烟气运动需要很大的空气流率,而空气流又会给火灾提供氧气,因此它需要较复杂的控制。正因为这一点,空气流在建筑物内的应用不太多。在此仅指出,空气流是控制烟气的基本方法之一,除了大火已被抑制或燃料已被控制的少数情况外,建议不采用这种方法。

Thomas 结合图 5.3.5 对在走廊里用空气流完全阻止烟气蔓延作了分析。如图所示,烟气与进入的空气流形成一定夹角的界面。分子扩散是会造成微量烟气传输的,它不会对上游构成危害,但可闻到烟气味道。空气流必须保持某一最小速度,若低于此速度,烟气就会流向上游。Thomas 得出的临界速度的公式为

$$V_k = k\left(\frac{gE}{w\rho c T}\right)^{1/3} \tag{5-3-13a}$$

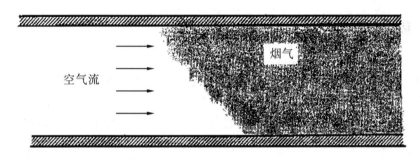

图 5.3.5 在走廊内用空气流防止烟气逆流

式中,V_k 为阻止烟气逆流的临界空气速度,E 为对走廊释放热量的速率,w 为走廊的宽度,ρ 为上游空气密度,c 为下游气体的比热,T 为下游气体的绝对温度,k 为量级为 1 的常数,g 为重力加速度。

设下游气体参数为离火源足够远区域的参数,且其沿走廊断面的分布均匀。若取 $\rho=1.3 \text{ kg/m}^3, c=1.005 \text{ kJ/(kg·℃)}, T=27 \text{ ℃}$ 和 $k=1$,则临界空气速度为

$$V_k = k_v\left(\frac{E}{w}\right)^{1/3} \tag{5-3-13b}$$

系数 k_v 约为 0.292。

此公式适用于走廊内有火源或烟气可通过敞开门道流入走廊的情形。用公式(5-3-13a)和(5-3-13b)计算的临界速度是近似的,因为 k 用的是近似值。该公式表明,阻止烟气逆流的空气临界速度应根据火源的功率选择。图 5.3.6 给出了式(5-3-13b)的典型计算值。

例 2 在宽为 1.22 m、高为 2.74 m 的走廊内有一功率为 150 kW 的火源(大体相当于一个纸篓着火),试计算阻止烟气逆流所需的空气流率。

由式(5-3-13b)或图 5.3.6,可得出临界风速是 1.45 m/s,而走廊的截面积为 1.22×2.74 = 3.34 m²,空气流率等于截面积与速度的乘积,即约为 4.7 m³/s。

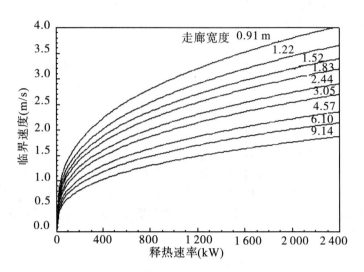

图 5.3.6　走廊内防止烟气逆流的临界速度

使用空气流将导致氧气的供入是人们普遍关心的问题。Huggett 曾对多种天然与合成的固体材料燃烧时的 O_2 消耗量作了计算。他发现在建筑火灾中绝大多数物质燃烧时，每消耗 1 kg 的 O_2 所放出的热量约为 13.1×10^6 J。O_2 在空气中的重量比是 23.3％，所以若 1 kg 空气中的 O_2 全部消耗掉，约放出 3.0 MJ 的热量。由此可以看出，阻止烟气逆流的空气量可支持相当强的火灾。在商用和住宅楼里经常堆放着许多可燃物(如纸、木板、家具等)，一旦起火，其燃烧强度相当大。即使一般情况下楼内可燃物数量不太多，但在短期内存放较多的可燃物也经常发生(如楼房装修，货物交接等)。因此建议在建筑物内一般不要采用空气流来控制着火区的烟气。

3. 开门力的计算

在高层建筑中设置安全区十分重要，按照规定烟气不能进入这些安全区域。但它能否有效挡烟还应当处理好以下矛盾：火灾燃烧造成的压差会促使烟气向疏散通道流动。解决此问题的一种方法是对安全区加压，当其中的压力高于建筑物起火部分的压力时就会有纯空气流出，从而阻止烟气进入。

为了维持加压空间的压力，在其与失火区之间应当安装挡烟门。在建筑物着火时这种门应当能及时关闭以挡住烟气，但人们过来时又应当能够顺利通过挡烟门进入安全区，即要求该门必须打开相当长时间。加压空间内的压力越高，其防烟效果越好。但是这种压力也会对人员的推门进入带来一些问题。打开防烟空间的门是需要一定力量的，如果开门力过大将导致人们开门困难或根本打不开门，以致无法通向避难区或出口。现结合图 5.3.7 对有加压空间的开门力进行讨论。门轴上的总力矩可表示为

$$M_r + A\Delta P(W/2) - F(W - d) = 0 \qquad (5\text{-}3\text{-}14)$$

式中，F 为门所受的合力(N)，M_r 为关门器和其他摩擦力的力矩(N·m)，W 为门的宽度(m)，A 为门的面积(m^2)，ΔP 为门两侧的压差(Pa)，d 为拉手到门边的距离(m)。

M_r 包括关门器力、门轴摩擦、门和门框的摩擦等所有的对门轴的力矩，门的装配质量低劣可导致这种力矩很大。门拉手用来克服门轴摩擦的力一般是 2.3～9 N。将式(5-3-14)重新

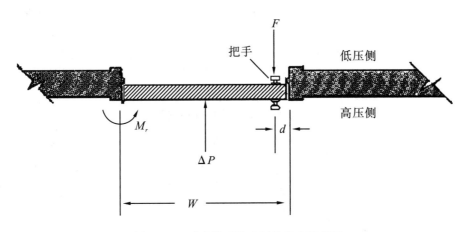

图 5.3.7 在烟控系统中门的受力示意图

整理可得

$$F = M_r/(W-d) + (W \cdot A \cdot \Delta P)/2(W-d) = F_r + F_p \qquad (5\text{-}3\text{-}15)$$

式中,F 为总的开门力(N),F_r 为克服关门器和其他摩擦的分力(N),F_p 为克服空气压差的分力(N)。

此公式假设开门力全部作用在拉手上。通常克服关门器的力大于 13 N,有时甚至达到 90 N。对关门器力的估算应当慎重,因为在门关闭时关门器产生的力与打开门所要克服的关门器的力不同。在开门的初期,克服关门器所需的力较小;而把门打到全开的位置需要的力要大得多。这里讨论的是在门初开阶段的开门力。由压差所产生的开门分力可由图 5.3.8 查出。该图中假定门高2.13 m,拉手安装在离门边 0.076 m 的位置。

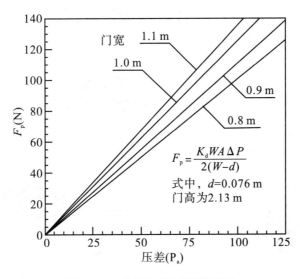

图 5.3.8 由压差产生的开门分力

若某门的尺寸为 2.13 m×0.91 m,其两侧压差为 62 Pa,克服关门器和摩擦力的分力为 44 N,拉手安装在离门边 0.076 m 的地方,由式(5-3-15)可得,此门的开门力是 110 N。

在讨论挡烟门两侧压差时,适宜兼顾考虑最大与最小容许压差。最大容许压差应以不产生过大的开门力为原则。一个人开门所用的力,取决于此人的力量、拉手位置、地板与鞋之间的摩擦、开门方式(是拉还是推)等因素。Read 等研究了不同人的开门力,表 5.3.4 列出了一些代表结果。可以看出,小女孩的最小推力为 46 N,老年妇女的最小推力只有 83 N。上述推力是按单手渐渐增大产生的,且身体不前倾。若身体前倾,并用双手推,力量能增加到 652 N。对门突然冲撞,推力可达到 780 N。

表 5.3.4 儿童与老年人的开门力测试数据

年 龄	作用方式	性 别	平均(N)	最大(N)	最小(N)
5～6 岁	推	男	90	155	32
		女	73	126	46
	拉	男	120	184	82
		女	86	141	48
60～75 岁	推	男	237	540	92
		女	162	309	83
	拉	男	306	786	102
		女	201	407	100

根据美国消防协会《生命安全规范(Life Safety Code)》(NFPA101,2000)中对生命安全的规定,打开安全逃生设施任意门的力不应超过 133 N。从 Read 的数据中可以看出,133 N 的临界值对多数人是适当的,但的确还有一些人的推、拉力量不够大。

5.3.3 自然排烟

在火灾烟气具有足够大的浮力、可能克服其他阻碍烟气流动的驱动力的区域可以采用自然排烟。排烟窗、排烟口、排烟井是建筑物中常用的自然排烟形式。

1. 自然排烟的形式

自然排烟方式实质上利用热烟气与冷空气的对流运动来实现排烟的。这种排烟设施均应位于建筑物的上部或顶棚上。图 5.3.9 给出了两种自然排烟的形式。

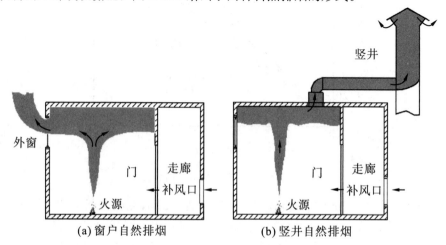

(a) 窗户自然排烟　　　(b) 竖井自然排烟

图 5.3.9 自然排烟的典型形式

(1) 利用建筑的阳台、凹廊或在外墙上设置便于开启的外窗或排烟窗进行无组织的自然排烟。其优点是：① 不需要专门的排烟设备；② 火灾时不受电源中断的影响；③ 构造简单、经济；④ 平时可兼作换气用。但也存在不足之处，这种排烟方式受室外风向、风速和建筑本身的密封性或热压作用的影响，排烟效果不太稳定。

(2) 竖井排烟。在防烟楼梯间前室、消防电梯前室或合用前室内设置专用的排烟竖井，依靠室内火灾时产生的热压和室外空气的风压形成"烟囱效应"，进行有组织的自然排烟。这种排烟当着火层所处的高度与烟气排放口的高度差越大，其排烟效果越好，反之越差。优点是不需要能源，设备简单，仅用排烟竖井（各层还应设有自动或手动控制的排烟口），缺点是竖井占地面积大。

2. 自然排烟时的烟气层厚度

为了使烟气具有足够大的浮力，在室内积累的烟气层必须具有一定的厚度。当上部热烟层较薄时，自然排烟系统不能有效工作，见图 5.3.10(a)。因此应当在建筑物的顶棚处设计一定的蓄烟池(Smoke pool)，图 5.3.10(b)便为一种上凸式蓄烟池。烟气流入池内后，容易积累形成足够深(>1 m)的烟气层，从而提供自然排烟所必须的浮力压头。

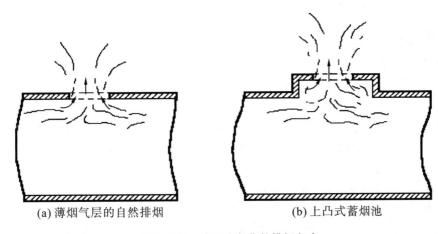

(a) 薄烟气层的自然排烟　　　　　　(b) 上凸式蓄烟池

图 5.3.10　有顶人行街的排烟方式

当本建筑物与较高建筑相连时，则必须注意其顶棚上方的压力分布，若外部压力高于人行街内的压力，自然排烟就无法进行，应当使用风机加强排烟。

在许多建筑中，难以设置较深的蓄烟池，这时也可设置挡烟垂壁（或挡烟帘），见图 5.3.11。挡烟帘可在建筑物顶棚下形成小的蓄烟池，见图 5.3.11(a)。设计有效自然排烟所需要通风口的数目、大小和位置可用前面介绍的方法进行，此外还应考虑火区的规模、建筑物的高度、屋顶的形式和屋顶上面的压力分布等因素的影响。

下面简要讨论一下屋顶形式和外部压力的影响。屋顶有平顶、斜顶等多种形式，不同顶棚对挡烟垂壁（或挡烟幕布）有不同的要求。挡烟垂壁不仅可以阻止烟气蔓延，还可使烟气在顶棚的蓄烟池内建立浮力压头，以加强烟气从排烟口流出。对于平面面积较大的建筑，采用挡烟垂壁是一种很有效的方法。因为失火房间产生的烟气进入大面积区域后将会显著冷却，可能失去自然排烟所需的浮力。若在失火区域附近构成图 5.3.11(a)所示的蓄烟池，将有利于加强直接排烟。但是由此排出的烟气量必须足够大才能防止烟气进入大面积区域。

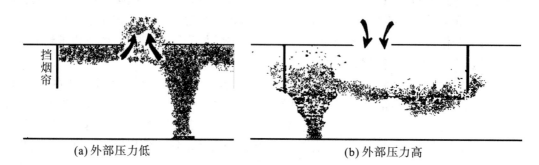

(a) 外部压力低　　　　　　　　　　　　(b) 外部压力高

图 5.3.11　自然排烟与挡烟帘的配合使用

但是如果屋顶上方的压力为正值(可能是外部有风造成的),则自然排烟效果会大大降低。当外界压力过大时,还可能出现逆向进风现象,见图 5.3.11(b)。这是自然排烟方式的固有缺点。

5.3.4　机械排烟

1. 机械排烟的形式

机械排烟是利用风机造成的流动来实现排烟的。机械排烟可以单独应用,也可以与自然排烟配合使用,主要有以下 3 种组合形式:

第一种是正压送风与自然排烟的组合,见图 5.3.12。起火房间或蓄积烟气的房间内有一定的自然排烟口,同时房门可打开。通过风机向起火房间附近的走廊或房间送风,使这些区域的压力升高,于是新鲜空气便可通过门口进入有烟房间,驱使烟气从排烟口流出。

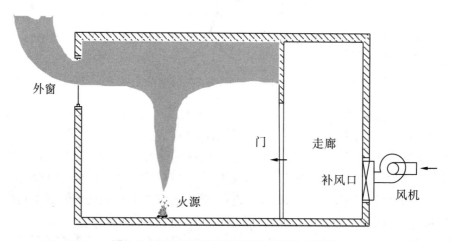

图 5.3.12　正压送风与自然排烟的组合排烟

应当指出,对于起火房间来说,新鲜空气的进入可以驱除烟气,但也会因供应氧气而助燃,有时能够加剧火灾的发展。同时当新鲜空气以较大的流速进入能够对烟气层的稳定造成一定的影响。因此需要注意使用场合和送风的时机,对于仍然存在火焰的房间不宜过早送风,送风口的面积不宜过小。

第二种是负压排烟与自然补风的组合,见图 5.3.13。在需要排烟的上部安装某种排烟风机,风机的启动可使进烟管口处形成低压,从而使烟气排出。而房间的门、窗等开口便成为新鲜空气的补充口。

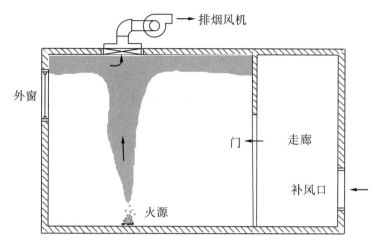

图 5.3.13 负压排烟与自然送风的组合排烟

使用这种方式需要在进烟管口附近造成相当大的负压,否则难以将烟气吸过来。如果负压程度不够,在室内远离进烟管口区域的烟气往往无法排出。若烟气生成量较大,烟气仍然会沿着门窗上部蔓延出去。另外,由于这种风机直接接触高温烟气,所以应当能耐高温,同时还应当在进烟管中安装防火阀,以防烟气温度过高而损坏风机。不过这种排烟方式的设计、安装都比较方便,因此成为目前采用最多的机械排烟方式。

第三种是负压排烟与机械补风的组合,见图 5.3.14。一般称这种方式为全面通风排烟方式。使用这种方式时,通常让送风量略小于排烟量,即让房间内保持一定的负压,从而防止烟气的外溢或渗漏。

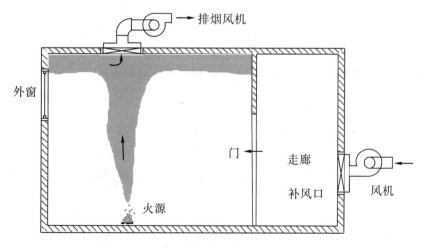

图 5.3.14 负压排烟与机械补风的组合排烟

全面通风排烟方式的防排烟效果应好,运行稳定,且不受外界气候状况的影响。但由于使用了两套风机,其造价偏高,且在风压的配合方面需要精心的设计,否则难以达到预定的排烟效果。

2. 负压排烟时的烟气层吸穿问题

为了有效地排除烟气,通常都要求负压排烟口浸没在烟气层之中。当排烟口下方存在足够厚的烟气层或排烟口处的速度较小时,烟气能够顺利排出,见图 5.3.15(a)。不过也会对烟气与空气交界面产生扰动,加剧烟气与空气的掺混。当排烟口下方无法聚积起较厚的烟气层或者排烟速率较大时,在排烟时就有可能发生烟气层的吸穿现象(Plugholing),见图 5.3.15(b)。此时有一部分空气被直接吸入排烟口中,导致机械排烟效率下降。同时,风机对烟气与空气界面处的扰动更为直接,可使得较多的空气被卷吸进入烟气层内,增大了烟气的体积。

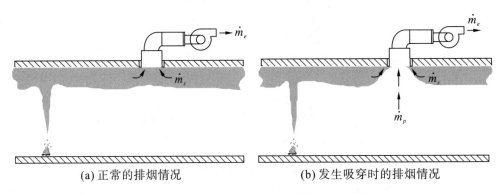

  (a) 正常的排烟情况   (b) 发生吸穿时的排烟情况

图 5.3.15 机械排烟时排烟口下方的烟气流动情况

Hinckley(1995)提出可以采用无量纲数 F 来描述自然排烟时的吸穿现象,其定义如下:

$$F = \frac{u_v A}{(g\Delta T/T_0)^{1/2} d_e^{5/2}} \tag{5-3-16}$$

式中,u_v 为通过排烟口流出的烟气速度(m/s),A 是排烟口面积(m^2),d_e 是排烟口下方的烟气层厚度(m),ΔT 是烟气层温度与环境温度的差值(K),T_0 是环境温度(K),g 是重力加速度($\mathrm{m/s}^2$)。

刚好发生吸穿现象时的 F 的大小可记为 $F_{critical}$。Morgan 和 Gardiner 的研究表明,当排烟口位于蓄烟池中心位置时,$F_{critical}$ 可取 1.5,当排烟口位于蓄烟池边缘时,$F_{critical}$ 可取为 1.1。根据式(5-3-16),发生吸穿现象时,排烟口下方的临界烟气厚度可表示为

$$d_{critical} = \left[\frac{V_v}{(g\Delta T/T_0)^{1/2} F_{critical}}\right]^{2/5} \tag{5-3-17}$$

3. 排烟口与补风口的布置

烟气控制的一条重要原则是设法保持烟气体积最小,应当尽量避免烟气发生大范围的扩散和长距离的流动。例如当烟气沿建筑物的顶棚流动很长距离,其温度将会迅速降低,烟气将向地面沉降。因此排烟口应当有合理的分布和数量。

为了充分排烟,机械排烟口最好浸没在烟气层之中。如果能够在离火源较近的区域(例如起火房间内)安装排烟口,其排烟效果最好,但是在实际建筑中,一般不可能在每个房间都安装排烟风机;若能够在走廊的适当位置排烟,也能够较好的排除烟气,在有条件的建筑中可以采用,但对于大型建筑来说,这种中部排烟不容易设置;在建筑物的中庭、前厅等区域集中排烟时,烟气的体积势必大大增加了,不过在这种情况下,排烟风机的安装最为方便,且数量较少,

故在实际工程中仍得到广泛的应用。

排烟口应当保持足够的流通面积,就是说要具有一定的数量、且每个排烟口有适当的面积。排烟口的面积过小将造成流动阻力过大,通常其有效流通面积可根据排烟口处的气体流速小于 10 m/s 设计。排烟口数量适当多些、且分布在各个有烟气的区域有助于强化排烟效果。在有些情况下,排烟口的形状对排烟也有较大影响。例如在图 5.3.16 所示的通道中,与正方形的排烟口相比,长条形的排烟口更有利于排出烟气。如果再在排烟口下游安装一定的挡烟垂壁,则还会进一步改进排烟效果,见图 5.3.17。

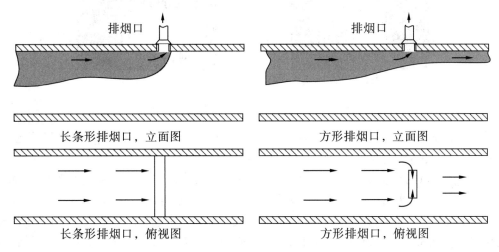

图 5.3.16 排烟口形状对排烟效果的影响

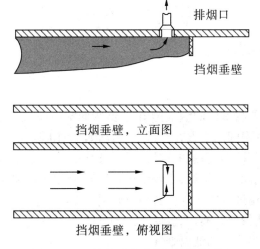

图 5.3.17 挡烟垂壁对排烟效果的影响

补风口指的是室外新鲜空气进入室内的入口,对于机械送风来说通常称其为送风口,对于自然补风来说通常称其为进风口。为了减少新鲜空气风与烟气层的混合,补风口应当安排在离烟气层较远的地方,一般应当靠近地面。不过当室内的空间较高时,补风口的位置也可以升高一些。同时补风口应当有足够的流通面积,有适当的数量,并合理的分布在建筑物的不同位置。

排烟口和补风口的布置不合理,主要会出现以下问题:

(1) 如果补风口位于地面附近、且距火源较近时,则流进的空气会很快到达火源,为火源的燃烧提供大量的氧气,以致促进火势的增大。当补风速度过大时,火焰还往往会被吹偏,图5.3.18为火焰被风吹偏的典型情形。这种情况下如果火源附近存在其他可燃物,就非常容易被引燃。在这种情况下,可将补风口的位置适当抬高一些,不让新鲜空气直接流向火区。

(a) 未开补风口　　　　　　　　　　　　(b) 打开补风口

图5.3.18　补风口离火源较近时的影响

(2) 如果补风口位置与排烟口的距离过近,例如补风口在排烟风机正下方,使空气被直接抽到上部并排出去,即造成气体流通短路,达不到充分排烟的目的。

(3) 当补风口的高度较高时,烟气层界面降到了补风口高度时,这样补充的空气可直接进入到烟气之中,从而造成它们之间的掺混更为剧烈,也会影响排烟效果。

(4) 建筑物中有些区域没有门窗,很难形成气体对流,例如地下建筑靠边缘的房间、长通道的端部。若补风口和排烟口也都离得比较远,则烟气容易在这些区域内造成积聚,尽管排烟风机有较高的流率,也无法对这些"死角"区造成影响。

因此,需要根据建筑物的特点来设计补风口位置、数量和大小,在有条件的情况下,根据烟气的流动与积累状况启动不同位置的排烟口和送风口。

5.3.5　烟气的稀释

1. 烟气稀释的概念

根据质量守恒定律,要将室内的烟气排出去,必须向室内补充一定的新鲜空气。机械排烟的理想状况是新鲜空气从房间的下方补充进来,推动烟气向上运动,进而让烟气从房间上方排出。然而实际上排烟过程并不是理想的空气与烟气置换,而是烟气边稀释、边排放的过程。

当烟气在建筑物内流动较长距离、或停留较长时间时,则由于换热的影响,其温度将大大降低,乃至与周围空气的温度基本相等。若环境温度较低,烟气温度的降低会更快。这种失去浮力的烟气可与空气迅速掺混。换言之,原有的烟气受到了空气的稀释(Dilution),形成浓度较低、然而与空气混合相当均匀的低温烟气。

在有些场合烟气稀释又称烟气净化、烟气清除或烟气置换。通过连续送入新鲜空气、不断稀释烟气,使室内的空气品质逐渐恢复到正常状况。对于离火源较远区域的烟气可通过供应外界空气来稀释。另外,当室内火灾被扑灭后的清除烟气实际上也是一种烟气稀释过程,机械排烟所排除的经常是这种低温烟气。

稀释烟气还是保护室内人员安全的一种手段。当烟气由建筑物的一个空间泄漏到另一空间时,采取烟气稀释可使后一空间的烟气或有害粒子浓度控制在人员可承受的程度。若烟气泄漏量与所保护空间的体积或流过该空间的净化空气流率相比较小,这种方法更有效。

2. 烟气稀释的计算

现对非着火区域的烟气稀释作些简要分析。设 $t=0$ 时刻,该区弥漫着一定浓度的烟气。若不再有烟气流入,区内也不会产生烟气,且认为烟气在室内分布均匀,则烟气在空间的浓度可写为

$$C/C_0 = e^{-at} \tag{5-3-18}$$

式中,C_0 为有害物的初始时浓度,C 为有害物在 t 时刻的浓度,a 为烟气稀释率,用每分钟换气数表示。t 为从烟气停止进入或烟气停止产生之后的时间,单位取分钟。由此方程可解出稀释率和时间为:

$$\alpha = \frac{1}{t}\ln\left(\frac{C_0}{C}\right) \tag{5-3-19}$$

$$t = \frac{1}{a}\ln\left(\frac{C_0}{C}\right) \tag{5-3-20}$$

浓度 C_0 和 C 的量纲相同,它们可以用任何适宜表示特定有害物的单位表示。麦克奎尔(Mcquire)、塔木拉(Tamura)等根据大量火灾试验和烟气遮光承受极限的推荐值,对烟气遮光度的最大值作了估算。他们指出,烟气遮光度的最大值约比可承受极限大 100 倍。因此只要所考虑空间内的有害物浓度小于直接着火区内有害物浓度的 1%,便可认为该空间是安全的。显然,这种稀释也会减少烟气的有毒组分浓度。当然毒性问题比较复杂,对于通过稀释烟气来实现减小其毒性还没有多少相应的论述。

实际上,假设污染物浓度在某区域的整个空间内均匀分布是不够确切的。由于浮力的作用,顶棚附近的烟气浓度要高些。因此,在顶棚附近抽出烟气而贴近地板供入空气能够加快烟气稀释。应当注意供气口和排烟口的相对位置,防止刚供入的空气很快进入排烟口,这种短路将影响稀释效率。

如果室内通风系统每小时可排除 6 倍的室内空气,即稀释率是 $0.1\ \mathrm{min}^{-1}$,要将烟气浓度降低到初始值的 1%,由式(5-3-20)可算出所需时间是 46 min。消防队扑灭火灾后都希望尽快排空烟气。考虑到消防人员急切查看火场的心情,如此长的排烟时间是显得长了;若消防队希望在 10 min 内排除该区域的烟气,由式(5-3-19)可得出稀释率是 $0.46\ \mathrm{min}^{-1}$,即每小时应换气 28 次。

但是,对着火区里进行烟气稀释是不现实的。火灾燃烧会不断产生大量烟气,而通风系统对其控制空间内的气体具有很强的掺混作用,用通风系统稀释着火区的烟气实际上不会改善该区人员的承受状况。因此建议不要对着火区或与火场有大开口相联通的区域使用换气系统来改善那里的烟气危害程度。

5.4　消防系统的联动控制

前面分别讨论了火灾探测、自动灭火、烟气控制等消防系统,除此之外,在建筑物中还有一些其他的相关系统,如人员疏散系统、消防广播系统、应急照明系统等。为了充分有效地发挥

这些系统的作用,这就需要在建筑物中建立集中火灾安全监控系统。尤其是在现代化的大型和高层建筑中,失火因素多,火灾危险性大,抢救困难大,而且人员密集,安全疏散也出现前所未有的困难,实现各种消防系统的联动控制更显得十分重要。因此统一的消防安全监控系统越来越受到人们的重视。

5.4.1　消防系统联动控制模式

建筑物内各类消防系统通常是联合运用的,它们之间不是彼此独立的,而是存在着多种相互影响和相互作用。下面对此作些简要分析,并讨论实现联动控制的基本模式。

1. 不同消防系统之间的相互关系

被动和主动的消防设施的组合会产生相互作用,并使其性能产生复合效应。有些效应有助于提高对生命和财产安全的保护,但有时也会出现一些负面效应。这就需要对不同组合体系进行适当的调整或"权衡"。

(1) 火灾探测和水喷淋系统

火灾探测器的基本作用是能在火灾早期发现火灾。这种系统本身对扑灭火灾并没有作用,但可向其他系统提供火灾信息,而这种警示信息具有极其重要的作用。首先是可为早期火灾扑救工作的快速展开提供依据。这样一方面人们能够及时运用建筑物内配置的常用灭火器扑灭早期火灾,另一方面也可为喷淋系统输入启动信号。

有些自动喷淋系统的水喷淋喷头上也安装了敏感元件,但一般说来,为了避免其异常启动,其敏感度相对较低,即喷头的响应时间比火灾探测器长。调查统计表明,安装有喷淋系统的建筑,绝大部分火灾发生后,是被当事人或者火灾探测器先发现的。通常火灾探测器可以在起火后的 2～3 min 内探测到火灾。但是,在同一位置安装的喷头却需要 6 min 才动作。

但是在某些建筑场合中也不见得这两套系统都要安装,例如,长期无人居住的仓库;有大量工作人员的建筑物,如大型的办公室、公寓、旅馆和商场。在已装有火灾探测器的小型居民建筑中安装喷淋系统,也是不经济的。

(2) 火灾探测与通风排烟系统

火灾探测系统也可为烟气控制系统的工作提供信号,使烟气控制系统及时启动。火灾探测器及早发现火灾,可以为人员疏散提供更充足的时间,使其逃离火灾现场,到达安全区域,从而减少人员的伤亡。如果火灾探测器与当地的消防部门相连接,那么消防部门可以及时赶到现场,迅速扑灭火灾。

当室内的排烟系统过早启动或室内存在一定的定向气体流动(例如室内有集中空调系统时),烟气便会过快地流向排烟口,这种情况可能导致依靠接触烟气而报警的火灾探测装置不能正常启动。

(3) 水喷淋和通风排烟系统

水喷淋和排烟是两种直接作用于火灾的系统,前者的作用是控火与灭火,后者是消除烟气的有害影响,它们分别在火灾的不同区域与不同阶段发挥作用。

一般自动喷淋系统的敏感元件是依靠接收到足够多的烟气热量来启动的。如果室内的排烟系统过早启动或室内存在一定的定向气体流动,则烟气便会过快地流向排烟口,导致水喷淋的喷头启动延迟,甚至不能启动,从而削弱喷淋灭火的效果。此外气体的流动也可能影响从动作的喷头喷洒水的移动过程。

另一方面,喷水对烟气的流动也存在重要影响。当室内形成一定厚度的烟气层后,水喷头所喷出的水可将烟气带到下方,同时会对使烟气大大冷却,从而使烟气层增厚,这时的低温烟气层加厚。但是,在一定的火灾场合下,这两种系统哪个先启动、如何启动,需要进行细致的研究,以确定合理的模式。一般说,应当根据该建筑的使用功能确定。例如对于人员较为集中的公共活动场所,应当优先考虑烟气控制,应当设法将危害人的烟气排到室外,若较早启动水喷淋以致形成到处弥散的低温烟气,势必会增大对人的危害。而对于以保护财产设备为主的场合,则应当尽快启动水喷淋系统以控制火势,等到需要人员进去灭火时再启动排烟系统也不迟。

(4)火灾探测和人员疏散系统

火灾探测器能够在着火后很短的时间内发现火灾,可为建筑物内发生火灾的区域和其他部位的人员提供更多的疏散时间,对减少人员伤亡具有重要作用。从建筑防火设计来说,安装火灾探测系统的建筑物应当可以增加建筑物的可用疏散时间和到达楼梯口的水平距离,或减少疏散楼梯的总宽度。这样对于安装有适当火灾报警系统的建筑物,可以采用分段疏散方案,例如首先最易受火灾影响楼层(通常是起火的楼层和上一层)内的人员及疏散行动不便的人员,再疏散其他区域或类型的人员。相关的疏散距离虽然有所加长,或楼梯的宽度有所减少,但仍能满足全部人员疏散的要求。

(5)通风排烟与人员疏散系统

这两种系统具有密切的关系。排烟系统主要是为人员疏散服务的,其目的是减少烟气对人的影响。应当在人员经过的区域设置适合的烟气控制设施,适宜用主动排烟式便用主动式,适宜用被动排烟式便用被动式,总之,在这些区域形成一种尽量无烟的环境。按理说,安装了合适的排烟系统,可适当地增加可用安全疏散时间(或到达楼梯口的水平距离)、减少楼梯的总宽度,这些确实有具体的实例。

但还应当清楚,风机的启动会导致烟气流动的紊乱,以致造成烟气层的增厚。在不少大空间建筑火灾的现场或实验中已发现,在起火的前期,烟气本可形成较稳定的上部烟气层,在相当长的时间内,不会降到对人员构成威胁的高度。但若过早地启动排烟风机,则可造成烟气与空气的掺混迅速加速,反而严重影响了人员的疏散。

2. 消防系统的联动控制基本模式

根据建筑物的规模和使用特点,采用火灾安全监控系统的模式有所不同。一般一栋建筑物应划分为若干个防火分区,一个火灾报警控制区不宜超过一个防火分区,且一个防火分区往往分成几个火灾探测区。建筑物的消防安全中央控制系统(有的称之为消防控制中心)集中管理各区的火灾报警、自动灭火、防排烟、卷帘门及人员疏散等子系统。

火灾安全控制室宜设在建筑物的首层,应当用耐火极限不低于3 h的墙壁和耐火极限不低于3 h的楼板与建筑的其他部分隔开,并具有直接通向外界的安全出口。该控制室应尽量靠近消防电梯和消防水泵室,且宜避开人流密集的场所,以防止人流对防灭火指挥工作的干扰。

当建筑物某层某房间的探测器报警时,该层的区域控制器发出响应声光信号,通知该层的值班人员迅速前去检查处理。同时信号被传送到中央控制器,中央控制器也发出报警,这时值班中心负责人应向上级消防站作出预报告,迅速查明火警部位及该层的火情。若火灾被确认,应向上级消防站作出正式火警报告,并决定采取有关的联动控制措施。

中央控制系统的联动系统均设有自动和手动两种操作按钮。为了防止设备误动作,当值班人员在场时,大都设置在手动状态。一旦人员离开,则应转到自动工作状态。联动控制的紧急操作一般包括:

(1)启动消防泵和喷淋泵。

(2)启动排烟风机。

(3)关闭空调系统和通风机等。

(4)开启事故照明和疏散指示标志。

(5)关闭普通电源。

(6)启动有关的卷帘门、防烟垂壁、排烟窗等。

(7)接通紧急广播、电话、通信设备等。

(8)启动其他监控项目。然后中央控制器按程序启动有关设施喷水灭火。

现在中央控制系统通常都配置CRT图像显示器和数据处理系统,可以较清楚显示起火房间的位置,并将火灾中的数据及时整理、储存、随时打印输出。目前国产的中央控制系统一般以一两台微机为主体构成。

5.4.2　火灾报警控制器

火灾报警控制器是消防监控系统的基本设备,它担负着提供初期火灾信息的作用。火灾报警控制器大体分为区域报警控制器和中央报警控制器两种。某一相对独立的建筑物或建筑群可设一台中央报警控制器,一台中央报警控制器可管理若干区域报警控制器;一个区域报警控制器则用于监控一个报警控制区域,这一监控区域不宜超过一个防火分区,该区的面积一般不大于 1 600 m²;一个防火分区又往往分成几个火灾探测分区。各国对火灾探测分区规定有些不同,我国规定一个火灾探测分区一般在 400 m² 以下。当某建筑物面积不太大时,可将其作为一个报警控制区域处理,即用适当的区域火灾控制器代替中央控制器。一个区域控制器一般控制几十个探测器。为了防止探测器的误报警,一个探测区域内宜安装几种类型的探测器,且宜交叉安装。同时应安装手动火灾报警按钮。区域控制器应能及时响应报警,查清报警的位置,核实是否真的失火,并启动有关的灭火及防排烟设备,向中央监控器传输起火及灭火情况等。

火灾报警控制器是对火灾探测信号加以处理并给出相应反应的设备,它应具有信号识别、报警、控制、图形显示、事故广播、打印输出及自动检测等功能。报警控制器的型号多样,因此其功能数量和指标要求也有差异。现扼要介绍其主要部分的工作原理。

1. 控制器

图 5.4.1 为一种普通火灾报警控制器的控制原理图,它主要由中央处理单元、信号获取与输入和输出电路三大部分组成。中央处理单元是控制器的核心,有中央处理器(CPU)、读写存储器(RAM)、只读存储器(EPROM)等。中央处理单元产生的编码信号(P)和巡检信号(T)经总线驱动接口发送到现场,被与总线相连的各种设备接收。其中的探测报警设备根据其编码和巡检指令,发出反映自身状态的信号(S),如正常、故障、火警等。这种信号经信号总线返回中央处理单元,并经其分析处理,再发出相应的控制指令。其基本功能主要有:

（1）通过声光报警装置向有关区域发出火灾、故障和联动显示。

（2）启动通信系统向有关部门报告火灾情况。

（3）发出控制命令驱动有关的消防设施。

（4）通过时钟和记忆作出火灾与报警记录。

（5）进行控制器工作状况的自检。

不少控制器对输出总线作了扩展，可实现更多的功能。

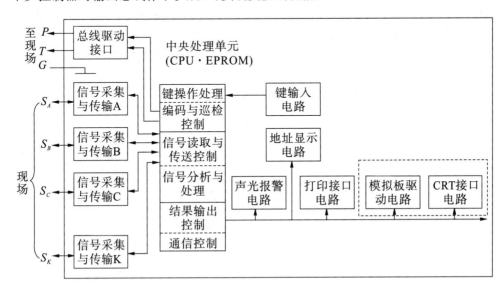

图 5.4.1　某种火灾控制器的原理框图

2. 信号处理系统

报警控制器对火灾信号的处理主要有阈值式和智能式两种。阈值是对所探测的火灾参数设定固定值，正常情况下该参数远小于阈值，发生火情后，该参数逐渐增大，一旦达到阈值便发出一个阶跃开关量信号，并由此驱动报警系统。有的阈值识别装置设在控制器内，也有的设在探测器内，但它们的效果相同。早期的火灾报警器大都采用这种阈值结构。

但是利用阈值判定是否发生火灾，依靠的是某个火灾参数的当前值，由于其他因素的影响，单纯利用阈值报警有时容易产生误报。近年来发展的智能型报警器在这方面有了很大改善。智能型报警器采用"变阈值"处理方式，一般它将按某种规定记录某段时间内现场的火灾信号。判断是否发生火灾，既要看某参数的快速变化的当前值，还要参考该参数在此之前的变化。只有当参数的变化规律与平时有明显差别时才认为发生了火灾。

智能型报警器的分析方式主要有 3 种。一种为探测智能型，它可根据环境条件的变化而改变自身的探测零点，通过自身补偿来提高探测的可靠性；一种是监控智能型，它是将探测器传送来的连续模拟信号进行处理和类比，从而判断是否发生火灾。这种系统还可方便分析探测器是否存在故障。另一种为上述两类型的结合，因此其智能程度更高。

随着电子电气技术的飞速进步，智能型探测报警器的发展很快，看来不用多少年它就可取代阈值型火灾探测器。

3. 线制

发出的火灾报警应当明确指出起火区位置，这就要求火灾控制器对分布在各区域的火灾探测器进行有效的管理,从众多的探测信号中识别出火灾信号。现在火灾报警控制系统的信号仍以有线传输为主。在早期的系统中,每个探测器使用一对线连到控制器上,这称为多线制系统。但不同探测器的电源可以共用一根线,于是当安装 n 个探测器时,就需要布设 $n+1$ 根。这种系统的用线量很大。

20 世纪 80 年代后期,随着编码技术的进步,发展出了总线制传输系统,目前广泛采取二总线系统。在这种系统中,每个探测器有一个确定的编码地址,控制器可根据探测器的编码地址和火灾信号特性判断起火位置。二总线系统的用线量大大减少,不但成本降低,施工也方便多了。但一旦某个探测器发生短路故障,其所在的整个回路都将失效,甚至会损坏控制器。现在总线系统一般分为若干回路,并分段安装短路隔离器。图 5.4.2 给出了上述两种线制的接线方式。

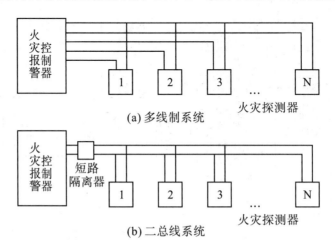

图 5.4.2　火灾探测报警器的接线方式

4. 电源

为了保证火灾报警控制器每天 24 h 连续工作,必需提供可靠的电源。有关的国家标准规定火灾报警控制器应当有主电和备电两套电源系统。其主电应采用消防用电,配置专用线路,不得与建筑物内的其他用电混用。直流备电一般采用专为火灾报警控制器设计的 24 V 的蓄电池,若建筑物具有集中式的蓄电池消防直流电源,也可用其作为报警控制器的备用电源。在火警状态下,直流备电的供电时间应不少于 20 min。另外主、备电之间应有良好的切换功能。

5.4.3　消防集中监控的常用形式

根据建筑物功能的区别,对各个子系统可采取不同的联动方式。归纳起来主要有以下几种组合。

1. 区域与集中报警、纵向联动控制形式

图 5.4.3 为这种控制系统功能块示意图,为了简化,这里只划出了 5 个区。其左侧为火灾探测部分,一般每个区设一部区域报警控制器,这些区域控制器再连接到集中控制器上。若某房间的探测器报警,该区的区域控制器立即响应,同时也向中央控制器发出信号,中央控制室的值班人员酌情向上级消防站报告,并决定如何采取有关联动控制措施。这种方式适用于标准层较多、报警区域比较规则的建筑,如宾馆、写字楼等。各区域报警器一般设在每层楼的值

班室内,有助于迅速采取灭火措施。

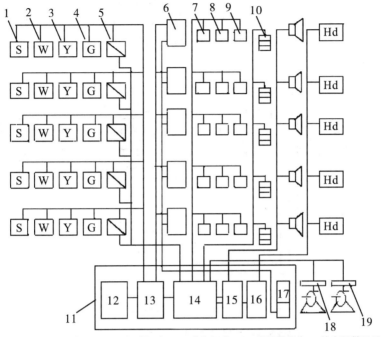

1. 手动按钮 2. 温感探头 3. 烟感探头 4. 感光探头 5. 编码模块 6. 数字报警显示器
7. 送风机 8. 排烟机 9. 电源 10. 防火门 11. 集中控制系统 12. 图形显示系统
13. 层控制器 14. 联动控制器 15. 火灾广播系统 16. 疏散诱导灯 17. 电源
18. 消火栓泵控制器 19. 水喷淋泵控制器

图 5.4.3 区域与集中报警、纵向联动系统示意图

2. 大区域报警、纵向联动形式

图 5.4.4 为这种控制系统功能块示意图,它具有一台容量较大的区域报警器,统一监测整个建筑物的安全状况。当发现火警后便直接操作有关的联动系统,组织相应的灭火和疏散行动。这种方式适用于没有标准层的办公大楼,如图书馆、情报中心等。这类建筑不能每层都设值班室,因此不宜采用分布式的小规模区域报警器。

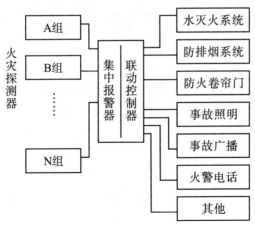

图 5.4.4 大区域报警、纵向联动系统原理图

3. 区域与集中报警、分散联动控制形式

图 5.4.5 为这种控制系统功能块示意图。这种形式的区域报警器也具有较强的控制功能,而集中报警器只起报警、通信和有关的协调作用,不直接控制联动系统。各区发生火灾后由该区独立处理。这种方式较适用于中、小型高层建筑及房间面积较大的场所,其优点是增强了区域的控制能力。

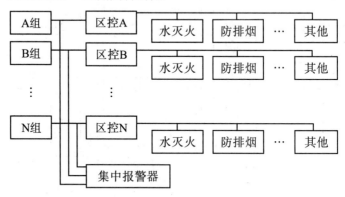

图 5.4.5　区域与集中报警、分散控制系统原理图

4. 区域报警控制、集中报警、横向联动形式

图 5.4.6 为这种控制系统功能块示意图,其主要特点是各个区域报警器还具有部分控制功能。当发现火灾信号后,除了通常的报警外,由该报警控制器联动那些与本控制区有关的消防设备,如关闭防火门、启动水喷淋系统、联动排烟设备等。在进行这些操作的同时,区域报警器应向中央控制器传送信号,中央控制器也可对有关操作进行管理,并且能统一考虑与该区相邻区域的情况。这种控制方式适用于大型重要建筑物,如高级宾馆、大型仓库区等,这样增强区域的控制能力也有利于灭火。

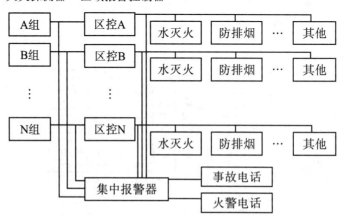

图 5.4.6　区域报警控制、集中报警、横向联动系统原理图

5.4.4 消防控制与智能大楼的关联

目前,在一些大型的现代化建筑物中已开始设立综合防灾中心,它除了监控和管理火灾安全外,还统一管理防盗、防震等。将闭路电视系统与火灾安全系统结合起来是一个重要的发展方向,前面介绍过的图像式火灾探测器就是这种结合的一种形式。平时,闭路电视系统主要发挥防盗监控的作用,发生火灾后,则启动火灾探测报警功能,可以直观地组织灭火和人员疏散。

近年来,高科技和信息化快速发展的成果迅速应用到建筑物中,一个突出体现是智能化大楼的出现。所谓智能化大楼是指通过对建筑物的结构、系统、服务、管理及这些方面的最优组合,提供一个投资合理、环境舒适便利、有利于高效率工作的大规模建筑。具体说,建筑物要具有楼宇自动化(Building automation)、通信自动化(Communication automation)、防火自动化(Fire automation)、办公自动化(Office automation)和保安自动化(Safety automation)等多种功能,目前通称为5A功能。当然,根据建筑物的规模可采取不同层次的综合形式。

为了支持智能化大楼各系统的运行,需要多种形式的强电、弱电线路,有的设备还需进行分隔和屏蔽。解决好综合布线是一个十分重要的问题,其中尤以火灾安全系统的问题较突出。据了解,目前我国的智能大厦中,火灾安全系统是独立于其他系统设计的。这里有消防设计规范限制的原因,如火灾探测器的传输线芯径与一般的通信、办公用线的线芯径差别较大。也有消防设备的技术现状原因,如火灾探测器很多,使用的导线量很大;另外灭火、排烟等系统的联动由强电驱动,使其快速准确动作具有一定难度。因此对这一系统本身及其与其他系统有机结合方面有很多课题需要研究解决。

在我国,上海等地已公布了智能化大楼设计的地方法规,全国性的法规也在酝酿之中,火灾安全工程师需要密切注意这种发展趋势。

复 习 题

1. 说明火灾早期探测的重要意义,对于大空间建筑实现早期探测火灾有哪些困难? 宜采取哪些途径解决?

2. 火灾自动报警系统主要包括哪些部件? 简要说明不同部件的主要作用。

3. 目前的火灾探测器主要有哪些类型? 它们各适用于何种场合? 试谈谈你对常规火灾探测器误报问题的看法及你的改进意见。

4. 简述离子式与光电式感烟探测器的工作原理,说明它们的优缺点。

5. 为减小感烟与感光式火灾探测器误报应注意些什么问题? 试简要谈谈你对开发新型火灾探测器的看法和思路。

6. 扑灭火灾有哪些基本方法,简要说明它们的灭火机理。

7. 干式、湿式与雨淋式自动喷水灭火系统的结构有哪些主要区别? 它们各适用于何种场合?

8. 扑灭电气火灾可使用哪些类型的灭火剂? 为什么可以使用? 各有何利弊?

9. 说明二氧化碳灭火的机理。使用二氧化碳灭火应当注意哪些问题?

10. 控制烟气流动主要有哪些方法? 在普通建筑物内利用空气流挡烟应注意哪些问题? 试对其应用场合提出一些意见和建议。

11. 建筑物进行加压送风有哪些主要形式? 试分析它们的利弊及应用中需注意的问题。

12. 烟气的稀释率是怎样定义的? 为了在 10 min 内排除某建筑物内的烟气,需要多大的烟气稀释率?

13. 在现代建筑中为什么要特别重视各类消防系统的集中控制? 实现集中控制的关键问题和难点有哪些? 应当如何对待?

14. 某房间的容积为 10 m(长)×5 m(宽)×3 m(高),有一个门(2.0 m(高)×0.8 m(宽))和两扇窗(1.5 m(高)×1.2 m(宽)),该建筑的外墙为一般严密度,门窗安装质量均为中等,试估算该房间漏风面积。

参 考 文 献

[1] 中华人民共和国公安部. GB50016-2006. 建筑设计防火规范[S]. 北京:中国计划出版社, 2006 年.

[2] 中华人民共和国公安部. GB50045-95. 高层民用建筑设计防火规范[S]. 北京:中国计划出版社, 2005 年.

[3] 中华人民共和国公安部. GB50222-95. 建筑内部装修设计防火规范[S]. 北京:中国建筑工业出版社,2001 年.

[4] 中国石油化工总公司. GB 50160-92. 石油化工企业设计防火规范[S]. 北京:中国计划出版社, 1999 年.

[5] 公安部消防局. 防火手册[M]. 上海:上海科学技术出版社,1992.

[6] 李引擎,边久荣,等. 建筑安全防火设计手册[M]. 郑州:河南科学技术出版社,1998.

[7] 蒋永琨. 中国消防工程手册[M]. 北京:中国建筑工业出版社,2002.

[8] 蒋永琨. 高层建筑防火设计手册[M]. 北京:中国建筑工业出版社,2000.

[9] 张树平. 建筑防火设计[M]. 北京:中国建筑工业出版社,2001.

[10] 日本建筑省. 建筑物综合防火设计[M]. 孙金香,高伟,译. 天津:天津科技翻译出版公司,1994.

[11] 蒋文源. 建筑灭火设计手册[M]. 北京:中国建筑工业出版社,1997.

[12] 朱吕通,等. 现代实用灭火技术设施[M]. 北京:警官教育出版社,1996.

[13] 秦科雁. 第五代火灾自动报警探测技术革命[J]. 消防技术与产品信息, 2000(6).

[14] 程晓舫,等. 火灾探测器的原理与方法(上)[J]. 中国安全学报,1999,9(1).

[15] DRYSDALE D. An Introduction to Fire Dynamics[S]. 2nd. John Wiley & Sons LTD, 1999.

[16] NFPA92B. Guide for Smoke Management Systems in Malls, Atria, and Large Areas[J]. National Fire Protection Association, Quincy, MA, 1995.

[17] The SFPE Guide to Performance-based Fire Protection Analysis and Design. Draft for Comments [J]. Society of Fire Protection Engineers, Bethesda, USA, December, 1998.

[18] KLOTE J H, MILKE J A. Design of Smoke Management Systems, American Society Heating, Refrigerating and Air-Conditioning Engineers[M]. Publication, 90022, SFPE, 1992.

[19] HINCKLEY P L. Smoke and heat venting[M]. SFPE Handbook of Fire Protection Engineering, 1995.

6 火灾过程的计算与试验模拟

定量了解火灾发展与烟气蔓延的规律主要有计算和试验两种基本方法。

计算就是利用一定的经验公式或数学模型,借助计算机等工具计算火灾的发展与烟气的流动过程。

试验则是在一定的建筑空间内,通过设置合适的火源,并借助一定的仪器测定火灾中特定参数的变化,从而了解火灾的规律与特点。

这两种方法各有优缺点,在火灾科学与消防工程的研究中都具有重要作用,一般说应当相互配合、相互验证,以便为工程应用提供支持。

本章简要讨论火灾发展与烟气蔓延的主要计算模型与试验的组织与安排。

6.1 火灾模型的种类与使用

建筑火灾的计算机模型有随机性模型和确定性模型两类。

随机性模型把火灾的发展看成一系列连续的事件或状态,由一个事件转变到另一个事件(如由着火到稳定燃烧),可用某种数学方法表示。在分析有关的试验数据和火灾事故数据的基础上,建立概率与时间的函数关系。

而确定性模型则是以物理和化学定律为基础,用相互关联的数学公式来表示建筑物的火灾发展过程。

在此仅涉及火灾发展的确定性模型,本节简要介绍这类火灾计算机模型的种类及其使用,并讨论计算精度和如何认识计算结果的可靠性。

6.1.1 火灾模型(Fire Modeling)的种类

前些年进行的一次国际范围调查表明,有约40种火灾模型已发展到较成熟的程度。有的可计算火灾产生的环境,主要是室内温度随时间的变化;有的可计算火灾烟气的运动过程;有的可计算建筑材料的耐火性;有的涉及火灾探测器和水喷淋装置的计算;还有的用于计算火灾中的人员疏散时间。多数火灾模型是根据质量守恒、动量守恒和能量守恒等基本物理定律建立的。在实际计算时,还需进行一些必要的简化和假设,或使用不甚准确的测量数据。因此火灾模型的计算结果只能是实际火灾一定程度的近似。表6.1.1列出了一些常用火灾模型的名称及特点。

表 6.1.1　常用火灾计算模型及特点

模型类别	模型名称	作　者	开发机构	适用及特点
区域模型	ASET	L. Y. Cooper D. W. Stroup	NIST(U. S.)	单室
	ASET-B	W. D. Walton	NIST(U. S.)	单室
	BRI2	K. Harada D. Nii T. Tanaka S. Yamada	日本建筑研究所 （Building Research Institute, Japan）	多室,机械通风
	CCFM-VENT	L. Y. Cooper G. P. Forney	NIST(U. S.)	多室,多层
	FAST/CFAST	R. D. Peacock P. A. Reneke W. W. Jones R. W. Bukowski G. P. Forney	NIST(U. S.)	可适用超过 30 个房间、30 个通风管道、5 个风机的模型计算
	FIRST	H. W. Emmons H. E. Mitler	NIST(U. S.)	单室,多个燃烧体
场模型	ALOFT-FT	W. D. Walton K. B. McGrattan	NIST(U. S.)	室外火灾烟气羽流
	CFX-4	AEA Techology	AEA Techology	通用计算流体力学软件
	FDS	K. McGrattan H. Baum R. Rehm A. Hamins G. Forney	NIST(U. S.)	三维大涡模拟,适用于有水喷淋作用下的多室火灾模拟计算
	JASMINE	G. Cox S. Kumar	Fire Research Station(U. K.)（英国火灾研究站）	烟气运动的分析软件
	PHOENICS	D. B. Spalding	CHAM. Ltd. （U. K.）	三维、动态的通用流体力学计算软件
	STAR * CD	D. Gossman R. Issa	Computationnal Dynamics(U. K.) 动力推算（英国）	通用流体力学计算软件

续表

模型类别	模型名称	作 者	开发机构	适用及特点
专用模型	ASCOS	J. H. Klote	NIST(U. S.)	无火源情况下,烟气控制评估的稳态网络流模型(Network flow)
	BREAK1	A. A. Joshi P. J. Pagni	U. C. Berkeley 伯克利大学	计算暴露在单室火灾下窗户玻璃的破碎
	DETACT-T2	D. W. Stroup	NIST(U. S.)	计算热探头和水喷淋的启动时间,t^2增长火
	DETACT-QS	D. D. Evans	NIST(U. S.)	计算热探头和水喷淋的启动时间,用户自定义火源类型
	LAVENT	W. D. David L. Y. Cooper	NIST(U. S.)	计算水喷淋和与卷帘联动的通风口的启动时间
	ASMET	J. H. Klote	NIST(U. S.)	大空间烟气控制程序
	FPETOOL	H. E. Nelson S. Deal	NIST(U. S.)	火灾防治工程工具

在计算火灾发展的模型中,质量、动量、能量等基本定律将结合温度、烟气的浓度以及人们关心的其他参数重新改写,一般写成微分方程组。这种微分方程组需要迭代求解,因此应确定合理的时间步长(Time Step)。如果时间步长选得过小,计算一个短过程将需要很长时间;而若选得过大,则在该时间步长内火灾可发生较大的变化,计算误差就会增大。另外还需要确定一定体积的空间,这种空间一般称为控制体(Control Volume)或网格。火灾模型假设在任何时候,一个控制体内的温度、烟气密度、组分浓度等参数都相等。可见控制体的作用与时间步长类似。

不同模型采用的控制体数目差别很大。目前应用最广的一类火灾模型称为区域模型(Zone Model),通常它把房间分为两个控制体,即上部热烟气层与下部冷空气层。在火源所在的房间,有时还增加一些控制体来描述烟气羽流与顶棚射流。试验表明,在火灾发展及烟气蔓延的大部分时间内,室内烟气分层现象相当明显。对于横截面积不太大的空间,区域模型算出的结果能够反映烟气层的变化过程。

其他的火灾发展模型主要有网络模型(Net Model)和场模型(Field Model)。网络模型把整个建筑物作为一个系统,而其中的每个房间为一个控制体。网络模型可以考虑多个房间,能够计算离起火房间较远区域的情况。显然其计算结果比较粗糙。场模型则从另一角度来处理问题,它把一个房间划为几百甚至上千个控制体,因而可以给出室内某些局部的状况变化。这种模型的计算量很大,当用三维不定常方式计算多室火灾时,需要占用很长的机时,因此只有在需要了解某些参数的详细分布时才使用这种模型。

应当指出,大部分计算火灾发展的模型并未模拟火区燃烧。这主要是因为建筑物内的可燃物多种多样,且布置形式各异,火灾的发展与蔓延十分复杂,目前人们对其规律的了解还相当不够。然而人们却具备了较强的计算火灾对建筑物内环境影响的能力。在这种情况下,可以编制一种计算机模型,它所需要的火灾发展的参数,如物品燃烧的热释放速率,作为已知参数人为输入,就能够算出室内的温度、烟气浓度、烟气量、产物组分等参数随时间的变化。在大多数情况下，人们关心的主要是火灾产生的环境，并不需要了解火灾增大的细节。而物品燃烧速率现在已有办法测量，例如用锥式量热计、家具量热计或标准火灾试验房进行测量。

有一类火灾模型是针对某些特殊需要编制的，主要有火灾探测器与水喷淋器启动模型，它们可以分别计算火灾探测器与水喷淋器的响应时间。这类模型除了假设上下两个气层外，一般还增加了烟气羽流和烟气顶棚射流两个区域。顶棚射流的温度与速度分布可对装在顶棚上的探测器及水喷淋装置的传热状况产生影响，因而可决定它们的响应时间。

另有一类模型并不涉及火灾及其影响，如人员疏散模型和毒性模型。在评估火灾危险性时，除了要了解火灾产生的高温和 CO 浓度外，还需了解一些其他信息，例如一旦发生火灾，是否提供了足够长的疏散时间，使用疏散模型可以算出这种时间。人员在着火建筑内对有害组分的忍受极限则可由毒性模型确定。

与有火的火灾模型一样，这种模型也有不少假设与局限。例如大多数疏散模型要求在警报响起时每个人都按正常的方式走向出口。较新的 EXIT 模型考虑了人们的行为规律，但也只考虑了几种固定的模式，而且这些只能代表火灾中幸存者的行动，因为在火灾发生后，遇难者的具体行动路径是无法知道的。TENAB 是关于火灾毒性的第一个成熟的模型。它的计算依据不是由理论导出的，而是由动物试验得到的，该模型假设在火灾中动物反应与人的反应密切相关。它还对实际生活中人们的行为作了简化，例如是否喝了酒、吃了药、是否有残疾、是否有由于年龄造成的身体或精神上的特殊性等。应当认为这些简化是可行的，一个计算机程序所考虑的不可能面面俱到。

还有一类火灾模型实际上是防火工程设计模型，例如用于火灾探测器与水喷淋器控制系统的模型。这种模型与那些根据火灾环境而确定启动时间的探测与喷淋模型不是一回事，它仅模拟系统启动后如何工作。可以说这种模型是将那些在设计实践中采用多年的公式计算机化，因而其使用的有效性方面不存在新问题。

6.1.2 火灾发展模型的验证

根据火灾模拟计算出来的火灾状况毕竟不是真实火灾，人们自然会对其正确性提出疑问。现在多数火灾模型都在某种程度上与试验数据进行了比较，不过还没有哪种模型曾经进行过全面验证，因此有必要对模型的验证作些讨论。

验证是发展火灾模型的重要方面，应当把模型计算的结果与从类似事件中得到的数据或测量结果进行比较。如果无法与试验数据比较，也应当检查输入数据的敏感性，以了解这些数据的估计误差对结论的影响。美国建筑与火灾研究所曾在一种"房间-走廊-房间"的几何结构中，进行了一系列的全尺寸试验，以验证 FAST 程序。结果表明，火灾模型可以相当好地算出建筑物内的火灾状况，图 6.1.1 给出了两幅代表曲线。

如果计算结果与测量结果相差很大，那么两者都有出错的可能。通常模型计算结果与实际测量结果的误差在 10% 以内。不过在某些情况下，主要是在起火房间内，温度误差可达 20%，而组分浓度的误差可高达一倍以上。实际上这可能是测量的不确定性较大所造成的。在高温环境下对各种气体复杂混合的状况进行测量，不但测量方法上会产生误差，而且火灾环境本身也缺乏重复性。因此当使用计算机模型来帮助做决定时，对其真实性的要求不能过高。

当然也会出现计算出错的情况，即使是编制良好的程序在某些情况下也会给出荒谬的结果。例如 FAST 程序曾计算出房间上层温度高达 1 500 ℃、同一房间的下层温度比上层温度还高等。因此程序使用者应具有火灾科学的基本常识,明白火灾发展过程中会出现的情况,以便弄清在什么情况下计算结果可靠。

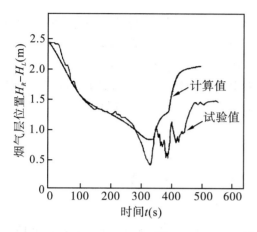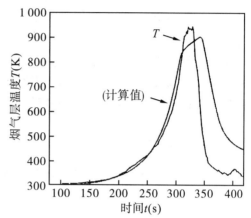

图 6.1.1　FAST 计算结果与试验的比较

另外,每种模型的使用范围都是有限制的,模型开发者只能做到在一定的范围内使模型计算的结果可靠,使用者必须熟悉模型的假设及其局限性。不过也需指出,在限定范围之外使用模型并不一定意味着结果肯定是错误的,它只表明目前还没有证明这种结果是否正确。可能是结果的正确性在新的范围内尚未被验证,或者是没有试验数据可与计算结果相比较。但是这种超范围的应用应尽量由专业人员去研究,一般使用者不应盲目地进行这种计算。

计算结果的正确性还强烈依赖于输入数据的正确性。有些输入参数可以通过测量得到,但如果对问题的了解还很一般,就无法保证测量的正确性。例如在重现某一火灾时,模型需要的一些参数还没有一致的确定方法,如计算燃烧速率所需要的蒸发热或分解热。还有不少参数值现在只能靠估计,甚至是一些基本参数,例如对流换热系数。在这种情况下,只能通过敏感性分析来估计输入数据不确定性的影响程度。

6.1.3　火灾模型的应用现状及发展

火灾模型方法出现的时间还不长,向实际应用的转化尚处于起步阶段。目前发展最快的应用是火灾再现,这在火灾调查或案例诉讼中具有重要作用。许多人已注意到在不少情况下,单靠专家的判断往往是不够的,需要进行某种确定的计算来支持他们的观点。在这方面已经有一些应用很成功的例子。一般来说,人们很难不相信编制良好的计算机程序的计算结果。

火灾模型应用发展较快的另一方面是帮助制定防火设计规范。规范中任何条款的制定或修改都应当有根据,若拿不出证据就不能令人信服。因此规范的制定者希望用模型计算来支持所进行的修改,来证明这种改动是允许的,是没有任何问题的。在美、日、澳大利亚等国,已有一些不符合防火规范要求的建筑得以重新设计,正是参考了火灾模拟的计算结果。

火灾模型也是建筑物火灾安全分析的重要工具。根据计算火灾和烟气在建筑物内的发展,从而确定建筑物的火灾安全状况,并分析有关消防设施的功能、建筑结构的耐火性能、人员的安全疏散等。

按照现在的火灾模型计算向防灭火实践转移的速度看,在不久的将来它就可能成为消防技术的一部分,并向规范化方向发展。火灾模型将成为建筑物防火设计、建筑材料选购、消防安全教育、火灾安全咨询服务的基本工具之一。

火灾模型的使用要求对用户进行必要的培训。许多专家认为,受过训练的消防工程技术人员是使用火灾模型的理想人选。他们一般都具备火灾燃烧的基本知识,如化学、物理学、流体力学、传热学、燃烧学等。具备这些知识后再使用火灾模型将会容易得多。

本章从建筑物火灾安全分析的需要出发,讨论几种应用较广、为消防界关注的区域模拟程序。这些程序的计算量不大,且具有一定的精度,比较适用于火灾安全工程分析。

6.2　单室火灾模拟程序——ASET

ASET 程序是美国国家标准技术研究所建筑与火灾研究室编制的一种单室火灾区域模拟程序。ASET 是由 Available Safe Egress Time 几个英文单词的第一个字母组成的,其含义是有效安全疏散时间计算程序。经过若干年的发展,ASET 程序已经发展了用 FORTRAN 语言、BASIC 语言和 C 语言编写的不同版本。本节以 FORTRAN 语言编写的、带交互运行子程序的版本为例进行介绍。

目前 ASET 程序主要用于讨论火灾中与生命安全有关的问题,但也可用于研究室内火灾的多种其他特征。设从建筑物发生火灾到对人构成危险状况的时刻为 t_{haz},若人员能够在此时刻之前成功地逃出危险区域,便可认为他们是安全的。显然人们只能在室内探测到出现火灾的时刻 t_{det} 以后才会开始疏散行动,因此有效安全疏散时间是探测到火灾至火灾构成危险状态的时间间隔,即

$$\text{ASET} = t_{haz} - t_{det}$$

设人们成功撤离危险区域所需的时间为必需安全疏散时间 RSET(Required Safe Egress Time)。于是为保证火灾中的人员安全,在建筑物的每个可能受到火灾威胁的区域内,都必须满足:

$$\text{ASET} > \text{REST}$$

使用 ASET 程序进行计算有以下要点:

(1) 在所讨论的火灾场景下,对室内可燃物的燃烧特性及建筑物的空间状况作出物理描述。

(2) 使用室内火灾发展模型分析建筑物内部的火灾动力学环境。

(3) 给出探测到火灾及其达到危险状态的临界条件(判据),这些判据应分别与现行的火灾探测元件的特性和建筑物内的人员特性相一致。

(4) 使用(3)给出的判据来计算(2)的环境,并由此估计受到火灾威胁区域的 t_{det} 和 t_{haz},并进一步计算出 ASET。

6.2.1　模型的建立

现结合图 6.2.1 说明单室火灾的基本过程和计算模型的建立。设火灾由地板中部的可燃物引起,火源根部到房间顶棚的距离为 H,房间的平面面积为 A,火源根部高出地板的距离为 Δ;火源的热释放速率为 Q,火灾中代表燃烧产物的生成速率为 C,两者都是时间 t 的函数。程序使用这些建立探测和危险状态判据。在实际应用上,建议分别使用自由燃烧的热释放速率和产物生成速率代替 Q 和 C。自由燃烧指的是可燃物在一个大的(与燃烧区相比)、可通风但内部空气相对稳定的空间中的燃烧,这两种速率是模拟程序输入数据的基本组成部分。

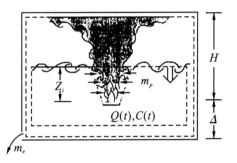

图 6.2.1　单室火灾中的气体流动

随着燃烧的进行,高温燃烧产物在浮力驱动下流向顶棚。于是,在火源上方形成烟气羽流。沿着羽流轴线,周围的冷空气受到横向卷吸,冷空气与羽流中的烟气发生掺混,因而随着高度的增加,羽流总的质量流量不断增加;同时羽流的平均温度和燃烧产物的平均浓度不断降低。羽流撞到顶棚后将会横向散开,形成上部热烟气层,由于羽流烟气不断向上充填,热烟气层的厚度逐渐增加。在上部烟气层和下部空气层间出现比较明显的分界面,并且它将慢慢下降。

据区域模型假定,在每一瞬时上层烟气都是充分混合的。这样,模型可以通过计算气层界面高度 $Z(t)$(或上部烟气层的厚度)、上部烟气层的温度 $T(t)$ 及燃烧产物的浓度 $C(t)$ 等参数随时间的变化而描述室内状况。将计算结果与有关的输入判据进行比较,可以确定是否达到了设定的危险和探测状况。

为建立室内热气层发展的数理模型,现作出如下假设:

(1) 室内门窗及通风口关闭,在靠近地面有一个与外界环境相通的缝隙。

(2) 整个火灾过程中,室内气压不变,且空气及烟气都视为分子量相同的理想气体。

(3) 冷、热气层界面上没有质量和能量的交换,热气层的质量交换及火源对热气层的加热通过浮力射流进行,火源对冷空气层无能量传输。

(4) 冷、热气层内各参数在空间均匀分布。

于是,可以得到冷、热气体应满足的状态方程:

$$\rho T = \rho_a T_a \tag{6-2-1}$$

式中,ρ、T 及 ρ_a、T_a 分别为冷、热气体的密度和温度。

由热气层的膨胀,并应用式(6-2-1),可得到从室内泄露的气体流量为

$$\left.\begin{aligned} m_e &= (1-\lambda_c)Q/C_p T_a \quad -\Delta < Z_i \leqslant H \\ m_e &= (1-\lambda_c)Q/C_p T \quad Z_i = -\Delta \end{aligned}\right\} \tag{6-2-2}$$

式中,C_p 为空气定压比热(假设为常数),Δ 与 H 分别为火源根部距地面及屋顶的距离,Z_i 为烟气层界面到火源根部的距离。λ_c 是热气层的对流及辐射热损失在火源放热率中所占的比例。

由冷气层的质量平衡得到:

$$\left.\begin{aligned}
\rho_a A \frac{\mathrm{d}Z_i}{\mathrm{d}t} &= -m_e - m_p & 0 < Z_i \leqslant H \\
\rho_a A \frac{\mathrm{d}Z_i}{\mathrm{d}t} &= -m_e & -\Delta < Z_i \leqslant 0 \\
\rho_a A \frac{\mathrm{d}Z_i}{\mathrm{d}t} &= 0 & Z_i = -\Delta
\end{aligned}\right\} \tag{6-2-3}$$

式中，A 是房间的面积，m_p 是浮力羽流对冷空气的卷吸流量。$0 < Z_i \leqslant H$ 表示冷热烟气层界面高于火源根部；$\Delta < Z_i \leqslant 0$ 表示冷热烟气层界面低于火源根部，但高于地板面；$Z_i = -\Delta$ 时冷热烟气层界面已经到达地面，此时房间内已经全部充满了热烟气。

由热气层的能量平衡，即输入的能量等于热气层的焓增与热损失之和，可得到

$$\left.\begin{aligned}
\frac{A C_p T_a}{T} \frac{\mathrm{d}T}{\mathrm{d}t} &= \frac{(1-\lambda_c)Q - m_p C_p(T-T_a)}{H - Z_i} & 0 < Z_i \leqslant H \\
\frac{A C_p T_a}{T} \frac{\mathrm{d}T}{\mathrm{d}t} &= \frac{(1-\lambda_c)Q}{H - Z_i} & -\Delta < Z_i \leqslant 0
\end{aligned}\right\} \tag{6-2-4}$$

而燃烧过程中某种产物的产生率 $C(\mathrm{kg/s})$，则由热气层的组分平衡方程可得

$$\left.\begin{aligned}
\rho Y A (H - Z_i) &= C & -\Delta < Z_i \leqslant 0 \\
\rho Y A (H - Z_i) &= C - m_e Y & Z_i = -\Delta
\end{aligned}\right\} \tag{6-2-5}$$

式中，Y 为该组分的质量分数。

火源热释放速率 Q 及产物生成速率 C，由用户选择一定的计算公式进行计算；给出方程中有关参数的初值，即可求解由式(6-2-3)～(6-2-5)构成的常微分方程组，从而获得烟气层界面高度、烟气层温度、代表燃烧产物浓度随时间的变化。

6.2.2 程序的编制方式

ASET 程序把描述火灾发展过程、热释放速率、燃烧产物的生成速率、房间大小(高度和面积)等输入数据，与用户指定的探测及危险判据等结合起来，即可决定 t_{det}、t_{haz} 和 ASET。在所有火灾场景下，初始环境温度均取为 21.1 ℃。

探测判据可指定为某一可探测到的上部烟气层温度、温升速率或燃烧产物浓度。如果把可探测的上部烟气温度或温升速率值输为零或一个非常小的值，那么就可立即达到可探测状态。当烟气层界面高于指定人眼睛的特征高度时，若来自上部烟气层的热辐射达到可危害人的程度，就认为室内达到了危险状态。这种辐射程度可由用户指定的临界上层温度表示。如果界面低于人们眼睛的特征高度，则应使用另一个临界上层温度表示是否达到了危险状态，即对人的危害是由直接烧伤或吸入热气体引起的。后一临界温度将比前一临界温度低。当界面低于人们眼睛特征高度时，还可根据指定的某些危险燃烧产物的临界浓度值来判定室内是否达到了危险状态。

程序可按两种方式模拟火灾中的热释放速率。方法一是根据多段连续的指数曲线计算，指数增长因子由用户指定。方法二是按用户指定的一组热释放速率与相应时间的数据计算，并可以在这些数据点中进行线性插值。两种方法都可计算某些可燃物的自由燃烧热释放速率随时间的变化。选择的模型不同，需要输入的数据类型亦有所不同。

模拟燃烧产物的生成速率也有两种方法。第一种方法是把燃烧产物的生成速率与热释放

速率用一个比例常数联系起来。另一种方法是使用用户指定的一组数据点(产物生成速率及其相应的时间)来确定,在这些数据点之间也可以进行线性插值。产物生成速率用单位时间内的 Uc 数来确定,Uc 是与特定产物相对应的计量单位,它可以是质量单位,也可以是颗粒的数目等。

程序可给出燃烧产物中某些组分的两种生成量,它们都可确定该组分在烟气层中的浓度。第一种量作为探测到火灾的判据,第二种量作为火灾构成危害的判据。通常这些组分的每种生成速率都可按上面所述的方法计算,并且每种都有其相应的 Uc。对于指定的火灾类型及地板之上的特征高度(如人的眼睛高度),本程序运行一次就能计算出与不同体积的每个房间以及探测和危险判据相应的 ASET。

通过求解模拟火灾发展的数学方程,程序便算出了烟气层厚度和温度、烟气层中的代表产物浓度的变化。在计算的每一时间步长内,程序都将房间的控制状况与指定的探测和危险判据进行比较。最后便算出与某种几何尺寸的房间和每组探测与危险判据相对应的 t_{haz}、t_{det},进而算出每种情况下的 ASET。模拟计算是连续进行的,直到出现危险状态或到达用户指定的最长时间为止。

ASET 模型的使用也有一些限制,其中主要有:

(1) 本模型不能用于长宽比大于 10:1 或高度与最小水平尺寸(宽度)之比大于 1 的房间。

(2) 假设所有的门、窗及其他的与毗邻空间相通的通道都被关闭。不过又假定在达到危险状况之前室内有足够的氧气以维持自由燃烧。

(3) 假定房间分成水平两层,其间有明显界面,上部为温度较高的烟气层,下部为冷的环境空气,并假设上层内各种气体混合均匀。当上层温度超过 350 ℃~450 ℃时,烟层反馈到燃料的热辐射变强,这将显著改变火灾的自由燃烧特性,因此以后计算结果便不可靠了。

(4) 实际房间不可避免地存在细小的缝隙,现假设这种缝隙紧靠地板,于是可认为,在烟层界面接近地板前,只在房间较低的部位可泄漏出冷空气,而顶棚附近的高温燃烧产物不会泄漏。

6.2.3　数据的输入

ASET 程序可用交互方式运行,也可用批处理方式运行。使用交互运行时,程序将指示用户如何进行数据输入。输入数据分为 7 组,它们是一般数据、探测报警判据、危险判据、房间特征、热释放速率、可探测的燃烧产物的生成速率、构成危险的燃烧产物的生成速率等,后 3 种为火灾数据。

由单词"CARD"开始的各行是输入数据行。若"CARD"后面有(s),则表示该段需要的数据多于一行。数值必须写在它所表示的变量名称指明的位置,除非作了专门说明,数据才可用非格式化输入。同一行中输入的数值须用逗号或空格隔开,输完一行后应注上一个回车符。

1. 一般数据

CARD:TITLE

本行说明所选算例的名称,最多可写成 80 个字符。

CARD:WRC(WRC=1,2,3,4)

本行决定输出数据的打印格式：

WRC＝1　表示概要输出，只打印出达到探测和危险状态时的室内状态及安全疏散时间，每行 132 个字符。

WRC＝2　也表示概要输出，这时每行为 80 个字符。

WRC＝3　表示全部输出，这时将会把烟气层的温度、厚度、温升速率及燃烧产物的浓度随时间的变化全部打印出来，其中包括概要输出的内容，每行为 132 个字符。

WRC＝4　也表示全部输出，但每行为 80 个字符。

CARD：ALAMR，ALAMC，ZEYEF，DELTA

本行包括 4 个变量，每个变量应输入一个数据，它们的含义如下：

ALAMR　燃烧区及烟气羽流中热辐射损失在火灾总发热速率中所占的比例；

ALAMC　在室内各种壁面及其他物体上损失的热量在火灾总发热速率中所占的比例；

ZEYEF　从地板平面到预先指定人眼睛的特征高度；

DELTA　火源的底部离开地板平面的高度。

为了便于理解，下面对这几个参数的含义作较详细的说明。

ALAMR(λ_r)是在火灾总的热释放速率中从燃烧区中通过辐射而损失的百分比。程序中用($1-\lambda_r$)确定火灾热释放速率中驱使烟气羽流向上运动的部分。对于典型的危险有焰燃烧火灾，可选取 $\lambda_r=0.35$。

ALAMC(λ_c)是在火灾总的热释放速率中损失于房间的表面边界和室内其他物品上的能量百分数。此项是房间内多种对流和辐射热损失的总和，因此不可能得到 λ_c 的精确值（尽管现将 λ_c 取为常数，实际上它是随时间变化的）。当 $\lambda_r=0.35$ 时，在单室火灾的早期阶段，λ_c 近似为常数，其取值范围是 0.6～0.9。当顶棚跨度与房间高度之比（纵横比）较大、且该空间的顶棚较平滑、火源远离墙壁时，λ_c 取小值。当房间的纵横比小、火源位置较高或者靠近墙壁、房间顶棚的表面极不规则，λ_c 便取中等值或大值。

用户必须指定 ZEYEF 的值，即从地板算起的人眼的特征高度。此值对何时及怎样构成危险具有重要影响。若烟气层界面高于眼睛高度，危险可能是因烟气层温度超过某个临界值而由烟气层向下的直接热辐射引起的。若烟气层界面低于眼睛高度，则危险可能是由于人们吸入了浓度超过某一临界值的有害燃烧产物引起的，也可能是直接烧伤及吸入了温度超过另一个临界值的热气体引起的。显然第二个温度临界值比第一个低。ZEYEF 不一定与眼睛的真实高度一致，但此高度绝不能高于房间或低于零。合适的高度应当是上部热气层开始造成危险并影响人们视线的高度。

DELTA 是火源根部高出地板的高度，通常用 δ 表示，其值根据所讨论火灾的物理性质条件确定。

2. 探测报警判据

本组包括 3 行，它们是：

CARD(S)：TMDSPF(I)　表示可以探测到的上部烟气层的温度；

CARD(S)：RRDSPF(I)　表示可探测到的上部烟气层的温升速率；

CARD(S)：CNDS　　　　表示可探测到的燃烧产物的浓度，其单位是单位体积中的 Uc 数，Uc 的含义见前面的说明。

这 3 种形式探测判据可以单独使用，也可以结合起来使用。每种形式可以有 1 到 10 个不同的判据值,运行时至少要输入一个探测判据。人们可以指定一起火就达到了可探测状态,其方法是把上部烟气层的温升速率设为零。对于每种探测方式,程序每次输入一个数值,来决定某一给定状况的探测报警时间。

3. 危险判据

CARD(S):TMHSUF(I) 表示烟层界面高于人眼特征高度时,达到危险状态时烟气层的温度;

CARD(S):TMHSLF(I) 表示烟层界面低于人眼特征高度时,达到危险状态时烟气层的温度;

CARD(S):CNHS(I) 表示当界面低于人们眼睛高度时,达到危险状态时燃烧产物的浓度值,用每克烟气中所含的 Uc 表示。

对于这 3 种形式的危险参数,每种都可输入 1 个(最小)到 10 个(最大)不同的数值。运算中要考虑这些危险形式输入值的各种组合,每次用一种组合来确定特定火灾场景下构成危险的时刻。例如,对 TMHSUF、TMHSLF、CNHS 分别输入 1、3、2 个数据,那么就可构成 6 种危险状态判据,达到这 6 种判据的任一种都表示出现了危险。只要出现下述情况就表示达到危险状态:

上部的烟气的温度高于 TMHSUF(1),且烟气层界面高度高于 ZEYEF;

上部烟气层的温度高于 TMHSLF(2),且烟气层界面高度低于 ZEYEF;

上部烟气层的燃烧产物浓度高于界面 CNHS(2),界面高度低于 ZEYEF。

TMHSUF 是按人头上方的热烟气层向下发出的热辐射来规定对人的危害的。有关文献推荐,TMHSUF 值可取为 183 ℃。假设烟气层按黑体处理,并取视角因子为 1,则与此温度相当的热通量为 $2.5 \, kW/m^2$。现已认为,这一热通量接近人们不能忍受的热通量限度。TMHSLF 要比 TMHSUF 低得多,这时发生的危险将是直接造成人们的外部或内部(由于吸入热气体)烧伤。TMHSLF 的实用值大约为 100 ℃。

当烟气层界面低于人眼的平面,危险也可能是燃烧产物浓度过高造成的,即有害产物的浓度 CNHS 超过某一临界值。如果用户不打算使用全部危险判据,则可在输入数据阶段,把 CNHS 赋为任意的正值,并应在适当的地方把模拟危险产物的生成速率输入值赋为零。

4. 房间特征

CARD(S):HF(I) 表示房间的高度;

CARD(S):SF(I) 表示房间的平面面积;

输入时至少应确定一种高度和一种面积。在一次运行中,程序可以处理 20 种房间高度和 30 种房间面积,并对由不同的 HF(I) 和 SF(I) 输入所组成的房间进行计算。房间数据的输入方式与探测和危险数据的输入方式相同。在 HF 和 SF 每次输入后,应用文件结束符终止。

5. 热释放速率

这是本程序中主要的火灾数据,用于确定怎样模拟火灾的热释放速率 $Q(t)$ 以及计算 $Q(t)$ 需要输入什么数据。火灾类型变量 FIRE 可用 1、2、3 这 3 个整数值表示。目前程序中仅使用了两种火灾增长模型,它们需要输入不同形式的数据。FIRE=3 的情况尚未使用,用户可根据自己的需要加入其他火灾模型。

CARD:FIRE(FIRE=1,2,3)

FIRE=1 表示热释放速率曲线是由分段连续的指数曲线组成的,各段曲线的指数值不

同。在计算公式中,段号用 NSEGQ(Ⅰ)表示,于是:

$$Q(t)=\begin{cases} Q(1)\exp[AKAP(1)\times t] & 第Ⅰ段,0\leqslant t\leqslant TAUQ(1) \\ Q(2)\exp[AKAP(2)\times(t-TAUQ(1))] & 第Ⅱ段,TAUQ(1)\leqslant t<TAUQ(2) \\ Q(NESGQ)\exp[AKAP(NESGQ)\times(t-TAUQ(NESGQ-1))] \\ \qquad 第 NSEGQ段,TAUQ(NESGQ2)\leqslant t<TAUQ(NESGQ1) \\ Q(Ⅰ)\exp[s(NESGQ0)\times(t-TAUQ(2))] \\ \qquad 第 NSEGQ段,TAUQ(NESGQ1)\leqslant t \end{cases}$$

式中,与 NSEGQ 有关的值:Q(Ⅰ)和 AKAP(Ⅰ)需要在输入时给定。

FIRE＝2 表明热释放速率曲线由 NSEGQ 段连续直线段组成折线表示,就是说该曲线由下式确定:

$$Q(t)=\begin{cases} Q(0) & t=0 \\ Q(Ⅰ) & t=TAUQ(Ⅰ) \\ Q(NESGQ) & t=TAUQ(NESGQ) \end{cases}$$

人们还可通过线性插值得到上述 NSEGQ＋1 个数据点之间的值。在此,Q(0)与 TAUQ(1)和 Q(1)、TAUQ(2)和 Q(2)、TAUQ(NESGQ)和 Q(NESGQ)等成对数值需要输入给定。

如果选用多个指数曲线组成的热释放速率曲线,那么还需要输入以下的数据:

CARD:TAULIM 表示模拟火灾环境的最长时间。

CARD: Q(Ⅰ),AKAP(Ⅰ)

Q(Ⅰ) 表示在指数曲线的第(Ⅰ)段开始时的热释放速率,所有的 Q(Ⅰ)值都必大于零。

AKAP(Ⅰ) 表示第(Ⅰ)段的指数增长因子,单位是 1/s。

应当输入 NSEGQ 对数据,每次输入一对,最多可以输入 100 对数据。在最后一对数据输入完后,应当写一个文件结束符。

CARD:(YES OR NO)－NORMALIZED OUTPUT

询问是否采用归一化形式输入,如果需要,热释放速率可按 Q(t)/ Q(1)的形式打印。

如果选用分段线性的折线表示火灾增长曲线(即 FIRE＝2),需要输入以下数据:

CARD:TAULZM, HLCOMB

TAULZM 火灾环境的最长模拟时间;

HCOMB 有效热值,用 kW/kg 燃料表示。这一因子与燃料质量损失速率(kg/s)相乘,便可求出火灾的热释放速率(用 kW 表示)。

如果后面的输入数据直接用 kW 给出,则 HCOMB＝1.0

CARD: Q(0) 表示火灾的初始热释放速率。

CARD: TAUQ(Ⅰ),Q(Ⅰ)

TAUQ(Ⅰ) 在热释放速率曲线的第一段结尾时的时间(用秒表示)。当 HCOMB≠1,则应使用可燃物的质量损失速率曲线。

Q(Ⅰ) 在热释放速率曲线第Ⅰ段结尾时的热释放速率值,用 kW 表示。

同理,当 HCOMB≠1 时,应使用可燃物的质量损失曲线。

每对数据点应当写一行,于是共应有 NSEGQ 对数据点。用户最多可输入 100 个数据点。TAUQ(NESGQ)应当大于或等于 TAULIM。在最后一个数据点输完后应打一个文件结束符。

CARD：(YES OR NO)NORMALIZED OUTPUT

询问打印形式。如果需要,火灾的热释放速率可以用归一化形式 Q(t)/Q(0)打印出来。

6. 可探测的燃烧产物生成速率

如果在探测判据一节中对 CNDS 没有输入数据,则在本节中也不进行输入。这时,用户应当直接转到下一组火灾数据,即构成危险的燃烧产物的生成速率。假设在探测判据一节中对 CNDS 至少有一条输入,则在本节的第一个 CARD 中应规定怎样模化火灾中可探测的燃烧产物的生成速率 $C(t)$。

产物生成速率 $C(t)$ 的单位是 Uc/s,式中 Uc 是与某种生成燃烧产物相对应的量纲单位。例如,如果 Uc 取质量单位克(g),那么 $C(t)$ 必须用克产物/s 表示。如果 Uc 为颗粒数目,那么 $C(t)$ 的单位是颗粒数目/s。

Uc 的单位选择不同将直接影响计算的上层产物浓度 $M(t)$ 的量纲。如前所述,在计算 $M(t)$ 时,如果 Uc 用克表示,$C(t)$ 使用 g/s 表示,而 $M(t)$ 的单位将是 g(可探测燃烧产物)/g(上层混合物)表示。如果 Uc 用颗粒数目表示,$C(t)$ 使用颗粒数/s 表示,而 $M(t)$ 的单位是颗粒数(可探测燃烧产物)/g(上层混合物)表示。

选用什么顺序输入数据,由变量 PRODD 决定。变量 PRODD 可以等于 1、2 或 3 三个整数。本程序目前只包括两种产物生成速率,每种需要的输入数据形式不同。第三种(PRODD=3)是备用的,用户可以根据需要在此使用另外的产物生成速率子程序。

CARD：PRODD(1,2,3)

PRODD=1 表示可探测的产物生成速率与热释放速率成正比,比例常数为 BETAD,即 $C(t)=BETAD \cdot Q(t)$

PRODD=2 表示产物的生成速率曲线,即 NSEGPD 段的连续直线段组成的折线由下式确定:

$$C(t)=\begin{cases}PRD0 & t=0\\PRD(1) & t=TAUPRD(1)\\PRD(NESPD) & t=TAUPRD(NESPD)\end{cases}$$

在上述 NSEGPD+1 个数据点之间的值,可通过线性插值求得。程序需要输入 PRD 及 TAUPRD(1),PRD(1);TAUPRD(2),PRD(2);…,TAUPDD(NSEGPD),PRD(NSEGPD)等 NSEGPD 对数值。

PRODD=3 暂时未用。

下面进一步说明如何使用前两种模型。如果产物生成速率与热释放速率成正比,(PRODD=1),则必须按下述方式提供 BETAD 的值。

CARD：BETAD 表示可探测的产物的生成速率与发热速率间的比例常数,其量纲单位为 Uc/(s·kW)。

如果产物的生成速率选用折线型曲线(PRODD=2),则需要以下的输入数据:

CARD：PRD0 表示刚着火时可探测的产物的生成速率,用 Uc/s 表示;

CARD(s)：TAUPRD(I),PRD(I)

TAUPRD(Ⅰ) 为可探测产物生成速率曲线的第Ⅰ段结尾的时间值,用秒表示;

PRD(Ⅰ) 产物生成曲线第Ⅰ段结尾时实际燃烧产物的生成速率,单位是 Uc/s。

每个数据点必须在一行中输入,总共有 NSEGPD 个数据点,用户最多可输入 100 个数据。

TAUPRD(Ⅰ)的最大值应当大于或等于 TAULIM。

7. 构成危险的燃烧产物生成速率

构成危险的燃烧产物的生成速率曲线的数据需要在本组中输入。

本组第一个卡片规定怎样模化火灾危险的产物生成速率 $C(t)$，以及需要输入什么样的数据。$C(t)$ 的单位问题已经在上面可探测产物卡片组中讨论过了，这些讨论也适合于危险产物。变量 PRODH 可等于整数 1,2 或 3。本程序中包括两种产物生成速率模型，每一种需要输入的数据形式不同，第 3 种为备用。

CARD：PRODH(=1,2 OR 3)

PRODH=1　　即 $C(t)=BETAH \cdot Q(T)$

PRODH=2　　折线型产物生成速率曲线

$$C(t)=\begin{cases} PRD0 & t=0 \\ PRD(1) & t=TAUPRD(1) \\ PRD(NESPD) & t=TAUPRD(NESPD) \end{cases}$$

在 NSEGPH+1 个数据点之间的数据可用线性插值分别求得；

如果选用燃烧产物的生成曲线与发热速率成正比，即 PRODH=1 时，必须按下式给出的 BETAH 的值。

CARD：BETAH

危险燃烧产物生成速率与能量产生速率间的比例常数，其量纲单位为 Uc/(s·kW)

如选用折线型燃烧产物生成速率曲线(PRODH=2)，则需要输入以下数据。

CARD：PRH0

火灾起始时危险产物的生成速率(Uc/s)。

CARD：TAUPRH(Ⅰ)<PRH(Ⅰ)

前者为危险燃烧产物生成速率曲线的第Ⅰ段结束时的时间值(s)，后者为该曲线第Ⅰ段结束时的产物生成速率(Uc/s)。

这些数据点每次应输入一个，总的数据点为 NSEGH 个，用户最多可输入 100 个数据，TAUPRH(Ⅰ)应当大于或等于 TAULIM。

6.2.4 应用举例

下面通过一个算例说明 ASET 程序的使用。算例中分析了火灾环境，对所用的求解公式作了说明，给出了输入数据列表，并对计算结果作了讨论。

大量室内火灾案例表明，在起火一定时间后，室内火源的热释放速率大致趋于某个确定值，这相当于室内具有一种燃烧面积不变的火源。本例所讨论的房间高 3 m，其平面面积为 929 m^2。火源位于地板中部，其面积为 0.83 m^2。选用汽油作燃料，单位面积火的热释放速率为 1.6 MW/m^2，室内总的热释放速率为 1.32 MW。

假设一起火就被探测到了，即假设可探测温升速率 RRDSPF=0。另外假设火源离房间的墙壁较远，且房间的顶棚是平的。瞬时损失于房间各壁面和室内物体上的热量占总发热量的比率 ALAMC 为固定值 0.6，燃烧区的瞬时辐射散热损失占总发热量的比率 ALAMR 也为固定值，取为 0.35。

在此把人的眼睛特征高度取为 1.2 m,当两种气层的交界面高于此值时,则假定上层温度升高到 183 ℃时,达到危险状态;而当烟气层界面低于此高度时,危险状态判据有两种:一是上层温度达到 115 ℃,二是上层气体中氧气的质量浓度下降到 0.18(在正常环境条件下应为 0.23)。危险燃烧产物 Uc 还可以用氧气消耗量表示,当 Uc 的单位用克表示时,危险浓度便为 0.05 克氧耗量/每克上层气体,即 CNHS=0.05。根据 Huggett 的研究,火灾中氧气消耗速率与火灾的热释放速率近似成正比,即

$$C(O_{2,dep}) = 0.076 \times g(O_{2,dep}) \times Q \tag{6-2-6}$$

表示这种氧耗率的方式是令 PRODH=1 及 BETAH=0.076。

此例中,没有要求根据可探测的燃烧产物浓度进行报警,因此不必输入描述可探测产物生成速率的数据。本例讨论的是有效安全疏散时间,通常火灾燃烧 30 min 后,再谈安全疏散时间已没有意义,故超过此时间就不再进行模拟计算了。

数据输入有交互式和批处理两种方式。建议初学者先选用交互式输入式,这样可以减少由于操作不熟而造成的错误。批处理输入方式是直接编辑输入数据文件,表 6.2.1 为本例输入数据的编排格式。为了便于对照,每行输入均给出了中文说明。

表 6.2.1　算例的批处理数据文件

1. General Data	（通用数据）
Run title	（算例名称）
Constant fire，Q=1320 kW	
Write Code3	（数据输出格式）（表示一行用 132 个字符书写）
λ_r,λ_c,Eyelevel,Fire Height	
	（辐射散热系数,对流散热系数,眼睛高度,火源高度）
0.35,0.60,1.2,0.0	
2. Detection Criteria	（探测判据）
Layer Temperature	（上层温度）
−9(注:−9 为这一项输入结束的终止符,以下同)	
Rate of temperature rise	（温升速率）
0.0,−9	
Concentration	（产物浓度）
−9	
3. Hazard Criteria	（危险判据）
Temperature when interface above eyelevel	（当界面高于眼睛时的温度）
183 ℃,−9	
Temperature when interface below eyelevel	（当界面低于眼睛时的温度）
115 ℃,−9	
Concentration	（产物浓度）
0.05,−9	
4. Room Characteristics	（房间特征）
Height	（房间高度）
3.0,−9	
Area	（房间面积）
929,−9	

5. Fire Data 1,Energy Generation Rate	（火灾数据之一,热释放速率）
Fire type 2	（火源类型,表明为燃烧面积固定的池火）
Maximum time ,Heat of combustion	（计算的最长时间 ,燃烧热）
1800,1.0	
Initial energy generation rate	（初始热释放速率）
1320	
Data Points	（成对的数据点）
1800 ,1320,−9	
Normalized Output ?	（是否用归一化输出）
No	
6. Fire Data 2,Detectable Product of combustion Generation Rate	
（火灾数据之二,可探测燃烧产物的生成速率）	
（对于本问题,认为一起火就开始探测,故此组不要求输入数据）	
Fire Data 3,Hazardous Product of combustion Generation Rate	
（火灾数据之三 ,构成危险的燃烧产物的生成速率）	
Product Generation Code	（产物产生的形式）
1	
Beta ,constant of proportionality	（比例常数 β）
0.076	

表 6.2.2 给出了部分计算结果,它表明假定室内一起火就被发觉,则有效的安全疏散时间为 191 s。危险状态是根据界面高于眼睛的危险温度值 183 ℃得出的,这时界面的实际高度为 2.12 m。用氧耗量表示的危险燃烧产物浓度为 0.03,即达到危险状态时,上部气层中的氧的质量浓度为 0.23−0.03＝0.20,这时仍可以忽略空气受到污染而对人产生的影响。需指出,在刚开始运行($t＝0$)时,在上部烟气层中的氧耗量不是零,而是 0.021 53,见表 6.2.2 的第一行。其实这些上层气体是由火源产生的烟气羽流来的,羽流是氧耗量的源项。

根据这一运算结果,还可决定着火一段时间后才被探测到的情况下的有效安全疏散时间。例如假设起火 60 s 后探测到火灾,那么有效安全疏散时间为 191−60＝131 s。

表 6.2.2　算例的部分输出结果

Constant Fire, Q＝1320kW						
TIME	Q	LAYER	INTERFFACE	LAYER	RATE OF	CONCENTRATION
(s)	(kW)	THICK(m)	ELE(m)	TEMP(℃)	TEMPRISE(℃/min)	HAZARDOUS
0	1320.0	.00	3.05	142.39	11.74	.2153-001
5	1320.0	.03	3.02	143.37	11.79	.2170-001
10	1320.0	.06	2.99	144.36	11.84	.2187-001
15	1320.0	.09	2.96	145.35	11.89	.2205-001
20	1320.0	.12	2.93	146.34	11.94	.2223-001
30	1320.0	.17	2.88	148.34	12.04	.2258-001
40	1320.0	.23	2.82	150.35	12.15	.2294-001
60	1320.0	.33	2.72	154.44	12.35	.2366-001
...	...	...	...	...	...	...

Constant Fire, Q=1320kW						
TIME	Q	LAYER	INTERFFACE	LAYER	RATE OF	CONCENTRATION
（s）	(kW)	THICK(m)	ELE(m)	TEMP(℃)	TEMPRISE(℃/min)	HAZARDOUS
175	1320.0	.86	2.19	179.2	913.60	.2807-001
180	1320.0	.88	2.17	180.4	213.65	.2828-001
190	1320.0	.92	2.12	182.7	113.77	.2868-001
195	1320.0	.94	2.10	183.8	613.83	.2888-001

6.3 多室火灾模拟程序——CFAST

CFAST(Consolidate Fire And Smoke Transport)是一种计算火灾与烟气在建筑物内蔓延的区域模拟程序,它是在 FAST 和 CCFM 程序的基础上发展而来的。经过多年的修改和完善,CFAST 形成若干版本,并具备完整的技术文件,分别阐述该程序的物理基础、计算方法、程序结构、使用说明、性能分析等。

前些年,美国消防协会将 CFAST 与火灾探测程序(DETECT)、人员忍受极限程序(TENEB)等组合起来,构成了功能更全的 HARZARD-1 程序。一段时间里该程序得到了广泛的传播。HARZARD-1 的核心是 CFAST,其技术文件基本上是 CFAST 文件的转述。但后来,CFAST 本身又进行了多次修订,其技术文件仍单独发行。2000 年发布的 CFAST4 增加了墙壁水平热传导、走廊内的水平烟气流动模型,之后的 CFAST5 增加了燃烧模型来处理火源,2005 年,又正式发布 CFAST6。

本节主要参考 CFAST6 的技术报告和用户指南,介绍 CFAST 的理论基础和使用方法。CFAST 程序包中还提供了 8 个输入数据文件作为试用文件,其主要目的是供用户试验计算机功能及检验模型是否运行正常。这些算例也可供用户编辑输入数据文件时参考。

6.3.1 基本方程

CFAST 可以计算多达 30 个房间的建筑结构,与 ASET 模型一样,CFAST 将每个房间分为上下两层,并假设在每一层内温度、烟气浓度等状态参数都是相等的。每个层中分别有质量、能量、密度、温度、压力和体积 6 个重要参数,其中上下层的压力认为相等,则总共有 11 个参数,这 11 个参数通过以下几个方程联系起来:

$$\rho_i = \frac{m_i}{V_i} \qquad （密度） \qquad (6\text{-}3\text{-}1)$$

$$E_i = c_v m_i T_i \qquad （内能） \qquad (6\text{-}3\text{-}2)$$

$$P = R\rho_i T_i \qquad （理想气体定律） \qquad (6\text{-}3\text{-}3)$$

$$V = V_L + V_U \qquad （总体积） \qquad (6\text{-}3\text{-}4)$$

式中,c_v 为气体的比热容;R 为通用气体常数;L 和 U 分别表示下层和上层,对于确定的房间,其体积不变,为上下气层的体积之和。

通过求解每层能量、动量和质量的守恒方程能够得出上述参数的变化。对每个房间的上、下层,可分别写出守恒方程如下:

质量守恒:

$$\left.\begin{aligned}\frac{\mathrm{d}m_u}{\mathrm{d}t} &= \sum_i \dot{m}_{u,i} \\ \frac{\mathrm{d}m_l}{\mathrm{d}t} &= \sum_{i=1} \dot{m}_{l,i}\end{aligned}\right\} \tag{6-3-5}$$

能量守恒:

$$\left.\begin{aligned}\frac{\mathrm{d}\left[c_v m_u (T_u - T_R)\right]}{\mathrm{d}t} - V_u \frac{\mathrm{d}P_r}{\mathrm{d}t} &= \dot{Q}_u + H_u \\ \frac{\mathrm{d}\left[c_v m_l (T_l - T_R)\right]}{\mathrm{d}t} - V_l \frac{\mathrm{d}P_l}{\mathrm{d}t} &= \dot{Q}_l + H_l\end{aligned}\right\} \tag{6-3-6}$$

组分守恒:

$$\left.\begin{aligned}\frac{\mathrm{d}m_{u,i}}{\mathrm{d}t} &= Y_{i,k} \dot{G}_{u,k} \\ \frac{\mathrm{d}m_{l,i}}{\mathrm{d}t} &= Y_{i,k} \dot{G}_{l,k}\end{aligned}\right\} \tag{6-3-7}$$

式中,$\dot{Q}$ 和 H 分别为气体的显焓与内能,G 为气层中某种组分的质量,Y 为该组分的质量分数。

另外,在工程应用范围内,热烟气可按理想气体处理,即认为其热物性与空气相同,于是

$$\rho_u T_u = \rho_l T_l \tag{6-3-8}$$

这些方程的右侧均反映物理现象的源项。正确描述源项是建模的重要方面,计算中出现的误差是由于对物理问题的简化不当而造成的。

6.3.2　CFAST 的源项处理

CFAST 基本方程的源项是通过一系列子模型来计算的,下面简要讨论一下这些子模型的特点。

1. 火源

在 CFAST 中,火源是按一定质量流率释放可燃物的燃料源,同时又是一个伴随燃烧产物生成的能量源。通过燃烧,燃料的化学能转换为焓,同时根据特定组分的产生率转化为该组分的质量。CFAST 可以设置多个火源,并可以分别分布在不同的房间内,故可以在不同房间中逐一监测多个火源。这些火源全部作为分离的实体处理,就是说它们与羽流不发生相互作用,且与房间壁面之间没有辐射换热。CFAST 没有考虑燃料的热解模型,可燃物的产生量由用户设定,因此设定火源与真实火源的相似程度如何将对计算结果的准确性有重要影响。CFAST 认为火源受到氧气浓度的影响,而氧气的浓度与建筑结构的通风条件有关。当氧气不足时,燃料的燃烧速率和燃烧热都会比设定值要小,剩余可燃物随着门道羽流进入下一个房间的上层区域,一直到消耗完。燃烧释放出的热量将转化为对流热和辐射热,其中的对流热伴随羽流全部进入上层区域,辐射热则既进入上层区域又进入下层区域,通常设辐射热所占的比重为 0.3。

2. 羽流

在任何正在燃烧的物体上方都会形成羽流,它不是上下气层的一部分,但却是能量和质量由下层向上层输送的驱动源。CFAST 使用经验公式决定由羽流引起的层间质量转移。在不同层和不同房间之间,羽流是能量和质量传输的主要途径。在 CFAST 中将羽流分为火羽流和开口羽流两种形式,前者为在着火房间内火源上方形成的羽流,后者是出现在门、窗开口处的羽流。应当指出,火羽流模型是在房间上下两个区域之间其气体掺混很小的基础上成立的,同时火羽流不受其他流动的影响。因此当火羽流靠近门窗而受到门窗处入流的影响而发生倾斜时,一般的火羽流模型就不再适用了。

CFAST 认为由火羽流产生的质量和能量全部进入上层区域,用 McCaffery 羽流模型来计算羽流卷吸的空气质量流率,具体计算公式参见本书第 3 章的式 3-5-8 至 3-5-10。

在计算刚开始时,室内每层的状态是与环境相同的。但为了避免计算中出现数学问题,程序中预先假设上层的体积为房间体积的 0.001。随着焓与质量由羽流送入上层,上层体积开始增大,层界面向下移动。只要界面尚未到达开口的上缘,就不可能有通过开口的流动。在火灾的这种早期阶段,上层气体的增大将使下层空气由开口流进相邻的房间。

一旦烟气层到达开口的上缘,就会产生开口羽流(也有人称为门头溢流或门道射流)。随着烟气由起火房间流入相邻房间,后一房间的下层空气受到挤压,于是一部分空气可沿门口下部返流入起火房间。在这种开口羽流中,气体在流入与流出的逆向流边界上发生混合。开口流动也按羽流处理,不过这两者对空气的卷吸方式有差别,因此直接使用羽流的计算方法会产生一些误差。上述流动都是由压力差和密度差引起的,而这两者又是由温度差和气层厚度造成的,因此,为了得到正确流动,应在各层之间恰当分配来自火源的质量和焓。

3. 开口流

开口流是室内外质量交换和焓交换的重要源项。开口流的流率是受开口两侧的压力差决定的,它对压力差很敏感,且波动很快,并可在所有源项中迅速输送大量的焓。开口流可分为水平流动和竖直流动两种类型,前者如通过门、窗的流动;后者指的是流过房间顶棚、地板或船舱出入口的流动。

开口流动分为强迫流动和自然流动两种情况。自然对流可以分为垂直开口流动和水平开口流动。对于火灾环境迅速变化的情况,竖直流动很重要。竖直流动不仅由上下气体的密度差决定,还受气体的体积膨胀的影响。不过除了快速膨胀情况之外,这种压差很小,往往忽略不计。但是若需了解小压差下的流动(例如机械通风系统中产生的流动),那么这种压差就变得很重要了。大气压约为 100 000 Pa,火源产生的压力变化范围为 1~1 000 Pa,而机械通风系统产生的压差范围为 1~100 Pa。为了正确解决它们的相互影响,从问题整体来说,应当能在 100 000 Pa 的压力范围内考虑约 0.1 Pa 的压差变化。

开口流动引起类似于羽流卷吸的掺混现象,习惯称这部分流动为门头溢流,CFAST 采用等效于羽流的计算方式来计算门头溢流,通过求取门头溢流的虚点源,即可计算出门头溢流的流量。CFAST 将长通道的流动如走廊流动作为一种特殊的情况来处理,由于烟气走廊中的流动并不完全满足两区模型的前提。

4. 传热

在烟气层与房间壁面之间存在对流换热,而墙壁、顶棚和地板又以导热形式向外传热。CFAST 允许每个房间的墙壁、地板和顶棚使用不同的材料,且将物体的热物性参数视为不随温度发生改变的常数。但各个部分所用的材料性质应当相同。同时每种壁面可分为 3 层,按这些层分别进行导热计算,这有助于用户处理实际建筑物的结构。材料的热物性是随温度改变的,不过在通常的火灾温度范围内,大多数物体的热物性变化不大,因此在 CFAST 中将它们取为常数。

在火源、气层和房间壁面之间还存在辐射传热,其传热速率是温度差、气体与壁面辐射率的函数。火源的发射率随组分浓度的变化而变化,壁面的辐射率随温度在一个很小的范围内改变,不过它们的辐射率变化很小。CFAST 将所有的表面和区域都视为灰体,火源作为点源处理,不考虑羽流的辐射。不管是计算对流传热还是辐射传热,壁面温度都十分重要,CFAST 将房间分成顶棚、地面、上层区域包围的墙面、下层区域包围的墙面 4 个部分计算壁温。CFAST 计算壁面内部的导热时,用的是一维热传导方程。

烟气层的辐射率随其组分浓度变化,烟气中的颗粒、CO_2、水蒸气都是强辐射体。因此组分浓度的误差将引起焓在不同层内分布的误差,并由此而导致温度误差和流动误差。

5. 顶棚射流

顶棚射流是火灾发展早期的一个重要过程,CFAST 采用 Cooper 的模型和算法来预测火源上方羽流向顶棚传递的对流热。该模型认为火源位于上下层交界面以下,当火源驱动的羽流穿过交界面时,有一部分羽流用于向上层烟气层补充质量和能量,而另一部分则直接穿过上层烟气层去撞击顶棚,羽流撞击顶棚以后,变成具有较高温度和速度的顶棚射流,顶棚射流沿着撞击点的径向方向向四周蔓延,与顶棚之间发生对流传热,直到顶棚射流达到四周的壁面才开始向下流动并且与上层烟气层进行混合。在该模型中,顶棚射流与顶棚的对流传热量、顶棚射流蔓延的径向距离有很大的关系。

6. 火灾探测

在 CFAST 中,火灾探测是依据温度判断的。在着火房间内,火灾探测与顶棚射流的温度密切相关,而在未着火房间,由于没有顶棚射流,火灾探测与烟气层的温度有关。火灾探测除了与顶棚射流或者烟气层的温度有关外,还与探测器本身的热灵敏度有很大的关系。探测器的温度变化用下式进行计算:

$$
\left.
\begin{aligned}
\frac{\mathrm{d}T_L}{\mathrm{d}t} &= \frac{\sqrt{V(t)}}{RTI}(T_g(t) - T_L(t)) \\
T_g(0) &= T_L(0)
\end{aligned}
\right\}
\tag{6-3-9}
$$

式中,T_L 是探测器启动温度;T_g 是上层烟气层的温度;RTI 为感应时间指数,是表征探测器热惯性的参数。

7. 喷淋启动和火灾抑制

水喷淋计算是 CFAST6 新增加的功能,CFAST6 认为喷淋对火灾发展的影响是通过抑制火源的功率来实现的,火源功率的衰减与喷淋启动时间和喷淋密度有关,CFAST6 采用如下的模型进行计算:

$$
Q_f(t) = \mathrm{e}^{-(t-t_{act})/3.0 Q_{spray}^{-1.8}} Q(t_{act})
\tag{6-3-10}
$$

式中,t_{act} 是喷淋启动时间,Q_{spray} 是喷淋密度。

从该模型可以看出,喷淋启动以后,火源的功率、火源处的热解产物的生成率在喷淋以后均呈指数衰减,其计算公式为

$$
\dot{m}_{pyrols}(t) = \mathrm{e}^{-(t-t_{act})/t_{rate}} \dot{m}_{pyrols}(t_{act})
\tag{6-3-11}
$$

式中,$\dot{m}_{\text{pyrols}}$ 为产物生成率。

8. 组分浓度

模拟计算开始时,各层的初始条件与环境相同。氧气和氮气的质量分数分别为 23% 和 77%,水分用相对湿度表示,其值由用户指定,其他组分的浓度为零。但随着燃料的热解,多种组分开始生成,程序中设其生成速率与燃料的质量燃烧速率成比例,两者的关系也由用户预先设定。

燃烧产生的各种组分会随着烟气流动进入不同房间,并积累在各个气层内。CFAST 可以自始至终监测每层中各种组分的质量,并计算每层体积随时间的变化。质量除以体积便是质量浓度,将其与分子量相乘又可得出体积百分比浓度。

综上所述,CFAST 模型相当全面地考虑了火灾过程的物理、化学、流体流动与传热等方面。在有些情况下可以直接使用质量、能量和动量的基本定律,但很多其他场合下,还必须使用经验公式乃至合理猜测来弥补现有知识的不足。这些必要的假设可能会导致结果的不确定。因此用户使用程序计算时,应当清楚程序原有假定和局限性包括对关键参数取值范围的敏感性分析,以便能够对结果的不确定性作出估计。

6.3.3　CFAST 的程序结构与输入输出方式

1. 程序结构

CFAST 向用户提供了源程序,方便用户修改和发展子模型。其程序结构如图 6.3.1 所示。

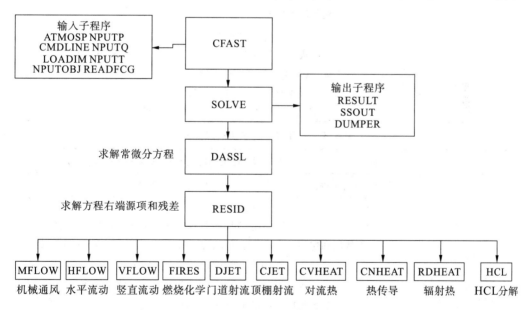

图 6.3.1　CFAST 的程序结构示意图

CFAST 程序中最重要的 3 个子程序是 SOLVE,DASSL,RESID,其中 SOLVE 是监测整个计算过程的控制程序,同时它负责连接输入初始变量的子程序和输出计算结果的子程序;DASSL 是常微分方程的求解器,负责求解区域模型的控制方程;RESID 是负责求解控制方程源项和残差的子程序,它通过调用一系列子程序来求解 6.3.2 节中提到的各源项。

2. 输入变量和输出变量

输入变量是指计算前由用户输入的参数,输入变量是用来描述需要使用 CFAST 进行求解的物理问题。而输出变量是指由 CFAST 计算出来的结果。

CFAST 的输入变量包括环境条件、建筑结构和火源描述 3 个部分,主要包括表 6.3.1 中列举的输入变量。CFAST 的输出变量主要有温度、烟气层界面高度、组分浓度等,表 6.3.2 列举了 CFAST 的主要输出变量。

表 6.3.1　CFAST 的输入变量

参 数 名 称 (Parameter)	输 入 项 目 (用黑体表示的输入项目可能会由于测量误差而有所不同)
环境条件 (Ambient Conditions)	内部温度和压力 外部温度和压力 风速 相对湿度　（0%～100%）
建筑几何尺寸 (Building Geometry)	房间的长、宽、高,以及表面材料性质(传导率,热容量密度,厚度) 水平通风口:下端面离地面的高度,窗台离地面的高度,风机的宽度,通风口的角度,通风口开、关的时间变化曲线 垂直通风口:通风口的区域,通风口的形状 机械通风:通风口位置,通风口中心高度,通风区域,通风管道长度,通风管道直径,通风管道的粗糙程度,通风系数,风机的流动性质
火源描述 (Fire Specification)	起火房间:房间中的 X,Y,Z 坐标,火灾范围 火灾化学参数:摩尔量,氧浓度下限,燃烧热,起始燃料温度,气态点火温度,辐射分数 火灾时间参数:质量损失速率,热释放速率,HCN,HCL,H/C,O_2/C,C/CO_2,CO/CO_2 的产生种类

表 6.3.2　CFAST 的主要输出变量

参 数 名 称		输出(给出代表性参数随时间变化的规律)
房间环境 (Compartment Conditions)	对每一个房间	房间压力和分界面层的高度
	对每一烟气层和房间	1. 温度 2. 烟气层的质量密度,烟气层的体积,热释放速率,气体浓度（N_2,O_2,CO_2,CO,H_2O,HCl,HCN）,烟气的光学密度,到烟气层的辐射热,到烟气层的对流热,烟气层内的热释放速率
	对每一个通风口和烟气层	质量流,卷吸,通风口射流火焰
	对每一个火源	火源的热释放速率,从羽流到上层烟气层的质量流,羽流卷吸,火源的热分解速率
	对每一个房间表面	表面温度
人的耐受能力 (Tenability)		1. 温度 2. FED(Fractional Exposure Dose)致死剂量

6.3.4　CFAST 的使用

1. 输入文件的参数设置

CFAST 是一系列模型的有机组合,要让这些模型运行,首先要为这些模型输入计算所需要的参数,即 6.3.3 节中提到的描述环境条件、建筑结构和火源的变量。用户运行 CFAST 之前首先要创建这样一个包括这些参数的输入数据文件。

在输入数据文件中要输入以下一些参数:

Simulation Environment:包括模拟时间、输出说明、环境条件等;

Compartment Geometry:定义建筑尺寸、结构特点、房间的位置等;

Horizontal Flow Vents, Vertical Flow Vents, and Mechanical Flow Vents:设置房间之间的垂直、水平开口或通向外部的开口,以及机械通风系统等;

Fires:包括火源的初始位置以及燃料的性质等;

Detection/Suppression:定义房间中的探测器和水喷淋。

用户的初始化设置可以在屏幕中输出,用来反映用户输入文件中的若干设置,以便于用户进行检查。初始化设置的屏幕显示如下:

AMBIENT CONDITIONS

Interior Temperature (K)	Interior Pressure (Pa)	Exterior Temperature (K)	Exterior Pressure (Pa)	Station Elevation (m)	Wind Speed (m/s)	Wind Ref. Height (m)	Wind Power
300.	101300.	300.	101300.	0.00	0.0	10.0	0.16

用户在启动计算以前,可以通过 Simulation Visualization,Smokeview 功能来查看火灾场景设置状况,以便对参数进行修改和调整。图 6.3.2 选自 CFAST6 的用户说明,为 Smokeview 显示出来的火灾场景设置,该算例为一个两层、多室的建筑结构,建筑中包括了与外部相连的水平开口、房间之间的水平开口,不同层之间的竖直开口,机械通风和火源等。

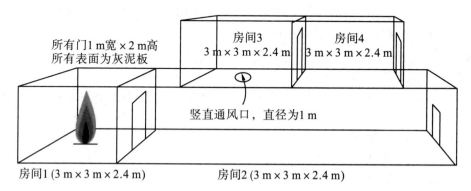

所有门1 m宽×2 m高
所有表面为灰泥板

房间3
3 m×3 m×2.4 m

房间4
3 m×3 m×2.4 m

竖直通风口, 直径为1 m

房间1(3 m×3 m×2.4 m)　　　房间2(3 m×3 m×2.4 m)

图 6.3.2　CFAST 设置的典型火灾场景

2. CEdit 的使用

CFAST6 的输入数据文件可以通过基于 Windows 的输入编辑器(CEdit)进行编辑,图 6.3.3 为 CEdit 的界面。CEdit 的菜单中主要包括了以下几个功能:

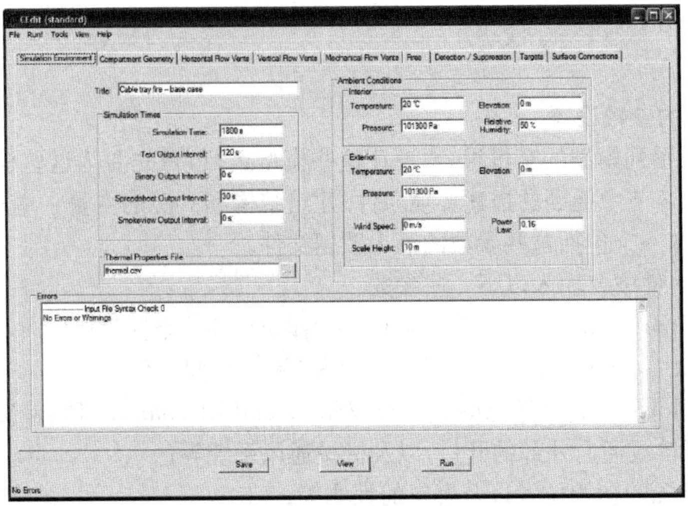

图 6.3.3　CFAST 的 CEdit 编辑界面

Create Geometry File：根据用户的输入参数创建反映火灾场景的文件；

Simulation Visualization，Smokeview：将描述火灾场景的文件可视化，以便用户查看；

Model Simulation，CFAST：启动 CFAST 的模型进行计算；

Show CFAST Window：显示 CFAST 窗口；

Detailed Output File：详细的输出文件；

Edit Thermal Properties：编辑热物性参数；

Edit Fire Objects：编辑着火物体的性质；

Select Engineering Unit：选择工程单位制。

此外，CEdit 还为用户提供了进行参数输入的界面，用于设置输入文件中的各参数。完成输入文件的设置以后，将输入文件保存起来，默认的保存路径为：C:\NIST\CFAST6\DATA，用户也可以根据自己的需要选择保存路径。为了方便用户调用，CFAST 将同一次计算的所有文件都放在一个文件夹中，这些文件包括：

输入文件：Project. in

文本输出文件：Project. out

表格输出文件：Project. n. csv（一般变量），Project. s. csv（组分变量），Project. f. csv（流动变量），Project. w. csv（与壁面、目标物和喷淋有关的变量）

Smokeview 的结构文件：Project. smv

Smokeview 的打印文件：Project. plt

二进制输出文件：Project. hi

根据保存的输入文件，就可以通过 CEdit 运行 CFAST 进行计算，在菜单栏中启动 Model Simulation 命令，CFAST 便开始计算。图 6.3.4 为运行 CFAST 时显示的界面。界面中显示了 CFAST 运行时的进度和一些主要变量（如烟气层温度，烟气层高度和压力等）随时间的变化。

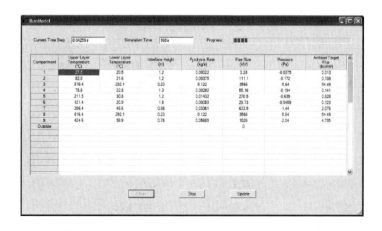

图 6.3.4　CFAST 运行时的界面

3. CFAST 的结果输出

CFAST 的输出文件中包含了用户关心的各种变量，比如上层和下层的温度、烟气层高度、烟气组分浓度、目标物的温度，等等，用户可以有选择地调用来进行分析。

另外，通过/f 选项，这些变量也可以在屏幕上输出，如火源的情况、壁面温度、目标物温度、组分浓度、开口流等。屏幕结果输出如下：

Time = 1800.0 seconds.

Compartment	Upper Temp. (K)	Lower Temp. (K)	Inter. Height (m)	Upper Vol. (m^3)	Upper Absorb (m^-1)	Lower Absorb (m^-1)	Pressure (Pa)	Ambient Target (W/m^2)	Floor Target (W/m^2)
1	377.0	303.8	0.7236	1.76E+02(84%)	1.000E-0.2	1.000E-0.2	-9.483E-02	437.	335.

Fires

Compartment	Fire	Plume Flow (kg/s)	Pyrol Rate (kg/s)	Fire Size (W)	Flame Height (m)	Fire in Upper (W)	Fire in Lower (W)	Vent Fire (W)	Convec. (W)	Radiat. (W)
	Main	0.291	4149E-03	9.998E+04	1.11				6.999E+04	3.000E+04
	WARDROBE	5.026E-02	3.100E-03	4.988E+03	0.120				3.492E+03	1.496E+03
1		0.341	7.249E-03	1.050E+05		0.00	1.050E+05	0.00		

CFAST 的计算结果还可以通过表格输出。表格输出可以更为详尽地反映变量随时间的变化，也可以方便用户提取输出结果。这些表格输出文件在计算完毕时自动保存在存放输入文件的文件夹中，主要有以下几个表格文件：

Project. n. csv：反映一般变量随时间的变化过程；

Project. s. csv：反映气体组分随时间的变化过程；

Project. f. csv：反映关于开口流动的变量随时间的变化过程；

Project. w. csv：反映关于壁面、目标物、喷淋的变量随时间的变化过程。

表 6.3.3 为 Project. n. csv 输出文件中上层温度、下层温度、烟气层高度、上层烟气层体积

和压力随时间的变化过程,用户可以方便地对关心的变量进行提取和分析。

表 6.3.3　CFAST 输出文件的部分

Normal Time	Compartment 1 Upper Layer Temp	Compartment 1 Lower Layer Temp	Compartment 1 Layer Height	Compartment 1 Volume	Compartment 1 Pressure
0.00E+00	2.00E+01	2.00E+01	3.60E+00	9.00E−03	1.42E−15
1.20E+01	2.17E+01	2.00E+01	3.03E+00	1.42E+01	−5.99E−06
2.40E+01	2.35E+01	2.00E+01	2.46E+00	2.85E+01	−5.56E−05
3.60E+01	2.72E+01	2.00E+01	1.97E+00	4.08E+01	−7.74E−05
4.80E+01	3.27E+01	2.01E+01	1.59E+00	5.02E+01	−2.84E−03
6.00E+01	4.09E+01	2.02E+01	1.35E+00	5.61E+01	−1.56E−02
7.20E+01	5.24E+01	2.04E+01	1.22E+00	5.94E+01	−5.09E−02
8.40E+01	6.71E+01	2.08E+01	1.14E+00	6.14E+01	−1.11E−01
9.60E+01	8.52E+01	2.17E+01	1.09E+00	6.28E+01	−1.97E−01
1.08E+02	1.07E+02	2.30E+01	1.05E+00	6.37E+01	−3.02E−01
1.20E+02	1.31E+02	2.48E+01	1.03E+00	6.43E+01	−4.27E−01
1.32E+02	1.58E+02	2.70E+01	1.00E+00	6.49E+01	−5.65E−01
1.44E+02	1.87E+02	2.98E+01	9.85E−01	6.54E+01	−7.18E−01
1.56E+02	2.17E+02	3.28E+01	9.62E−01	6.60E+01	−8.85E−01

6.3.5　应用举例

在此以一个单元住宅发生火灾为例说明 CFAST 程序的应用。该单元的平面布置如图 6.3.5 所示,1 号房间为客厅,2 与 4 号房间为卧室,3 号房间为学习室,5 号房间为厕所,6 号房

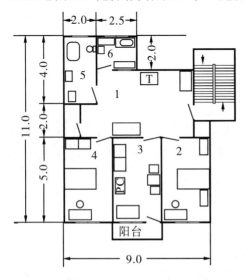

图 6.3.5　所选单元住宅的平面布置

间为厨房。1 号与 3 号房间之间的门半开,而与其他各房间之间的门为全开,而所有的通向外界的门窗都关闭。现假定 2 号卧室为起火间,设被褥首先着火,当达到其最大功率时,床垫又开始燃烧。火灾中总的热释放速率规律根据两者的热释放速率曲线合成,其峰值为 121 kW。

在设置房间位置和房间尺寸时 CFAST6 采用逐个设置。这里以 4 号房间为例来说明设置方法。首先在该算例中选取统一的坐标原点,若以房间 5 的左上角为坐标原点,则 4 号房间的位置坐标用 $(6,0,0)$ 表示,房间宽 (x) 为 5 m、长 (y) 为 3 m、高 (z) 为 3 m。图 6.3.6 为在 CEdit 中设置的房间位置和尺寸的界面,在该界面中还可以选择顶棚、墙壁和地面的建筑材料。4 号房间有一个与 1 号房间

连接的宽 1 m、高 2 m 的门，为此应在"Horizontal Flow Vents"中设置该门，其余房间均可按类似的方式进行设置。

完成输入文件后，即可运行 CFAST 进行计算。最后可从 Project. n. csv 中提取各房间烟气层温度随时间的变化，如图 6.3.7 所示。由图 6.3.7(a)可见，体积最小的 6 号房间内烟气层增厚得最快。3 号与 4 号房间的大小相同，但前者通向客厅的门为半开，其中的烟气层增厚明显比 4 号房间慢。这均体现了不同房间状况对烟气流动速率的影响。

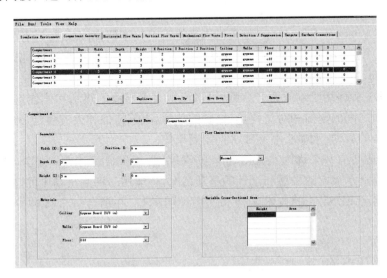

图 6.3.6　4 号房间的位置和尺寸

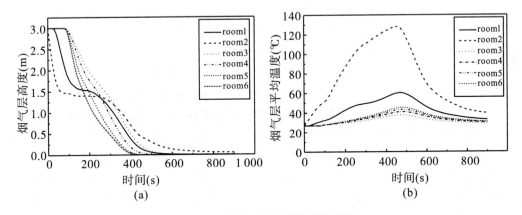

图 6.3.7　住宅火灾算例的部分结果

一般认为，当烟气层界面降至 1.5 m 后便可直接对人员构成危害。起火房间内的烟气层约在着火 60 s 后便超过 1.5 m。显而易见，此房间的火灾危险性最大。与起火房间相通的客厅次之。而与客厅相通的其他房间中，体积较大且门部分关闭的房间危险性较小。

由图 6.3.7(b)可见，起火房间的温度上升得最快、最高，约在 220 s 左右时便超过 100 ℃。这样高的温度也可直接对人构成危害。客厅内的烟气温度便低多了，而其他房间内的温度基本上没有超过 45 ℃。这表明在这种火灾场合下，烟气是危害人员的主要因素。

当烟气温度与空气温度相差不大时,烟气层可很快沉降到房间的下部,在离起火房间较远的区域,这种趋势更为明显,图 6.3.7(a)亦清楚反映了这一点。

6.4 火灾过程的场模拟程序——FDS

FDS(Fire Dynamics Simulator)是美国国家标准与技术研究院(NIST)开发的一种计算机流体力学(CFD)模拟程序,其第 1 版在 2000 年 1 月发布,以后一直在不断地改进和更新。于 2007 年 3 月发布了第 5 版(FDS5.0)。

FDS5.0 的主程序用于求解微分方程,可以模拟火灾导致的热量和燃烧产物的低速传输,气体和固体表面之间的辐射和对流传热,材料的热解,火焰传播和火灾蔓延,水喷头、感温探测器和感烟探测器的启动,水喷头喷雾和水抑制效果等。

FDS5.0 还附带有一个称为 Smokeview 的程序,可用来显示和查看 FDS 的计算结果,它可以相当逼真地显示火灾的发展和烟气的蔓延情况,还能用于评判火场中的能见度。

本节主要参考 FDS5.0 的技术文档和使用说明编写,并结合一个具体算例讨论 FDS 的应用。

6.4.1 FDS 的基本特点

1. 主要功能

FDS 采用数值方法求解一组描述低速、热驱动流动的 Navier-Stokes 方程,重点关注火灾导致的烟气运动和传热过程。对于时间和空间,均采取二阶的显式预估校正方法。FDS5.0 中包括大涡模拟(Large Eddy Simulation,LES)和直接数值模拟(Direct Numerical Simulation,DNS)两种方法。直接数值模拟主要是适用于小尺寸的火焰结构分析,而对于在空间较大的多室建筑结构内的烟气流动过程,则应选择 LES。FDS 默认的运行方式是 LES。

FDS 中包括有限反应速率模型和混合分数两种燃烧模型。有限反应速率模型适用于直接数值模拟,混合分数燃烧模型则适用于大涡模拟。在 FDS 中默认的是混合分数模型。

FDS 通过求解灰色气体的辐射传输方程来处理火灾过程中的辐射传热。在有限的情况下,借助灰色气体模型来代替宽谱模型能够提供较好的精度。辐射方程可使用类似于对流输运的有限容积法来求解。水滴是可以吸收和散发热辐射的,在所有的涉及水灭火的情况下应当重视这一点。

FDS 采用矩形网格来近似表示所研究的建筑空间,用户搭建的所有建筑组成部分都应与已有的网格相匹配,不足一个网格的部分会被当作一个整网格或者忽略掉。

FDS 对空间的所有固体表面均赋予热边界条件以及材料燃烧特性信息,固体表面上的传热和传质通常采用经验公式进行处理。

FDS 使用相对简单的关系式模拟感温、感烟探测器和水喷头的启动,这种关系式是根据水喷头与感温探测器的热惯性及烟气通过感烟探测器时的时间延迟建立的。

2. 基本守恒方程

火灾燃烧过程是耦合化学反应的流动与传热过程,可用一组包括相关变量的偏微分方程来描述。牛顿流体的质量、动量和能量的守恒方程可如下表示。

质量守恒:

$$\frac{\partial \rho}{\partial t} + \nabla \cdot \rho \boldsymbol{u} = 0 \tag{6-4-1}$$

动量守恒:

$$\frac{\partial}{\partial t}(\rho \boldsymbol{u}) + \nabla \cdot \rho \boldsymbol{u} + \nabla p = \rho g + \boldsymbol{f} + \nabla \cdot \tau_{ij} \tag{6-4-2}$$

能量守恒:

$$\frac{\partial}{\partial t}(\rho h) + \nabla \cdot \rho h \boldsymbol{u} = \frac{Dp}{Dt} + \dot{q}''' - \nabla \cdot \dot{\boldsymbol{q}}'' + \Phi \tag{6-4-3}$$

理想气体状态方程:

$$p = \frac{\rho RT}{\overline{W}} \tag{6-4-4}$$

式中,ρ 为气体密度,$\boldsymbol{u}$ 为速度矢量,g 为重力加速度,$\boldsymbol{f}$ 为外部力矢量,τ_{ij} 为牛顿流体黏性应力张量,h 为显焓,p 为压力,$\dot{q}'''$ 为单位体积的热释放速率,$\dot{\boldsymbol{q}}''$ 为热通量矢量,T 为温度,Φ 为耗散函数,R 为理想气体常数,$\overline{W}$ 为气体混合物分子量。

其中的质量守恒方程通常表示为不同气体组分 Y_i 的质量分数的形式:

$$\frac{\partial}{\partial t}(\rho Y_i) + \nabla \cdot \rho Y_i \boldsymbol{u} = \nabla \cdot \rho D_i \nabla Y_i + \dot{m}_i''' \tag{6-4-5}$$

式中,Y_i 为第 i 种组分的质量分数,D_i 为第 i 种组分的扩散系数,$\dot{m}_i'''$ 为单位体积第 i 种组分的质量生成速率。

在上述 5 个方程中,包括 6 个关于空间坐标 (x, y, z) 和时间坐标 (t) 的变量:$\rho, \boldsymbol{u}(u, v, w)$,$p$ 和 T(其中焓 h 是温度 T 的函数,不是独立变量)。方程数与未知数数目一致,所以方程封闭,可以求解。

如何处理燃烧过程中的湍流输运和燃烧是求解方程组的两个关键问题,下面分别对 FDS 中采用的方法作些简要讨论。

2. 大涡模拟法

直接数值模拟可以直接求解 N-S 方程,不需要任何湍流模型,但会受到计算量过大等因素的限制。在模拟空间较大场合下的火灾烟气流动过程,需引入相应的湍流模型,FDS5.0 中采用的是大涡模拟法。

大涡模拟的基本思想是在流场的大尺度结构和小尺度结构(Kolmogorov 尺度)之间选择一个滤波宽度对控制方程进行滤波,从而把所有变量分成大尺度量和小尺度量。对大尺度量用瞬时的 N-S 方程直接模拟,对于小尺度量则采用亚格子模型进行模拟。火灾烟气的湍流输运主要由大尺度漩涡运动决定,对大尺度结构进行直接模拟可以得到真实的结构状态。又由于小尺度结构具有各向同性的特点,因而对流场中小尺度结构采用统一的亚格子模型是合理的。

FDS5.0 中采用的是 Smagorinsky 亚格子模型,该模型基于一种混合长度假设,认为涡黏性正比于亚格子的特征长度 Δ 和特征湍流速度。根据 Smagorinsky 模型,流体动力黏性系数

表示为

$$\mu_{\text{LES}} = \rho(C_s\Delta)^2\left[\frac{1}{2}(\nabla\boldsymbol{u}+\nabla\boldsymbol{u}^T)\cdot(\nabla\boldsymbol{u}+\nabla\boldsymbol{u}^T)-\frac{2}{3}(\nabla\cdot\boldsymbol{u})^2\right]^{\frac{1}{2}} \tag{6-4-6}$$

式中,$\Delta=(\delta x\delta y\delta z)^{1/3}$,$C_s$ 为 Smagorinsky 常数。流体的导热系数和物质扩散系数分别表示为

$$k_{\text{LES}}=\frac{\mu_{\text{LES}}C_p}{Pr} \tag{6-4-7}$$

$$(\rho D)_{i,\text{LES}}=\frac{\mu_{\text{LES}}}{Sc} \tag{6-4-8}$$

式中,Sc 为流体的施密特数,Pr 为普朗特数;C_p 为流体定压比热。

大涡模拟能够较好处理湍流和浮力的相互作用,可以得到较为理想的结果,因此目前在火灾过程的模拟计算中得到了相当广泛的应用。

3. 燃烧模型

为了合理描述火灾这种特殊的燃烧过程,需要建立适当的燃烧模型。目前在 FDS 中包括有限反应速率和混合分数两种燃烧模型。有限反应速率模型适用于直接数值模拟,混合分数燃烧模型则适用于大涡模型。在 FDS 中默认的是混合分数模型。

(1) 混合分数模型

混合分数的定义是在多种组分的混合气体中某种气体的质量与总质量之比。因此,在可燃物表面处,燃料的混合分数为 1,在空气中,其值为 0;而在发生燃烧的区域,既有未燃气体,又有燃烧产物,它们都是时间和空间的函数,其混合分数可以表示为 $Z(X,t)$。如果可燃物和空气在混合的瞬间即可反应完毕,这种燃烧为"混合控制"(Mixing-controlled),这意味着燃烧区域中各种有关的成分都可以分别用混合分数表示。在大部分应用场合都可接受这种假设,但在某些情形下这种假设不成立,例如当起火房间通风不足时,此时可燃物和氧气不能迅速完全反应。

混合分数模型假定燃烧为单步不可逆反应的简单化学反应系统。当反应能够单步反应完毕时,其反应式可表示为

$$\text{Fuel} + \text{O}_2 \rightarrow \text{Produces} \tag{6-4-9}$$

混合分数 Z 可以根据燃料(假设为 $C_xH_yO_z$)与含碳燃烧产物的质量分数的形式,即:

$$Z = Y_F + \frac{W_F}{xW_{CO_2}}Y_{CO_2} + \frac{W_F}{xW_{CO}}Y_{CO} + \frac{W_F}{xW_C}Y_C \tag{6-4-10}$$

式中,Z 为混合分数,Y 为组分的质量分数,W 为分子量,x 为燃料 $C_xH_yO_z$ 每个分子中 C 的个数。

如果假设燃烧反应足够快,燃料和氧气在火焰表面不能共存,则可得到

$$Z(x,t)=Z_f,\quad Z_f=\frac{Y_{O_2}^\infty}{sY_F^l+Y_{O_2}^\infty} \tag{6-4-11}$$

所有的组分可通过"状态关系"与 Z 关联起来,见图 6.4.1。

若反应不是单步反应完毕时,则反应可表示如下两式:

$$\left.\begin{array}{l}\text{Fuel}+\text{O}_2\rightarrow\text{Fuel}+\text{O}_2\\ \text{Fuel}+\text{O}_2\rightarrow\text{Produces}\end{array}\right\} \tag{6-4-12}$$

于是:

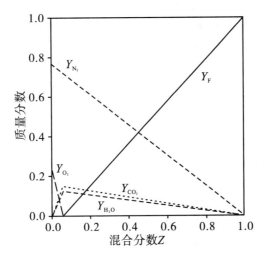

图 6.4.1 甲烷的状态关系

$$Z_1 = Y_F \tag{6-4-13}$$

$$Z_2 = \frac{W_F}{xW_{CO_2}}Y_{CO_2} + \frac{W_F}{xW_{CO}}Y_{CO} + \frac{W_F}{xW_C}Y_C \tag{6-4-14}$$

(2) 有限反应速率模型

如果只关心火灾过程的热效应,则混合分数模型是实用的;若需要研究火灾过程中污染物和有毒、有害组分的产生状况,则需要引入包含相应物质产生机理和产生速率的有限化学反应模型。对于普通碳氢化合物的燃烧反应可表示为

$$v_{C_xH_y}C_xH_y + v_{O_2}O_2 \rightarrow v_{CO_2}CO_2 + v_{H_2O}H_2O \tag{6-4-15}$$

相应的化学反应速率为

$$\frac{d[C_xH_y]}{dt} = -B[C_xH_y]^a[O_2]^b e^{-E/RT} \tag{6-4-16}$$

式中,B 为反应活化能的指前因子,E 为反应活化能,a、b 表示可燃物与氧气的反应级数。

6.4.2 FDS 的使用方法

1. 数据输入文件概述

使用 FDS 进行计算前,先应建立一个数据输入文件。该文件大体包括 3 部分:① 提供所计算场景的必要说明信息,设定计算区域的物理尺度,设定网格并添加必要的几何学特征;② 设定火源和其他边界条件;③ 设定所要查看的结果数据,例如某个截面上的温度、CO 浓度等。每行以字符"&"开始紧接着名单群(开头、表格、开口等),接着是一个空格或逗号,后面是正确的输入参数列,最后以字符"/"终止。表 6.4.1 给出了一段简短的 FDS 输入数据文件示例,现结合此例说明一些重要设置的含义。

表 6.4.1 FDS5.0 数据输入文件示例(摘要)

&HEAD CHID='WTC_05_v5',TITLE='WTC Phase 1, Test 5, FDS version 5' /
&MESH IJK=90,36,38, XB=−1.0,8.0,−1.8,1.8,0.0,3.82 /
&TIME TWFIN=5400. /

```
&MISC SURF_DEFAULT='CONCRETE',TMPA=20. /
&DUMP NFRAMES=1800,DT_HRR=10. ,DT_DEVC=10. ,DT_PROF=30.  /
&REAC ID ='HEPTANE TO CO2'
        FYI='Heptane, C_7 H_16'
        C=7.
        H=16.
        CO_YIELD=0.008 /
        SOOT_YIELD=0.015 /
&SURF   ID='FIRE',HRRPUA=1000. 0/
&OBST   XB=2.3,4.5,1.3,4.8,0.0,9.2,SURF_IDS='FIRE','INERT','INERT'/
&VENT CB='XBAR0',SURF_ID='OPEN'/
&SLCF PBY=0.0,QUANTITY='TEMPERATURE',VECTOR=. TRUE. /
&BNDF QUANTITY='GAUGE_HEAT_FLUX'/
&DEVC XYZ=6.04,0.28,3.65,QUANTITY='oxygen', ID='EO2_FDS' /
&TAIL / Add this line simply to remove end-of-file character from last line
```

输入文件中的参数可以是整数、实数、数组实数、字符串、数组字符串或逻辑词。输入参数可用逗号或空格分隔开。只要没有出现"&"和"/",相关的评注或注意就能写入文件之中。

2. 主要输入参数说明

(1)任务命名:HEAD

HEAD 用于给出相关输入文件的任务名称,包括两个参数:CHID 是一个最多可包含 30 个字符的字符串,用于标记输出文件;TITLE 是描述问题的最多包含 60 个字符的字符串,用于标记算例序号,如表 6.4.1 所示。

(2)计算时间:TIME

TIME 用来定义模拟计算持续的时间和最初的时间步。通常仅需要设置计算持续时间,其参数为 TWFIN。在表 6.4.1 中,表示计算时间为 5 400 s,缺省时间为 1 s。

(3)计算网格:MESH

MESH 用于定义计算网格。一个网格是一个独立的平行六面体,内部坐标采用右手坐标系,该平行六面体的起始点由 XB 的第 1、3、5 个值确定,对角点由第 2、4、6 个值确定。在表 6.4.1 中,定义了由 $(-1.0,-1.8,0.0)$ 与 $(8.0,1.8,3.82)$ 构成的平行六面体作为计算区域,X、Y、Z 方向的计算分格(GRID)数分别为 90、36 和 38 个。

(4)综合参数:MISC

MISC 是各类综合性输入参数的名称列表组,一个数据文件仅有一个 MISC 行。表 6.4.1 中的 MISC 表示将建筑物的壁面材料性质设为缺省值,即直接取混凝土的值,环境温度为 20 ℃。

(5)边界条件:SURF

SURF 用于定义流动区域内所有固定表面或开口的边界条件。障碍物或开口的物理坐标是在 OBST 以及 VENT 行中列出的,而它们的边界条件则在 SURF 行中描述。固体表面默认的边界条件是冷的惰性墙壁。如果采用这种边界条件,则无需在输入文件中添加 SURF 行;如果要得到额外的边界条件,则必须分别在本行中给出。每个 SURF 行都包括一个辨识字符 ID='..',用来引入障碍物或出口的参数。而在每一个 OBST 和 VENT 行中的特征字符

SURF_ID=′..′,则用来指出包含所需边界条件的参数。

SURF 还可用来设定火源,HRRPUA 为单位面积热释放速率(kW/m²),用于控制可燃物的燃烧速率。如果仅需要一个确定热释放速率的火源,则仅需设定 HRRPUA。例如:

&.SURF ID=′FIRE′,HRRPUA=500./

这表示将 500 kW/m² 的热释放速率应用于任何 SURF ID=′FIRE′ 的表面之上。

SURF 还可以用来设定热边界条件和速度边界条件。

(6) 障碍物:OBST

OBST 列出有关障碍物的信息,每个 OBST 行都包含流域内矩形固体对象的坐标。固体物品可由(x1,y1,z1)和(x2,y2,z2)两个点确定,在 OBST 行中的表示为:XB=x1,x2,y1,y2,z1,z2。

除了障碍物的坐标之外,其边界条件还可以由参数 SURF_ID 给出。SURF 给出的是障碍物的表面状况。

如果障碍物的顶部、侧面和底部的边界条件不同,便可用含有 3 个字符串的数组(SURF_IDS)来分别描述这三个条件。如果想得到默认的边界条件就不要建立 SURF_ID(S)。

(7) 通风口:VENT

VENT 用来描述紧靠障碍物或外墙上的平面,用 XB 来表示,其 6 个坐标中必须有一对是相同的,以表示为一个平面。在 VENT 中可以使用 SURF_ID 来将外部边界条件设为"OPEN",即假设计算域内的外部边界条件是实体墙,OPEN 表示将墙上的门或窗打开。OPEN 也可用来模拟送风和排烟风机。如:

&.SURF ID=′BLOWER′, VEL=−1.5 /

&.VENT XB=0.50,0.50,0.25,0.75,0.25,0.75,SURF_ID=′BLOERW′/

表示在网格边界内创建了一个平面,它以 1.5 m/s 的速度由 x 坐标的负方向向内送风。

(8) 燃烧参数:REAC

REAC 用来描述火源状况,一般有两种形式:一种是在 SURF 行中定义单位面积热释放速率 HRRPUA,另一种是用"HEAT_OF_VAPORIZATION"描述。在后一种情况下,燃烧速率是根据到达燃料表面的净热反馈确定的。这两种情况都要使用混合分数燃烧模型。REAC 用于输入与可燃物和氧气反应的相关参数。如果火灾的热释放速率由 HRRPUA 给出,那么这些参数不必修正;如果可燃物的燃烧状况由 HEAT_OF_VAPORIZATION 来描述,那么就需要慎重选择适当的反应参数。

(9) 装置:DEVC 和 PROP

在 FDS 中,水喷头、感烟探测器、热通量计和热电偶等统称为装置,它们均依靠所赋予的属性运行,记录一些模拟环境的量。例如,热电偶可以描述复杂探测器的数学模型,感烟探测器可用于表示触发某个事件,如同一个定时器。在 FDS5.0 中,所有装置仅用 PROP 和 DEVC 来定义。PROP 分配装置的属性,例如水喷头的响应时间常数(RTI)。DEVC 则将装置放置在计算区域内,包括其位置、朝向和其他可以逐点改变的参数,如:

&.PROP ID=′K−11′, CLASS=′SPRINKLER′, RTI=148., C_FACTOR=0.7, ACTIVATION_TEMPERATURE=74., OFFSET=0.10, PART_ID=′water drops′, FLOW_RATE=189.3, DROPLET_VELOCITY=10.,SPRAY_ANGLE=30.,80. /

&.DEVC ID=′Spr_60′, XYZ=22.88,19.76,7.46, PROP_ID=′K−11′ /

上面几行设定了一个名为"Spr_60"的水喷头,其位置由 XYZ 给定的坐标点确定。该喷头是 K-11 型,其属性在 PROP 行中给出。

(10) 输出数据组

在输入文件中还应设定所有需要输出的参数,如 THCP、SLCF、BNDF、ISOF 和 PL3D 等。否则在计算结束后将无法查看所需信息。查看计算结果有几种方法,如热电偶是保存空间某给定点温度的量,该量可表示为时间的函数。为了使流场更好地可视化,可使用 SLCF 或 BNDF 将数据保存为二维数据切片。这两类输出格式都可以在计算结束后以动画的形式查看。

另外还可用 Plot3D 文件自动存储所需的流场图片。示踪粒子能够从通风口或障碍物注入流动区域,然后在 Smokeview 中查看。粒子的注入速率、采样率及其他与粒子有关的参数可使用 PART 名单组控制,见表 6.4.1 中的 SLCF、BNDF 和 DEVC 行。

(11) 结尾:TAIL

数据输入文件以"&TAIL"为最后一行,表示所有数据已全部输入完毕。

3. 运行和查看结果

当对编写好的数据输入文件检查无误后,即可将其存放在预定文件夹中。对于 MS Windows 的用户,需打开命令提示窗口,找到. fds 输入文件所在的目录,输入命令提示:

fds5 job_name. fds

即可开始模拟计算。

计算完成后,可以打开目标文件夹内的. smv 文件查看计算结果。其中的某些计算结果,如火源热释放速率和热电偶测得的温度值等,会存储为. csv 格式的文件,可使用 Microsoft Office Excel 等软件直接打开进行查看。

6.4.3 应用举例

1. 算例背景

许多大空间建筑的屋顶是直接暴露在外界环境中的,有的建筑为了充分利用自然光照明,其屋顶还是由玻璃等透明材料组成的。但在天气晴朗的时候,尤其是在夏季,太阳辐射可造成室间内的气体出现一定的竖向温度梯度。

若在这样的建筑物内发生火灾,在火灾早期,烟气羽流的温度尚不很高,在向上运动过程中,其温度还会不断下降,因此可能出现烟气无法到达建筑物顶棚的现象。现采用 FDS5.0 对某大空间建筑内出现气体热分层情况下的烟气运动特性进行了计算。

本算例所研究的大空间建筑长(X)20 m、宽(Y)12 m、高(Z)20 m,在其一长边墙壁的中间底部开了一个宽 4 m、高 4 m 的门。开始计算前,室内的下部温度取为 22 ℃,从 5 m 高度以上已呈现较明显的温度梯度,最高处的温度可达 52 ℃,这是参照夏天在某建筑物内的温度测量数据设定的。本算例简单地将火源功率设为 20 kW。为了较清楚地观察烟气蔓延的情况,还在烟气中加入了示踪粒子。

2. 数据输入文件

以下摘要给出了本算例数据输入文件的主要内容:

&HEAD CHID='atrium_fire', TITLE='Atrium Fire'/任务名称和标题

&MESH IJK＝40,24,100，XB＝0,20,0,12,0,20 / 设定网格数量和计算区域

&MISC TMPA＝22 /设定初始环境温度

&TIME TWFIN＝600.0 / 设定计算时间

&REAC ID ＝'POLYURETHANE'

FYI ＝'C_6.3 H_7.1 N O_2.1，NFPA Handbook, Babrauskas'

SOOT_YIELD ＝0.10

N ＝1.0

C ＝6.3

H ＝7.1

O ＝2.1 /设定可燃材料为聚亚氨脂

&SURF ID＝'BURNER'，HRRPUA＝30.，PART_ID＝'smoke'，COLOR＝'RED' /设定火源,单元面积热释放速率,示踪粒子,颜色

&PART ID＝'smoke'，MASSLESS＝.TRUE.，SAMPLING_FACTOR＝1 /设定示踪粒子参数

&VENT XB＝9.5,10.5,5.5,6.5,0,0，SURF_ID＝'BURNER' / 火源位置

&VENT XB＝8,12,0,0,0,4，SURF_ID＝'OPEN' / 开口

&INIT XB＝0,20,0,12,5,6,TEMPERATURE＝23. /初始温度梯度条件

...

&INIT XB＝0,20,0,12,14,15,TEMPERATURE＝42. /

...

&INIT XB＝0,20,0,12,19,20,TEMPERATURE＝52. /

&SLCF PBY＝6,QUANTITY＝'TEMPERATURE' /输出竖直中心面上的温度

...

&TAIL/结束

3. 典型结果

图 6.4.2 给出了点火后在 4 个时刻室内温度沿建筑纵向中心线的竖直分布图,图右侧的色标表示不同颜色所代表的温度。可见，10 s 时烟气羽流前锋到达约 10 m 的高度,室内上层的温度梯度尚未受到影响;20 s 时,羽流前锋到达约 20 m 的高度,而其温度已经下降到与附近空气温度基本相同,烟气失去了明显的上升运动,显现出水平方向扩散;随后,烟气在此高度以下发生聚积,形成逐渐增大的蘑菇云状。这表明,在设定的大空间内,火灾烟气羽流无法到达其顶部高度。

在普通建筑物内,为了及时探测到热烟气,通常将感烟探测器安装在顶棚下方。但在可能出现气体热分层的大空间建筑内,尤其是在南方地区的建筑内,若仍按常规方式在顶棚附近安装感烟探测器将无法实现火灾的早期探测,从而造成火灾报警的滞后。

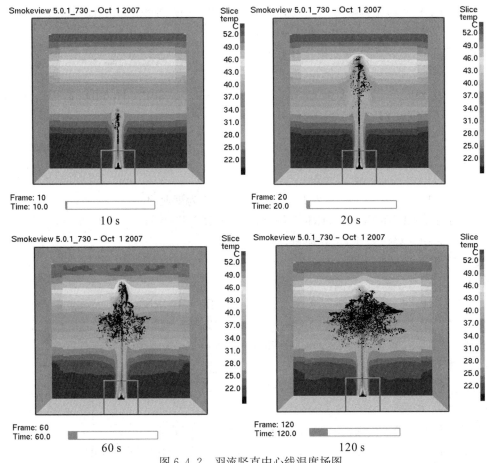

图 6.4.2　羽流竖直中心线温度场图

6.5　火灾过程的试验模拟

　　火灾过程的模拟计算易于开展、计算快、成本低，不过由于计算中所用假设的理想化和简单化，往往会出现一定的误差。另外，还经常因为对有关建筑物实际情况的了解不够，所做的假设往往难以恰当考虑建筑物建造时或设备安装过程中发生的问题。即使是采取 CFD 数值模拟的方式，也会因计算区域设置、网格独立性、软件版本差异等，而使结果存在较大的不确定性。对于大型、复杂建筑来说，这种误差就可能超过危害人员安全的范围。

　　火灾试验则能清楚显现火灾发展的真实景象，许多利用数值计算难以暴露的问题能够通过试验很好地反映出来。火灾试验的数据还能对检验火灾探测系统、烟气控制系统和灭火系统以及开发消防产品提供依据。

　　火灾试验可分为现场试验和模型试验两类。现场试验是在实际环境中进行的，例如在建筑物内设置某种模拟火源。这种试验的规模较大，涉及的方面较多，花费的人力、物力、财力都很大，有时还可能有一定的危险性或破坏性。因此在火灾研究中经常进行的是模型试验。

　　模型试验可分为缩尺模拟和局部模拟两种形式，前者是在缩小尺寸的模型内进行的试验，后者是在建筑物的局部结构中所开展的试验,且许多缩尺模拟就是一种局部模拟。许多物理现象之间存在相似性,通过研究模型中发生的现象,可以推知在与其相似的实际建筑中的同类现象。不过在模型试验看到的现象以及所得到的规律都是在限定条件下得到的,为了将相关结果应用到实际工程中,需要相似理论的指导。还应说明,不少物理过程是无法进行现场试验的,因此这些过程的规律性或设备性能的试验研究大部分是以模型试验的形式进行的。

本节重点讨论与建筑火灾的发展与烟气蔓延相关的试验问题。

6.5.1 火灾试验的目的

开展火灾试验的基本目的大体可分为以下几类:

(1) 研究火灾燃烧过程中的某些规律。例如可燃物着火特点、发烟规律、热辐射性能、烟气的产生与蔓延特点等,这是一些基础性的试验研究。

(2) 检验或验证新的消防装置或仪器的性能。任何新产品的开发方案从提出到实际应用通常要进行一系列的试验与检测,包括模型试验、中间试验和工业试验,最后才可开发出实用的技术和可靠的产品。

(3) 了解已有消防设备的工作性能或运行状况,以便建立合理正确的操作方法和程序,以保证设备在良好状况下长期安全运行。这类试验主要是在实际建筑物中进行的。

明确试验目的是获得良好试验结果的前提,在设计试验前应当认真对待、仔细考虑。

基本试验目的明确之后,还应当对其进一步细化,明确每次试验的具体目标,有些试验之所以得不到理想的结果,往往与具体目标比较模糊有关。有的人在设计试验时常将试验目的定得过于笼统,这样势必会造成针对性不强的问题。例如有人将试验目标确定为"研究某某建筑的烟气流动规律",这即使是作为一个科研项目也显得过大。应当将一次试验的具体目标细化到能够实际操作的程度,例如说到在什么场合内、什么条件下、什么现象的什么特征的研究,使人对该试验的主要特点有明确、清晰的了解,并知道如何实施。

对于一些大型火灾试验而言,为了充分利用试验提供的机会和条件,可以确定几个试验目的与目标,以便得到尽量多的有用结果。但是必须分出主次,试验时应围绕着主要目标展开。

6.5.2 火灾试验的设计

设计火灾试验应具有系统工程的思想,即要制定合理的整体规划,安排好试验所涉及的各个环节,还要精心考虑每个部分的具体细节,以便使它们都在试验中正常发挥作用。

1. 制作试验装置

火灾试验是在一定的空间内进行的,除了在建筑物现场试验之外,其他试验均涉及制作试验模型。为了保证试验结果具有更大的实用价值,在制作局部试验模型时,应注意抽象的合理性,使所构建的模型能够恰当反映相关现象的物理真实性。设计缩尺试验模型时,应当注意相似性,必须满足主要的相似准则。

2. 选择测量项目

测量项目一般可分为基本测量项目与辅助测量项目两类。前者是为了获得主要技术参数所必需的测量,对此应当给予足够的重视;后者是为取得一些参考数据而进行的测量。只要有条件进行且不会影响主要测量项目,就可以尽量多地安排一些测量项目,这种数据不仅具有独立的使用价值,而且会对主要测量项目提供有用的参考或佐证。

对于基本项目,应使用精度较高的仪器和仪表;而对于辅助项目则可使用精度较低的仪器,例如设备日常运行所使用的仪表。

3. 确定测量参数

在一个火灾试验中应测量哪些参数,使用何种精度的仪器测量,应综合研究需要和实际可能作出选择。在火灾试验中主要关心以下参数:

（1）温度

温度是分析火灾发展过程的基本参数,在火场中许多部位都需要测量温度,如火焰区、羽流中心线、烟气层内、某些壁面附近、某种装置表面上等。

测量温度的方法可分为接触式测量和非接触式测量两类,热电偶、热电阻、温度计等为常见的接触式测量方式,基于红外光辐射的测量为非接触式测量。由于热电偶与热电阻的安装方便、测量准确、价格便宜,且适宜进行多点测量,因此现已成为目前火灾试验中采用最多的方式。

图 6.5.1 为某房间火灾试验中的测温系统布置图。通过纵横分布的三串热电偶,可以较好地测出室内温度的大致分布状况。

（2）速度及流量

在火灾试验中需要测量气体速度与流量的场合也很多,主要是烟气流过某些区段的速度和某些部位的空气流动速度。当空气流速较大时,可使用热线或热球风速仪测量。而火灾烟气在建筑物内的蔓延是一种低速流动,速度往往在 0.5 m/s 以下,通常是使用基于微压差变化的装置进行测量,如皮托管。图 6.5.2 给出了常用的皮托管的示意图,它通过将全压管和静压管的压力差转换为电信号,然后进行换算,得到测量位置的气体流速。为了适应测量速度方向转变的情况,有的烟气速度测量装置还可制成双向速度探头的形式。

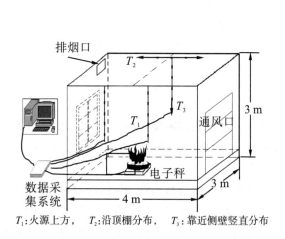

T_1:火源上方,　　T_2:沿顶棚分布,　　T_3:靠近侧壁竖直分布

图 6.5.1　单室火灾试验中的多点热
电偶测量系统示意图

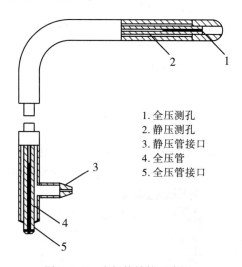

1. 全压测孔
2. 静压测孔
3. 静压管接口
4. 全压管
5. 全压管接口

图 6.5.2　皮托管结构示意图

（3）成分

基于火灾安全研究的需要,在火灾试验中经常关心烟气中典型有害成分的变化,主要是

CO 浓度的变化状况。CO 浓度一般采用电化学测量方法,图 6.5.3 为某种 CO 电化学传感器的结构示意图。当待测气体到达传感器电极的表面时,气体中的 CO 发生如下反应:

$$CO + H_2O \rightarrow CO_2 + 2H^+ + 2e^- \qquad (6\text{-}5\text{-}1)$$

生成的电流信号经微处理器分析和计算,从而得到 CO 的浓度。

（4）能见度

能见度也是与人员安全密切相关的参数,其测量装置可分为散射型和透射型两种,它们都是通过测定气体减光率来推算能见度值的。这种装置主要由发射器和接收器组成,在光束发射器和接收器之间传递距离取决于光学视程值的范围与测量结果应用情况,一般为 10～100 m。发射器提供一个经过调制的定常平均功率的光通量源,接收器主要由一个光检测器组成。由光检测器输出测得的透射系数,再据此计算消光系数和能见度。

（5）可燃物的燃烧速率

热释放速率是研究火灾发展的基本参数,但在试验中难以直接测量,通常是通过测定可燃物的质量燃烧速率来间接确定的。基本方法是使用专用仪器测定所用可燃物的热值,根据经验估算火场环境中的燃烧效率因子,然后就能够根据可燃物的质量损失速率计算热释放速率。可燃物的质量燃烧速率可通过适当的天平进行测量,现在不少天平的输出信号可用计算机处理,因此可以得到燃烧过程中可燃物质量的实时变化曲线。由于天平与火源距离较近,需要加强对仪器和相关设备的保护,如用隔热材料将可能受影响的部位与火源隔离开来。

（6）照相与摄像

影像资料对于直观了解火灾过程中的某些特定区域的特点具有十分重要的作用。在火灾试验中应当有针对性地对某些现象或区域进行照相或摄像,这对后期的数据分析将有很大帮助。图 6.5.4 显示出了某次试验中所拍摄的火羽流形态照片。由此可清楚地看到火焰的间歇变化特征,由于火焰与空气边界层的相互作用,随着高度增加,火焰表面快速向内收缩,在 1.8 m 左右又突然扩展,出现了一个大漩涡。

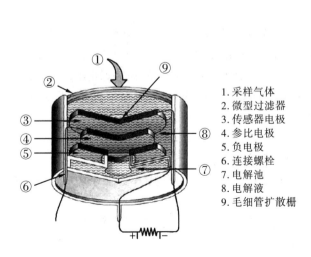

1.采样气体
2.微型过滤器
3.传感器电极
4.参比电极
5.负电极
6.连接螺栓
7.电解池
8.电解液
9.毛细管扩散栅

图 6.5.3　一种 CO 电化学传感器的结构示意图　　　　图 6.5.4　火羽流的形态结构

4. 选择测量位置

测量的基本目的是寻找被测量参数的真值。然而由于多种因素的影响,测量结果往往代表性不强,其中测量位置选择不合理是一个重要因素。

若没有特别需要,应当避免把测量面选在局部湍流度很大的位置,例如管道拐角或障碍物附近,也不应离壁面或角落过近。

6.5.3 火灾试验的组织

在组织火灾试验时,一般需要注意以下几个方面:

1. 试验计划的制定

制定周密而细致的试验计划是有序开展试验、获取良好试验结果的前提。应围绕着试验目标写出书面计划,说明本试验的背景、所要研究的科学或技术问题、该问题的特点、先前相关研究状况、已得到的结果、还有哪些尚不明确方面及本试验的研究目标等。

进而应结合本次试验的条件,画出试验系统草图,确定测量参数和测量方式,并组织有关人员对试验方案的可行性与合理性进行讨论,加以修改完善。在制定计划时要客观估计存在的困难和可能出现的问题,并考虑可能的解决办法。

2. 试验的准备

根据试验计划,对所涉及的各个方面逐一加以落实,即使是些小的问题也不能忽略。很多事例表明,不少试验常常由于个别小环节出现故障而导致整个试验无法进行,乃至失败的。试验中要特别讲究严谨、认真,不能临时凑合、随便对付。

对试验所需的仪器、设备要尽早解决,尽快检查调试。尽管这些比较琐碎,但往往对试验顺利进行具有重要影响。一般可列出表格,分项记录各种物品的配备情况,以方便检查。

对于需要多个人参与的试验,应明确分工,将任务落实到人,使每个人清楚自己的职责。一般应预先对他们进行操作技能的培训,对相关仪器设备的操作不熟练不仅会导致试验失败,甚至可能引发事故。

3. 试验的进行

通常,火灾正式试验所用的时间不太长,大部分试验在几分钟或几十分钟内就可以完成,而试验准备工作则需花上几天乃至几个星期。只有当各项准备全部完成后,才能进行正式试验。

试验开始前应作现场动员,主要是要让每个参加的人明确自己的任务,知道应当怎样操作,应当注意些什么问题,遇到突发的情况如何处理等。同时应对试验现场进行最后检查,相关的仪器、用具要摆放合理,避免杂乱。由于在试验中直接动用火源,现场需要配备适用的灭火器材。

试验一经开始就应按预定程序进行,每个人都应各尽其职,聚精会神地关注自己所负责的事项,并及时向现场指挥者报告情况,直到试验结束。如果遇到自己需要临时离开的特殊情况,必须向现场指挥作出说明,并安排他人代为负责。

一旦试验中出现意外情况,首先要保证人员安全,做好人员的防护和疏散,其次是尽量避免和减少设备仪器的损坏,并防止事故扩大。

4. 试验的收尾

试验结束后,应当留出足够长的时间进行现场的整理。主要是:① 将试验台架及有关的设备恢复到正常状态;② 将仪器、仪表和工具擦洗干净,放回原位;③ 关闭电源、水源、气源等,将可燃物、危险化学品等放回预定的安全区域;④ 清理现场的试验残留物,倒到垃圾箱中;⑤ 对可能具有潜在危害的物品应按规定作专门处理等。

5. 现场小结

在现场清理完毕,应当召集所有参与者开一次小结会。重点是初步总结试验的经验教训,要让各位参与者尽量多地提出意见,将典型的成功和不成功的事项,归纳出几条明确的意见。这对今后改进和完善试验、形成良好的试验程序很有帮助。现场小结的时间不必太长,但很有必要进行。

现场小结的另一重要工作是进行原始数据的初步整理,防止原始数据的丢失或混杂。要将记录表格、采集的数据、影像资料等分别梳理,分项保存。要让各位参与者尽量回忆补充有价值的现场情况,并作出记录。时间拖长了,许多情况将难以准确回忆起来。

6.5.4 试验数据的分析处理

试验结束后,应当尽快安排时间进行数据的分析处理,形成可用的资料。

一般对于影像资料宜优先处理,这样能够使人们对试验状况有个总体了解,可以对哪些现象和哪些数据有特点、哪些问题需改进等有些基本认识,同时对处理其他数据也会有很大帮助。

对于原始数据资料可先进行一般的表观分析,如画出有关参数随时间变化的曲线或表格,以大体上了解这些参数的变化趋势。图 6.5.5 为某次大空间火灾试验中得到的柴油池火羽流中心线温度的变化状况。温度是通过沿油盘正上方均匀布置的多个热电偶测得的。可以看出,在经过 60 s 后,燃烧状况基本稳定,且靠近火焰面的温度最高,而在 700 ℃左右,12 m 高度以上的烟气温度已低于 100 ℃。

数据初步整理所得的表格或曲线所反映的仅仅是现象,通常还应对这些数据进行深入分析,探索并揭示相关现象的规律性。人们可以从不同的角度来分析数据,以得到不同的变化规律,乃至整理出具有普遍意义的关系式。图 6.5.6 给出了对上述试验结果的一种处理方式,通过对原始数据的提炼,得出了稳定燃烧阶段火羽流中心线温度随高度的变化,并与两种数学模型的计算结果做了比较。这种结果便可为分析不同模型的适用性或发展新模型提供试验依据。

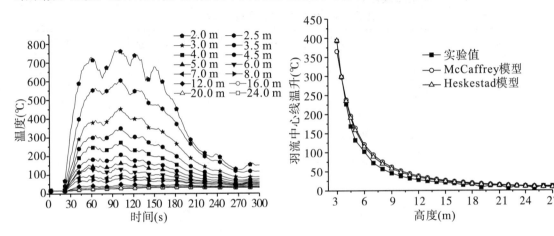

图 6.5.5　羽流中心线温度变化图　　　图 6.5.6　试验数据与模型计算的比较

在进行数据处理时,还需要注意对各类数据的综合分析,这有助于增强对试验结果的全面认识。由于这些数据是在同一次试验中得到的,它们往往能够对现象的真实性起到相互佐证的作用。一旦发现某种数据出现了偏差而又无法确定时,参考其他的数据往往能得到有益的启示。

6.5.5 热烟测试方法

火灾试验对人们认识火灾问题具有突出的作用,不过还应当清楚,火灾试验也存在一些问题,例如所需的时间较长、花费较高、模拟的火灾场景有限,还可能造成一定的污染,乃至某种程度的损坏,尤其是在建筑物内开展现场试验。因此不少人对开展火灾试验往往持不甚支持的态度。实际上产生这种想法并不奇怪,研究人员应当对此给予足够重视,并发展更合理的试验方法。

为了减少常规火灾试验所出现的问题,现在已提出一些改进方案,其中一种就是热烟测试法。这种方法的基本思想是采取燃烧比较清洁的燃料作为火源,使生成的烟气中不含危害的颗粒或油烟。同时向这种烟气中添加一些无害的示踪剂,以近似了解烟气流动的流动状况,澳大利亚还对此制定了试验标准(AS 4391-1999, Hot Smoke Test)。在此对热烟测试方法做些简要介绍。

1. 热烟测试的基本装置

热烟测试装置主要包括燃料盘、水浴、发烟装置、相关保护设施和测量系统等,测试中通常采用 95% 的工业甲醇作为可燃物。理由是甲醇的燃烧比较完全,燃烧产物中的固体颗粒极少,而火焰温度可达 850 ℃~900 ℃。通常一次试验所用的燃料量应保证能稳定燃烧 10 min以上。

试验时将甲醇倒入燃料盘中,而燃料盘又放在另一个较大的水浴盘中,这样既可使火源功率保持稳定,又可防止燃料油盘受热变形。表 6.5.1 列出了系列燃料盘的基本参数。为了保护地面,应在燃料盘下面铺垫适当面积的防火材料。在试验中可将几个燃料盘组合放置以获得较大的热释放速率,见图 6.5.7。图 6.5.8 给出了这种燃料经专用量热仪器标定的热释放速率随燃料盘面积的变化曲线。

表 6.5.1　热烟测试用的燃料盘参数

燃料盘型号	手柄宽 (mm)	手柄高 (mm)	底部支撑架 (mm×mm×mm)	内部高度 (mm)	内部长度 (mm)	内部宽度 (mm)	燃料盘面积 (m²)
A1	150	100	50×50×6	130	841	595	0.500
A2	150	100	40×40×5	90	594	420	0.250
A3	none	none	40×40×5	65	420	297	0.125
A4	none	none	30×30×3	45	297	210	0.062
A5	none	none	20×20×3	35	210	149	0.031

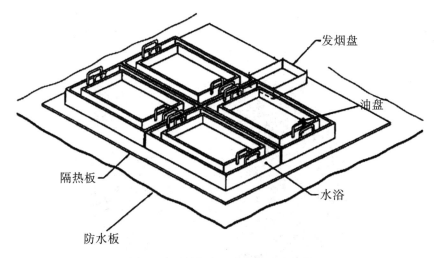

图 6.5.7 热烟产生装置的基本组成

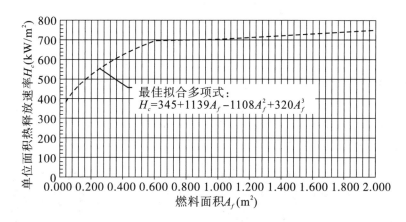

图 6.5.8 火源功率与燃料(甲醇)盘面积的关系

2. 示踪烟气的选择与产生

示踪烟气可由任何危害很小的物质燃烧或加热而产生,其 pH 值应接近中性,生成的残留物应尽量少,并且不易因受烟气加热而分解。常用的发烟装置主要有两种,一种是舞台演出用的发烟器,另一种是燃烧烟饼的发烟炉。舞台用发烟器通过加热某种矿物质油产生烟雾并在一定压力下喷出,将其导到火源附近,便很快被卷吸进入羽流中,形成可视烟气。这种烟雾由微小液滴组成,若直接加入到温度较高的烟气中就会受热分解。

在不少场合下,常使用产生一定烟雾效果的烟饼,这也可以用来模拟火灾烟气。为了便于控制烟气量,一般是将烟饼放在发烟炉内燃烧,试验时将发烟炉放在燃料盘附近,用管道将烟气导入到火羽流中。烟饼的价格便宜,容易获取,且高温下不易分解。不过其烟气略有一定的刺激性。

在实际试验中,应当视建筑物的状况决定使用何种发烟方式。对于尚未进行最后装修的建筑物,使用烟饼发烟比较合适。但若建筑物内的设施或仪器对烟饼的产物较为敏感,可采用发烟机发烟。

3. 典型热烟测试介绍

图 6.5.9 为在某地铁站台内进行热烟测试的现场图。试验中同时使用发烟炉和发烟器加

入示踪烟气,它们都能较好与示踪烟气掺混起来,形象地显示火灾烟气的蔓延。为了避免烟气羽流直接冲击到建筑物的顶棚,还设计了一个高度略低于顶棚的保护架,在其顶部盖了一层耐火材料板。试验结果表明,烟气未对顶棚造成任何不良影响。

图 6.5.9   某次热烟试验的现场状况

在该次试验中,重点对站台内的烟气蔓延状况和机械排烟的效果进行了考察。结果表明,站台不同区域的排烟效果差别很大,尤其以站台两端的排烟效果最差。图 6.5.10 给出了由站台中部向站台一端拍摄的几幅照片。可以看出,在 160 s 时烟气层已经降到人头部的高度;200 s 时烟气高度进一步下降,且烟气的浓度也有较大增加;400 s 的时候烟气已经沉降到了站台的地面;此后启动排烟系统进行排烟,到 520 s 左右的时候站台中部的烟气已基本排净,但靠近端部的区域仍有较浓的烟气存在。

(a) 160 s   (b) 200 s

(c) 400 s   (d) 520 s

图 6.5.10   站台端部在不同时刻烟气沉降情况

实际上这与站台两端的补风和排烟口的设置不当有关。由于没有适当的送风量,致使该区成为排烟"死角"。这反映出,在自然通风不良的地下建筑内,设计排烟系统时应当重视送风口和排烟口的分布,尤其不要忽视靠近边缘的区域。

复　习　题

1. 了解火灾的发展过程有哪些基本途径? 应当如何利用这些途径?

2. 为什么说计算火灾发展过程的经验公式具有重要应用价值? 使用这种公式时应当注意哪些问题?

3. 建筑火灾的区域模型采取了哪些基本假设? 试分析这些假设的合理性和局限性。

4. 在 ASET 模型中采取哪些形式来设置火源的热释放速率? 试分别按这些方式设置某物品(例如沙发)的热释放速率曲线。

5. 怎样根据 ASET 程序的计算结果来分析火灾环境对人员的危害?

6. 在 CFAST 程序中是如何处理羽流的质量流率的? 在实际应用中可以怎样简化?

7. 使用 CFAST 程序计算时,如何设置通风口与机械排烟口的状况?

8. 在使用场模拟计算时,设定边界条件时需要注意哪些问题? 设某建筑物的顶棚具有一定的倾斜角度,试说明如何设定这种边界。

9. 在使用 FDS 程序进行计算时,在设置火源附近的网格时应注意哪些问题?

10. 在用 FDS 进行计算时,设定边界条件是应注意些什么问题?

11. 试用 CFAST 程序计算具有 3 个房间的火灾发展状况。设起火点在某一房间内,火源功率为 1 MW;试写出此算例的数据输入文件,最后给出烟气层高度和温度随时间的变化(可用表格或曲线表示)。

12. 为什么说进行现场火灾模拟试验具有重要作用? 现场火灾模拟试验存在哪些问题? 试谈谈你对如何改进和如何推进现场火灾模拟试验的看法。

13. 开展火灾模拟试验时,在选择测量参数和测量位置时应当注意哪些问题? 为什么?

14. 为了从试验中得到更多有用的信息,在整理试验数据时应当注意哪些问题?

参　考　文　献

[1]　NELSON H E, DEAL S. Comparing Compartment Fore Tests with Compartment Fire Model[C]. Fire Safety Science-Proceeding of the 3rd Int. Symposium, IAFSS, 1993.

[2]　PURSER D A. Toxicity assessment of combustion products[M]. SFPE Handbook of Fire Protection Engineering, National Fire Protection Association, Quincy, M assachusetts, Third edition 2002.

[3]　COOPER L Y, DAVID W. Stroup, ASET-A Computer Program and User's Guide[J]. Fire Safety Journal, 1985, 9: 29-45.

[4]　MITLER H E, EMMONS H W. Documentation for the Fifth Harvard Computer Fire Code[R]. NBS-GCR-81-244. National Bureau of Standards, CFR, Washington DC, 1981.

[5] JONES W W. A Multi-Compartment Model for the Spread of Fire Smoke and Toxic Gases[J].
         Fire Safety Journal, 1985, 9:55-79.

[6] BUKOWSKI R W, PEACOCK R D, JONES W W. Technical Reference Guide for the Hazard 1
         Fire Hazard Assessment Mothed[M]. Handbook 146, Volume 2. National Institute of Standards
         and Technology, MD, 1991.

[7] PEACOCK R D, JONES W W , FORNY C L. An Update Guide for Hazard 1 Version 1. 2[R].
         NISTIR 5410. National Institute of Standards and Technology, MD, 1994.

[8] FORNEY G P, COOPER L Y. The Consolidated Compartment Fire Model(CCFM) Computer
         Code Application CCFM, VENTS-Part1-4［R］. NISTIR 90-4342-4344. National Institute of
         Standards and Technology, MD, 1990.

[9] 范维澄,王清安,张人杰,等. 火灾科学导论[M]. 武汉:湖北科学技术出版社,1993.

[10] COOPER L Y. Calculation of the Flow Through a Horizontal Ceiling/Floor Vent[R]. National
         Institute of Standards and Technology, NISTIR 89-4052,1989.

[11] KLOTE J K, MIKE J A. Principles of Smoke Management[C]. American Society of Heating,
         Refrigerating and Air Conditioning Engineers, Atlanta, GA, 2002.

[12] MADRZYKOWSKI D, VETTORI R L. A Sprinkler Fire Suppression Algorithm for the GSA
         Engineering Fire Assessment System［R］. National Institute of Standards and Technology,
         Technical Report 4833, 1992.

[13]   NELSON H E. FPETOOL: Fire Protection Engineering Tools for Hazard Estimation［R］.
         NISTIR, 4380. National Institute of Standards and Technology, MD, 1990.

[14]   WILLIAM D WALTON. ASET-B: A ROOM FIRE PROGRAM FOR PERSONAL COMPUTERS
         ［R］. NBSIR 85-3144-1. National Institute of Standards and Technology, 1985.

[15] WALTER W JONES, et al. CFAST-Consolidated Model of Fire Growth and Smoke Transport
         (Version 6) Technical Reference Guide[R]. NIST Special Publication 1041. National Institute of
         Standards and Technology, 2005.

[16] RICHARD D PEACOCK, et al. CFAST-Consolidated Model of Fire Growth and Smoke Transport
         (Version 6) User's Guide[R]. NIST Special Publication 1026. National Institute of Standards and
         Technology, 2005.

[17] KEVIN MCGRATTAN, et al. Fire Dynamics Simulator(Version 5) User's Guide［R］. NIST
         Special Publication 1019-5. National Institute of Standards and Technology, 2007.

[18] KEVIN MCGRATTAN, et al. Fire Dynamics Simulator(Version 5) Technical Reference Guide
         ［R］. NIST Special Publication 1018-5. National Institute of Standards and Technology, 2007.

[19] 霍然. 工程燃烧概论[M]. 合肥:中国科学技术大学出版社,2001.

[20] 程曙霞. 工程试验理论[M]. 合肥:安徽科学技术出版社,1992.

[21] 陈志斌,胡隆华,霍然,等. 热烟测试条件下大空间火灾烟气充填特性的实验研究[C]. 中国工程
         热物理学术年会 2007 年燃烧学分会会议,2007:861-867.

[22] JUN FANG, HONG-YONG YUAN . Experimental measurements, integral modeling and smoke
         detection of early fire in thermally stratified environments[J]. Fire Safety Journal, 2007, 42:
         11-24.

7 建筑防火设计基础

7.1 概 述

各类建筑物是人们生产生活的主要场所,安全、适用、舒适、美观是人们对建筑物的基本要求,火灾安全便是这些要求中的一个重要方面。为了使建筑物具有良好的火灾安全状况,搞好防火设计无疑是最关键的一环。在建筑设计中造成的火灾隐患属"先天性"缺陷,它可为日后火灾的发生和蔓延埋下祸根,也可为防火灭火带来很多困难。即使再采取多种补救措施也很难取得良好效果,因此必须严格把好防火设计关。

7.1.1 建筑设计与建筑设计规范

建筑防火设计是人们基于对火灾安全知识的了解,以某个具体建筑物为对象而进行的一种创造活动。按不同方式、不同标准设计出的建筑物,其防治火灾的能力是存在很大差别的。人类在与火灾的长期斗争中,在建筑防火设计方面积累了许多宝贵的经验。经过多年的分析总结,逐渐形成了一些科学的设计方法和明确的安全要求。起初,这些要求仅是民间建筑业中的共识和约定。但是随着时代的发展,人们越来越清楚地认识到,通过国家和政府制定一定的法令、法规、规定或标准来指导和约束建筑设计人员的设计行为,对于保证建筑物乃至整个城市的火灾安全具有重要作用。

指导建筑整体设计的法规一般称之为建筑设计规范(Code for Building Design),这种规范规定了在新建或改建工程中有关安全技术的基本要求,分别适用于各类民用建筑与工业建筑的结构工程。现在一些主要的规范大都是强制性规范,就是说建筑物的设计者必须遵照执行。

建筑设计防火规范(Code for Fire Protection Design)是建筑设计规范中的重要组成部分。这种规范对不同建筑物提出了进行防火设计时必须遵守的安全要求。以往,防火安全设计的要求是作为部分章节直接写入建筑设计规范中的,然而由于防火设计问题的重要性和特殊性,不少国家已将其作为独立的规范进行编制。现在,建筑设计规范和建筑设计防火规范都是由国家认可或授权的权威机构组织专家编写的。

建筑设计防火规范对不同建筑物提出必须遵守的防火安全要求,是进行建筑防火设计和建筑防火安全检查的基本依据。执行规范的规定对于保证建筑物的防火安全设计具有十分重要的作用。研究建筑火灾的预防与控制,应当对建筑设计防火规范有比较清楚的了解。

7.1.2 我国的主要建筑设计防火规范简介

现在各国均制定了自己的建筑设计防火规范。即使采用国际标准,也会结合本国的建筑实际进行一定的修订。经过多年的修订与完善,我国目前也已形成了比较系统的建筑防火设计法规。根据功能,这些法规大体可分为建筑防火类规范和消防设备类规范两大类。

表 7.1.1 列出了当前我国的一些主要建筑设计防火规范的名称及代码,这些均为强制性的国家标准。其中《建筑设计防火规范》(GB 50016-2006)、《高层民用建筑设计防火规范》(GB 50045-95)是两部最基本、最常用的规范,因为它们涉及了大部分民用和工业建筑物,现在的《建筑设计防火规范》是由原来的《建筑设计防火规范》(GBJ 16-87)修订而成的。该规范主要针对普通民用建筑和工业建筑的防火设计制定的,不过在其他建筑物设计时也经常参考这一规范。在一些特殊建筑的设计规范中,也包括了不少防火设计的要求,例如《地下铁道设计规范》(GB 50157-92)、《小型石油库及汽车加油站设计规范》(GB 50156-92)等。

表 7.1.1   我国建筑设计防火规范的部分名录

名　称	代　码	备　注
建筑设计防火规范	GB 50016-2006	
高层民用建筑设计防火规范	GB 50045-95	2005 年局部修订
建筑内部装修设计防火规范	GB 50222-95	2001 年局部修订
人民防空工程设计防火规范	GB 50098-98	2001 年局部修订
石油化工企业设计防火规范	GB 50160-92	1999 年局部修订
村镇建筑设计防火规范	GBJ 39-90	
原油和天然气工程设计防火规范	GB 50183-93	
汽车库、修车库、停车场设计防火规范	GB 50067-97	
民用爆破器材工厂设计安全规范	GB 50089-98	1999 年局部修订
输气管道工程设计规范	GB 50251-2003	
输油管道工程设计规范	GB 50253-2003	
发生炉煤气站设计规范	GB 50195-94	
爆炸和火灾危险环境电力装置设计规范	GB 50058-92	
火力发电厂与变电所设计防火规范	GB 50229-2006	
飞机库设计防火规范	GB 50284-1998	
储罐区防火堤设计规范	GB 50351-2005	

对于各类消防技术的应用,国家制定了一系列的设计规范,它们根据建筑物的结构形式、使用功能,对所用消防设备的设计原则、控制方式、设备选型、分布形式等作了规定。表7.1.2 列出了当前我国一些消防系统的设计与验收规范名称及代码,这些均为强制性国家标准。其中,《火灾自动报警系统设计规范》(GBJ 116-88)、《自动喷水灭火系统设计规范》(GBJ 84-85)的应用最广,随着建筑物对安全要求的提高,都需要安装这些基本的系统。

表 7.1.2   我国建筑消防系统设计规范的部分名录

名　称	代　码	备　注
火灾自动报警系统设计规范	GB 50116-98	
自动喷水灭火系统设计规范	GB 50084-2001	2005 年局部修订

名　称	代　码	备　注
水喷雾灭火系统设计规范	GB 50219-95	
低倍数泡沫灭火系统设计规范	GB 50151-92	2000 年局部修订
高倍数、中倍数泡沫灭火系统设计规范	GB 50196-93	2002 年局部修订
卤代烷 1211 灭火系统设计规范	GBJ 110-87	
卤代烷 1301 灭火系统设计规范	GB 50163-92	1999 年局部修订
二氧化碳灭火系统设计规范	GB 50193-93	1999 年局部修订
消防通信指挥系统设计规范	GB 50313-2000	
混合气体灭火系统设计规范	GB 50058-92	
建筑灭火器配置设计规范	GBJ 140-2005	

同时,为了保证设计和安装工作的质量,有关部门还制定了相应的施工和验收规范,表7.1.3 中列出了当前我国的一些消防系统的验收规范名称及代码,如《火灾自动报警系统施工及验收规范》(GB 50166-92)等,由消防主管部门或专门消防安全工程公司的技术人员执行。

表 7.1.3　我国建筑消防系统验收规范的部分名录

名　称	代　码	备　注
火灾自动报警系统施工及验收规范	GB 50140-2005	1997 年局部修订
气体灭火系统施工及验收规范	GB 50263-2007	
自动喷水灭火系统施工及验收规范	GB 50261-2005	
泡沫灭火系统施工及验收规范	GB 50281-2006	
消防通信指挥系统施工及验收规范	GB 50401-2007	
建筑内部装修防火施工及验收规范	GB 50354-2005	

消防产品的质量是保证消防系统正常运行的基本条件,各国都对此提出了严格的质量要求,分别制定了各类产品的质量标准(Product Standard)。目前我国的消防产品主要有国家标准、行业标准、地方标准、企业标准 4 类。火灾探测、自动灭火等主要消防产品应按国家标准执行,由国家指定的产品质量检测中心根据相应的试验标准检测。对于某些特殊用途的产品或新开发的产品,可暂时按行业标准或地方标准执行。消防产品只有通过检定才允许生产和销售。消防产品直接关系到人们的生命财产安全,其质量要求应高于许多其他电子或机械产品。

国家的有关部门总是根据形势的发展及时制定一些相应的规范。例如,20 世纪 90 年代初,我国暴露出部分建筑的内部装修存在较多的问题,多次出现因装修材料不合理引起的火灾。国家有关部门很快给予足够重视,及时制定了《建筑内部装修设计防火规范》(GB 50222-95),认真执行这一规范对改善建筑物的火灾安全状况发挥了很好的作用。

下面简要讨论进行建筑防火设计应考虑的方面。

7.1.3　规格式规范的结构形式

尽管不同规范的编制方式存在很大差别,但归纳起来大体都包括以下几方面:

1. 制定与修订公告

在每个规范的正文之前为该规范的制定或修订公告,说明了此规范的编制组织部门、审核部门、批准部门、制定或修订的主要内容和批准实施的时间等,这是建筑设计防火规范的一个重要的部分。

例如,2006 年 7 月 12 日,《建筑设计防火规范》由我国建设部的 450 号公告发布。公告指出:"现批准《建筑设计防火规范》为国家标准,编号为 GB 50016-2006,自 2006 年 12 月 1 日起实施。……原《建筑设计防火规范》GBJ16-87 同时废止。"这样,在设计过程中若依然使用老的规范便是不合法的了。经过一定时间,设计防火规范还会修订,因此应当注意使用最新版本的规范。

2. 规范正文

尽管不同规范的编排格式有较大差别,但一般都包括总则、术语、建筑物的耐火等级、建筑平面设计和防火分区、消防给水和灭火系统、烟气控制系统、消防电气等部分。

总则部分说明了制定该规范的目的、该规范的应用范围与不适用的场合、与其他规范的协调等问题;术语则对本规范使用的重要概念加以定义,以明确其含义;建筑物的耐火等级是保证建筑总体安全的基本条件,在任何情况下都应给予足够重视;各种单体建筑都有其使用功能的特殊性,规范分别针对它们的具体状况给出其室内外的平面设计要求,如消防车道、建筑间距、防火分区、安全疏散系统等;对于各种消防设施的设计均作出了原则的规定,尤其是对消防给水与灭火系统给出重点说明。不过对消防设施一般不规定具体设计与安装要求。为了具体实现设计规范的要求,还应当参考相应消防系统的工程设计、安装和验收规范。

3. 附录

各种规范大都包括若干附录,这主要是为了使规范正文部分简洁、明了而将其作为附录收入的,它们大都涉及一些具体规定或重要说明。对于建筑防火设计来说,这些都具有十分重要的作用。例如,《高层民用建筑设计防火规范》(GB 50045-95)就包括两个附录,分别为"各类建筑构件的燃烧性能和耐火极限"和"本规范用词说明"。前者给出了确定建筑物的耐火等级时必须参考的常用数据,后者则对执行规范条文要求严格程度的用语作了说明。例如表示很严格、非这样做不可的用"必须"和"严禁";表示严格、在正常情况下均应这样做的用"应"和"不应"(或"不得");表示允许稍有选择、在条件许可时应首先这样做的用"宜"(或"可")和"不宜",这是一种建议性要求。

4.《条文说明》

在颁布新规范或新修订规范的同时,还发布了相应的《条文说明》,介绍制定该规范各条文或进行此次修订的背景和目的,并逐条解释修订的理由。因此,在学习和执行设计防火规范时,仔细阅读和分析相关的《条文说明》有助于正确理解条文的含义和执行规范。

建筑物的种类很多,主要有普通民用建筑、工业厂房和库房建筑、地下建筑等。在不同建筑物内,容易起火的部位不同,火灾和烟气的蔓延规律也差别很大,因此火灾安全要求有所区别,应当根据建筑物的使用特点确定该建筑物的防火要求。下面简要讨论进行建筑防火设计应考虑的方面。

7.2 建筑总平面的防火设计

建筑物的总平面防火设计是城市总体规划的一部分,主要是从火灾安全的角度,根据建筑物的使用性质、火灾危险性以及地形、地势、风向等因素,进行建筑物的合理布局,避免不同建筑物之间相互构成火灾威胁,并为迅速灭火援救提供便利条件。

7.2.1 建筑物的周边环境

在设计一幢具体建筑物之前,首先应认真考虑它在城市整体环境中的作用和地位。对城市进行合理的防火分区是非常重要的方面,应根据某地区的使用性质划分若干防火区域,如对居民区、商业区、工业区等要有不同的要求。应当对每个区内的人口密度、建筑物密度、可燃物载荷、可能火源的方位频率等基础数据有清楚的了解。

设计一幢建筑物时应当协调好它与周围地形和其他建筑的关系,处理好它一旦发生火灾对其周围的影响。一幢建筑的占地面积、长度、高度等都应适当。有的地区往往存在较多的起火因素或重大危险因素,例如,若某个地区原来建有易燃、易爆材料的工厂、仓库或存在其他重大危险源,新建筑物应当与其保持足够大的距离,并且用围墙将其与外界隔开。有的地方水源不足,建筑物的设计用水需求不能超过当地可能的供水能力。

在新城建设中,整体防火规划问题一般比较容易处理,而旧城改造中的问题则比较突出。我国很多城市是由旧城发展来的,多数老式建筑的耐火等级不高,而且建筑物稠密,房屋间距不合理,空地少。有些城市的规模扩展很快,一些原先的城郊农村如今位于城市中心,形成一种"城中村"。这种区域基本上没有全盘考虑过建筑防火设计问题,其火灾安全状况比老城区还差。这就造成火灾不仅容易发生,而且容易造成大范围的蔓延。由于社会经济的多种原因,这些问题不可能很快完成,但必须加以重视,并采取适当的消防对策。

在城区内开辟一定的安全避难场也是值得考虑的方面,一般广场、公园、公共绿地等都可作为这种避难场。实际上它们不仅用于火灾避难,而且用于多种其他灾害避难。不少城市对必要的城内空旷地预留过少了,应当予以纠正。对于处于其他自然灾害较多区域的城市,其防火规划还应考虑其他灾害的特点。例如,有的城市处于地震、台风等灾害的多发区,这些灾害都可能引发或加剧城市火灾的规模。

7.2.2 建筑物的分类与火灾危险等级

火灾危险与建筑物的类型密切相关,建筑物的火灾危险等级是按建筑物的类型分别确定的。

1. 建筑分类概述

建筑物的分类方式很多,按照使用功能一般分为民用建筑、工业建筑、农业建筑等。按照建筑形态,可分为单层建筑、多层建筑、高层建筑和地下建筑等。在此仅从火灾防治的角度出发,讨论民用建筑、工业建筑和高层建筑的火灾特点。

（1）民用建筑

民用建筑是供人们生活、居住、从事各种文化福利活动的房屋。按其用途不同,又可分为居住建筑和公共建筑两类。前者包括住宅建筑(如住宅、公寓等)和宿舍建筑(如单身宿舍、学生宿舍等);公共建筑是供人们从事社会性公共活动的建筑和各种福利设施的建筑物,包括办公建筑、科研建筑、文化建筑、商业建筑、体育建筑、医疗建筑、交通建筑、司法建筑、纪念建筑、园林建筑及综合建筑(如多功能综合大楼、商住楼、商务中心)等。

（2）工业建筑

工业建筑是供人们从事各类工业生产活动的各种建筑物、构筑物的总称。按照用途，可分为主要生产厂房、辅助生产厂房、动力用厂房、储存用房屋、运输用房屋及其他。按照层数，可分为单层厂房、多层厂房和混合层次厂房等。按照生产状况，可分为冷加工车间、热加工车间、恒温恒湿车间、洁净车间、其他特种状况的车间等。

在某些工业建筑内容易发生火灾爆炸事故，例如，在热加工车间内，由于进行燃烧将散发大量余热，有时伴随烟雾、灰尘、有害气体的出现，如铸造、热锻、冶炼、热轧、锅炉房等。而在一些其他特种的车间中，可出现较特殊的状况，如有爆炸可能性、有大量腐蚀物、有放射性散发物等。

（3）高层建筑

各国对高层建筑起始高度的标准有不同的规定。为了便于国际交流，1972 年召开的国际高层建筑会议将高层建筑划分为 4 类：

9～16 层的为第一类高层建筑(最高到 50 m)，17～25 层的为第二类高层建筑(最高到 75 m)，26～40 层的为第三类高层建筑(最高到 100 m)，40 层以上的为第四类高层建筑(高度在 100 m 以上)。

综合国外对高层建筑起始高度的划分标准，并考虑我国的经济条件与消防技术装备等情况，规定 10 层及 10 层以上的住宅及高度超过 24 m 的其他工业与民用建筑称为高层建筑，把 40 层(或 100 m)以上的建筑称为超高层建筑。单层主体建筑高度超过 24 m 的体育馆、剧院、会堂、工业厂房等，均不属于高层建筑，因为它们没有体现层数的概念。对于消防技术装备主要考虑的是登高消防器材和消防车供水能力。

2. 火灾危险等级

根据建筑物和构筑物的火灾危险性、可燃物的数量、热释放速率、火灾蔓延速度及扑救难度等因素，一般将其火灾危险分为严重危险、中度危险和轻度危险 3 个等级。

严重危险：火灾危险性大、可燃物很多、热量释放大且快、燃烧猛烈、火灾蔓延速度及扑救难度大的建筑。例如，生产与试验硝化纤维的厂房、可燃物品仓库、液化石油气储配间、大型剧场、赛璐珞胶片加工与储存室等。

中度危险：火灾危险性较大、可燃物较多、热量释放量中等、火灾初期不会发生迅速燃烧、火灾蔓延速度一般的建筑。例如，高档的办公室、客房、餐厅、展览厅、普通商店、一般可燃物库房等。

轻度危险：火灾危险性较小、可燃物较少、热量释放较小、燃烧较缓慢的建筑。例如，普通会场、剧场、办公楼、医院、教学楼等。

7.2.3　建筑物的防火间距

为了防止火灾由一幢建筑蔓延到周围的建筑，建筑物之间必须留出足够宽的安全分隔距离，通常称为防火间距。

火灾对相邻建筑的影响主要有热辐射、热对流和飞火 3 种途径。当起火建筑出现强烈的火焰时，可以形成很强的热辐射，很容易将周围建筑外部的可燃材料引燃。尤其是木质的门、窗、墙板或其他的易燃高聚物材料将会很快被点燃。

当建筑物之间的距离较小时,从起火建筑的窗户或屋顶开口喷出的高温烟气或火焰便能够直接将相邻建筑的可燃材料点燃。对于建筑密度较大的城区,这一问题比较突出。

在建筑火灾达到猛烈燃烧的阶段,强烈的热气流可以将正在燃烧的小物件或仍有余火的灰烬带到空中,然后洒落到一定距离之外,那些地方的可燃材料便能够被点燃。这就是飞火(Spot fire)。在有风的情况下,飞火经常可飘洒到几十米、上百米之外。不过最常见的是对较近建筑物的影响,对于已受到较强热辐射作用的建筑,若再加上飞火的作用将非常容易着火。

确定防火间距主要考虑热辐射的影响和人的因素。在火灾发生的初期,热辐射并不强,若灭火人员能够在 20 min 内赶到现场,一般说能够将火灾扑灭在初期,则防火间距就不必过大。

1. 民用建筑

表 7.2.1 列出了相邻民用建筑之间防火间距的基本规定。可注意到耐火等级为一、二级的相邻建筑,其防火间距不得少于 6 m,根据灭火救援的需要,这是必要的。

表 7.2.1 民用建筑之间的防火间距(m)

耐火等级	一、二级	三级	四级
一、二级	6	7	9
三级	7	8	10
四级	9	10	12

考虑到旧城改建和扩建过程中可能遇到的困难,对某些特殊情况可作有条件的调整,主要包括:

(1) 两座建筑物相邻,当较高一面外墙为防火墙或高出相邻较低一座一、二级耐火等级建筑物的屋面 15 m 范围内的外墙为防火墙、且不开设门窗洞口时,其防火间距可不限。

(2) 相邻的两座建筑物,当较低一座的耐火等级不低于二级、屋顶不设置天窗、屋顶承重构件及屋面板的耐火极限不低于 1.00 h,且相邻的较低一面外墙为防火墙时,其防火间距不应小于 3.5 m。

(3) 相邻的两座建筑物,当较低一座的耐火等级不低于二级,相邻较高一面外墙的开口部位设置甲级防火门窗,或设置符合现行国家标准《自动喷水灭火系统设计规范》(GB 50084-2001)规定的防火分隔水幕或符合防火规范专项规定的防火卷帘时,其防火间距不应小于3.5 m。

(4) 相邻两座建筑物,当相邻外墙为不燃烧体、且无外露的燃烧体屋檐,每面外墙上未设置防火保护措施的门窗洞口不正对开设,且面积之和小于等于该外墙面积的 5% 时,其防火间距可按上表规定减少 25%。

(5) 耐火等级低于四级的原有建筑物,其耐火等级可按四级确定;以木柱承重且以不燃烧材料作为墙体的建筑,其耐火等级应按四级确定。

(6) 防火间距应按相邻建筑物外墙的最近距离计算,当外墙有凸出的燃烧构件时,应从其凸出部分外缘算起。

2. 油气储罐区

由于油气储罐区与可燃材料堆场的火灾危险性较大,对其防火间距的要求比民用建筑更为严格。一方面应当考虑它们之间的防火间距,另一方面应当考虑它们与周围建筑的防火间距。表 7.2.2 为甲、乙、丙类液体储罐(区)及乙、丙类液体桶装堆场与建筑物的防火间距的基本规定。

表 7.2.2　甲、乙、丙类液体储罐(区)及乙、丙类液体桶装堆场与建筑物的防火间距(m)

项　目			建筑物的耐火等级			室外变、配电站
			一、二级	三级	四级	
甲、乙类液体	一个罐区或堆场的总储量 $V(m^3)$	$1 \leqslant V < 50$	12	15	20	30
		$50 \leqslant V < 200$	15	20	25	35
		$200 \leqslant V < 1\,000$	20	25	30	40
		$1\,000 \leqslant V < 5\,000$	25	30	40	50
丙类液体		$5 \leqslant V < 250$	12	15	20	24
		$250 \leqslant V < 1\,000$	15	20	25	28
		$1\,000 \leqslant V < 5\,000$	20	25	30	32
		$5\,000 \leqslant V < 25\,000$	25	30	40	40

不过对于一些特殊情况,应当酌情处理,例如:

(1) 当甲、乙类液体和丙类液体储罐布置在同一储罐区时,其总储量可按 1 m³甲、乙类液体相当于 5 m³丙类液体折算。

(2) 防火间距应从距建筑物最近的储罐外壁、堆垛外缘算起,但储罐防火堤外侧基脚线至建筑物的距离不应小于 10 m。

(3) 甲、乙、丙类液体的固定顶储罐区,半露天堆场和乙、丙类液体桶装堆场与甲类厂房(仓库)、民用建筑的防火间距,应按本表的规定增加 25%,且甲、乙类液体储罐区,半露天堆场,乙、丙类液体桶装堆场与甲类厂房(仓库)、民用建筑的防火间距不应小于 25 m,与明火或散发火花地点的防火间距,应按本表四级耐火等级建筑的规定增加 25%。

(4) 浮顶储罐区或闪点大于 120 ℃的液体储罐区与建筑物的防火间距,可按本表的规定减少 25%。

(5) 当数个储罐区布置在同一库区内时,储罐区之间的防火间距不应小于本表相应储量的储罐区与四级耐火等级建筑之间防火间距的较大值。

(6) 直埋地下的甲、乙、丙类液体卧式罐,当单罐容积小于等于 50 m³,总容积小于等于 200 m³时,与建筑物之间的防火间距可按本表规定减少 50%。

(7) 室外变、配电站指电力系统电压为 35～500 kV 且每台变压器容量在 10 MV·A 以上的室外变、配电站以及工业企业的变压器总油量大于 5 t 室外降压变电站。

表 7.2.3 给出了甲、乙、丙类液体储罐之间防火间距的相关规定。表中的 D 为相邻较大立式储罐的直径(m),矩形储罐的直径为长边与短边之和的一半。不同液体、不同形式储罐之间的防火间距不应小于本表规定的较大值。

表 7.2.3　甲、乙、丙类液体储罐之间的防火间距(m)

类　别			储 罐 形 式				
			固定顶罐			浮顶储罐	卧式储罐
			地上式	半地下式	地下式		
甲、乙类液体	单罐容量 $V(m^3)$	$V \leqslant 1\,000$	0.75D	0.5D	0.4D	0.4D	不小于 0.8 m
		$V > 1\,000$	0.6D				
丙类液体		不论容量大小	0.4D	不限	不限	—	

鉴于油罐的形式多样,在实际设计中对于一些特殊情况应酌情处理,例如:

(1) 两排卧式储罐之间的防火间距不应小于 3 m。

(2) 设置充氮保护设备的液体储罐之间的防火间距可按浮顶储罐的间距确定。

(3) 当单罐容量小于或等于 1 000 m³ 且采用固定冷却消防方式时,甲、乙类液体的地上式固定储罐之间的防火间距不应小于 0.6D。

(4) 同时设有液下喷射泡沫灭火设备、固定冷却水设备和扑救防火堤内液体火灾的泡沫灭火设备时,储罐之间的防火间距可适当减小,但地上式储罐不宜小于 0.4D。

(5) 闪点大于 120 ℃的液体,当储罐容量大于 1 000 m³ 时,其储罐之间的防火间距不应小于 5 m;当储罐容量小于等于 1 000 m³ 时,其储罐之间的防火间距不应小于 2 m。

3. 厂房与仓库

与普通民用建筑相比,工业厂房与仓库都具有较高的火灾危险性,对它们相互间的防火间距有着更严格的要求。

(1) 厂房

表 7.2.4 列出了厂房之间及其与乙、丙、丁、戊类仓库和民用建筑等之间对防火间距的基本要求。防火间距应按相邻建筑外墙的最近距离计算,如外墙有凸出的燃烧构件,应从其凸出部分外缘算起。

表 7.2.4　厂房之间及其与乙、丙、丁、戊类仓库和民用建筑等之间的防火间距(m)

名　称		甲类厂房	单层、多层乙类厂房(仓库)	单层、多层丙、丁、戊类厂房(仓库) 耐火等级			高层厂房(仓库)	民用建筑 耐火等级		
				一、二级	三级	四级		一、二级	三级	四级
甲类厂房		12	12	12	14	16	13	25		
单层、多层乙类厂房		12	10	10	12	14	13	25		
单层、多层丙、丁类厂房 耐火等级	一、二级	12	10	10	12	14	13	10	12	14
	三级	14	12	12	14	16	15	12	14	16
	四级	16	14	14	16	18	17	14	16	18
单层、多层戊类厂房 耐火等级	一、二级	12	10	10	12	14	13	6	7	9
	三级	14	12	12	14	16	15	7	8	10
	四级	16	14	14	16	18	17	9	10	12
高层厂房		13	13	13	15	17	13	13	15	17
室外变、配电站变压器总油量(t)	≥5,≤10	25	25	12	15	20	12	15	20	25
	>10,≤50			15	20	25	15	20	25	30
	>50			20	25	30	20	25	30	35

然而厂房的生产类别、高度和形式有着很大差别,在具体设计中还必须注意一些特殊情况。例如,甲类厂房与重要公共建筑之间的防火间距不应小于 50 m,与明火或散发火花地点之间的防火间距不应小于 30 m,与架空电力线及甲、乙、丙类液体的储罐也应保持适当的间距。

（2）仓库

仓库的类型是决定不同仓库之间及仓库与民用建筑防火间距的主要依据。表 7.2.5 为甲类仓库之间及其与其他建筑、明火或散发火花地点、铁路等的防火间距的基本要求。在设计中应当重视一些具体问题。例如，对于甲类仓库之间的防火间距，当第 3、4 项物品储量小于等于 2 t，第 1、2、5、6 项物品储量小于等于 5 t 时，不应小于 12 m；甲类仓库与高层仓库之间的防火间距不应小于 13 m 等。

表 7.2.5　甲类仓库之间及其与其他建筑、明火或散发火花地点、铁路等的防火间距（m）

名　称		甲类仓库及其储量（t）			
		甲类储存物品第 3、4 项		甲类储存物品第 1、2、5、6 项	
		≤5	>5	≤10	>10
重要公共建筑		50			
甲类仓库		20			
民用建筑、明火或散发火花地点		30	40	25	30
其他建筑	一、二级耐火等级	15	20	12	15
	三级耐火等级	20	25	15	20
	四级耐火等级	25	30	20	25
电力系统电压为 35～500 kV 且每台变压器容量在 10 MV·A 以上的室外变、配电站工业企业的变压器总油量大于 5 t 的室外降压变电站		30	40	25	30
厂外铁路线中心线		40			
厂内铁路线中心线		30			
厂外道路路边		20			
厂内道路路边	主要	10			
	次要	5			

表 7.2.6 列出了乙、丙、丁、戊类仓库之间及其与民用建筑之间的防火间距的基本规定。应当酌情处理的特殊情况主要有：

① 单层、多层戊类仓库之间的防火间距，可按本表减少 2 m。

② 两座仓库相邻较高一面外墙为防火墙，且总占地面积小于等于规范规定的 1 座仓库的最大允许占地面积规定时，其防火间距不限。

③ 除乙类第 6 项物品外的乙类仓库，与民用建筑之间的防火间距不宜小于 25 m，与重要公共建筑之间的防火间距不宜小于 30 m，与铁路、道路等的防火间距不宜小于表 7.2.5 中甲类仓库与铁路、道路等的防火间距。

表 7.2.6　乙、丙、丁、戊类仓库之间及其与民用建筑之间的防火间距(m)

建筑类型		单层、多层乙、丙、丁、戊类仓库						高层仓库	甲类厂房
		单层、多层乙、丙、丁类仓库			单层、多层戊类仓库				
	耐火等级	一、二级	三级	四级	一、二级	三级	四级	一、二级	一、二级
单层、多层乙、丙、丁、戊类仓库	一、二级	10	12	14	10	12	14	13	12
	三级	12	14	16	12	14	16	15	14
	四级	14	16	18	14	16	18	17	16
高层仓库	一、二级	13	15	17	13	15	17	13	13
民用建筑	一、二级	10	12	14	6	7	9	13	25
	三级	12	14	16	7	8	10	15	
	四级	14	16	18	9	10	12	17	

7.2.4　消防车道

消防车道是使消防车不受意外阻挡、能够顺利到达火场的重要保证,为此必须认真考虑其设计问题。

1. 城市街区

在许多城市的主城区,建筑密集,消防车展开灭火会遇到不少困难。为了便于消防车的通行,城市街区内相邻道路中心线间的距离不宜大于 160 m。这主要是根据室外消火栓的保护半径为 150 m 左右确定的。当建筑物沿街道部分的长度大于 150 m 或总长度大于 220 m 时,应设置穿过建筑物的消防车道。确有困难时,应设置环形消防车道。

市政道路的宽度不应小于街道两侧建筑物的防火间距,在建筑物的周围应当留出一定宽度的消防车道,其宽度一般不应小于 4 m,以便消防车能够接近起火建筑物。对于有封闭内院或天井的建筑物,当其短边长度大于 24.0 m 时,宜设置进入内院或天井的消防车道。当有封闭内院或天井的建筑物沿街时,应设置连通街道和内院的人行通道(可利用楼梯间),其间距不宜大于 80.0 m。

在穿过建筑物或进入建筑物内院的消防车道两侧,不应设置影响消防车通行或人员安全疏散的设施。超过 3 000 个座位的体育馆、超过 2 000 个座位的会堂和占地面积大于 3 000 m² 的展览馆等公共建筑,宜设置环形消防车道。

2. 工厂与仓库

在工厂、仓库及储罐区内,各种功能的建筑多,通常采用道路连接,但有些道路并不能满足消防车通行和停靠要求,消防车道有些特殊的要求,主要包括:占地面积大于 3 000 m² 的甲、乙、丙类厂房或占地面积大于 1 500 m² 的乙、丙类仓库,应设置环形消防车道;确有困难时,应沿建筑物的两个长边设置消防车道。

3. 可燃材料堆场与储罐区

可燃材料露天堆场区、液化石油气储罐区及甲、乙、丙类液体储罐区和可燃气体储罐区的消防车道设置应符合下列规定:

① 储量大于表 7.2.7 规定的堆场、储罐区,宜设置环形消防车道。

② 占地面积大于 30 000 m² 的可燃材料堆场,应设置与环形消防车道相连的中间消防车道,消防车道的间距不宜大于 150 m。液化石油气储罐区,甲、乙、丙类液体储罐区,可燃气体储罐区,区内的环形消防车道之间宜设置连通的消防车道。

③ 消防车道与材料堆场、堆垛的最小距离不应小于 5 m。

④ 中间消防车道与环形消防车道交接处应满足消防车转弯半径的要求。

表 7.2.7 堆场、储罐区的储量

名称	棉、麻、毛、化纤(t)	稻草、麦秸、芦苇(t)	木材(m³)	甲、乙、丙类液体储罐(m³)	液化石油气储罐(m³)	可燃气体储罐(m³)
储量	1 000	5 000	5 000	1 500	500	30 000

4. 消防车道自身的若干要求

为了便于消防车取水,所预定的天然水源和消防水池的附近应设置消防车道。

对横跨主通道的建筑还应规定通道的净高度,避免发生消防车无法通过的情况。消防车道的净宽度和净空高度均不应小于 4.0 m。供消防车停留的空地,其坡度不宜大于 3%。消防车道与厂房(仓库)、民用建筑之间不应设置妨碍消防车作业的障碍物。

建筑物前后的空间需考虑消防车的回转半径,在进行实际设计时应了解建筑物的结构形式和当地消防车辆状况。建筑物还应当与本地区的消防站保持适当的距离,以便发生火灾时消防队能够迅速前来扑救。

环形消防车道至少应有两处与其他车道连通。尽头式消防车道应设置回车道或回车场,回车场的面积不应小于 12.0 m×12.0 m;供大型消防车使用时,不宜小于 18.0 m×18.0 m。消防车道路面、扑救作业场地及其下面的管道和暗沟等应能承受大型消防车的压力。

消防车道可利用交通道路,但应满足消防车通行与停靠的要求。消防车道不宜与铁路正线平交。如必须平交,应设置备用车道,且两车道之间的间距不应小于一列火车的长度。

7.3 建筑本体的防火设计

建筑本体的防火设计是针对具体建筑而言的。每类建筑物应当具有足够的耐火等级,以防建筑物的主体结构受火后被破坏,从而起到延缓和阻止火灾蔓延的作用,并为火灾后的结构修复创造条件。一旦建筑物发生倒塌等情况,不仅会造成巨大的财产损失,而且会造成严重的人员伤亡。另一方面,为了防止火灾在建筑物内蔓延,必须按建筑耐火等级的限制将其内部分隔为若干面积适当的小区域,这就是防火分区。对于一些特殊危险性的建筑,还应当分别作出一些有针对性的设计。

7.3.1 建筑物的耐火等级

不同建筑的使用性质、重要程度、规模大小、层数高低和火灾危险性均存在差异,因此所要求的耐火程度应有所不同,即应当分出不同的等级。

1. 耐火等级的划分依据

建筑物的耐火等级是根据建筑构件的耐火极限及其所用材料的燃烧性质决定的。

如前所述。建筑构件的耐火极限指的是将该构件在标准火灾试验炉内试验,从受火到其丧失支撑强度或发生穿透裂缝的时间(h)。墙、柱、梁、楼板、屋顶等是建筑物的主要建筑构件,建筑物耐火等级是依照这些构件耐火极限划分的。

建筑物的楼板直接承受着人员和物品的重量,并将之传给梁、墙、柱等,是一种最基本的承重构件,因此在划分建筑物耐火等级时通常选择楼板的耐火极限作为基准。其他建筑构件的耐火极限则根据其在建筑结构中的地位,与楼板相比较而确定。在建筑结构中所占的地位比楼板重要者,如梁、柱、承重墙等,其耐火极限要高于楼板;比楼板次要者,如隔墙、吊顶等,其耐火极限可低于楼板。

据统计,在我国 95% 的火灾延续时间均在 2.0 h 以内,在 1.0 h 内扑灭的火灾约占 80%,在 1.5 h 以内扑灭的火灾约占 90%。而建筑物中大量使用的普通钢筋混凝土空心楼板的耐火极限约为 1.0 h;现浇钢筋混凝土整体式楼板的耐火极限大都在 1.5 h 以上。因此,我国将一级耐火等级建筑物楼板的耐火极限选定为 1.5 h,二级耐火等级的建筑楼板选定为 1.0 h,三、四级耐火等级建筑物楼板分别为 0.5 h、0.25 h。其他建筑构件的耐火极限根据构件的重要性及建筑物的耐火等级进行选择。例如,对于二级耐火等级建筑物,梁的耐火极限选定为 1.5 h;柱或墙的耐火极限选定为 2.5~3.0 h。

建筑材料的燃烧性能对建筑火灾的发展亦有很大影响,进而可以影响建筑物的结构强度。因此在建筑物的某些部位,除了应规定构件的耐火性能外,还应规定构件的燃烧性能。如前所述,建筑材料遇火后的燃烧特性可分为不燃、难燃、可燃三大类。

用不燃材料做成的建筑构件称为不燃烧体,不燃材料系指在空气中受到火烧或高温作用时不起火,不微燃、不炭化的材料。如建筑中采用的金属材料和天然或人工的无机矿物材料。

用难燃材料做成的建筑构件或用可燃材料做成而用不燃材料作为保护层的建筑构件称为难燃烧体。难燃烧材料系指在空气中受到火烧或高温作用时难起火、难微燃、难炭化,当火源移走后燃烧或微燃立即停止的材料。如沥青混凝土、经过防火处理的木材、用有机物填充的混凝土和水泥刨花板等。

用可燃材料做成的构件称为燃烧体。可燃烧材料系指在空气中受到火烧或高温作用时立即起火或微燃,且火源移走后仍继续燃烧或微燃的材料,如木材等。

不同耐火等级的建筑物对建筑构件燃烧性能的要求大体为:一级耐火等级建筑物的主要建筑构件全部为不燃烧体;二级耐火等级建筑物的主要建筑构件,除吊顶为难燃烧体外,其余为不燃烧体;三级耐火等级建筑物的屋顶、承重构件为燃烧体;四级耐火等级建筑物除防火墙为不燃烧体外,其余构件可自行选择。

2. 耐火等级的选定方式

不同设计防火规范对所涵盖建筑物的耐火等级有着不同的规定。例如,我国的《建筑设计防火规范》(GB 50016-2006)将适用于该规范的建筑分为 4 个等级,一级耐火建筑应是钢筋混凝土结构或砖墙与钢筋混凝土结构的混合结构;二级耐火建筑应是钢结构屋顶、钢筋混凝土柱和砖墙的混合结构;三级耐火建筑是木屋顶和砖墙的混合结构;四级耐火建筑为木屋顶和难燃体的墙组成的可燃结构。对于工业厂房,其耐火等级应较高,主要是根据生产的火灾危险性分类和储存物品的火灾危险性分类确定的,此外还应考虑建筑物的规模大小和高度等。一般情况下,甲、乙类厂房应采用一、二级耐火等级建筑;丙类厂房的耐火等级不得低于三级;不燃物品厂房的耐火等级不应低于四级。对于工业库房、高层库房、高架仓库和筒仓的耐火等级不应低于二级;二级耐火等级的筒仓可采用钢板仓。储存特殊贵重物品的库房,其耐火等级宜为一级。而《高层民用建筑设计防火规范》(GB 50045-95)对适用的建筑分为两个耐火等级。

进行建筑物防火设计时应弄清所涉及的是哪类建筑,适用于何种规范的范围,并依据相应规范的规定进行设计。

表 7.3.1 列出了民用建筑物的耐火等级对主要建筑构件的要求。对于厂房和库房的耐火等级可查规范的相关部分。

表 7.3.1 建筑物构件的燃烧性能和耐火极限(h)

名　称		耐火等级			
构件		一级	二级	三级	四级
墙	防火墙	不燃烧体 3.00	不燃烧体 3.00	不燃烧体 3.00	不燃烧体 3.00
	承重墙	不燃烧体 3.00	不燃烧体 2.50	不燃烧体 2.00	难燃烧体 0.50
	非承重外墙	不燃烧体 1.00	不燃烧体 1.00	不燃烧体 0.50	燃烧体
	楼梯间的墙、电梯井的墙、住宅单元之间的墙、住宅分户墙	不燃烧体 2.00	不燃烧体 2.00	不燃烧体 1.50	难燃烧体 0.50
	疏散走道两侧的隔墙	不燃烧体 1.00	不燃烧体 1.00	不燃烧体 0.50	难燃烧体 0.25
	房间隔墙	不燃烧体 0.75	不燃烧体 0.50	难燃烧体 0.50	难燃烧体 0.25
柱		不燃烧体 3.00	不燃烧体 2.50	不燃烧体 2.00	难燃烧体 0.50
梁		不燃烧体 2.00	不燃烧体 1.50	不燃烧体 1.00	难燃烧体 0.50
楼板		不燃烧体 1.50	不燃烧体 1.00	不燃烧体 0.50	燃烧体
屋顶承重构件		不燃烧体 1.50	不燃烧体 1.00	燃烧体	燃烧体
疏散楼梯		不燃烧体 1.50	不燃烧体 1.00	不燃烧体 0.50	燃烧体
吊顶(包括吊顶搁栅)		不燃烧体 0.25	难燃烧体 0.25	难燃烧体 0.15	燃烧体

3. 耐火等级划分的特殊情况

在根据设计防火规范划分建筑物耐火等级时,会经常遇到一些特殊情况,对此应通过具体分析加以确定。例如:

(1) 以木柱承重且以不燃烧材料作为墙体的建筑物,其耐火等级应按四级确定。

(2) 二级耐火等级建筑的吊顶采用不燃烧体时,其耐火极限不限。

(3) 在二级耐火等级的建筑中,面积不超过 100 m^2 房间的隔墙,如执行表 7.3.1 的规定有困难时,可采用耐火极限不低于 0.30 h 的不燃烧体。

(4) 一、二级耐火等级民用建筑疏散走道两侧的隔墙,按表 7.3.1 规定执行有困难时,可采用 0.75 h 不燃烧体。

(5) 承重构件为不燃烧体的工业建筑(甲、乙类库房和高层库房除外),其非承重外墙为不燃烧体时,其耐火极限可降低到 0.25 h,为难燃烧体时,可降低到 0.5 h。

(6) 二级耐火等级建筑的楼板(高层工业建筑的楼板除外)如耐火极限达到 1.00 h 有困

难时,可降低到 0.50 h。允许上人的二级耐火等级建筑的平屋顶,其屋面板的耐火极限不应低于 1.00 h。

(7) 二级耐火等级建筑的屋顶如采用耐火极限不低于 0.50 h 的承重构件有困难时,可采用无保护层的金属构件。但甲、乙、丙类液体火焰能烧到的部位应采取防火保护措施。

另外,根据通常的灭火能力,对不同耐火等级建筑物的面积也有一定限制,如一、二级耐火建筑物的面积可达 2 500 m²,长度可超过 100 m;而三级耐火建筑的面积则不宜超过 1 200 m²,长度不超过 60 m。

7.3.2 建筑物的防火分区

建筑物内的防火分区就是使用均有适当耐火能力的建筑构件作为边界,将建筑内部分为若干小区。这样一旦某个分区内失火,可以将火灾限制在该区内,避免对建筑的其他部分造成影响。防火分区的大小应根据建筑物的耐火等级和使用功能确定,每种建筑设计防火规范都对不同使用性质建筑物的独立分区大小作了规定。表 7.3.2 列出了普通民用建筑对防火分区的基本要求。

表 7.3.2 民用建筑的耐火等级、层数及占地面积规定

耐火等级	最多允许层数	防火分区		备 注
		最大允许长度(m)	每层最大允许建筑面积(m²)	
一、二级	不限	150	2 500	1. 体育馆、剧院建筑等的观众厅、展厅的长度和面积可以根据需要确定 2. 托儿所、幼儿园的儿童用房及儿童游乐厅等儿童活动场所不应设置在四层及四层以上或地下、半地下建筑内
三级	5 层	100	1 200	1. 托儿所、幼儿园的儿童用房及儿童游乐厅等儿童活动场所和医院、疗养院的住院部不应设在三层及三层以上或地下、半地下建筑内 2. 商店、学校、电影院、剧院、礼堂、食堂、菜市场不应超过两层
四级	2 层	60	600	学校、食堂、菜市场、托儿所、幼儿园、医院等不应超过一层

对于高层建筑则是根据建筑类别确定防火分区的面积,例如,对于一类高层建筑,每个分区的允许最大面积为 1 000 m²,二类高层建筑的分区不超过 1 500 m²,地下室的分区则不超过 500 m²。同时,对于一些特殊情况,还分别给出了一些补充规定。

1. 防火分区的划分原则

划分防火分区除必须满足设计防火规范中规定的面积及构造要求外,还应注意下列要求:

(1) 作为避难通道使用的楼梯间、前室和具有避难功能的走廊,必须保证其不受火灾的侵害,并时刻保持畅通无阻。

（2）在同一个建筑物内，各危险区域之间、不同的功能区之间、办公用房和生产车间之间等应当进行防火分隔。

（3）高层建筑中的电缆井、管道井、垃圾井等应是独立的防火单元，应保证井道外部的火灾不得传入井道内部，同时井道内部的火灾也不得传到井道外部。

（4）有特殊防火要求的建筑，如医院等，在防火分区之内应设置更小的防火区域。

（5）高层建筑在垂直方向应以每个楼层为单元划分防火分区。

（6）所有建筑的地下室，在垂直方向应以每个楼层为单元划分防火分区。

（7）为扑救火灾而设置的消防通道，其本身应受到良好的防火保护。

（8）设有自动喷水灭火系统的防火分区，其面积可以适当扩大。

2. 防火分区的形式

按照防火分区在建筑物内的形式，可分为水平分区和竖向分区两类。

水平分区指的是在同一平面层内的分区，主要用于防止火灾烟气在水平方向蔓延。对于面积较大的建筑而言尤为重要。近年来，随着大型、复杂建筑的迅速发展，设置合理的防火分区已经成为防火设计中的一个突出问题。例如大型综合商业区、会展中心、体育场馆、候机楼等，其建筑面积往往有数万平方米，远远超过现行规范的规定。如何设置适当的防火分区需要通过火灾科学与安全工程的知识加以论证、解决。

竖向分区则主要是防止火灾烟气在建筑的层间蔓延，这对于高层建筑而言具有更突出的意义。高层建筑中具有大量穿越楼板的竖井和管道，如电缆井、管道井、排烟道、通风道等多种竖井。不少案例表明，这是造成火灾由着火层向外蔓延的重要渠道。这些竖井的功能不同，应当分别设置，以防一个竖井发生事故影响到其他竖井。竖井或管道与各层地板相交口的封堵也需注意，竖井的壁面材料应当有适当的耐火等级，禁止使用可燃材料。通常电缆井、排烟道壁面的耐火等级不低于 1 h。

3. 防火分隔物的选用

常用的防火分隔物有防火墙、防火门、防火卷帘、防火垂壁、防火水幕等，它们均有特定的适用场合。

防火墙是一种具有一定耐火极限的不燃烧体墙壁。普通民用建筑防火墙的耐火极限应不少于 4.0 h，高层民用建筑的为 3.0 h。防火墙应直接设置在建筑基础上或钢筋混凝土的框架上，应截断燃烧体或难燃烧体的屋顶结构，应高出不燃烧体层面不小于 40 cm，高出燃烧体或难燃烧体层面不小于 50 cm。在建筑物的一些特殊部位还应采取一些有针对性的防护措施，例如，防火墙中心距天窗端面的水平距离小于 4 m；建筑物内的防火墙不应设在转角处等。防火墙内不应设置排气道。对于民用建筑如必须设置时，其两侧的墙身截面厚度均不应小于 12 cm；防火墙上不应开设门窗洞口，如必须开设时，应采用能自行关闭的甲级防火门窗；可燃气体和甲、乙、丙类液体管道不应穿过防火墙，其他管道如必须穿过时，应用不燃烧体材料将缝隙紧密填塞。

防火门是具有一定耐火极限、且在发生火灾时能自行关闭的门。按照耐火极限，可以分为甲、乙、丙 3 级，其耐火极限分别是 1.2 h、0.9 h、0.6 h；按照燃烧性能，可以分为不燃烧体防火门和难燃烧体防火门。防火门不仅应有较高的耐火极限，而且还应当关得严密，保证不蹿烟、不蹿火。

防火窗是采用钢窗框、钢窗扇及防火玻璃制成的窗户，能起到隔离火势蔓延的作用。防火窗可分固定窗扇与活动窗扇两种形式。固定窗扇式防火窗不能开启,平时可以采光,火灾时可以阻止火势蔓延。活动窗扇防火窗,能够开启和关闭,平时还可以采光和遮挡风雨;起火时可以自动关闭,阻止火势蔓延,开启后可以排除烟气。

防火卷帘是将钢板、铝合金板等板材用扣环或铰接方法组成的可以卷绕的链状平面,平时卷起放在门窗上口的转轴箱中,起火时卷帘展开,从而可以防止火势蔓延。防火卷帘有轻型、重型之分。轻型卷帘钢板的厚度为 0.5～0.6 mm,重型卷帘钢板的厚度为 1.5～1.6 mm。厚度为 1.5 mm 以上的卷帘适用于防火墙或防火分隔墙上,厚度为 0.8～1.5 mm 的卷帘适用于楼梯间或电动扶梯的隔墙。

7.3.3　工业厂房与库房的防爆

由于生产过程与储存的特殊性,在一些工业厂房和库房经常使用明火,且可燃与易燃物品集中,还常存有很多易爆物质,容易发生爆炸。爆炸是与火灾密切关联的另一种灾害事故,能够在瞬间释放出大量气体和热量,使室内形成很高的压力。为了保证建筑结构不会由于爆炸而受到大的破坏,需要采取应当的泄压措施。所谓泄压,就是使爆炸瞬间产生的巨大压力,通过某种泄压设施由建筑物的内部向外排出,泄压设施的面积称为泄压面积。

1. 泄压比的确定

进行建筑物的防爆设计时,应该首先确定应有的泄压面积,以保证室内产生的压力不至于超过允许限值,而此限值可作为设计建筑承重结构的依据。泄压面积与厂房体积的比值称为泄压比(m^2/m^3),即

$$C = \frac{F}{V} \times 100\% \tag{7-3-1}$$

式中,F 为泄压面积,m^2;V 为厂房的体积,m^3;C 为泄压面积与室内容积之比,%。C 的大小见表 7.3.3。

表 7.3.3　厂房内爆炸性危险物质的类别与泄压比值(m^2/m^3)

厂房内爆炸性危险物质的类别	C 值
氨以及粮食、纸、皮革、铅、铬、铜等 $K_\text{尘} < 10 (MPa \cdot m/s)$ 的粉尘	≥0.030
木屑、炭屑、煤粉、锑、锡等 $10 (MPa \cdot m/s) \leqslant K_\text{尘} \leqslant 30 (MPa \cdot m/s)$ 的粉尘	≥0.055
丙酮、汽油、甲醇、液化石油气、甲烷、喷漆间或干燥室以及苯酚树脂、铝、镁、锆等 $K_\text{尘} > 30 (MPa \cdot m/s)$ 的粉尘	≥0.110
乙烯	≥0.160
乙炔	≥0.200
氢	≥0.250

采用 0.05～0.10 m^2/m^3 的泄压比,对一般的爆炸危险混合物的爆炸是适用的。不过对爆炸威力较强的爆炸危险混合物厂房,还应适当加大泄压比值,例如,乙炔站的泄压比应不小于 0.15 m^2/m^3。对存在丙酮、汽油、甲醇、乙炔和氢气的厂房,因其爆炸威力更大,爆炸下限更低,所以其防爆泄压面积之比应尽量超过 0.2 m^2/m^3。

有爆炸危险的甲、乙类厂房,其泄压面积宜按下式计算:

$$A = 10CV^{2/3} \tag{7-3-2}$$

式中,A 为泄压面积,m^2;V 为厂房的容积,m^3;C 为厂房容积为 $1\,000\ m^3$ 时的泄压比,m^2/m^3,可按表 7.3.3 选取。但当厂房的长径比大于 3 时,宜将该建筑划分为长径比小于等于 3 的多个计算段,各计算段中的公共截面不得作为泄压面积。

2. 泄压设施的选择

泄压设施通常是由一定的比较薄弱的建筑构、配件做成的,如轻质房顶和易于泄压的门、窗等,作为泄压面积的轻质屋顶和墙体的每平方米重量不宜超过 60 kg。一旦室内发生爆炸,它们就会被炸成碎块或被掀掉,以释放爆炸压力。

轻质屋顶一般是用石棉水泥瓦铺在钢檩条上。这种屋顶在内部发生爆炸时,容易被冲击波冲开、打碎、落下,而对设备的影响并不太大。但石棉水泥瓦屋面在使用中还存在一些问题,如防寒、隔热以及瓦的固定方法等尚待进一步解决。

在用门、窗、轻质墙体作为泄压面积时,要注意不应影响邻近车间和建筑物的安全。如果泄压设施有影响到邻近车间或建筑物的可能时,应在窗外设保护挡板,或在墙外留出一段空地,并设置栏杆,防止伤人。作为泄压面积的门、窗一定要向外开,门窗的中心应偏向上半部。

当防爆厂房的面积较大时,厂房的轻质屋顶应在厂房的长度方向、每隔 10~20 m 的范围以内设置横向分割缝,把整个厂房分成宽 10~20 m 的若干区段。在此接缝处改用低标号的砂浆,屋面上层的油毡可以直接通过,下层的油毡必须在缝处截断。

7.3.4 室内装修防火设计

为了满足基本的使用功能,建筑物必须进行内部装修。然而大部分装修材料是可燃的,调查表明,许多建筑火灾是首先由装修材料着火引起的。

按照装修材料在内部装修中的使用部位和功能,可划分为顶棚装修材料、墙面装修材料、地面装修材料、隔断装修材料、固定家具、装饰织物、其他装饰材料等 7 类。其中装饰织物系指窗帘、帷幕、床罩、家具包布等;其他装饰材料系指楼梯扶手、挂镜线、踢脚板、窗帘盒、暖气罩等。

1. 装修材料的燃烧性能

室内装修材料的燃烧性能应结合建筑物的类型、规模、用途等,根据国家标准 GB 8624 选择。如第 4 章所述,该标准于 2006 年做了重大修改,而现在许多具体的规定尚未完成,在此期间可沿用该规范 1997 版的表述。故在此节中仍采用建筑材料的燃烧性能分为 A、B1、B2、B3 等 4 级,分别对应于不燃材料、难燃材料、可燃材料和易燃材料的说法。其中 B3 级材料不能用于装修。

表 7.3.4 列出了常用建筑内部装修材料燃烧性能等级划分及举例。在实际设计中,对于以下情况可以适当灵活处理:

(1) 安装在钢龙骨上燃烧性能达到 B1 级的纸面石膏板,矿棉吸声板,可作为 A 级装修材料使用。

(2) 当胶合板表面涂覆一级饰面型防火涂料时,可作为 B1 级装修材料使用。当胶合板用于顶棚和墙面装修、且内不含电器、电线等物体时,宜仅在胶合板外表面涂覆防火涂料;当胶合板用于顶棚和墙面装修并且内含有电器、电线等物体时,胶合板的内、外表面以及相应的木龙骨应涂覆防火涂料,或采用阻燃浸渍处理达到 B1 级。

（3）单位重量小于 300 g/m² 的纸质、布质壁纸，当直接粘贴在 A 级基材上时，可作为 B1 级装修材料使用。

（4）施涂于 A 级基材上的无机装饰涂料，可作为 A 级装修材料使用；施涂于 A 级基材上，施涂覆比小于 1.5 kg/m² 的有机装饰涂料，可作为 B1 级装修材料使用。涂料施涂于 B1、B2 级基材上时，应将涂料连同基材一起按装修防火规范的规定确定其燃烧性能等级。

（5）当采用不同装修材料进行分层装修时，各层装修材料的燃烧性能等级均应符合装修防火规范的规定。复合型装修材料应由专业检测机构进行整体测试并划分其燃烧性能等级。

表 7.3.4　常用建筑内部装修材料燃烧性能等级划分举例

材料类别	级别	材料举例
各部位材料	A	花岗石、大理石、水磨石、水泥制品、混凝土制品、石膏板、石灰制品、黏土制品、玻璃、瓷砖、马赛克、钢铁、铝、铜合金等
顶棚材料	B1	纸面石膏板、纤维石膏板、水泥刨花板、矿棉装饰吸声板、玻璃棉装饰吸声板、珍珠岩装饰吸声板、难燃胶合板、难燃中密度纤维板、岩棉装饰板、难燃木材、铝箔复合材料、难燃酚醛胶合板、铝箔玻璃钢复合材料等
墙面材料	B1	纸面石膏板、纤维石膏板、水泥刨花板、矿棉板、玻璃棉板、珍珠岩板、难燃胶合板、难燃中密度纤维板、防火塑料装饰板、难燃双面刨花板、多彩涂料、难燃墙纸、难燃墙布、难燃仿花岗岩装饰板、氯氧镁水泥装配式墙板、难燃玻璃钢平板、PVC 塑料护墙板、轻质高强复合墙板、阻燃模压木质复合板材、彩色阻燃人造板、难燃玻璃钢等
墙面材料	B2	各类天然木材、木制人造板、竹材、纸制装饰板、装饰微薄木贴面板、印刷木纹人造板、塑料贴面装饰板、聚酯装饰板、复塑装饰板、塑纤板、胶合板、塑料壁纸、无纺贴墙布、墙布、复合壁纸、天然材料壁纸、人造革等
地面材料	B1	硬 PVC 塑料地板、水泥刨花板、水泥木丝板、氯丁橡胶地板等
地面材料	B2	半硬质 PVC 塑料地板、PVC 卷材地板、木地板氯纶地毯等
装饰织物	B1	经阻燃处理的各类难燃织物等
装饰织物	B2	纯毛装饰布、纯麻装饰布、经阻燃处理的其他织物等
其他装饰材料	B1	聚氯乙烯塑料、酚醛塑料、聚碳酸酯塑料、聚四氟乙烯塑料、三聚氰胺、脲醛塑料、硅树脂塑料装饰型材、经阻燃处理的各类织物等，另见顶棚材料和墙面材料中的有关材料
其他装饰材料	B2	经阻燃处理的聚乙烯、聚丙烯、聚氨酯、聚苯乙烯、玻璃钢、化纤织物、木制品等

2. 民用建筑对装修材料的一般要求

在各类民用建筑中，都要使用大量装修材料。为了保证建筑物的火灾安全，应当根据建筑物内部不同区域的特点及使用功能，对所用装修材料的燃烧性能作出必要的限定。主要应考虑以下方面：

（1）当顶棚或墙面表面局部采用多孔或泡沫状塑料时，其厚度不应大于 15 mm，且面积不得超过该房间顶棚或墙面积的 10%。

（2）图书室、资料室、档案室和存放文物的房间，其顶棚、墙面应采用 A 级装修材料，地面应采用不低于 B1 级的装修材料。

（3）大中型电子计算机房、中央控制室、电话总机房等放置特殊贵重设备的房间，其顶棚和墙面应采用 A 级装修材料，地面及其他装修应采用不低于 B1 级的装修材料。

（4）无自然采光楼梯间、封闭楼梯间、防烟楼梯间及其前室的顶棚、墙面和地面均应采用 A 级装修材料。

（5）建筑物内设有上下层相连通的中庭、走马廊、开敞楼梯、自动扶梯时，其连通部位的顶棚、墙面应采用 A 级装修材料，其他部位应采用不低于 B1 级的装修材料。

（6）防烟分区的挡烟垂壁，其装修材料应采用 A 级装修材料。

（7）建筑内部装修不应遮挡消防设施、疏散指示标志及安全出口，并不应妨碍消防设施和疏散走道的正常使用。因特殊要求做改动时，应符合国家有关消防规范和法规的规定。

（8）建筑内部装修不应减少安全出口、疏散出口和疏散走道的设计所需的净宽度和数量。

（9）经常使用明火器具的餐厅、科研实验室，装修材料的燃烧性能等级，除 A 级外，应在通常规定的基础上提高一级。

（10）当歌舞厅、卡拉 OK 厅（含具有卡拉 OK 功能的餐厅）、夜总会、录像厅、放映厅、桑拿浴室（除洗浴部分外）、游艺厅（含电子游艺厅）、网吧等歌舞娱乐放映游艺场所设置在一、二级耐火等级建筑的四层及四层以上时，室内装修的顶棚材料应采用 A 级装修材料，其他部位应采用不低于 B1 级的装修材料；当设置在地下一层时，室内装修的顶棚、墙面材料应采用 A 级装修材料，其他部位应采用不低于 B1 级的装修材料。

3. 几类民用建筑对装修材料的特殊要求

（1）单层与多层民用建筑

单层、多层民用建筑内部各部位装修材料的燃烧性能等级，不应低于表 7.3.5 的规定。此外，还应当注意以下两个要求：

① 单层、多层民用建筑内面积小于 100 m² 的房间，当采用防火墙和甲级防火门窗与其他部位分隔时，其装修材料的燃烧性能等级可在表 7.3.5 的基础上降低一级。

② 除了上面提到的歌舞厅、放映厅等公共娱乐场所之外，当单层、多层民用建筑需做内部装修的空间内装有自动灭火系统时，除顶棚外，其内部装修材料的燃烧性能等级可在表 7.3.5 规定的基础上降低一级；当同时装有火灾自动报警装置和自动灭火系统时，其顶棚装修材料的燃烧性能等级可在表 7.3.5 规定的基础上降低一级，其他装修材料的燃烧性能等级可不限制。

表 7.3.5　单层、多层民用建筑内部各部位装修材料的燃烧性能等级

建筑物及场所	建筑规模、性质	装修材料燃烧性能等级							
		顶棚	墙面	地面	隔断	固定家具	装饰织物		其他装饰材料
							窗帘	帷幕	
候机楼的候机大厅、商店、餐厅、贵宾候机室、售票厅等	建筑面积>10 000 m² 的候机楼	A	A	B1	B1	B1	B1		B1
	建筑面积≤10 000 m² 的候机楼	A	B1	B1	B1	B2	B2		B2
汽车站、火车站、轮船客运站的候车（船）室、餐厅、商场等	建筑面积>10 000 m² 的车站、码头	A	A	B1	B1	B2	B2		B2
	建筑面积≤10 000 m² 的车站、码头	B1	B1	B1	B2	B2	B2		B2

续表

建筑物及场所	建筑规模、性质	顶棚	墙面	地面	隔断	固定家具	窗帘	帷幕	其他装饰材料
影院、会堂、礼堂、剧院、音乐室	>800 座位	A	A	B1	B1	B1	B1	B1	B1
	≤800 座位	A	B1	B1	B1	B2	B1	B1	B2
体育馆	>3 000 座位	A	A	B1	B1	B1	B1	B1	B2
	≤3 000 座位	A	B1	B1	B1	B2	B2	B1	B2
商场营业厅	每层建筑面积>3 000 m² 或总建筑面积>9 000 m² 的营业厅	A	B1	A	A	B1	B1		B2
	每层建筑面积 1 000～3 000 m² 或总建筑面积为 3 000～9 000 m² 的营业厅	A	B1	B1	B1	B2	B1		
	每层建筑面积<1 000 m² 或总建筑面积<3 000 m² 的营业厅	B1	B1	B1	B2	B2	B2		
饭店、旅馆的客房及公共活动用房等	设有中央空调系统的饭店、旅馆	A	B1	B1	B1	B2	B2		B2
	其他饭店、旅馆	B1	B1	B2	B2	B2	B2		
歌舞厅、餐馆等娱乐、餐饮建筑	营业面积>100 m²	A	B1	B1	B1	B2	B1		B2
	营业面积≤100 m²	B1	B1	B1	B2	B2	B2		B2
幼儿园、托儿所、中、小学、医院病房楼、疗养院、养老院		A	B1	B2	B1	B2	B1		B2
纪念馆、展览馆、博物馆、图书馆、档案馆、资料馆等	国家级、省级	A	B1	B1	B1	B1	B1		B2
	省级以下	B1	B1	B2	B2	B2	B2		B2
办公楼、综合楼	设有中央空调系统的办公楼、综合楼	A	B1	B1	B1	B2	B2		B2
	其他办公楼、综合楼	B1	B1	B2	B2	B2	B2		
住宅	高级住宅	B1	B1	B1	B1	B2	B2		B2
	普通住宅	B1	B2	B2	B2	B2			

（2）高层民用建筑

对于高层民用建筑，内部各部位装修材料的燃烧性能等级不应低于表 7.3.6 的规定。除此之外，还应注意以下 3 个要求：

① 除了上面提到的歌舞厅、放映厅等公共娱乐场所和 100 m 以上的高层民用建筑及多于

800 个座位的观众厅、会议厅、顶层餐厅外,当设有火灾自动报警装置和自动灭火系统时,除顶棚外,其内部装修材料的燃烧性能等级可在表 7.3.6 规定的基础上降低一级。

② 高层民用建筑的裙房内面积小于 500 m² 的房间,当设有自动灭火系统,并且采用耐火等级不低于 2 h 的隔墙、甲级防火门、窗与其他部位分隔时,顶棚、墙面、地面的装修材料的燃烧性能等级可在表 7.3.6 规定的基础上降低一级。

③ 电视塔等特殊高层建筑的内部装修,装饰织物应不低于 B1 级,其他均应采用 A 级装修材料。

表 7.3.6　高层民用建筑内部各部位装修材料的燃烧性能等级

建筑物	建筑规模、性质	装修材料燃烧性能等级									其他装饰材料
		顶棚	墙面	地面	隔断	固定家具	装饰织物				
							窗帘	帷幕	床罩	家具包布	
高级旅馆	>800 座位的观众厅、会议厅、顶层餐厅	A	B1	B1	B1	B1	B1	B1		B1	B1
	≤800 座位的观众厅、会议厅	A	B1	B1	B1	B2	B1	B1		B2	B1
	其他部位	A	B1	B1	B2	B2	B2	B2	B1	B2	B1
商业楼、展览楼、综合楼、商住楼、医院病房楼	一类建筑	A	B1	B1	B1	B2	B1	B1		B2	B1
	二类建筑	B1	B1	B2	B2	B2	B2	B2		B2	B2
电信楼、财贸金融楼、邮政楼、广播电视楼、电力调度楼、防灾指挥调度楼	一类建筑	A	A	B1	B1	B1	B1	B1		B2	B1
	二类建筑	B1	B1	B2	B2	B2	B2	B2		B2	B2
教学楼、办公楼、科研楼、档案楼、图书馆	一类建筑	A	B1	B1	B1	B2	B1	B1		B1	B1
	二类建筑	B1	B1	B2	B2	B2	B2	B2		B2	B2
住宅、普通旅馆	一类普通旅馆 高级住宅	A	B1	B2	B1	B2	B1		B1	B2	B1
	二类普通旅馆 普通住宅	B1	B1	B2	B2	B2	B2		B2	B2	B2

（3）地下民用建筑

地下民用建筑系指单层、多层、高层民用建筑的地下部分、单独建造在地下的民用建筑以及平战结合的地下人防工程,其内部各部位装修材料的燃烧性能等级不应低于表 7.3.7 的规定。此外还应当注意以下 3 个要求:

① 地下民用建筑的疏散走道和安全出口的门厅,其顶棚、墙面和地面的装修材料应采用 A 级装修材料。

② 单独建造的地下民用建筑的地上部分,其门厅、休息室、办公室等内部装修材料的燃烧性能等级可在表 7.3.7 的基础上降低一级要求。

③ 地下商场、地下展览厅的售货柜台、固定货架、展览台等,应采用 A 级装修材料。

表 7.3.7　地下民用建筑内部各部位装修材料的燃烧性能等级

建筑物及场所	装修材料燃烧性能等级						
	顶棚	墙面	地面	隔断	固定家具	装饰织物	其他装饰材料
休息室和办公室、旅馆的客房及公共活动用房等	A	B1	B1	B1	B1	B1	B2
娱乐场所、旱冰场、舞厅、展览厅、医院的病房、医疗用房等	A	A	B1	B1	B1	B1	B2
电影院的观众厅、商场的营业厅	A	A	A	B1	B1	B1	B2
停车库、人行通道、图书资料库、档案库	A	A	A	A	A		

4. 工业厂房的装修材料

对于工业厂房,其内部各部位装修材料的燃烧性能等级,不应低于表 7.3.8 的规定。除此之外,还应注意以下 3 个要求:

① 当厂房中房间的地面为架空地板时,其地面装修材料的燃烧性能等级不应低于 B1 级。

② 装有贵重机器、仪器的厂房或房间,其顶棚和墙面应采用 A 级装修材料;地面和其他部位应采用不低于 B1 级的装修材料。

③ 厂房附设的办公室、休息室等内部装修材料的燃烧性能等级,应符合表 7.3.8 的规定。

表 7.3.8　工业厂房内部各部位装修材料的燃烧性能等级

工业厂房分类	建筑规模	装修材料燃烧性能等级			
		顶棚	墙面	地面	隔断
甲、乙类厂房、有明火的丁类厂房		A	A	A	A
丙类厂房	地下厂房	A	A	A	B1
	高层厂房	A	B1	B1	B2
	高度>24 m 的单层厂房 高度≤24 m 的单层、多层厂房	B1	B1	B2	B2
无明火的丁类厂房、戊类厂房	地下厂房	A	A	B1	B1
	高层厂房	B1	B1	B2	B2
	高度>24 m 的单层厂房 高度≤24 m 的单层、多层厂房	B1	B2	B2	B2

7.4 消防系统设计

建筑物的消防系统是预防控制火灾的重要手段,是防火设计的重要内容,应当根据火灾安全工程学的原则,结合建筑的具体特点,认真处理好灭火系统、烟气控制系统、火灾自动报警系统等的设计。

7.4.1 灭火系统

在建筑物内使用的灭火方式很多,需要根据建筑物的具体情况选用。水一直是建筑物中使中的主要灭火剂,各类建筑都应设计安装水灭火系统。对于某些建筑或建筑物中的某些特殊场合,除了设计水灭火系统外,还应当选择其他适用的灭火系统。

1. 消防给水系统

建筑物的水灭火系统主要包括消防给水系统和喷水灭火设备两大部分。有效解决消防供水是设计水灭火系统最重要的问题,必须保证建筑物内各部分的水压能够满足相应灭火装置工作的要求。大量火灾案例表明,造成建筑发生火灾时灭火不利的一个重要原因就是火场缺水或没有完善的消防给水设施,因此应当特别重视这一基本问题。

消防给水一般分为室外系统和室内系统两部分。室外系统主要包括输水管网和室外消火栓。消防水可由市政给水管网、消防水池和天然水源供给。直接使用市政供水管网的水灭火系统是城区设计的重要方面,按平面布置形式,管网分为环状和枝状两类,在该城区的建筑初期可采用枝状网,当建筑基本完整后应当实现环状网。而且向环状输水的干管不少于两条。消防用水一般与生活和生产用水网结合使用,当消防用水量不大时采用这种综合形式较为合适,并有利于充分发挥输水系统的作用。

消防用水量是设计建筑物水灭火系统的基本参数,主要根据建筑物的使用功能、耐火等级、同一时间内火灾次数、一次灭火用水量和当地经济发展水平等因素综合确定。同一时间内火灾次数是指火灾延续时间内可能同时发生火灾的次数。该次数受到多种因素的影响,如城市的规模、建筑物的耐火性能、电气设备的使用情况、人们的消防意识、气候等。最主要的因素是城市的大小,城市越大、人口越多,发生火灾的概率越大,重叠发生火灾的可能性越大。一次灭火用水量指扑救该场火灾所需的供水强度。不同的火场,所需的消防用水量不同。火灾越大,需要的一次灭火用水量就越大。一次灭火用水量也和城市的大小有关,城市越大,发生大火的概率就越大。

城市、居住区室外消防用水量可按下式计算确定:

$$Q = \sum_{i=1}^{n} Q_i \tag{7-4-1}$$

式中,Q 为城镇、居住区室外消防用水量(L/s),Q_i 为一次灭火用水量(L/s),n 为同一时间内火灾次数。

对于工厂、仓库和民用建筑,一次灭火的室外消防用水量应满足表 7.4.1 的要求,而对于城镇、居住区消防总用水量应与可能的火灾延续时间相符。

表 7.4.1 普通建筑一次灭火的室外消火栓用水量

耐火等级	建筑物名称及类别		≤1 500	1 501~3 000	3 001~5 000	5 001~20 000	20 001~50 000	>50 000
一、二级	厂房	甲、乙	10	15	20	25	30	35
		丙	10	15	20	25	30	40
		丁、戊	10	10	10	15	15	20
	库房	甲、乙	15	15	25	25	—	—
		丙	15	15	25	25	35	45
		丁、戊	10	10	10	15	15	20
	民用建筑		10	15	15	20	25	30
三级	厂房或库房	乙、丙	15	20	30	40	45	—
		丁、戊	10	10	15	20	25	35
	民用建筑		10	15	20	25	30	—
四级	丁、戊类厂房或库房		10	15	20	—	—	—
	民用建筑		10	15	20	25	—	—

一次灭火用水量(L/s)，建筑物体积(m³)

现在许多城市的供水系统难以满足市政发展用水的需要,尤其是在生活和生产的用水高峰期,水网内压力常常较低,也发生过由此而影响灭火的情况。应当说多数大型建筑物的消防用水要求是水网不能满足的,这时应设置消防水池。可在用水低谷期储存足够的水供用水高峰时使用。设置独立的消防水网主要有以下几种情况:① 生产和生活用水量较小而消防用水量较大;② 生产用水可能受到可燃或易燃液体的污染;③ 采用综合管网在经济上不合算。在有条件的地方,应该尽量使用天然水源,但应保证枯水期最低水位时用水的可靠性,且应设置可靠的取水设施。

室内消防给水则包括输水管网和喷水灭火设备两部分,要结合建筑物的具体情况,铺设合理的室内给水管道,并设计好消火栓和自动喷水灭火系统。在低层建筑内可采取无加压水泵输水系统,但若水压变化较大,宜配置消防水箱以调节水量。如果某些部分的水压无法达到要求,应当设计消防水泵。对于大型、高层建筑,通常都需要安装专用的加压水泵和消防水箱,以保证室内最不利点的消火栓达到设计水压和流量。

室内消火栓用水量与建筑物的性质、高度、规模大小、耐火等级、可燃物的数量和种类以及生产性质等有关,可按下式计算:

$$Q_f = Nq_f \tag{7-4-2}$$

式中,Q_f 为室内消火栓用水量(L/s),N 为同时使用的水枪数量(支),q_f 为每支水枪的设计流量(L/s)。

同时使用水枪数量是指室内消火栓给水系统在扑救火灾时需要同时打开出水灭火的水枪数。根据扑救初期火灾使用水枪数量与灭火效果的实际情况统计,在火场上出一支水枪的火灾控制率约 40%,同时出两支水枪的火灾控制率达 65%。因此扑救初期火灾一般不宜少于两支水枪同时出水。但对于建筑高度小于 24 m 且体积小于 5 000 m³ 的库房,可以采用一支水枪出水。

每支水枪的计算流量应通过计算确定,但不能小于最小流量,计算公式如下:

$$q_{f,j} = \sqrt{\beta H_q} \tag{7-4-3}$$

式中,$q_{f,j}$ 为每支水枪的计算流量(L/s),H_q 为水枪喷嘴处的水压(MPa),β 为水枪喷嘴流量系数,其值见表 7.4.2。

表 7.4.2　水枪喷嘴流量系数

喷嘴口径(mm)	13	16	19	22
β	3.46	7.93	157.7	283.6

2. 消火栓的设置

室外消火栓主要供消防车取水使用。为了便于取水和安全使用,室外消火栓应当沿道路设置,在十字路口处应设消火栓。对于宽度超过 60 m 的道路,为了避免消防水带穿过道路影响交通或被车辆轧压,在道路的两侧都应设置消火栓。

室外消火栓有地上和地下两种。在南方一般采取地上式,北方则宜用地下式,并且应进行适当的防冻处理。室外消火栓距道路及所保护的建筑物应当有适当的距离,一般距路边不应超过 2 m,距建筑物外墙不宜小于 5 m。高层建筑的消火栓应沿高层建筑均匀布置,距建筑外墙不宜大于 40 m。可燃液体与液化石油气储罐的消火栓应设在防火堤之外,距罐壁 15 m 之内的消火栓不计入该储罐的消火栓。

在有些建筑所在区域的改造过程中,出现过原有消火栓位置与新建筑不协调的问题。有的单位便自行取消了室外消火栓,从而破坏了消火栓的合理布局。对上述问题需要认真协调解决,但应明确擅自取消消火栓的做法是不允许的。

一个室外消火栓的供水量就是一辆消防车的用水量。普通消防车配有 2 支口径为 19 mm 的水枪,其充实水柱的长度在 10~17 m 之间,相应的流量在 10~15 L/s,故每个室外消火栓的供水量应为 10~15 L/s。

室内消火栓应当设在建筑物的走道、楼梯口等明显、易于取用的部位。在同一建筑内,应当采用规格相同的消火栓。一般消火栓的栓口直径为 65 mm,消防水带的长度为 25 m 左右,水枪的口径为 19 mm。普通水枪采取充实水柱灭火。充实水柱是指具有充实核心段的水射流,水柱长度指从喷口到射流中 90% 的水仍能从直径为 38 mm 的圆中流过的长度。在普通建筑中,充实水柱长度不应小于 7 m,在工业厂房和高层建筑中不应小于 10 m。多功能水枪除了可采用充实水柱灭火外还能实现水喷雾灭火。在一些特殊场合的近距离灭火和人员保护方面,宜采用喷雾形式。

高层建筑和低层建筑对消火栓给水系统具有不同的要求。在低层建筑内,当室外给水管网的水压和水量在任何时刻都能满足室内最不利点消火栓的设计水压和水量时,可采用无加压水泵输水系统。但若室外给水管网的水压变化较大,只能间断满足室内消防或生产生活用水,还宜配置消防水箱。常设消防水箱应能储存 10 min 的消防用水量,同时可调节生产与生活用水量。

对于大型高层建筑,消防用水量大,且水压高,其给水系统一般应与其他灭火系统分开设置。按照给水形式,可采取独立的室内高压(或临时高压)系统和区域集中的室内高压(或临时高压)系统。独立式是在每栋高层建筑内单独设置消防供水管网,对于规模较大且防火要求较高的建筑宜采用这种系统;区域集中式是对数栋高层建筑的消防供水系统统一考虑,对于统一规划合理的高层建筑群可采取这种系统。

近年来,自动喷水灭火装置发展很快,已成为许多建筑物主要的灭火设施之一,但需要依据建筑物的实际状况,参考相应的设计规范进行设计。

3. 灭火器的配置

灭火器是建筑物内的常备灭火器材,对于扑灭初期火灾具有非常重要的作用。应根据被保护场所的火灾危险性、可燃物的数量、火灾可能的蔓延速度、扑救难度、设备(或燃料)特点进行灭火器类型(灭火剂)选择,并根据被保护场所的面积、灭火器的灭火级别(保护面积和周长)确定灭火器的型号和数量。

(1) 配置灭火器时需要注意的方面

在建筑物内配置灭火器,主要应考虑以下问题:

① 被保护对象的火灾危险等级和火灾类型,对于特殊类型的火灾应予特别注意,如水溶性可燃液体的火灾,应防止灭火剂对被保护物品可能产生的污损,如精密机械、仪器仪表、电子设备、工艺品、图书档案等物品。

② 灭火器设置点的状况,如环境温度、是否易于取用等。

③ 在同一设置场所,当选择相同类型的灭火器时,宜采用操作方法相同的灭火器;当选用两种或两种以上类型的灭火器时,应选用灭火剂相容的灭火器。

④ 应根据灭火器的灭火级别和适用对象来选择灭火器的类型。对于 D 类火灾场所可与消防监督部门协商确定。

⑤ 使用灭火器人员的体质和灭火技能,主要是他们应熟悉所用灭火器的性能。

按照所充装的灭火剂的类型,灭火器可分为水基灭火器、泡沫灭火器、干粉灭火器、二氧化碳灭火器、卤代烷灭火器等;按照移动方式,可分为手提式灭火器、推车式灭火器、悬挂式灭火器、投掷式灭火器等。根据灭火剂驱动压力,可分为贮气瓶式灭火器、贮压式灭火器、化学反应式灭火器、燃气式灭火器等。

(2) 灭火器的技术指标

灭火器的技术指标主要包括以下方面:

① 有效喷射时间:指将灭火器保持在最大开启状态下,自灭火剂喷出至灭火剂喷射结束的时间(不包括驱动气体的喷射时间及化学泡沫灭火器的喷射距离在 1 m 以内的喷射时间)。

② 完全喷射:指灭火器喷射至其内部压力与外部环境压力相等时的喷射。

③ 喷射剩余率:指按额定充装的灭火器在完全喷射后,内部剩余的灭火剂量相对于灭火器充装量的质量百分比。在温度条件为 20±5 ℃时,这一数值应不大于 10%。

④ 有效喷射距离:指灭火剂散落范围最集中处中心至灭火器喷嘴的水平距离。

⑤ 喷射滞后时间:指从灭火器的控制阀开启(或达到相应开启状态)时起至灭火剂开始从灭火器喷嘴喷射的时间。

⑥ 充装系数:指灭火器内所充装的灭火剂质量(kg)与灭火器容积(L)的比值。

⑦ 灭火级别:指按规定实验模型进行灭火试验时灭火器的灭火性能。分为 A 类火灭火级别和 B 类火灭火级别。A 类火灭火级别按国家标准《手提式灭火器通用技术条件》(GB 4351-1997)《推车式灭火器性能要求和试验方法》(GB 8109-1987)规定的实验模型,可分为 3A、5A、8A、13A、21A、27A、34A 等级别;同一标准规定,B 类火实验模型为油盘,内注 70♯ 车用汽油,分为

20 个级别。

（3）灭火器的型号

我国灭火器的型号是按照《消防产品型号编制方法》(GN 11-1982)的规定编制的。它由类、组、特征代号及主参数几部分组成。类、组、特征代号用汉语拼音字母表示具有代表性的字头，主参数是灭火剂的充装量。灭火器本身的代号通常用"M"表示，编在型号的首位；灭火剂代号编在型号第二位，其中 P 为泡沫灭火剂、QP 是轻水泡沫灭火剂、S 为酸碱灭火剂、F 为干粉灭火剂、FL 是磷铵干粉、T 为二氧化碳灭火剂、Y 为卤代烷灭火剂、SQ 为清水灭火剂；灭火器的结构特征代号编在型号中的第三位，如 S 表示手提式、T 表示推车式、Z 表示鸭嘴式或舟车式、B 表示背负式。

图 7.4.1 为灭火器型号的说明示意图。例如，MPZ-9 表示 9 L 舟车式泡沫灭火器；MF-5 表示 5 kg 干粉灭火器；MFT-35 表示 35 kg 推车式干粉灭火器等。

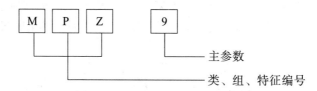

图 7.4.1　灭火器型号示意图

干粉灭火器是建筑物内配备最广泛的灭火器之一，现以此为例说明灭火器的特点。根据灭火剂驱动压力，干粉式灭火器分为贮气瓶式(MF)和贮压式(MFZ)两类。贮气瓶式干粉灭火器以二氧化碳(液化)作驱动气体，单独充装在贮气瓶内，贮气瓶可内装也可以外装。贮压式干粉灭火器以氮气作驱动气体、氮气与干粉同装于灭火器本体内。表 7.4.3 列出了干粉式灭火器的主要类型与性能指标。

表 7.4.3　干粉灭火器技术性能表

型式	型号	灭火剂质量(kg)	有效喷射时间 $(20\pm5\ ℃)(s)$	有效喷射距离 $(20\pm5\ ℃)(m)$	喷射剩余率(%)	灭火级别 A 类	灭火级别 B 类	使用温度范围(℃)	绝缘性能(V)
贮气瓶式	MF1	1 ± 0.05	$\geqslant6$	$\geqslant2.5$		3A	2B		
	MF2	2 ± 0.05	$\geqslant8$	$\geqslant2.5$		5A	5B		
	MF3	$3^{+0.25}_{-0.10}$	$\geqslant8$	$\geqslant2.5$		5A	7B		
	MF4	$4^{+0.05}_{-0.10}$	$\geqslant9$	$\geqslant4$		8A	10B		
	MF5	$5^{+0.10}_{-0.15}$	$\geqslant9$	$\geqslant4$	$\leqslant10$	8A	12B	$-10\sim55$ 或 $-20\sim55$	$\geqslant5\ 000$
	MF6	$6^{+0.10}_{-0.15}$	$\geqslant9$	$\geqslant4$		13A	14B		
	MF8	$8^{+0.10}_{-0.20}$	$\geqslant12$	$\geqslant5$		13A	18B		
	MF10	$10^{+0.10}_{-0.20}$	$\geqslant15$	$\geqslant5$		21A	20B		
贮压式	MFZ3.5	$3.5^{+0.10}_{-0.15}$	$\geqslant9$	$\geqslant3$					
	MFZ4	$4^{+0.05}_{-0.10}$	$\geqslant9$	$\geqslant4$		8A	10B		
	MFZ5	$5^{+0.10}_{-0.15}$	$\geqslant9$	$\geqslant4$					

干粉灭火器适于扑救石油及其产品、油漆等易燃液体、可燃气体、电气设备的初起火灾（即

B、C类火灾),工厂、仓库、机关、学校、商店、车辆、船舶、科研部门、图书馆、展览馆等单位可选用此类灭火器。若充装多用途干粉(通称为 ABC 干粉),还可以扑救 A 类火灾。但也应指出,对于某些特殊场合(例如容易发生液体火灾的车间),应优先选用最适合的灭火方式和装置。尽管多用途干粉也能灭火,但不一定是最好的选择,同时干粉对人有较大的刺激,因此应当避免在人多的场合下使用。

喷射干粉应对准火焰根部,由近及远,向前平推,左右横扫,以防止火焰回蹿。扑救液体火灾时,不要使粉流冲击液面,以防止飞溅和造成灭火困难。如果使用有间隙装置的灭火器,灭火后要松开压把,停止喷粉;遇有零星小火,扑灭一次,间歇一次。

7.4.2　烟气控制系统

建筑物烟气控制系统的设计涉及的方面很多,主要有防烟分区的划分、防排烟方式的选择、排烟和送风量的确定、排烟口和送风口的布置和大小的确定、排烟风机和送风机的选型和尺寸的确定、排烟与送风管道的布置和尺寸的确定及一些相关技术设施的确定等。应当根据烟气流动的原理和可选的防排烟技术,设计好烟气控制系统。

对于不同的建筑或同一建筑的不同区域,烟气控制系统设计所包括的内容可能有所区别。现代建筑的地上部分大体可分为以下几类:

(1) 房间:包括寝室、办公室、会议室、会客室、教室、病房、储藏室等面积小于 100 m² 的内部空间。

(2) 堂馆:包括礼堂、剧场、展览馆、体育馆、宴会厅、阅览室等大面积的内部空间。

(3) 通道:包括走廊、专用过道、画廊等狭长的连接建筑物不同部分的内部空间。

(4) 前厅(室):包括门厅、楼梯前室、电梯前室、电梯与楼梯的合用前室等。

(5) 竖井:主要有楼梯间、电梯竖井、竖向管道井等。

建筑物发生火灾后,烟气在普通建筑物内的蔓延路径大体如图 7.4.2 所示。通常,起火房间——走廊——楼梯(或电梯)间——上部楼层——室外是最主要的途径。如果建筑物的隔墙密封不严,烟气还会从起火房间或走廊蔓延到相邻的房间内;如果建筑物内存在管道系统,则烟气还可沿管道蔓延开来。控制烟气的方式应当根据主要的流动途径进行选择,同时兼顾其他路径烟气控制的特殊性。

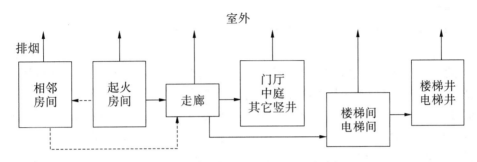

图 7.4.2　建筑物内烟气流通的基本路径

如果能在房间与走廊之间、走廊与楼梯(电梯)前室之间及前室与楼梯(电梯)之间设置防烟措施,便能够有效阻挡烟气的蔓延。当然,这种防烟措施还应当与排烟措施结合运用,例如在起火的房间(或堂馆)内排烟,能够有效减少进入走廊的烟气量及侵入相邻房间的烟气量。在有条件的建筑物内应当尽量采取这种近火区域的排烟;对于走廊(或通道)应当安置适用的防火门以阻挡烟气进入,同时采取积极的排烟方式将烟气排出,这样不仅可阻止烟气进入楼梯间或前厅内,也利于减少由于卷吸而造成烟气生成量增大。同理,在楼梯与电梯前室采取类似的烟气控制措施也可发挥良好的作用。

下面结合建筑物内几个常见区域的防排烟设计作些讨论。

1. 房间与堂馆

对于宾馆、广播大楼、电视大楼、图书馆、档案馆、医院、办公楼及教学科研楼等,其内部房间的防排烟设计应考虑下列要求:

(1) 在房间设有外窗进行自然采光和通风的情况下,在发生火灾时均可利用其实现自然排烟。

(2) 在房间无窗或设有固定窗扇的情况下,若房间面积小于 100 m² 或虽超过 100 m² 但经常无人停留或可燃物较少时,着火后生成的烟气不至于造成多大危害,可不考虑设置排烟设施。

(3) 在房间无窗或设有固定窗扇的情况下,若房间面积超过 100 m² 且经常有人停留或可燃物较多时,应考虑设置适当的排烟设施。

当设有专用的自然排烟口时,其有效面积不应小于房间地板面积的 1/50。在采用外窗进行自然排烟时,为了满足排烟需要,窗的面积不能太小、不宜小于房间地板面积的 1/20。机械排烟的排烟口尺寸可比自然排烟口的小,但也不能太小,否则排烟口处烟速过高,局部阻力大,而且排烟时容易过度卷吸空气。一般排烟口的面积应以排烟风速不超过 10 m/s 为宜,对于单个排烟口来说,为便于检查和检修,其面积不应小于 400 cm²。

防排烟系统的围护结构还应保证有一定的气密性和必要的防烟措施,如在房间的顶棚、楼板与墙角的交角接缝处不应有缝隙,以防止烟气从这些缝隙泄漏到与其毗邻的房间中去;又如在采暖通风空调等各种管道穿越墙壁和楼板时,在管道外围与壁板孔洞之间的空隙处应用不燃材料填塞严密,以防止火灾烟气顺这些间隙蔓延扩散。对于处在防火分区或防烟分区之间的房间隔墙或楼板应做成防火隔烟的形式,同时应尽量避免各种管道穿越这些隔墙或楼板,非穿越不可时,除了管道本身要采取一系列防火防烟措施外,在穿越处的间隙尤其要注意用不燃材料填塞严密。

2. 走廊与通道

设计好走廊与通道的防排烟形式是控制烟气在建筑物内蔓延的最有效的方法之一。

(1) 排烟形式的应用

对于房间单侧布置的敞开式走道,可以直接利用其窗户进行自然排烟。对于房间分列两侧布置的内走道,一般只能在其两端开设外窗。如果单层建筑面积小于 500 m² 时,可作为一个防烟分区,因而可利用两端的外窗实现自然排烟;如果单层建筑的面积较大,必须划分防烟分区时,则对在中间部位的防烟分区,可以开设外窗以实现对外自然排烟,也可专设自然排烟口来排烟,例如,设置自然排烟竖井,通常的做法是建筑物中平面布置相同的各楼层的内走道共用同一座排烟竖井排烟,各楼层的内走道都开设一排烟口与竖井相通。

对于那些难以设置自然排烟口的内走道,应考虑选用负压机械排烟或正压送风防烟。负压排烟机一般设在建筑物的顶层,各楼层的内走道共用一条竖向排烟道,采用这种排烟方式时,一般在房间内不设置专门的排烟设施。对内走道进行正压送风主要是用于防烟,可以由送风机直接向内走道加压送风,使内走道维持比着火房间稍高的正压力;也可使内走道作为防烟楼梯间正压送风系统的末端,正压空气通过楼梯间与走廊或前室与走廊之间的门缝渗漏到走廊中,形成比着火房间稍高的正压力,以阻挡烟气由着火房间向走道扩散。但对走道内采用正压送风防烟时,要求走道的气密性很高,而这是不容易做到的,故在走道内采取正压送风挡烟有很大的局限性。

（2）排烟口的有效面积

走道内排烟口的有效面积是以相应的地板面积为基础计算的。自然排烟口的有效面积不小于地板面积的 1/50;机械排烟则应按每平方米地板面积排烟量的规定值算得总排烟量后,再按排烟口处的流速不大于 10 m/s 计算出排烟口的有效面积。当内走道与其毗邻的房间之间为普通门时,计算地板面积时除了走道本身的地板面积外,还应包括其两侧所有房间的地板面积;当内走道与其毗邻的房间之间的门和隔墙为防火门及阻烟隔墙时,则计算面积仅仅为走道本身的地板面积。

（3）排烟口的布置

排烟口的布置应考虑其高度布置和水平布置。为了充分接触烟气层,排烟口应设置在顶棚上或靠近顶棚的墙面上。布置在墙面上时,要求排烟口的下缘距顶棚面在 80 cm 以内,最好是 50 cm 以内;排烟口的水平距离不应超过 30 m。当内走道划分防烟区段时,每一区段应单独设置排烟口,且宜设在各个区段的中部。为使走道宽度方向上排烟均匀,顶棚上布置的排烟口最好采用缝型排烟口,且应全宽布置。

（4）有顶人行街的排烟

在一些大型商场（或购物中心）盛行修建有顶棚的人行街,它允许人们在大面积建筑内自由走动,并方便地进入沿程的各个店铺。由于商场中人员众多,必须设法使人行街不受烟气影响。如人行街本身设计合理,且其中放置的物品控制得当,该区内是没有起火危险的。但是如果火灾是从某个店铺中发生的,烟气就会很快流入人行街,由于没有阻挡,烟气弥漫将非常快,乃至妨碍人员疏散。

控制这种建筑形式下的烟气流动,可采取从店铺直接向外排烟的方式,也可沿人行街顶棚设置挡烟帘以形成与自动排烟设备配合使用的蓄烟池,人行街中应当具备自己的烟气控制系统。如果商场的人行街还与某栋高层建筑相通,则还应设法在人行街与高层建筑接合部进行防烟分隔,将烟气挡在高层建筑之外。因为底层商店的火灾烟气进入高层建筑后,上升的烟气羽流要流很长距离。在烟气的这种竖直运动中会卷吸大量空气,从而使实际烟气的体积大大增加。

3. 楼梯间及其前室

楼梯间是人员竖向疏散的必经场所。为了保证火灾中人员安全疏散,防止烟气进入楼梯间是一个十分重要的问题。

（1）不同楼梯间的防烟特点

楼梯间可分为敞开式、封闭式、防烟式和室外式等类型。不同形式楼梯间的防烟性能存在很大差别。

敞开楼梯间是指建筑物内由墙体围护而构成的楼梯间,它通过走道与楼内的其他空间直接相通。由于楼梯间与楼内走道之间没有防火防烟分隔,一旦发生火灾,走道中的烟气将毫无阻挡地侵入楼梯间,并很快充满着火层以上楼层的楼梯间,不但无法保证火灾时人员疏散通道的安全,而且还会成为火灾蔓延的重要途径。这种结构在低层建筑中用得较多,在高层建筑中不应采用。

封闭楼梯间是指用耐火材料与建筑物的其他部分隔开、能够防止烟气进入的楼梯间。通常是在走道到楼梯间之间设置一道门,一般为防火门。发生火灾时,走道中的烟气受到防火门的阻挡而减少了流进楼梯间的数量。这就是说,封闭式楼梯间的隔烟性能比敞开式楼梯间为好,但这还不能完全满足高层建筑安全疏散的要求。图7.4.3给出了封闭楼梯间的一种典型形式。

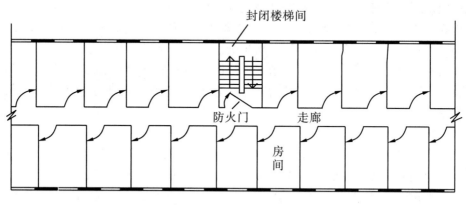

图 7.4.3　封闭楼梯间剖面

防烟楼梯间是指用耐火构件与建筑物其他部分隔开且具有防烟前室和防排烟设施的楼梯间。这种楼梯间在走道和楼梯间之间设置了一前室,且在走道和前室之间以及前室和楼梯间之间各设置一道防火门。发生火灾时,走道中的烟气必须首先侵入前室,然后才能进一步侵入楼梯间,而两道防火门一般是不会同时开启的,因此能够较好地阻止烟气的进入。如果在前室再采用排烟设施,可有效地防止烟气侵入楼梯间。防烟楼梯间的具体形式很多,其前室本身可做成封闭型的,也可做成敞开型的,甚至可将疏散楼梯置于室外,成为完全敞开式的室外疏散楼梯。图7.4.4给出了利用凹廊作为防烟楼梯间的一种形式。

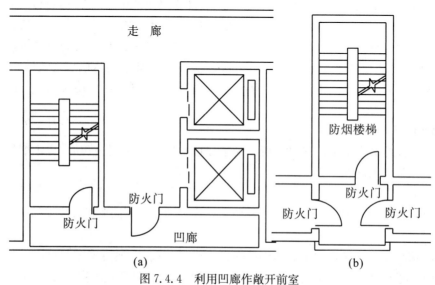

图 7.4.4　利用凹廊作敞开前室

室外楼梯是指用耐火结构与建筑物内部隔开,设在建筑外墙上的楼梯。室外疏散楼梯与每层出口处一般设有平台,不一定形成固定的楼梯间。楼梯与平台应采用不燃材料制作。

对于高层建筑,在以下情况时必须设置防烟楼梯间:一类高层建筑和高度超过 32 m 的二类建筑;高度超过 24 m 的高级高层住宅;层数超过 12 层的通廊式住宅;层数超过 19 层的单元式住宅;高层塔式住宅。

为了方便人员疏散,疏散楼梯间宜设置在建筑物走廊的端部,因为发生火灾时,那里受到烟气与火焰的威胁较小,既有利于室内人员紧急疏散,又可供消防队员扑救火灾使用;而且楼梯间内应设有采光、通风及防排烟措施。

(2) 楼梯间的烟气控制方式

不同形式的楼梯间可采用相同的防排烟方式,也可采用不同的防排烟方式。同一形式的楼梯间由于具体结构布置不同,采用的防排烟方式也存在较大差别。

敞开式楼梯间可采用自然排烟方式,通常是在楼梯间的外墙上开设外窗,并且是每层开设一个。平时作为自然采光和通风用,火灾时则作为排烟用。

对于封闭式楼梯间,如果靠外墙布置,则可在外墙开设窗户以实现自然排烟,一般也是每层开设一个外窗。有条件的封闭式楼梯间可以采用负压排烟,排烟口设在楼梯间顶部。但机械排烟造成的楼梯间负压可导致从走廊漏入更多的烟气,因此楼梯间入口的防火门应具有一定的隔烟性能。封闭楼梯间也可考虑采用正压送风防烟的方式,但由于楼梯间与走廊之间只有一道门,门的开启情况很难控制,无法很好维持所需要的正压水平。

防烟式楼梯间也可采用自然排烟方式。对敞开前室来说,容易利用外窗进行自然排烟;对封闭前室来说,如前室靠外墙布置,则可在外墙面上开设外窗实现自然排烟;如前室不靠外墙布置,则应在前室旁设一排烟竖井,每楼层前室设一排烟口与竖井相通。另一方面,正压送风防烟方式较适用于防烟楼梯间。通常是向楼梯间和前室同时加压送风,而且使楼梯间的压力略高于前室的压力。下面单独讨论这一问题。

(3) 楼梯间的加压防烟

在高层建筑和一些重要的多层建筑中,楼梯间加压防烟技术得到了广泛的应用,图 7.4.5 给出了采取机械加压防烟楼梯间的若干设计形式。

① 仅对楼梯间加压。用风机将空气送入楼梯井,空气再通过楼梯间与各层前室的门进入前室,进而在前室与走廊的门处将烟挡住,见图 7.4.5(a)。这种设计将整个楼梯井当作通风竖井,显然需要的送风量较大。由于空气应先通过楼梯间的门才能进入前室,因此该门的通敞程度及前室的大小都对前室的压力有重要影响。这种设计对各个楼层影响相同,在非着火层中容易造成较大的漏风损失。

② 对前室加压。利用专用的送风竖井将空气送入各层的楼梯前室,见图 7.4.5(b)。设在各前室进风口的开启与关闭可用某种信号控制。这样人们能够仅对着火层及其相关层的前室送风,从而大大降低风机功率。由于前室的空气要向楼梯和走廊两个方向流动,其压力应当高些,且其中的压力变化较大。

③ 楼梯间和前室同时加压。就是说采取两套独立的送风系统进行加压,见图 7.4.5(c)。这种设计能够较好地控制压力的波动,当某个门打开时,楼梯间和前室的压力不会突然降低,且可把开门对增压的不利影响主要限制在着火层。虽然这种形式较复杂,工程造价也高,但防烟效果较好,可以通过合理的设备选型和风量分配来降低造价。

通常要求楼梯间维持 50 Pa 的正压,前室维持 25 Pa 的正压,从而阻止烟气进入楼梯间。进行正压送风时,应保证当前室通向走廊的门必须打开时,由前室流向走廊的空气流在门洞处的最低流速应不低于 1 m/s。当送风竖井过高时,可能出现靠风机较近的区段风压较高,远离风机的区段风压较低。空气量分配不均可能影响烟控系统的正常工作。在有些情况下可采取几台小功率风机多点送风,这种形式还有利于运行和管理。

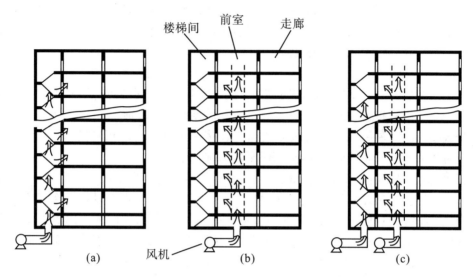

图 7.4.5　楼梯间加压防烟的方式

（4）全面通风排烟方式

对于防烟楼梯间还宜采取全面通风排烟方式,就是往前室内送风、同时在走廊通向前室入口处或前室内排烟,从而防止烟气侵入楼梯间。

当采取前室内送风和走廊通向前室入口处排烟的方式时,应注意以下几点:① 前室的入口应以一个为宜,若超过两个,应分别在每个入口处设置排烟口;② 排烟口最好设置在前室入口门的正上方,并采用和门的宽度相同的缝型开口;③ 送风口应设置在下部,其上缘距地板面在 1.2 m 以下,如有两个入口,送风口应设置在两个排烟口的中间部位;④ 前室通向楼梯间的入口与走廊通向前室的入口应保持较大的距离,前室的面积应适当加大;⑤ 送风排烟的气流应与烟气扩散流动的方向相反。在这种全面通风排烟方式中,送风可采用自然进风,也可采用机械送风。由于自然送风面积较大,占用建筑资源较多,加上自然排烟受外界的影响较大,所以推荐采用机械排烟的方式。

图 7.4.6 给出了在前室内同时设置送风口和排烟口全面通风排烟方式的示意图。这种方式的关键是要使所形成的送风气流能够最有效地阻挡烟气的扩散,因此在楼梯间及其前室的平面布置上应注意送风气流与扩散烟气流的相互关系。最理想的形式是逆流布置,其次是交流布置,顺流布置形式最差。图 7.4.6(a)属逆流布置形式,图 7.4.6(b)属交流布置形式。

除此之外,还要注意送风口和排烟口的相对位置,排烟口应尽可能远离前室通向楼梯间的入口而靠近走廊通向前室的入口,如把图 7.4.6(b)的送风口和排烟口的位置对换,从两股气流相互关系上虽然还属交流布置形式,但因为排烟口靠近前室通向楼梯间的入口,这是不利的。在前室的顶棚上设置适当的挡烟梁,也可提高防排烟的效果。

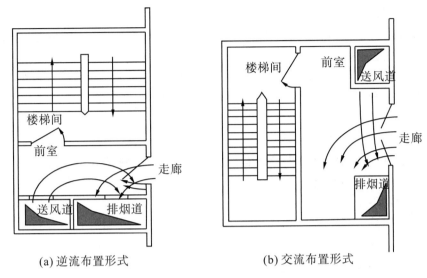

(a) 逆流布置形式   (b) 交流布置形式

图 7.4.6　前室内同时设置送风口和排烟口的全面通风排烟方式

（5）避难层（间）的防烟

对于高度超过 100 m 的高层建筑，一旦发生火灾要将建筑物内的人员全部疏散到地面是非常困难的，有时也是不必要的，因为火灾通常只会影响到部分楼层。避难层是在高层建筑内部设置的专供火灾中人员临时避难使用的楼层，如果作为避难使用的只有若干个房间，则一般称这些房间为避难间。避难层（间）的防排烟设计与防烟楼梯间类似，故在此适当作些讨论。

高层建筑的避难层可根据需要相隔若干个楼层设置一个。根据高层建筑的设备与管道布置的需要，及建筑建成后的使用与管理方便，相邻避难层之间的楼层一般为 15 层左右。

避难层大体有敞开式、半敞开式和封闭式 3 类。敞开式避难层不设围护结构，一般设在建筑物的顶层或屋顶之上。这种避难层采用自然通风方式，不能严格保证本身不受烟气侵害，也不能防止雨雪的侵袭，因此，这种避难层只适宜较温暖的地区使用。

半敞开式避难层的四周设有不低于 1.2 m 的防护墙，其上半部设有窗口，窗口多用百叶窗封闭。这种避难层通常也采用自然通风排烟方式，四周设置的防护墙和百叶窗可以起到防止烟火侵害的作用。

封闭式避难层的周围设有耐火围护结构的墙和楼板。在外墙上开设的窗口采用防火窗。这种避难层设有可靠的防烟设施，能够防止烟气和火焰的侵入，同时还可以避免外界气候条件的影响。

为了便于外部救援，避难层内应当留有消防电梯的出口，以便消防人员进入，同时也可用于疏散老弱病残人员；还应设置专用的消防电话和广播，以便及时与外界取得联系。这对于稳定人员情绪和解除火灾警报信息的通知有重要帮助。

4. 地下空间

根据地下建筑出入口的数量，可将其分为单通道和多通道两类。为使用和安全疏散的需要，地下建筑一般都设有多个出入口、通风口和紧急疏散口等，因此是多通道的。而一些面积较小、构造比较简单的地下建筑可设单通道。但是在实际使用中，一些多通道建筑往往由于某些人为原因，被分隔成若干仅有一个进出口的单通道建筑，这对发生火灾时的烟气控制是很不利的。

（1）自然排烟的应用

在一般情况下,地下建筑是不采用自然排烟方式的。不过对于面积较小、构造较简单的地下建筑,可借助垂直通风井作为发生火灾时的自然排烟竖井。对此,在结构布置上,应将垂直通风井的布置与防烟分隔结合起来考虑,位于同一防排烟分区内的垂直通风井的总流通面积应不小于该防排烟分区地面面积的 1/50。如果高层建筑本身采用自然排烟竖井进行排烟时,则可利用该排烟竖井实现其地下室的自然排烟。

（2）机械防排烟方式的应用

为了取得良好的通风排烟效果,地下建筑宜采用全面通风排烟方式,而且排烟和进风口必须形成一个良好的对流循环系统。

对于单通道地下建筑,送风口和排烟口的布置如图 7.4.7 所示。送风管出口应伸入到远离地下建筑出入口的另一端的下部,而排烟风管的吸入口则应设置在地下建筑出入口内侧的上部。这种布置有利于新鲜空气从里向外驱赶烟气流出。如果送风管出口靠近地下建筑出入口,不仅会使该区域的局部压力升高,阻碍烟气向出入口的流动,而且还可能造成空气的短路,使新鲜空气刚送入就很快被排烟机吸到室外。

对于多通道地下建筑,一般是从一个出入口向里送风,而从另一个出入口向外排烟。但如果出入口个数过多,则送风与排烟口就应当合理分配,主要是使送风口尽量远离排烟口,以便使送风和排烟形成良好的对流。如果因为条件限制,送风机和排烟机需要布置在邻近的两个出入口处甚至同一个出入口处,这就要加长送风管,使送风口伸入到远离排烟口处。

图 7.4.8 给出了一种全面通风的设计方式。通过对走廊采取正压送风,使之具有防烟功能,有利于人员的疏散。而机械排烟口则设在工作区内,通过多个分布的吸烟口将烟气吸出。

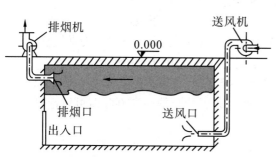

图 7.4.7　单通道地下建筑的全面通风排烟示图

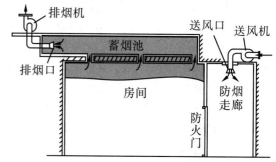

图 7.4.8　全面通风设计示意图

7.4.3　电气系统

近年来,电气事故已成为引发建筑火灾的重要原因,抓好建筑物的输配电线路及用电设施的设计是预防火灾的重要一环。一方面需要做好电气系统及电气装置本身的防火设计,另一方面需要做好消防电源及配电系统的设计。

1. 电气系统事故的类型与原因

发生电气事故的部位大致可分为电气线路、终端设备和变电设备,而引发电气火灾的原因主要有短路、过热、引发电火花或电弧等情况。

（1）短路

短路是电气线路的火线与火线或火线与地线在某一点相碰而使电流不经过负载而形成的回路,可分为相间短路和线间短路。发生短路时,电气回路的电流急剧增大,在短路处容易产生强烈的火花和电弧,乃至使金属导线熔化。这些火花、电弧以及金属导线的熔粒可以引燃可燃物。同时短路会使导线发热量迅速增大,进而引起绝缘层或附近可燃物燃烧。在供电系统的设计、运行中,应当设法消除可能引起短路的各种因素。同时,为了减轻短路的严重后果,防止故障扩大,就需计算短路电流,选择合理的保护装置。

（2）过热

过热主要是由于电线中通过的电流过大引起的。各种导线都有一定的安全载流量,当其通过的电流超过了安全载流量,就会出现不正常的发热,进而造成电线绝缘层的破坏,或引发相邻可燃物的着火。不同电线、开关触头、输配电线路接头处的接触不良都将使该处电阻过大,以致出现局部过热,而过热又促使接触面的氧化进一步加剧,接触电阻更大,发热更剧烈,最终致使接触处的绝缘层和附近的可燃物起火燃烧。

（3）电火花

电火花是电极之间的击穿放电现象,电弧则是大量电火花汇集而成的强放电过程。短路与过热事故都可引发电火花的出现。此外,静电、雷电等也会导致电火花形成。电火花的温度很高,其温度可达 2 000 ℃以上,能够轻易地将普通可燃物点燃。对于矿山、化工企业、油气储存区等容易形成可燃气氛的场所,电火花的突然出现往往能造成严重危害,因此在许多工业防灾中,通常都将电火花作为防范火灾爆炸的主要方面。

2. 电气线路的防火设计

对于电气系统,应当严格执行国家有关的供电系统和电气安装施工的规范,最重要的方面是避免电气设备靠近可燃和易燃物质,主要应注意:

（1）要使架空电力线与不同火灾危险性装置保持足够大的距离。例如,对于室外架空线路,电杆的间距过大、导线间距过小或布线过松,都容易在外力作用下碰在一起造成短路,应根据导线的强度确定间距的大小和布线的松紧。对于室内布线,最重要的是保证导线具有符合电源电压要求的绝缘性。电源电压为 380 V 的应采用额定电压为 500 V 的绝缘导线,电源电压为 220 V 的应采用额定电压为 250 V 的绝缘导线。

另外,架空配电线路不得跨越易燃易爆物品仓库,有爆炸危险的场所,可燃液体储罐,可燃、氧化性气体储罐和易燃材料堆场等。当架空配电线路与这些有着火爆炸危险的设施接近时,其间的水平距离必须保持不小于电杆高度 1.5 倍,以防止发生倒杆断线事故时架空电线甩出或导线松弛风吹碰撞产生火花、电弧,引起爆炸或着火。

（2）电力电缆不应和输送甲、乙、丙类液体的管道、可燃气体管道敷设在同一管沟内。由于上述可燃液体或气体管道的渗漏、电缆绝缘层的老化、线路破损或产生短路等原因,容易引起火灾或爆炸。

（3）配电线路不得穿越通风管道内腔或敷设在通风管道外壁上。低压配电线路的绝缘层可因使用时间长而老化,容易产生短路现象,因此规定配电线路不得穿越金属通风管道。若不得不通过,则应采取穿金属管保护的线路。

（4）当配电线路敷设在建筑物有可燃物的闷顶内时,应采取金属管保护。这是根据多年来的电气火灾案例得出的经验。在有可燃物的闷顶内,电线使用年限长容易发生绝缘老化、短路等故障,且不容易发现。因此需要加强电线的保护。

(5) 对于开关、插座和照明器具应采取隔热、散热等措施,尤其是功率大于 60 W 的白炽灯、卤钨灯、高压钠灯、金属卤灯光源及电感镇流器等,不应直接安装在可燃装修物和可燃构件上;在不可燃物品库房内宜使用低温照明灯具,并应对灯具的发热部件采取隔热措施,应禁止使用卤钨灯。相关的配电箱和开关宜设置在仓库之外。

3. 消防电源与配电的设计

由于火灾问题的特殊性,消防电气设备应当专门设计,采取独立配电方式,并需设有明显的标志。当发生事故而临时切断生产和生活用电时,应仍能保证消防电路有电,以保证在发生火灾的情况下消防设施的正常工作。主要应注意:

(1) 对高层、大型及其他重要的建筑,要求采用一级负荷供电,即原则上有两个电源,当其中一个发生故障时,另一个可立即投入运行。当市政供电不能满足要求时,应设自备发电设备。自备发电设备应设置自动和手动启动装置,且自动启动方式应能在 30 s 内供电。

(2) 消防控制室、消防水泵房、防烟与排烟风机房的消防用电设备及消防电梯等的供电,应在其配电线路的最末一级配电箱处设置自动切换装置。

(3) 应当根据建筑物的结构特点和可燃物特点选用适用的火灾探测装置,并作出合理设计。火灾自动报警系统是一种特殊的消防电器,每种火灾探测方式都有一定的适用范围,为了充分发挥火灾探测装置的作用,需要认真选择火灾探测器的型式。例如,在地下建筑中比较潮湿,又如在烟草企业的库房或车间内,烟尘较多,选择普通的感烟式火灾探测器容易发生误报警。

(4) 在建筑物内大部分有人员通行的区域应当设置消防应急照明和疏散指示标志。这是一类与人员安全疏散直接相关的消防电器,为此下面还将进行较详细的讨论。

(5) 对于火灾探测报警系统、事故照明和疏散指示标志等特殊设备,需要设计专用的供电回路,还可采用蓄电池作为备用电源,其连续供电时间不小于 20 min。

4. 应急照明与疏散指示

建筑物失火后要保证人员的安全疏散,因此应当在楼内显著位置安装事故应急照明和疏散诱导指示标志。

(1) 应急照明

在建筑物发生火灾时,为了防止火灾沿电气系统扩大,通常要求切断电源。然而浓烟对人员的影响极为严重,建筑物内还必须保持一定的照明,以保证人员的安全疏散和火灾扑救人员的工作,为此而设置的照明装置称为火灾应急照明。

建筑物内需要设置应急照明的场所很多,主要有封闭式楼梯间、防烟楼梯间及其前室、消防电梯间的前室或合用前室等人员必经之处,消防控制室、配电室、防烟与排烟风机房及发生火灾时仍需正常工作的其他房间,面积较大的观众厅、营业厅、展览厅、餐厅、商场营业厅等人员密集场所,建筑面积大于 300 m² 的地下、半地下建筑或地下室半地下室的公共活动场所,公共建筑中的疏散走道等。

应急照明灯具应当具有足够的照度,例如在疏散走道的地面最低水平照度不应低于 0.5 lx(勒克斯),人员密集场所内的地面最低水平照度不应低于 1.0 lx,楼梯间内的地面最低水平照度不应低于 5.0 lx 等。

为了有效发挥照明的作用,应急照明灯的设置位置必须适当。例如,在楼梯间内,一般设在墙面或休息平台板下;在走道内,设在墙面或顶棚下;在厅、堂,设在顶棚或墙面上;在楼梯口、太平门一般设在门口上部。在紧急情况下仍需继续坚持工作的地方和部位,应急照明灯的最低照度应与通常工作照明的照度相同。

(2) 疏散指示

疏散指示标志是在建筑物内专门设置的引导人员行走的标志物,在公共建筑内的疏散走道和居住建筑内长度超过 20 m 的内走道,应该设置灯光疏散指示标志,以帮助人们在浓烟弥漫的情况下,识别疏散位置和方向。

疏散指示标志主要有出口标志和指向标志两类。

出口标志灯通常安装在建筑物通向室外的正常出口和应急出口,高层和多层建筑各楼梯间和消防电梯前室的门口,大面积的厅、堂、场、馆通向疏散通道或通向前厅、侧厅、楼梯间的出口。为了便于人们在紧急情况下发现,多装在出口门头上方。当门太高时亦可装在门的侧口。为防烟雾影响视觉,其高度以 2~2.5 m 为宜,标志朝向应尽量使标志的正面垂直于疏散通道截面。指向标志可安在墙上或顶棚下,在人的平视线以下,安装在走廊内的标志一般设在距地面 1.0 m 以内。因为烟气会滞留在室内上部,将指示灯覆盖住。在主要通道上的疏散指示标志照度不低于 0.5 lx。

为了提高应急照明灯和疏散指示标志灯在火灾中的耐火能力,应加上用玻璃或其他不燃材料制作的保护罩,以充分发挥其火灾期间引导疏散和扑救火灾的有效作用时间。在设计通道内的应急照明时,还要特别注意保证火灾报警按钮和消防设施处的照度,以便使人们容易发现。

(3) 应急照明的供电与配电

火灾应急照明供电电源应满足双电源双回路供电的要求,可以是柴油发电机组、蓄电池或城市电网电源中的任意两个的组合。一旦发生火灾或电气故障,自备电源便自动开始工作。

对于大中型建筑,火灾应急照明和疏散指示标志多用集中式供电。系统的总配电箱设在建筑底层,以干线向各层的照明配电箱供电。在有应急备用电源的地方,火灾事故照明电源应能从干线最末级的分配电箱进行自动切换。

对于普通建筑物内的分散布置的疏散照明装置,一般采用小型的内装灯具、蓄电池、充电器和继电器的组装单元。当交流电源正常供电时,其一路点燃灯具,另一路驱动稳压电源给蓄电池组连续充电。当交流电源停电时,控制部分把原来点燃灯具的电路切断,而将直流电路接通,转入应急照明。灯具的直流供电不小于 45 min。一旦交流电恢复,灯具将自动转入交流电路,恢复正常工作状态。

7.5　安全疏散设计

在建筑火灾中保证人员安全是一条基本原则。为了减少人员伤亡,应当在建筑内设计合理的人员疏散通道和疏散诱导设施。

7.5.1 人员安全疏散的基本条件

在建筑火灾情况下,人员安全疏散是一个涉及建筑物结构、火灾发展过程和人员行为3种基本因素的复杂问题。建筑物的几何条件限定了火灾发展与人员活动的空间;依据可燃物类型与放置状况的不同,火灾的发展具有很多特殊性;而在火灾环境下不同人员通常具有不同的行动特点。对于有一定防火安全知识的人来说,会向经常使用的走廊、楼梯方向疏散;但也有些人在紧张和恐惧的心理支配下,往往不知所措,或四处乱跑,或盲目跟随他人。疏散路线设计的合理性将会大大有利于人员安全疏散。

火灾调查表明,在火灾中的确有一些人是死在起火房间内的,他们大多数是由于正在睡觉或自己无力离开而死在原房间的,例如,病人、残疾人或儿童。然而也确实有相当多的人是死在离起火点较远的地方,如走廊、楼梯间等,显然他们是在逃生过程中受到烟气的影响而致死的。

人员安全疏散指的是在火灾烟气未达到危害人员生命的状态之前,将建筑物内的所有人员安全地疏散到安全区域的行动。研究表明,人员能否安全疏散主要取决于两个特征时间,一是火灾发展到对人构成危险所需的时间,或称可用安全疏散时间(Available Safety Egress Time,ASET),一个是人员疏散到达安全区域所需要的时间,或称所需安全疏散时间(Required Safety Egress Time,RSET)。在此过程中,保证人员安全疏散的关键是楼内所有人员疏散完毕所需的时间必须小于火灾发展到危险状态的时间,即

$$ASET > REST \tag{7-5-1}$$

下面结合图7.5.1所示的时间线说明这些问题。在火灾过程中,人员疏散所需的时间大体可以按以下3个阶段来考虑:① 觉察前阶段。在室内某处发生火灾的初期,人们未必能及时发现,尤其是那些发生在较隐蔽的区域或暂时无人房间内的火灾,只有当火灾增大到一定规模时,才可由火灾探测系统探测到火灾信号,并发出报警信号(通常是声、光信号等),而此时人们才能有所察觉。觉察到火灾的时刻可以从发出火灾报警信号时刻算起,但一般前者略迟于后者。② 疏散准备阶段。它指的是人们听到火灾报警或发现火灾信号到开始疏散行动的时间,包括确认火灾发生、行动的准备等部分。③ 疏散行动阶段。它指的是人员开始行动到建筑物内所有人员全部安全疏散出建筑物的阶段。在计算人员疏散时通常重点考虑这一阶段。

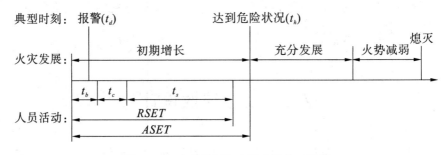

图7.5.1 火灾发展与人员疏散的时间线

从起火到探测到火灾并给出报警的时间 t_d 和从发出报警到火灾对人构成危险的时间 t_h 具有重要意义。

火灾中的人员安全疏散是针对整个建筑物而言的,因此建筑物内每个受到火灾威胁的区域都应满足式(7-5-1)的要求。为了保证人员疏散,应当尽量延长 ASET,尽量缩短 RSET。

对于特定建筑物,ASET 可以根据设定的火灾场合进行计算。而对于防火设计来说,通常根据相关经验来确定。研究表明,普通建筑物从着火到发生轰燃的时间为5～8 min。因此一、二级耐火等级的公共建筑和高层民用建筑的可用安全疏散时间大体为5～7 min,三、四级耐火等级的建筑的可用安全疏散时间大体为 2～5 min。对于人员众多的剧场、体育馆等建筑,这一时间应适当缩短,一般可按 3～4 min 估计。

7.5.2 人员疏散时间的计算

在建筑防火设计中,人员疏散设计的重点是确定适当的 RSET。在不同类型的建筑,所需安全疏散时间的定义方式是有区别的,对于普通民用建筑,一般是指人员离开原在房间到达室外安全区域的时间;对于高层建筑指的则是人员从原在房间到达特定封闭楼梯间、防烟楼梯间、避难层的时间。

RSET 是由建筑物内疏散通道的长度与宽度、需要疏散的人数、人员的行走速度等条件决定的。水平走道、楼梯和门口是建筑物内 3 种主要的通道形式,人员疏散时经过这些通道需要的时间是不同的,而且单人行走与人群行走的速度也存在很大差别。

(1) 水平通道

水平通道是指在同一楼层内具有一定长度的通道,如走廊、大厅、门厅等。这种通道均具有足够的宽度,正常情况下人员在其中行走一般不会出现堵塞现象。通常,应考虑到最不利位置的人员疏散,这主要指离出口最远处或通道严重受阻时人的疏散。例如,在剧场、展厅、仓库、车间之类的建筑内,座椅、展台或其他物品密集,人员的行走势必会受到一定的阻挡。设离开出口最远点的人员到出口的距离为 s(m),人的行走速度为 v(m/s),人员疏散前的预备时间为 t_0(s),则该人员到达出口的时间为

$$t_1 = t_0 + s/v \tag{7-5-2}$$

(2) 楼梯

楼梯是多层建筑中人员垂直疏散的主要途径,不能用计算人员通过水平通道的公式来计算。一个人沿楼梯向下疏散的时间,应考虑楼梯的台阶对人员行走速度的影响,可由下式进行计算:

$$t = \frac{S}{V \times (1.57R/B)^{\frac{1}{2}}} \tag{7-5-3}$$

式中,S 为楼梯的长度(m),R 为楼梯台阶的高度(m),B 为楼梯台阶的宽度(m)。

(3) 门口

建筑物门口的宽度通常均小于楼内通道的总宽度,大量人员拥到门口不可能很快疏散出去,因此出口的宽度往往成为控制人群疏散的关键因素。研究表明,在疏散中,门口的宽度并不能完全利用,其有效使用宽度比实际宽度窄 0.3～0.4 m。通过门口所必需的疏散时间可按下式估算:

$$t_1 = \frac{P}{r \times (w - w_1) \times n} \tag{7-5-4}$$

式中,P 为建筑物内需要疏散的人数,r 为在单位时间、单位门口宽度通过的人数(人/(m·s)),w 为门口的实际宽度(m),w_1 为门口的不可利用宽度(m),n 为门口的数目。

表 7.5.1 列出不同人行走速度的参考值。不过应当指出,对于某些特殊人群,其行走速度可能会慢得多,例如,老年人、儿童、病人等。如果某建筑中生成的火灾烟气具有较大的刺激性,或建筑物内缺乏足够的应急照明,人员的行走速度也会受到较大影响。

表 7.5.1　人员行走的速度举例(m/s)

行 走 状 态	男 人	女 人	儿童或老年人
紧急状态,水平行走	1.35	0.98	0.65
紧急状态,由上向下	1.06	0.77	0.40
正常状态,水平行走	1.04	0.75	0.50
正常状态,由上向下	0.4	0.3	0.20

7.5.3　疏散通道设计

为了能够充分发挥疏散人员的作用,疏散通道应满足以下基本要求:疏散路线的设计应当简捷,容易寻找;疏散路线的各个区段都要安全畅通,不容许在某个部位发生堵塞;疏散路线位置应符合人们的行走习惯,例如,疏散楼梯应靠近经常适用的电梯间;疏散引导标志明显,有利于引导人们走向安全区域。在疏散通道设计中,应当重点处理好疏散距离、通道宽度和安全出口的数量与分布的关系。应当根据建筑物内可能的人员流量设定足够宽的疏散通道,并应对建筑物内的最大疏散距离作出合理规定。

(1)疏散距离

疏散距离通常涉及两种情况,一是指在房间内从离出口最远的人员位置到出口的距离;二是指由房间门口到楼梯间或外部出口的最大允许距离。规定此参数的目的是保证楼内所有的人员能够在可用安全疏散时间内到达安全区域。

在面积较大房间(包括会议厅、阅览室、展览厅、剧场、商场等)内,可能集中相当多的人员。如果疏散距离过长,势必造成人员的疏散时间加长。合理地布置室内的设施是解决问题的一种方式,例如,在剧场、体育馆等建筑内,可以通过限制固定的桌椅排数和数量来实现。另外,对于大房间还必须设置足够多的安全出口,以缩短从室内任何位置到出口的距离,且两个出口之间的最大距离也应有限制,例如,高层建筑内的展览厅、餐厅、多功能厅、阅览厅等,其中任何一点至最近疏散出口的直线距离都不宜超过 30 m;其他房间内最远一点至房门的直线距离不宜超过 15 m 等。

对于大型建筑,也可能出现某些房间的门口到建筑物的外出口或安全区域的距离过长。需要根据建筑物的使用性质和人员数量等作出合理的设计。例如对于医院、幼儿园等场所,应当从严限制疏散距离的长度。尤其是对于袋形走廊的长度必须进一步缩短。表 7.5.2 给出了若干建筑内的安全疏散距离。

表 7.5.2　民用建筑安全疏散距离(m)

建筑名称	房门至外部出口或封闭楼梯间的最大距离(m)					
	位于两个外出口或楼梯间之间的房间			位于袋形走道两侧或尽端的房间		
	耐火等级			耐火等级		
	一、二级	三级	四级	一、二级	三级	四级
托儿所幼儿园	25	20	—	20	15	—
医院疗养院	35	30	—	20	15	—
学校	35	30	—	22	20	—
其他民用建筑	40	35	25	22	20	15

(2)通道宽度

疏散通道的宽度应当根据建筑物内可能的人员流量设定。目前在建筑设计中常用"百人宽度指标"方法来确定,其含义是在允许的疏散时间内,以每100人按单股人流的形式疏散出去所需的通道宽度,可用下式计算:

$$B = \frac{N \times S}{A \times t} \qquad\qquad (7\text{-}5\text{-}5)$$

式中,B 称为百人宽度指标(m);N 为需要疏散的总人数(人);S 为单股人流宽度(m),当人不携带行李时,S 为 $0.55 \sim 0.65$ m;A 为单股人流通行能力(人/min);t 为允许疏散时间(min)。

若 N 取 400 人,S 取 0.6 m,A 取 40 人/min(这大致相当于普通人在平地行走),t 为 5 min,可得到百人指标为 $400 \times 0.6/(40 \times 5) = 1.2$ m。

表 7.5.3 列出了若干建筑通道的宽度指标参考值。

表 7.5.3　不同建筑的通道宽度指标

宽度指标(m/百人) 建筑耐火等级	一、二级	三级	四级
一、二层	0.65	0.75	1.00
三层	0.75	1.00	—
≥四层	1.00	1.25	—

上述各参数的值应根据建筑物的使用性质、耐火等级、层数、地面平坦状况、人数和人员特点等因素选择。在某些特殊建筑中,疏散通道的宽度应适当加宽,例如在高层建筑中,走道的净宽应按通过人数每100人不小于1.00 m计算;对于医院的病房楼,单面布房的走道宽度不小于1.40 m,双面布房的走道宽度不小于1.50 m;楼梯的宽度一般也应按通过人数每100人不小于1.00 m计算。当各层人数不等时,下层楼梯的宽度应按其上层人数最多的一层计,且楼梯的形式应有利于人员行走。在实际设计中还应根据具体情况加以调整。

(3)安全出口

安全出口指的是符合建筑设计防火规范要求的疏散楼梯或直通室外地面层的出口。在人员疏散过程中,安全出口往往成为阻碍人员通行的"瓶颈",人们不得不在门口前等候一段时间。其宽度也可根据"百人疏散宽度指标"估算,但一般说应当更严格些。

在长度较长和面积较大的建筑物内必须设置足够多的安全出口,且出口的分布应当合理,以保证从建筑物任何位置到出口的距离小于预定值。公共建筑的每个防火分区的安全出口一般不能少于两个,且两个出口的间距不应小于 50 m。

人们往往习惯于从某个出口通行,当人员密度很大时,这很容易发生意外。因此应当合理控制每个出口的疏散人数。例如对于人员超过 2 000 人的影剧院、体育馆等,每个出口的平均疏散人数不宜超过 400 人。

只是当房间面积小于一定值且可能容纳的人员少于一定数时,方允许只设置 1 个出口。例如,普通民用建筑的房间面积不超过 60 m²、人数不超过 50 人时可设 1 个出口;厂房地下室的使用面积不超过 50 m²、人数不超过 15 人时可设 1 个出口等。为了避免某个出口附近发生火灾影响人员疏散,不同安全出口应当分散布置。

7.5.4　楼梯与电梯设计

对于高层建筑和部分多层建筑来说,楼梯和电梯是人员竖向通行的基本途径。电梯可分为消防电梯和普通电梯。消防电梯是在建筑物发生火灾时供消防人员进行灭火与救援使用的。消防电梯必须设置前室,以利于防烟排烟和消防队员展开工作。因此具有较高的防火防烟要求。而普通电梯则没有采取什么专门的防火设计。当在火灾发展到一定规模时,通常要求普通电梯停运,因此楼梯和消防电梯便成为人员疏散的主要设施。

1. 楼梯与消防电梯的使用

人员进入高层建筑的楼梯间应采取防烟楼梯间或封闭楼梯间。为了方便人员疏散,疏散楼梯间宜设置在建筑物走廊的端部,因为发生火灾时,那里受到烟气与火的威胁较小,既有利于室内人员紧急疏散,又可供消防队员扑救火灾使用。

另外,楼梯间内应设有采光设施或清晰的应急照明设施,以利于人员行走。楼梯的形式也应适合人员上下,如楼梯的宽度一般应按每通过 100 人不小于 1.00 m 计算;当各层人数不等时,下层楼梯的宽度应按其上层人数最多的一层计算。

在高层建筑中,消防电梯应避免分别设在不同的防火分区内,而且应具有独立的前室。对于居住建筑,其面积不应小于 4.5 m²。对于公共建筑,不应小于 6.0 m²。若为与防烟楼梯间合用的前室,则对于居住建筑,其面积不应小于 6.0 m²。对于公共建筑,不应小于 10.0 m²。

高层建筑灭火时,常常是以一个班为单位的,计有 7~8 名战士,且需要携带灭火器材,因此消防电梯的载重量一般不应小于 800 kg,电梯轿箱的净面积不应小于 1.4 m²。

为了便于外部救援,避难层内应当留有消防电梯的出口,以便消防人员进入,同时也可用于疏散老弱病残人员;电梯轿箱内还应设置专用的消防电话和广播,以便及时与外界取得联系。

消防电梯可以与客运电梯或工作电梯合用,但必须符合消防电梯的要求。

2. 普通电梯用于疏散的讨论

根据现行规定,发生火灾时不能使用普通电梯进行人员疏散,其理由可归纳为以下几方面:

(1)普通电梯井一般没有进行防火防烟保护。发生火灾时,烟气一旦进入电梯竖井,便会在浮力的作用下产生烟囱效应,使烟气迅速向上扩散,以致影响其他楼层。

(2) 电梯运行是靠电力驱动的。根据通常的规定,发生火灾时应当切断电源。一是因为带电的电气线路一旦被烧着,容易导致火灾迅速蔓延开来,二是因为建筑火灾主要是靠水扑灭的,而水是导电的,不能在有电的情况下使用。因此在火灾时人员可能无法使用电梯。

(3) 火灾时,建筑物内的电气线路可能被烧毁,从而造成断电。若当时电梯正在运行,就会停在楼层中间,电梯箱内的人员便被困其中,而外面的人也不好营救。

(4) 按照电梯的操作方式,由哪一层发出乘坐指令,电梯就会在哪一层停靠,不会自动停靠在着火层。人们在某一层乘坐电梯通常都需要一定的等候时间,而在火灾中,这样的等候势必会耽误人员尽快脱离火场。

(5) 电梯的通行能力有限,通常一次只能运载十几个人。而高层建筑内的人员较多,一部分人运走后,其余人员只能等候下一次。当情况紧急时,容易引起人员的惊慌、混乱,从而造成不应有的伤亡。

这些说法都有一定的道理,不过这都是建立在火灾已经对电梯构成危害前提之上的。实际上火灾是否发展到了影响电梯使用的程度,基本标志是火灾烟气的蔓延状况。实际火灾的发展与电梯运行可能出现以下一些情况:

(1) 火灾的影响范围只限制在个别房间或局部楼层中,火灾烟气未能在建筑物内大范围蔓延,离开电梯较远,因此不会对电梯的使用构成威胁,在规模较大的建筑经常存在这种情况。

(2) 火灾发展到一定的规模,有些烟气到达电梯附近,而电梯间具有一定的防烟措施,能够阻止烟气进入电梯间,这样自然也不会影响电梯的使用。

(3) 火灾发展到较大的规模,且有少量烟气进入电梯间内,但是烟气的温度尚不够高,烟气的浓度也不够大,还不会对人和电梯构成大的影响,使用电梯疏散人员仍然是可取的。

(4) 电梯前室内安装了一定的防烟排烟系统,即使其外侧已有较多的烟气,但能够在前室内将烟气控制在人员可接受的程度之内,这时还是能够利用电梯进行人员疏散的。

(5) 当烟气的温度或浓度已经威胁到电梯内的人员安全或设备安全时,若继续使用电梯势必会造成重大人员伤亡。

为了科学、合理地处理这一问题,应当认真分析建筑结构、电梯结构、火灾状况及火灾监控系统等方面特点,克服利用电梯疏散的盲目性。

从建筑设计方面来说,需要处理好普通电梯间的防火防烟设计,使烟气不会蔓延到电梯附近,以保证电梯井没有烟气与火焰的侵入。参照采用消防电梯的某些防烟措施并不会提高多少成本,但能大大提高电梯的安全性。

从电梯设计方面来说,可以使电梯系统具有一定的抵御火灾的能力。现在的电梯技术已经有了明显的进步,而且随着计算机与电气控制技术的发展,解决电梯系统的防火保护没有多少特殊的困难。

从火灾监控方面来说,需要加强整栋建筑的消防监控能力。现在的技术水平也能够达到其要求,例如一旦发生火灾,消防控制中心能够对起火楼层的位置、火灾的发展阶段、烟气的影响范围及人员分布状况等有清楚的了解,并通过适当的指挥调度较合理地控制电梯的运行。另外,应当重视控制建筑的火灾荷载,尤其在电梯附近及相连的通道内,应当减少可燃材料的使用与堆放,以有效减小电梯附近的火灾强度。

在火灾中能否使用电梯进行人员疏散是个复杂的问题。尽管依照现有技术,解决电梯应用中的某些技术问题没有多少困难,但还必须与建筑的具体使用情况相结合。为了慎重实施,对于那些已经在用的未加任何改进的电梯,应当执行原有的规定,在火灾中不能用于人员疏散;对于有条件使用电梯进行人员疏散的建筑,应当加以论证,并采取必要的改进方案,未经批准不可随意改变;同时,有关管理部门应组织人员开展相关的研究,制定新的电梯使用标准,如对于高层建筑的电梯状况分出档次或级别,对于不同的情况制定不同的使用对策。

7.5.5 人员疏散的模拟计算

在火灾等灾害事件过程中,人员行为是相当复杂的,难以加以准确计算。不过人们的疏散行动也具有一定的基本规律,近年来,相关的研究得到了长足的进展。而且随着计算机技术的进步,人们开始发展一些人员疏散模型,利用计算机进行量化分析。这种计算结果对于改进人员疏散设计具有重要的参考意义。

现在各国开发出的人员疏散模型种类很多,不过公认只有约 20 种发展得比较成熟,例如 EVACNET、EXIT89、EGRESS、CRISP、SIMULEX 等。根据对人员疏散的空间划分形式,人员疏散模型可分为网格模型和网络模型两种。

网格模型将整个建筑物划分为许多小的网格,这样一个包括几个防烟分区的大区域可能需要划分出成千上万的网格。这种方法可以比较准确地表示空间的几何形状及其内部障碍物的位置,并在人员疏散的任意时刻都能将每个人置于准确的位置。因为每个人只能占据一个网格,于是人员的疏散便被表示为他们从一个网格向另一个网格的移动,而不同个体之间的相互影响也可通过一定的模型反映出来。

网络模型是按照建筑结构的实际分隔状况来确定节点,每个节点都可以表示一个房间或一段走廊,不过与该区域的实际大小无关。按照各区域的实际位置,用连接线将有关节点连接起来。这类模型只能表示建筑物内的人员从一个房间移到另一个房间的情况,因此无法合理表现人员避开障碍物的运动和移动时的状况。

在此简要介绍 EVACNET 模型和元胞自动机模型的特点。

1. EVACNET 模型

EVACNET 是美国佛罗里达大学开发的一种模拟建筑火灾中人员逃生的网络模型,当前的最新版本称为 EVACNET4。该程序包含一组由节点和连接线组成的网络,其中的节点表示建筑物的分隔间,如房间、楼梯、客厅、门厅等;连接线表示连接分隔间之间的通道。

图 7.5.2 结合一幢两层建筑简要说明了该程序是如何描述人员疏散的。图中的矩形均表示节点,其中,WP 为工作场所,HA 为客厅,SW 为楼梯,LO 为门厅,DS 为目的地;带箭头的连接线表示从某节点到另一节点。相关数字为表示节点和连接线的特性数据。例如,节点 WP1. 2, 20 中有关数字的意义为:1 代表所考虑的房间 WP 在所处楼层内的编号,2 表示该房间所处的楼层,20 表示该房间最多可容纳的人数。临近三角形内的 16 表示刚起火时该房间内的实际人数。连接线上方的数字表示在 1 个时间步内由该通道可疏散 8 人。

使用者需要定义节点能力,即每个节点内最多可容纳的人数。使用者可以自己设定每个节点内的人数。如果使用者没有设定,则该节点内的人数缺省值为零。对于每条连接线,用户需要确定人员通过该线所需的时间和通过能力。通过连接线的时间用时间步表示,EVAC-NET 将整个疏散时间划分为若干长度固定的时间步,具体时间步长由用户设定,其缺省值为

5 秒。连接线的通过能力指在给定的时间步内该通道可通过的最多人数。某连接线的通过时间和通过能力都是依据时间步来定义的。

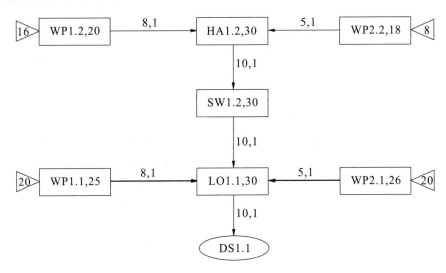

图 7.5.2 在某两层建筑中人员疏散过程的描述方式

这样,用户就可以对不同建筑物采取适当的建模方式分析其中的人员疏散情况,其建模思路为:首先设定在某节点内人均占有的可供走动的面积(Average Pedestrian Occupancy Area, APOA);然后根据 APOA 确定在该节点内人员行走的平均速度(Average Speed,AS)以及单位宽度、单位时间内的人员流量(Average Flow Volume,AFV);再根据该节点的有效出口宽度(Effective Width,EW)及 AS 和 AFV 来确定通过该单元出口的人员流量。

EVACNET 模型可用数表的形式给出计算结果,包括不同节点的人员通过不同通道的疏散时间、某段通道出现瓶颈现象的时间及人员全部疏散完毕所用的时间等。人们可根据需要选择最关注的区段内的人员疏散状况。

EVACNET 模型可以进行多种类型建筑物内的人员疏散模拟,可以模拟部分楼层,也可模拟全部楼层。但该模型所给出的疏散时间没有包括人员准备疏散的时间,即这一时间仅为人员从开始疏散行动到全部疏散出建筑物所用的时间。因此,在计算建筑物内人员疏散的总时间时,应当再加上适当的疏散准备时间。

2. 以元胞自动机为基础的模型

在火灾中,不同人的行为特征是有很大差别的。在许多情况下,忽略人的疏散个性可能造成较大误差。近年来,以网格为基础的疏散模型得到了迅速发展。例如基于元胞自动机(Cellular Automata)的自主体模型、多粒子自驱动(社会力)模型等。这些模型把人员视为有一定判断能力的粒子,并运用某些规则来反映不同人员的行为。

图 7.5.3 给出了这种模型处理问题的基

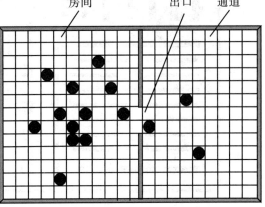

图 7.5.3 网格型人员疏散模型示意图

本方式。考虑到人员在建筑物内的疏散基本上是平面运动,因此可以在二维空间内进行网格划分。每个网格为一个元胞,该处或者由一个人占据,或者为空格。此外每个人还附带了一个与该网格大小相同的表示他对火灾危险程度认识的网格,反映该人在当前的时间步中对其周围环境的认识程度。当某人发现某处发生火灾时,则该处及其周围网格的危险度增大。由于火灾的影响,人员运动速度和可视范围都会受到影响,人员运动的方向是根据对危险度的判断进行的。

人员疏散过程中需要解决的一个重要问题是疏散路线的选择,引入自主体(Agent)的概念可使路径选择更为合理,因为自主体可以自己感知周围环境的状况并采取相应的行动。例如人们总是希望沿最短的路径离开有危险的建筑物,同时又应避开人员拥挤的区域,自主体能够在这两者中作出合理选择;又如在疏散过程中,人们都想以尽可能快的速度向安全的地方运动。不过一些人常会由于某些情况的出现(如寻找亲友、回头取物品、躲避他人等)而使其疏散速度发生随机慢化。对此可为每个自主体设置一定的可停留在原来位置的概率来处理。每个自主体只能感知一定范围的情况,或者说他们均有一定的视野,他们采取的行动完全由其视野内环境决定。一般选取自主体所在元胞的某一临域半径 r 作为该自主体的视野,临域半径 r 一般小于 3。

在每一个时间步内,一个网格最多只能由一个自主体占据。如果出现多个自主体争夺一个网格的情况,则也只能允许一个自主体进入该网格,其余的自主体将退回到原先的网格。每个自主体占有该网格的机会是均等的,若某个自主体经判断后认为,对于他所认为在最佳网格上至少还有一个自主体与其竞争,那么他便会以一定的概率采取放弃而去选择其他的次优网格。如果某网格被障碍物占据(如家具、墙壁等),则自主体就不能再进入该网格了。元胞自动机是在均匀一致的网格上由有限状态的变量(即元胞)所构成的离散动力系统。在模拟过程中,所有的元胞将同时发生变化。在时刻 $t+1$ 时,某个元胞的状态是由该元胞在时刻 t 的状态及与其相距不超过临域半径 r 的若干其他元胞的状态决定的。

图 7.5.4 给出了运用此模型对一个小型超市内的人员疏散状况进行模拟的结果。设模拟开始时,200 个人(自主体)随机分布在该超市的各个区域(见图 7.5.4(a))。当场内发生火灾

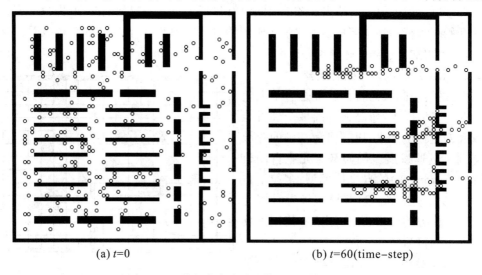

(a) $t=0$ (b) $t=60$(time-step)

图 7.5.4　某超市中人员疏散过程的模拟结果

或其他紧急事件后,所有的人员都按照自己熟悉的路径进行疏散。设自主体的视野 $r=3$,每个人在疏散过程中都以最快的速度前进。图 7.5.4(b)给出了 60 个时间步后超市内的人员分布情况,可见大部分人已经通过各个出口离开了超市。

通过这种动画演示,人们可以形象、直观地了解人员疏散过程中场内各区域的人员分布,尤其是了解出现瓶颈现象的情况。那些出现人员拥挤的区域很容易造成人员伤亡,这种模拟结果可为制定和修改疏散设计方案提供依据。

7.6 性能化防火设计

随着城市现代化的发展和建筑工程技术的进步,建筑业也得到迅速发展,新式建筑层出不穷。尤其是最近半个世纪中,高层、地下、大空间建筑等越来越多,建筑物的使用功能也越来越多样化。有的建筑物可容纳成千上万的人,其内部均安装或布置了相当多的电气、热力设施,现代建筑的火灾问题已经发生了重大变化。根据过去的经验基础制定的规格式设计防火规范已难以适应这些新式建筑的需要,防火设计实践与现行规范要求之间的矛盾日益突出,现实情况对发展新的防火设计方法和规定提出了强烈的需求。

7.6.1 规格式规范的主要优缺点

我国现行的建筑设计防火规范均是规格式规范,它通过若干条文,对所涉及建筑物的位置、布局、建筑物的使用性质、耐火等级、内部的消防设施等作出详细的规定。建筑物的设计者只需依据所要设计的建筑物状况,从规范中直接选定设计参数和指标即可。

例如说根据设计规范中规定,某种场合下由室内任一点至最近安全出口的直线距离不应大于 30 m。至于为什么一定取准确的 30 m,一般来说设计者无需过问。实际设计中很可能出现略大于 30 m 的情况,但严格说,这就违反了规定。

又如,根据规范,在某种场合下应设置水幕系统。而根据某种建筑的现场看,这样方式不见得是最好的选择,还有新技术可以使用。但设计者无权自行选择,这在一定程度上限制了新技术的应用。

这些规定显然比较死板,对建筑物的具体使用特点考虑不够,而且对设计人员的创造性限制过大。

这种规范的条文主要是根据以往火灾的经验教训或模型试验的结果归纳整理得出的,也有一些是根据专家经验确定的,在其限定的范围内具有足够大的可靠性,而且这种设计方法具有设计简单、便于操作的优点。同时也可在某种程度上约束设计者的随意性,从而保证建筑防火设计达到足够的安全性。

然而还应指出,建筑物的类型是多种多样的,而且新建筑不断出现。尽管设计规范中使用了大量具体的条文,但在进行实际建筑设计时,经常遇到规范的条文不能满足实际需要的情况,有的是规范条文无法包括,有的是规范不好解释。在不同的设计规范中,还不时发生规范条文相互不协调的情况。有时还会出现对消防设施的要求重叠,从而导致建筑费用增加。

尽管每个规范中都包括了很多条文,但对于实际设计来说,即使这样有时仍然显得过于简略。规范的条文数目总是有限的,而建筑物的形式则是复杂多变的。因此规格式规范不断出现难以适应不同地区及不同建筑的情况,尤其是无法指导新型建筑的防火设计。这正是规格式设计规范面临的很难处理的问题。

7.6.2 性能化设计方法的提出与发展

从 20 世纪 80 年代开始,国际建筑界与火灾科研界的许多人提出,应根据建筑物的火灾发展特性决定其防火要求,即采用以火灾性能为基础的设计方法(Performance-based Fire Protection Design Approach),并逐步建立相应的法规。美国、加拿大、澳大利亚、新西兰、日本、英国、瑞典和芬兰等国相继在这方面开展了系列研究,在性能化的定量分析方式和工具等方面均取得了不同程度的进展和成果。不少国家还开始了对设计防火规范的修订,有的发布了相关的设计指南(Guideline),有的对传统的规格式设计规范的某些条文进行了修订,用性能化设计方法补充现行防火设计法规,也有的是全面修订现行的设计防火规范,或着手制定新的性能化防火法规,在我国通常称这种设计方法为"性能化建筑防火设计",简称"性能化设计"。

实际上,建筑物的性能化防火方法涉及性能化防火分析、性能化防火设计和性能化设计规范 3 个基本方面。性能化防火分析是建筑火灾风险分析的一种形式,它将根据建筑物的结构特点,通过定量计算,用某些物理参数描述出火灾的发生和发展过程,并分析这种火灾对建筑物内的人员、财产及建筑结构本身的影响程度,从而为采取合理的消防对策提供基本依据。与传统的火灾风险分析不同的是,性能化防火分析更强调量化分析。火灾安全工程学的发展为进行这种分析创造了条件。这种分析可以加深人们对该建筑物的火灾特点和规律的认识,因此它是性能化防火设计方法的前提。

性能化防火设计是在性能化防火分析的基础上所进行的建筑物各种火灾防治系统的设计行动,它将综合建筑物业主的安全要求、建筑物的现场条件、有关的安全规定等,作出建筑物防火系统的具体设计方案。并且要对各种可采用的设计方案进行比较评估,从中选出最终的实施方案,完成相应的设计文件等。

性能化设计规范则是指导按性能化方法进行建筑防火设计的法规文件,它将对进行性能化设计中应当满足的要求、应当遵守的规程和应当注意的问题等作出必要的规定。这种规范对于保证采用性能化设计方法的建筑达到预期的火灾安全目标是十分必要的。

性能化防火分析与性能化防火设计有着密切的关系,不过防火分析除了为防火设计服务外,还可为其他的火灾防治目的服务,例如,防火安全管理、火灾安全教育、灭火预案的制定。性能化防火设计必须在性能化防火分析的基础上进行,其主要任务是完成设计工作所需的完整的性能化设计文件。

7.6.3 性能化设计的主要步骤

不同国家和地区进行性能化设计所采取的具体步骤略有差别,但是总的说来,都包括设计准备、定量评估和文件编制 3 个阶段。图 7.6.1 给出了一种建议设计流程,下面简要讨论每个阶段所涉及的内容。

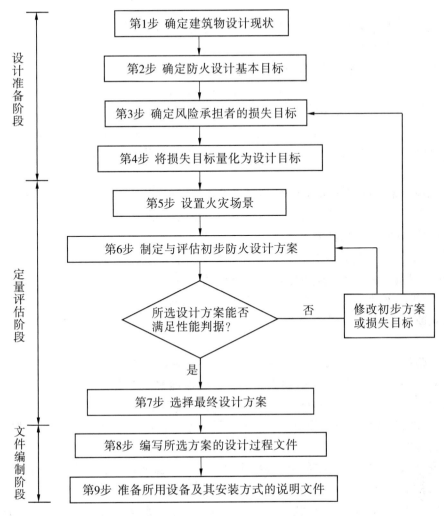

图 7.6.1　性能化防火设计的主要步骤

　　设计准备阶段包括前 4 个步骤。第 1 步是确定项目的范围,包括弄清所设计建筑的状况、设计参数;第 2 步是确定建筑物的总体防火安全目标,包括人员与财产的保护等级、维持该建筑连续使用的要求、文物保护与环境保护的要求等;第 3 步是确定该建筑火灾风险承担人可接受的损失目标,火灾风险承担人指的是所有与该建筑密切相关的个人、团体或机构,包括建筑物的业主、股东,乃至某些管理部门的代表;第 4 步是建立火灾危险的性能判据,要用适当的工程参数来量化损失目标,即形成具体的设计目标,以便根据其估价防火设计方案。

　　定量评估阶段包括 5~7 步。第 5 步是设置火灾场景,火灾场景是对该建筑内可能发生的火灾状况的系统描述,包括火灾特征、建筑物的相关几何特征、人员特征等。通常应当形成若干种火灾场景,确定火灾场景的一个重要方面是设定火源的热释放速率;第 6 步是制定与评估初步设计方案,要根据设置的火灾场景,制定初步防火设计方案,并运用某些计算或试验方法,评估各种方案能否满足预定的性能判据,若不满足,则需要修改初步方案或损失目标;第 7 步是选定最终的设计方案,一般在多种初步设计方案中,可能有几种方案都能满足性能判据,评估人员应对它们作进一步的分析、筛选,最终确定一种为各方面的风险承担人都同意的设计方案。

文件编制阶段包括最后两个步骤,主要是对选定方案的设计过程进行详细审查,编写相应的设计报告,并准备有关设备的技术文件。

进行性能化设计所涉及的问题大多是建筑防火设计中的难点,并且涉及多个方面的关系或利益。但由于不同方面的人考虑问题的角度有差别,在对问题的认识上可能出现不同的意见。因此,对于新的大型、复杂建筑的消防设计,为了顺利开展性能化设计工作,需要成立一个由相关方面人员组成的工作团队。除了进行火灾风险分析评估人员外,还应包括建筑工程甲方的代表、建筑设计人员、消防安全管理人员及保险部门的代表等,组成一个人员结构合理的工作小组。

工程的甲方是建设资金的提供者,他们必然要重视自己的经济利益,他们希望在满足防火安全的前提下,尽量少装甚至不装某些消防设施。而认真考虑他们的要求、在可能的限度内节省投资也是应当的;建筑设计人员直接进行设计,设计图纸要由他们完成,大家的意见最终要汇总到他们那里,他们的意见如何是不言而喻的;消防安全管理人员需要把工程的安全质量关,他们希望尽量多装某些消防设施,并使其安全系数大一些。尽早把他们包括进来是很有必要的,特别是准备对原设计方案作出变更时,他们的意见对于方案能否通过具有重要的作用;在条件成熟时,还宜将保险机构的人员包括进来,他们对从经济的角度评价火灾风险具有重要的作用。

火灾风险评估人员则需要充分考虑各个方面的意见,从火灾科学与消防工程的角度,用定量数据对相关设计方案进行论证,使大家能够正确地理解该工程的防火目的和目标,消除分歧。通过提出若干可供选用的设计方案,供团队讨论,最终选定一种最优的各个方面都可接受的方案。火灾风险评估人员必须与相关方面密切沟通和协调,人们应当对火灾风险评价的工作特点有正确的认识。

一般说,建筑防火设计的目的可归纳为以下 4 个:① 保证人员的生命安全,包括在建筑物内工作或居住的人员、来访者与顾客以及消防队员;② 保护财产和资产,包括建筑结构、设备与建筑物内部的物品;③ 提供连续的运行,例如,保护某些系统可继续完成预定任务、生产和操作能力;④ 限制火灾本身与火灾防治措施的不良影响。这些目的是密切联系、相互补充的。

进行性能化防火设计首先应确定该工程的防火目的及这些目的的优先顺序。对于人员密集的大型公共建筑,例如商场、剧院、宾馆、车站、机场候机厅等,显然应当将保证人员安全放在首位。由于火灾烟气是对人员危害最严重的因素,因此应围绕着烟气流动进行相关的人员安全分析,并给出相应的设计方案。但是也有一些建筑,人员安全不是突出问题,如计算中心、通信枢纽、博物馆、古建筑、大型厂房等,在需要进行性能化设计时,便需要适当调整基本目的的顺序,并采用更适用的计算工具进行分析,以便使评估的针对性更强。

设置火灾场景是进行性能化防火设计的基本环节。场景应当具有代表性,能够真实地反映建筑物一旦发生火灾时可能出现的最危险的状况。火灾场景是在特定建筑内发生的火灾全过程的客观描述。设置火灾场景时应当全面地说明建筑结构状况、空间特征、火源条件、通风条件和边界条件等,这些都直接影响着火灾的发展和烟气的蔓延。火灾场景设置的合理与否,直接影响火灾风险分析的正确性。

性能化设计的一个突出特点是对火灾的发展作出定量分析,而定量分析主要有计算和试验两种方法。针对不同的问题有不同的计算方法,现在运用计算机模拟计算火灾过程已成为性能化设计的重要定量分析手段,这种方式计算快、成本低,在计算机快速发展的今天易于开展;不过由于计算假设的理想化、简单化,或计算工具的局限性,其结果与实际火灾存在一定的误差。因此在条件允许的情况下,可以有针对性地进行一些模拟试验。例如对于火灾烟气的蔓延,试验往往能够得到非常形象、非常直观的结果,许多现象在模拟计算中难以反映出来的。

　　根据这些定量数据,可以对防火设计的初步方案作出评价。通常可以得到若干可选用的设计方案。性能化设计的工作小组应当认真地对这些设计方案进行分类、加以比较,并从中选择一种最佳的作为最终设计方案。其他的设计方案之所以被舍弃,可能是因为花费过大,或可能是因为在建设或加工运行中、设施的集成存在某些问题。对于新建建筑来说,比较容易制定多种初步方案,火灾风险评估人员在建筑物的前期设计阶段介入进来,有助于较早发现建筑消防设计中存在的问题,并提出可选的方案。而对于已经建成或基本建成的建筑中存在的问题,即使企图用性能化方法来解决,也只是一种被动的弥补方式,能够提出的可选方案有限,不仅处理方式困难,而且效果也经常不够理想。

　　性能化设计的最终报告是体现设计成果的主要文件,应为性能化分析与设计提供一份清晰的记录,因此应当重视报告的编写。一般说,报告应当对性能化设计的目的和目标、火灾场景设置的依据、计算工具的功能概述及计算结果的适用性等方面作出说明,给出充足的科学依据,力求给设计方案的审查人员形成清晰、明确、合理的认识。同时还应当提供相关的参考文献、基础数据、设备说明等,以便设计报告能够易于他人审核和检验。这种完善的评估报告对设计方案的顺利通过是有帮助的。

7.6.4　性能化设计方法的主要特点

　　性能化设计主要对建筑物应当达到的基本防火安全目标、具体损失目标、性能要求及设计时所需遵循的原则和途径等提出要求,对于设计细节则不作具体规定。例如,在建筑设计中,防火分区的大小、疏散通道的长度、防灭火设备形式等,可由设计人员根据建筑的结构布局、发生火灾情形下的烟气蔓延速度、人员逃生所需时间等因素,通过计算与分析来确定。

　　实际应用的结果表明,性能化设计方法具有以下一些优点:

　　(1) 使防火设计方案更加合理。性能化方法对设计方案不作具体的规定,只要能有效地保证建筑物达到预期的防火安全目标,可以采取任何方案,这有助于人们从多种方案中选取最佳方案。

　　(2) 使设计方式更加灵活。由于设计人员不再严格地受设计规范条文的限制,为他们提供了更多的选择,有利于充分发挥他们的创造能力。同时也使他们能够通盘考虑整个建筑的火灾安全问题,减少对设计规范条文的依赖,加强他们的工作责任感。

　　(3) 有助于实现防火方案的经济性和合理性的统一。由于能够对不同方案进行定量的比较,可以在保证相同火灾安全的基础上尽量降低建筑成本。

　　(4) 有利于新技术的推广和应用。当前新技术、新材料、新产品的开发非常迅速,每天都会有新产品、新材料问世。而根据传统的做法,设计规范上没有规定的技术不能使用。性能化方法的推行可为新的消防技术和产品的应用提供广阔的发展和应用空间。

　　(5) 有利于设计规范和标准的国际化。

　　概括起来,性能化设计方法可使建筑物的防火安全目标、火灾损失目标和设计目标实现良好统一,为建筑设计人员提供了更大的灵活性,并且能够将建筑物的各种消防系统有机地配合起来加以运用,有助于形成建筑物的综合防火策略。表 7.6.1 列出了性能化设计与规格式设计的主要不同。

表 7.6.1　规格式设计与性能化设计的主要差异

规 格 式 设 计	性 能 化 设 计
(1) 直接从规范中选定设计参数和指标,无须提出任何问题	(1) 只要能够证明安全性能要求可以达到,允许改变设计参数和指标
(2) 主要关心怎样使设计方案满足规范的要求	(2) 主要关心如何有效地预防与控制火灾
(3) 原则上是规范中没有规定的技术和方法不能够使用	(3) 只要能证明所具有的性能是合适的,允许采用任何创新性的设计方案或技术
(4) 在考虑消防对策时,重视单项技术的应用,整体性不强	(4) 强调各种消防系统的综合、优化和集成应用

应当说,在通常情况下,性能化设计方法对建筑物的防火安全的要求与规格式设计方法的要求在整体上是一致的,但是在很多方面又弥补了规格式设计规范的不足,在对防火问题的总体处理方面比规格式规范更科学、更合理,从而可带来良好的社会效益和经济效益。

不过需要明确指出,在现阶段,性能化防火设计方法和规范仍在初期发展阶段中,仍然存在一些缺点和不足,应用时还存在某些实际问题或困难,有不少方面需要完善。例如,由于要求进行大量的定量数据,有些设计部分需要较长时间的计算,设计工作量大,同时也要求设计人员具有较全面的火灾安全基础知识和综合分析能力。另外,性能化设计的某些操作步骤尚需改进,例如如何与现行规范配合使用需进一步研究。

7.6.5　采用性能化防火设计应注意的问题

目前性能化设计方法已经在世界上不少国家推广应用。在我国采用性能化设计方法也已成为大势所趋。近年来我国也对此开展了不少研究,并进行了一些初步应用,取得了较好的效果。

不过,推行性能化防火设计是一项复杂的系统工程,涉及的面很宽,影响的因素很多,应当采取积极、慎重、稳妥的态度。在充分肯定这种新方法的同时,还应仔细分析当前建筑防火设计中出现问题的类型、性质以及采用性能化设计方法的条件,避免仓促铺开,防止出现因采用性能化方法而降低建筑物火灾安全标准的情况。在这一过程中,应当注意以下一些问题:

1. 客观对待现行规格式规范的作用

虽然近年来我国的建筑业有了快速发展,但应当看到目前绝大部分建筑设计所涉及的是普通民用建筑和一般的工业建筑,对于这些建筑来说现有的规格式防火设计方法仍然是适用的。目前重要的是应当强调严格执行现行规范,而不是急于用尚未充分掌握的性能化设计取代规格式设计,轻易削弱现行规范的权威性和严肃性和降低防火安全要求的做法都是不可取的。

现在性能化设计方法主要用于处理那些在规范中确实没有要求、或无法涵盖的特殊建筑。这些问题有的是在正在设计的大型建筑中出现的,有的是对已有建筑的防火安全设计审查中发现的,也有的是在建筑物改造或重修过程中出现的。对于这些超规范的建筑采用性能化设计方法有助于问题的尽快解决。

2. 处理好火灾场景的设置

火灾场景是进行性能化分析的基础。不过应当清楚它是人们根据对火灾过程的认识假设出来的,实际上还没有出现。性能化设计的重要原则是具体问题具体对待,对于火灾场景应当给出完整的说明以便较全面地反映出该建筑的火灾特殊性,设置火灾场景前必须对特定建筑进行充分调查,了解其空间与结构状况、通风条件、消防系统的设计情况等并开展仔细的分析,客观说明可燃物的类型与分布、可能火源的位置、热释放速率大小等。对于为什么这样选要讲出道理,克服场景设置的随意性。

3. 正确运用火灾模型的计算结果

以计算机为工具、使用数学模型来计算火灾发展过程是了解火灾发展、烟气蔓延或构件相应特性的重要方法,现在已经得到较广泛的应用。但是利用计算机计算出来的毕竟不是真实的火灾状况,人们应当对此有清醒的认识。任何模型都有很多的假设,例如大部分火灾模型并没有模拟可燃物的燃烧过程,主要原因是建筑物内的可燃物种类繁多,且其分布情况多种多样,实际的火灾燃烧状况十分复杂,难以准确计算;另外每种模型的适用范围都是有限的,模型开发者只能做到在一定的范围内使模型计算的结果可靠;在实施计算时对网格的划分、边界条件的设置等方面需要足够的经验。对于初用者来说,应当防止火灾模型的误用,或盲目相信计算结果,如果将不正确的计算数据用于实际工程设计中可能会造成不良后果。

复 习 题

1. 进行建筑防火设计的基本依据是什么? 在设计中应当主要考虑哪些方面?

2. 我国的建筑设计防火规范包括哪些主要部分? 何为强制性条文与推荐性条文? 试各选择两条说明这样规定的理由。

3. 在发布或修订建筑设计防火规范时所附的《条文说明》有什么作用? 试结合关于建筑物耐火性能的条文及相应的条文说明谈谈你的认识。

4. 对于有爆炸危险的厂房,在防火设计中需要重点考虑哪些问题?

5. 在油气储罐区,为什么要格外重视防火间距的设计? 试对某些具体设计数据的合理性谈谈你的看法。

6. 为什么在划分建筑耐火等级时选择楼板的耐火极限作为基准? 说明如何进行比较。加强楼板的耐火极限有哪些措施?

7. 建筑物的防火分区和防烟分区是如何定义的? 两者的关系如何? 如果某建筑的防火分区超过规范要求,应当怎样对待?

8. 对于附建有裙房的高层建筑,在消防通道设计有哪些特殊要求? 说明理由。

9. 室内消火栓和室外消火栓的设置应注意哪些问题?

10. 干粉灭火剂有哪些主要品种? 各自有哪些特点? 简要说明干粉灭火剂的适用范围及使用注意事项。

11. 楼梯间的正压送风有哪些形式? 简要分析各种方式的利弊。

12. 在建筑物内,延长人员的可用安全疏散时间与缩短必需安全疏散时间各有哪些途径?

13. 疏散通道宽度通常怎样计算？在设计剧场、商场等建筑中的疏散通道时应当注意些什么问题？

14. 结合某三层教学楼，试利用人员疏散经验公式计算人员疏散所需时间，并与 EVAC-NET 模型的计算结果相比较。

15. 简述规格式设计方法的主要步骤，这种设计方法有哪些优缺点？

16. 什么是建筑物的性能化防火设计？简要说明性能化防火设计的基本安全目标和主要步骤。性能化防火设计有哪些优缺点？

17. 什么是火灾场景？设置火灾场景应当主要考虑哪些因素？

18. 试举两例说明你所发现的某建筑物的防火设计或消防措施不够合理的地方，并陈述理由。

参 考 文 献

［1］ 中华人民共和国公安部. GB 50016-2006. 建筑设计防火规范［S］. 北京:中国计划出版社,2006.

［2］ 中华人民共和国公安部. GB 50045-95. 高层民用建筑设计防火规范［S］. 北京:中国计划出版社, 2005.

［3］ 中华人民共和国公安部. GB 50222-95. 建筑内部装修设计防火规范［S］. 北京:中国建筑工业出版社,2001.

［4］ 中国石油化工总公司. GB 50160-92. 石油化工企业设计防火规范［S］. 北京:中国计划出版社, 1999.

［5］ 蒋永琨. 中国消防工程手册［M］. 北京:中国建筑工业出版社,2002.

［6］ 日本建筑省. 建筑物综合防火设计［M］. 孙金香,高伟,译. 天津:天津科技翻译出版公司,1994.

［7］ 蒋永琨. 高层建筑防火设计手册［M］. 北京:中国建筑工业出版社,2000.

［8］ 张树平. 建筑防火设计［M］. 北京:中国建筑工业出版社,2001.

［9］ 霍然,袁宏永. 性能化建筑防火分析与设计［M］. 合肥:安徽科学技术出版社,2003.

［10］ 李引擎. 建筑防火性能化设计［M］. 北京:化学工业出版社,2005.

［11］ NFPA92B. Guide for Smoke Management Systems in Malls, Atria, and Large Areas［J］. National Fire Protection Association, Quincy, MA, 1995.

［12］ The SFPE Guide to Performance-based Fire Protection Analysis and Design［S］. Draft for Comments, Society of Fire Protection Engineers, Bethesda, USA, 1998.

［13］ BS 7974 Application of fire safety engineering principles to the design of Building-Code of practice ［S］. British Standards Institute, 2001.

［14］ MEACHAM B J. Performance-Based Codes and Fire Safety Design Methods, Perspectives and Projects of the SFPE, Proceedings of International '96, Inter-science Communication Ltd［C］. London, 1996.

［15］ CUSTER R L P, MEACHAM B J. Introduction to Performance-Based Fire Safety［M］. National Fire Protection Association, Quincy, MA, 1997.

［16］ BUCHANAN A H. Structural Design for Fire Safety［M］. John Wiley & Sons, LTD, 2001.

8 建筑火灾的风险分析

火灾风险分析(Fire risk analysis)是火灾工程学中一个非常有用而又不同寻常的分支。这种分析可以全面考察某些对象的火灾危险状况,研究该对象的火灾危险如何随假设条件的改变而变化,分析不同消防措施对控制火灾的影响,并评价这些措施的经济性和有效性等。对于人们真实地了解建筑物的火灾危险状况、采取有针对性的预防控制措施有很大的帮助。现在,有些行业已经提出进行"风险管理"的思想,这将是安全科学与工程学科发展的基本方向。因此应当重视学习火灾风险分析的方法,并在火灾安全检查、评价等工作中切实施行。

8.1 火灾风险分析的思路与内容

8.1.1 火灾风险分析的意义

进行火灾风险分析不仅需要掌握一定的物理、化学、力学和工程学等基础科学知识,而且需要用到以经济学、管理学与运筹学等为基础的统计决策理论。了解火灾规律是进行火灾风险分析的基础。火灾是一种包括多类可燃物的燃烧、多种形式的传热和流动的物理化学现象,它的发生和发展同样遵循自然界的基本定律。而了解特定建筑或场合的物理化学数据是进行火灾分析的重要方面,例如必须掌握可燃物、助燃剂(通常为空气)和可能起火源的状况。尤其是有关物品的燃烧性质和数量,这是影响火灾严重性与火灾持续时间的决定性因素。

在现代化建筑内,大都采取了某些火灾防治措施。分析某一建筑的火灾危险性时,应当全面考察其火灾探测、自动灭火、烟气控制等消防设施的功能及建筑物的防火安全设计合理性等。起火初期的燃烧强度一般不太大,建筑物本身的消防设施对尽早发现火灾苗头,并将其扑灭在初期阶段具有重要作用。

火灾风险分析还有助于从经济的观点制定、管理和监督建筑物的火灾防治规划。例如某栋建筑没有安装火灾探测系统,按一定概率可预计该建筑将会遭到某些火灾,而这些火灾将会造成某种程度的人员伤亡和财产损失。但是如果安装了火灾探测器,此建筑的所有者就需支付购买和维修探测系统的费用,而不装探测器的建筑用不着支付这笔费用。平均来看,装有探测器的建筑遭到火灾后的损失严重程度肯定低些。火险分析能够将火灾损失的实际减少程度与采用某种消防措施而投入的经费作出比较。这种对投入的消防费用与因这种投入而获得的利益之间的平衡分析,对建筑物的使用者(或主管部门)作出合理的火灾安全决策具有重要作用。另外,由于这种分析将火灾风险大小转化为明确的费用是多少,因此也有助于制定消防产品开发及市场销售的决策。

与以往的老式建筑相比,现在建筑物的火灾危险性大大增加了。许多高聚物的塑胶纤维制品得到大量使用,其发热量、燃烧速度、燃烧强度等与天然物质有着本质差别。而且建筑物内使用的电气和热力设备也成倍增长,大大增加了引发火灾的可能。因此开展火灾风险分析具有重要的社会意义和经济意义。

8.1.2　火灾风险分析的若干概念

现在提出的火灾风险分析方法有多种形式。由于不少分析方法是彼此独立发展的,开发者的出发点和编制思想存在一定差别,故不同方法的结构形式和分析结果各不相同,且所用术语或概念的含义亦差别很大。这样一来,不仅普通群众觉得有些说法容易混淆,即使火灾科研人员也感到不易理解。现在有的学者指出,对于这种状况不必强求完全一致,只要在某一种方法中保持连贯、一致,能够适应分析的需要即可。本节先对火灾风险分析若干概念作一些简要分析,然后明确本书所采用的一些定义方式。

1. 火灾风险与火灾危险

有人认为,风险和危险是同义词,指的都是可能发生的灾难、祸害,有的书上也是这样写的。不过也有人认为,在实际使用上两者还是存在较大差别的。例如人们常说某某事物有危险,却不能说该事物有风险;另一方面人们也常说某人做某事"要冒很大风险",而不称他本人有什么危险。可见危险所表达的是某个事物对其他事物或人构成的不良影响或后果,它强调的是客体;而风险表达的则是人们采取某种行动后所面临的有害影响,它强调的是主体,说的是人们需要承担的危害或责任。

不过,在现在讨论风险分析的多数书籍中,基本上都取前一种观点,且与英语"Risk"对应,本书也采用这种说法。风险大小则用危险可能性与危险后果的乘积表示。

2. 火灾危险、火灾危害和火灾可能性

在风险分析中,危险和危害这两个词用得相当广泛。有些人认为,危险性是指事件发生的可能性,或事故概率,危害性则是指事件发生后产生的后果及其影响。它们密切相关,然而是两个独立的概念。也有一些人认为,火灾危险不仅要考虑火灾的可能,还应考虑火灾的危害。

实际上,这几个概念如何定义也与风险的定义方式直接相关。根据通常的定义方式,风险就是危险,因此采用第二种说法更为合适。若认为火灾危险只涉及火灾可能,似乎把火灾危险的范围定义窄了,人们显然还应当重视火灾危害的大小。例如人们常说,某个地方有发生大火的危险,或者有一般危险、重大危险等。这里说的大火、一般、重大等就包含了对火灾危害的估计。

"危害"一词一般与英语的"Hazard"对应。有人也曾将"Hazard"译成危险,遇到这种用法时应当注意其在上下文中的意思。火灾危害分析可视为火灾风险分析的一部分,而危害的程度通常用事件的后果"Consequence"表示。

"可能性"一词一般与英语的"Possibility"对应,通常用事件发生的频率"Frequency"表示。

风险大小是通过对为减少危害而投入的费用与危害的减低程度进行比较而得出的。就火灾防治而言,人们采取了许多的防治措施和手段,例如安装使用防火灭火设备、建立消防机构等,总之投入一定的费用。但是这些费用能否有效地防治火灾还是不确定的,与作任何事情一样,防治火灾也有成功和失败两种可能。

一般说,用于火灾防治的投入多些,采用的技术好些,人们承担的火灾风险将会小些。因此,讨论火灾风险不仅要讨论火灾危险程度,还要涉及消防费用的多少,需要综合考虑对于某种火灾危险投入某种程度的消防费用是否恰当。

3. 火灾隐患和火灾危险

火灾隐患是我国消防安全检查中经常使用的一个概念,现在一般用"Fire Potential"表示。患是灾祸或祸患的简称,隐患应是指那些隐蔽着的尚未被发现的有可能造成事故的因素,火灾隐患所造成的事故就是火灾,因此它是一种潜在形式的火灾危险。

"隐患大于明火",突出表明了这类危险的严重性。隐蔽危险因素引起的事故出乎人们的意料,往往可以造成很多不应有的损失,因此这个概念很有特色,火灾安全检查的主要目的是要查出火灾隐患。

4. 火灾损失、消防费用与火灾代价

火灾损失"Loss"是用来定量描述火灾后果的。现在人们考虑火灾损失一般按直接损失和间接损失考虑,例如人员伤亡、财产损失等,通常这些都折算成某种形式的经济指标。除此之外,火灾对社会与环境的危害影响也是一种损失,但这种损失却难以用经济损失描述。

此外,为了防治火灾,社会还要进行不少其他的经济投入,例如消防设施费用、组织灭火所消耗的费用、消防队伍和机构的建设费用等。这些花费并不创造新的财富,因此实际上也是一种经济损失,通常人们称其为基础消防费用。

从国家或某个地区这种较大的范围来说,需要综合考虑由于火灾问题而引起的各种经济损失,就是说既要考虑火灾所造成的各类损失,还要考虑为防治火灾所投入的各种经费,现在有人使用"火灾代价"表示这一概念。

5. 火灾安全度

火灾安全度是指采用某个消防技术措施后,火灾损失所能下降的百分比,或财产不会受到火灾危害的百分比。安全度是防火安全目标的具体体现,安全度不同,相应的对策也就不同。火灾防治的各项损失均可表示为火灾安全度 S 的函数,它们之间的关系可用图 8.1.1 说明。

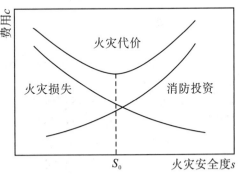

图 8.1.1　各类防治费用与安全度的关系

由图 8.1.1 可见,随着安全度的提高,火灾实际损失不断下降,但安全度越高,所需的消防投资越大。从经济性方面来说,安全度应当控制在一个合理的范围内。理想的情况是使消防费用不太多而火灾危险又较小,当安全度为 S_0 意味着火灾总代价最小,消防投资最为合理,S_0 称为最佳安全度。火灾风险分析的一项主要任务就是确定这一最佳范围。

6. 可接受火险和可接受费用

作为一类灾害问题,火灾不能完全避免,就是说在人们的生活和生产场所总存在一定的火灾危险,而人们面对这种危险状况势必要承担一定的风险。在风险分析中,通常采用"可接受火险"作为火险大小的一种限制因素。根据这一概念,事先把某种程度的火灾风险规定为可接

受的,然后以经费投入为基础对所有满足这一限制的各种可选方案进行严格的比较,进而选择最佳方案。

可接受火险的内容与范围通常根据历史已能够接受的风险确定,即将待定风险值与长期积累的、得到公众认可的风险值进行比较,进而选择适当的数值。对于可接受火灾风险,有时还依据国家的消防规范和标准条款来推断。不过当公众对风险水平的认识发生显著改变时,这种可接受风险值就可能发生改变。

然而可接受火险法有时也可能产生不令人满意的结果。例如,若某建筑的火险大于可接受程度,即使只大一点,那么为达到可接受火险而投入再多的经费也是应当的;另一方面,如果火险已经低到可以承受了,但再花少许的钱就可大大提高火灾安全,那么也不该再多花一分钱。这表明所选的可接受火险程度常常是依据人们的承受能力设定的,如果技术改变了,它可能需要重新设定。这有可能造成根据可接受火险法作出的投入效益分析偏离客观需要。

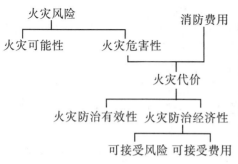

图 8.1.2　火灾风险分析若干概念的关系

与可接受风险相关的另一概念是可接受费用,其意义是在确定的费用预算范围内寻找最大限度减低风险的可能。这一概念相当明确地表述了对某项投资作决定时应遵循的途径。可接受风险与可接受费用对关键参数的首次选择很敏感,如果采用这些方法,必须进行敏感性分析,以便弄清当它们的计算基准发生变化时结论如何变化。

以上这些主要概念的关系框架可用图 8.1.2 表示。人们可根据具体需要选择分析的方面。若从宏观的角度出发综合考虑火灾危险与消防费用时,可采用火灾风险分析,这时往往不必过多考虑某些分析部分的细节;而涉及某个具体方面的分析,还可以把分析的内容分得更细些,例如对于火灾危害性,可以分别深入讨论对人的危害、对物的危害、间接危害等。

8.1.3　火险分析的系统安全工程观点

火灾能否发生,除了基本物质条件和技术条件之外,还取决于是否存在使这些条件发生相互作用的致灾因素。火灾的致灾因素很多,包括人的、物的、环境的、社会的等,因此适宜按照系统安全工程的观点分析火灾危险。

与其他类型的危险相比,火灾危险具有很多特殊性,主要是许多因素的不确定性很大,有些因素的影响是长期潜在的,难以预料何时会引发事故。火灾风险分析的主要任务是准确识别系统存在的火灾危险因素,对这些危险因素的影响程度作出恰当的评价,并在此基础上对火灾事故的发生和发展过程作出预测,提出控制与处理事故的措施和方案。

按照系统安全工程的观点,应当重视火灾的成因分析。客观而全面地了解火灾事故的成因是实施系统安全管理的前提。表面上看,火灾事故是某些偶然事件触发的,而实际上往往有其深刻的内在原因。

一般来说,事故的原因可分为直接原因、间接原因和基础原因。直接原因包括人和物两方面。物质的不安全状态是酿成事故的基础因素,它可被一些其他物质原因(如电线短路、电火花、雷击等)触发而导致事故。人的不安全行为是引发事故的另一重要因素,而且是多数事故的主要因素。有人研究了大量事故的形成原因后指出,纯粹由天灾造成的事故仅占 2%,纯粹由物质不安全因素造成的事故约占 10%,由人的不安全行为触发的事故约占 88%。因此在城镇、工矿等有大量人员活动的场所,警惕人为引起的火灾事故至关重要。

在直接原因的背后,还有多种间接原因,其中管理缺陷是一个重要方面。人的不安全行为与物的不安全状态大都与管理不完善有关。例如,由于种种因素的影响,有些物体的状态已具有较大的危险性,只要稍加处理是不会酿成事故的,但它们却长期无人问津。人的不安全行为引起事故有多种情况,有的是无知造成的,有的是随意造成的,还有的是故意造成的。除了最后一种外,其他几种情况都与管理密切相关。科学而严格的管理能够在很大程度上控制一些人的随意行为。

形成上述状况的基础原因是社会因素,如经济文化现状、学校与社会教育、生活习惯等。法制观念的淡薄不但可对生产、经营等造成不良影响,也会阻碍安全管理工作的顺利进行。解决基础原因是一个长期的任务,每个单位可以根据自身特点解决管理缺陷及日常教育问题,这方面抓得好的单位,火灾危险性就小得多。

因此为了有效防止火灾事故,既要重视其直接原因,更要注意其间接的和基础的原因。火灾的形成是一个演化过程,如果基础和间接因素长期得不到解决,事故苗头就会经常出现,重大事故随时可能爆发。鉴于本书的编写目的,在此侧重从安全管理的方法和技术的角度进行讨论。

8.1.4　火灾风险分析的基本方面

尽管不同风险分析模型的结构形式相差很大,但比较完整的模型应涉及以下几方面:分析对象及其火灾场景的确定;描述参数的影响程度分级及计算;火灾可能性分析;火灾危害性分析;火灾危险性分析;防、灭火技术的有效性和消防费用的经济性分析。下面对各个方面所涉及的问题分别作些讨论。

1. 分析对象及其火灾场景的确定

分析对象的范围是人为确定的。人们可以把一栋大楼、一个工厂、一个街区乃至一个城镇作为对象。一般来说,大范围对象的分析应当以小范围对象的分析为基础。通常将这种确定的对象视为一个系统。

某系统与火灾有关的环境状况和燃烧条件综合起来称为火灾场景。一个系统包括多个部分,可根据情况将其分解为若干子系统或单元。每个单元还将包括若干影响因素,如可燃物性能、消防技术水平、使用现状及人员特点等。各个单元和因素的火灾危险性应当分别考虑。把对各部分的危险分析综合起来即为整个系统的危险分析,系统、子系统、单元与因素之间应当建立合理的隶属关系。

2. 描述参数及其量化方法

分析不同的方面应当使用不同的描述参数,为了实施计算,还应当对这些参数进行量化处理。火灾可能性一般应当用事故概率表示,但由于火灾事故经常无法获得足够的统计资料,难以归纳出可供实际使用的概率值,故宜将火灾可能性用某种形式的分度值表示,现称为事故率;火灾危害可用火灾造成的损失大小表示,但除了直接经济损失外,其他损失则很难用恰当的经济费用表示,因此也适宜用一定的分度值表示,现将这种分度值称为严重度;火灾危险性用火灾危险度表示,它综合了火灾可能性和火灾危害性两个方面的影响;火灾风险则用火灾风险度表示。

对于各种参数的分度值,有些模型用绝对值表示,也有的用相对值表示。一般说用绝对值表示的通用性不够强,例如有的模型将某些因素的影响程度表示为一定范围的分度值,当把所有因素的分度值作了相乘或相加处理后,得到的系统总分度值便是一个相当大的数目。只有非常熟悉该方法的人才能对其作出合理的解释。因此宜将分度值换算为百分数。

3. 火灾可能性分析

根据火灾的发展过程,火灾可能性至少涉及起火可能性和火灾蔓延可能性两大方面。分析起火可能性时,主要考虑引起火灾的各种因素,如室内可燃物的着火性能、火源及电源状况、安全管理措施、建筑物内人员素质和生活习惯等。一般说,起火可能性的随机性很强。而火灾蔓延可能性主要考虑室内可燃物的燃烧性能及控制火灾发展的因素,如室内火灾荷载、建筑物的防火设计状况、火灾探测报警系统及室内消防设施的性能等。相对来说,影响火灾蔓延的因素比较确定。

根据分析的具体需要,人们还可以设定一些特殊的火灾可能性分析,如爆炸可能、中毒可能等。

4. 火灾危害性分析

火灾危害可分为实际危害和潜在危害两类。由已经发生的火灾所造成的危害是实际危害,而潜在危害指的是如果火灾发生可能造成的危害,事实上此时火灾尚未发生。主要为防火安全服务的风险分析所预测的是潜在危害。对于实际火灾危害是统计计算的问题,有人也称为分析,理由是有些危害难以精确计算,只能采取估计的办法,但对其称之为估价似乎更合适。

5. 火灾风险性综合分析

火灾风险性应综合火灾可能性和火灾危害性确定,但是如何进行综合则是需要仔细研究的。相加和相乘是常用的综合方法,而其结果直接取决于各因素值的量化方式。需要根据不同单元或因素在系统中的作用,对它们赋予不同大小的值,或者赋予不同的权重。火灾危害性分析的结果可以比较全面地反映建筑物的火灾安全状况,是火险分析的重要阶段。

6. 火灾防治的有效性和经济性分析

现在人们已研制出了多种消防技术,今后许多消防新技术还会不断发展起来。但每种技术都有自己的长处,也有其局限性。人们自然会问,在某个具体场合采用哪种技术最合适,有无必要同时采用几种措施等。很明显,采用的技术措施越多、越先进,消防投资便越大。然而这种投资也必须有一定限额,使用部门不得不考虑投资的效益。火险分析可对已有防灭火措施的实效作出估价,也可对将要采用的火灾防治设计和技术提出建议。

事实上,这几个基本方面的分析都有独立的意义,可以根据需要选用。另外将它们的形式稍微作些改变,或者将它们结合起来,还可发展出一些适合某些专业部门使用的分析方法,例如保险部门的火险保费分析等。

8.1.5　火灾风险分析的主要方法

按分析结果的形式,火灾风险分析的方法大体分为定性、半定量和定量分析 3 类。引进

"量"的概念是进行比较的基础,严格的定量计算应当以统计得出的事故概率为基础。但由于火灾数据的缺乏以及费用、时间等方面的限制,准确算出火灾事故的概率是困难的,并且对于相当多的场合根本无法得到这种概率。因此在实际火灾风险分析中仍以定性方法和半定量方法为主。定性分析是对分析对象的火灾危险状况进行系统、细致地检查,并根据检查结果对其火灾危险性作出大致的评估。半定量法则是将对象的危险状况表示为某种形式的分度值,从而区分出不同对象的火灾危险程度。进一步将这种分度值与某种数量的经费加以比较,便可进行消防费用与效益等方面的评价。当前半定量分析法发展得最快。

根据研究对象的不同,火灾风险分析可以划分为三大类:一类是以单体建筑物为研究对象的评价方法,这类方法通过建立火灾模型、烟气扩散模型、人员反应和消防系统模型,评估建筑物内部的生命和财产风险,为建筑物的消防设计提供依据,比较常见的有 Gustav 法、澳大利亚的 Vaughan Beck 开发的火灾风险评估模型、英国建筑研究院消防科研部开发的 CRISP 火灾风险评估模型等;第二类是以某一企业(多为化工生产企业)为研究对象的评价方法,这类方法通过定性分析和定量计算,预测火灾爆炸事故发生的可能性,如美国道化学公司的火灾、爆炸指数评价方法,炼油厂的消防安全评价方法;第三类是以某一区域为研究对象,确定城市或区域内相对的火灾风险,建立城市区域的火灾分布,为城市配置合理的公共消防力量、确定灭火救援出动方案提供科学依据,如美国国家消防局与国际消防组织资质认定委员会(CFAI)联合开发的 Risk,Hazard and Value Evaluation,美国保险管理处的"城市火灾分级方法",美国消防组织资质认定委员会制定的"消防应急救援自我评估方法"等,城市火灾危险性分级指数法、城市火灾危险性评价指标体系等方法也属于此类方法。

按火灾风险分析方法的结构形式,主要可分为经验系统化方法、逻辑推导法、系统解剖分析法、火灾过程的模拟计算法、人为失误分析法等类型,下面主要结合这种分法讨论不同分析方法的特点。

1. 经验系统化方法

通过分析以往发生的事故,总结出系统化的经验,然后根据这些经验对预定对象进行检查,确定其火灾危险。目前广泛应用的有安全检查表法、危险预先分析法、道-蒙德化工危险分析法等。安全检查表法是将分析对象分为若干单元,遵照有关消防规范的要求,把需检查的问题编制成表,分单元进行细致地检查,从而反映火灾危险所在;危险预先分析法是在工作或工程活动开始前,对系统中存在的危险类别、出现条件、事故后果等进行概略性的分析,尽可能将潜在的危险性弄清楚,这样可以在规划阶段避免采用不安全的技术路线及危险性大的原材料、工艺和设备等;道-蒙德化工危险分析法是一种主要针对火灾、爆炸危险严重的化工厂提出的危险分析法,它根据所用原材料的物理化学性质、数量、工艺方面的一般危险和特殊危险等方面的因素,确定它们的火灾爆炸危险性,并将其转换为危险指数,从而确定系统的危险等级。

2. 逻辑推导法

这类方法的主要特点是采取逻辑推理,其代表方法是事故树(FTA)和事件树(ETA)法。事故树法以某个事故作为顶上事件,通过分析找出其直接原因,进而将这种原因作为中间事件,继续找出它们的直接原因,直到找到导致该事故的所有基本原因。而事件树则是选定一个事件作为初始事件,然后推导其发展过程。过程中的每个事件都有成功和失败两种可能,由此不断推论下去,直至找出该事件可导致的所有可能的结果。

近期发展起来的原因-结果(C-C)法可视为上述两种方法的综合,其第一步是根据初始事件作出事件树图,第二步是以其失败的阶段事件作为事故树的顶上事件,画出事故树图,第三步是根据需要和取得的数据进行分析,最终对整个系统的火灾危险状况作出评价。

3. 系统解剖分析法

这类方法也是将要分析的对象视为一个系统,根据其组成特点加以解剖,研究各个部分的作用及其在发生火灾事故时对整个系统的影响。故障类型与影响分析(FMEA)是一种代表性的方法,它把系统分解为若干子系统和单元,逐个找出它们可能发生的故障,重点分析故障类型对系统的影响,进而提出改进方案。当对各个子系统或单元赋予一定的危险度值,并合理确定系统中各部分的关系,便可用危险度法和模糊判断法确定系统的火灾危险状况。在某些工厂中,还常用危险操作分析(HAZOP)和"如果…怎么办"(IF…HOW)等方法。在人们对系统的危险性尚无足够认识时,这种分析是很有帮助的。

4. 火灾过程的模拟计算法

这是一种根据火灾可能的发展过程分析火灾危险的方法。火灾的发展遵循一定的客观规律,人们能够依据质量、动量、能量和组分守恒等基本物理定律,算出建筑物发生某种火灾后火区的大小、烟气层的厚度、室内温度、典型燃烧组分浓度等随时间的变化。这些数据可直接用于建筑物的防火安全设计、人员疏散、消防设施的作用等方面的分析,也可为其他安全分析方法提供必要的参数。

由于火灾模拟计算是依据客观物理定律进行的,故能够较好地排除人们主观判断的偏差,一般说来更为可信。人们普遍认为,火灾模拟计算已成为进行火灾危险分析、制定火灾性能设计规范、开展火因调查的重要工具。

5. 人为失误分析法

人为失误是风险分析中的一个重要方面,有着与其他方面完全不同的特点。造成人为失误的因素很多,有心理的、素质的、工艺性质的、社会的等。控制人的失误主要从几个方面着手:① 设计能确保系统本质安全的硬件设备,即使发生人为失误也不会发生事故;② 从人-机工程的原理设计操作程序,尽量减少人员操作中的失误行为;③ 提高人的素质和技术水平;④ 采用科学的管理方法。在分析中需要将这些因素量化为一定的评价指标。

不同场合下的火灾问题存在根本的差别,需要根据具体情况采用不同的分析方法。另外,不同部门和不同岗位上的人关心火灾风险的角度亦存在一定区别,例如生产现场的安全管理人员、单位的安全负责人、上级管理部门、保险公司等都有自己特殊的要求,不同人也应当选择适合自己需要的分析方法。下面主要从安全管理的角度讨论一些常用的火灾风险分析法。

8.2 火灾安全检查表

安全检查表(Safety check list)是一种最基础的系统安全的定性分析法。进行安全检查前,需要把系统分为若干层次,每一层次又分为若干单元。根据有关的安全规范、规定、标准和经验等,把需要检查的项目、要点按一定顺序列成表格,作为检查的依据。因此安全检查表实际上是对某一对象安全现状诊断的明细表和备忘录。

由于检查的对象和目的不同,安全检查表可设计为多种形式。根据检查的目的和范围,可分为防火设计用安全检查表、日常检查用安全检查表、火险隐患整改安全检查表、专项安全检查表等,其中日常安全检查表用得最多。按检查的重点和细致程度,还可分为单位安全检查表、部门安全检查表、岗位安全检查表等。防火、防爆、防止有毒和可燃气体泄漏等是常见的专项检查。可以根据生产或储存物品的火灾危险性设计检查表的形式。

安全检查表的内容一般包括项目、要点、情况和处理意见等,每次检查后都应认真填写检查情况,一般用"√"或"○"表示符合要求,用"×"表示不符合要求,并应注明检查日期。安全检查表应当经常审核、修改以保持其实效性。

安全检查表应将需要检查的内容逐一列出,避免遗漏主要的影响因素。在检查中往往可延伸发现一些相关的其他危险问题。根据检查结果,可以提出有针对性的改进措施。这些资料可作为定量或半定量安全分析的基础数据。

表 8.2.1 为一种综合型的火灾安全检查表,大体适合一个单位的安全检查使用。不过具体单位应根据自己的情况进一步细化。表 8.2.2 为专为检查灭火器配备而设计的专项检查表,对于其他的火灾安全问题,可参照这种格式编制相应的安全检查表。

表 8.2.1 火灾安全检查表(示例)

检查项目	检查内容	检查结果 (是打○,否打×)	检查日期
可燃物品	存储的易燃物较多		
	存有易燃气、液体		
	存有易爆物品		
	上述物品符合要求存储		
	可燃装饰材料较多		
电气设备	设备本身状况良好		
	与易燃物的距离适当		
	电源控制箱良好		
	保险丝的规格合适		
	接地装置牢固、清洁		
热物体	热表面周围无可燃物		
	电热器功率适当、安装合理		
	热废渣用金属容器盛放		
明　火	无可燃性气体、蒸气泄漏		
	与易燃物的距离适当		
	燃料控制系统正常		
吸　烟	区分了吸烟区和禁烟区		
	吸烟区内备有烟灰缸		
	禁火区内无冒烟物体		

检查项目	检查内容	检查结果 (是打○,否打×)	检查日期
消防设施	火灾探测系统正常运行		
	按规定安装消火栓		
	自动喷水灭火系统良好		
	按规定配备灭火器		
	防火门动作灵活		
	消防设施的位置醒目		
其他	室内地面清洁、无油污		
	可燃废料、垃圾存放合理		
	室内通风情况良好		
	人员了解灭火器材的使用		
	单位有严格的动火安全规定		

表 8.2.2　灭火器配备情况专项检查表(示例)

序号	检查内容	检查结果 (是打○,否打×)	处理意见
1	配备有足够的灭火器		
2	在规定的地点有灭火器		
3	灭火器放置位置合适		
4	灭火器类型合适		
5	灭火器进行了按期检查		
6	灭火器采取了防冻措施		
7	启动过的灭火器及时更换		
8	灭火器处有醒目标志		
9	室内人员了解灭火器的使用		
10	每个人都知道灭火器的位置		
11	通往灭火器的道路通畅		
12	存在影响灭火器使用的因素		

检查人:(签名)　　　　　　　检查日期:

8.3 事故树与事件树

8.3.1 事故树分析法

事故树(Fault Tree Analysis)是一种分析起火可能性的方法,既可作定性分析,又可作定量分析。通过事故树分析,能够对导致事故的各种因素及其逻辑关系作出全面的描述和论证,可以为采取技术措施和管理对策提供依据,也可用来追查事故的原因。

事故树是由各种事件符号和逻辑门符号连接组成的。事件符号表示某一具体事件在事故产生过程中所处的层次和性质;逻辑门符号表示各层事件之间的输入和输出关系。常用的事件符号和逻辑符号分别见表 8.3.1 和表 8.3.2。

表 8.3.1　事件符号

符　号	含　义	符　号	含　义
□	表示顶上事件或中间事件,也就是需要往下分析的事件,可将事件扼要记入方框内	⬠	表示正常事件,即系统正常状态下发生的事件,如机器启动、飞机起飞等
○	表示基本原因事件,它是不能再继续往下分析的事件,如人的行为、物的状态和环境因素等	◇	表示省略事件,它可以是不必进一步分析的事件,也可以是不能进一步分析的事件

表 8.3.2　逻辑门符号表

符　号	含　义	符　号	含　义
A / B₁ B₂	与门,表示输入事件 B_1、B_2 同时发生情况下,输出事件 A 才发生	A / B₁ B₂ —S	条件与门,表示 B_1、B_2 同时发生、且在满足条件 S 的情况下,A 才发生
A / B₁ B₂	或门,表示输入事件 B_1、B_2 中任一个发生或二者同时发生,输出事件 A 均发生	A / B₁ B₂ —不同时	排斥或门,表示 B_1、B_2 只有一个发生时,A 发生;如果 B_1、B_2 同时发生,A 反而不发生
A / B₁ B₂ —S	条件或门,表示 B_1 和 B_2 任何一个发生、且满足条件 S 时,A 才能发生	A / B —S	限制门,表示输入事件 B 发生、且满足条件 S 时,输出事件 A 才发生

事故树分析大致分为 4 个阶段,现简述如下:

第一为分析准备阶段,包括:熟悉系统的全貌及各个具体环节,如生产性质、原理、程序、设备结构性能、环境和管理因素等;调查该系统及同类系统发生的事故情况,并做典型案例分析和事故统计分析;把所要防止的或所要调查的事故确定为顶上事件;列出可以导致顶上事故发生的直接原因及间接原因,如操作失误、管理和指挥失误、设备故障、环境不良等因素。

第二为定性分析阶段,包括:确定可接受风险的目标值,即定性分析的衡量尺度或定量分析的具体量值;根据已有的资料,从顶上事件开始进行演绎分析,逐级找出直接原因事件、间接原因事件,直至最基本的原因事件为止,明确各层次之间的关系,作出系统严密、完整的数学模型事故树。

第三为定量分析阶段,包括:根据事故树的结构进行化简,求出最小割集和最小径集,确定各基本事件的结构重要度大小,以此决策如何控制、防止顶上事件发生;通过分析和借鉴有关资料,确定各基本原因事件的概率值;把求出的顶上事件概率值与通过统计分析得出的概率值进行比较。

第四为拟定对策阶段,这是个较长的综合比较阶段。对于超过预定目标的结果,可进行概率重要度、临界重要度分析,制定和优化最佳的预防和控制方案。

在实际进行分析时,可根据需要对各阶段加以取舍。

事故树的计算方法主要有以下 3 种。

1. 最小割集及其求法

在事故树中,能导致顶上事件发生的基本事件的集合称为割集。能引起顶上事件发生的最起码的基本事件的集合叫最小割集。最小割集一般可通过化简事故树的逻辑函数表达式求得。首先,按事故树结构列出其逻辑函数表达式。与门之下事件为逻辑乘关系,乘号可略去不写。或门之下事件为逻辑加关系,用"+"号表示,由上至下逐层把下一层事件代入上一层事件。然后,按逻辑代数运算规则把逻辑函数表达式展开成若干基本事件乘积项之和的形式,即"与-或"表达式。最后,对"与-或"式进行化简,得到事故树逻辑表达式的最简式。式中每一个乘积项即为一个最小割集。设顶上事件为火灾,则具备有最小割集(即最基本的条件)即能引起顶上事件(火灾)的发生。

例如,对于图 8.3.1 所示的顶上事件(火灾)为 T 的事故树,根据其结构可列出逻辑函数表达式,并逐步展开成"与-或"表达式。图中各点都可能成为酿成火灾的因素。但是有些因素并不能单独引发火灾,需要若干个因素结合起来,这就需要求出最小割集。求法如下:

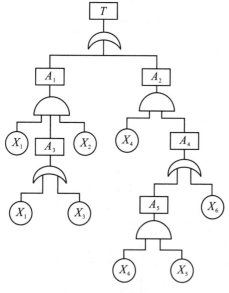

图 8.3.1　事故树图示例

$$T = A_1 + A_2$$
$$= X_1 A_3 X_2 + X_4 A_4$$
$$= X_1 (X_1 + X_3) X_2 + X_4 (A_5 + X_6)$$

$$= X_1 X_1 X_2 + X_1 X_3 X_2 + X_4(X_4 X_5 + X_6)$$
$$= X_1 X_1 X_2 + X_1 X_3 X_2 + X_4 X_4 X_5 + X_4 X_6 \qquad (8\text{-}3\text{-}1)$$

这样得到的"与-或"表达式不是最简的,应当用布尔代数法进一步化简:

$$T = X_1 X_1 X_2 + X_1 X_3 X_2 + X_4 X_4 X_5 + X_4 X_6$$
$$= X_1 X_2 + X_1 X_2 X_3 + X_4 X_5 + X_4 X_6 \quad (A \cdot A = A)$$
$$= X_1 X_2 + X_4 X_5 + X_4 X_6 \quad (A + A \cdot B = A) \qquad (8\text{-}3\text{-}2)$$

于是得到 3 个最小割集:$\{X_1 X_2\}$、$\{X_4 X_5\}$ 和 $\{X_4 X_6\}$,它们之中任何一个割集的出现,都可导致顶上事件(火灾)的发生。根据上式,用最小割集表示事故树 T 的等效树,如图 8.3.2 所示。

最小割集可以表明系统的危险性质。每个最小割集都是顶上事件发生的一种可能。最小割集多,则系统危险性大,反之亦然。从最小割集中,可粗略估计出各最小割集发生的可能性。如果各基本事件发生的概率相近,包含事件少的割集比包含事件多的割集容易发生。因此在这类割集中增加基本事件,如给某一危险源安装防护装置或采用隔离措施,能够减少其发生危险的概率,因而可提高系统的安全性。

2. 最小径集及求法

如果事故树中某些基本事件不发生,顶上事件就不会发生,则这些基本事件的组合称为径集。能使顶上事件不发生的最少的径集,称为最小径集。

最小径集可由成功树求得。成功树是事故树的对偶树,即把事故树的与门换成或门,或门换成与门,并在各事件变量符号右上角加一撇,就是逻辑"非"运算,表示事件不发生。与图8.3.2所示的事故树相对应的成功树如图 8.3.3 所示。关于最小径集的具体计算方法、基本事件结构重要度分析、事故树的定量分析方法比较复杂,此处从略。

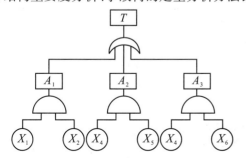

图 8.3.2　事故树 T 的等效树

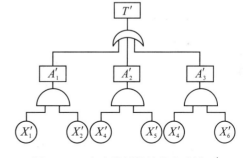

图 8.3.3　与事故树等效的成功树 T'

3. 顶上事件的概率计算

利用最小割集表示的事故树等效图的结构函数式,通常可以计算顶上事件的发生概率,方法是:先求各最小割集的概率,即最小割集所包含的基本事件的概率积,然后再求所有最小割集的概率和,其结果就是顶上事件的发生概率。

假设上述事故树的 3 个最小割集为

$$K_1 = \{X_1 X_2\}, \quad K_2 = \{X_4 X_5\}, \quad K_3 = \{X_4 X_6\} \qquad (8\text{-}3\text{-}3)$$

有关基本事件的发生概率分别为 q_1, q_2, q_4, q_5, q_6,则 3 个最小割集的发生概率分别为

$$q_{k_1} = q_1 \cdot q_2, \quad q_{k_2} = q_4 \cdot q_5, \quad q_{k_3} = q_4 \cdot q_6 \qquad (8\text{-}3\text{-}4)$$

于是顶上事件的发生概率为

$$Q = q_{k_1} + q_{k_2} + q_{k_3}$$

$$= q_1q_2 + q_4q_5 + q_5q_6$$

设 q_1, q_2, q_4, q_5, q_6 依次等于 0.1, 0.2, 0.2, 0.3, 0.3, 则

$$Q = 0.1 \times 0.2 + 0.2 \times 0.3 + 0.3 \times 0.3 = 0.02 + 0.06 + 0.09 = 0.17$$

8.3.2 事件树分析法

事件树分析(Event Tree Analysis)简称 ETA。与事故树分析采用的演绎分析法相反,它采用的是一种归纳分析法。任何事故都有一个起因事件,当起因事件出现后,按时间顺序导致一个又一个新的事件出现,直至事故发生。在每一个事件的转化环节上,原来事件转化为希望事件(成功)还是不希望事件(失败),都是若干因素相互作用的结果。因此,从起因事件开始,推论起因事件的所有成功、失败的途径和结果,对事故的预测、预防以及分析已发生的事故是十分重要的。

运用事件树分析法,按照系统的构成情况,分析事故发展过程中各条路径、各阶段成功或失败的两种可能状态,把成功作为上分支,状态值记为"1";把失败作为下分支,状态值记为"0"。这样,形成一个水平放置的树形图,可以把促成事件发生的纷杂众多的因素条理清晰地按时间顺序展现出来。所以事件树分析也称为事故过程分析。

例如,某加工车间常使用电加热器加热物料,下班时工人可能忘记关闭其电源开关,时间过长可能酿成火灾。为防止此类事件引起火灾事故,这个车间规定下班时切断整个车间总电源,而且还专门设置了定时断电器。这样,下班后就可能有总电源已经切断或未切断两种状态。若总电源切断,电热器是否脱离电源无关紧要,不再延伸分析。总电源未切断,需要继续分析自动断电器的状态。断电器正常工作,系统仍为安全状态;断电器失效,则系统处于危险状态。这样就形成了一个事件树,如图 8.3.4 所示。

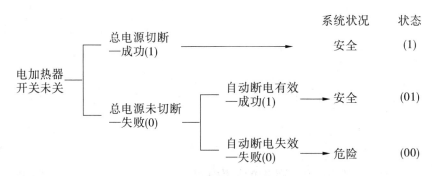

图 8.3.4　某车间电加热器事件树

若系统各个单元可靠度是已知的,还可根据单元可靠度求取系统可靠度。假设切断总电源的可靠度 $R_1 = 0.95$,自动断电器的可靠度 $R_2 = 0.98$,则系统的可靠度为

$$R_3 = R_1 + (1 - R_1)R_2 = 0.95 + (1 - 0.95) \times 0.98$$
$$= 0.95 + 0.05 \times 0.98 = 0.999 \tag{8-3-5}$$

而系统的失败概率,即不可靠度为

$$P_3 = 1 - R_3 = (1 - R_1)(1 - R_2) = 1 - 0.999 = 0.001 \tag{8-3-6}$$

事件树分析是一种由原因到结果的分析方法,适宜用作查找并确认系统中的火险原因,同

时,它也指明了解决问题的根本途径。例如,对家用液化石油气灶系统的事故可用事件树分析如下,见图 8.3.5。

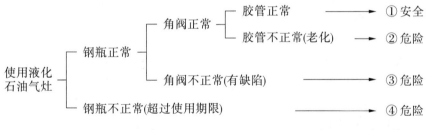

图 8.3.5 液化石油气灶事件树

由图 8.3.5 可以看出,第②、③、④种状态都具有很大的危险性,是家用液化石油气系统中最基本的火险原因。很明显,第②、③种情况应分别更换胶管和角阀,第④种情况应检修钢瓶。

8.4 火灾危险等级分析法

火灾危险等级分析是一种半定量的分析方法,其基本特点是将分析对象的某些客观存在但又难以用数理参数表示的性质,通过某种方式转换为一定的等级、度、指数或系数表示。

采用火灾危险等级进行分析的方法很多,有的是以对象的结构特点为基础制定的,例如适合建筑物的火灾危险指数法、火灾危险度分析法等;有的是以物质的危险性为基础制定的,例如美国道化学公司的"火灾、爆炸危险指数评价法"、英国帝国化学公司的"蒙德火灾爆炸毒性指标评价法"、日本劳动省的"化工厂安全评价六阶段法"、我国原化工部化工厂危险程度分级等。

确定不同等级、度或指数的基本方式是专家评价,这是一种基于专家经验的评价方法,也称为咨询法。按照所选分析法的规定,结合所分析系统的情况选定若干具体影响因素,并设定每个因素的评价分值或等级的范围。在此基础上,组织多名专家给各个因素的影响程度进行评分,然后通过一定的数学运算求出总分值。根据总分值的大小对系统进行危险分级,进而为采取应对措施提供依据。

现在提出的火灾危险等级分析方法很多,在此仅介绍几种简单实用的分析方法,重点是介绍其分析问题的思路。

8.4.1 火灾危险度分析法

这种方法是用危险度来表示危险等级的。首先应根据所分析对象(或系统)的结构特点,将其划分为若干单元(或子系统)。再根据需要,将每个单元进一步划分为若干独立因素,上、下层因素之间存在着内在的联系。然后分别从火灾可能和火灾危害两方面来确定各种因素的火灾危险度,进而用一定的数学方法确定系统的火灾危险等级。

原则上说,用这种方法可把一个系统分为多个层次。但包括的层次越多,最终的分析结果越粗糙,甚至会掩盖某些重要的危险信息。因此在一种分析模型中涉及的层次不宜过多,一般取为三四层,并分别称之为系统、单元、因素。下面按 3 个层次进行讨论。

确定各组成因素的危险度是进行系统危险分析的基础,应当综合各种有关的资料加以确定。例如对于火灾可能性,如果能够算出事故的统计概率,则人们不难将其转化为某种适宜分析模型使用的分度值。但在大多数情况,这类数据极其缺乏,因此通常采取专家评分的方式确定。基本做法是在该领域内选择若干个学识丰富的专家,邀请他们根据自己的经验分别对各个因素的危险程度划出等级。然后对各位专家的意见进行综合分析,用加权平均的方式对相关因素的危险度确定一个合理的值。由于这种危险度是参考了足够多专家的意见而确定的,应有较大的可信度。为了保证给出的危险等级具有较大的可信度,所选的专家必须有足够的数量,一般不应少于 5 人。

在一个大系统中,不同单元和因素的作用和性能往往大不相同,它们对系统火灾危险性的影响程度亦存在很大差别。常用的修正办法是分别赋予它们适当的权重。权重也应综合足够多专家的意见确定。为了保证权重的合理性,还需要对其进行多次敏感性分析。

每个单元的危险度可综合其所包含因素的危险度确定,同样系统的危险度可综合单元危险度确定。现在常用相加和相乘两种方式进行综合处理,所选用的方式应能合理地反映其有关因素之间的内在联系。一般认为,在计算中对于相关性较弱的因素采取相加形式处理,相关性较强的因素采取相乘形式处理。在下面讨论的火灾危险度计算模型中,包括了相加和相乘两种算法,具体步骤如下:

(1) 根据系统的特点,将其分解为若干独立的单元,再将单元进一步分为影响火灾的基本因素。例如,一个企业可分为办公区、生产区、仓储区、生活区等单元,影响各单元火灾危险的主要因素包括建筑因素、物质因素、起火因素、防灭火技术因素、管理水平因素、当地消防力量因素等。建筑因素表示建、构筑的防火设计水平、耐火能力、使用性质、消防通道等状况;物质因素是反映该系统内可燃物或危险物的防火重要性的参数,主要根据生产或储存物品的火灾危险性确定,一般还应参考所在建筑的价值等情况;起火因素反映各种起火源的特点,包括物质、技术、人为等方面,由于起火条件的复杂多变,这一因素值波动较大;防灭火技术因素反映该系统抵御火灾的能力,应当综合其火灾探测、灭火、烟气控制等方面;管理因素涉及的方面较多,应反映该单位的火灾安全管理水平;消防能力则与本单位的专职消防人员及当地消防队伍的状况有关。

(2) 按单元分别分析各因素间的关系,将相关性较强因素的危险度按照式 8-4-1 相乘组成一些新的独立因素:

$$R'_{ij} = A_{ij} \times B_{ij} \times C_{ij} \times D_{ij} \tag{8-4-1}$$

式中,R'_{ij} 为独立因素的危险度,A_{ij},B_{ij},C_{ij},D_{ij} 分别为其基本因素的危险度,下标 i 表示单元,j 表示独立因素。结合建筑火灾的特点,现将独立因素定为起火因素、火蔓延因素、防治技术因素和其他因素 4 类。起火因素包括可燃物、起火源、管理水平等方面;火蔓延因素则主要与建筑物的防火设计、建筑结构有关;火灾防治技术包括建筑自身的消防设施、本单位的消防力量、当地消防力量、地域条件等;其他因素为一些尚不确定、不明朗的因素,可根据情况赋予其他尚不确定的因素一定值。各基本因素的危险度和权重值参见表 8.4.1。

表 8.4.1　各单元的火灾危险度取值

独立因素	基本因素	危险度取值范围	权重取值范围
起火因素	可燃物	2～10	0.4～0.6
	起火源	2～5	
	管理水平	1～4	
火蔓延因素	防火设计	2～10	0.3～0.4
	建筑结构	2～5	
防治技术因素	本身消防设施	1～5	0.15～0.25
	当地消防力量	1～4	
	地域条件	1～3	
其他因素	不确定因素	2～5	0.05～0.10

分度值越大表示发生火灾的可能性越大,或防治手段越差。对于各独立因素的分度值上限应有所限制,因为它的各个基本因素的危险度不可能同时处于最大值。为此规定,独立因素危险度的最大值不超过其基本因素最大危险度乘积的 80%;如果超过按 80% 计算,另外,各独立因素的火灾危险度也不应为零,现规定其值一般不小于 8。

为了便于比较,进一步式 8-4-2 将危险度转为百分数形式:

$$R_{ij} = R'_{ij}/R'_{ij,\max} \times 100\% \tag{8-4-2}$$

式中,$R'_{ij,\max}$ 为分析方法对该因素所限定的最大火灾危险度。

(3) 分别确定各独立因素的权重 r_{ij},这些权重之和应等于 1.0。然后按式 8-4-3 计算该单元的火灾危险度:

$$S_i = \sum_{j=1}^{m} r_{ij} \times R_{ij} \tag{8-4-3}$$

式中,S_i 为某单元的火灾危险度,R_{ij} 和 r_{ij} 分别为其各独立因素的危险度及相应的权重。

参考有关规定及相关案例,可将单元的火灾危险度分为若干等级。在本方法中设定为 6 级,即:危险度低于 18 的为低度危险,18～32 为中低危险,32～45 为中等危险,45～57 为中高危险,57～68 为高度危险,68 以上为极高危险。

(4) 分别确定各单元的权重 w_i,同样,这些权重之和亦应为 1.0。然后按式 8-4-4 计算系统的火灾危险度:

$$S = \sum_{i=1}^{n} w_i \times S_i \tag{8-4-4}$$

式中,S 为系统的总危险度,w_i 和 S_i 分别为其各组成单元的权重和危险度。系统危险度等级的确定方式与单元危险度的确定方式相同。

例如,某加工厂包括原料库、车间、成品库、办公区 4 个主要部分,现根据上述方法分析其火灾危险性。根据初始检查结果,分别确定每个单元各因素的火灾危险度。例如对原料库(单元一),若各基本因素的火灾危险度为:$A_{11}=7, B_{11}=4, C_{11}=2, A_{12}=4, B_{12}=4, A_{13}=3, B_{13}=2, C_{13}=2, A_{14}=3$,则可得

$$R_{11} = (7 \times 4 \times 2)/200 \times 100\% = 28\%$$

$$R_{12} = (4 \times 4)/40 \times 100\% = 40\%$$
$$R_{13} = (3 \times 2 \times 2)/60 \times 100\% = 20\%$$
$$R_{14} = 3/5 \times 100\% = 60\%$$

设各独立因素的权重依次取 0.4、0.3、0.2、0.1,于是单元一的火灾危险度为
$$S_1 = 0.4 \times 28 + 0.3 \times 40 + 0.2 \times 20 + 0.1 \times 60 = 33.2$$
由此判断,单元一属中等火灾危险。

设其他各单元的危险度分别为
$$S_2 = 55, \quad S_3 = 65, \quad S_4 = 35$$
且各单元的危险权重依次为 0.25、0.45、0.2、0.1,于是系统的总危险度为
$$S = 0.2 \times 33.2 + 0.45 \times 55 + 0.2 \times 65 + 0.1 \times 35 = 47.89$$
综上所述,该厂的火灾危险属中高危险,应当认真研究存在的问题,采取整改措施。

8.4.2 模糊分析法

模糊分析(Fuzzy analysis)是一种对不宜定量分析的多因素事件进行半定量分析的方法。它可将某些定性描述或主观判断表述为一定的"度"或"级"的形式,然后通过模糊运算用隶属度的方式确定系统的危险等级。进行模糊分析也要将系统分解为若干因素,先分别确定各因素的危险度及权重,进而在此基础上对系统的火灾危险度作出综合判断。模糊分析可在一定程度上减少人的主观影响,从而使分析更科学。近年来,这种方法在许多安全管理部门受到密切注意,也很适用于火灾危险度的分析。

进行模糊分析也需要将系统分解为若干单元或因素,先分别确定各因素的危险度及权重,其步骤与加权平均法类似,但数值的选取方法有所不同。在此基础上对系统的火灾危险度作出综合分析。现仍以计算火灾危险度为例说明计算方式,系统的火灾危险度从起火可能性和火灾危害性两个方面进行考虑,每个方面又包括若干影响因素。

1. 起火可能性分析

假定引发某系统火灾的因素可归纳为物质因素、技术因素和人为因素 3 类,先用防火安全检查法分别进行单因素的危险评价,其结果用一、二、三、四级危险表示,并规定一级危险表示起火可能性最大,四级危险表示起火可能性最小。

假设对该系统起火可能性的初步调查结果如表 8.4.2 所示。对于每种影响因素,将占各个等级的检查项目数除以总的检查项目数便可得到各等级的危险可能性。例如,在物质因素系列中有 25 个检查项目,初步检查认为其中有 5 项为一级危险可能,即物质因素的一级危险可能性为 0.20(=5/25),其他类推进而得到危险等级分析记录,如表 8.4.3 所示。

表 8.4.2 起火可能性调查记录

影响因素	总检查项目数	一级危险	二级危险	三级危险	四级危险
物质因素	25	5	9	8	3
技术因素	20	4	5	8	3
人为因素	20	3	4	9	4

根据表 8.4.3 的结果可写为模糊矩阵:

表 8.4.3 起火可能危险等级分析记录

影响因素	一级危险	二级危险	三级危险	四级危险
物质因素	0.20	0.36	0.32	0.12
技术因素	0.20	0.25	0.40	0.15
人为因素	0.15	0.20	0.45	0.20

$$R_1 = \begin{bmatrix} 0.20 & 0.36 & 0.32 & 0.12 \\ 0.20 & 0.25 & 0.40 & 0.15 \\ 0.15 & 0.20 & 0.45 & 0.20 \end{bmatrix} \qquad (8\text{-}4\text{-}5)$$

同时,依据国家有关消防法规和规定,并结合当地的实际,按上述因素的重要程度赋予不同的权重。假设物质因素的权重为 0.60,技术因素的权重为 0.30,人为因素的权重为 0.10,则这些权重也用一个模糊向量 A_1 来表示:

$$A_1 = (0.60, 0.30, 0.10) \qquad (8\text{-}4\text{-}6)$$

根据模糊数学原理,反映上述关系的模糊判断分析集为

$$S_1 = A_1 \times R_1 \qquad (8\text{-}4\text{-}7)$$

由此可列出模糊关系运算式:

$$S_1 = (s_{11}, s_{12}, s_{13}, s_{14})$$
$$= \begin{bmatrix} 0.60 \\ 0.30 \\ 0.10 \end{bmatrix}^T \begin{bmatrix} 0.20 & 0.36 & 0.32 & 0.32 \\ 0.20 & 0.25 & 0.40 & 0.15 \\ 0.15 & 0.20 & 0.45 & 0.20 \end{bmatrix}$$

根据模糊运算隶属度的矩阵合成法则,有

$$a \vee b = \max(a, b), \quad a \wedge b = \min(a, b) \qquad (8\text{-}4\text{-}8)$$

于是

$$s_{11} = (0.60 \wedge 0.20) \vee (0.30 \wedge 0.20) \vee (0.10 \wedge 0.15)$$
$$= 0.20 \vee 0.20 \vee 0.10$$
$$= 0.20$$

用同样方法可得到

$$s_{12} = (0.60 \wedge 0.36) \vee (0.30 \wedge 0.25) \vee (0.10 \wedge 0.20)$$
$$= 0.36 \vee 0.25 \vee 0.10$$
$$= 0.36$$
$$s_{13} = (0.60 \wedge 0.32) \vee (0.30 \wedge 0.40) \vee (0.10 \wedge 0.45)$$
$$= 0.32 \vee 0.30 \vee 0.10$$
$$= 0.32$$
$$s_{14} = (0.60 \wedge 0.12) \vee (0.30 \wedge 0.15) \vee (0.10 \wedge 0.20)$$
$$= 0.12 \vee 0.15 \vee 0.10$$
$$= 0.15$$

对 S_1 进行归一化处理得

$$S_1^0 = \frac{(s_{11}, s_{12}, s_{13}, s_{14})}{\sum\limits_{i=1}^{4} s_{1i}}$$

$$= (0.20/1.03, 0.36/1.03, 0.32/1.03, 0.15/1.03)$$
$$= (0.19, 0.35, 0.31, 0.15) \tag{8-4-9}$$

运算结果表明,该系统的一级火灾可能的隶属度为 19%,二级隶属度为 35%,三级隶属度为 31%,四级隶属度为 15%。

2. 火灾危害性分析

设系统的火灾危害性用人员伤亡、财产损失、社会影响 3 种因素表示。先参考事故危害概率统计结果,并结合火灾统计规定的损失等级进行单因素分析,方法同上。各种因素的危害等级也分为一至四级,分别对应于特大危害、严重危害、一般危害、轻微危害。根据类似火灾的危害统计,并综合有关专家的意见,对各个因素的火灾危险等级作出评定,其结果见表 8.4.4。

表 8.4.4　火灾危害等级分析记录

影响因素	一级危害	二级危害	三级危害	四级危害
人员伤亡	0.12	0.24	0.46	0.18
财产损失	0.10	0.15	0.65	0.10
社会影响	0.15	0.30	0.50	0.05

由此得到模糊矩阵:

$$R_2 = \begin{bmatrix} 0.12 & 0.24 & 0.46 & 0.18 \\ 0.10 & 0.15 & 0.65 & 0.10 \\ 0.15 & 0.30 & 0.50 & 0.05 \end{bmatrix} \tag{8-4-10}$$

按上述系列对系统的重要度,假设赋予人员伤亡权重为 0.50,财产损失的权重为 0.30,社会影响的权重为 0.20,则可得权重模糊向量:

$$A_2 = (0.50, 0.30, 0.20) \tag{8-4-11}$$

建立模糊综合分析集 S_2,且其运算式为

$$S_2 = A_2 \times R_2 = (s_{21}, s_{22}, s_{23}, s_{24})$$
$$= \begin{bmatrix} 0.50 \\ 0.30 \\ 0.20 \end{bmatrix}^{\mathrm{T}} \begin{bmatrix} 0.12 & 0.24 & 0.46 & 0.18 \\ 0.10 & 0.15 & 0.65 & 0.10 \\ 0.15 & 0.30 & 0.50 & 0.05 \end{bmatrix} \tag{8-4-12}$$

求解上式得

$$s_{21} = 0.15, \quad s_{22} = 0.30, \quad s_{23} = 0.46, \quad s_{24} = 0.18$$

对 S_2 进行归一化得

$$S_2^0 = (0.14, 0.27, 0.42, 0.17) \tag{8-4-13}$$

结果表明,该系统的火灾危害性分析为:特大危害的隶属度为 14%,严重危害的隶属度为 27%,一般危害的隶属度为 42%,轻微危害的隶属度为 17%。

3. 火灾危险性的综合分析

在火灾可能性和危害性分析的基础上,综合起来确定该建筑的火灾危险等级。假设将火灾危险分为四级,即一级为极高危险,二级为高度危险,三级为中等危险,四级为低度危险。两个单元的有关数据见表 8.4.5。

表 8.4.5　火灾危险等级分析记录

分析单元	一级	二级	三级	四级
火灾可能性	0.19	0.35	0.31	0.15
火灾严重性	0.14	0.27	0.42	0.17

由该表可得到模糊矩阵：

$$R_3 = \begin{bmatrix} 0.19 & 0.35 & 0.31 & 0.15 \\ 0.14 & 0.27 & 0.42 & 0.17 \end{bmatrix} \tag{8-4-14}$$

按上述两方面对系统的重要度，假设赋予火灾可能性的权重为 0.60，火灾危害性的权重为 0.40，可得权重模糊向量为

$$A_3 = (0.60, 0.40) \tag{8-4-15}$$

于是又有

$$S_3 = A_3 \times R_3 = (s_{31}, s_{32}, s_{33}, s_{34})$$
$$= \begin{pmatrix} 0.60 \\ 0.40 \end{pmatrix}^{\mathrm{T}} \begin{bmatrix} 0.19 & 0.35 & 0.31 & 0.15 \\ 0.14 & 0.27 & 0.42 & 0.17 \end{bmatrix} \tag{8-4-16}$$

求解上式得

$$s_{31} = 0.19, \quad s_{32} = 0.35, \quad s_{33} = 0.40, \quad s_{34} = 0.17$$

计算并作归一化整理后得

$$S_3^0 = (0.17, 0.32, 0.36, 0.15) \tag{8-4-17}$$

最后结果表明，该系统的火灾危险分析为：一级危险的隶属度为 17%，二级危险的隶属度为 32%，三级危险的隶属度为 36%，四级危险的隶属度为 15%。总的说来，可认为该单位存在中等火灾危险。

8.5　医疗建筑物的火灾危险评估

为了对建筑物采取有针对性的火灾防治措施，人们希望能够事先对该建筑的火灾安全状况作出客观的评价。建筑物的结构形式是多种多样的，使用功能也千差万别，难以逐一考虑。不过那些使用功能基本相同的建筑存在很多的相似之处，所发生的火灾也具有类似的特点，所采取的预防控制措施可以相互借鉴。因此结合不同类型建筑物或构筑物的具体条件，分别制定相应的火灾安全的检查与防控对策，是改进消防安全工作的重要途径。

很多国家都按照这种思路开展了研究，并提出了若干方法。美国消防协会发布《建筑物、构筑物火灾生命安全保障规范》(NFPA 101)对此进行了比较系统的讨论，在与其配套使用的规范《确保生命安全的选择性方法指南》(NFPA 101A)中提了几种不同类型建筑火灾安全的评价方法。本节主要介绍关于医疗建筑物的评估方法的结构形式与使用。

1. 场所的特殊性

医疗保健建筑物是为那些身体或精神上患有疾病或身体虚弱的人员、婴幼儿、正在恢复的老年人等提供医药和康复治疗的场所。因而，这些场所除了为使用人员提供相应的睡眠用具和生活用品外，还应有专门供他们活动的设施。这些人员缺乏安全防御、自我保护与护理能

力,在遭遇火灾时逃生困难。为了减少火灾(包括烟气或恐慌)对人员生命安全构成的威胁,应当对建筑结构、保护和使用性能方面作出特殊的规定。

医疗建筑物的火灾安全评价系统,主要是根据建筑物的防火防烟分区、人员和消防设施等方面建立的。

2. 防火防烟分区划分

(1) 分区划分的原则

防火防烟分区是由地板、墙壁、水平出口、防烟隔断等与其他空间分隔开来的空间,每个分区具有自己的疏散路线。若一个楼层没有水平出口或隔烟防烟时,应将整个楼层作为一个防烟分区处理。多数医疗保健建筑都具有类似的布置形式,因而可以将防烟分区分为多个典型的功能区域。一般先选择典型区域进行评价,然后评价各个典型区域的不同组合,最后进行整个分区的总体评价。

(2) 典型区域

在评估中以下区域可以作为典型区域:

① 各种类型的病房,它们具有特定的作用、人员密度、病人对医护人员的比例。

② 具有不同的几何结构、装修以及灭火系统的区域。

③ 包含有特别医疗或支持活动的区域,如手术室、特别护理室、实验室等。

④ 不涉及居住、治疗或者病人通常不去的区域,如配电设备室、非医护人员使用的楼层。

⑤ 面积超过 92.5 m^2 的病人卧室和面积超过 230 m^2 的非卧室,这时应视卧室的出口多少及位置而定。

3. 使用风险

每种医疗设施都有某个内在的基本风险水平,由于家具与设备的燃烧特性随时间而变化,且物品的空间摆放形式也随时间而变化,因此它们不作为度量安全水平等效性的参数,在设定时,假设家具或设备选最易燃的,且其摆放位置最不利于火灾安全。

使用风险参数包括病人的活动能力、病人密度、分区位置、病员对医护人员的比例、病人年龄,其取值见表8.5.1。对每个风险参数,应选择合适的风险数值,且每个风险参数仅能选择一个值。

表 8.5.1 使用风险参数的系数

风险参数	参数的系数				
病人活动能力(M)	活动状态	能活动	能有限活动	不能活动	不能移动
	参数系数	1	1.5	3.2	4.5
病人密度(D)	病人数目	1~5	6~10	11~30	>30
	参数系数	1	1.2	1.5	2
分区位置(L)	楼层	一层	二层或三层	四层到六层	七层及以上	地下室
	参数系数	1.1	1.2	1.4	1.6	1.6
病人与医护人员的比例(T)	病人/医护人员	1.2/1	3.5/1	6~10/1	1个或多个/0
	参数系数	1	1.1	1.2	4
病人平均年龄(A)	年龄	65岁以下及1岁以上		大于65岁、1岁和更小的孩子	
	参数系数	1		1.2	

注:当住有病人的分区内无任何进行紧急护理的工作人员时,系数 A 改为 4。

（1）病人活动能力（M）。病人的活动能力指病人在火灾条件下进行自主逃生的能力,分为以下4类:① 能活动,指在没有他人帮助的情况下能很快地起床,打开房门,以和健康成人差不多的速度自主逃生;② 能有限活动,指其能力与前者类似,但行走速度非常慢;③ 不能活动,指不能单靠自身力量摆脱险境或不允许进行自主疏散;④ 不能移动,在火灾期间不能从所处房间离开,如依赖生命维持系统的病人。

应根据分区内病人可能的最小活动能力类型确定该分区的风险系数。

（2）病人密度（D）。病人密度指可能安置在该分区的病人数目,要考虑病床数和入住率。使用这一参数时,一方面要估计由于分区内人数的增加而可能造成的最大火灾死亡人数的增长,另一方面要评估由有限的医护人员照顾很多病人时所出现的问题。

（3）分区位置（L）。该风险系数反映了消防人员接近火源和建筑物内人员疏散的难易程度。将含有直接通往外部的出口或高于地平面但不超过层高一半的楼层定为第一层,并以此为基准计算上部楼层的层数。在实际火灾情况下,对建筑物六层以上的楼层进行外部救援是很困难的。

（4）病人对医护人员的比例（T）。该风险系数反映了火灾时相关工作人员能够马上赶到并采取行动,以保证病人安全疏散的能力。计算时应按照工作人员数量最少的情况进行考虑。

（5）病人平均年龄（A）。通常,65岁以上的老年人与1岁以下婴儿遭受烟气微粒、气体燃烧产物以及热气时会受到较大的伤害,当一个区域内住的是这类人员时,其风险系数应当加大。

4. 安全参数

安全参数主要考虑建筑物的结构和消防系统的状况,包括结构、走廊和出口的内装修、房间的内装修、走廊的隔墙和墙体、走廊上的门、分区大小、竖向开口、危险区域、烟气控制、紧急疏散路线、手动火灾报警、感烟探测与报警、水喷淋等13个方面。安全参数系数的取值见表8.5.2。

表 8.5.2 安全参数的数值

安全参数	参数值						
		可燃建筑物结构类型Ⅲ、Ⅳ和Ⅴ				不燃建筑物结构类型Ⅰ和Ⅱ		
	楼层或分区	000	111	200	211,2HH	000	111	222,223
（1）结构	1层	−2	0	−2	0	0	2	2
	2层	−7	−2	−4	−2	−2	2	4
	3层	−9	−7	−9	−7	−7	2	4
	4层及以上	−13	−7	−13	−7	−9	−7	4
（2）走廊和出口的内装修	等级C		等级B			等级A		
	−5(0)f		0(3)f			3		
（3）房间的内装修	等级C		等级B			等级A		
	−3(1)f		1(3)f			3		
（4）走廊的墙体和隔墙	没有或不完整		<1/3 h		≥1/3 h,<1 h		≥1 h	
	−10(0)a		0		1(0)a		2(0)a	

续表

安全参数	参数值			
(5) 通向走廊的门	没有门	耐火极限<20 min	耐火极限≥20 min	耐火极限≥20 min，能自动关闭
	−10	0	1(0)^d	2(0)^d

(6) 分区尺寸	袋形走道长度(ft)			袋形走道长度不大于 30 ft 且分区长度(ft)		
	>100	≥50,<100	30~50	>150	100~150	<100
	−6(0)^b	−4(0)^b	−2(0)^b	−2	0	1

(7) 竖向开口	贯通4层或更多楼层	贯通2或3个楼层	具有下述耐火极限的围护结构		
			<1 h	≥1 h,<2 h	≥2 h
	−14	−10	0	2(0)^e	3(0)^e

(8) 危险区域	双重缺陷		单一缺陷	
	分区内	分区外	分区内	邻近分区内
	−11	−5	−6	−2

(9) 烟气控制	无控制	分区内设有防烟分隔	分区内机械辅助烟气控制系统
	−5(0)^c	0	3

(10) 紧急疏散路线	<2 条路线	多条路线			
		有缺陷	无水平出口	水平出口	直接出口
	−8	−2	0	1	5

(11) 手动火灾报警	无手动火灾报警	手动火灾报警	
		与消防部门无联系	与消防部门有联系
	−1	1	2

(12) 感烟探测与报警	无	仅走廊有	仅房间有	走廊及适于居住的区域都有	分区内全部区域都有
	0(3)^g	2(3)^g	3(3)^g	4	5

(13) 自动水喷淋	无	走廊及适于居住的区域都有	分区内全部区域都有
	0	8	10

注:在本表中,上标 a 表示参数(5)为−10时,参数(4)该项取 0 值;

上标 b 表示参数(10)为−8时,参数(6)该项取 0 值;

上标 c 表示楼层内病人人数少于 31 人时,参数(9)该项取 0 值(仅适用于现有建筑物);

上标 d 表示参数(4)为−10时,参数(5)该项取 0 值;

上标 e 表示参数(1)是基于首层或是一个未受保护的结构类型时,参数(7)该项取 0 值;

上标 f 表示如果走廊、出口或房间的内装修为 B 或 C 级并受到自动喷淋保护,且参数(13)为 0 时,取括号内的值;

上标 g 表示当参数(13)中整个区域受到快速响应喷头的保护时,取括号内的值。

参数(1)涉及建筑物的结构形式。

建筑结构根据《建筑结构类型标准》(NFPA 220)中的规定分类分为 5 个基本类型,分别用罗马数字Ⅰ～Ⅴ表示。通过在罗马数字之后的 3 位阿拉伯数字表示的结构类型的专门细目如Ⅰ-433 型、Ⅱ-111 型、Ⅲ-200 型。其中:第一位表示外承重墙;第二位表示柱、梁、梁构桁架腹杆,支撑承重墙和柱,或一层以上荷载的拱顶和桁架;第三位表示楼面结构。具体数值指示相应构件的耐火极限要求。

参数(2)和(3)涉及建筑物内装修。

内装修状况对火灾蔓延具有重要的影响。根据美国标准 NFPA 225 的规定,将内装修分为 5 级,即 A、B、C、D、E,在医疗设施中,不允许采用 D 类或 E 类建筑的内部装修材料。在依据火焰蔓延确定分类时,应按去掉装饰层后的最可燃的那一层,按照 NFPA 101 的要求进行判定。内装修要求相似,但对于房间相应参数值有所加大。

参数(4)和(5)涉及构件耐火性能。

按照 NFPA 101 的规定,除了门外,隔墙的所有组件均必须根据《建筑结构和材料防火试验方法标准》(NFPA 251)确定耐火极限等级。通向走廊门的分级按分区内所有门中耐火极限最低的门,根据《建筑结构和材料防火试验方法标准》(NFPA 252)确定。

参数(6)、(7)和(8)涉及防火防烟分区,它们分别对分区的大小、竖向分隔与危险区域分隔做了规定。

分区尺寸应按照 NFPA 101 的相关规定对于新建、现有医疗保健建筑防烟隔断划分。竖向开口和各类竖向通道的围护结构的耐火极限应不小于竖向开口的有关规定,并应装设防火门或采取其他可接受的防火措施以阻止火势和烟气的竖向蔓延。危险区域的防护措施根据 NFPA 101 的相关规定确定。在评价表中,"邻近分区"指与待评估分区或者分区间未采用耐火极限为 2 h 的隔墙分隔的任一分区;"外部分区"指建筑物内待评估分区之外、未采用耐火极限为 2 h 的隔墙分隔的任一分区。危险区域的参数值只能选择一个,该数值应为与存在的缺陷相对应的最不利值,仅当危险很严重且危险区域无水喷淋保护时才考虑存在双重缺陷。

参数(9)～(13)涉及各类消防设施。

烟气控制措施应根据 NFPA 101 或《烟气控制系统推荐实用规范》(NFPA 92A)的相关要求进行确定。应根据 NFPA 101 的相关规定综合考虑疏散通道楼梯、防烟封闭间、水平出口、坡道、出口通道确定参数值。应根据 NFPA 101 的相关内容结合对于新建、现有医疗保健建筑探测、报警和通讯系统确定参数值。应根据 NFPA 101 的相关内容对于火灾探测、报警和通信系统的相关内容确定参数值。应根据 NFPA 101 关于自动水喷淋的要求确定参数值。

5. 评估系统的构建步骤

(1) 确定使用风险参数系数

对表 8.5.1 中的每个风险参数选择合适的风险系数。

(2) 计算使用风险系数 F

按下式将圈定的系数参数相乘,得到使用风险系数 F:

$$F = M \times D \times L \times T \times A$$

(3) 计算建筑的实际使用风险系数 R

对于新建建筑,可直接用 F 表示实际使用风险系数;对于现有建筑,则按下式确定 R:

$$R = 0.6 \times F$$

（4）确定安全参数值

对表 8.5.2 中的每个安全参数,选择合适的参数值。每个参数只能取一个值,若有两个或者多个值可选,则选择其中最小者。

（5）进行单个分区的安全评价

将表 8.5.2 中圈定的参数值填入表 8.5.3 中相应行中无阴影的单元格内。对于安全参数（13）,"人员疏散安全度"一栏的值应为表 8.5.2 中选定值的一半。分别将 4 栏中的值代数相加,得到的 S_1,S_2,S_3 以及 S_4 值填入等效性评价表 8.5.5 中。

表 8.5.3　单个分区的安全评价表

安全系数	分区安全度 s_1	灭火安全度 s_2	人员疏散安全度 s_3	分项的总安全度 s_4
（1）结构				
（2）走廊和出口的内装修				
（3）房间的内装修				
（4）走廊的墙体和隔墙				
（5）通向走廊的门				
（6）分区尺寸				
（7）竖向开口				
（8）危险区域				
（9）烟气控制				
（10）紧急疏散路线				
（11）手动火灾报警				
（12）感烟探测与报警				
（13）自动水喷淋			÷2＝	
合计	$S_1=$	$S_2=$	$S_3=$	$S_4=$

（6）确定强制性的安全需要值

使用表 8.5.4 确定强制性的安全需要值。根据建筑物的类型（即是新建的还是现有的）,及分区所在的楼层,在表中的各栏选定合适的值,并将该值填入到表 8.5.5 中 S_a、S_b、S_c 的方格里。

表 8.5.4　强制性的安全需要值

分区位置	分区 S_a		灭火 S_b		人员疏散 S_c	
	新建建筑	现有建筑	新建建筑	现有建筑	新建建筑	现有建筑
首层	11	5	15(12)[A]	4	8(5)[A]	1
第 2 或第 3 层[B]	15	9	17(12)[A]	6	10(7)[A]	3
第 4 层或更高层	18	9	19(12)[A]	6	11(8)[A]	3

注:上标 A 表示分区内没有病人卧室时,取括号内的值;

　　上标 B 表示在设有水喷淋的现有建筑物中,当分区位于第 2 层时,允许使用下面设定的规定值,代替表中的强制性安全需要值,$S_a=7$,$S_b=10$,$S_c=7$。

（7）确定分区火灾安全等效性

使用表 8.5.5 确定分区火灾安全等效性。完成表中所示的减法运算，将差值填入相应的答案框中。如果所得的数值等于或大于零，则记为 Yes，如果答案框中的数值为负值，则记为 No。

表 8.5.5　分区火灾安全等效性评价

评 价 方 式	算 式	Yes	No
保持安全度(S_1)－强制性保持安全度$(S_a)\geqslant 0$	$S_1 \quad S_a \quad C$ $\square - \square = \square$		
灭火安全度(S_2)－补救规定值$(S_b)\geqslant 0$	$S_2 \quad S_b \quad E$ $\square - \square = \square$		
人员疏散安全度(S_3)－人员疏散规定值$(S_c)\geqslant 0$	$S_3 \quad S_c \quad P$ $\square - \square = \square$		
总体安全度(S_4)－使用风险$(R)\geqslant 0$	$S_4 \quad R \quad G$ $\square - \square = \square$		

（8）结论

① 若表 8.5.5 中所有的验算值都为"Yes"，说明火灾安全度至少与 NFPA 101 的规格式规定等效。

② 若表 8.5.5 中有一个或者多个验算值为"No"，则说明由本系统的火灾安全度与 NFPA 101 的规格式规定不等效。

③ 表 8.5.5 的安全参数包括了评价火灾安全时要考虑的大部分参数，在实际评估时还应结合建筑物的特点，考虑相关设施的状况。

8.6　重大火灾危险因素的判定

建筑物的火灾危险是多种多样的，都应当加以重视。不过很显然，在实际的安全工作中，对不同的危险不能够同样看待，而应当分出轻重，区别对待，并应当将关心的重点放在那些可能产生严重后果的火灾危险方面。这对于有效保护人们的生命财产安全具有重要的意义。

我国消防安全与生产安全的管理部门和科研人员进行了大量的研究，提出一些有针对性的检查与判定方法，例如公共安全行业标准《重大火灾隐患判定方法》（GA 653-2006）和国家标准《重大危险源辨识》（GB 18218-2000）等，这对辨识与评定建筑物和工业生产中重大危险因素提供了重要的依据。本节简要介绍这两个标准的基本思想和实施步骤。

8.6.1　重大火灾隐患的判定

对于特定建筑物，合理确定其中主要的火灾危险因素，恰当判定这些因素的影响程度具有重要的意义,有助于采取有针对性的整改措施,有效地预防和控制重特大火灾的发生。

1. 重大火灾隐患的定义

近年来,我国的火灾科技人员依据国家的消防安全法规,在研究与总结实践经验、参考和借鉴国内外有关资料的基础上提出了重大火灾隐患(Major fire potential)的概念。所谓重大火灾隐患,指的是建筑物内违反消防法律法规,可能导致火灾发生或火灾危害增大,并由此可能造成特大火灾事故后果和严重社会影响的各类潜在不安全因素。

公共安全行业标准《重大火灾隐患判定方法》(GA 653-2006)以保护公民人身和公私财产的安全为目标,为公民、法人、其他组织和公安消防机构提供了科学判定重大火灾隐患的方法,也为消防安全评估提供了依据,适用于在用的工业与民用建筑(包括人民防空工程)及相关场所因违反或不符合消防法规而形成的重大火灾隐患的判定。

2. 重大火灾隐患的判定原则

建筑物的某些危险因素是否判定为重大火灾隐患,主要有以下原则:

(1) 重大火灾隐患的判定方式分为直接判定或综合判定两种,对于每个具体建筑应根据其实际情况选择适用的方法,并按照判定程序和步骤实施。

(2) 对火灾可能造成的财产损失,应根据场所类型、存在重大火灾隐患要素的具体情形和发生火灾时可能的过火面积以及物品价值等进行综合分析评估。

(3) 对于下列任一种情形可不判定为重大火灾隐患:① 可以立即整改的;② 因国家标准修订引起的,但法律法规有明确规定的除外;③ 对重大火灾隐患依法进行了消防技术论证,并已采取相应技术措施的;④ 一旦发生火灾,尚不足以导致特大火灾事故后果或严重社会影响的。

(4) 直接判定和综合判定按照下述方式进行:① 符合后面"5.重大火灾隐患的综合判定"中任意一条要素且不符合上面(3)中所列规定的,应直接判定为重大火灾隐患;② 不符合"5.重大火灾隐患的综合判定"中任意一条要素且不符合上面(3)规定的,应根据场所类型、重大火灾隐患的综合判定要素,按照后面"7.综合判定步骤"所列的步骤进行综合判定。符合"6.综合判定规则"所列情形之一的应综合判定为重大火灾隐患。

3. 重大火灾隐患应按以下程序判定:

(1) 进行现场检查核实,并获取相关影像与文字资料。

(2) 组织集体讨论判定,且参与人数不应少于3人。

(3) 对于涉及复杂疑难的技术问题,按照本标准判定重大火灾隐患有困难的,应由公安消防机构组织专家成立专家组进行技术论证。专家组应由当地政府有关行业主管、监管部门和相关消防技术的专家组成,人数不应少于7人。

(4) 集体讨论或专家技术论证时,建筑业主和管理、使用单位等涉及利害关系的人员可以参加讨论,但不应进入专家组。

(5) 集体讨论或专家技术论证应形成结论性意见,作为判定重大火灾隐患的依据。判定为重大火灾隐患的结论性意见应有2/3以上专家同意。

(6) 集体讨论和专家技术论证应当提出合理可行的整改措施和期限。

4. 重大火灾隐患的直接判定

若某些建筑场合存在着明显的火灾危险问题,可以直接判定为重大火灾隐患。主要有下列情况:

（1）生产、储存和装卸易燃易爆化学物品的工厂、仓库和专用车站、码头、储罐区，未设置在城市的边缘或相对独立的安全地带。

（2）甲、乙类厂房设置在建筑的地下、半地下室。

（3）甲、乙类厂房、库房或丙类厂房与人员密集场所、住宅或宿舍混合设置在同一建筑内。

（4）公共娱乐场所、商店、地下人员密集场所的安全出口、楼梯间的设置形式及数量不符合规定。

（5）旅馆、公共娱乐场所、商店、地下人员密集场所未按规定设置自动喷水灭火系统或火灾自动报警系统。

（6）易燃可燃液体、可燃气体储罐（区）未按规定设置固定灭火、冷却设施。

5. 重大火灾隐患的综合判定

有些建筑的火灾危险状况比较复杂，涉及的方面很多，是火灾安全检查的难点问题之一。是否判定为重大火灾隐患应加以更慎重的考虑，对此应当全面考虑各类要素进行综合判定。综合判定重大火灾隐患主要结合建筑物的平面设计、消防设施状况等因素。

（1）总平面布置

包括：① 未按规定设置消防车道或消防车道被堵塞、占用；② 建筑之间的既有防火间距被占用；③ 城市建成区内的液化石油气加气站、加油加气合建站的储量达到或超过《汽车加油加气站设计与施工规范》(GB 50156)对一级站的规定；④ 丙类厂房或丙类仓库与集体宿舍混合设置在同一建筑内；⑤ 托儿所、幼儿园的儿童用房及儿童游乐厅等儿童活动场所，老年人建筑，医院、疗养院的住院部分等与其他建筑合建时，所在楼层位置不符合规定；⑥ 地下车站的站厅乘客疏散区、站台及疏散通道内设置商业经营活动场所。

（2）防火分隔

包括：① 擅自改变原有防火分区，造成防火分区面积超过规定的50%；② 防火门、防火卷帘等防火分隔设施损坏的数量超过该防火分区防火分隔设施数量的50%；③ 丙、丁、戊类厂房内有火灾爆炸危险的部位未采取防火防爆措施，或这些措施不能满足防止火灾蔓延的要求。

（3）安全疏散及灭火救援

包括：① 擅自改变建筑内的避难走道、避难间、避难层与其他区域的防火分隔设施，或避难走道、避难间、避难层被占用、堵塞而无法正常使用。② 建筑物的安全出口数量不符合规定，或被封堵。③ 按规定应设置独立的安全出口、疏散楼梯而未设置。④ 商店营业厅内的疏散距离超过规定距离的25%。⑤ 高层建筑和地下建筑未按规定设置疏散指示标志、应急照明，或损坏率超过30%；其他建筑未按规定设置疏散指示标志、应急照明，或损坏率超过50%。⑥ 设有人员密集场所的高层建筑的封闭楼梯间、防烟楼梯间门的损坏率超过20%，其他建筑的封闭楼梯间、防烟楼梯间门的损坏率超过50%。⑦ 民用建筑内疏散走道、疏散楼梯、前室室内的装修材料燃烧性能低于 B1 级。⑧ 人员密集场所的疏散走道、楼梯间、疏散门或安全出口设置栅栏、卷帘门。⑨ 除公共娱乐场所、商店、地下人员密集场所外的其他场所，其安全出口、楼梯间的设置形式及数量不符合规定。⑩ 设有人员密集场所的建筑既有外窗被封堵或被广告牌等遮挡，影响逃生和灭火救援。⑪ 高层建筑的举高消防车作业场地被占用，影响消防扑救作业。⑫ 一类高层民用建筑的消防电梯无法正常运行。

（4）消防给水及灭火设施

包括：① 未按规定设置消防水源；② 未按规定设置室外消防给水设施，或已设置但不能正常使用;③ 未按规定设置室内消火栓系统,或已设置但不能正常使用;④ 除旅馆、公共娱乐场所、商店、地下人员密集场所外的其他场所未按规定设置自动喷水灭火系统;⑤ 未按规定设置除自动喷水灭火系统外的其他固定灭火设施;⑥ 已设置的自动喷水灭火系统或其他固定灭火设施不能正常使用或运行。

（5）防烟排烟设施

人员密集场所未按规定设置防烟排烟设施,或已设置但不能正常使用或运行。

（6）消防电源

包括:① 消防用电设备未按规定采用专用的供电回路;② 未按规定设置消防用电设备末端自动切换装置,或已设置但不能正常工作。

（7）火灾自动报警系统

包括:① 除旅馆、公共娱乐场所、商店、地下人员密集场所外的其他场所未按规定设置火灾自动报警系统;② 火灾自动报警系统处于故障状态,不能恢复正常运行;③ 自动消防设施不能正常联动控制。

（8）其他

包括:① 违反规定在可燃材料或可燃构件上直接敷设电气线路或安装电气设备;② 易燃易爆化学物品场所未按规定设置防雷、防静电设施,或防雷、防静电设施失效;③ 易燃易爆化学物品或有粉尘爆炸危险的场所未按规定设置防爆电气设备,或防爆电气设备失效;④ 违反规定在公共场所使用可燃材料装修。

6. 综合判定规则

（1）对于人员密集场所,根据要素 3 中的第①～⑨条、要素 5 及要素 8 的第④条进行判定。若这类场所中存在这些条中的 2 条及以上,则判定为重大火灾隐患。

（2）对于易燃易爆化学物品场所,根据要素 1 中的第①～④条、要素 4 中的第⑤和⑥条进行判定。若这类场所中存在这些条中的 2 条及以上,则判定为重大火灾隐患。

（3）若人员密集场所、易燃易爆化学物品场所、重要场所存在"4. 重大火灾隐患的直接判定"中所规定的各条要素 3 条及以上,则判定为重大火灾隐患。

（4）对于其他场所,若存在"4. 重大火灾隐患的直接判定"中所规定的各条要素 4 条及以上,应判定为重大火灾隐患。

7. 综合判定步骤

重大火灾隐患的综合判定步骤大体分为以下几步:

（1）应当确定建筑或场所类别。

（2）确定该建筑或场所是否存在"5. 重大火灾隐患的综合判定"中所列的要素情形及其数量。

（3）按照重大火灾隐患的判定程序的规定,对照"6. 综合判定规则"中所列的综合判定规则进行重大火灾隐患综合判定。

（4）对照"2. 重大火灾隐患的判定原则"中关于可不判定为重大火灾隐患的规定进行核定。

8.6.2　重大危险源的辨识与评定

1. 重大危险源的定义

在现代大规模工业生产迅猛发展的同时,重大恶性生产事故也不断发生,尽管这些事故起因不尽相同,但它们的共同特点是发生事故的设施或系统中储存或使用了大量的易燃、易爆或有毒的危险物质。

20世纪70年代以来,世界各国都开始对重大工业危害问题开展重点研究,并逐渐形成了一些共识,提出了"重大危险设施"(Major hazard installations)的概念。1993年6月,第80届国际劳工大会通过的《预防重大工业事故公约》将"重大危险设施"定义为:长期或临时的加工、生产、处理、搬运、使用或储存数量超过临界量的一种或多种危害物质,或多类危害物质的设施(不包括核设施,军事设施以及设施现场之外的非管道的运输)。

自20世纪80年代起,随着我国安全生产中重大事故逐渐突出,我国也开始对重大危险源的研究。在国家"八五"、"九五"科技攻关计划中,都设立了专门的课题进行研究,形成了一套较完整的危险源理论体系,并提出了"重大危险源"的概念。

我国所使用的重大危险源概念是指工业活动中客观存在的危险物质(能量)达到或超过临界量的设备或设施,基本等同于国际上定义的"重大危险设施"。

2. 国外对重大危险源的辨识标准

英国是最早系统研究重大危险设施控制技术的国家。1976年,英国安全与卫生委员会设立了重大危险咨询委员会(ACMH),首次提出了重大危险设施标准的建议书。1979年,ACMH又提出了修改标准,不同危险物质的临界量差别较大,如极毒物质的临界量为100 kg,而一般易燃液体的临界量为10 000 t。

1982年6月,欧共体颁布了《工业活动中重大事故危险法令》(EEC Directive 82/501),该法令列出了180种(类)物质及其危险临界量标准。1996年12月,通过了该法令的修正件(Council Directive 96/82/EC),其中极毒物质甲基异氰酸盐的存储和生产临界量为150 kg,而极易燃液体的临界量为50 000 t。

1992年,美国劳工部职业安全卫生管理局(OSHA)颁布了《高度危害化学品处理过程的安全管理》(PSM)标准,标准中提出了138种(类)危险物质及其临界量。临界量标准最小值100 lb(磅,1 lb≈0.453 6 kg),最大值为15 000 lb。

1993年国际劳工组织通过了《预防重大工业事故公约》,其中极毒物质甲基异氰酸盐限定的临界量为150 kg,极易燃液体限定的临界量为50 000 t。

可见,绝大多数国家均是采用限定某种物质及其数量的方法来确定重大危险源。危险物质临界量的多少,不仅取决于生产水平,而且与各个标准的立足点有关。标准的定义应能反映出当地急需解决的问题以及一个国家的工业模式。因此,各国应根据具体的工业生产情况制定适合国情的重大危险源辨识标准。

3. 我国对于重大危险源的辨识标准

为了加强对工业生产领域的重大危险源的管理,我国于2000年制定了国家标准《重大危险源辨识》(GB 18218-2000),规定了辨识重大危险源的依据和方法。

该标准适用于危险物质的生产、使用、贮存和经营等各企业或组织。但也指出不适用以下场所:① 核设施和加工放射性物质的工厂,但这些设施和工厂中处理非放射性物质的部门除外;② 军事设施;③ 采掘业;④ 危险物质的运输。

考虑到我国的生产技术和规模以及管理水平,我国标准的危险物质临界量的确定比国外标准适当小些。

重大危险源分为生产场所重大危险源和贮存区重大危险源两种,辨识依据是物质的危险特性及其数量。

(1) 危险物质的类型及临界量

根据物质不同的特性,生产场所重大危险源按爆炸性物质、易燃物质、活性化学物质及有毒物质 4 类物质的品名(引用国家标准《危险货物品名表》(GB 12268-2005))及各种物质的临界量确定。

贮存区重大危险源的确定方法与生产场所重大危险源基本相同,只是因为工艺条件较为稳定,临界量数值较大。具体数值见表 8.6.1～8.6.4。

表 8.6.1　爆炸性物质名称及临界量

序号	物质名称	临界量(t)		序号	物质名称	临界量(t)	
		生产场所	贮存区			生产场所	贮存区
1	雷(酸)汞	0.1	1	14	2,4,6-三硝基苯甲酸	5	50
2	硝化丙三醇	0.1	1	15	二硝基(苯)酚	5	50
3	二硝基重氮酚	0.1	1	16	环三次甲基三硝胺	5	50
4	二乙二醇二硝酸酯	0.1	1	17	2,4,6-三硝基甲苯	5	50
5	脒基亚硝氨基脒基四氮烯	0.1	1	18	季戊四醇四硝酸酯	5	50
6	叠氮(化)钡	0.1	1	19	硝化纤维素	10	100
7	叠氮(化)铅	0.1	1	20	硝酸铵	25	250
8	三硝基间苯二酚铅	0.1	1	21	1,3,5-三硝基苯	5	50
9	六硝基二苯胺	5	50	22	2,4,6-三硝基氯(化)苯	5	50
10	2,4,6-三硝基苯酚	5	50	23	2,4,6-三硝基间苯二酚	5	50
11	2,4,6-三硝基苯甲硝胺	5	50	24	环四次甲基四硝胺	5	50
12	2,4,6-三硝基苯胺	5	50	25	六硝基-1,2-二苯乙烯	5	50
13	三硝基苯甲醚	5	50	26	硝酸乙酯	5	50

表 8.6.2 易燃物质名称及临界量

序号	类别	物质名称	临界量(t) 生产场所	临界量(t) 贮存区	序号	类别	物质名称	临界量(t) 生产场所	临界量(t) 贮存区
1	闪点<28℃的液体	乙烷	2	20	18	28℃≤闪点<60℃的液体	二(正)丁醚	10	100
2		正戊烷	2	20	19		乙酸正丁酯	10	100
4		石脑油	2	20	20		硝酸正戊酯	10	100
5		环戊烷	2	20	21		2,4-戊二酮	10	100
6		甲醇	2	20	22		环己胺		100
7		乙醇	2	20	23		乙酸	10	100
8		乙醚	2	20	24		樟脑油	10	100
9		甲酸甲酯	2	20	25		甲酸	10	100
10		甲酸乙酯	2	20	26	爆炸下限≤1%气体	乙炔	1	10
11		乙酸甲酯	2	20	27		氢	1	10
12		汽油	2	20	28		甲烷	1	10
13		丙酮	2	20	29		乙烯	1	10
14		丙烯	2	20	30		1,3-丁二烯	1	10
15	28℃≤闪点<60℃的液体	煤油	10	100	31		环氧乙烷	1	10
16		松节油	10	100	32		一氧化碳和氢气混合物	1	10
		2-丁烯-1-醇	10	100	33		石油气	1	10
17		3-甲基-1-丁醇	10	100	34		天然气	1	10

表 8.6.3 活性化学物质名称及临界量

序号	物质名称	临界量(t) 生产场所	临界量(t) 贮存区
1	氯酸钾	2	20
2	氯酸钠	2	20
3	过氧化钾	2	20
4	过氧化钠	2	20
5	过氧化乙酸叔丁酯(浓度≥70%)	1	10
6	过氧化异丁酸叔丁酯(浓度≥80%)	1	10
7	过氧化顺式丁烯二酸叔丁酯(浓度≥80%)	1	10
8	过氧化异丙基碳酸叔丁酯(浓度≥80%)	1	10

序号	物质名称	临界量(t)	
		生产场所	贮存区
9	过氧化二碳酸二苯甲酯(盐度≥90%)	1	10
10	2,2-双-(过氧化叔丁基)丁烷(浓度≥70%)	1	10
11	1,1-双-(过氧化叔丁基)环己烷(浓度≥80%)	1	10
12	过氧化二碳酸二仲丁酯(浓度≥80%)	1	10
13	2,2-过氧化二氢丙烷(浓度≥30%)	1	10
14	过氧化二碳酸二正丙酯(浓度≥80%)	1	10
15	3,3,6,6,9,9-六甲基-1,2,4,5-四氧环壬烷	1	10
16	过氧化甲乙酮(浓度≥60%)	1	10
17	过氧化异丁基甲基甲酮(浓度≥60%)	1	10
18	过乙酸(浓度≥60%)	1	10
19	过氧化(二)异丁酰(浓度≥50%)	1	10
20	过氧化二碳酸二乙酯(浓度≥30%)	1	10
21	过氧化新戊酸叔丁酯(浓度≥77%)	1	10

表 8.6.4　有毒物质名称及临界量

序号	物质名称	临界量(t)		序号	物质名称	临界量(t)	
		生产场所	贮存区			生产场所	贮存区
1	氨	40	100	32	八氟异丁烯	0.30	0.75
2	氯	10	25	33	氯乙烯	20	50
3	碳酰氯	0.30	0.75	34	2-氯-1,3-丁二烯	20	50
4	一氧化碳	2	5	35	三氯乙烯	20	50
5	二氧化硫	40	100	36	六氟丙烯	20	50
6	三氧化硫	30	75	37	3-氯丙烯	20	50
7	硫化氢	2	5	38	甲苯-2,4-二异氰酸酯	40	100
8	羰基硫	2	5	39	异氰酸甲酯	0.30	0.75
9	氟化氢	2	5	40	丙烯腈	40	100
10	氯化氢	20	50	41	乙腈	40	100
11	砷化氢	0.4	1	42	丙酮氰醇	40	100
12	锑化氢	0.4	1	43	2-丙烯-1-醇	40	100
13	磷化氢	0.4	1	44	丙烯醛	40	100
14	硒化氢	0.4	1	45	3-氨基丙烯	40	100

续表

序号	物质名称	临界量(t)		序号	物质名称	临界量(t)	
		生产场所	贮存区			生产场所	贮存区
15	六氟化硒	0.4	1	46	苯	20	50
16	六氟化碲	0.4	1	47	甲基苯	40	100
17	氰化氢	8	20	48	二甲苯	40	100
18	氯化氰	8	20	49	甲醛	20	50
19	乙撑亚胺	8	20	50	烷基铅类	20	50
20	二硫化碳	40	100	51	羰基镍	0.4	1
21	氮氧化物	20	50	52	乙硼烷	0.4	1
22	氟	8	20	53	戊硼烷	0.4	1
23	二氟化氧	0.4	1	54	3-氯-1,2-环氧丙烷	20	50
24	三氟化氯	8	20	55	四氯化碳	20	50
25	三氟化硼	8	20	56	氯甲烷	20	50
26	三氯化磷	8	20	57	溴甲烷	20	50
27	氧氯化磷	8	20	58	氯甲基甲醚	20	50
28	二氯化硫	0.4	1	59	一甲胺	20	50
29	溴	40	100	60	二甲胺	20	50
30	硫酸(二)甲酯	20	50	61	N,N-二甲基甲酰胺	20	50
31	氯甲酸甲酯	8	20				

（2）重大危险源的辨识指标

若某个单元内存在危险物质的数量等于或超过表8.6.1～8.6.4规定的临界量，即被定为重大危险源。单元内存在危险物质的数量根据处理物质种类的多少分为以下两种情况考虑：

① 单元内存在的危险物质为单一品种，则该物质的数量即为单元内危险物质的总量，若等于或超过相应的临界量，则定为重大危险源。

② 单元内存在的危险物质为多品种时，则按下式计算，若满足该式要求，则定为重大危险源：

$$\frac{q_1}{Q_1} + \frac{q_2}{Q_2} + \cdots + \frac{q_n}{Q_n} \geqslant 1 \tag{8-6-1}$$

式中，$q_1, q_2, \cdots, q_n$ 是每一种危险物品的实际存在量(t)；$Q_1, Q_2, \cdots, Q_n$ 是与各危险物质相对应的生产场所或贮存区的临界量(t)。

8.7　火灾防治的经济性分析

8.7.1　火灾防治经济性分析的意义

加强建筑物火灾防治的技术水平与设施建设是有效减少火灾危害的基本条件。但这种水平要受到多种因素的影响,其中经济因素无疑起着重要的约束作用,提高一栋建筑乃至一个地区的火灾安全水平必须以一定经济条件为前提。

现在先以建筑物是否安装自动喷水灭火系统为例说明。按一定概率可预计某建筑物会发生一定的火灾,若让火灾自由发展势必会带来较大的人员伤亡和财产损失。而自动灭火系统是控制初期火灾的重要手段。但安装这种系统,建设者就需要支付一定的购买、安装及维修费用。这种投资要具有一定的强度,然而作出了这种投资后火灾发生的概率及损失肯定会有所减少。人们势必会提出:这种投入与所获得的效益之间是否合算,或者说这种投入是否值得,如果不安装自动灭火系统而采取其他技术措施是否可行?

从更高的角度来说,对于火灾防治的投入问题,人们总会思考:在满足相同火灾安全的前提下,如何能够使消防投入与消耗尽可能减少? 或者在有限的消防投资的基础上,如何能够使火灾安全程度尽可能提高等。

人们对火灾安全可以提出较高的期望,但是决定火灾防治技术水平的经济条件往往是有限的,对消防投入和所获效益之间的平衡分析是一个十分现实的问题。但在如何投资方面经常出现两种错误倾向:一种是过度压缩消防投资,认为消防投资是一种非生产性的投入,从而导致火灾安全得不到充分保证。另一种是盲目增加投资,从而使得消防工程造价过高,造成投资的浪费。因此,开展消防工程投资和火灾安全度之间的关系分析具有重要的意义,这也能更好体现"性能化"的防火设计思想。现在关心和需要这种分析的领域有很多,例如消防工程的设计与安装、消防产品的开发、火灾安全的日常检查与管理、灭火战斗的组织、火灾保险的计算等,相关的分析将会为他们的决策提供宝贵的参考数据。

此外这种经济性分析也可为国家对消防投资决策提供重要参考。我国消防事业的建设经费来源于中央和地方政府。在现阶段我国对消防事业究竟应给予多大的投入才是合适的,这是各级政府密切关注的问题。急需参考世界各国的做法,并结合我国的当前的社会经济状况,确定一个合理的投入比例,为在宏观上进行消防投资决策提供理论依据与方法指导。

火灾防治的经济性分析大体可以分为宏观分析和微观分析两个层面。研究消防投资与社会经济发展的关系、国家和各级政府的消防投资效益、改进消防安全管理与加强消防部队的成本与效益、发展火灾保险等主要涉及宏观分析;而对消防工程的设计与安装、消防产品的开发、消防设施的运行与维护等基本上是微观方面的分析。

基于本书的定位,本节重点从微观角度进行火灾防治的成本与效益分析,且主要涉及消防工程项目的经济性分析。

8.7.2   火灾防治的成本与效益

在经济学中,成本通常被看作是生产者购买某种生产要素的货币支出,效益是所获得的货币形式的收入。但火灾防治是一种公共安全事业,其成本与效益的表述方式应与一般的生产与经营活动有所不同。

1. 火灾防治的成本分类

从火灾风险的角度说,火灾防治成本可分为火灾风险的社会成本和控制成本两部分。从是否便于计算的角度说,成本常分为显性成本和隐性成本两类。抗御风险的费用是一种隐性成本,而消防投入正是对风险的投入。风险越大,相应的隐性成本越大。

(1) 火灾风险的社会成本

火灾风险的社会成本(C_L)包括火灾造成的直接损失成本、间接损失成本以及隐形成本。直接损失成本(C_1)指的是火灾造成的财产损失,包括房屋、构筑物和设备等;间接损失成本(C_2)指的是由于火灾导致的企业生产率下降、停业、企业形象和信誉度遭破坏,以及和人员伤亡所必须支付的经济代价;隐形成本(C_3)指的是由于火灾所导致的无形成本。于是

$$C_L = p \times (C_1 + C_2 + C_3) \tag{8-7-1}$$

式中,p 为火灾发生概率。

(2) 火灾风险的控制成本

火灾风险的控制成本(C_K)包括消防设备的投资成本和购买火灾保险的费用成本。

消防设备投资的成本(C_p)消防投资成本主要包括消防项目设计规划、建筑防火结构的建造、消防系统安装等项目初期的投入以及消防系统的维护成本。

业主购买火灾保险的费用(C_i)也可看作是一种消防工程成本。于是

$$C_K = C_p + C_i \tag{8-7-2}$$

与火灾损失与安全度的关系类似,这两类火灾风险成本与火灾风险大小的关系可用图 8.7.1 的曲线表示。

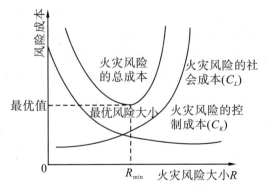

图 8.7.1   火灾风险与成本的关系

2. 消防投资最优化的基本原则

考虑消防投资最优化,主要应注意以下两个基本原则:

(1) 最低消耗原则

火灾防治所涉及的经济消耗主要有火灾损失和消防投资,两者之和通常称为火灾防治总代价,或总成本,即

$$F(s) = L(s) + C(s) \tag{8-7-3}$$

式中,$F(s)$ 为消防安全总代价,$L(s)$ 为火灾损失,$C(s)$ 为消防投资。这三者均为为火灾安全度 s 的函数。火灾防治是一种公共安全问题,所选定的最低经济消耗必须以保证基本的火灾安全为前提。当安全度处于某一位置可达到消防总代价最小的要求。

(2) 最大效益原则

消防投资效益指的是火灾损失减少数额与投资数额的比值,即

$$E = B/P \tag{8-7-4}$$

式中,E 为消防投资的经济效益;B 为投资的收益,或称为安全产出,在这里主要是指消防设施使用前后火灾损失的减少量和增值量;P 为消防投资成本,包括消防设施的建造成本、运行费用和运行有关的其他所有费用。显然,只有当 $E > 1$ 才会具有经济效益。消防投资效益最大化的含义是以较少的投入达到避免或减少最大火灾损失的效果。

据此还可引出消防投资的减损效益和增值效益两个概念。减损效益是指消防安全投入使火灾直接损失减少而产生的经济效益,等于减损产出与安全投入量之比。一般来说,消防投资对火灾直接损失所包含的各个方面都能起到减损作用。增值效益是指相关的投资对企业产值的贡献,等于增值效益与安全投入量之比。但安全投资的增值效用主要是隐性的,在火灾不发生的情况下,消防投资似乎对企业的生产和经营没有多大作用,然而实际上当企业能够顺利运行时,消防投资就已在潜在地发挥作用。

在进行消防工程经济分析时,除了应考虑这两个基本原则外,还应注意一些其他原则,例如系统分析原则、资源最优配置原则等,并应正确处理微观经济效益和宏观经济效益的关系、短期经济效益和长期经济效益的关系等。

3. 不同决策者的成本与效益

火灾防治涉及多个方面的机构和人员,即存在多个投资决策者。然而不同决策者对火灾防治的成本与效益的理解有所不同。与消防工程相关的决策者主要包括建设项目的业主、消防安全管理部门、保险公司、消防设备的生产厂家及安装维修公司等。

建设项目的业主为了满足建筑防火设计的规定,必须进行一定的消防投资。但是采取多少设施、采取什么技术水平的措施直接关系到投资的强度,业主需要在投资与效益间进行权衡;而保险公司作为一种独立核算的企业,必须对相关项目的火灾安全问题所收取的保费认真核算,并赚取适当的利润。消防设备的安装公司在承包消防工程时,也需要通过尽量降低其成本、提高施工质量来获得经济效益。

尽管大家在减少火灾损失方面的总愿望是相同的,但不同角度的人在成本和效益之间的平衡标准是不同的。火灾防治的经济性分析还应当结合不同层面的需要进行。

4. 保险因素在经济收益中的作用

对于安装消防系统来说,是否考虑火灾保险因素,将会影响投资收益的评价方法式。若不考虑火灾保险因素,消防投资的净收益可表示为

$$B = (L_0 - L_1) - C \tag{8-7-5}$$

式中,B 为企业在此方面的净收益;L_0 为未安装消防系统时的预计损失,L_1 为安装了消防系统后的预计损失,$L_0 - L_1$ 表示损失的减少量;C 为安装消防系统的投资额。

若考虑火灾保险因素,业主需向保险公司支付一定的保费C_1,但却可以得到确定性的收益回报,主要包括保险费的优惠(I)和政府的税收补贴(G),因此,购买保险后的总收益为

$$B = (L_0 - L_1) - (C + C_1) + (I + G)$$
$$= (L_0 - FX_D) + (I + G) \tag{8-7-6}$$

式中,(FX_D)为相关的火灾自留风险期望损失。

8.7.3 消防投资的分类与评价

1. 消防投资的分类

消防投资主要有以下几种分类方式:

(1) 按照投资作用分类

按照投资的作用,消防投资可分为预防性投资和控制性投资两类。

预防性投资是指为预防火灾发生而进行的投入,主要包括为建立健全各级公安消防机构而支出的费用,进行建筑防火审核、防火检查、防火管理、消防安全保卫及消防安全宣传所支出的费用等。

控制性投资是指在发生火灾情况下为了减少人员伤亡、降低事故损失的预先投入,主要包括新建与扩建消防站的投入,购置消防车辆和救援装备的费用,建筑内安装各类火灾探测设施和灭火设施的费用等。该项投资是在火灾尚未发生的时候事先投入的,而它的效果只有在火灾发生的情况下才能够显现出来。

(2) 按照资金来源分类

按照资金来源,可分为政府投入、个体投入和其他投入3类。

政府投入分为中央政府的投入和地方政府投入。前者主要负责各级公安消防部门的人员薪金、生活福利、办公费用,以及公安部下属的消防科研机构和专业院校的教育科研经费等各项开支。后者主要用于公安消防队各类装备的添置与更新、营房建设及维修、市政消防设施的建立和维护、新建或扩建消防站等项目的投资。

建设项目的业主必须在项目建设投资中安排特定的数额用于消防设施与设备的购置、安装与维护,以保证消防设施的正常运行。一般来说,这是消防工程最直接的投资。

其他投入包括各类企事业单位购置消防用品及完善消防管理的费用、家庭或个人用于消防安全的支出、社会上用于公共消防建设的公益性捐资与集资及各类社会专业机构的消防研究投入等。

(3) 按照投资用途分类

按照投资的用途可分为工程技术投资、人员业务投资、教育科研投资等。用于消防工程或消防设施的建设性投资是人们关心的主要方面,但用于消防人员的工资和津贴、消防行政业务支出、用于消防安全的宣传和教育的费用以及火灾防治技术的研究及技术开发方面的投资也不能忽视。另外,购买火灾保险也是一种形式的消防投资。

2. 消防投资的最优化分析

为了克服消防投资不足和局部投资过度的偏向,可以结合成本/效益的关系进行最优化分析,以确定消防投资的最佳范围。

(1) 投资的收益曲线

投资的收益曲线大体如图 8.7.2 所示。图中横坐标 P 表示某一特定时间范围和地域范围内的消防投资额,纵坐标 B 表示这些投资产生的火灾安全收益。水平直线 B_{max} 表示在一个时期内消防收益的最大值。随着 P 的增加,其安全收益只能逐渐接近而无法达到 B_{max}。由于消防投资效益 E 为 B 与 P 的比值,因此曲线上任意一点的投资效益可由该点与原点 O 的连线的斜率表示。

通常,直线 OL 与投资收益曲线可相交于 X 和 Y 两点,据此,该收益曲线可分为 3 段:

ZX 段位于直线 OL 线的下方,即曲线上各点的斜率都小于 1,表明此时的投资成本大于投资收益。这对应于基础性消防安全投资数额较小的情况。由于消防投资的起点过低,此阶段所投入的资金不能取得起码的效益。如果进一步加大消防安全投入,促使投资效益点沿着收益曲线向临界点 X 点移动。

曲线的 XY 段位于直线 OL 的上侧,即曲线上各点的斜率都大于 1,表明此阶段的消防投资收益大于投资成本。这对应于正常的社会消防投资情况。在完成了一定的消防安全基础建设后,投资的效益逐步提高。消防投资的最佳投资点应当在这个阶段寻找。

曲线 YS 段也位于直线 OL 的下方,表明此阶段的消防投资收益再次小于投资成本。这对应于过度增加安全投资额的情况。在火灾风险不变时,消防投资增加到一定额度后,再继续追加投资反而会使投资效益降至低于投资成本。

(2) 消防投资的最优化分析

根据上述分析消防投资最优区间位于曲线的 XY 段内。运用边际效益分析技术有助于寻求最优化的消防投资。

边际效益是指在某一安全投资的基数上,再增加一个单位的安全投资所获得的新增效益。如果边际效益大于 1,说明收益的增加量大于新投入的成本,因此适宜追加投资;边际效益等于 1 表明收益的增加量与成本的增加量相等,即已达到投资临界点;如果再继续追加投资,新增的收益值将无法抵消投资成本的增加值。

边际效益分析的基本思路是:首先在曲线上找到投资效益最高的点 M;从该点的消防投资额度 P_M 开始追加投资,直到其边际效益为 1,即达到临界点 N。曲线的 MN 段所对应的投资范围 $[P_M, P_N]$ 便为消防安全投资的最优区间,见图 8.7.3。

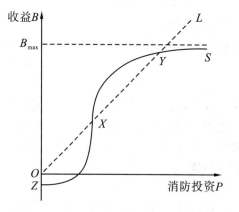

图 8.7.2 消防投资与收益的变化曲线

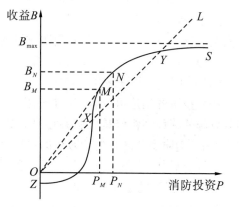

图 8.7.3 消防投资收益的最佳区间

确定 M 与 N 点的方法概述如下:

① 过坐标原点 O 作曲线 XY 段的切线,可得切点 M。由于在投资效益曲线上 M 点的斜率 B/P 最大,因此是最佳投资效益点。应认识到,XM 是个不稳定段,在此阶段消防投资的少许减少也会导致收益的大幅下滑。因此一般情况下,消防投资应当适当大于 P_M。

② 与横坐标成 45°作与曲线 XY 段相切的直线,可得切点 N。N 点的斜率为 1,即表明在 N 点的投资效益值为 1。根据边际效益递减规律,从 M 点开始追加消防投资,到达 N 点后即达到边际效益的临界值。

在一个不太长的历史时期内,可以近似认为社会经济水平和火灾形势均处于相对稳定的状态。因此可参考上图的消防投资-收益曲线,在 MN 曲线所对应的投资范围 $[P_M,P_N]$ 区间进行消防投资。

3. 消防投资经济效益的一般规律

对一个工程项目来说,从项目建成到其寿命的终结,消防投资效益的变化状况如图 8.7.4 所示。图中,自 A 至 E 分别表示消防投资效益的无利期、微利期、持续高效期、效益减少期、失效期。这表明,消防投资的效益在项目的寿命期内是不断变化的,火灾安全管理的各级决策者应当清楚这一问题。

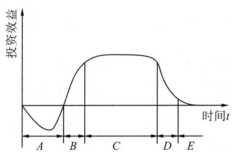

图 8.7.4　消防投资效益的规律

8.7.4　安装自动喷淋系统的经济性分析

各种消防技术措施在火灾防治过程中均具有其特定的作用,它们的购置与安装都涉及一定的基本费用,同时为了使不同消防设施之间能形成协同效应以提高火灾安全水平,需要对单项设施选取和多种设施组合的经济性进行合理权衡。在此,仅以安装自动喷淋系统为例作些初步分析。

1. 安装自动喷淋系统的成本与效益

(1) 成本的估算

自动喷淋系统主要包括喷头、湿式报警阀组、水流指示器、末端试水装置、自动放气阀、泄压阀、泵组、稳压阀以及管道系统等。通过统计各个组件的数量和成本,就可以得出安装自动喷淋系统的成本。而安装自动喷淋系统的直接成本费和间接成本分别根据国家的相关规定,按照工程费单价和工程量计算。

(2) 效益的估算

对于业主而言,安装自动喷淋系统的经济效益主要包括两个方面,一是财产损失的减少,二是财产保险费的降低。下面分别对这两方面的效益进行估算。

建筑物的火灾损失包括直接财产损失和间接财产损失两部分。每年的火灾直接财产损失可由下式计算:

$$DL = N \times \rho_F \times A_F \times P_F \qquad (8\text{-}7\text{-}7)$$

式中,DL 为建筑物发生火灾的直接财产损失,元/年;N 为建筑物划分的防火分区的个数;P_F 为建筑物发生火灾的概率,起/(一个防火分区·年);A_F 为建筑物某一防火分区内起火后的平均过火面积,m^2;ρ_F 为建筑物的财产密度,元/m^2。

建筑物发生火灾的概率 P_F 可由 Rutstein 提供的公式计算得到

$$P_F(A) = KA^a \qquad (8\text{-}7\text{-}8)$$

式中,A 为建筑物防火分区的面积,K 和 a 为常数,对于不同类型的建筑取值不同,对于商用建筑,$K=0.000\,066$,$a=1$。

通常,建筑物火灾的间接财产损失远大于直接财产损失。假设间接财产损失为直接财产损失的 n 倍(n 的取值与建筑物的使用性质相关),那么建筑物发生火灾的间接财产损失 IL(元/年)为

$$IL = n \times DL \qquad (8\text{-}7\text{-}9)$$

对于安装自动喷淋系统的建筑,火灾财产损失的减少在于其过火面积的减小。

(3) 关于自动喷淋系统效益的相关研究

安装自动喷淋系统的建筑物比未安装的建筑相比,火灾死亡人数以及财产损失均有明显减少。美国消防协会(NFPA)的相关统计研究给出了很好的说明,见表 8.7.1。在我国,这类的统计研究尚少,应当尽快加强,以便获得一些有说服力的数据。

表 8.7.1 是否安装自动喷淋系统的效益比较

产业类别	每千次火灾死亡人数			每次火灾的直接财产损失		
	无自动喷淋灭火系统	有自动喷淋灭火系统	减少的百分比(%)	无自动喷淋灭火系统	有自动喷淋灭火系统	减少的百分比(%)
公共场所	1.3	0.1	91	16 100	6 200	61
教育产业	0.4	0.3	8	11 200	3 300	71
保健产业	4.2	2.1	47	2 400	800	65
旅馆	7.5	2.6	65	10 200	4 500	56
办公楼	1.1	0.4	65	16 400	6 400	61
商店	1.1	0.4	65	24 800	12 400	50
制造业	2.0	1.2	37	27 800	12 900	53

2. 安装自动喷淋的相关作用

从建筑物的整体火灾防治来看,安装了自动喷淋后可以对建筑物的其他消防设计要求作出适当调整,这有利于使建筑物的使用功能更加合理。可能调整的方面主要有:

(1) 建筑面积

自动喷淋能够有效地控制起火区域的燃烧强度,防止起火房间发生轰燃,从而可降低火灾出现大范围蔓延的可能性。因此,如果在建筑物中安装了喷淋系统,便可以适当放宽对建筑面积的限制。

当建筑物安装了自动喷淋系统后,建筑面积的放宽程度可根据"等效损失"原则确定,就是说,对于这种放宽建筑面积的建筑物,应当保证在安装了自动喷淋系统后的火灾损失不会超过没安装自动喷淋系统时的损失。

(2) 防火分区面积

与可放宽建筑面积类似,安装自动喷淋系统的建筑的防火分区的面积也能够适当放宽。图8.7.5给出了某一封闭空间中防火分区面积与最大损失值之间的关系,其适用于分区面积大于 32 m² 的情况。由该图可知,当受损面积都取为 153 m² 时,没安装喷淋的分区面积只能取到 500 m²,而安装了喷淋系统后该面积则可取到 4 000 m²。

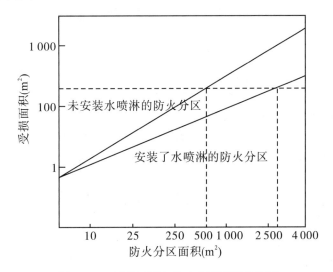

图 8.7.5　受损面积与防火分区面积的关系

我国《建筑设计防火规范》(GB 50016-2006)中规定,建筑内设置自动灭火系统时,该防火分区的最大允许建筑面积可在无自动灭火系统的基础上增加 1.0 倍。局部设置时,增加面积可按该局部面积的 1.0 倍计算。在英国等许多国家也大体是这样限定的。

(3) 疏散通道

为了保证建筑物内的人员顺利疏散,疏散通道必须不超过一定的长度,这基本上是根据烟气能够发生自由蔓延的情况确定的。安装了自动喷淋系统后,不仅能有效地扑灭初期火灾,或防止起火房间发生轰燃,而且能阻止烟气的蔓延,从而为相关区域内的人员提供更多的逃生时间。

因此,对于安装了喷淋系统的建筑,也能在保证火灾中人员安全程度的前提下,适当放宽对最大允许疏散距离的限制。而最大允许疏散距离的加长可以使建筑物的疏散楼梯或疏散出口的数量有所减少,从而降低了建筑成本。对于安装了早期响应快速响应喷淋系统的建筑更有理由这样做。美国消防协会制定的《建筑物、构筑物火灾生命安全保障规范》(NFPA 101)中规定,在此情况下最大允许疏散距离可增加 33%～50%,加拿大、新西兰和瑞典的防火规范中也有类似的条款。我国《建筑设计防火规范》规定,建筑物内全部设置自动喷水灭火系统时,其安全疏散距离可按本表规定增加 25%。

8.7.5 火灾损失的统计与评估

火灾损失的统计数据是反映火灾危害的基本资料,也是进行投入/效益比较的主要依据之一。我国对火灾损失已作出了专门的统计规定,即《火灾统计管理规定》(公通字[1996]82号),其中对火灾的直接损失和间接损失分别建立了不同的评价方法。

1. 火灾直接损失的统计方法

根据我国的《火灾直接财产损失统计方法》(GA 185-1998),火灾直接损失用财产损失来表示,指的是房屋、构筑物、设备和其他各类财产的因火灾而造成的损失。对于每起火灾损失都应逐项计算损失,然后将各项损失之和作为本起火灾的直接财产损失。损失额一律以人民币(元)为计算单位,不足一元的四舍五入。

火灾直接损失主要是根据烧损率进行计算的。为了准确地计算火灾损失,要对火灾现场建筑物、设备、物资的残留部分进行细致检验,恰当评价它们的烧损率。

(1) 房屋、建筑物烧损率评价方法

根据公安部《房屋、建筑物烧损率评价方法》(该标准是试行版,1990 年颁布),将房屋、建筑物烧损率分为基本烧损、严重烧损、局部烧损和轻度烧损 4 种情况。

① 基本烧损的烧损率按 90%以上计算,它是指房屋、建筑物的主体结构大部分倒塌,装修和设备等大部分烧损,已无重新修复价值,需要全部拆除重建。

② 严重烧损的烧损率按 70%～90%计算,其特征是房屋、建筑物主体部分倒塌,但部分可以修复,有些建筑材料可以利用。

③ 局部烧损的烧损率按 30%～70%计算,其特征是房屋、建筑物没有倒塌,只有部分墙倒塌。只需要修复小损小坏就可以恢复房屋、建筑物的正常使用功能。

④ 轻度烧损的烧损率按 30%以下计算。它是指建筑物基本完好,仅局部门窗烧损,墙壁被烟熏黑,灭火时稍有损坏等。只需采用小修工程修复,即可恢复正常使用功能。

(2) 设备固定资产烧损率评价方法

设备固定资产是指各类企业单位、事业单位、国家机关、社会团体按照财政部门有关规定,确定为固定资产管理的各类设备。设备固定资产烧损率是指其在火灾中被火烧、烟熏、砸摔,以及在灭火过程中因破拆、水渍等原因造成的外观、使用功能和精度的损坏程度,用百分比表示。设备固定资产烧损率可分为全部烧损、严重烧损、局部烧损和轻微烧损。

① 全部烧损指烧损率为 70%以上(不含 70%)的情况,按 100%计算。其特征是:a. 无法修复使用;b. 大部分零部件、附属件或关键零部件损坏,失去了原有的全部使用价值;c. 修复费达国家有关部门规定的报废标准;d. 经过鉴定,大修虽能恢复精度,但不如更新经济的,或继续大修后技术性能仍不能满足工艺要求和保证产品质量的。

② 严重烧损指烧损率为 40%以上(不含 40%)、70%以下时,按 70%计算。其特征是:a. 大部分零部件、附属件或关键零部件损坏、导致大部分使用功能和精度降低或丧失,必须通过大修,全部拆卸分解,修理或更换烧损件,才能修复;b. 部分使用功能或精度虽不能修复到火灾前的使用状态,但能满足使用要求,尚可使用。

③ 局部烧损烧损率为 10%以上、40%以下时,按 40%计算。其特征是:设备的部分零部件、附属件损坏,导致部分使用功能和精度降低或丧失,需要部分拆卸分解,修理或更换烧损

件,才能恢复到火灾前的使用状态。

④ 轻微烧损烧损率为 10% 以下,按 10% 计算。其特征是:a. 仅外观受损,使用功能和精度未受影响,通过一般的维护、保养,即可修复;b. 少量零部件、附属件受损,使用功能和精度基本未受影响,通过小修,进行简单的修理或更换,即可恢复到火灾前的使用状态。

(3) 房屋、构筑物财产损失计算

对房屋建筑物的价值进行评估的基本方法是固定资产重置折旧计算方法,以重置完全价值作为确定各类房屋建筑价值的基本依据。

① 在用房屋、构筑物财产损失计算公式

$$损失额(元)=重置完全价值(元)\times\{1-[1/折旧年限(年)]\times已使用年限(年)\}\times烧损率(\%)$$
$$(8\text{-}7\text{-}10)$$

式中,重置完全价值是指重新建造或重新购置财产所需的全部费用。房屋、构筑物重置价值(不含土地购置费)等于失火时该房屋、构筑物工程造价(元/m²)与受灾房屋、构筑物建筑面积(m²)的乘积。失火房屋、构筑物的工程造价,按当地建委建设工程定额管理站或房管部门的规定执行。折旧年限按《火灾直接财产损失统计方法》中的规定计算。

② 在建房屋、构筑物财产损失计算公式

$$损失额(元)=在建工程造价(元/m^2)\times受灾房屋、构筑物建筑面积(m^2)\times烧损率(\%)$$
$$(8\text{-}7\text{-}11)$$

式中,在建工程造价(元/m²)依据在建工程受灾时已投入资金确定。

③ 房屋装修财产损失计算

失火房屋的装修指的是其二次装修。对于烧损后能够修复的,按实际修复费计算;烧损后不能够修复的,按全部烧损计算。其计算公式:

$$损失额(元)=重置完全价值(元)\times\{1-[1/折旧年限(年)]\times已使用年限(年)\}$$
$$(8\text{-}7\text{-}12)$$

④ 文物建筑火灾直接财产损失统计方法

单座文物建筑的火灾直接财产损失计算公式:

$$H_a = C\times(XB+XBT)\times S \tag{8-7-13}$$

式中,H_a 为文物建筑火灾损失额,元;C 为文物建筑重建费,元;XB 为文物建筑保护级别系数;XBT 为文物建筑保护级别调节系数;S 为烧损率(%)。

文物建筑重建费 C 由文物部门参照当地有关部门颁布的古建筑修缮概(预)算定额,依据发生火灾时实际修缮费用提出。文物建筑的保护级别系数 XB、单座文物建筑的保护级别调节系数 XBT、文物建筑组、群中的单座文物建筑保护级别调节系数 XBT,以及文物建筑烧损率 S 的取值可根据《火灾直接财产损失统计方法》得到。

(4) 设备(含房屋、构筑物内配套设备及施工设备)财产损失计算方法

设备火灾损失的计算公式为:

$$损失额(元)=重置完全价值(元)\times\{1-[1/折旧年限(年)]\times已使用年限(年)\}\times烧损率(\%)$$
$$(8\text{-}7\text{-}14)$$

此外,对于一些特殊的情况,还有一些计算火灾直接损失其他规定,在具体计算时应当注意了解与执行。

2. 火灾间接经济损失的统计

火灾间接损失的计算是一个复杂的问题,对于该项损失中应当包括哪些内容存在不同的认识,在此仅考虑经济损失。根据公安部发布的《火灾间接经济损失额计算方法》(公通字[1992]151 号),火灾间接经济损失额按下式计算:

$$M = A + B + C \tag{8-7-15}$$

式中,M 为火灾间接经济损失额(按工业产值计算);A 为因火灾停工、停产、停业(通常简称"三停")造成的经济损失;B 为因火灾致人伤亡造成的经济损失;C 为因火灾现场施救及清理火场的费用。

具体可分为以下几种情况考虑:

(1) 由于"三停"而造成的经济损失

$$A = a_1 + a_2 + a_3 + a_4 \tag{8-7-16}$$

式中,a_1 为发生火灾单位造成"三停"的经济损失;a_2 为由于使用发生火灾单位所供给的能源、原材料、中间产品等造成的相关单位"三停"经济损失;a_3 为扑救火灾所采取的停水、停电、停气(汽)及其他必要的紧急措施而直接造成的有关单位"三停"经济损失;a_4 为其他损失,主要指由于火灾造成"三停"不能按期履行合同的罚款,以及由于火灾造成对农田、水产养殖业等污染的损失。因火灾造成"三停"不能履行合同的罚款,其损失额按实际罚款数计算;由于火灾后果造成对农田、水产养殖业等污染的损失,按实际污染程度计算损失额。

(2) 由于火灾致人伤亡而造成的经济损失

$$B = b_1 + b_2 + b_3 + b_4 \tag{8-7-17}$$

式中,b_1 为医疗费;b_2 为伤者歇工工资(含护理人员),其值为工资额乘以工作时间(日);b_3 为工作损失价值;b_4 为伤、亡一名职工善后处置费(含抢救费、丧葬费、抚恤金、亲属奔丧费、顶替死者岗位新职工培训费等)。其中,b_3 按照下式计算:

$$b_3 = \{\text{上一年的产值(元)}/[\text{职工总数} \times \text{年法定工作日}]\} \times \text{损失工作日} \tag{8-7-18}$$

复 习 题

1. 简要说明火灾风险、火灾危害、火灾可能性、火灾隐患的含义,以及它们之间的联系与区别。

2. 说明"可接受风险"概念的意义。试谈谈你对在我国目前情况下确定火灾可接受风险的看法。

3. 火灾安全检查表有哪些功能? 编制火灾安全检查表时应当做哪些工作?

4. 什么是事故树分析中的割集和径集? 举例说明最小割集和最小径集在分析中的作用。计算顶上事故的概率主要有哪些方法?

5. 在火灾风险评估中,为什么半定量分析法具有重要作用? 这类分析法怎样处理对象的火灾危险状况?

6. 确定某对象的火灾危险度和危险权重有哪些基本方法? 简要说明每种方法的优缺点。

7. 说明火灾隐患的基本含义。判定重大火灾隐患应当遵循怎样的程序? 为什么要强调应严格遵循这种程序?

8. 判定建筑物的重大火灾隐患有哪些方式？为什么要提出综合判定模式？

9. 火灾危险源有哪些主要类型？这类危险源如何进行辨识？试列举两个在自己周围存在的典型危险源。

10. 说明我国目前关于"重大危险源"的定义。判定重大危险源主要依据哪些因素？试分析选用这种依据的科学性和合理性。

11. 在 NFP 101A 中关于医疗保健机构火灾安全评估方法有哪些突出的特点？谈谈你对开发这类针对不同使用功能建筑的火灾安全分析方法的意见和建议。

12. 开展火灾防治的经济性分析具有哪些作用？进行分析的基本原则有哪些？

13. 火灾防治成本通常可分为哪些部分？它们是怎样计算的？简要说明实现消防投资最优化分析的基本步骤。

参 考 文 献

［1］ 冯肇瑞,等. 安全系统工程[M]. 北京:冶金工业出版社,1993.

［2］ 陆庆武. 事故预测预防技术[M]. 北京:机械工业出版社,1990.

［3］ 冯肇瑞,杨有启. 化工安全技术手册[M]. 北京:化学工业出版社,1993.

［4］ 公安部消防局. 防火手册[M]. 上海:上海科学技术出版社,1992.

［5］ 张永胜. 火灾风险识别[J]. 消防技术与产品信息,1996(4).

［6］ 程映雪,向衍荪,等. 系统安全方法分析[J]. 中国安全科学,1995.

［7］ 霍然,等. 火灾危险评估模型的基本框架[J]. 消防技术与产品信息,1994(8).

［8］ 田玉敏. 消防经济学[M]. 北京:化学工业出版社,2007.

［9］ 罗云. 安全经济学[M]. 北京:化学工业出版社,2004.

［10］ 范维澄,孙金华,陆守香,等. 火灾风险评估方法学[M]. 北京:科学出版社,2004.

［11］ 徐风臣,消防经济学[M]. 沈阳:辽宁人民出版社,1995.

［12］ 赵国杰,工程经济学[M]. 天津:天津大学出版社,2004.

［13］ HALL J R. Product Fire Risk, Chapter 5-10. SFPE Handbook of Fire Protection Engineering [M]. Fire Protection Association, Quincy, MA, 1995.

［14］ NFPA 101. Life Safety Code[S]. National Fire Protection Association, Quincy, MA, 2001.

［15］ NFPA 101A. Guide on Alternative Approaches to Life Safety[S]. National Fire Protection Association, Quincy, MA, 2001.

［16］ 中华人民共和国国家标准. GB 18218-2000. 重大危险源辨识[S]. 2000.

［17］ 中华人民共和国公共安全行业标准. GA653-2006. 重大火灾隐患判定方法[S]. 2006.

9 特殊建筑火灾的防治讨论

近十几年来,我国的经济建设得到了飞速的发展,人们的生活水平大大提高,社会各方面也都得到了快速发展。在建筑方面,为满足人们日益提高的社会和生活需求,各式各样的新型建筑纷纷建立起来,如高层建筑、大空间建筑、地下建筑等,这些建筑的兴起极大地改善了人们的生活质量,但同时也给消防安全带来了很大问题,相应的消防规范更新难以跟上建筑的发展,因此对这些特殊火灾的特点和消防设计要求都需要进行研究、探讨,以完善相关消防规范,满足消防安全的要求。本章主要针对几类建筑形式,讨论它们的火灾特点和防治要求。

9.1 高层建筑火灾

9.1.1 引言

建筑物向高处发展是建筑设计的一个重要方向。很多年前,人们就开始建造较高的建筑,而大多数是围绕某些特殊象征意义修建的,例如教堂、庙宇、纪念塔等。12 世纪修建的巴黎圣母院的塔顶距地面有 90 m;文艺复兴时期,罗马的圣彼得大教堂的穹顶高 138 m。

到了近代和现代,高层建筑概念逐渐发生了很大变化。由于工业的迅速发展,城市人口日趋密集,地价高涨,为了节约土地资源和提高使用效率,出现了以商业或办公为主要目的的高层建筑。1931 年在纽约建造的高 381 m 的帝国大厦,开了这类建筑的先河;1973 年在纽约又建造了两座并立的高 411 m、110 层的大楼——世界贸易中心大厦;1974 年在芝加哥建造的希尔斯大厦高 443 m,共 110 层;1998 年完工的马来西亚吉隆坡双子塔高 452 m,共 88 层。据悉美国的伊里诺斯、英国的利物浦设计了近 500 m 的高塔式建筑,阿联酋迪拜正在建造一座 123 层高的建筑,它比中国台北、美国芝加哥和世界其他地方最高的摩天大楼还要高出许多层。日本则在论证约千米高的空中城国。

随着城市现代化的发展,我国的高层建筑也迅速增加。在北京、上海、广州等地超过 50 m 的建筑占了相当大的比例,百米以上的建筑物也陆续出现。如 1997 年建成的广州中信广场大楼有 80 层,高 391 m;深圳国际贸易中心大厦主办公楼高 44 层,最高处为 53 层,高 150 m;大连国际贸易中心 325 m;北京国贸三期 330 m;2008 年竣工的上海环球金融中心 492 m;1998 年 8 月竣工的上海金茂大厦高达 420.5 m,目前为我国高层建筑之最。2003 年建成的中国香港国际金融中心二期 88 层,高 415 m。2004 年建成的中国台北 101 大楼,共 101 层,楼高 509 m,是目前为止世界上最高的建筑物。据统计,广州百米以上的建筑就达 360 多座。正在建设的广州新电视塔甚至超过了 600 m。图 9.1.1 给出了目前世界上的六幢代表性高层建筑。

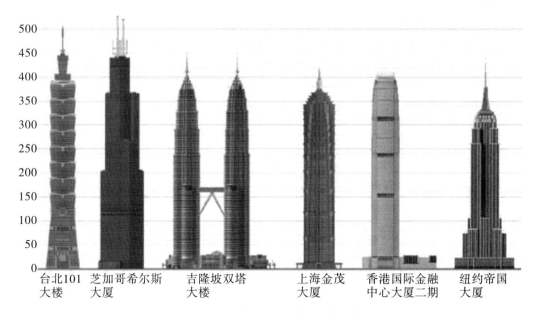

图 9.1.1　　目前世界六幢代表性高层建筑

高层建筑的发展带来了许多新问题,例如工程造价提高,管理费用增加,施工难度加大,设备要求更复杂,在火灾防治方面也带来了不少困难。但为了适应人口密集的城市中工作和生活的需要,高层建筑物的兴起是一个不可避免的趋势,而基本建设的其他有关方面应当加以改进和提高以顺应这一趋势,并研究和发展相应的火灾防治新技术。

9.1.2　高层建筑火灾的特点

高层建筑具有层数多、高度大、体积大、人员集中等特点,其火灾危险性也比普通建筑物大得多,主要体现在以下几个方面:

1. 起火因素多

高层建筑功能复杂,电气化和自动化程度高,用电设备多,且用电量大,漏电、短路等故障出现的概率高,容易形成点火源。另一方面,建筑物的内部装修材料中可燃化工建材所占比例很大,一旦发生火灾,不仅火势蔓延迅速,而且会产生大量有毒气体。

2. 火灾烟气蔓延的途径多

高层建筑内大都设有多而长的竖井,如楼梯井、电梯井、管道井、风道、电缆井、排风管道等,易产生“烟囱效应”。一旦室内起火,高温火灾烟气进入这些竖井后,会在烟囱效应的作用下由建筑物下层很快蔓延到上层乃至整个建筑。另外,高层建筑中大多存在玻璃幕墙,一旦玻璃破碎,火灾极易通过破碎的幕墙向上发展,幕墙之间的缝隙也是烟气蔓延的重要途径。

3. 受环境因素影响大

环境空气的流动是影响建筑物内火灾蔓延的重要因素,这在高层建筑上体现得尤为突出。实测表明,若建筑物 10 m 高处的风速为 5 m/s,则在 90 m 高处风速可达 15 m/s。这有可能使起初很微弱的火源变得十分危险,那些在普通建筑内不易蔓延的小火星在高层建筑内部却可发展成灾。此外,外来风的影响也会大大增加火灾发展和烟气蔓延的可能性。

4. 人员集中且难疏散

高层建筑物内可容纳成千上万人,而且通常各种类型的人都有,如"911"事件中的世贸大厦可容纳 5 万多人。这不仅使起火机会增大,而且给人员的疏散增加了困难。试验表明,在一座 50 层的建筑内通过楼梯将人员全部疏散要用 2 小时,这种疏散速度显然极易造成重大人员伤亡。

5. 火灾扑救难度大

许多高层建筑的上层是目前普通灭火装备达不到的,例如一般云梯式消防车只能达到 24 m,世界上最先进的云梯车登高也不过 101 m。现在一些发达国家已采用直升机扑救,但其能力有限。一般消防队员徒步跑上六七层楼,其体力已消耗到基本丧失战斗力的程度,若再携带灭火器材必将更加疲惫不堪。因此像过去那样依赖消防队赶来救火的方式已不适应于高层建筑的火灾扑救。

由于这些特点,高层建筑物的火灾防治引起人们的普遍注意。有些专家明确提出,应把这种火灾作为最重要的特殊火灾问题对待(其次是地下建筑火灾、油品火灾等),加强其防治技术和扑救对策的研究。

9.1.3 高层建筑火灾防治讨论

经过多年研究,很多专家认为,防治高层建筑火灾应重点从以下几个方面抓起:

1. 把好建筑防火安全设计关

这一要求主要是对建筑设计部门提出的,对建筑物进行火灾安全分析时也应首先注意这一点。在建筑设计时,不仅要注重其造型的新颖美观,而且还要注意火灾防治的合理性,设计中遗留的问题往往是其他工作难以补救的。一般说,合理的总体布局、有效的防火分隔和人员疏散设计是最重要的几方面。

在总体布局方面应保持建筑物间有适当的防火间距,控制裙房的高度和宽度,留出足够的消防车道等。需指出,有些高层建筑在这方面做得不够,如一些人为了充分利用现有土地资源,相邻建筑的防火间距留得过小,裙房修得过高,甚至有的没有预留消防车道。

在楼内进行合理的防火分区是防止火灾大面积蔓延的主要措施。对高层建筑的防火分隔,不仅要做好水平分区,更应注意竖直分区,穿越楼层的竖井是造成火势迅速扩展的主要因素之一。有的高层建筑还设有空间很大的内部中庭,火灾烟气一旦进入中庭将难以控制,应设法避免。

高层建筑的人员安全疏散设计应当考虑到水平与竖直两个方面。在火灾中,人员的行动具有很大的多向性和盲从性,故每层楼应至少设有两个方向的疏散路线,并且宜将楼梯设在大楼的两端,有时还可设置在墙外,连通阳台,使人员在房间门受阻时可以通过阳台进入疏散通道。为把高层建筑中人员尽快撤出,主要还应加强竖直疏散。设置消防电梯是主要方法,其疏散速度比楼梯疏散快得多。每隔若干层设置一个临时避难层也是目前推荐的措施之一。避难层的防火防烟性能比普通层好,无法很快撤出大楼的人员可以先撤到该层内,这种避难层还可以作为消防人员灭火的空中基地。在某些国家,利用直升机进行楼顶救援也成为一个重要消防手段,它不但能救出受困者,还可空运消防人员进行灭火抢险。随着经济的发展和技术的进步,这种方法在我国也得到快速发展。有关管理部门亦拟规定在 100 m 以上的建筑物屋顶修建直升机升降坪。

根据现行规定,发生火灾时不能使用普通电梯进行人员疏散。但在某些情况和条件下,是可以考虑利用高层建筑中的电梯进行火灾疏散从而提高逃生效率的。国外已有利用电梯成功进行人员疏散的火灾案例,如美国纽约在受到"911"恐怖袭击后,世贸中心南楼 91 层的 31 名工作人员利用电梯撤离仅耗时 72 s;1996 年 10 月 28 日,日本广岛一栋 20 层的高层公寓发生火灾,有一半以上的疏散人员都是利用电梯逃离火灾现场的。在我国也有一些高层建筑发生火灾时利用电梯成功疏散人员的案例。近年来,国内外不少学者已开始研究这一问题,并提出了一些方案。在本书的 7.5.4 节中已作过介绍与讨论。

2. 改进建筑材料的性能

建筑材料主要分为结构材料和装修材料两大类。高层建筑所用的结构材料应当有较强的抗烧能力,即使遭受火灾也可以保持建筑物的整体框架不受影响。现在钢材与钢筋混凝土材料已成为高层建筑的主要结构材料,如果严格按照现行的建筑设计规范设计和施工,有关的构件能够满足耐火要求。

对装修材料的主要要求是不易燃,即使发生燃烧也不会产生大量的烟气和有毒气体。但目前相当多的建筑装修材料是可燃或易燃材料。现在人们在选择材料时比较注意保温、隔音、美观,但对其燃烧性能关注不够,这往往为火灾的发生留下隐患。对此一方面应当加强对装修材料的燃烧性能进行研究和测试,制定出详细、明确的使用规定,另一方面应当广泛宣传让人们接受这些认识,建立新的选材和用材观念。

3. 控制室内可燃物的种类和数量

火灾统计表明,由于钢筋混凝土材料的使用,当前高层建筑的主要火灾问题已由建筑结构问题变为楼内存放或使用的物品问题。现在楼内最先失火的通常是办公用品、设备、存储的商品、家具、床上用品等。对这些物品的使用加以合理控制可以减少火灾发生和损失。基本措施主要有:① 控制建筑物的火灾载荷,房间内存放的可燃物总量不能超过一定限度。当然这一限度的合适取值还有待于进一步研究,由于建筑物使用功能的差别,难以制定统一的标准。② 推广使用难燃或不燃的材料,家具、床上用品、办公用品等应当选用阻燃材料制造。

4. 加强火灾中的自救能力

高层建筑火灾发展迅速,扑救难度大,单纯依赖消防部队从远处赶来灭火往往难以及时控制和扑灭大火,应当大力加强高层建筑自身的火灾防治能力,如安装火灾自动报警设备、自动灭火设备、烟气控制设备及疏散和避难诱导设备等,并由消防控制中心集中管理。

增强人员对火灾事态的应变能力也是提高自救的重要方面。尽管建筑物设有良好的疏散诱导和灭火设施等,但是要使它们很好发挥作用还与火灾中人们的精神状态有极大的关系。突如其来的火灾往往使有些人精神过度紧张或不知所措,这种心理有时比火灾威胁本身更为可怕,它经常使人们自己走入困境,如跳楼、乱跑等。这是大量火灾实例暴露出来的问题。因此应当加强对人们防灭火知识及疏散常识的教育和训练,这对高层建筑的使用者尤为重要。

9.1.4　典型火灾案例

1. 乌鲁木齐商厦大火

2008 年 1 月 2 日 20 时 30 分,新疆乌鲁木齐市德汇国际广场发生重大火灾。过火面积达

65 000 m²,涉及经营商户 1 046 户,4 日上午北京时间 9 时 30 分大火才被扑灭。大火最终导致 3 名武警官兵牺牲,1 名受伤,批发市场内至少有 2 人死亡,造成至少 5 亿元的损失。

根据商场保安人员的回忆,大火是由一堆着火的扫帚引起的,这堆扫帚放在一楼车道上一临时摊位中,着火后火苗迅速蔓延。商场中有商户反映,该摊主上厕所走开后,取暖用的电炉引燃扫帚,火苗越来越大,最终形成大火。

德汇国际广场位于乌鲁木齐市钱塘江路 508 号,始建于 2001 年 3 月。整个市场由一期、二期 A 段、二期 B 段 3 栋建筑连接组成,高 12 层,建筑总占地面积 6 311.12 m²,该广场主要从事日用百货、儿童服装等小商品批发经营。因为在发生火灾时,乌鲁木齐市气温在 −12℃ 以下,使得登高消防车辆液压部分冻结,不能正常工作。消防车辆供水系统也不时冻结,给火灾的扑救造成极大困难。

对于这场大火,商场方面负有不可推卸的责任,商场将消防通道租给商户,通道内的临时摊位很多,每次消防部门来检查时,商厦就会把这些棚子拆掉,检查过后再重新搭起来。另据某商户称,德汇国际广场后面还有一个在建的"烂尾"工程,挡住了商厦后面的消防通道,使得商厦只剩下正面和侧面的消防通道。

2. 香港嘉利大厦火灾

1996 年 11 月 20 日下午 4 时 50 分左右,香港九龙嘉利大厦发生火灾。火由一个电梯井的底部烧起,由于烟囱效应,火焰迅速蔓延到整个大楼,形成了一场燃烧 21 小时的大火。火灾中死亡 40 人,受伤 81 人,失踪 40 人,成为香港开埠以来高层建筑火灾燃烧时间最长、死亡人数最多的火灾。

据查,火灾是因为在电梯井内进行烧焊引起的。由于长期未全面清扫,电梯井底堆集了大量可燃垃圾,电梯导轨上也沾满了油污。修理人员忽视在焊接设备时必须清除周围可燃物的规定,致使熔渣引燃可燃垃圾。

嘉利大厦是一座地下 3 层、地上 15 层的旧式商用建筑,3 层以下为商场,4 层为公司,5~9 层为办公室,10~15 层为其他公司和珠宝行。大楼本来进行了防火分隔,但为满足承包商的要求,拆除了若干防火墙而代以可燃材料板壁,为火灾的蔓延创造了条件。该楼的下部出口处安装了两道坚固的铁质防盗门,发生火灾后该门自动降下,对人员疏散和救生灭火造成了很大困难。没有安装火灾探测和自动喷水灭火系统是造成初期扑救不利的原因。按照香港的消防法规要求,宾馆、酒店、超级市场等必须安装火灾探测和自动喷水灭火系统,但对一般高层建筑没有明确要求。而大楼的所有者便将应当安装上述设施的区域租给客户,使之各自经营,造成防火问题无人关心。

3. 巴西圣保罗市焦马大楼火灾

焦马大楼是 1972 年建成的,高 25 层,11 层以上为办公区。1973 年 2 月 2 日 8 时 50 分左右,焦马大楼 12 层北侧一房间内空调器冒出火花,经理赶紧跑去切断该楼层的配电盘,但返回时,火焰已引燃装饰窗帘,进而点燃了顶棚。小型灭火器已无法控制火势,经理紧急通知上部楼层的人员疏散。虽用电梯疏散了 300 多人,但最终电梯在 12 层被火吞没,人员无法撤下,许多人只好逃到外阳台和屋顶等待救援。9 时 40 分左右,12 层以上的地板均已燃烧,10 时 30 分左右,地板几乎烧烬。这场火灾中死亡 179 人,伤 300 余人。

起火的原因是送风空调设备的电线不符合要求引起的。由于电流过载发热而导致绝缘层破坏,加上空调机靠近窗帘过近,从而引燃了窗帘。楼内使用了大量可燃、易燃的装修材料则是火灾迅速发展的基本原因。该楼屋面为木结构桁架,隔墙亦为木板,顶棚为可燃纤维板,可燃物载荷过大。

人员疏散设计不合理是造成如此重大伤亡的另一原因。该大楼的办公部分只有一个宽1.1 m 的楼梯,且不是封闭式的楼梯,这便导致楼内出现火灾危险后人员无路可走。

9.2 地下建筑火灾

9.2.1 引言

地下建筑是指在地面之下通过人工挖掘而获得的地下建筑空间,开发地下空间是充分利用占地面积的另一重要方向。

按照建造形式,地下建筑大体可分为附建式和单建式两大类。附建式地下建筑是指某些地上建筑的地下部分,现在许多大型建筑都有地下室,主要用作商场、旅社、歌舞厅、停车场等。单建式地下建筑类型很多,如地下仓库、地下商业街、地下铁路和公路隧道、地下车站、地下电缆沟等。在我国的许多城市中修建的地下人防工程也是一种常见的地下建筑。有的地下建筑离地面很深,还有些具有多层结构。我国已有深 11 层的民用地下建筑,而 3～5 层的地下建筑则很普遍。不少地下建筑绵延数百、上千米,地下铁路和公路隧道则更长,有些地下建筑甚至还形成庞大的地下网络。

近年来,我国使用地下建筑的情况迅速增加,尤其是大量的城市人防工程开始改为民用,例如有的被改建成旅馆、仓库、文娱场所,有的被改建为商场、生产车间、停车场以及医疗场所等。现在不少地下建筑的功能复杂,装修讲究,存放的物品种类繁多,并使用大量电气设备,相当多的可燃材料也常常被存放到地下建筑内,这就使防治火灾成为地下建筑使用中的突出问题之一。

随着我国交通建设和城市化建设的发展,地铁作为改善城市交通状况的重要工具在我国得到了快速的发展。据统计,目前我国已有北京、上海、广州、天津、深圳、南京、香港等城市开通了地铁,重庆、成都、沈阳、武汉、哈尔滨、杭州、大连、青岛等大城市正在建造或筹建地铁,还有其他一些大中城市的地铁建设也正在规划中。地铁的火灾防治也面临着许多新问题。

由于地下建筑的外围是土壤或岩石,只有内部空间,没有外部空间,其火灾特征与地上建筑有着很大差别,采取的火灾防治对策应当有所不同。特别是那些改变使用功能的地下建筑,由于历史原因和技术条件,基本上没有系统考虑火灾防治问题,也没有合理的火灾安全管理措施。另外,目前对地下建筑火灾特点和防治技术的研究也比较薄弱,随着地下建筑的广泛使用,应对这方面给予足够重视。

9.2.2 地下建筑火灾的特点

地上建筑与外部环境仅一墙之隔,并且有门、窗与外界相连。发生火灾时,一旦室内温度达到 280 ℃左右时,窗玻璃就会破裂,热烟气便可从窗户排入大气。一般热烟气沿窗户上半部流出,新鲜空气沿通风口下部流入,这种对流可以限制室内温度的升高。当然在某些情况下,新鲜空气的流入可以助燃,从而加强火势,室内的燃烧特征将根据火区与通风的具体情况而定,不过新鲜空气的冷却作用通常是主要的。

地下建筑却没有门窗之类的通风口,它们是经由竖直通道与地面上部的空间相连的。与地上建筑相比,这种通风口的面积要小得多,由此便造成地下建筑火灾有以下一些特点:

1. 散热困难

地下建筑内一旦发生火灾,热烟将无法像地上建筑那样通过窗户顺利排出,又由于建筑物周围的材料比较厚,导热性能差,对流散热弱,燃烧产生的热量大部分积聚在室内,故其温度上升得很快。实验表明,起火房间温度可由 400 ℃迅速上升到 800 ℃～900 ℃,容易较快地发生轰燃。

2. 烟气量大

地下建筑火灾燃烧所用的氧气是通过与地面相通的通风道和其他开口补充的。这些通道面积狭窄,新鲜空气的供应不足,故火灾基本上处于低氧浓度的燃烧,不完全燃烧程度严重,会产生相当多的浓烟。同时由于室内外气体对流交换不强,大部分烟气积存在建筑物内。这一方面造成室内压力中性面低,即烟气层较厚(增大了对人们的威胁),另一方面烟气容易向建筑物的其他区域蔓延。图9.2.1为某地铁站起火时火灾烟气从站台冒出的情景。地下建筑的通风口的数量对室内燃烧状况有重要影响。当只有一个通风口时,烟气要从此口流出,新鲜空气亦要由此口流入,该处将出现极复杂的流动。当室内存在多个通风口时,一般排烟与进风会分别通过不同的开口流通。一般说来,地下建筑火灾在初期发展阶段与地上建筑火灾基本相同,但到中、后期,其燃烧状况要根据通风口的空气供应情况而定。

图 9.2.1　某地铁火灾冒出的烟气

3. 人员疏散困难

由于环境条件的限制,地下建筑的出入口少,疏散距离长。发生火灾时,人员只能通过限定的出入口进行疏散,即使在十分紧急的情况下也只能如此。而地上建筑火灾中可通过多种途径疏散,如窗户、房顶、阳台。地下建筑火灾中,热烟气是向上流动的,与火灾中人员疏散的方向相同。在火灾中,人员出入口往往会成为喷烟口,而烟气流动速度比人群疏散速度快。研究认为,在建筑物内,烟气的水平流动速度为 0.5～1.2 m/s,垂直上升速度比水平流动速度快 3～5 倍。如果没有合理的措施,烟气就会对人员造成很大的危害。在地上建筑火灾中,烟气上升,人员通常是向下跑的,跑到着火层以下就安全了。而在地下建筑火灾中人员不跑出建筑物总是不安全的。在地下建筑物内,自然采光量很少,有的甚至没有,基本上只使用灯光照明,室内的能见度很低。而在火灾中,为了防止火灾蔓延,往往要切断电源,里面会很快达到伸手不见五指的程度,这也将严重妨碍人员的疏散。

4. 火灾扑救难度大

这种困难主要体现在以下几方面:① 地上建筑失火时,人们可以从不同角度观察火灾状况,从而可以选择多种灭火路线。但地下建筑火灾中,消防人员无法直接观察到火灾的具体位置与情况,这给组织灭火造成很多困难;② 消防人员只能通过地下建筑物设定的出入口进入,别无他路可走。于是经常只能是冒着浓烟往里走,加上照明条件极差,不易迅速接近起火位置;③ 由于地下建筑内气体交换不良,灭火时使用的灭火剂要比灭地面火灾时少,且不能使用毒性较大的灭火剂,但这就致使火灾不易被迅速扑灭;④ 地下建筑的壁面结构对通信设备的干扰很大,无线通信设备在地下建筑内难以使用,故在火灾中地下与地上的及时联络很困难。

9.2.3　地下公用建筑火灾的防治讨论

地下建筑的种类很多,功能不同,火灾防治措施和安全分析的重点也不一样。对于地下公用建筑应当注意以下几个方面:

1. 严格对地下建筑使用功能的管理

首先是加强对地下建筑中存放物品的管理和限制。不允许在其中生产或储存易燃、易爆和着火后燃烧迅速而猛烈的物品,严禁使用液化石油气和闪点低于 60 ℃的可燃液体。对于易爆物品引发的火灾,各种消防措施都很难对付。而地下建筑泄压困难,爆炸产生的冲击波将产生更严重的影响,甚至会完全摧毁整个地下建筑。在这方面已有不少惨重的教训。

一般说公用地下建筑适宜用作普通商店、餐厅、旅馆展厅等,也可作为丙、丁、戊类危险物质的生产车间和存储仓库。在地下建筑中使用的装修材料应是难燃、无毒的产品。装修材料的燃烧性质直接关系到室内轰燃出现的时间,而无毒产品无论对普通疏散人员和灭火人员都十分重要。

公共地下建筑物的使用层数和掩埋深度也值得研究,作为商用的公共建筑,由于人员密集,不宜埋得过深,且人员活动区应尽量靠近地面。一般埋深达 5～7 m 时应设上下自动扶梯,地下部分超过二层时应设置防烟楼梯。

2. 合理的防火设计

在这方面主要应注意防火分隔和人员疏散。防火分区是有效防止火区扩大和烟气蔓延的重要措施,在地下建筑火灾中其作用尤其突出。对地下建筑防火分区的要求应当比地上建筑更高。根据建筑的功能,分区面积一般不应超过 500 m²,而安装了喷水灭火装置的建筑可适当放宽。

地下建筑必须设置足够多和位置合理的出入口。高层建筑地下室的出入口可与地上建筑疏散距离的规定一致,一般的地下建筑必须有两个以上的安全出口。参考日本地下街的要求,两个对外出入口的距离应小于 60 m。对于那些设置若干防火分区的地下建筑,每个分区都应有两个出口,其中一个出口必须直接对外,以确保人员的安全疏散。对于多层空间,应当设有让人员直达最下层的通道。

3. 设置有效的烟气控制设施

在地下建筑火灾中,烟气对人的危害更为严重。许多案例表明,地下建筑火灾中死亡人员基本上全部是因烟致死的。为了人员的安全疏散和火灾的扑救,在地下建筑中必须设置烟气控制系统,以阻止烟气四处蔓延,并将其迅速排出。设置防烟帘与蓄烟池等方法有助于限制烟气蔓延。

负压排烟是地下建筑的主要排烟方式,这样可在人员进出口处形成正压进风条件。排烟口应设在走道、楼梯间及较大的房间内。为了确保楼梯前室及主要楼梯通道内没有烟气侵入,还可进行正压送风。对于地铁类建筑的楼梯入口处也应该加设加压送风,以防烟气通过楼梯迅速蔓延到上层。地下建筑的补风也需谨慎设计,一般应采用机械补风。对设有采光窗的地下建筑,亦可通过正压送风实现采光窗自然排烟。但采光窗应有足够大的面积,当其面积与室内平面面积之比小于1/50,还应当使用负压排烟方式。对于掩埋很深或多层的地下建筑,应当专门设置防烟楼梯间,在其中安置独立的进风与排烟系统。

4. 采用合适的火灾探测与灭火系统

对于地下建筑应当强调加强其火灾自救能力。探测设备的重要性在于能够准确预报起火位置,这对扑灭地下建筑火灾格外重要。应当针对地下建筑的特点来进行火灾探测器选型,例如选用耐潮湿、抗干扰性强的产品。

安装自动喷水灭火系统也是地下建筑物的主要消防手段之一,不少国家在消防法规上已对此作了规定。如日本要求地下商业街内全部应装有自动水喷淋器。现在我国已有不少地下建筑安装了这种系统,但仍不普遍。

对地下建筑火灾中使用的灭火剂应当慎重选择,不许使用毒性大、窒息性强的灭火剂,例如四氯化碳、二氧化碳等。这些灭火剂的比重较大,会沉积在地下建筑物内,不易排出,并且会对人们的生命安全构成严重威胁。

5. 安装事故照明及疏散诱导设施

地下建筑的空间形状复杂多样,出入口的位置大都不一致,而且很多区域没有自然采光条件,这也是造成火灾中人员疏散困难的原因之一。因此在地下建筑中除了正常照明外,还应设置事故照明灯具,避免火灾发生时内部一片漆黑。同时应有足够的疏散诱导灯指引通向安全门或出入口的方向。有条件的建筑还可使用音响和广播系统临时指挥人员合理疏散。

9.2.4 隧道火灾的防治讨论

隧道是一种狭长的地下建筑,在现代交通中具有重要的作用。由于隧道内车辆通过频繁,火灾事故时常发生,且容易造成恶性事故。对于隧道火灾防治,除了应注意普通地下建筑火灾的特点外,还应注意下述方面:

(1)隧道的吊顶必须使用不燃材料,两侧的墙壁应使用不燃或难燃材料。

(2)隧道内应安装可靠的火灾探测装置以便及时找到事故发生的位置。由于隧道内的烟尘较多,不宜使用感烟式探测器。现在一般认为感温探测器较为适合,有条件的场合可配用图像监控式火灾探测装置。

(3)隧道内(尤其是长隧道)应当安装机械排烟设施,这有助于排烟和散热,从而减轻高温烟气对人、物和隧道的损害。风机位置应沿隧道合理分布。

(4)隧道火灾往往是车辆使用的燃油着火或运载的石化产品倾翻着火造成的,因此应配置适宜扑灭这类火灾的设备。实验表明,润滑性强的轻水系统扑灭此类火灾效果较好。

(5)限制甚至禁止某些运载化学危险品和易燃、易爆物品的车辆通过隧道也是一种可行的措施。对于任何车辆,均应限制其通过隧道的速度,并严禁超车。

(6)对于那些与商场、游艺场等其他地下建筑相连的地铁站应进行有效的防火分隔,防止它们之间的相互影响。在地铁站内,除了站台和站厅外,有关的机械室、控制室等应划为单独的防火分区。

9.2.5 典型火灾案例

1. 伦敦金克罗斯地铁站火灾

1987 年 11 月 18 日 19 时 29 分左右,英国的金克罗斯地铁站发生火灾。该地铁站是连接维多利亚线、皮卡迪里线、城市环线和北部线的枢纽站。从皮卡迪里线的月台到地面的售票厅安装了 4、5、6 号 3 部自动扶梯。当时一位乘客经 4 号扶梯上到售票厅,注意到扶梯自下向上的 1/3～1/2 处出现火苗,并告诉了售票处的值班员,值班员亦很快向车站负责人作了汇报。19 时 30 分左右,另一位乘客按停了扶梯顶部的按钮,并大声警告其他乘客赶快离开 4 号扶梯。一位交通警察闻讯赶来后了解情况,并向值班室报告。约 19 时 33 分,值班室向消防队报警。

约 19 时 42 分,灭火机械陆续到达,同时交通警察与车站的负责人等也都来到售票厅组织灭火。但在 19 时 45 分,火焰突然极其猛烈地由自动扶梯出口蹿到售票厅,大量黑色、有毒烟气波及附近的地下通道。30 个人被当场烧死,另外很多人被严重烧伤,其中一些人送到医院后死亡。除了 4 号扶梯被彻底烧毁外,5、6 号扶梯和售票厅也严重损坏。

这场火灾是 4 号扶梯底部的垃圾着火引发的。由于多年没有彻底清扫,该车站的自动扶梯底部积存有多种细碎的可燃垃圾,如木屑、纸屑、塑料和橡胶等。加上扶梯的链轮需要经常加黄油润滑,致使垃圾沾满油污。可能是机械摩擦过热,也可能是其他原因掉下了火种引燃了垃圾。

大量沾油垃圾的存在是这场火灾发生的根本原因。这告诫人们,在打扫卫生时,不可忽视那些容易积藏可燃垃圾同时又容易着火的地方。贯穿地上地下若干米的自动扶梯是解决人员通行的良好工具,但它的结构形式也为火灾迅速蔓延创造了条件。该处的自动扶梯隧道长约 42 m,以约 30°的坡度由月台通到售票厅,其烟囱效应能够使火烟迅速向上蔓延,这是造成售票厅严重损害的重要因素。因此在自动扶梯处,应当采用一定的防火防烟分隔。

2. 韩国大邱市地铁火灾

2003 年 2 月 18 日 9 时 54 分,在大邱市地铁 1 号线上行驶的 1079 号列车开到中央车站时,车厢突然起火,并迅速蔓延。9 时 57 分,1080 号列车也驶入中央车站,停在 1079 号列车的一侧,两车间距只有 114 m 左右,车门按常规开启,乘客争先恐后地往外逃生,但不久列车电源发生故障,车厢门突然关闭,致使车厢内的部分乘客被烟火熏死或烧死。在这起火灾中死亡192 人,受伤 146 人,失踪 289 人,并造成财产损失 47 亿韩元。

据调查,这场火灾是由于一乘客在车上纵火引起的。该列车座椅虽为耐燃的塑料基材,但表面用易燃的丝绒包覆,着火后火势迅速蔓延。车厢内顶板和地板在接触火焰后,也随即燃烧起来。

尽管纵火是事故的直接原因,但地铁工作人员的错误决策则加重了事故损失。前一列车发生火灾时,另一列地铁刚从相反的方向进站,控制人员只是警告进站列车的司机发生火警,小心进站。司机将列车驶入车站后,发现黑烟渗入车厢,乘客都被黑烟呛住了,他便想方设法要把列车驶出车站,但因为电流中断,列车已不能移动,他告诉地铁控制人员车厢内秩序混乱,许多人被烟呛住,并询问是否应疏散乘客。但地铁站工作人员 5 分多钟仍未作出决定,这时司机在紧急逃出过程中,拔掉了主控盘钥匙,车厢门自行关闭,致使剩下的人不能开门逃出,加之大部分人不知道手动开门的方法,因而伤亡惨重,近80%死者是第二辆列车的乘客。

3. 宝成铁路 109 号隧道火灾

2008年5月12日14时28分,四川省汶川县发生的8.0级地震对宝成铁路的109号隧道造成严重破坏。109号隧道位于甘肃徽县嘉陵镇境内宝成铁路150.8 km处,全长726 m。当日14时25分,21043次货运列车从甘肃徽县车站开出,其38节车厢中,有12节为装载了约500吨航空燃油的油罐车,其他车厢装的是饲料、麸皮及钢板等。14时28分时,列车行驶在隧道中,由于地震导致山体突然坍塌,巨石堵住了隧道的洞口。尽管司机采取了紧急制动措施,但列车仍以20 km/h的速度撞上巨石,导致机车与38节车辆脱钩。据分析可能是由于隧道坍塌造成运载塑料的车厢压在了装麸皮的车厢上,并与后部的油罐车发生碰撞,导致爆炸并起火燃烧。

这场事故最终造成两名司机受伤,列车报废,车上物资全部被毁,并导致了109隧道所在宝成线中断12天。图9.2.2为刚从隧道中拖出的油罐车照片。这不仅影响了正常运输,更重要的是对当时的抗震救援行动造成了严重影响。

图 9.2.2　在 109 隧道中损坏的油罐车

事故发生后,铁路部门的员工和解放军指战员、武警官兵、公安民警等共2 200多人全力投入抢险。经专家论证,决定根据隧道火灾的特点,采取窒息法和降温法灭火。首先封堵隧道口,切断空气向隧道内的供应,同时抢险人员分南口、北口、中部两侧4个作业点向隧道内注水降温灭火。14日下午隧道内明火被全部扑灭。之后,抢险人员继续向隧道内注水和注泡沫灭火剂,以加大冷却降温力度,防止复燃,保证后续抢险工作的安全进行。直到18日,封堵隧道方达到启封条件。

由于隧道与列车损坏严重,车厢拖出非常困难。18日凌晨1时许,斜靠在山体上的第一节棚车被拖出;6时40分左右,第二节棚车和第三节(装航空燃油的第一节油罐车)被一起拖出。随后,对仍然有油的罐车进行导油,即用油泵将损坏罐车内的油转移到隧道外准备好的油罐内,把油转移走,以防止油品在操作中燃烧。22日上午10时,所有车体全部被安全拖出隧道。宝成铁路最终于 24 日 9 时 50 分恢复正常通车。

109 号隧道火灾是由天灾引发的。不过这场火灾也充分反映出隧道火灾的严重性和扑救的难度。因此应当尽力避免车辆在隧道内发生燃烧或爆炸。当需要通过隧道运输可燃、易爆及有毒有害危险品时,必须严防泄漏。在隧道这种狭长的受限空间内,可燃气体和蒸气不易排走,当其积累到着火浓度极限后,一旦遇到火花或高温物体便可被点燃。而列车运行中发生的撞击、刹车等容易产生火花。在隧道内配备合适的火灾或可燃气体探测装置,并适时对隧道进行换气具有重要作用。

4. 勃朗峰隧道火灾

1999 年 3 月 24 日 11 时,勃朗峰隧道内发生火灾,这场大火持续燃烧了 53 个小时,大火燃烧所产生的高温使这条隧道的混凝土穹隆全部沙化,而铺路的沥青则全部被烧成了泡沫翻腾的黏稠浆体。这场大火最终造成 38 人死亡、43 辆车被烧毁、交通中断一年半以上的重大损失。

经调查,这次大火是由一辆装黄油的车上的空气过滤器自燃引起的,着火后引发了爆炸,进而引燃后面的其他车辆,导致火灾迅速蔓延。

勃朗峰隧道连接法国与意大利两国,全长 11.6 km,建于 1965 年,采用全横向通风,送排风道设在隧道底部,实行单洞双向交通。该隧道由法国和意大利共同管理,设有主从式监控中心两个。着火货车是在进入隧道 2 km 时开始着火的,但司机并未发现,当烟气触发报警器时法国方面听到了火灾警报,但他们并不清楚发生了什么事故,而意大利方面则由于关闭了先前发生误报的警铃未能发现这一情况。在行进至隧道中点时,司机发现火情并下车试图用灭火器灭火,但车突然发生爆炸,司机于是丢下货车,向出口跑去,而后面跟来的车辆中困住了 38人,由于摄像机很快因温度过高而报废,使得消防人员无法得知被困者的情况,加之着火后隧道氧气不足,使跟随的汽车无法启动,最终导致这 38 人全部当场死亡。从这场火灾中也暴露了不少问题:没有统一的专职管理部门,对隧道安全的监控与管理不利,无形中增大了火灾事故的危险性与危害性;隧道内的固定灭火设施需要人为启动,当时任何人都无法靠近,造成灭火设施形同虚设;灭火救援初期,意大利方面把排烟误操作成送风,导致大量新鲜空气进入隧道助长了火势的蔓延;没有严格执行关于隧道内车辆行驶速度及车辆间距的限制规定,致使火灾中发生了首尾相连的车辆全部烧毁。

9.3 古建筑火灾

9.3.1 引言

古建筑是指始建时间较长远的存在于地面上的各个历史时期的建(构)筑物,如宫殿、楼台、亭阁、庙宇、祠堂等。这是古代劳动人民以勤劳智慧创造的宝贵遗产,具有很高的历史、艺术价值。一旦毁坏,便是一种无法弥补的损失,而火灾是造成古建筑毁坏的主要原因之一,预防火灾一直是保护古建筑的重要方面。

我国的古建筑多姿多彩,在建筑史上具有独特的体系。由于取材方便和建筑习惯,我国的古建筑大部分为木质结构,这与西方砖石结构的古建筑不同。我国现存的古建筑大多是明清两代建造或重修的。故宫是具有代表性的古建筑群,其防火制度比较严格。但是从明永乐年间到清王朝灭亡的四百余年间,仍发生火灾五十余起,平均不到十年就发生一次。

新中国成立以来,古建筑火灾也时有发生,据 18 个省、市、自治区的不完全统计,1950~1985 年共发生古建筑火灾 85 起。其间只有 6 年没有发生火灾,其余 30 年中,每年火灾少则 1起,多则 10 起。而其他一些省、市、自治区的古建筑火灾因情况不明而未计入。

从国际上看,日本、朝鲜及东南亚许多国家的古建筑与我国的十分相似。以日本为例,1948~1970 年,国家级的重要古建筑共发生了 23 起火灾,平均每年 1 次,一些具有千百年历史的国宝由于火灾而毁于一旦。

近年来,由于参观游览古建筑的人数日益增多,古建筑火灾还有上升的趋势。这已成为人们普遍关注的问题。每当发生古建筑火灾后,都会给社会各界造成强烈的震动,许多专家、学者及有关人士大声疾呼,要切实重视古建筑物的防火工作。然而随着时间的推移,人们的防火意识不强,古建筑物的火灾防治工作改进不大。

出现这种状况除了有关部门重视不够之外,主要是人们对于如何防治古建筑火灾还没有很好的对策。因此应当认真研究这类建筑的火灾特点和规律,发展相应的火灾防治技术。

9.3.2　我国古建筑火灾的特点

由于我国的古建筑大多以木材为主要建筑材料,其火灾具有以下一些特点。

1. 火灾荷载大,容易酿成火灾

我国许多大型古建筑的屋顶基本上为全木结构,多选用黄松、红松作梁,这些树种的油性大,容易点燃;不少建筑物的立柱和墙壁也用木材制成。这种建筑结构形式类似一个炉膛。古建筑火灾荷载若以木材计,每平方米就达几立方米至几十立方米。而木材经过多年的使用,一般都相当干燥,含水量极低,特别是一些枯朽木材,由于质地疏松,一旦着火,火焰蔓延迅速,常会很快扩展到整个建筑物中,导致其全部焚毁。这是古建筑与现代建筑物火灾的一个重要差别。

2. 防火设计不合理

由于历史原因和某些特殊要求,许多古建筑物的防火设计存在着严重缺陷,缺少有效的防火分隔,人员疏散宽度难以满足规范要求。例如不少单体建筑内采用大屋顶形式,没有防火分隔和挡烟设施;大多建筑都是成组、成群、对称布局,殿堂之间采用木廊相连,层层叠叠,形成"四合院"或"廊院"格局,只有一些窄小的洞门和几条小径相连通;不少建筑群的建筑物是由高低不同的台阶路连通的,一旦失火,消防人员和设施很难接近。有的古建筑依靠山坡或直接修建在高山之上,发生火灾后火势蔓延快,燃烧猛烈,更易形成立体燃烧,造成"火烧连营"。而且这些建筑物周围基本没有可供现代消防车通行的消防车道。这些不仅为火灾蔓延提供了有利条件,而且给灭火造成了很多困难。

3. 起火因素多

在我国有许多古建筑为寺庙式建筑,由于宗教习俗,这些建筑物内经常是香烟缭绕、烛火长明,而其中又设有密集的供桌、幕帐、帷幔(图 9.3.1)。已发现不少火灾就是由香火引燃上述物品而造成的。

图 9.3.1　某寺庙古建筑内的可燃帷幔

现在在许多古建筑中,电气设备的使用也已相当普遍,电照明、电取暖、电炊具四处可见。然而在这些以木结构为主的古建筑内,存在不少敷设电线随意性大、安装用电器不规范的情况。一旦线路老化或设备过热,很容易引发火灾,这也是有大量事实证明的。

由于古建筑大都具有很高的艺术或文物价值,前来参观的人很多、很杂,且流动性大。参观者中不乏吸烟者,他们常随身携带火柴、打火机、香烟等物,这些物品经常是导致火灾的重要因素,在古建筑中其火灾危险性更大。另外,小孩玩火也经常成为火灾的直接原因。

有些古建筑修在险要或位置孤立的地方,有的古建筑具有高耸、突出的屋檐,这都为遭受雷电袭击创造了条件。由于历史原因,不少古建筑的避雷设施不完善。如果没有安装避雷针,或避雷针的设计、安装不合理,便难免雷击危害。

4. 外来扑救比较困难

许多古建筑单位,尤其是一些远离城市的古建筑单位,缺少消防组织,缺乏固定消防设施和灭火器材,特别是一些规模较大的古建筑单位没有消防站,自防自救能力弱。古建筑单位的主要成员是和尚、道士、尼姑等,这些人数量少且很多年迈体弱,又未参加过消防培训,往往是初起火灾不能及时发现,发现后又不能有效扑救。有专家称,古建筑单位在消防安全管理方面的长期松懈和在消防设施器材建设缺乏资金投入的现状,是发生火灾的最大隐患,是无力扑救初起火灾的关键所在,更是古建筑火灾造成重大损失和社会影响的重要原因。

许多古建筑分布在远离城镇、环境幽静的高山、深谷之中。一般都利用地形地势,建筑峻峭,随坡建造,院落相错,通路曲折逶迤,构建在半山腰或山顶或深山环抱之中,人们徒步到达都非常困难,消防车就更难靠近,甚至无法到达失火现场,即使消防车能够到达现场,也可能因为没有水源而灭不了火。这些古建筑单位一旦发生火灾,只能依靠其内部自救。

即使少数建在城镇附近的古建筑,由于普遍存在建筑形体高、院墙高、台阶高、门槛高、过门窄、过道窄、无消防车通道等问题,一旦发生火灾,消防队即便能及时赶到现场,消防车也难驶入或靠近失火的古建筑,给灭火救援带来困难。

5. 防火安全改造工作复杂而困难

很多人已认识到防止古建筑火灾的重要性,但当采取具体措施时,往往遇到一些特殊的困难与麻烦。许多古建筑物具有特定的形式与风格,而且大多都是文物保护单位,进行任何改造都应与原有风格相适应。在一些典型位置,不宜或不能安装消火栓和自动灭火设备,例如在木结构屋顶装水喷淋器,因为原有构件的承重与平衡都有一定限度,再增加喷水系统的重量就有可能破坏原建筑。还有相当多古建筑的木结构上画有各种图案,这为使用防火涂料带来困难,目前还没有多少合适的防火涂料可供古建筑选用。

6. 灭火造成的二次损失严重

这是由古建筑的艺术价值决定的。在火灾中使用高压水龙喷水灭火很可能破坏建筑中的文物。另外,使用灭火药剂也需慎重选择,不宜使用腐蚀性大、活性强的灭火剂,它们很可能严重损坏文物。因此,火灾防治和文物保护怎样做到协调一致也是一个难点。

9.3.3 古建筑的防灭火方法讨论

基于古建筑火灾的上述特殊性,在进行火灾安全分析和安全管理时应足够重视以下一些方面:

1. 严格控制火源

有效的控制火源是防止古建筑火灾的基本途径。在这方面需要做的主要有:在重要的殿堂、寺院、楼馆内禁止动用明火,若因维修必须用火则须特别批准,并在采取严格措施的情况下进行;在古建筑保护区内严禁使用液化石油气或安装煤气、天然气管道;在进行宗教活动的古建筑需格外注意香火管理,应当规定烧香、焚纸的地点,限制某些长明灯的数量、功率;文物保护区和附属生活区应明确分开。

2. 加强用电管理

在建筑物内使用电气设施是不可避免的,但在古建筑中必须制定特殊的限制措施。为了保持古建筑的原貌,在其主要区域一般不允许安装电线或使用电器,如必须要安装,须经有关部门批准,且必须使用铜芯电线,并用金属管穿管敷设,不允许将电线直接敷在木质梁柱上。

3. 尽量减少起火因素

在古建筑内及其周围严禁堆放易燃、易爆的材料和物品,限制柴草、木料等的存放量;不允许将古建筑改作他用,如开设饭店、游乐厅、旅社等;加强防火安全管理,配备专职防火人员,尤其在组织庙会、拍摄影视等活动时,要防范外部带来的火源。

4. 安装火灾探测系统

尽早发现火情、迅速报警、及时灭火对古建筑来说尤为重要。安装合适的火灾探测报警系统是值得优先采取的措施。由于木材着火的初期大多处于阴燃阶段,会冒出较多的烟,故宜选用灵敏度较高的离子型火灾探测器、抽气式气体分析探测器。但对于经常点燃香火的寺庙等,这种探测器必会造成误报,可以采用图像式的探测方式并同日常的安保结合起来使用。

5. 改进灭火设施

在这方面最主要的是解决消防水源问题,在城市中的古建筑内可以安装消火栓,在离水源较远的古建筑内可修建储水池。另外,在一些重要古建筑内可安装二氧化碳或卤代烷灭火器。为了防止水对古建筑的破坏,还可以使用能够早期发现并起作用的灭火系统和小水量洒水装置或者使用移动式灭火装置。

6. 认真落实防雷措施

应严格按防雷规程对古建筑安装避雷器,并根据大屋顶、多屋檐的特点,准确计算保护范围。并且需要经常认真检查避雷装置的工作状况,如接闪器、接线电阻等,发现不符合要求的要及时维修。

7. 制定古建筑单位灭火救援预案

对于重要的古建筑,消防部门应制定消防预案,预案制定的重点是在火灾情况下如何保护古建筑、珍藏的文物、重要的雕塑、收藏的经书等,如何最大限度地减少火灾对古建筑及文物的侵害。预案制定要讲求实效,符合实际,并应安排时间进行定期熟悉和预案演练。通过演练不断完善预案。演练时要吸收古建筑单位人员参加,以提高其协同配合能力。

古建筑物的管理者,必须确立日常的防火体制。包括:防火管理、维护管理、定期检修消防设备、消防训练、教育训练等。防火管理要求日常防火管理者制订消防规划的防火安全计划;消防训练要求防火管理者实施消防训练;防火设备的维护检修要求对整体防火设施和设备进行定期的维护检修,以确保其能够正常使用。

9.3.4　典型火灾案例

1. 甘肃拉卜楞寺的火灾

1985 年 4 月 7 日下午,甘肃省夏河县拉卜楞寺大经堂发生火灾。当天中午,该寺在大经堂正常举行佛事活动。约 1 时 50 分,佛事活动结束。2 时 20 分左右,一护寺人员发现大经堂前殿窗口向外冒烟,便立即进去扑救。当见火势很大时,就推开经堂北侧小门进行呼喊。然而开门导致新鲜空气进入,经堂内发生回燃,顿时出现熊熊大火。四邻众僧与信徒急忙前来救火,但由于缺水,又没有统一的指挥,火势有增无减。2 时 50 分,该县的消防队赶来参加灭火,但仍然无法控制火势。4 时许,17 m 高的大经堂正殿与后殿的顶部及环状楼的屋顶全部塌落。大火冲天而起,高约 40 m。并对相邻寺院构成严重威胁。由于消防人员和众僧用浸湿的衣被护在这些寺院的外墙和屋檐上,才使其免于火毁。

拉卜楞寺是喇嘛教格鲁派的六大宗主寺之一,其大经堂为全寺中心,由前、正、后三殿组成,是砖木结构的藏式建筑。其正殿可容纳 3 000 僧侣同时诵经,还立有多尊佛像,挂满了幢幡,并藏有大量甘珠经文和经文资料。在这场火灾中它们全部随大经堂化为灰烬。

这场火灾是佛事活动中留下的火种引起的,初期灭火方法不当,导致经堂内发生回燃是造成火灾蔓延的重要原因,而严重缺乏水源则是火灾无法迅速扑灭的主要原因。火灾还暴露出,在普通砖木结构建筑中存放大量的珍宝和佛经是不妥的,应当采用更保险的方式(如使用金属箱柜)保存珍贵物品。在经常动用明火的寺庙式建筑内,还需要认真考虑加强火灾探测问题。

2. 英国温莎城堡火灾

1992 年 11 月 20 日 11 时 30 分,英国女王的居所之一温莎城堡发生火灾。当时有几个油画检查员正在其中的小礼拜堂内搬动油画,突然发现一个窗帘后面冒出火焰。他们本以为可用灭火器灭火,但由于该灭火器长期未用而失效,从而错过了灭火的时机。当附近的工人带灭火器前来灭火时,该室的火势已经控制不住。11 时 37 分,消防队接到报警,第一批消防队员赶到后,火焰已从小礼拜堂冲出,向圣乔治厅(英国的国家典礼宴会厅之一)等处蔓延。由于此厅内的可燃物多,加上吊顶与屋顶之间有约两米的间距,空气流通容易,又助长了火势的发展。现场消防人员紧急向伦敦、牛津、汉普敦等地求救,于是先后有 225 名消防队员、39 辆灭火车、7 辆特别支援车参与灭火。但由于温莎城堡的可燃物品多,结构复杂,护墙和吊顶内有不少孔洞,致使火灾大范围蔓延。经过5个多小时的扑救才将火势控制住,又经过8个小时才将火灾彻底扑灭。

温莎城堡是已有800余年的英国著名文物建筑。这场火灾完全烧毁了其中的圣乔治厅和小礼拜堂,还有多处其他厅、室受到严重破坏,许多珍贵文物和艺术品被损坏。估计直接损失达6 000万英镑。

火因调查证实,这场火灾系工人搬运油画时,将一幅窗帘推向室内一个聚光灯处引起的,由于长时间的烘烤,窗帘着火。该建筑的防火性能差是导致火灾蔓延的重要原因。建筑物内可燃物多,但吊顶和护墙上存在不少孔洞没有封堵,且没有安装喷水灭火系统。有关安全部门曾建议在城堡内安装喷水系统,但由于担心艺术珍品会受到水浸损失而被温莎城堡的管理部门拒绝。灭火过程,水源离起火点较远,这也增加了灭火的难度。

温莎城堡火灾充分暴露了在古建筑物内安装火灾探测系统和喷水灭火系统的问题。一栋古建筑需要依据自己的具体条件尽可能采取先进而适用的防灭火系统。

3. 湖北省武当山遇真宫大火

2003年1月19日晚,湖北省武当山遇真宫发生火灾,当时正值晚饭时间,无人值守,发现火灾时火势已经很大,现场没有消防专用水源,消防车只能到远处汲水,灭火极为困难。导致最有价值的主殿3间共236 m² 建筑化为灰烬,石质构件和砖质构件还有残存,周边文物也受到不同程度损坏。

经调查,大火系因遇真宫大殿东侧厢房某原住人员搭设照明线路及灯具不规范,埋下事故隐患;现居住人员疏忽大意使用电灯不当,导致电灯烤燃他物引发。

武当山是中国道教名山,遇真宫位于武当山下武当北路,是武当山著名景点之一。元末明初时,著名道士、武当拳祖师张三丰结庵于此。明永乐十五年(1417年),明成祖朱棣为张三丰钦定规制创建此宫。遇真宫同时也是武当武术发源地,至今已有600年历史,对研究当时的历史、文化、政治等有较高价值。1994年,其规模宏大的古建筑被联合国教科文组织列入世界文化遗产名录。

9.4　大空间建筑火灾

9.4.1　引言

大空间建筑指的是内部空间很大的建筑物,例如剧场、会堂、体育馆、展览馆、候车(机、船)厅、大型车间、大型仓库和高层建筑的中庭等。根据建筑物的特点,大空间建筑大体可分为以下3类:

(1)占地面积很大,但并不很高的大面积建筑,其典型代表为大型商场、大型车间。这类建筑的占地面积通常有几千乃至几万平方米,而高度一般在6 m以下。

(2)占地面积相当大,且具有一定高度的大体积型建筑,其代表建筑有会堂、展览馆、剧院、体育馆、候车厅和大型仓库等。其面积通常有几百至上千平方米,高度为10~20 m。

(3)具有一定的占地面积,且相当高的细高型建筑,例如高层建筑的中庭。其面积为几十至上百平方米,高度则有几十米。

大空间建筑创造了宽敞、舒适的室内环境,可以保证很多活动少受或不受外界的影响,因而受到人们的普遍欢迎,现已成为新型建筑的重要设计方向之一。随着我国城市现代化的发展,大空间建筑的数量肯定会迅速增加。

火灾统计表明,近年来我国的许多重大、特大火灾均与某种形式的大空间建筑有关。例如新疆维吾尔自治区克拉玛依市友谊馆火灾、深圳市安贸危险品储运公司清水河仓库火灾、北京市玉泉营环岛家具城火灾、辽宁沈阳商业城火灾等。在国外,大空间建筑物火灾也很突出。例如英国伦敦的金克罗斯地铁站火灾、日本大阪千日百货大楼火灾、印度新德里西部迁瓦镇礼堂火灾等。研究大空间建筑的火灾特征并提供相应的防治与控制技术,已是火灾防治的一个重要课题。

现在大空间建筑火灾防治在我国已受到高度重视,国家的"九五"科技攻关计划中专门设立大空间建筑的火灾特性与消防新技术研究课题,中国科学技术大学及天津、四川消防科研所等还专门修建了相应的实验设施,有关研究已取得一定进展。

本节侧重讨论馆厅式和中庭式大空间建筑的火灾特性与防治途径,下一节分析商场火灾的防治。

9.4.2 大空间建筑的火灾特性

由于建筑结构的特殊性和使用功能的具体需要,大空间建筑的火灾防治与普通建筑有着明显的差别,主要表现在以下几个方面:

1. 不宜进行防火分隔

在建筑物内设置防火防烟分区是控制烟气蔓延的主要方法,但是在大空间建筑内无法有效地采取防烟隔烟措施。在馆厅式建筑内,解决迅速排烟问题具有重要意义,应研究有效的自然排烟和机械排烟的方法。中庭往往是某个大型高层建筑的组成部分,它将与周围的多个楼层相连。这种建筑物的火灾可能发生在中庭的底部,也可能发生在相邻的某一楼层。因此烟气控制不仅要解决顶部排烟,还需解决防止烟气由起火楼层流入中庭及由中庭反流到其他楼层的问题。

2. 普通火灾探测技术无法及时发现火灾

目前在普通建筑中广泛使用的火灾探测器大都是以烟气浓度或温度为信号进行探测的,且大多为顶棚安装式。普通建筑的楼层高度多数在 6 m 以下,火灾烟气能够很快到达顶棚,因此这类探测器是适用的。然而在大空间建筑中就不同了,由于受到空气的稀释,火灾烟气到达十几米或几十米的高处时,其温度和浓度都大大降低,不足以启动火灾探测器。即使启动,下面的火势也早已发展到相当大的规模,延误了早期灭火的有利时机。

另外,由于建筑物内部热风压的影响,大空间上部常会形成一定厚度的热空气层,它足以阻止火灾烟气上升到大空间的顶棚,从而影响火灾探测器的工作,在夏季,热风压效应更为明显。

3. 常用的喷水灭火装置不能有效发挥作用

在普通建筑中,洒水喷头通常是按一定间距沿顶棚分布安装的。当顶棚附近的气相温度达到喷头的启动温度后,水喷头便开始洒水。与火灾探测问题相似,在 20 m 以上的大空间建筑物内,这种依靠温度变化而启动的喷头及其顶棚安装方式也不适用。另一方面,普通喷头喷出的水滴从十几乃至几十米的高度落下来,往往到达不了燃烧物表面,失去有效的灭火作用。

4. 人员的安全疏散相当困难

许多公用大空间建筑是人员高度集中的场所,常常有成千上万的人,而且这些人来到这里通常没有组织(例如剧场、体育馆等)。一旦发生火灾,在较短的时间内将人们迅速疏散到外界是一个极为困难的问题,因此必须认真研究并制定在火灾对人构成危害之前把人员全部疏散的有效方案。

火灾案例表明,有的大空间建筑火灾之所以迅速发展为大火并造成巨大损失,主要在上述几个方面存在严重问题。例如北京隆福大厦起火的老营业厅没有安装火灾报警设备,并缺乏防烟排烟系统,深圳市安贸危险品储运公司清水河仓库内没有有效的火灾探测设施,克拉玛依友谊馆、阜新艺苑歌舞厅在烟气控制和人员疏散等方面都存在严重问题等。

9.4.3 大空间建筑火灾的防治讨论

大空间建筑及与其配建的其他建筑通常是一个综合而复杂的体系,为了有效防治火灾,一方面应选择适用的单项消防新技术,另一方面应当建立统一的火灾安全监控系统,现分别讨论如下:

1. 加强对火灾烟气流动的控制

防止火灾烟气在大空间内积累及防止大空间与周围楼层的相互影响是减少烟气危害的基本途径。对于前一方面,应当根据大空间建筑中烟气流动和积累的特点,进行合理排烟。在建筑物条件允许的情况下,可多设计些自然排烟窗,其位置应尽量接近顶棚。这种自然排烟窗的开启和关闭可由某种自动控制机构操作,例如由温度敏感元件控制。当自然排烟受到限制时,还应依靠机械排烟。机械排烟的效率高,受外界环境的影响小,不过其安装位置和方式也需慎重选择。实践表明,在大空间建筑物内,若风机安装形式或风量配置不当,反而会造成烟气弥散,从而扩大烟气的危害范围。对于后一方面,防止大空间与周围楼层的相互影响需采用有效的挡烟措施,主要是发生火情后及时隔断大空间与周围楼层的联通。现在不少中庭的四周采用钢制防火卷帘门(或为纵向,或为横向)分隔,基本达到了分隔的目的。但是这种门的质量大、动作慢、控制不便。应当研究更为轻便有效的挡烟材料及安装方法。近期开发的以耐火纤维为基材的轻质卷帘材料比较适用于这种场合的防烟分隔。

2. 发展非接触式的火灾探测技术

由于在大空间内直接感受烟气信号比较困难,采用非接触式的光学探测法便成为必然的选择。火焰式探测器是目前提出的一种主要方案,近期开发的双波长火焰探测报警器,在敏感度和抗干扰方面都有了很大改进。但大空间内经常没有明火,有人推荐采用光束感烟探测器,其主要缺点是灵敏度较低。图像监控式火灾探测系统是探测器的另一重要的发展方向,其原理是利用CCD摄像机将一定区域的热场信号或烟气浓度信号记录下来,利用计算机进行分析、判别和处理,从而确定是否起火及何处起火。这种方法还可与闭路电视系统结合使用,从而扩展系统功能,并降低系统造价。

3. 采取适用的喷水灭火技术

由于其他类型灭火剂的性能影响和用量要求,一般认为,在大空间内仍宜采用水灭火方式,改进洒水喷头是一条主要途径。近年来开发的大水滴快速响应(ESFR)喷头在控制高架仓库火灾效果较好,是可以推广使用的产品,然而它在其他大空间建筑中的适用性还需要研究,显然在可燃物不很集中的大空间内,大面积安装大流量喷头是不现实的。在日本、英国的一些展厅、体育馆等大空间建筑内开始采用与火灾探测器联动的小型水枪灭火系统。这种水枪可根据探测到的火灾位置定向喷水灭火,在中庭与周围的楼层之间安装侧喷式水喷头,有助于控制烟气流动和冷却烟气。为了充分发挥水的灭火作用,在水中加入一定的可增强水灭火性能的添加剂也值得考虑。在大空间建筑物内喷水灭火时,水柱或水雾的喷出可能改变火灾蔓延与烟气流动状况,因此也需要研究大空间建筑内火势的发展与喷水的相互作用。

4. 保证足够宽的安全疏散通道

疏散通道不畅是大空间建筑火灾中人员伤亡的主要原因之一。疏散出口数量不足或位置不当是一种常见情况,有的是在设计中有所忽略,但大多数是后期使用中被不恰当地封死或锁死的,疏散通道内堆放过多物品也常是造成通道堵塞的重要原因。在不少大空间建筑中经常使用卷帘门和防盗门,但火灾案例表明,这类门使用或安装不当也会给人员疏散带来意外的困难,如在紧急情况下需要打开时开不了,需要关闭时关不上。因此在强调保证卷帘门和防盗门质量的同时,应设计其他形式的门配合使用。为了增强大空间火灾中的能见度,应选用在烟气中穿透能力强的照明灯具和疏散诱导指示设备。

5. 建立统一的安全监控与管理系统

对于体积庞大、功能复杂的大空间建筑,仅仅使用某一种消防技术是无法有效控制火灾的。应当采用全面、综合的现代化控制方式,即在选用多种消防新技术的基础上,建立以计算机为中心的火灾安全控制与管理系统,使各部分系统构成一个有机的统一整体。计算机和电子技术的发展已使建立这种系统成为可能。另外利用火灾计算机模拟方法可对建筑物的火灾发展状况作出分析预测,并可进一步制定出火灾扑救预案,这均有助于提高大空间火灾防治的主动性和针对性。

9.4.4　典型火灾案例

1. 新疆维吾尔自治区克拉玛依市友谊馆火灾

1994 年 12 月 8 日,克拉玛依市为迎接自治区的某检查团,组织 15 所中、小学的学生及家长、教师 796 人,在该市友谊馆进行文艺演出。16 时许,因舞台上方的照明灯将幕布烤燃,火势迅速蔓延。在人员向场外疏散时又突然断电,加上疏散通道不畅,人员在一片混乱中盲目逃生,最终造成重大伤亡。据统计,这场火灾中死亡 325 人,烧伤 130 人,其中重伤 68 人。

造成人员伤亡如此严重的主要原因是友谊馆的安全门关闭。该馆共有 8 个疏散出口,但在演出时其两侧及舞台左侧的出口都被锁死,且安装了铁栅栏。前厅有 3 个卷帘门出口,但只有一个打开。另外,因内部装修厅内两侧的通道严重堵塞,其南侧成为临时杂物仓库。许多人员就是死在门口的周围。

该馆的火灾安全存在多方面的问题,1992 年进行改造装修,并未经消防部门审核。消防检查多次发现疏散出口被锁、没有应急照明装置和疏散指示、楼梯口堆放可燃物、消火栓被杂物堵塞、电气开关用铜丝代替保险丝等问题。照明灯离幕布太近的问题也被多次发现过,并曾发生过两次灯具烤着幕布的事故。但这些严重问题一直未受到重视。

2. 阜新市艺苑歌舞厅"11·27"火灾

1994年11月27日13时28分,辽宁省阜新市艺苑歌舞厅发生特大火灾。市公安消防支队于13时42分接到报警,先后调动了3个公安消防中队和1个企业专职消防队、14台战斗车、85名指战员参加灭火战斗。14时30分大火被扑灭。这场大火共烧死233人,其中男133人,女100人;烧伤21人。

起火部位于舞厅西南段的3号雅间,起火原因为在3号雅间的1名中学生划火柴点燃报纸吸烟时,将未熄灭的报纸塞进沙发的破口内,引燃沙发内的聚氨酯泡沫,继而导致附在墙面上的易燃化纤装饰布着火,迅速蔓延成灾。

该歌舞厅原系阜新市评剧团的排练厅,建于1974年,为单层砖木结构建筑(砖墙、木门窗、木人字房架)房顶为石棉瓦,耐火等级三级。该舞厅分为大厅主体建筑和附属偏厦两部分。主体建筑长22.6 m,宽11.2 m,高7.5 m,建筑面积253 m^2;南侧偏厦长20.4 m,宽2.45 m,高2 m,建筑面积50 m^2。总建筑面积303 m^2。舞厅设有南、北两个出口。北面出入口面临大街,为入场门,内门宽0.8 m,外门宽0.87 m,内、外门口均有一个5步台(每步0.2 m)。南面出入口为太平门,通向院内,宽1.8 m,发生火灾前,该门上拴挂锁。在北墙与南墙上方各有6个距地面3.5 m高的窗户,这些窗户全被封在吊顶上。南段偏厦耳房高2 m,设有4个窗户,全装有铁栅栏。这次火灾之所以造成如此惨重伤亡,主要原因是:歌舞厅管理混乱,长期严重超员;出入口狭窄,安全门上拴挂锁,没有疏散指示灯;使用大量易燃和可燃装修材料。火灾发生后燃烧速度极快,大量人员无法从仅有80 cm宽的出口逃生,浓烟烈火导致200多人伤亡,酿下了惨剧。

3. 青岛正大公司熟食加工车间大火

2003年4月5日零时50分,山东省即墨市龙泉镇青岛正大有限公司熟食加工车间发生火灾。当地消防队接报后,调集25辆消防车、190名消防队员前往救援,但该厂离消防站较远,足有13 km,加之失火单位报警较迟,等消防队到场时,火势已发展到难以控制的程度。这场大火最终导致21名年轻女工死亡,大部分厂房已被烧得坍塌落架。

大火是由于研发室工作人员擅离岗位,所操作的电锅油温过高起火引起的。火灾后,由于突然断电,现场变得漆黑一团,而且铁卷帘门落下后无法开启,屋顶又突然坍塌,最终酿成惨剧。

这家工厂是1997年建成的。该厂是钢结构的屋架,长92 m,宽68 m,建筑面积6 256 m^2,跨度较大。在这样巨大的空间里,用聚氨树脂板等可燃性建筑材料分隔成若干车间,在里面进行烹炸肉食,加工包装等项作业是非常危险的。依照建筑设计防火规范,钢结构的工业厂房,应当在金属表面喷涂防火涂料,隔墙选材应为不燃体。厂方没有执行相关规定,也未向消防机关申报,未经消防验收,就擅自投入使用,埋下了火灾隐患。火灾发生后,不到30 min,钢屋架就被火烧得坍塌落架。

9.5 商场火灾

9.5.1 引言

随着经济的发展,国内商场的数量和规模都在不断增加和扩大,商场内人员和物资都是高度集中的,一旦发生火灾,后果将不堪设想。另外,商品的经营方式也日益增多,仓储式大型超市和综合性商场越来越多,这样新型商场的出现不断给现代化商场的火灾防治提出新的问题。

有些人认为,造成商场火灾问题严重是个管理问题。应当说这种观点不够全面。实际上,与过去的小商店相比,现代化大型商场的火灾危险性发生了质的变化,商品的种类、数量之多远非昔比,许多物品是高热值的可燃、易燃品;商场的电气、电力和热力设施成倍增加。这种物质基础不仅决定了商场容易失火,而且容易发展为大火。现在人们对大型商场的火灾特点了解还很不够,采用的消防对策和技术设施存在缺陷。因此在强调安全管理的同时,应当充分重视对商场火灾的规律的研究,改善火灾防治技术,并为改进商场火灾安全管理提供一些新思想、新方法。

现在的大型综合商场形式多样,不仅有地面单层的、多层的,还有很多是地下的。不同商场的火灾发展自然要受到具体场合的影响,但不论哪类商场,大面积是其共同特点。本节主要围绕由这一因素出现的火灾特点进行讨论。

9.5.2 商场火灾的主要特点

1. 防火防烟的难度大、漏洞多

由于营业活动的需要,人们都希望商场的内部空间尽量开阔,不要进行过多的分隔,然而这与防火防烟的要求是矛盾的。大量事实表明,许多商场火灾正是由于这一问题没处理好而造成了火灾的大范围蔓延。商场的结构和使用需要也造成防火分隔的漏洞较多。现在不少商场都安装了跨越楼层的自动扶梯,这已成为影响合理隔烟分区的重要因素。也有的商场往往是被动的满足防火分区的要求,但实际上其分隔位置和形式并不合理,或分隔部位的结构往往很薄弱。

2. 商品的摆放形式易着火

为了展示商品,商场内大都设置成排的货架、宽敞的柜台和橱窗。四周墙壁和货架上挂满了衣服、帘布、纤维及纸制品等。这类松散悬挂或摆放着的可燃物品容易着火燃烧,是造成火灾发展极其迅速的原因之一。

3. 用电量大而用电方式多

现在的商场内均使用了多种电气设备,且用电量很大。例如不少操作系统均为电动控制,内部主要靠灯光照明,为了加强展示效果,还使用了各种形式的照明灯箱,很多柜台内往往安有电扇、电热器及多种临时电源插座等。这便造成商场内起火源因素多且分布面广。

4. 人员流动性大,随机起火因素多

顾客盈门本是商家的好事,但人员过多过杂也造成随机起火因素增多。例如吸烟者乱扔烟头曾是多起火灾的直接原因。现在许多商场作出禁止吸烟的规定,情况有了很大改观,但仍不时发现乱扔烟头的现象。另外商场内容易产生大量细碎垃圾,撒在明处的一般会被较快清除,而那些在隐蔽角落的垃圾却经常被忽视,一些公共场所火灾正是由这类垃圾引起的。

9.5.3 商场火灾的防治讨论

1. 完善火灾探测和自动灭火系统

目前大多数普通型火灾探测系统和自动喷水灭火系统是适合商场使用的。很多火灾案例表明,在商场内按规定安装上述设施,且保证工作正常,人们能够及时发现火情,并在初期控制住火灾。实际情况是不少商场不够重视这些系统的作用,有的以各种理由拖着不装,有的虽然安装了却迟迟没有开通,有的通过安装验收后便经常关闭不用。应当承认,现在有些产品还存在一些质量问题,如常发生误报等问题,为正常管理带来许多不便。但对安全问题不能因小的麻烦而忽视有关消防设备的作用。同时,随着技术的进步,产品的性能质量正不断取得较大改进。例如近年开发的模拟式火灾探测系统在减少误报方面已有很大提高,而图像式监测系统在早期发现火灾与确认大空间建筑火灾方面作用尤为显著。

2. 搞好防火防烟分隔

合理的防火分区是防止商场火灾蔓延的重要一环,其分区面积应从严控制。尤其是自动扶梯口、各楼层与中庭的连接口等部位应当重点防范。这些地方平时供人员正常通行,紧急情况下又难以迅速分隔,是防火分隔的薄弱环节。应安装防火卷帘等分隔措施。对于餐饮、机电维修等经常动用明火的区域应单独分区,并采取专门的防火防爆措施,以便在该区发生火情时不会影响商场的其他部分。很多商场是由老建筑改造而成的,还有一些商场为了提高档次而经常进行改修。这种施工形式改变了原建筑的使用功能,经常使防火分区受到破坏。由此对商场的改建工程应加强论证,对防火分区等应重新核算。

3. 严格安全用电管理

火灾统计表明,多数商场火灾是营业区电气故障引发的。有的是照明灯具长期使用、或带故障运行,或靠易燃物过近引起的。有的是其他用电方式不当造成的,如电热器过热、开关未关、违章乱拉乱放电线、电线老化等。在商场这种特殊环境下,用电、用火方面的不注意往往导致难以控制的后果。

4. 实行统一的火灾安全管理

很多商场内的经营方式是灵活多样的,每个柜台各负其责,有些柜台还可能租给一些人独立经营。但在火灾安全方面必须实行统一的规划。对于商品柜台的分布、位置、密度等应作出总体安排,使易燃品多的柜台适当远离起火因素多的部位,使那些燃烧时发烟量大的化工和塑胶制品柜台靠近窗口或排烟口放置。对于疏散通道应保证有足够的宽度,且分布合理,不能形成袋状死角。消火栓的控制面积应能够有效覆盖整个商场的各个部位。

5. 开展商场火灾安全状况分析

商场的起火因素繁多,涉及人和物的多个方面,因此在火灾安全管理方面应当注意引入新思想和新模式。在化工、航空等工业部门优先发展的安全分析方法均可借鉴,例如事故树、事件树分析、火灾危险度分析法等。火灾发展过程的计算机模拟法也有助于加深对火灾规律的认识。认识的提高势必提高火灾防治的科学性和针对性。火灾安全管理是一种长期任务,应贯穿在商场经营活动的全过程,需要不断根据情况的变化及时作出分析和调整。

9.5.4　典型火灾案例

1. 唐山市林西商场火灾

1993 年 2 月 14 日下午 1 时 15 分左右,唐山市东矿区的林西百货商场发生火灾。该商场为 3 层,营业面积达 2 980 m²。火灾是由于建筑物改造过程中违章进行电焊所溅落的火星引燃海绵床垫引起的。附近的营业员发现后,找来一个灭火器,但不会使用,致使未能控制早期火灾。营业员想用电话报警,但大楼的电话又被锁住,只好到附近一家商店向消防队报警,此时火势已相当大。这场大火共动用 24 辆消防车,160 余名专职消防人员,100 余名解放军战士灭火。大火延续了 3 个多小时才基本扑灭。火灾中死 80 人,伤 53 人,直接经济损失约 401 万元。

失火时,该商场首层的家具营业部正在进行改造,工程由一家私人建筑队承包。为了在顶棚进行扩建,凿开了多个孔洞,并一边施工一边照常营业。当天 11 时许,电焊火花曾引燃了营业部办公桌上的纸盒,被营业员用水扑灭了。但这种情况仅过去了 1 个多小时,施工人员再次动用电焊,使电焊火星落在堆有一人多高的海绵床垫上,从而引发了这场损失惨重的火灾。

商场违章装修是引发火灾的直接原因。家具营业厅内存放着大量易燃物品,在这种场合下动用明火必须采取特别的保护措施。施工人员曾提出施工期间停止营业,但商场负责人不同意。施工队没有坚持,且在没有任何保护措施的情况下又让没有电焊技术的民工进行作业。

商场内易燃品集中且防火防烟分隔不良是造成人员严重伤亡的重要原因。起火点处有50 余床海绵床垫和 40 余捆化纤地毯,因此火灾发展迅速。大楼装修中使用大量木质材料,使厅内很快形成立体燃烧,加上楼层间防火分隔不良,火灾仅十几分钟就由首层烧到了 3 层,楼梯间成了烟气蔓延的重要通道。由于首层的出口被火灾烟气封住,二三层的人员无法逃出,很快被火灾中产生的有毒烟气熏呛而窒息。

2. 吉林省吉林市中百商厦特大火灾

2004 年 2 月 15 日 11 时 25 分,位于吉林市解放大路与长春路交汇处的中百商厦发生特大火灾。吉林市公安消防指挥中心接到报警后,立即调集消防官兵赶赴现场扑救。13 时 45 分,火势得到初步控制。15 时 30 分,大火被扑灭。这次大火共造成 54 人死亡、70 人受伤,直接经济损失 400 余万元。

经调查认定,导致事故发生的直接原因是中百商厦"伟业电器"一名员工将点燃的香烟掉落在库房中,引燃地面纸屑、纸板等可燃物,以致发生火灾。

中百商厦没有严格落实《消防法》关于消防安全责任制的有关规定是造成如此大损失的重要原因:制定的火灾应急疏散预案没有落实且未组织过演练;违章将商厦北墙外的自行车棚改建为简易仓库后,没有落实消防部门下达的限期整改通知要求;经营管理混乱,超范围租赁经营舞厅项目,忽视对该舞厅的消防安全监督管理;火灾发生后,安全保卫人员没有组织 3 楼和4 楼人员疏散,有关人员没有及时报警。吉林市商业委员会对中百商厦管理不力,对商厦在消防安全管理和企业经营管理上存在的问题失察。吉林市消防、工商、城市管理等有关职能部门没有切实履行职责,对中百商厦存在的火灾隐患、经营管理混乱等问题没有严格督促落实整改。

3. 巴拉圭超市大火

2004年8月1日,巴拉圭首都亚松森北部郊区的一座大型超市发生火灾,由于正值周末中午,店内挤满了购物者,当时还大约有700人正在超市中用餐。发生大火后,超市大门被关闭,一些顾客打碎超市的玻璃窗逃生,而未能逃出的顾客则被浓烟窒息而死。这场大火最终导致504人死亡,520人受伤,大火中,超市的售货厅、餐厅、厨房和地下停车场无一幸免。

调查报告认为,最初的起火点很可能是餐饮区的厨房和面包房,厨房在底层,面包房则在上面3层。目击者和幸存者说,超市楼上首先起火,起火前听到了两声爆炸。

该超市占地面积4 000多平方米,其地上3层的总面积大约1.2万平方米,地下一层为停车场。事后调查得知,引发火灾的罪魁祸首是餐饮区烤肉炉的烟囱。为避开房屋的大梁,该烟囱绕了一个弯,而在此拐弯处积存了大量的烟灰、油脂和其他脏物。这不仅妨碍了排烟,也造成此处的温度过高。而天花板和屋顶之间使用了易燃塑料制作的隔板,烟囱的局部高温导致其发生了阴燃,生成了大量一氧化碳,当其与厨房内的粉尘混合后,遇到明火随即发生爆炸。超市内当时发生两次爆炸并引发大火后,超市的负责人没有及时组织顾客疏散,反而命令工作人员将超市的主要大门关闭,以防止因火灾而造成哄抢事件。为此,超市内的大部分顾客无法及时逃离火灾现场。

9.6 石油化工火灾

9.6.1 引言

石油化工是国民经济的支柱产业之一,它不仅为其他各行各业提供了大量动力燃料,而且提供了多种原料和材料。石化行业所使用的原料、生产过程的中间产物及最终产品大多是易燃易爆品,因此其生产和储存场所及运输过程均具有很大的火灾危险性。

近年来,我国乃至世界上发生的多起恶性火灾事故都与石化产品的生产和储存有关。山东青岛的黄岛油库火灾、南京金陵石化公司火灾、北京东方化工厂油罐区火灾等不仅对本企业造成严重损失,而且对相关企业产生很大影响。一些大型油轮火灾除造成严重的人员伤亡和财产损失外,还常对生态环境造成严重危害。

石化行业的原料与产品大都是高热值物质,在生产过程中,一般需要经历蒸发、汽化、干燥、分离、反应物混合等多种工艺,并且经常是在高温、高压、真空、快速流动等环境下进行的,涉及人和物的多个方面。一旦某个环节出了故障,就可能使整体状况迅速恶化,进而发生事故;石化产品的储存数量一般都很大,且高度集中,如许多场区常拥有若干万吨以上的储罐。有些气体和液体在储存前还往往需要加压处理。这些特殊性造成石化行业的火灾危险性远远高于其他行业。石化火灾是当前需要重点防治的三大火灾之一。

9.6.2 石化火灾的主要特点

石化行业的火灾特点主要体现在以下几方面:

1. 火灾发展迅速

这是由石化产品的高热值、易汽化、易着火的性质决定的。一旦某一局部着火,火区会迅速扩展到整个可燃物表面,火灾的初期增长阶段很短。这些物品的燃烧强度大,火焰温度高,能够对周围的设备和建筑造成恶性破坏。

2. 容易形成爆炸性火灾

当可燃、易燃的气体或液体从容器中泄漏出来后,便会在其周围与空气形成可燃混合气;若储存石化产品的容器封闭不严导致外界空气进入,也会在容器中形成可燃混合气。当混合气达到爆炸极限时,一遇点火源就可发生爆炸。另外,石化产品的设备和容器还会出现超压性爆炸,一方面与设备的质量和长期使用有关,另一方面还常与外界出现的高温、高压有关。例如发生火灾后极易引起相关设备的爆炸,反过来爆炸又能促使火灾的进一步发展。

3. 经常出现大面积流淌火灾

这是易燃液体和某些热塑性塑料火灾的一种特征。液体的流动性好,热塑性塑料受热融化后也可以发生流动。它们能够沿着壁面或地面流出,甚至从一些通常注意不到的槽沟、缝隙中穿过。而它们流到哪里,就把火区带到哪里,从而容易形成大面积和多火点的燃烧。

4. 灭火难度大

这是石化产品上述火灾特点的直接结果。由于火势发展迅速,燃烧面积大,热辐射强,燃烧往往产生大量浓烟和某些有毒产物,且存在爆炸危险,因此灭火人员和设备难以迅速接近火场并控制火势。扑救石化火灾时,除了应采取合理战术迅速扑灭已燃烧的区域外,还应紧密结合现场情况采取有针对性的防备措施,如优先保护未燃的容器使之不再被引燃,切断可燃物的供应,使用合适的灭火剂以避免对某些设备造成不良影响而引发新事故等。

5. 容易发生火灾复燃

火灾被扑灭后的现场温度往往还比较高,有些地方甚至还有局部高温源。而燃油等化工产品容易汽化,灭火不彻底或控制不好,常会引起火灾复燃,其强度往往迅速恢复到原先的水平。由于在前期灭火中,灭火器材和力量已经严重消耗,再次扑灭这种火灾的困难通常更大了。

9.6.3 石化火灾的防治讨论

对石油库、石化企业、加油站、运油船等场所的防火设计和火灾扑救,国家有关部门已制定过多种规范和具体规定,在此不再过多引述。现主要从火灾安全分析的角度讨论石化火灾防治的方法。

1. 严防油气产品泄漏

许多石化产品呈气态或液态,由于流动性好,容易从容器中泄漏出来。尤其是在加压操作或存储时,更容易喷洒出来。这些失去控制的物品一遇到合适的火源便会立即着火燃烧。因此应当经常检查有关的储罐、管道、阀门、容器等设备,严防发生泄漏事故,同时对漏出的油品应及时清除。当发现明显泄漏点时,应及时查明原因。若属部件故障所致,便应尽快修理或更换,避免情况恶化。在典型位置安装可燃气体的探测报警装置是一种有效的防范手段。

2. 严格控制点火源

在石化产品的生产和储存区内,少量产品的泄漏是难以绝对避免的,因此控制点火源的出现就具有特别重要的意义。根据有关场合的情况应划定一定的安全距离,在该距离之内杜绝使用一切明火,例如不许有生活用火、不许吸烟、不许没有装火花熄灭器的机动车辆进入、不许使用容易产生撞击火花的器械等。

3. 谨防电火花的出现

电火花也是引发石化产品火灾的重要因素。电火花虽小,但其能级高,比一般的热物体更容易引燃油品。电器设备运转发生故障时常产生电火花,在生产和储存石化产品的场合应当严格限制电气设施的使用,主要地段必须使用防火防爆电器,如直接接触油品的泵房。石化产品在流动、混合、喷射等过程中容易产生静电,当静电积累到一定程度,发生的静电火花就可能引起油气爆炸。应设法消除石化产品输送和储存中的静电,如控制流速、减小混合撞击、设置接地消电等。有关的作业场所也应严格防止静电,如使用防静电用具、穿防静电服装等。

4. 防止雷电

对于石化产品储存量集中的场合,需要采取严格的防雷击措施。雷电的能量很大,能够对它所放电的物体直接造成严重损坏。据分析,壁厚在 4 mm 以下的金属油罐尚且可能被击穿,其他类型油罐受影响的程度则更严重。因此油品储存区必须安装避雷装置,保证其对地接触良好,并经常检查其工作状况。

5. 保证足够的防火间距

石化产品的库房、油气产品的储罐之间以及它们与辅助建筑物之间必须保证足够大的防火间距,这是防止火灾大面积蔓延的有效措施。在石油库、加油站等场所的设计规范中对此均有规定,应当严格遵守,禁止自行改动。

9.6.4 典型火灾案例

1. 吉化"11.13"特大爆炸事故

2005 年 11 月 13 日 13 时 30 分许,中国石油天然气股份有限公司吉林石化分公司双苯厂硝基苯精馏塔发生爆炸,并引发火灾。见图 9.6.1,截至 18 时许,共发生爆炸 15 起,其中较大爆炸 6 起,爆炸致使该厂周围建筑受到不同程度的损坏。

这场事故共造成 8 人死亡,60 人受伤,直接经济损失 6 908 万元。由于该厂存有有毒易燃易爆物质"苯胺二",使得化工区附近 4 万居民紧急疏散。此外,事故还导致松花江水受到严重污染,不仅导致其下游的一些城市(例如哈尔滨、佳木斯等)用水困难,而且还造成不良的国际影响。

吉林石化公司坐落于吉林省吉林市松花江北,是集油、化、胶、塑、洗于一体的特大型综合性石油化工生产企业。据了解,发生爆炸的吉化双苯厂共有两大部分,一部分是旧苯胺车间,另一部分是新苯胺车间,最早发生爆炸的是新苯胺车间。

根据事故调查组经分析一致认为,爆炸的直接原因是当班操作工停车时,疏忽大意,未将应关闭的阀门及时关闭,误操作导致进料系统温度超高,长时间后引起爆裂,随之空气被抽入负压操作的 T101 塔,引起 T101 塔、T102 塔发生爆炸,随后致使与 T101、T102 塔相连的两台硝基苯储罐及附属设备相继爆炸,随着爆炸现场火势增强,引发装置区内的两台硝酸储罐爆炸,并导致与该车间相邻的 55 号罐区内的一台硝基苯储罐、两台苯储罐发生燃烧。

图 9.6.1 吉林石化双苯厂爆炸形成的蘑菇云

这是一起特大生产安全责任事故。它反映出该厂对安全生产管理重视不够,对已出现的安全隐患整改不力,安全生产管理制度存在漏洞,劳动组织管理存在缺陷。同时,对于生产大量危险化学品的企业,必须大力加强安全技术措施,以便能够从多个环节保证生产的安全进行。另外,吉化石油分公司及双苯厂对生产中可能发生的事故可能引发松花江水污染问题没有进行深入研究,相关的应急预案存在重大缺失,环保部门在事件初期对可能产生的严重后果估计不足,重视不够,没有及时提出妥善处置意见,以致产生了严重的后果。

2. 南京市金陵石化公司炼油厂火灾

1993 年 10 月 21 日 18 时 15 分左右,南京市金陵石化公司炼油厂油品分厂半成品车间无铅汽油罐区发生汽云爆炸,引起罐区地面及 310 号油罐着火。由于燃烧猛烈,共调动 156 辆消防车、1 323 名灭火人员参战,用了 7 个小时才将火扑灭。火灾中死亡 2 人,该油罐的大部分设施被烧坏。

火灾是由于大量汽油泄漏、遇到火花引起的。21 日 15 时 30 分左右,基本装满的 310 号罐要进行油口循环调和,操作工误开该罐的进油泵前的入口阀门,导致 311 号罐的汽油通过油泵打入 310 号罐,于是大量汽油由罐顶溢出,在罐区内蔓延,并流入 200 m 长的排水明沟。18 时 5 分,一民工开手扶拖拉机进入离 310 号罐 50 多米的马路,拖拉机排出的火星引发了汽油蒸气爆炸。

这是一次典型的工作不负责任引起的事故。错开了阀门是第一个严重错误。实际上当 310 号罐内的油量超过警戒液位时曾多次报警,但操作人员却认为是仪表误报,一直未去罐区检查。经查值班人员多次违反必须 2 小时到罐区挂牌巡查一次的规定。汽油罐区为一级防火防爆区,机动车辆不准入内,但通行证早已过期的手扶拖拉机却能进入。这种情况是长期纪律松懈、管理不严造成的。

3. 山东省青岛市黄岛油库火灾

1989 年 8 月 12 日 9 时 55 分,青岛市黄岛油库老罐区的 5 号罐正在收油,因雷击引起爆炸起火,14 时 35 分,该罐东侧的 4 号罐又被引燃,随着罐区内的另外 3 个油罐(1、2、3 号)相继爆炸起火。大火共烧了 104 个小时,烧掉原油 3.6 万吨,油罐 5 座,死亡 19 人,受伤 68 人,直接经济损失达 3 540 万元。

这场火灾虽由天灾引发,但也暴露出该油库设计方面存在的问题。4、5 号油罐为半地下石壁非金属油罐,随着使用年限的延长,罐顶预制拱板出现裂缝,护层脱落,使得钢筋外露。1985 年 4 号罐曾遭过雷击起火,幸而没有酿成大事故。此后在罐体周围装设了 8 座避雷针,但考虑到油罐正在使用而迟迟未与油罐的金属护网焊接,结果造成了这次大事故。对于超期服役的非金属油罐应当尽快淘汰。

油罐的防火间距过小、使用不当是火灾扩大的重要原因。1、2、3 号罐原设计储油量为 5 000 m^3,施工中改为 10 000 m^3,使得油罐的防火间距违反安全规定。石化部门有明文规定,"雷雨天应尽量避免使用非金属油罐,以防止雷击"。而 5 号罐则在爆炸前较长时间处于收油状态,且罐顶的透气孔未盖。

复 习 题

1. 在我国,高层建筑怎样界定的? 高层建筑中存在哪些特殊的火灾安全问题?

2. 在高层建筑中宜采用哪些灭火方式? 说明理由,并分析不同方法的局限性。

3. 地下建筑有哪些主要类型? 从火灾安全角度看,对地下建筑的使用功能应做哪些限制? 为什么?

4. 进行地下建筑的排烟设计时应当注意哪些问题? 如何处理排烟与人员疏散的关系?

5. 与西方的古建筑相比,我国古建筑的建造有哪些特点? 扑灭这类建筑的火灾应当注意些什么问题?

6. 对于寺庙之类的古建筑适宜采取哪些火灾防治措施? 谈谈你对在古建筑中如何选择与安装火灾探测和灭火系统的意见和建议,并说明理由。

7. 造成现代商场的火灾危险性较大的因素主要有哪些? 简要分析它们对火灾发生与增大的影响机理。

8. 在大面积商场中,一旦出现人员疏散距离超长问题,可以采取哪些措施解决?

9. 在大空间建筑内适宜采用哪种类型喷水灭火措施? 为保护建筑的顶棚结构,喷淋头应当如何安装?

10. 在采用大跨度钢结构屋顶的建筑中,可采取哪些措施加强钢结构的防火保护? 并分析不同措施的利弊。

11. 石油储罐火灾具有哪些特点? 扑救这类火灾存在哪些特殊的困难? 需要注意哪些问题? 为什么?

12. 在大型油气储罐区内,确定防火间距和消防车道时应当注意哪些问题? 可采取哪些措施进行加强?

参 考 文 献

［1］ GB 50045-1995. 高层民用建筑设计防火规范［S］. 北京:中国计划出版社,2005.

［2］ GB 50222-95. 建筑内部装修设计防火规范［S］. 北京:中国计划出版社,2001.

［3］ GB 50116-98. 火灾自动报警系统设计规范［S］. 北京:中国计划出版社,1998.

［4］ JGJ 48-88. 商店建筑设计规范［S］. 北京:中国标准出版社,2002.

［5］ GB 50160-92. 石油化工企业设计防火规范［S］. 北京:中国计划出版社,1999.

［6］ 蒋永琨. 高层建筑消防设计手册［M］. 上海:同济大学出版社,1995.

［7］ 黄恒栋. 高层建筑火灾安全概论［M］. 成都:四川科学技术出版社,1992.

［8］ 杨在塘. 电气防火工程［M］. 北京:中国建筑工业出版社,1997.

［9］ 霍然,程晓舫,林其钊. 应当重视大空间建筑的火灾防治［J］. 安全工程学报,1996(3).

［10］ 霍然,袁宏永. 性能化建筑防火分析与设计［M］. 合肥:安徽科学技术出版社,2003.

［11］ 王学谦,刘万臣. 建筑防火设计手册［M］. 北京:中国建筑工业出版社,1998.

［12］ 张树平. 建筑防火设计［M］. 北京:中国建筑工业出版社,2001.

［13］ 李引擎,刘文利,冉鹏,等. 日本古建筑火灾预防对策综述［J］. 消防技术与产品信息, 2004 (11).

［14］ 翁文国,范维澄. 中国古建筑防火研究［J］. 消防科学与技术,2001, 20(5).

［15］ CROSSLAND B. The king's Cross Underground Fire and the Setting Up of the Investigation［J］. Fire Safety Journal,1992, 18(1).

［16］ SAXON R. Atrium Buildings Development and Design, 2nd edition［M］. The Architectural Press, London, 1986.

［17］ CHOW W K. Full-scale Burning Facilities for Atrium Fire Research［J］. Fire Safety Science, 1993, 2(2).

附录1 1997～2006 年我国每年的典型重特大火灾概况

时　间	失火单位	失火原因	直接经济损失（万元）	死/伤人数
1997 年：				
1 月 29 日	湖南长沙市燕山酒店	酒精炉取暖	97.0	40/89
2 月 13 日	广西宜州市个体大客车	漏油	11.2	40/6
6 月 4 日	广州海运"大庆 243"油轮	油遇静电火花	574.8	9/5
6 月 27 日	北京东方化工厂乙烯储罐	燃气泄漏遇静电	11 700.0	8/40
9 月 21 日	福建晋江裕华鞋厂	报复纵火	80.4	32/4
10 月 21 日	江西临川牡丹宾馆	不明	199.0	22/12
10 月 25 日	浙江温州环球皮件公司	电器故障	174.3	15/14
11 月 13 日	黑龙江巨人打火机厂	燃气泄漏遇明火	1.5	16/0
11 月 17 日	新疆喀什工贸中心大楼	电热毯过热	400.0	15/21
12 月 11 日	黑龙江哈尔滨汇丰酒店	可燃材料装修	61.9	31/24
1998 年：				
1 月 3 日	吉林通化东珠宾馆	电暖器取暖	31.6	24/14
1 月 31 日	黑龙江佳木斯华联商厦	电热管加热	3 638.0	1/5
2 月 13 日	广东广州华润化妆品厂	燃气泄漏遇火花	10.0	11/1
3 月 5 日	陕西西安煤气公司	液化气泄漏遇火花	477.8	11/30
4 月 28 日	河北石家庄电镀一厂	爆炸性气体遇高温	547.6	6/14
5 月 5 日	北京丰台玉泉营环岛家具城	电铃线圈过热引燃	2 087.8	—
7 月 13 日	1913 次货运列车	爆炸	—	6/20
8 月 26 日	江苏常州第一人民医院	电焊火花引燃	4.2	14/14
10 月 27 日	北京"居然之家"家具城	违章电焊引燃	380.0	2/0
12 月 30 日	浙江慈溪浒山镇呱呱快餐店	不明	40.0	10/0
1999 年：				
1 月 9 日	北京丰台华龙灯具批发市场	电源短路	1 736	0/0
1 月 10 日	四川达川通州百货商场	油炸锅内食油起火	3 163.1	10/20
1 月 23 日	广东东莞东聚电业有限公司	温控器故障引燃	486.1	14/2
3 月 1 日	云南泸水收音机场	烧废木材	2 063.8	—
4 月 15 日	河南南阳天府家具厂	私拉乱接电线	7.4	19/7
6 月 12 日	广东深圳智茂电器制品厂	灯镇流器引燃	200	16/18
10 月 9 日	广东广州永发购销综合店	违章使用电热丝	92	15/0
10 月 18 日	江苏沭阳宁波大酒店	顾客吸烟遗留火种	8.5	14/3
10 月 26 日	广东增城鸿成皮具厂	电源插座电弧引燃	3.6	20/9
12 月 26 日	吉林长春夏威夷大酒店	烟头引燃	22.25	20/11

2000 年：

1 月 11 日	安徽合肥城隍庙庐阳宫	电线短路	2 178.9	1/0
3 月 28 日	广东惠来佳成打火机厂	打火机泄漏液化气		17/6
3 月 29 日	河南焦作"天堂"录像厅	电热器烤燃易燃材料	19.95	74/2
4 月 10 日	云南昆明商品批发大世界	小孩玩火	1 821.3	0/3
4 月 22 日	青岛丰旭实业有限公司	日光灯镇流器引燃		38/20
6 月 4 日	厦门富士电气化学有限公司	蚊香引燃	84.435	8/0
6 月 30 日	江西江门	烟花爆炸		37/112
10 月 19 日	广东省竹料镇	违章操作	93.0	15/0
12 月 13 日	大同云中商厦服装大世界	不明	1 964.2	0/0
12 月 25 日	河南洛阳东都商厦	电焊工违章作业	275	309/7

2001 年：

1 月 16 日	山东威高集团	线路短路	766.9	
3 月 9 日	广西三江县梅林乡新民村	蜡烛引燃	159.3	
3 月 16 日	河北秦皇岛金山角市场	电暖风引燃	596	3/0
4 月 9 日	广东海丰民政局收容站	人为纵火	7.5	25/
5 月 3 日	大连渔轮公司	聚胺酯燃烧		10/0
6 月 5 日	江西南昌发展中心幼儿园	蚊香引燃被絮	1.3	13/1
7 月 19 日	河北张家口市桥西大市场	易燃液体容器受热	733.9	
9 月 1 日	沈阳市大龙洋石油有限公司	汽油挥发遇到火花	258	0/8
9 月 2 日	内蒙古自治区二连市南市场	人为纵火	464	

2002 年：

2 月 18 日	河北唐山市随意游戏厅	变压器过热引燃		17/1
3 月 1 日	四川南充市副食品批发市场	违规使用蜡烛引燃	141	19/23
3 月 23 日	浙江省温州市皮鞋厂	生产操作不当		6/4
4 月 21 日	海南省三亚市阳光购物城	电线短路		7/20
5 月 7 日	北方航空公司 B2138 号客机	人为纵火		103/0
6 月 9 日	云南省寻甸县三元庄小学	报复纵火		8/0
6 月 16 日	北京"蓝极速"网吧	报复纵火	10	25/12
6 月 24 日	广东省廉江市小百乐发廊	电吹风插头接触不良		9/10
11 月 26 日	山东潍坊市大虞区一住宅楼	液化石油气泄漏		9/2
11 月 28 日	江苏苏州市西乐器厂宿舍楼			8/7

2003 年：

1 月 13 日	福建省福鼎市住宅楼	人为纵火	3.5	10/4
1 月 19 日	湖北省武当山遇真宫	违规搭设照明线路		
2 月 2 日	哈尔滨天潭酒店大火	违章用汽油取暖	15.8	33/10
3 月 28 日	陕西省佛坪县山林大火	上坟烧香焚纸引起		10/8
3 月 30 日	四川省巴中市通江县综合楼	电器仓库燃起		9/2
4 月 5 日	青岛正大公司熟食加工车间	电锅油温过高着火	3 745.8	21/8
7 月 28 日	河北辛集烟花厂	晾晒药球自燃	456.49	32/105
10 月 10 日	广西凭祥市凯发打火机厂	打火机漏气引燃	1.8	10/
11 月 3 日	湖南省衡阳市衡州大厦	商户熏制干货造成	450	20/16
11 月 27 日	浙江省义乌市住宅楼	电气线路接触不良	260	10/3

2004 年：

日期	地点	原因	损失	伤亡
2 月 15 日	吉林省吉林市中百商厦	吸烟引燃	400 余	54/70
2 月 15 日	浙江省海宁市黄湾镇五丰村	草棚起火		41/3
4 月 24 日	山西运城市半坡油库	静电起火	325	0/0
6 月 9 日	北京市京民大厦	焊接违章操作	81.9	11/38
7 月 28 日	浙江温州辉煌皮革有限公司	皮带粉尘阴燃起火	98	18/12
7 月 29 日	山东省临沂市临沂灯具城	电气线路短路	10 000	0/69
10 月 5 日	广东省惠州 LG 电子公司	电焊违轨操作引起	上亿	2/10
10 月 9 日	广西三江侗族自治县岑牙村	电线短路引起	164.8	0/0
10 月 21 日	江苏常熟市招商城凯莱鞋都		1 708.8	
12 月 21 日	湖南省常德市桥南市场	电视机通电起火	18 700	0/69

2005 年：

日期	地点	原因	损失	伤亡
2 月 20 日	湖南邵阳市区湘贵建材市场	海绵燃烧引起	上千万元	0/0
3 月 5 日	河南省郑州市针织批发市场	未整改火灾隐患		12/
6 月 10 日	广东省汕头市华南宾馆	电线短路故障	849	31/28
7 月 19 日	广西三江侗族自治县独峒村	小孩玩火引起	460	0/1
8 月 2 日	安徽省蒙牛乳业冰淇淋厂	电气线路短路	300	3/
10 月 10 日	山东省威海市金莹家电大楼			10/
10 月 29 日	上海市高雄路王家宅	人为纵火		10/19
12 月 15 日	吉林省辽源市中心医院	电工违章检修	821.921 4	40/210
12 月 18 日	湖南省新化县国泰家电超市	鞭炮点着	上千万元	4/3
12 月 25 日	广东省中山市一西餐厅	天花板上大灯着火		26/8

2006 年：

日期	地点	原因	损失	伤亡
1 月 29 日	河南林州梨林花炮有限公司	鞭炮点着		36/48
4 月 10 日	山西原平轩岗煤电公司医院	私存炸药自燃		31/19
4 月 29 日	浙江温州奥吉卫具有限公司	人为纵火		10/8
5 月 19 日	广东汕头市潮阳区创辉公司		75	13/1
6 月 16 日	安徽马鞍山盾安化工集团		606.66	16/24
7 月 7 日	山西宁武东寨村民宅	私藏炸药引起		49/30
7 月 28 日	江苏射阳化工厂	工人操作不当所致		22/28
8 月 10 日	云南昆明一加工作坊	海绵燃烧		10/2
9 月 14 日	浙江省湖州福音大厦			15/
10 月 28 日	新疆独山子石化公司	易燃料挥发遇火源		13/11

注：根据公安部消防局每年发布的数据整理

附录 2 化学危险品的分类及其特征

我国对危险化学品的管理与使用已制定了一系列的法规、标准和规范,其中主要有国家标准《危险货物分类与品名编号》(GB 6944-2005)、《危险货物品名表》(GB 12268-90)和《常用危险化学品的分类及标志》(GB 13690-92)。根据国标《危险货物分类与品名编号》,危险化学品分为以下 9 类:

第 1 类:爆炸品

本类物品指在外界作用下(如受热、受压、撞击等),能发生剧烈的化学反应,瞬时产生大量的气体和热量,使周围压力急剧上升,甚至发生爆炸,对周围环境造成破坏的物品。包括爆炸性物质、爆炸性物品以及为产生爆炸或烟火实际效果而制造的在上述两项中未提及的物质或物品。

本类划分为 6 项:

(1) 有整体爆炸危险的物质和物品。

(2) 有迸射危险,但无整体爆炸危险的物质和物品。

(3) 有燃烧危险并有局部爆炸危险或局部迸射危险或这两种危险都有,但无整体爆炸危险的物质和物品。包括可产生大量辐射热的物质和物品、相继燃烧产生局部爆炸或迸射效应或两种效应兼而有之的物质和物品。

(4) 不呈现重大危险的物质和物品。包括运输中万一点燃或引发时仅出现小危险的物质和物品;其影响主要限于包件本身,并预计射出的碎片不大、射程也不远,外部火烧不会引起包件内全部内装物的瞬间爆炸。

(5) 有整体爆炸危险的非常不敏感物质。包括有整体爆炸危险性、但非常不敏感以致在正常运输条件下引发或由燃烧转为爆炸的可能性很小的物质。

(6) 无整体爆炸危险的极端不敏感物品。包括仅含有极端不敏感起爆物质、并且其意外引发爆炸或传播的概率可忽略不计的物品,该项物品的危险仅限于单个物品的爆炸。

第 2 类:气体

本类气体指 50 ℃时,蒸气压力大于 300 kPa 的物质或 20 ℃时在 101.3 kPa 标准压力下完全是气态的物质。包括压缩气体、液化气体、溶解气体和冷冻液化气体、一种或多种气体与一种或多种其他类别物质蒸气的混合物、充有气体的物品和烟雾剂。根据气体在运输中的主要危险性本类气体分为 3 项。

(1) 易燃气体。包括在 20 ℃和 101.3 kPa 条件下,与空气的混合物按体积分数占 13% 或更少时可点燃的气体,或不论易燃下限如何,与空气混合燃烧范围的体积分数至少为 12% 的气体。

(2) 非易燃无毒气体。在 20 ℃压力不低于 280 kPa 条件下运输或以冷冻液体状态运输的气体,并且是窒息性气体(会稀释或取代通常在空气中氧气的气体)、氧化性气体(通过提供氧气比空气更能引起或促进其他材料燃烧的气体)或不属于其他项别的气体。

(3) 毒性气体。包括已知对人类具有的毒性或腐蚀性强到对健康造成危害的气体或半数致死浓度 LC_{50} 值不大于 5 000 mL/m³,因而推定对人类具有毒性或腐蚀性的气体。

第 3 类:易燃液体

本类包括易燃液体和液态退敏爆炸品两类。

易燃液体指在其闪点温度(其闭杯试验闪点不高于 60.5 ℃,或其开杯试验闪点不高于 65.6 ℃)时放出易燃蒸气的液体或液体混合物,或是在溶液或悬浮液中含有固体的液体;本项还包括在温度等于或高于其闪点的条件下提交运输的液体,或以液态在高温条件下运输或提交运输、并在温度等于或低于最高运输温度下放出易燃蒸气的物质。

第 4 类:易燃固体、易于自燃的物质、遇水放出易燃气体的物质

易燃固体系指燃点低,对热、撞击、摩擦敏感,易被外部火源点燃,燃烧迅速,并可能散发出有毒烟雾或有毒气体的固体,但不包括已列入爆炸品的物品。包括:① 容易燃烧或摩擦可能引燃或助燃的固体;② 可能发生强烈放热反应的自反应物质;③ 不充分稀释可能发生爆炸的固态退敏爆炸品。

自燃物品系指自燃点低、在空气中易发生氧化反应、放出热量,而自行燃烧的物品。包括发火物质和自热物质。

遇水放出易燃气体的物质指与水相互作用易变成自燃物质或能放出危险数量的易燃气体的物质。

第 5 类:氧化性物质和有机过氧化物

氧化性物质系指本身不一定可燃,但通常因放出氧或起氧化反应可能引起或促使其他物质燃烧的物质。

有机过氧化物系指分子组成中含有过氧基的有机物质,该物质为热不稳定物质,可能发生放热的自加速分解。该类物质还可能具有以下一种或数种性质:① 可能发生爆炸性分解;② 迅速燃烧;③ 对碰撞或摩擦敏感;④ 与其他物质起危险反应;⑤ 损害眼睛。

第 6 类:毒性物质和感染性物质

毒性物质指经吞食、吸入或皮肤接触后可能造成死亡或严重受伤或健康损害的物质。

毒性物质的毒性分为急性口服毒性、皮肤接触毒性和吸入毒性。分别用口服毒性半数致死量 LD_{50}、皮肤接触毒性半数致死量 LD_{50},吸入毒性半数致死浓度 LC_{50} 衡量。经口摄取半数致死量:固体 $LD_{50} \leqslant 200$ mg/kg,液体 $LD_{50} \leqslant 500$ mg/kg;经皮肤接触 24 h,半数致死量 $LD_{50} \leqslant 1\ 000$ mg/kg;粉尘、烟雾吸入半数致死浓度 $LC_{50} \leqslant 10$ mg/L 的固体或液体。

感染性物质指含有病原体的物质,包括生物制品、诊断样品、基因突变的微生物、生物体和其他媒介,如病毒蛋白等

第 7 类:放射性物质

放射性物质指含有放射性核素且其放射性活度浓度和总活度都分别超过《放射性物质安全运输规程》(GB 11806-2004)规定限值的物质。

第 8 类:腐蚀性物质

腐蚀性物质指通过化学作用使生物组织接触时会造成严重损伤,或在渗漏时会严重损害甚至毁坏其他货物或运载工具的物质。包含与完好皮肤组织接触不超过 4 h,在 14 d 的观察期中发现引起皮肤全厚度损毁,或在温度 55 ℃时,对 S235JR+CR 型或类似型号钢或无覆盖

层铝的表面均匀年腐蚀率超过 6.25 mm/y 的物质。

第 9 类:杂项危险物质和物品

本类物品指具有其他类别未包括的危险的物质和物品,如危害环境物质、高温物质、经过基因修改的微生物或组织。

目前在众多的化学品中,已被列入我国危险货物品名(GB 12268-1990)编号的有近 3 000 种(类),并且随着化学工业的发展,新物质不断合成出现,危险化学品的种类还会增多。

为方便使用和管理,做好与原标准(GB 12268-1990)的衔接,原标准中危险货物编号(CN号)允许存在两年,即从标准实施之日(2005 年 11 月 1 日)起两年内,需要使用 CN 号的产品或场合在标注联合国编号(UN 号)的同时可标注 CN 号;本标准实施前已印制的有关危险货物的包装、标志和安全数据单等应视为有效,但必须加注或粘贴 UN 号。

附录 3　生产与储存物品火灾危险性的分类

1. 生产的火灾危险性分类

生产类别	使用或产生下列物质生产的火灾危险性特征
甲	1. 闪点小于 28 ℃的液体 2. 爆炸下限小于 10%的气体 3. 常温下能自行分解或在空气中氧化能导致速迅自燃或爆炸的物质 4. 常温下受到水或空气中水蒸气的作用,能产生可燃气体并引起燃烧或爆炸的物质 5. 遇酸、受热、撞击、摩擦、催化以及遇有机物或硫磺等易燃的无机物,极易引起燃烧或爆炸的强氧化剂 6. 受撞击、摩擦或与氧化剂、有机物接触时能引起燃烧或爆炸的物质 7. 在密闭设备内操作温度大于或等于物质本身自燃点的生产
乙	1. 闪点大于等于 28 ℃至小于 60 ℃的液体 2. 爆炸下限大于等于 10%的气体 3. 不属于甲类的氧化剂 4. 不属于甲类的化学易燃危险固体 5. 助燃气体 6. 能与空气形成爆炸性混合物的浮游状态的粉尘、纤维以及闪点小于 60 ℃的液态雾滴
丙	1. 闪点大于等于 60 ℃的液体 2. 可燃固体
丁	1. 对不燃烧物质进行加工,并在高热或熔化状态下经常产生辐射热、火花或火焰的生产 2. 利用气体、液体、固体作为燃料或将气体、液体进行燃烧作其他用的各种生产 3. 常温下使用或加工难燃烧物质的生产
戊	常温下使用或加工不燃烧物质的生产

2. 生产的火灾危险性分类举例

生产类别	举　例
甲	1. 闪点小于 28 ℃的油品和有机溶剂的提炼、回收或洗涤部位及其泵房，橡胶制品的涂胶和胶浆部位，二硫化碳的粗馏、精馏工段及其应用部位，青霉素提炼部位，原料药厂的非纳西汀车间的烃化、回收及电感精馏部位，皂素车间的抽提、结晶及过滤部位，冰片精制部位，农药厂乐果厂房，敌敌畏的合成厂房，磺化法糖精厂房，氯乙醇厂房，环氧乙烷、环氧丙烷工段，苯酚厂房的磺化、蒸馏部位，焦化厂吡啶工段，胶片厂片基厂房，汽油加铅室，甲醇、乙醇、丙酮、丁酮、异丙醇、醋酸乙酯、苯等的合成或精制厂房，集成电路工厂的化学清洗间（使用闪点小于 28 ℃的液体），植物油加工厂的浸出厂房 2. 乙炔站，氢气站，石油气体分馏（或分离）厂房，氯乙烯厂房，乙烯聚合厂房，天然气、石油伴生气、矿井气、水煤气或焦炉煤气的净化（如脱硫）厂房压缩机室及鼓风机室，液化石油气灌瓶间，丁二烯及其聚合厂房，醋酸乙烯厂房，电解水或电解食盐厂房，环己酮厂房，乙基苯和苯乙烯厂房，化肥厂的氢氮气压缩厂房，半导体材料厂使用氢气的拉晶间，硅烷热分解室 3. 硝化棉厂房及其应用部位，赛璐珞厂房，黄磷制备厂房及其应用部位，三乙基铝厂房，染化厂某些能自动分解的重氮化合物生产，甲胺厂房，丙烯腈厂房 4. 金属钠、钾加工厂房及其应用部位，聚乙烯厂房的一氯二乙基铝部位，三氯化磷厂房，多晶硅车间三氯氢硅部位，五氧化磷厂房 5. 氯酸钠、氯酸钾厂房及其应用部位，过氧化氢厂房，过氧化钠、过氧化钾厂房，次氯酸钙厂房 6. 赤磷制备厂房及其应用部位，五硫化二磷厂房及其应用部位 7. 洗涤剂厂房石蜡裂解部位，冰醋酸裂解厂房
乙	1. 闪点小于等于 28 ℃至小于 60 ℃的油品和有机溶剂的提炼、回收、洗涤部位及其泵房，松节油或松香蒸馏厂房及其应用部位，醋酸酐精馏厂房，己内酰胺厂房，甲酚厂房，氯丙醇厂房，樟脑油提取部位，环氧丙烷厂房，松针油精制部位，煤油灌桶间 2. 一氧化碳压缩机室及净化部位，发生炉煤气或鼓风炉煤气净化部位，氨压缩机房 3. 发烟硫酸或发烟硝酸浓缩部位，高锰酸钾厂房，重铬酸钠（红矾钠）厂房 4. 樟脑或松香提炼厂房，硫磺回收厂房，焦化厂精萘厂房 5. 氧气站，空分厂房 6. 铝粉或镁粉厂房，金属制品抛光部位，煤粉厂房，面粉厂房的碾磨部位、活性炭制造及再生厂房，谷物筒仓工作塔，亚麻厂的除尘器和过滤器室
丙	1. 闪点大于等于 60 ℃的油品和有机液体的提炼、回收工段及其抽送泵房，香料厂的松油醇部位和乙酸松油酯部位，苯甲酸厂房，苯乙酮厂房，焦化厂焦油厂房，甘油、桐油的制备厂房，油浸变压器，机器油或变压油罐桶间，润滑油再生部位，配电室（每台装油量大于 60 kg 的设备），沥青加工厂房，植物油加工厂的精炼部位 2. 煤、焦炭、油母页岩的筛分、转运工段和栈桥或储仓，木工厂房，竹、藤加工厂房，橡胶制品的压延、成型和硫化厂房，针织品厂房，纺织、印染、化纤生产的干燥部位，服装加工厂房，棉花加工和打包厂房，造纸厂备料、干燥厂房，印染厂成品厂房，麻纺厂粗加工厂房，谷物加工厂房，卷烟厂的切丝、卷制、包装厂房，印刷厂的印刷厂房，毛涤厂选毛厂房，电视机、收音机装配厂房，显像管厂装配工段烧枪间，磁带装配厂房，集成电路工厂的氧化扩散间、光刻间，泡沫塑料厂的发泡、成型、印片压花部位，饲料加工厂房

生产类别	举　例
丁	1. 金属冶炼、锻造、铆焊、热轧、铸造、热处理厂房 2. 锅炉房,玻璃原料熔化厂房,灯丝烧拉部位,保温瓶胆厂房,陶瓷制品的烘干、烧成厂房,蒸汽机车库,石灰焙烧厂房,电石炉部位,耐火材料烧成部位,转炉厂房,硫酸车间焙烧部位,电极煅烧工段配电室(每台装油量小于等于 60 kg 的设备) 3. 铝塑材料的加工厂房,酚醛泡沫的加工厂房,印染厂的漂洗部位,化纤厂后加工润湿部位
戊	制砖车间,石棉加工车间,卷扬机室,不燃液体的泵房和阀门室,不燃液体的净化处理工段,除镁合金外的金属冷加工车间,电动车库,钙镁磷肥车间(焙烧炉除外),造纸厂或化学纤维厂的浆粕蒸煮工段,仪表、器械或车辆装配车间,氟里昂厂房,水泥厂的轮窑厂房,加气混凝土厂的材料准备、构件制作厂房

3. 储存物品的火灾危险性分类

储存类别	火　灾　危　险　性　特　征
甲	1. 闪点小于 28 ℃的液体 2. 爆炸下限小于 10%的气体,以及受到水或空气中水蒸气的作用,能产生爆炸下限小于 10%可燃气体的固体物质 3. 常温下能自行分解或在空气中氧化能导致迅速自燃或爆炸的物质 4. 常温下受到水或空气中水蒸气的作用,能产生可燃气体并引起燃烧或爆炸的物质 5. 当遇酸、受热、撞击、摩擦、催化及遇有机物或硫磺等易燃无机物时极易分解引起燃烧爆炸的强氧化剂 6. 受撞击、摩擦或与氧化剂、有机物接触时能引起燃烧或爆炸的物质
乙	1. 闪点大于等于 28 ℃至小于 60 ℃的液体 2. 爆炸下限大于等于 10%的气体 3. 不属于甲类的氧化剂 4. 不属于甲类的化学易燃危险固体 5. 助燃气体 6. 常温下与空气接触能缓慢氧化,积热不散引起自燃的危险物品
丙	1. 闪点大于等于 60 ℃的可燃液体 2. 可燃固体
丁	难燃烧物品
戊	不燃烧物品

注:难燃物品、不燃物品的可燃包装重量超过物品本身重量 1/4 时,其火灾危险性应为丙类。

4. 储存物品的火灾危险分析分类举例

储存物品类别	举例
甲	1. 己烷、戊烷、环戊烷、石脑油、二硫化碳、苯、甲苯、甲醇、乙醇、乙醚、蚁酸甲酯、醋酸甲酯、汽油、丙酮、丙烯、60 度以上白酒 2. 乙炔、氢、甲烷、环氧乙烷、水煤气、液化石油气、乙烯、丙烯、丁二烯、硫化氢、氯乙烯、电石、碳化铝 3. 硝化棉、硝化纤维胶片、喷漆棉、火胶棉、赛璐珞棉、黄磷 4. 金属钾、钠、锂、钙、锶氢化钾、氢化钠、四氢化锂铝 5. 氯酸钾、氯酸钠、过氧化钾、过氧化钠、硝酸钠 6. 赤磷、五硫化磷、三硫化磷
乙	1. 煤油、松节油、丁烯醇、异戊醇、丁醚、醋酸丁酯、硝酸戊酯、乙酰丙酮、环乙胺、溶剂油、冰醋酸、樟脑油、蚁酸 2. 氨气、液氯 3. 硝酸铜、铬酸、亚硝酸钾、重铬酸钠、铬酸钾、硝酸、硝酸汞、硝酸钴、发烟硫酸、漂白粉 4. 硫磺、镁粉、铝粉、赛璐珞板(片)、樟脑、萘、生松香、硝化纤维漆布、硝化纤维色片 5. 氧气、氟气 6. 漆布及其制品、油布及其制品、油纸及其制品、油绸及其制品
丙	1. 动物油、植物油、沥青、蜡、润滑油、机油、重油、闪点大于等于 60 ℃的柴油、糠醛、大于 50 度小于 60 度的白酒 2. 化学、人造纤维及其织物,纸张,棉、毛、丝、麻及其织物,谷物,面粉,天然橡胶及其制品,竹、木及其制品,中药材,电视机、收录机等电子产品,计算机房已录数据的磁盘储存间,冷库中的鱼、肉间
丁	自熄性塑料及其制品,酚醛泡沫塑料及其制品,水泥刨花板
戊	钢材、铝材、玻璃及其制品、搪瓷制品、陶瓷制品、不燃气体、玻璃棉、岩棉、陶瓷棉、硅酸铝纤维、矿棉、石膏及其无纸制品、水泥、石、膨胀珍珠岩

附录4 若干物质的热物性参数

1. 常用气体的热物性参数

	温度 T (K)	密度 ρ (kg/m³)	比热 C_p (kJ/(kg·K))	黏性率 μ (Pa·s) $\times 10^{-6}$	动黏性率 v (m²/s) $\times 10^{-6}$	热传导率 k (kW/(m·K)) $\times 10^{-6}$	热扩散率 α (m²/s) $\times 10^{-6}$	普朗特数 P_r (—)
空气 (Air)	300	1.176 3	1.007	18.62	15.83	26.14	22.07	0.717
	400	0.881 8	1.015	23.27	26.39	33.05	36.93	0.715
	500	0.705 3	1.031	27.21	38.58	39.51	54.33	0.710
	600	0.587 8	1.052	30.78	52.36	45.6	73.7	0.710
	800	0.440 8	1.099	37.23	84.5	56.9	117	0.719
	1 000	0.352 7	1.142	43.08	122.1	67.2	167	0.732
氮气 (N₂)	300	1.138 2	1.041	17.87	15.70	25.98	21.93	0.716
	400	0.853 3	1.044	22.17	25.98	32.52	36.51	0.712
	500	0.682 5	1.055	26.02	38.12	38.64	53.66	0.711
	600	0.568 8	1.074	29.55	51.96	44.1	72.2	0.719
	800	0.426 6	1.120	35.93	84.23	54.1	113	0.744
	1 000	0.341 3	1.165	41.65	122.0	63.1	159	0.769
氧气 (O₂)	300	1.300 7	0.920	20.72	15.93	26.29	22.0	0.725
	400	0.975 2	0.942	25.82	26.48	34.07	37.1	0.714
	500	0.780 0	0.972	30.33	38.88	41.54	52.4	0.710
	600	0.649 9	1.003	34.37	52.89	48.62	71.6	0.709
	800	0.487 4	1.054	41.52	85.2	61.59	119.9	0.711
	1 000	0.389 9	1.090	47.70	122.3	73.11	172	0.711
一氧化碳 (CO)	300	1.138 1	1.042	17.80	15.64	24.87	20.97	0.746
	400	0.853 2	1.048	22.09	25.89	31.58	35.32	0.733
	500	0.682 4	1.064	25.95	38.03	38.03	52.4	0.726
	600	0.568 7	1.087	29.49	51.86	44.24	71.6	0.725

续表

	温度 T (K)	密度 ρ (kg/m³)	比热 C_p (kJ/(kg·K))	黏性率 μ (Pa·s) $\times 10^{-6}$	动黏性率 v (m²/s) $\times 10^{-6}$	热传导率 k (kW/(m·K)) $\times 10^{-6}$	热扩散率 α (m²/s) $\times 10^{-6}$	普朗特数 P_r (—)
二氧化碳 (CO_2)	300	1.796 5	0.851 8	14.91	8.30	16.55	10.82	0.767
	400	1.343 4	0.947 1	19.39	14.43	24.3	19.2	0.75
	500	1.073 6	1.015 2	23.4	21.8	32.5	29.8	0.73
	600	0.894 3	1.076 1	27.1	30.3	40.7	42.3	0.72
	800	0.670 5	1.169 2	33.7	50	55.1	70.3	0.72
	1 000	0.536 5	1.234 2	36.4	73	68.1	103	0.71
水 (H_2O)	400	0.555 0	2.000	13.29	24.0	26.84	24.18	0.990
	500	0.441 0	1.983	17.27	39.2	35.97	41.13	0.952
	600	0.366 7	2.024	21.41	58.4	46.40	62.5	0.934
	800	0.274 7	2.151	29.67	108.0	70.31	119.0	0.908
	1 000	0.219 7	2.285	37.59	171.1	97.32	193.9	0.883

2. 常用建材的热物性参数

材料名称		热传导率 k (kW/(m·K)) $\times 10^{-3}$	密度 ρ (kg/m³)	比热 c (kJ/(kg·K))	热扩散系数 $\alpha = k/c\rho$ (m²/s) $\times 10^{-6}$	热惯性 $k\rho c$ (kW²·s/(m⁴·K²))
各种混凝土	普通混凝土	1.51	2 200	0.88	0.78	2.93
	轻质混凝土(瓦碎片)	0.80	1 980	0.84	0.48	1.33
	轻质混凝土(抗火石)	0.66	1 720	1.01	0.38	1.15
	气泡混凝土	0.12	500	1.12	0.21	0.07
涂层	灰泥	1.40	2 110	0.80	0.83	2.35
	珍珠岩	0.21	918	0.79	0.29	0.15
	土墙	0.07	901	0.84	0.10	0.06
	土壁	0.58	1 280	0.88	0.52	0.66
	漆食壁	0.62	1 320	0.84	0.56	0.68
	石膏	0.51	1 940	0.84	0.32	0.83
建筑砖材等	砖	0.55	1 660	0.84	0.39	0.76
	Al_2O_3砖(600 K)	9.4	3 470	0.89	3.0	29
	轻量水泥砖	0.69	1 380	0.83	0.60	0.79
	重量水泥砖	1.02	2 400	0.84	0.51	2.05
	瓷砖	1.28	2 400	0.84	0.64	2.57
	大理石	2.80	2 600	0.81	1.33	5.90

续表

材料名称		热传导率 k (kW/(m・K)) $\times 10^{-3}$	密度 ρ (kg/m^3)	比热 c (kJ/(kg・K))	热扩散系数 $\alpha = k/c\rho$ (m^2/s) $\times 10^{-6}$	热惯性 $k\rho c$ (kW^2・s/(m^4・K^2))
板类	石板	1.28	2 240	0.75	0.76	2.16
	石棉板	0.04	300	1.63	0.08	0.02
	玻璃棉板	0.04	300	0.84	0.16	0.01
	珍珠岩板	0.14	750	0.86	0.22	0.09
	石膏板	0.16	863	1.13	0.17	0.16
	碳酸板	0.13	622	0.92	0.23	0.07
	混合石棉板	0.15	1 150	0.80	0.17	0.14
	木毛水泥板	0.10	420	1.26	0.19	0.05
	软质纤维板	0.06	239	0.84	0.30	0.01
	半硬质纤维板	0.12	494	0.82	0.29	0.05
	硬质纤维板	0.10	494	0.81	0.24	0.04
木材	木柴(松)	0.15	480	1.26	0.25	0.09
	木柴(杉)	0.11	330	1.26	0.26	0.04
	木材(桦)	0.09	344	1.26	0.21	0.04
	木炭	0.07	191	1.0	0.38	0.013
金属材料	铝	237	2 688	0.91	97.43	577
	铜	398	8 880	0.39	116.11	1 364
	铁	80	7 870	0.44	23.08	279
	钢(SUS304)	19	7 810	0.56	4.39	82.5
玻璃	玻璃板	0.79	2 540	0.75	0.41	1.52
	石英玻璃板(500 K)	1.64	2 190	0.94	0.78	3.4
	耐热玻璃板(500 K)	1.37	2 220	1.02	0.61	3.1